Die Bagger
und die Baggereihilfsgeräte

Ihre Berechnung und ihr Bau

Von

M. Paulmann und **R. Blaum**

Regierungs- und Baurat,
Emden

Regierungsbaumeister
Direktor der Atlas-Werke A.-G., Bremen

I. Band

Die Nassbagger
und die dazu gehörenden Hilfsgeräte

bearbeitet von

M. Paulmann und **R. Blaum**

Zweite, vermehrte Auflage

Mit 598 Textabbildungen und 10 Tafeln

Springer-Verlag Berlin Heidelberg GmbH

1923

ISBN 978-3-642-47260-2   ISBN 978-3-642-47662-4 (eBook)
DOI 10.1007/978-3-642-47662-4

Vorwort zur ersten Auflage.

Naßbagger sind Hebezeuge, die in Schiffsgefäße eingebaut sind. Bei ihrem Bau kommen daher sowohl Gebiete des allgemeinen Maschinenbaues als auch des Schiffs- und Schiffsmaschinenbaues in Frage. Die ausführliche Besprechung der Punkte aus den drei genannten Gebieten, die zwar für den Baggerbau nötig, aber wegen ihrer allgemeinen Gültigkeit aus der vorhandenen Literatur leicht zu entnehmen sind, ist unterblieben, um das Buch nicht zu umfangreich werden zu lassen. Es sind nur die Einzelheiten hervorgehoben, die besondere, durch die Eigenart der Bagger begründete Berechnungen und Konstruktionen verlangen. Infolgedessen sind aus dem Gebiete des Schiffs- und Schiffsmaschinenbaues nur wenige rechnerische Ermittelungen angegeben.

Größe und Bauart der Schiffsgefäße und Maschinenanlagen der Bagger werden in erster Linie bestimmt durch die Ausbildung des Baggerwerkzeuges, d. h. der Greifer, Eimerketten, Saugerohre, Pumpen usw. Hierfür ist in der Literatur wenig zu finden. Deshalb ist vor allem das Baggerwerkzeug ausführlich besprochen.

Die Anordnung des Buches folgt dem Gang eines Entwurfes. Die Zahlentafeln ausgeführter Bagger sollen eine Nachprüfung rechnerisch ermittelter Werte ermöglichen und die ersten Annahmen für den Entwurf erleichtern. In Betracht gezogen wurden alle mit Erfolg ausgeführten Bauarten von Naßbaggern mit Ausnahme der besonders für amerikanische Verhältnisse gebauten Saugebagger mit Schneidekopf von Bates (Z. Ver. deutsch. Ing. 1898 u. 1902). Von einer Besprechung dieser Geräte wurde abgesehen, da ihre Verwendung für europäische Verhältnisse kaum in Frage kommt und der ihnen zu Grunde liegende Gedanke in einer anderen gut durchgebildeten Bauart in den letzten Jahren in Europa Eingang gefunden hat. Ferner wurden nicht besprochen die schwimmenden Löffelbagger zur Beseitigung von gebrochenem Fels, die fast ausschließlich in Amerika üblich sind, während für europäische Verhältnisse fast immer der Greifbagger genügt und in der Regel auch angewandt wird.

In unserem Bestreben, durch Wiedergabe möglichst vieler, mit Erfolg ausgeführter Konstruktionen zuverlässige Unterlagen für neue Entwürfe zu geben, wurden wir durch weitgehendes Entgegenkommen deutscher und holländischer Werften unterstützt. Den Firmen sind wir dafür zu Dank verpflichtet. Um Mißverständnissen vorzubeugen, sei hier ausdrücklich bemerkt, daß die Bagger usw. lediglich der Größe nach aufgeführt worden s'nd. Die Reihenfolge gibt keinerlei Wertung der einzelnen Konstruktionen. Für die Wahl der einen oder anderen Konstruktion in der Praxis können nur die jeweiligen Betriebsverhältnisse maßgebend sein.

Die Verlagsbuchhandlung ist bei der Ausstattung des Buches unseren Wünschen stets in liebenswürdiger und dankenswerter Weise entgegengekommen.

Anregungen zur weiteren Ausgestaltung unseres Buches werden wir dankbar entgegennehmen.

Emden, im April 1912.

Paulmann.   Blaum.

Vorwort zur zweiten Auflage.

Die „Naßbagger" erscheinen in neuer Auflage als erster Band eines Werkes, das den gesamten Baggerbau behandeln soll. Den zweiten Band über „Trockenbagger" hoffen wir bald folgen lassen zu können.

Bei der Neubearbeitung des Buches haben wir, soweit seit Abschluß der ersten Auflage beachtenswerte Geräte gebaut und in Betrieb genommen wurden und das Material uns zugänglich war, diese in die Beschreibungen und Zahlentafeln eingereiht. Besonderen Wert haben wir darauf gelegt, die Brauchbarkeit der beschriebenen Einzelkonstruktionen nachzuprüfen und wertvolle Neuerungen aufzunehmen. Hierbei sind wir wieder von einer Anzahl deutscher und holländischer Werften in sehr dankenswerter Weise unterstützt worden.

Die Anordnung des Buches und der Umfang des bearbeiteten Gebietes entsprechen den im Vorwort zur ersten Auflage erläuterten Grundsätzen. Neu hinzugefügt ist ein Literaturnachweis, in dem besonders die ausländische Literatur und Sonderbauarten für außer-europäische Länder berücksichtigt sind, soweit eine Durchsicht dieser Literatur möglich war.

Der Verlag ist auch dieses Mal unseren Wünschen auf Ausstattung des Buches bereitwilligst und dankenswert entgegengekommen.

Emden und Bremen, im Januar 1923.

Paulmann.   Blaum.

Inhaltsverzeichnis.

Seite

Einleitung: Einteilung der Bagger 1

I. Beschreibung der Bagger.

1. Greifbagger 2
2. Eimerbagger 8
   Kleinere Bagger bis 50 cbm Stundenleistung 11
   Mittelgroße Bagger bis 250 cbm Stundenleistung 19
   Große Bagger 28
3. Vereinigte Eimer- und Pumpenbagger 34
4. Pumpenbagger 37
   Pumpenbagger mit Schneidekopf 41
   Festliegende Pumpenbagger ohne Schneidekopf 43
   Schachtpumpenbagger 45
5. Spüler 59
   Spüler, die aus einem Schüttrichter oder aus Prähmen saugen 59
   Spüler, die aus Prähmen saugen 64
6. Schutenentleerer 70
7. Baggereihilfsgeräte 81
   Schlepp-Prähme 81
      Prähme für kleine Bagger 84
      Klapprähme 84
      Prähme für Spüler und Schutenentleerer 91
      Prähme für besondere Zwecke 93
   Schleppdampfer und Schleppboote 95
   Dampfprähme 97
   Motorprähme 101
   Rohrleitungen 102
   Geräte zum Heranschaffen der Betriebsstoffe 103
   Felsenbohrschiffe und Felsenbrecher 105

II. Zahlentafeln über Abmessungen ausgeführter Bagger und Baggereihilfsgeräte.

Greifbagger:
   Hauptabmessungen Zahlentafel I a 112
   Hauptmaschinen   „   I b 112
   Gewichtsangaben   „   I c 113
Eimerbagger:
   Hauptabmessungen Zahlentafel II a 114
   Hauptmaschinen   „   II b 121
   Winden   „   II c 118
   Gewichtsangaben   „   II d 128

		Seite
Vereinigte Eimer- und Pumpenbagger:		
Hauptabmessungen Zahlentafel II e	. . . .	122
Hauptmaschinen　　　　　,,　　II f	. . . .	129
Winden, Anker und Ketten　II g	. . . .	120
Pumpenbagger:		
Hauptabmessungen Zahlentafel III a	. . . .	124
Hauptmaschinen　　　　,,　　III b	. . . .	129
Gewichtsangaben　　　　,,　　III c	. . . .	130
Spüler:		
Hauptabmessungen Zahlentafel IV a	. . . .	131
Hauptmaschinen　　　　,,　　IV b	. . . .	134
Gewichtsangaben　　　　,,　　IV c	. . . .	134
Schutenentleerer (sogenannte Elevatoren):		
Hauptabmessungen Zahlentafel V a	. . . .	133
Hauptmaschinen　　　　,,　　V b	. . . .	136
Gewichtsangaben　　　　,,　　V c	. . . .	137
Baggereihilfsgeräte:		
Schlepp-Prähme　　　　Zahlentafel VI a	. . . .	135
Schleppdampfer und Motorboote　　,,　　VI b	. . . .	138
Dampf- und Motorprähme　　　　,,　　VI c	. . . .	136

III. Berechnung der Bagger.

1. Greifbagger	. . . .	139
Berechnung eines Greifbaggers von 25 cbm Stundenleistung	. . . .	140
2. Eimerbagger	. . . .	141
Zahlentafel VII: Leistungswerte ,,L" von Eimerbaggern	. . . .	142
Berechnung eines Flußbaggers für 30 cbm Stundenleistung	. . . .	143
Berechnung eines Baggers für 120 cbm Stundenleistung	. . . .	144
Berechnung eines Seebaggers für 500 cbm Stundenleistung	. . . .	146
Berechnung eines Baggers mit Fahrmaschine	. . . .	147
Zahlentafel VIII: Fahrwiderstand von Eimerbaggern	. . . .	148
3. Pumpenbagger	. . . .	148
Zahlentafel IX: Abmessungen von Baggerpumpen	. . . .	150
4. Spüler	. . . .	153
Rechnungsbeispiele für Pumpenbagger und Spüler	. . . .	156
Berechnung eines festliegenden Pumpenbaggers ohne Schneidekopf für 250 cbm Stunden-leistung	. . . .	156
Berechnung eines Schachtpumpenbaggers für 600 cbm Stundenleistung	. . . .	158
Zahlentafel X: Fahrwiderstand von Pumpenbaggern	. . . .	159
Berechnung eines Saugebaggers und Spülers mit Schneidekopf für 500 cbm Stundenleistung	.	161
Berechnung eines mit einem Eimerbagger gekuppelten Spülers für 180 cbm Stundenleistung	.	162
5. Schutenentleerer	. . . .	164
Berechnung eines Schutenentleerers von 180 cbm Stundenleistung	. . . .	164

IV. Bau der Bagger.

1. Das Baggerwerkzeug	. . . .	166
Greifbagger	. . . .	168
Greifer (Zahlentafel XI)	. . . .	166
Greiferwinde	. . . .	171
Ausleger	. . . .	174
Eimerbagger	. . . .	174
Eimer (Zahlentafel XII)	. . . .	176
Schaken, Bolzen und Büchsen	. . . .	182
Ober- und Unterturas	. . . .	184
Führung der Eimerkette	. . . .	186
Eimerleiter	. . . .	188
Leiterhubwinde	. . . .	189
Schüttrichter	. . . .	192

Seite

Eimerbagger 174
  Schüttrinne 193
  Einrichtungen zum Ablagern und Sieben des Baggergutes 195
  Turasantrieb 200

Vereinigte Eimer- und Pumpenbagger 204

Pumpenbagger 205
  Saugeköpfe 205
  Saugerohre 210
  Saugerohrwinde 212
  Baggerpumpe 215
  Stopfbüchse der Baggerpumpe 217
  Druckrohrleitungen 221
  Schüttrinnen 221
  Schwimmende Druckrohrleitungen 222
  Laderäume der Schachtpumpenbagger 222
  Entleeren des Laderaumes durch Verstürzen 224
  Leersaugen des Laderaumes 225

Spüler 226
  Saugekopf 226
  Saugerohr 226
  Steinkasten 227
  Förderpumpe 228
  Druckrohrleitung 228
  Zusatzwasserpumpe 228
  Verbindung zwischen Zusatzwasserpumpe und Förderpumpe 229
  Schüttrichter und Messerwerk 229

Schutenentleerer 230
  Eimerketten 230
  Eimer (Zahlentafel XIII) 231
  Schaken und Bolzen 233
  Turasse 233
  Tragrollen und Führungsrollen 234
  Eimerleiter 234
  Schüttrinne 234
  Förderung an Land 234
  Gerüste für Leiter und Triebwerk 240
  Antrieb der Eimerkette und der Landförderung 241

2. Kessel- und Maschinenanlage 242
  Kessel 242
  Maschinenanlage 243
    Greifbagger 244
    Eimerbagger 245
    Regler für die Hauptmaschine 246
    Pumpenbagger 247
    Spüler 248
    Schutenentleerer 248

3. Schiffsgefäß 248
  Greifbagger 249
  Eimerbagger und vereinigte Eimer- und Pumpenbagger 250
  Pumpenbagger 253
  Spüler 254
  Schutenentleerer 255

4. Arbeitswinden, Prahmverholwinden und Ankerwinden 256
  Greifbagger 256
  Eimerbagger 256
    Arbeitswinden 256
      Handwinden 256
      Gruppenantrieb 258
      Einzelantrieb 261
      Elektrisch angetriebene Winden 263

Seite

Eimerbagger 256
  Seile und Ketten 264
  Prahmverholwinden 268
  Ankerwinden 272
Pumpenbagger 272
Spüler 272
Schutenentleerer 273
5. Ausrüstung 274
Literaturverzeichnis über ausländische Baggergeräte 278
Stichwortverzeichnis 280

Tafelverzeichnis.

Tafel   I.   Greifbagger für 25 cbm Stundenleistung.
  „   II.   Eimerbagger „Bremen" für 300 cbm Stundenleistung.
  „   III.   „   „E D V"   „ 550 „   „
  „   IV.   „   „Herkules" „ 600 „   „
  „   V.   Pumpenbagger mit Schneidekopf für 500 cbm Stundenleistung.
  „   VI.   Schachtpumpenbagger „ Cosmopolit" für 600 cbm Stundenleistung.
  „ VII.   „   „ XIV u. XV" „ 820 „   „
  „ VIII.   Spüler „Elevador" für 600 cbm Stundenleistung.
  „   IX.   „ „II"   „ 600 „   „
  „   X.   „ I.u.II.Husum„ 800 „   „

Druckfehlerverzeichnis.

S. 143.   3. Absatz, letzte Zeile lies 153 statt 53.
S. 156.   4. Absatz, zweite Zeile lies 250 statt 230.

Einleitung.

Einteilung der Bagger.

Der Baggerbau hat sich mit dem zunehmenden Ausbau der Seehäfen und Binnenwasserstraßen in den letzten 30 Jahren bedeutend entwickelt. Mit dem Anwachsen der Baggerarbeiten steigerten sich auch die Anforderungen an die Leistung der Geräte. Dabei sind ältere Baggerformen, wie die von Hand oder mit tierischer Kraft (Pferdebagger) angetriebenen, vollkommen verschwunden, da durch den Bau geeigneter kleiner Antriebsmotoren der Betrieb wirtschaftlicher gestaltet wurde. Andere Bauarten wie Löffelbagger und Schaufelkettenbagger sind durch bessere überholt und werden als Naßbagger nicht mehr gebaut.

Für die Bodengewinnung und -Beseitigung kommen jetzt bei Naßbaggerungen folgende Geräte in Frage[1]):

1. Greifbagger,
2. Eimerbagger,
3. Vereinigte Eimer- und Pumpenbagger,
4. Pumpenbagger,
5. Spüler,
6. Schutenentleerer (sog. Elevatoren),
7. Baggereihilfsgeräte,
    a) Schlepp-Prähme,
    b) Schleppdampfer und Schleppboote,
    c) Dampf- und Motorprähme,
    d) Rohrleitungen,
    e) Geräte zum Heranschaffen der Betriebsstoffe,
    f) Felsenbohrschiffe und Felsenbrecher.

---

[1]) Geräte, die nur zum Verschieben des Bodens auf der Flußsohle dienen und mit denen eine eigentliche Bodengewinnung und -Beseitigung nicht ausgeführt wird, wie Modderpflüge, Eggen, Kratzer und auch der Kretzsche Spülbagger, sind hierzu nicht zu zählen.

I. Beschreibung der Bagger und der Baggereihilfsgeräte.

1. Greifbagger.

Greifbagger werden dort verwandt, wo geringer Raum, ungleichmäßiger oder sehr schwerer Boden, sehr verschiedenartige Baggertiefen oder Aufräumungsarbeiten unter Wasser einen gleichmäßigen stetigen Arbeitsvorgang nicht zulassen. Ihre Leistungen halten sich in ziemlich engen Grenzen; 80 bis 90 cbm/st kann als Höchstleistung gelten. Sie sind für die oben geschilderten Verhältnisse geeignet, weil sie im Wirkungsbereich ihres Auslegers jeden Punkt ohne größere Bewegung des Schiffsgefäßes erreichen können, weil sie ferner aus wechselnder Tiefe ohne Beeinträchtigung des Wirkungsgrades und ohne Veränderung am Baggerwerkzeug fördern, und schließlich den verschiedensten Bodenarten durch Auswechseln des Greifkorbes angepaßt werden können.

Greifbagger (Tafel I) haben nur ein Förderwerkzeug, den Greifkorb oder Greifer, der an Ketten oder Seilen an einem drehbaren Ausleger hängt. Um die Säule des Auslegers ist eine Plattform gebaut, auf der die Winde steht, die zum Heben, Senken, Öffnen und Schließen des Korbes, sowie zum Drehen des ganzen Baggerwerkzeuges dient. Die Winde wird von der Plattform aus gesteuert. Für die verschiedenen Bodenarten sind 3 Greifkörbe nötig. Ein Korb mit dichten Blechwänden und geraden Schneiden (Abb. 284 bis 286) für weichen Boden, einer mit dichten Blechwänden und Stahlzähnen

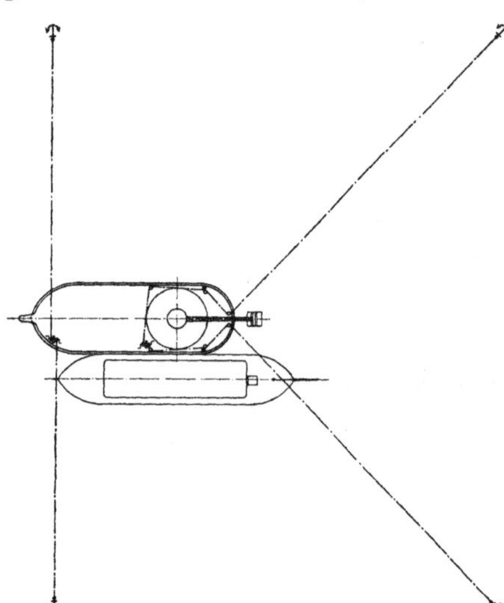

Abb. 1. Verankerung der Greifbagger.

(Abb. 287 u. 288) für harten Boden (Sand, Ton) und einer mit Stahlrippen für Steine, Buschwerk und Aufräumungsarbeiten (Abb. 289 bis 292). Die Winde ist, um die Standsicherheit des Schiffes nicht zu beeinträchtigen, gewöhnlich in einen runden Schacht so eingebaut, daß ihr Schwerpunkt möglichst tief liegt. Das ganze Gerät wird beim Arbeiten in der Regel an 4 Seilen oder Ketten (je 2 schräg nach vorn und 2 nach hinten) verankert (Abb. 1). Es ist nicht zu empfehlen, Greifbagger mit Laderaum zu bauen, da das Aufnehmen und Wiederausbringen der Anker bei jeder Fahrt zur Löschstelle sehr zeitraubend ist.

Beim Vertiefen einer Fahrrinne holt der Bagger sich an den vorderen Ketten voraus und schwingt, je nach der Breite des Schnittes, um die hinteren Seitenketten.

Bei der Beseitigung von Unebenheiten im Boden gestattet die Anordnung der Anker jede gewünschte seitliche oder Drehbewegung.

Wegen ihrer Verwendung bei Bauten oder Aufräumungsarbeiten werden die Greifbagger oft auch mit Spülpumpen und schwerem Hebegeschirr ausgerüstet.

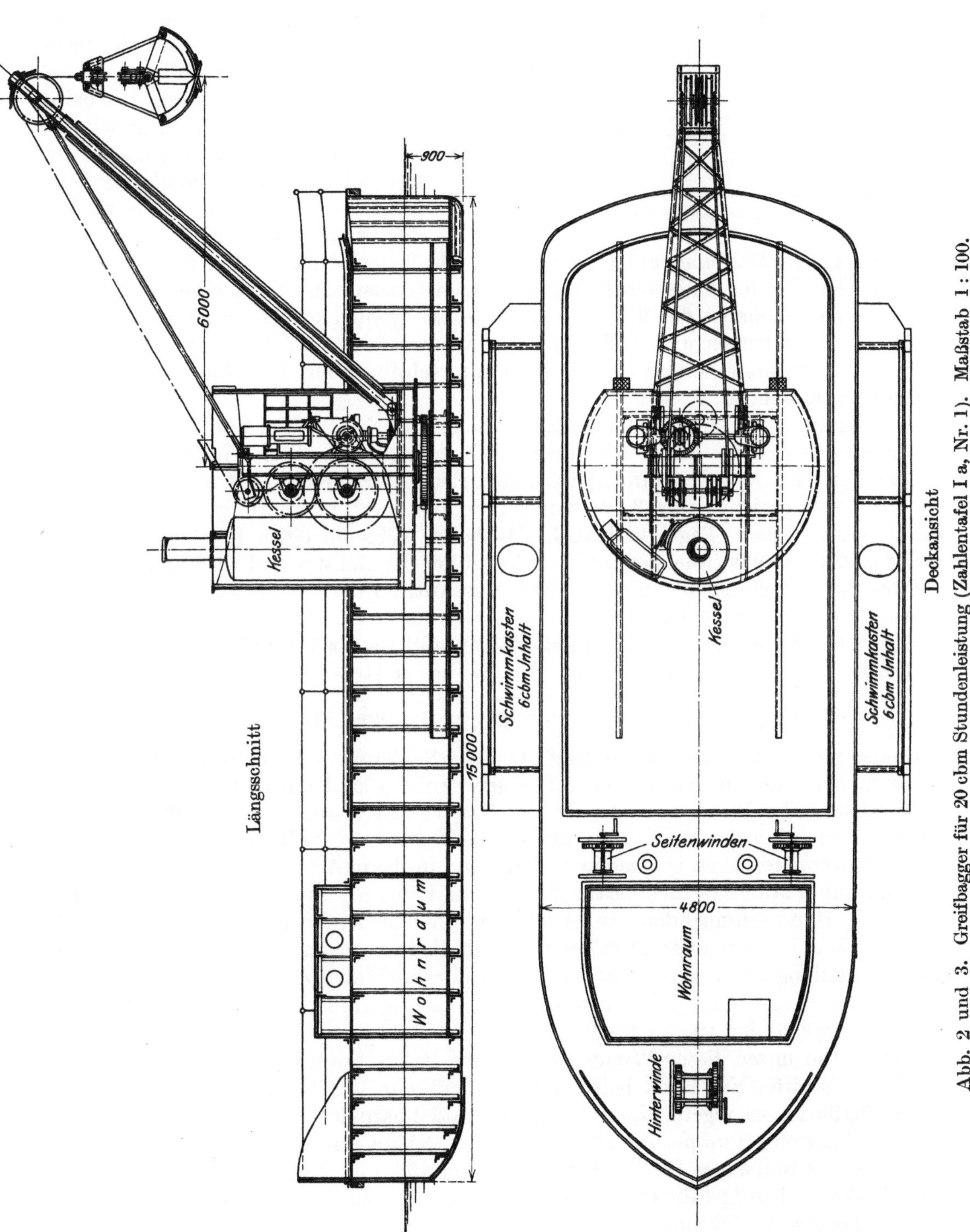

Abb. 2 und 3. Greifbagger für 20 cbm Stundenleistung (Zahlentafel I a, Nr. 1). Maßstab 1 : 100.

1. Greifbagger für 20 cbm/st (Zahlentafel I a Nr. 1 und Abb. 2 bis 4). Der Bagger ist für Arbeiten in schmalen Gräben gebaut. Daher ist das Schiffsgefäß so klein wie möglich ausgeführt. Um ihn auch an besonders engen Stellen verwenden und durch schmale Fahrwasser schleppen zu können, sind 2 seitliche Schwimmkästen mit dem Schiff gekuppelt, die nur beim Arbeiten des Gerätes gebraucht werden und dazu dienen, die nötige Standsicherheit bei der größten Auslage des Greifkorbes nach der Seite hin zu sichern. Arbeitet der Bagger nur nach einer Seite, so kann auch auf der entgegengesetzten Seite der Schwimmkasten entfernt werden, um den Platzbedarf des Gerätes zu verringern.

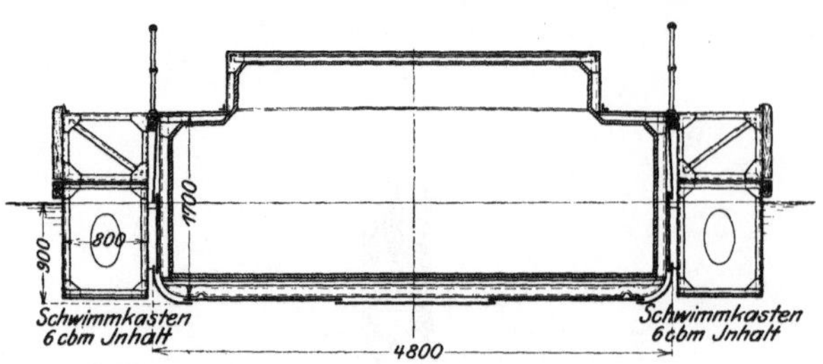

Abb. 4. Querschnitt durch den Wohnraum.
Maßstab 1 : 100.

Die ganze Maschinenanlage einschließlich Kessel ist auf der Plattform aufgebaut. Die Greiferwinde arbeitet mit 4 Seilen (Bauart Menck & Hambrock).

Für das Verholen des kleinen Schiffsgefäßes genügen 3 Handwinden, 2 für die vorderen Seitenketten und 1 Hinterwinde als Ersatz für die bei größeren Baggern üblichen 2 hinteren Seitenwinden. Im Hinterschiff ist ein Wohnraum für die Besatzung vorgesehen.

2. Greifbagger für 23 cbm/st (Zahlentafel I a Nr. 2). Der für Kiesgewinnung bestimmte Bagger ist in einen offenen Prahm eingebaut. Das Windwerk (Vierseilgreifer von Menck & Hambrock) wird elektrisch betrieben. Der Strom wird, wenn die Entfernung nicht zu groß ist, vom Lande aus durch Luftleitung zugeführt, sonst durch unter Wasser liegende Kabel. Da beim Abbauen eines Kieslagers ziemlich gleichmäßige Arbeit zu leisten und das Verholen des Gerätes einfach ist, kann, wenn elektrische Energie leicht zu beschaffen, der Antrieb der Greiferwinde mit Elektromotoren wirtschaftlich sein.

3. Der Greifbagger für 25 cbm/st (Zahlentafel I a Nr. 3 und Tafel I) ist für Arbeiten in leichtem und in sehr schwerem Boden gebaut. Das Schiffsgefäß ist nach der Klasse $100\ \dfrac{A}{4}\ k\ (E)$ des Germanischen Lloyd sehr kräftig ausgeführt und hat Wohnräume für die ganze Besatzung. Um das Schleppen des Gerätes zu erleichtern, ist vorn der Schiffsboden schräg aufsteigend gebaut und die rechtwinklige Kimme abgerundet. Das Windwerk ist nach der Bauart von Rose, Downs & Thomsen ausgeführt und getrennt vom Kessel auf der Plattform aufgestellt. Der liegende Schiffskessel hat eine reichlich bemessene Heizfläche, um beim Arbeiten in schwerem Boden die Maschine ständig stark beanspruchen zu können. Zum Verholen des Gerätes dienen 4 Handseitenwinden, außerdem ist eine Heckankerwinde vorhanden. Die Seitenketten können über Deck oder durch Kettenschächte geführt werden. Die Deckseinteilung ist so getroffen, daß der Greiferkorb an Deck abgesetzt und ausgewechselt werden kann. Zum Ausreißen von Pfählen, Heben von Steinen oder gesunkenen Gegenständen ist am Heck eine schwere Dampfwinde von 20 t Zugkraft aufgestellt. Ein unter dieser Winde eingebauter Ballastraum ermöglicht es, den Auftrieb des Schiffes am Heck beim Arbeiten mit der Winde durch Auspumpen des Wasserballastes zu regeln. Zum Einspülen und Losspülen von Pfählen und Ankersteinen dient eine Pumpe, die rd. 0,5 cbm/min leistet und bis 5 atm Druck erzeugt.

4. Der Greifbagger für 25 cbm/st (Zahlentafel I a, Nr. 4) ist dem unter Nr. 3 der Zahlentafel aufgeführten in der Gesamtanordnung sehr ähnlich, jedoch ist er in der ganzen Ausführung leichter gehalten. Die Winde ist nach der Bauart von Bünger & Leyrer ausgeführt.

5. Der Greifbagger für 25 cbm/st (Zahlentafel Ia, Nr. 5 und Abb. 5 u. 6) ist
mit 2 Schrauben zur eigenen Fortbewegung ausgerüstet. Das Gerät hat Schiffsform
und eine Kommandobrücke. Die übrige Anordnung entspricht der des unter Nr. 3
beschriebenen Gerätes. Greifbaggern die Möglichkeit eigener Fortbewegung zu geben,
empfiehlt sich nur dann, wenn die Geräte an gefährlichen Stellen arbeiten müssen

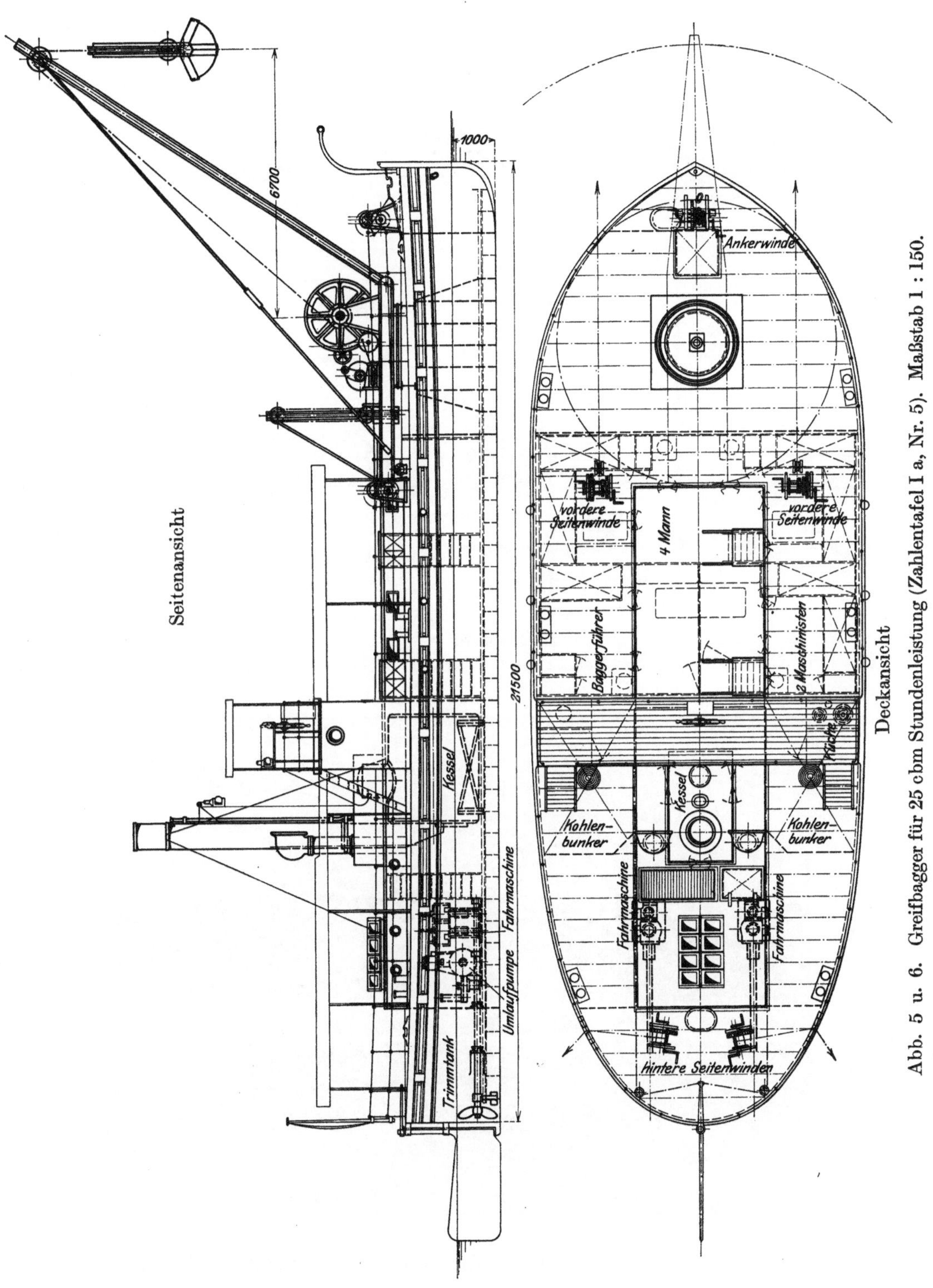

Abb. 5 u. 6. Greifbagger für 25 cbm Stundenleistung (Zahlentafel I a, Nr. 5). Maßstab 1 : 150.

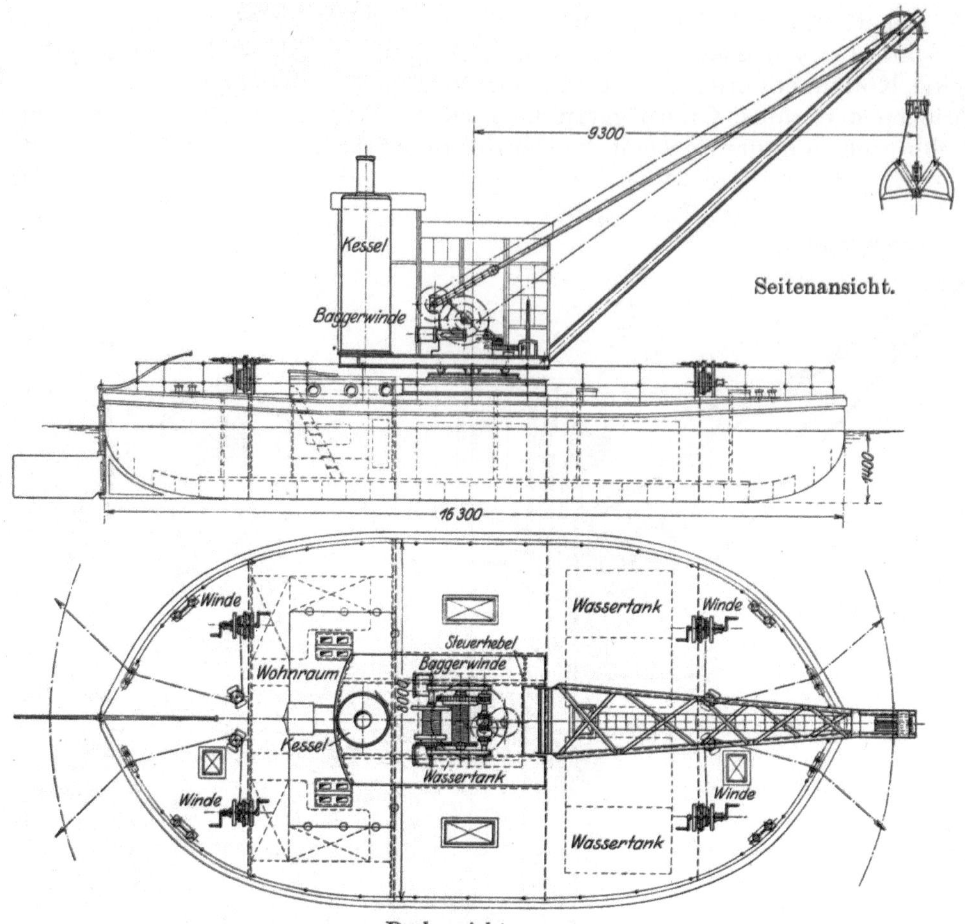

Abb. 7 u. 8.   Greifbagger für 35 cbm Stundenleistung (Zahlentafel Ia, Nr. 8). Maßstab 1 : 165.

Abb. 9. Greifbagger für 35 cbm Stundenleistung (Zahlentafel Ia, Nr. 8).

und daher in der Lage sein sollen, sich bei eintretender Gefahr mit eigener Kraft bergen oder wenigstens das Fortschleppen durch ihre eigene Schiffsschraube unterstützen zu können. Da für die Bewegung der Schraube stets eine besondere Maschinenanlage und sehr oft auch der Einbau eines Kessels nötig ist, der erheblich größer ist, als die Baggermaschinenanlage verlangt, sind die damit verbundenen Neubaukosten verhältnismäßig groß.

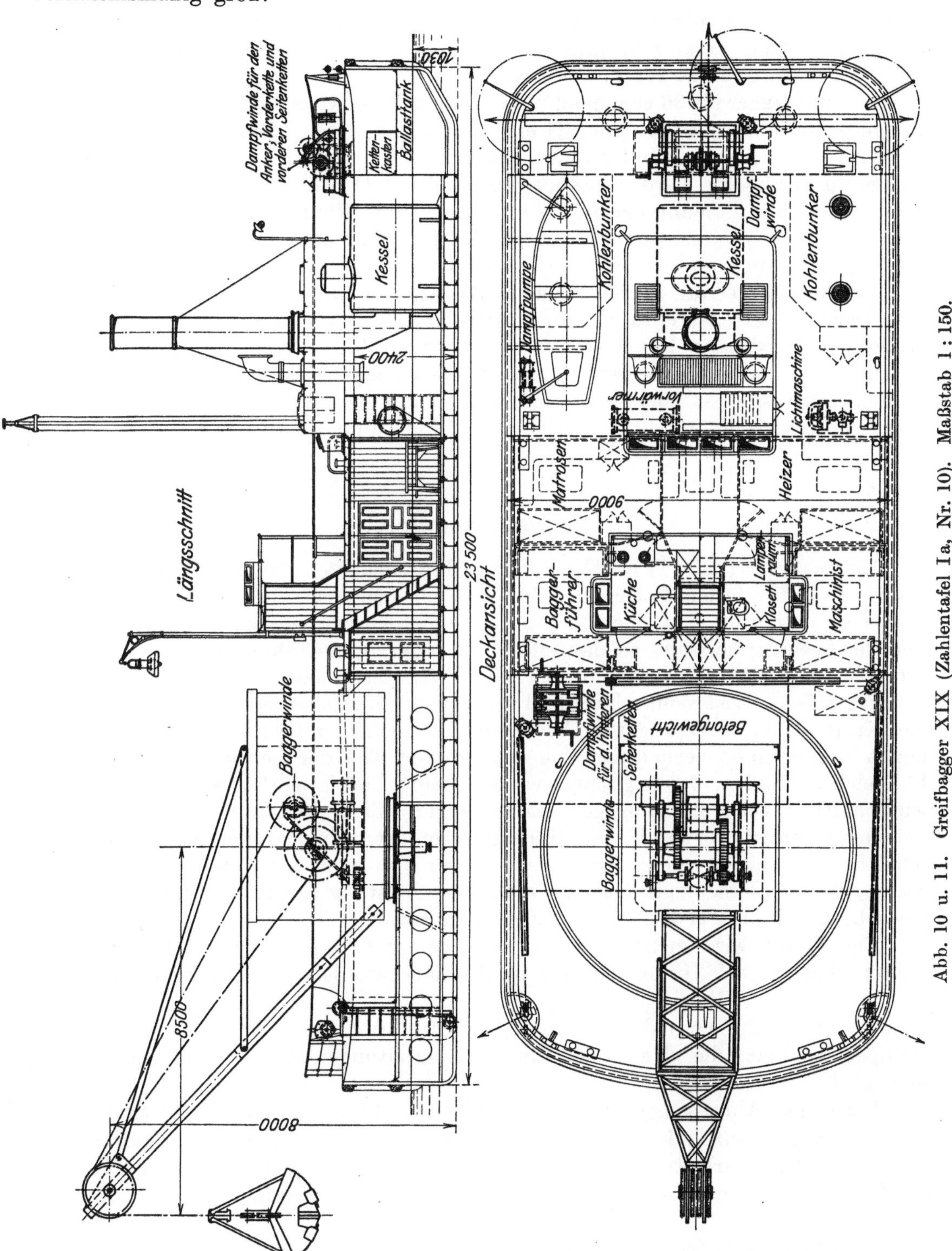

Abb. 10 u. 11. Greifbagger XIX (Zahlentafel Ia, Nr. 10). Maßstab 1 : 150.

6./7. Die Bagger für 25 cbm/st (Zahlentafel Ia, Nr. 6 u. 7) sind in der Gesamt-anordnung ähnlich dem unter Nr. 5 aufgeführten, haben jedoch nur je eine Fahr-maschine.

8. Greifbagger für 35 cbm Schlick in 1 Stunde (Zahlentafel Ia, Nr. 8 und Abb. 7 bis 9). Der mit Vierseilgreifer ausgerüstete Bagger ist so gebaut, daß die Winde mitten auf dem Schiff aufgestellt ist und der Ausleger nach allen Seiten über das Gerät hervorragt, also ein nutzbarer Ausschlag von 360^0 vorhanden ist. Das Schiff ist ziemlich klein, aber sehr kräftig gehalten, hat vier wasserdichte Schottwände und bietet Wohnräume für die Besatzung.

9. Greifbagger für 36 cbm Sand/st (Zahlentafel Ia, Nr. 9). Der für sehr schweren Boden gebaute Bagger hat einen Greifer nach dem Patent Bruce & Batho[1]). Um den Frischwasserverbrauch der verhältnismäßig sehr starken Kessel- und Maschinen-anlage zu verringern, wird der Abdampf in einem Oberflächenkondensator nieder-geschlagen. Die Abdampfleitung führt über dem Windenhaus zum Kesselraum zurück. Die Gesamtanordnung des Gerätes ist ähnlich dem unter Nr. 3 der Zahlen-tafel aufgeführten.

10. Greifbagger für 45 cbm Sand/st (Zahlentafel Ia Nr. 10 und Abb. 10 u. 11).

Der mit Vierseil-Windwerk ausgerüstete Bagger ist für eine verhältnismäßig sehr große Leistung gebaut. Der Kessel ist getrennt vom Windwerk im Hinterschiff aufge-stellt. Ein Oberflächenvorwärmer zum Niederschlagen des Abdampfes durch das Kesselspeisewasser ist vorgesehen. Zu- und Abdampf werden durch den Drehzapfen des Windwerks geführt. Das Schiff bietet Wohnraum für die Besatzung.

2. Eimerbagger.

Eimerbagger (Tafel II bis IV) können alle Bodenarten fördern. Meist finden sie Verwendung für festen Boden und dort, wo ein genauer Schnitt (Profil) nötig ist. Ihre Verwendung im Seegebiet beschränkt sich auf solche Stellen, an denen kein zu scharfer Seegang herrscht, so daß ein Gerät, das vor mehreren Ankern liegt, noch arbeiten kann. Das Baggerwerkzeug (die Eimerkette) läuft in einem Schlitz des Schiffsgefäßes. Es ist recht schwer und verbraucht für seine eigene Bewegung ziemlich viel Kraft; daher beansprucht die Leerlaufsarbeit beim Fördern von leichtem schlamm-migen Boden einen verhältnismäßig sehr großen Teil der gesamten Förderarbeit. Für leichten Boden, der angesaugt werden kann, sind Eimerbagger daher nicht so wirtschaftlich wie Pumpenbagger. Eimerbagger werden schon für sehr kleine Lei-stungen (5 cbm/st) verwandt. Ihre Höchstleistung ist bedingt durch den größten wirt-schaftlich zulässigen Inhalt der Eimer. Eimer von mehr als 1 cbm Inhalt werden kaum gebaut. Dementsprechend ist als größte Leistung für Eimerbagger in festem gewachsenen Boden 600 bis 700 cbm/st anzunehmen.

Der Boden wird meistens durch seitliche oder hinten liegende Schüttrinnen (Seitenschütter oder Hinterschütter) in Prähme gefördert. Bei kleineren Baggern werden zu seiner Beseitigung auch Förderbänder, Kratzer oder Spülrinnen, bei größeren Geräten, besonders wenn auf weite Strecken gefördert werden muß, Pumpen benutzt, die den Boden durch Rohrleitungen fortdrücken (Schwemm-bagger).

Form und Abmessungen des Schiffsgefäßes richten sich nach der Verwendung des Gerätes als Fluß- oder Seebagger. Geräte, die an besonders durch Seegang ge-fährdeten Stellen arbeiten, erhalten gelegentlich auch Fahrmaschinen, um im Ge-fahrfalle mit eigner Maschinenkraft die Arbeitsstelle verlassen zu können.

---

[1]) Veröffentlichung des internationalen Schiffahrtskongresses in Düsseldorf, 1902.

Beim Arbeiten liegen die Eimerbagger vor 4 Seiten- und je einem Vor- und Hinteranker (Abb. 12). Bei Hinterschüttern ist ein Hinteranker meist nicht nötig. Ebenso kann man bei kleineren Baggern zuweilen nur mit zwei Seitenankern und je einem Vor- und Hinteranker arbeiten. Eimerbagger mit Laderaum werden wegen der Zeitverluste zum Aufnehmen und Wiederausbringen der zahlreichen Anker nur selten gebaut. Der Bagger liegt mit der Eimerleiter gegen den Strom und wird in erster Linie vorn am Vorderanker gehalten. Das am Vortau hängende Gerät wird mit den Seitenketten parallel zu seiner Längsrichtung über die ganze Breite des Schnittes verholt (Scheren). Dabei werden die seitlichen Kanten der Eimer gegen den abzugrabenden Boden gedrückt, wobei der Eimer vor allem mit seiner Seitenkante in den Boden einschneidet. Dementsprechend müssen die dem Baggerwerkzeug zunächstliegenden vorderen Seitenketten den Hauptanteil der zum Scheren nötigen Kraft übernehmen. Die hinteren Ketten dienen nur dazu, den Bagger in der richtigen Lage zu halten.

Zum Ausheben neuer Fahrrinnen in trokkenem Gelände oder flachem Wasser muß der Bagger sich freibaggern, d. h. die zu seiner Fortbewegung nötige Tiefe sich selbst herstellen können. Hierzu sind nur Geräte mit offenem Schlitz und ausreichend weit über die Vorschiffe hinausragender Eimerleiter brauchbar. Der Bagger schert dann nicht parallel seiner Längsachse, sondern wird durch ungleichmäßiges Anholen der Seitenketten gedreht (Abb. 13).

In der Zahlentafel IIa sind die Eimerbagger nach Leistung und Größe geordnet. Nr. 1 bis 11 sind Kleindampfbagger, die vorwiegend in engen und flachen Wasserläufen (Kanälen, Teichen, Gräben, Bächen und klei-

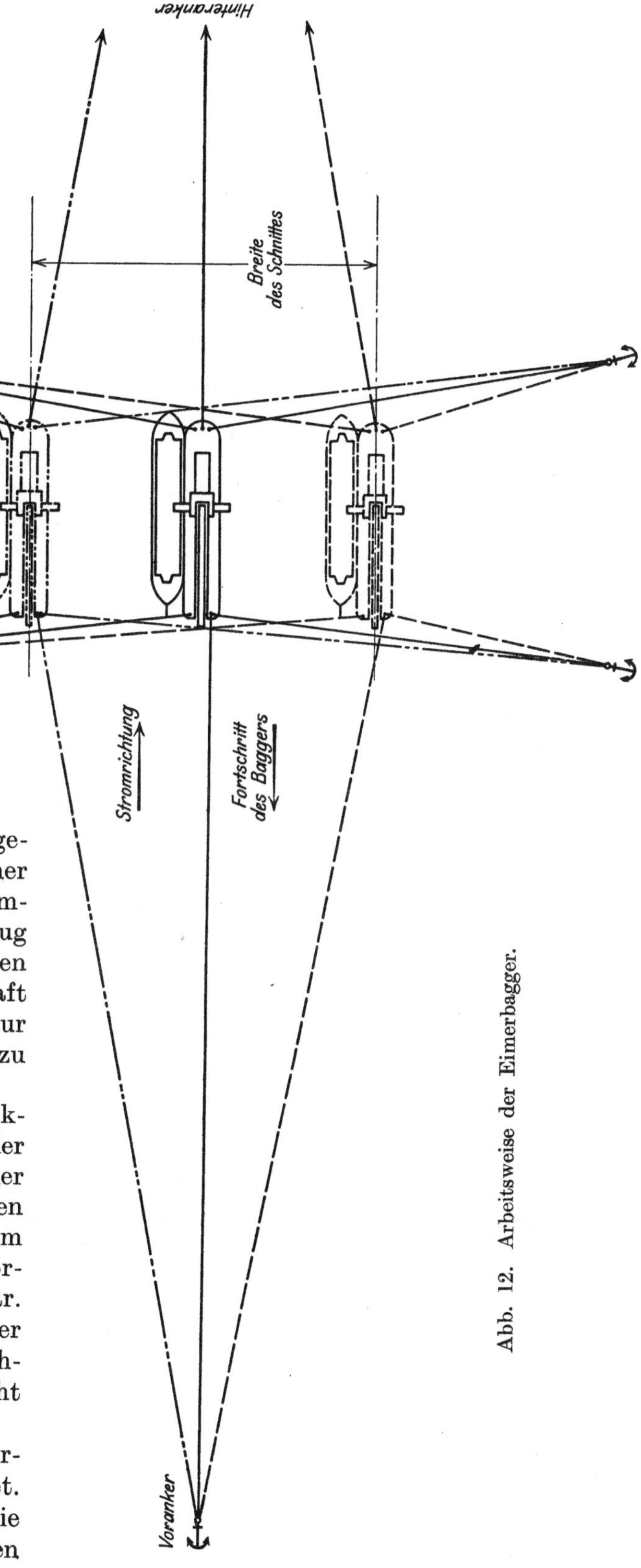

Abb. 12. Arbeitsweise der Eimerbagger.

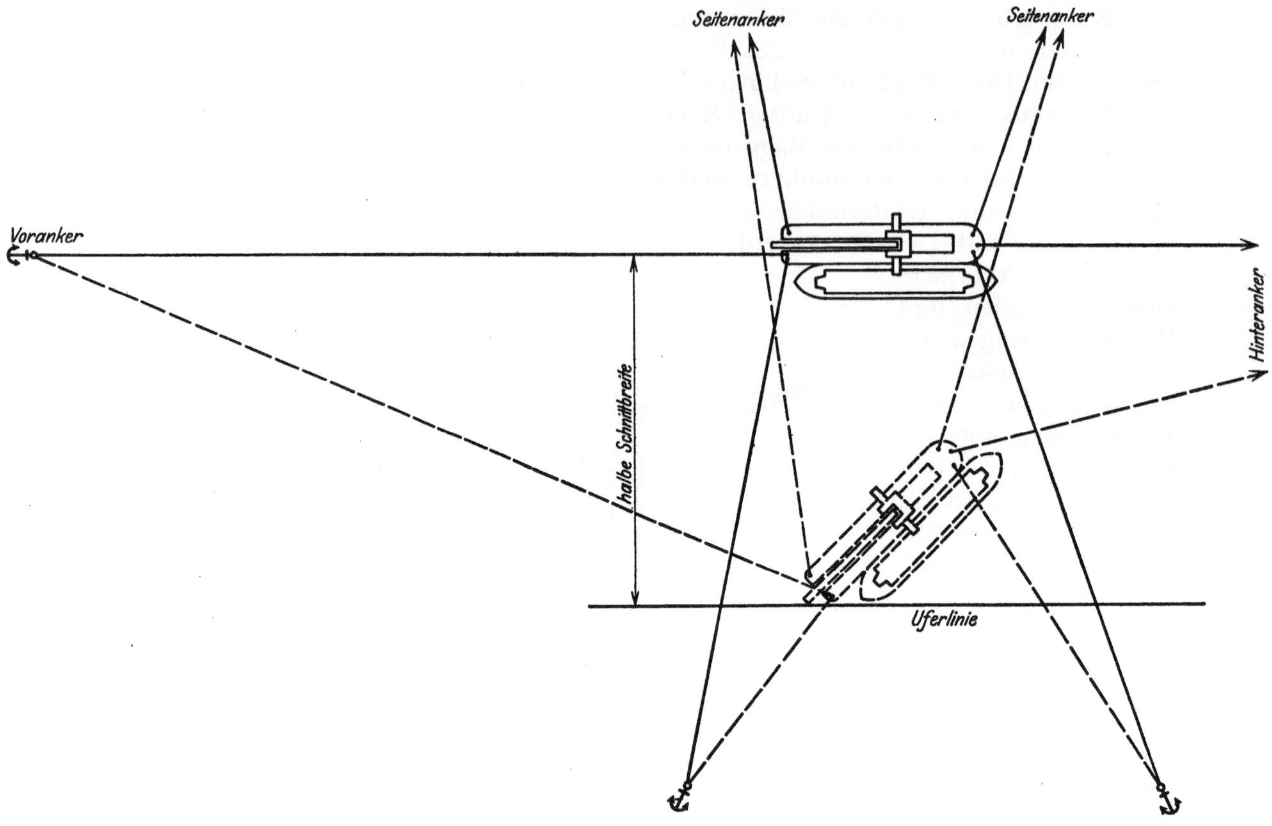

Abb. 13. Arbeitsweise der Eimerbagger in schmalen Flußläufen.

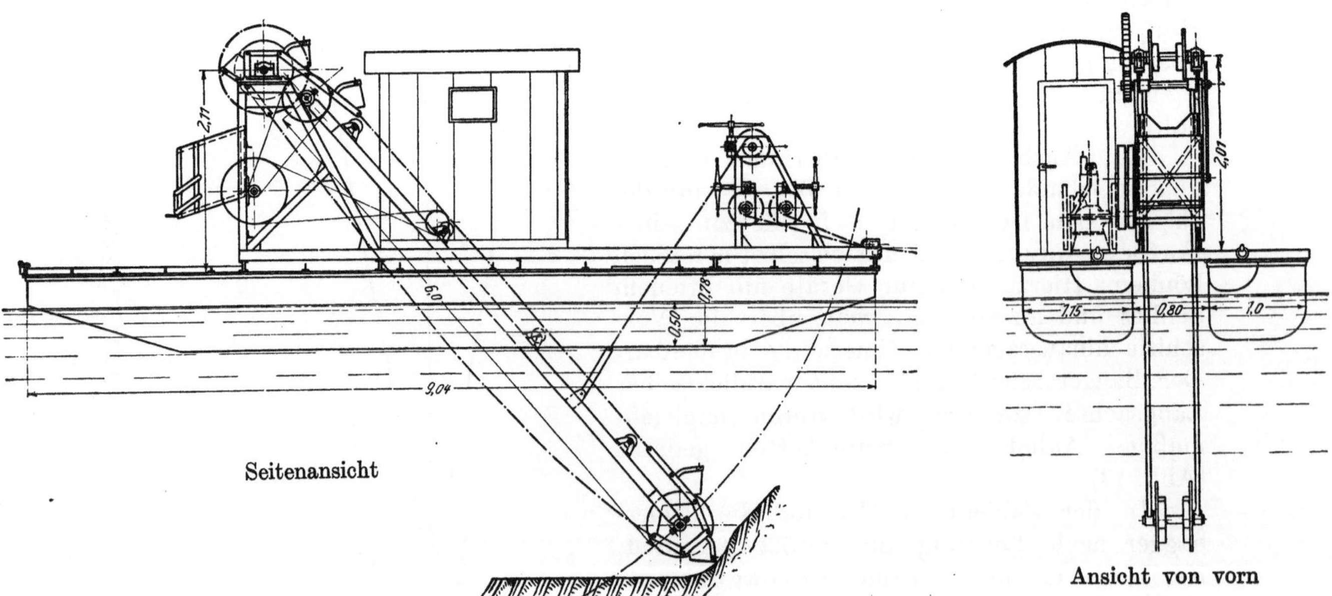

Abb. 14 u. 15. Eimerbagger mit Motorantrieb. Maßstab 1 : 80.

neren Flüssen) Verwendung finden. Sie haben im allgemeinen die in Abb. 16 bis 18 dargestellte Form. Die geringe Breite der Gewässer verbietet gewöhnlich das Arbeiten mit nebenliegendem Prahm. Kleindampfbagger werden deshalb fast durchweg als Hinterschütter mit offenem Schlitz gebaut und arbeiten vor einem Voranker, zwei vorderen und zwei hinteren Seitenankern; die hinteren Seitenanker sind bei sehr kleinen Baggern entbehrlich. Zum Antrieb der Eimerkette wird, wegen ihrer großen Anpassungsfähigkeit an die stark wechselnde Beanspruchung, fast ausschließlich die Dampfmaschine verwendet. Ist die Zufuhr von Kohle und Wasser besonders schwierig und kommt es auf äußerste Gewichtsersparnis an, so können auch mit Vorteil Explosionsmotoren benutzt werden (Abb. 14 und 15).

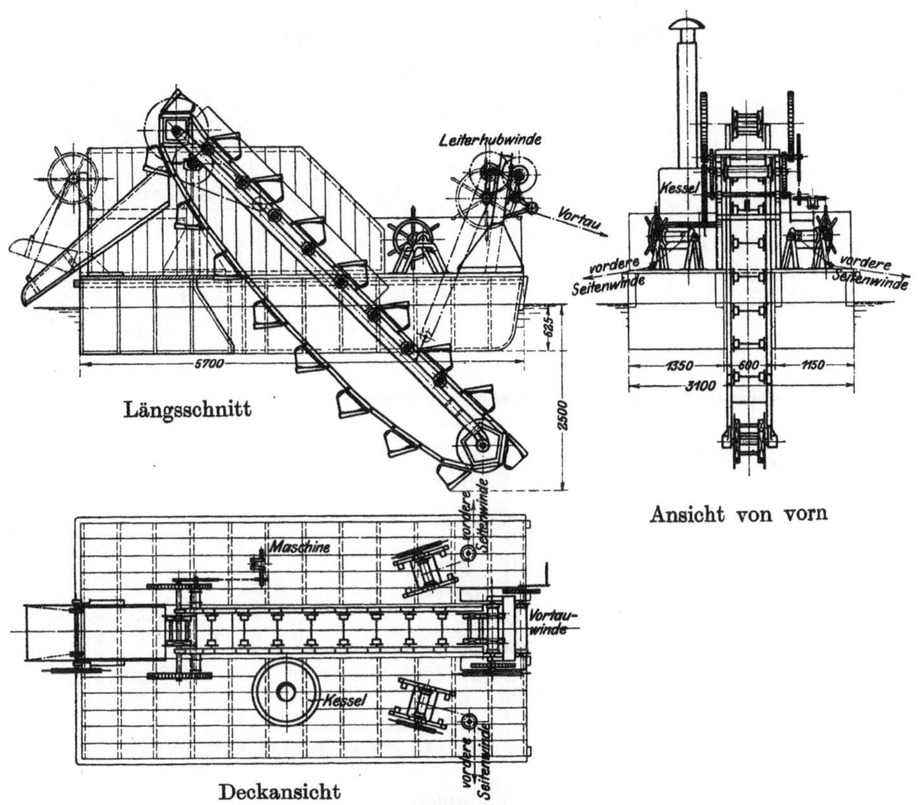

Abb. 16 bis 18. Eimerbagger für 8 cbm Stundenleistung (Zahlentafel IIa, Nr. 1). Maßstab 1 : 100.

1. Eimerbagger für 8 cbm Stundenleistung (Zahlentafel IIa, Nr. 1 und Abb. 16 bis 18). Das Schiffsgefäß ist sehr leicht gebaut und hat eine völlige, rechteckige Form. Wegen des geringen Tiefganges muß die richtige Schwimmlage möglichst ohne Einbau von Ballast erstrebt werden. Kessel und Maschine liegen deshalb getrennt zu beiden Seiten des Schlitzes und die Vorschiffe haben wegen des Gewichtsunterschiedes zwischen Kessel und Maschine verschiedene Breite. Das Baggerwerkzeug ist leicht gehalten. Der Turas wird von einer Einzylindermaschine mit Gliederkette und Zahnradübersetzung angetrieben. Der Bagger arbeitet mit einer Vorder- und mit zwei vorderen Seitenwinden, die ebenso wie die Leiterwinde und die Schüttrinnenwinde mit der Hand bedient werden.

Wohnräume für die Besatzung sind nicht vorgesehen.

2. Bagger für 12 cbm Stundenleistung (Zahlentafel IIa, Nr. 2). Das Schiffsgefäß besteht aus 2 getrennten Schwimmkästen, die vorn durch den Vorderbock,

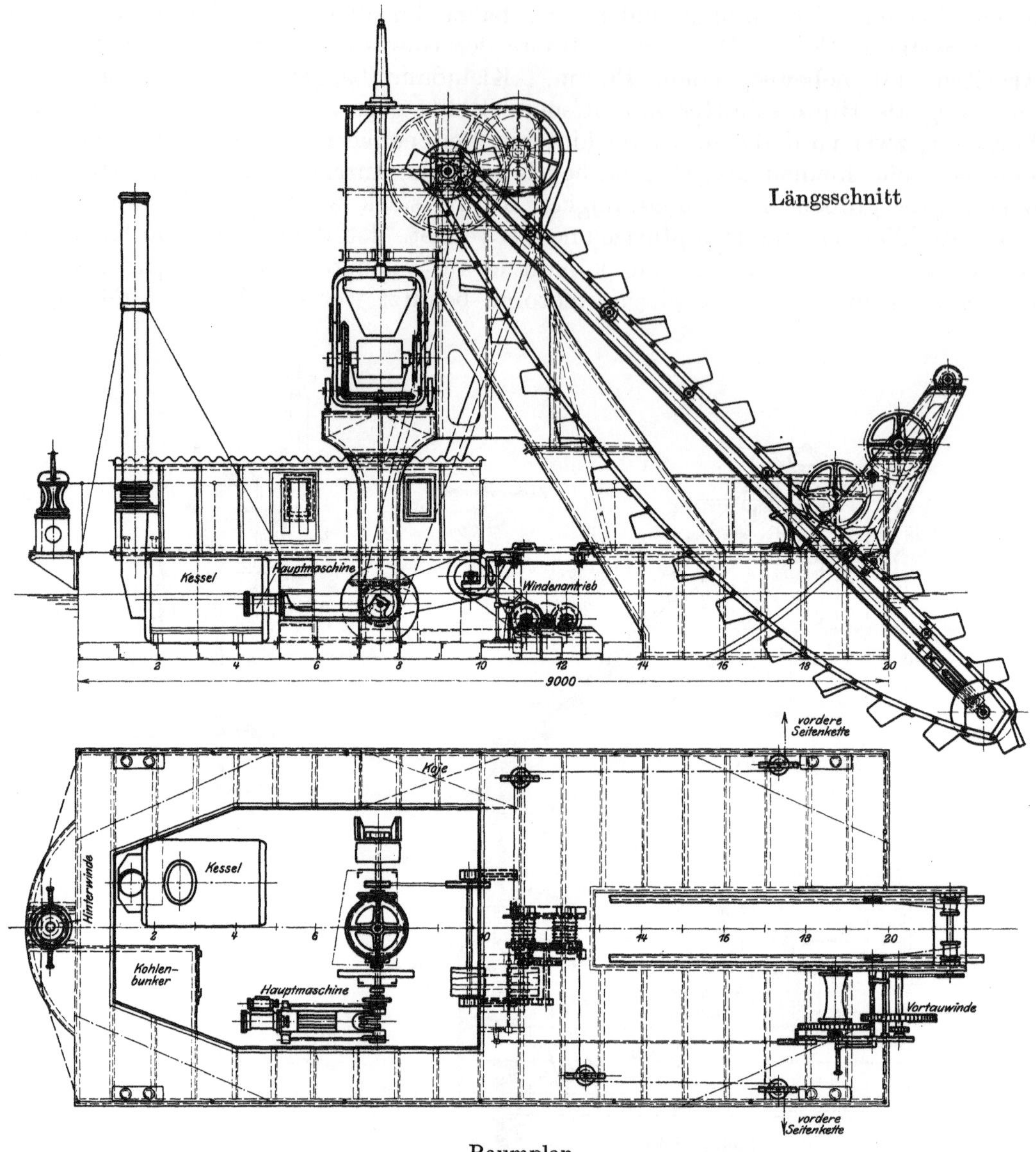

Abb. 19 u. 20. Eimerbagger für 12,5 cbm Stundenleistung (Zahlentafel IIa, Nr. 3). Maßstab 1:85.

hinten durch einen kräftigen Balken zusammengehalten werden. Kessel und Maschine liegen in einem Schwimmkasten.

Der Bagger hat dieselben Winden, wie der vorher beschriebene, jedoch werden die vorderen Seitenwinden durch Exzenterantrieb von der Turasvorgelegewelle aus bewegt. (Siehe auch Abb. 22 bis 25.)

3. Bagger für 12,5 cbm Stundenleistung (Zahlentafel IIa, Nr. 3 und Abb. 19 bis 21). Das Baggergut fällt durch einen Schüttkasten auf ein Förderband, das es an Land bringt. Eine solche Vereinigung des Baggergerätes mit einer Vorrichtung zum Beseitigen des Bodens ist bei kleinen Förderweiten sehr wirtschaftlich, wenn an den Ufern Ablagerflächen vorhanden sind. Der Träger des Förderbandes ist um eine Mittelsäule drehbar und durch ein Gegengewicht ausgeglichen. Der Boden kann also nach allen Seiten abgeworfen werden. Die Förderweite kann nur gering sein (etwa 10 m), da sonst das Gewicht der Förderanlage für den kleinen Bagger zu schwer

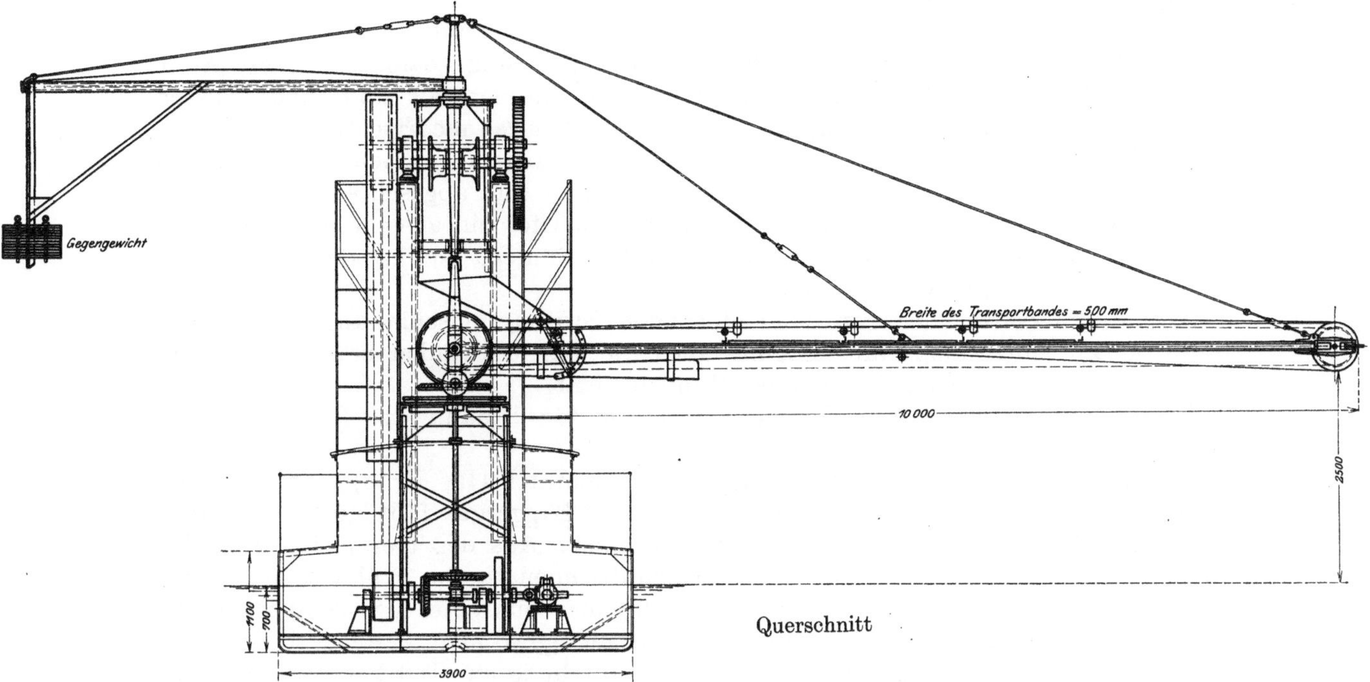

Abb. 21. Eimerbagger für 12,5 cbm Stundenleistung (Zahlentafel IIa, Nr. 3). Maßstab 1 : 85.

wird. Bei größeren Förderweiten (25 bis 30 m) wird das Gerüst auf dem Bagger verschiebbar und am Ufer auf einem auf Schienen laufenden Wagen gelagert. Das Förderband wird durch eine Kratzerkette ersetzt. (Abb. 22 bis 25.)

Diese Anordnung gestattet das Abwerfen des Baggergutes in Wagen, weil das Fördergerüst ruht und der Bagger seitlich unter ihm wandert, während die zuerst beschriebene Einrichtung der Scherbewegung des Baggers folgt. Werden die Förderweiten zu groß und Förderband- oder Kratzergerüst zu schwer, so ist eine Schwemmvorrichtung am Platze. (Vgl. Abb. 33 und 34.) Das Baggergut fällt einer Kreiselpumpe zu, die es unter Wasserzusatz durch eine schwimmende Rohrleitung an Land fördert.

4. **Bagger für 20 cbm Stundenleistung** (Zahlentafel IIa, Nr. 4 und Abb. 22 bis 25). Der Bagger hat die oben erwähnte Kratzerförderung, die von der Hauptmaschine angetrieben wird. Die Eimerleiter ist am Bock verschiebbar gelagert, so daß die Neigung der Leiter entsprechend der Baggertiefe eingestellt werden kann. Die Arbeitswinden werden durch Exzenter von der Turas-Vorgelegewelle aus angetrieben (Bauart Wens). Zum Durchfahren niedriger Brücken kann bei diesem Gerät der Turas nach unten verschoben werden. Zu dem Zweck werden die Turasständer mit dem Oberturas, dessen Vorgelege und dem oberen Teil der Schüttrinne mit Spindeln gesenkt. (Siehe Abb.) Abzubauen ist hierzu nur der untere Teil der Schüttrinne und ein Teil der Schutzbleche.

5. **Bagger für 20 cbm Stundenleistung** (Zahlentafel IIa, Nr. 5). Der Bagger ähnelt in seiner Gesamtanordnung dem unter Nr. 4 beschriebenen, er hat jedoch keine Einrichtung zum Beseitigen des Baggergutes.

6. **Eimerbagger für 25 cbm Stundenleistung** (Zahlentafel IIa, Nr. 6). Der Bagger unterscheidet sich von dem unter Nr. 5 der Zahlentafel angeführten nur dadurch, daß seine Vorderwinde von der Hauptmaschine, die 4 Seitenwinden von Hand bewegt werden. Für den maschinellen Antrieb der Vorderwinde liegt bei Kleindampf-

baggern eine Notwendigkeit nur dann vor, wenn das Gerät in einem Wasserlauf mit scharfer Strömung arbeitet, gegen die es angeholt werden muß.

7. Eimerbagger „ED VI" für 30 cbm Stundenleistung (Zahlentafel IIa, Nr. 7 und Abb. 26 bis 29). Sämtliche Teile des Baggers, die mehr àls 2,3 m über Wasser liegen, können abgebaut werden, um mit dem Gerät durch niedrige Brücken fahren zu können. Dabei wird die Leiter um einen in ihrer Mitte angebrachten Drehzapfen umgelegt. Die äußeren Ecken an beiden Vorschiffen sind abgeschrägt, so daß das Gerät beim Freibaggern möglichst weit nach dem Ufer hin ausscheren kann. Für sehr enge Wasserläufe empfiehlt es sich unter Umständen, dem ganzen Schiff ovale Form zu geben (vgl. Abb. 30 bis 32).

Die Eimerkette wird von einer stehenden Zwillingsmaschine angetrieben, die mit Riemen- und Zahnradübertragung auch die 4 Seitenwinden bewegt. Vorder- und Eimerleiterwinde werden mit der Hand bedient.

Vor dem Maschinenraum ist ein Wohnraum für 2 Mann der Besatzung vorgesehen.

8. Bagger für 40 cbm Stundenleistung (Zahlentafel IIa, Nr. 8). Der Bagger dient zur Gewinnung von Geröll und Sand. Das Baggergut fällt über eine kurze Rinne in eine drehende doppelwandige Siebtrommel. Aus der Trommel gelangt der Kies in 2 Größen getrennt über seitliche Schüttrinnen in die Prähme; die in der Trommel zurückbleibenden Steine fallen durch einen senkrechten Schacht wieder in das Wasser zurück. Soll das Baggergut ungesiebt gewonnen werden, so wird die Trommel still gestellt und aus ihren beiden Mänteln je ein Teil herausgenommen, so daß der Kies unmittelbar über die Schüttrinne in die Prähme gelangt. Siebtrommel und Eimerkette werden von der Hauptmaschine durch Riemen angetrieben. Das Schiffsgefäß des Baggers besteht aus 2 Tragschiffen von je 2,85 m Breite. Die Tragschiffe sind fest miteinander verbunden und mit glatten Blechen wasserdicht abgedeckt. Bemerkenswert an dem Bagger ist die verhältnismäßig große Baggertiefe von 12 m im Vergleich zu den sonst geringen Abmessungen des Gerätes.

9. Bagger für 40 cbm Stundenleistung (Zahlentafel IIa, Nr. 9 und Abb. 33 und 34). Der Bagger fördert den Boden mit einer Pumpe durch eine schwimmende Rohrleitung an Land. Er hat ein großes Schiffsgefäß mit geräumigem Hinterschiff, in dem Kessel und Maschinen für den Antrieb der Eimerkette, der Spülpumpe und der Zusatzwasserpumpe stehen.

Die Förderpumpe hat 750 mm Kreiseldurchmesser und 4 Flügel von 175 mm Breite. Sie macht 300 bis 450 Umdrehungen je nach der Förderweite und wird von einer besonderen Verbundmaschine von 230 und 390 mm Zylinderdurchmesser und 200 mm Hub angetrieben, die bei 200 minutlichen Umdrehungen 70 PS$_i$ leistet. Das Zusatzwasser wird von einer Kreiselpumpe von 4,8 cbm/min Leistung geliefert, zu deren Antrieb eine kleine 10 PS$_i$ Einzylinder-Maschine von 130 mm Zylinderdurchmesser und 100 mm Hub bei 500 Umdrehungen in der Minute dient. Der Bagger kann mit dieser Anlage in der Stunde 40 cbm Boden durch eine 220 mm weite Rohrleitung 600 m weit 2 m hoch spülen. Die von der Hauptmaschine angetriebenen Winden werden vom Stand des Baggermeisters aus durch Handhebel gesteuert.

10. Bagger für 50 cbm Stundenleistung (Zahlentafel IIa, Nr. 10, Abb. 35 u. 36). Der Bagger entspricht in seiner Gesamtanordnung dem unter Nr. 5 der Zahlentafel aufgeführten. Er kann mit einem Spüler (vgl. S. 17) fest gekuppelt werden, in dessen Trichter er das Baggergut ausschüttet.

11. Bagger für 50 cbm Stundenleistung (Zahlentafel IIa, Nr. 11). Der Bagger hat verschieden breite Vorschiffe. In dem breiteren sind Kessel und Maschine aufgestellt. Sämtliche Winden werden von der Hauptmaschine angetrieben und vom Baggermeister mit Stellhebeln gesteuert.

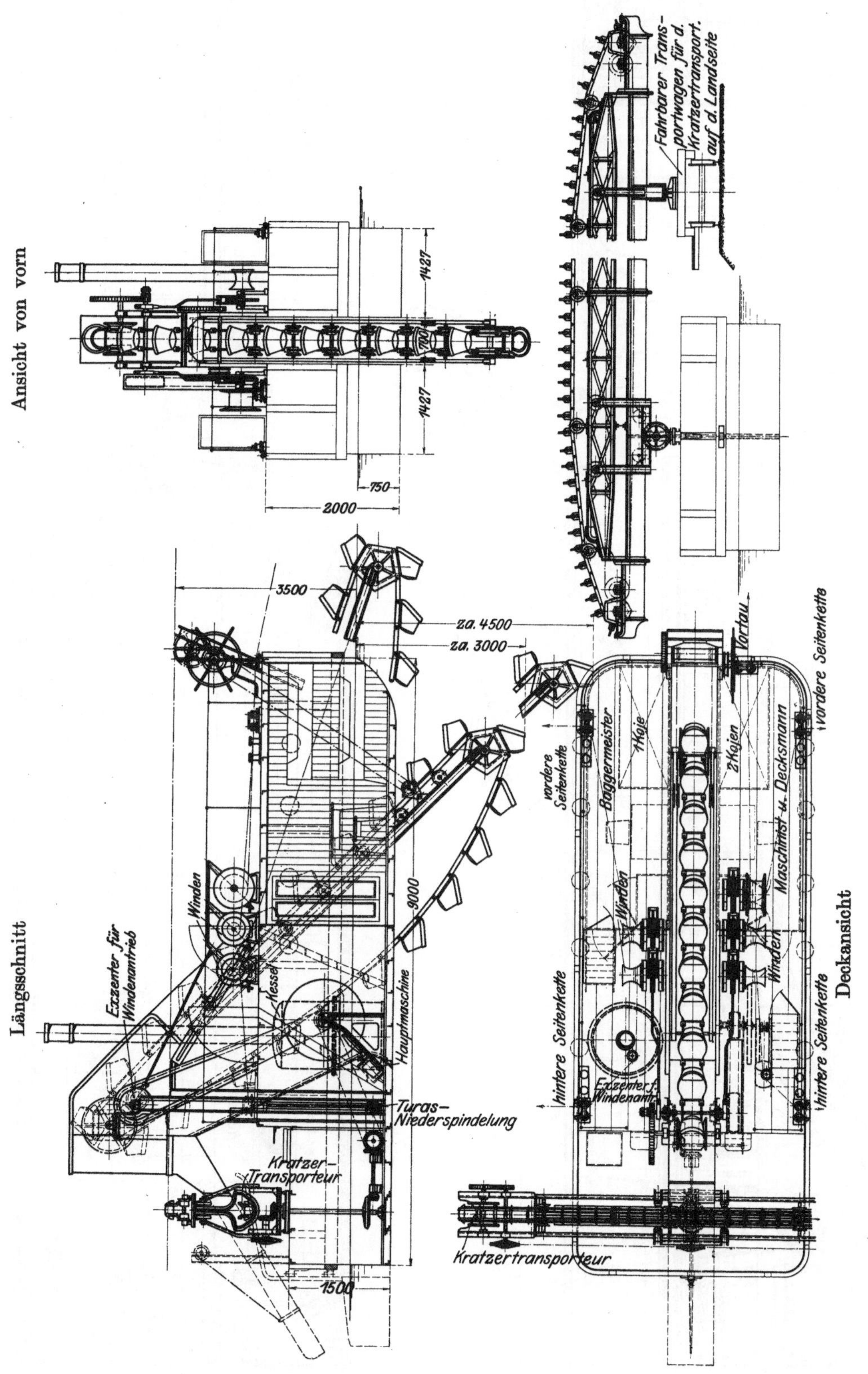

Abb. 22 bis 25. Eimerbagger für 20 cbm Stundenleistung (Zahlentafel IIa, Nr. 4). Maßstab 1 : 100.

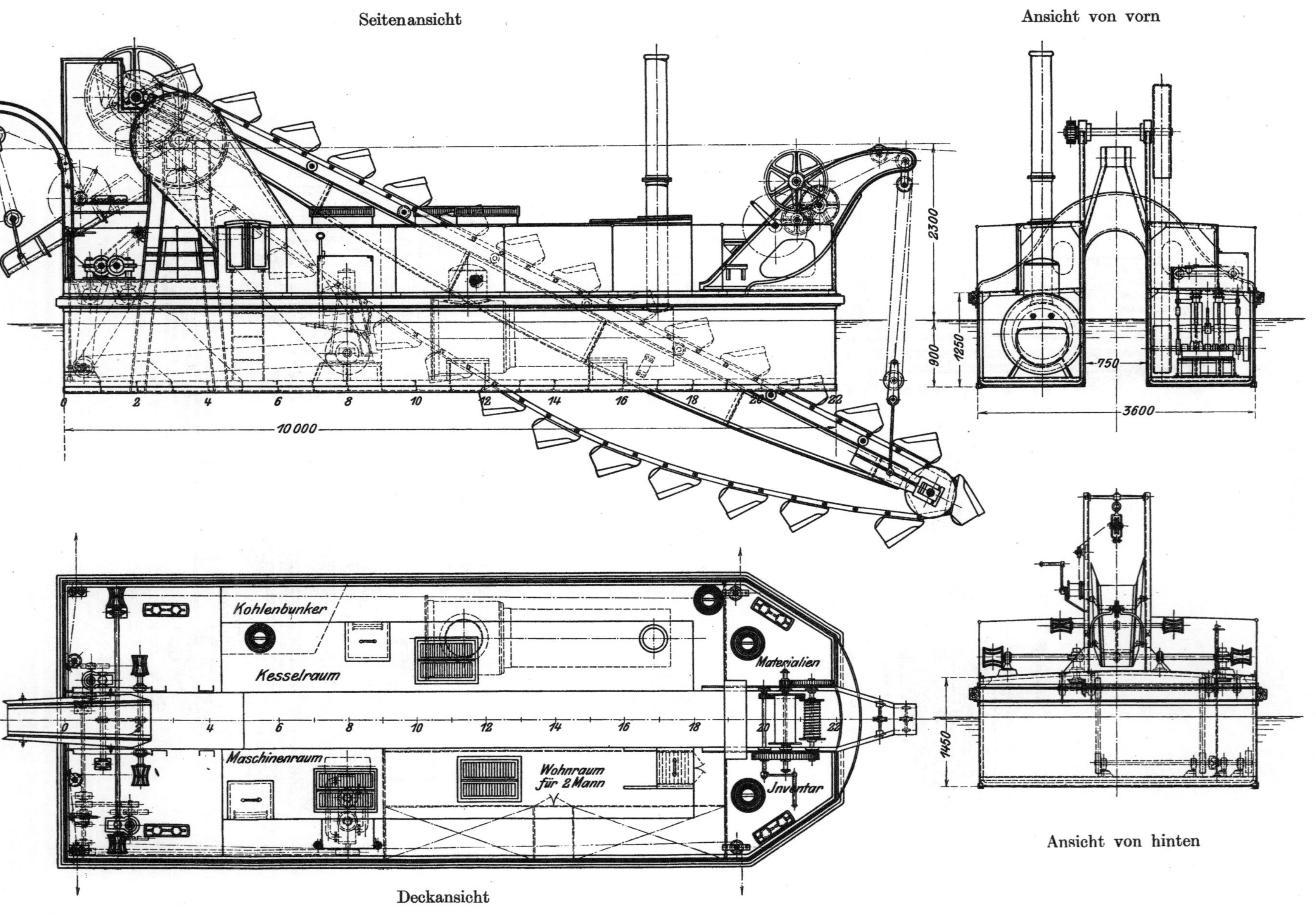

Abb. 26 bis 29. Eimerbagger E. D. VI für 30 cbm Stundenleistung (Zahlentafel IIa, Nr. 7). Maßstab 1 : 75.

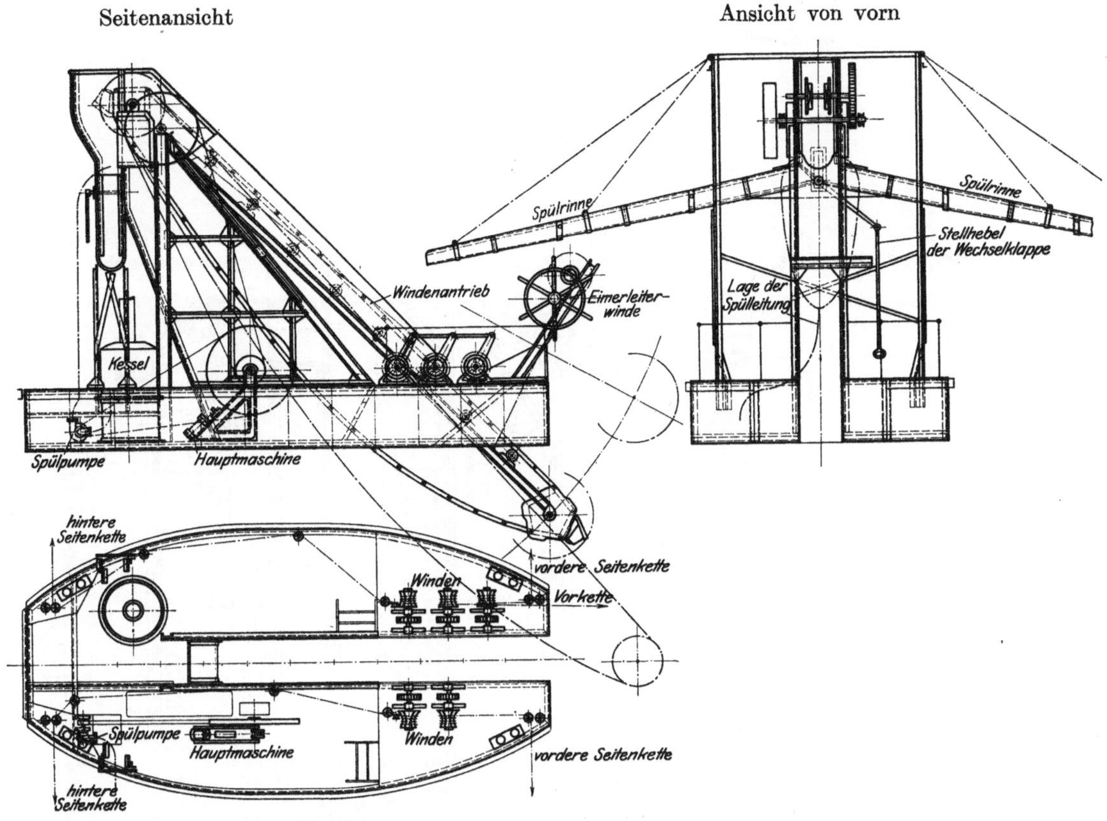

Abb. 30 bis 32. Eimerbagger mit ovalem Schiffsgefäß von Wens & Co. in Weinmeisterhorn.
Maßstab 1:100.

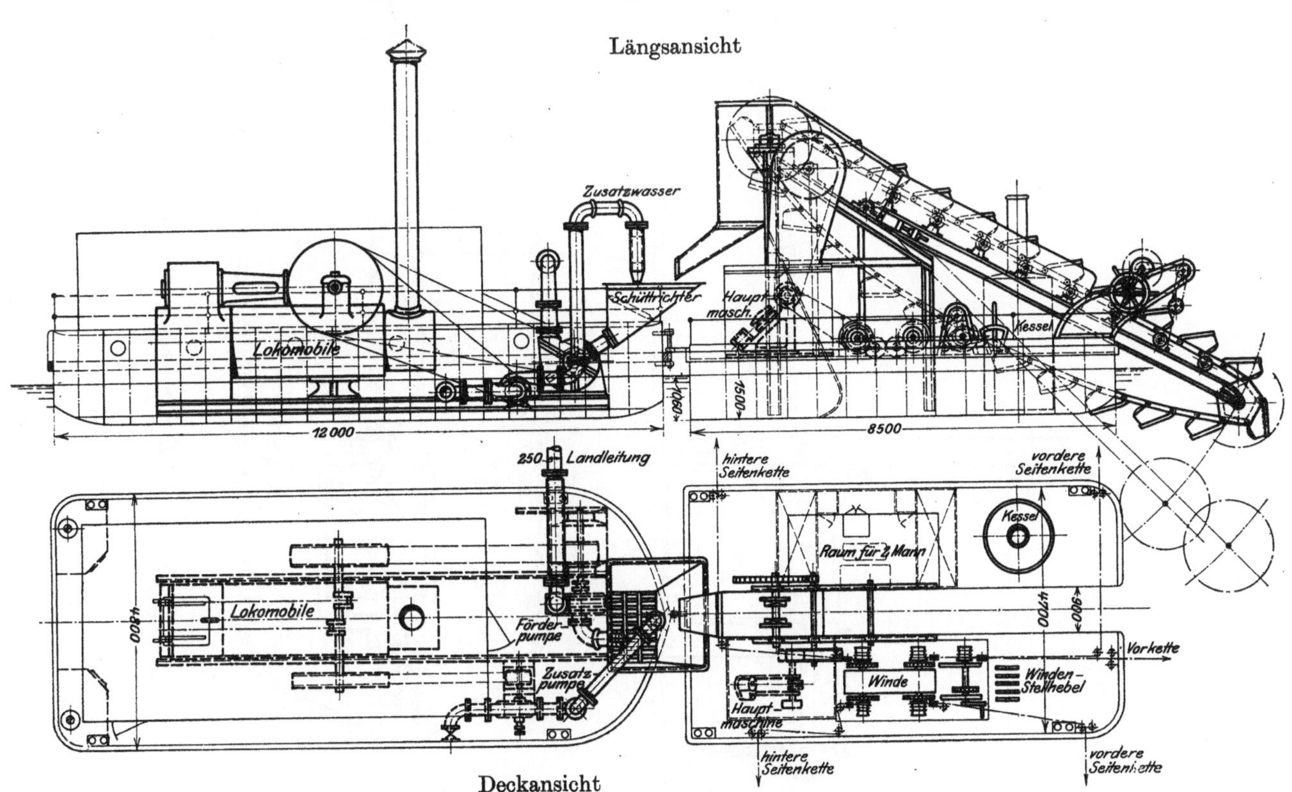

Abb. 35 u. 36. Eimerbagger für 50 cbm Stundenleistung (Zahlentafel IIa, Nr. 10 und Zahlentafel IVa,
Nr. 1). Maßstab 1:150.

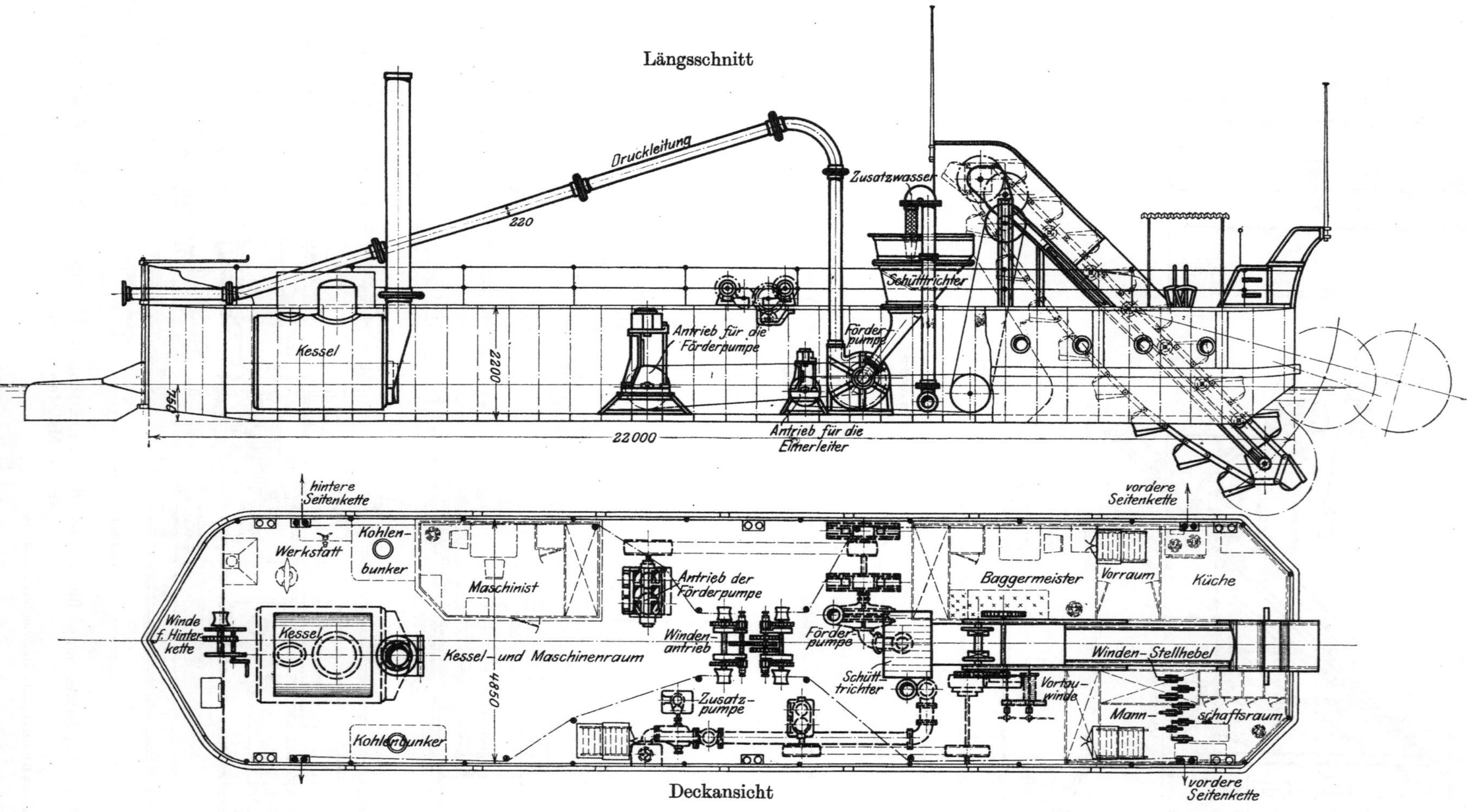

Abb. 33 u. 34. Eimerbagger für 40 cbm Stundenleistung (Zahlentafel IIa, Nr. 9). Maßstab 1:125.

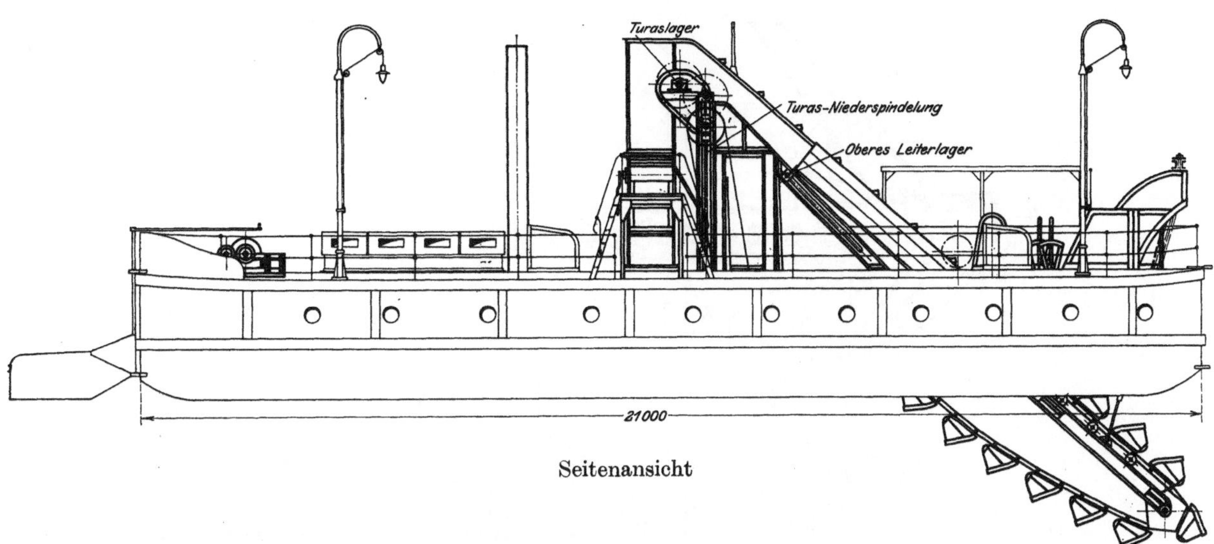

Abb. 37. Eimerbagger für 60 cbm Stundenleistung mit Turasniederspindelung (D.R.P. 144894) (Zahlentafel IIa, Nr. 13). Maßstab 1 : 150.

Die nächste Gruppe (Nr. 12 bis 31) umfaßt die mittelgroßen, im allgemeinen bei Flußbaggerungen verwendeten Geräte. Sie kennzeichnen sich durch kräftigere Bauart und größere Schiffsgefäße und sind ausnahmslos Seitenschütter mit offenem Schlitz. Kessel und Maschine liegen in dem geräumigen Hinterschiff vereinigt. Die Winden werden immer maschinell angetrieben und zwar entweder von der Hauptmaschine oder durch besondere Maschinen. Die Bagger arbeiten gewöhnlich vor 6 Ankern. Größere Bagger haben außer den Arbeitswinden noch eine Dampfwinde für 2 Schiffsanker. Wegen seiner Größe bietet das Schiffsgefäß stets ausreichenden Wohnraum für die ganze Mannschaft.

12. Bagger für 50 cbm Stundenleistung (Zahlentafel IIa, Nr. 12). Der Bagger hat die oben geschilderte allgemeine Anordnung.

13. Bagger für 60 cbm Stundenleistung (Zahlentafel IIa, Nr. 13, Abb. 37 bis 40). Der Turas kann bei diesem Bagger wie bei dem unter Nr. 4 beschriebenen Gerät niedergespindelt werden; im übrigen ist er wie Bagger Nr. 12 gebaut.

14. Bagger „Rügen" für 70 cbm Stundenleistung (Zahlentafel IIa, Nr. 14). Der Bagger hat die übliche Flußbaggerbauart, stehende Maschine, einfaches Turasvorgelege mit Riemenantrieb, Windenantrieb von der Hauptmaschine mit Betätigung vom Steuerstand aus.

15. Bagger für 75 cbm Stundenleistung (Zahlentafel IIa, Nr. 15). Nach Fortnahme einiger losnehmbarer Teile können die übrigen hochliegenden Teile des Baggers durch vier maschinell oder von Hand betriebene Spindeln soweit gesenkt werden, daß der höchste Punkt des Gerätes nicht mehr als 4,5 m über Wasser liegt. Der mittlere Teil der hinter dem Hauptgerüstbock eingebauten Schüttrinne wird dazu von den seitlichen Rinnenteilen gelöst und nach hinten verfahren. Dann wird die Eimerleiter mit ihrem vorderen Ende auf Tragrollen am Vorderbock gelegt, auf denen sie nach hinten gleitet. Diese Anordnung ist ebenso, wie die unter Nr. 4 beschriebene, sehr zweckmäßig für Geräte, die gelegentlich niedrige Brücken durchfahren müssen.

16. Der Bagger für 75 cbm Stundenleistung (Zahlentafel II a, Nr. 16) ähnelt im allgemeinen dem unter Nr. 12 beschriebenen.

17. Bagger für 80 cbm Stundenleistung (Zahlentafel IIa, Nr. 17, Abb. 41 bis 43). Der Bagger ist, ähnlich wie Nr. 8, für Kies- und Geröllgewinnung gebaut. Er schüttet das Baggergut in eine Siebtrommel, aus der es nach 3 Größen getrennt in

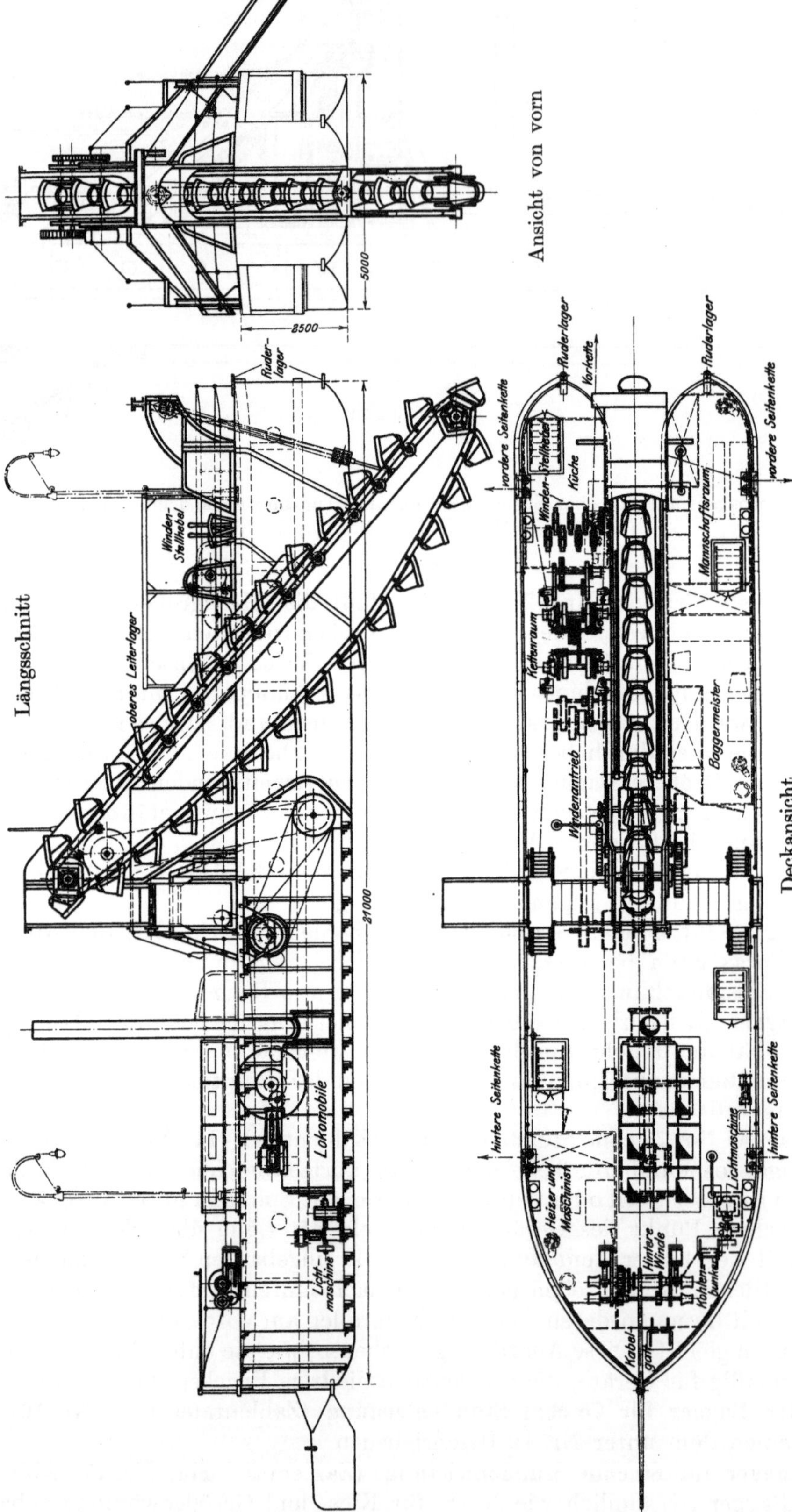

Abb. 38 bis 40. Eimerbagger für 60 cbm Stundenleistung mit Turasniederspindelung (D.R.P. 144894) (Zahlentafel IIa, Nr. 13). Maßstab 1:150.

Prähme gefördert wird. Siebtrommel und Fördervorrichtung werden von der Hauptmaschine angetrieben. Der Bagger kann auch nach Backbord hin das Baggergut unmittelbar in Prähme fördern. Auf dem Hinterdeck steht ein Dampfspill zum Heranholen der Prähme.

18. Der Bagger „ED IV" für 100 cbm Stundenleistung (Zahlentafel IIa, Nr. 18) hat die übliche Flußbaggerbauart. Die Hauptmaschine ist stehend gebaut.

19. Der Bagger „VIII" für 125 cbm Stundenleistung (Zahlentafel IIa, Nr. 19) ähnelt dem vorigen. Die Hauptmaschine ist liegend gebaut. Die Seitenketten können über Deck oder durch Kettenschächte geführt werden, letzteres um die Ketten möglichst tief unter Wasser ablaufen zu lassen, so daß sie die längsseit liegenden Prähme nicht beschädigen und in engen Fahrwassern die Schiffahrt nicht hindern. Die Winden werden von der Hauptmaschine durch Riemen angetrieben und vom Stand des Baggermeisters durch Hebel gesteuert.

20. Bagger für 130 cbm Stundenleistung (Zahlentafel IIa, Nr. 20, Abb. 44 bis 46). Der Bagger hat ähnliche Einrichtung wie der unter Nr. 17 der Zahlentafel aufgeführte. Er ist dafür bestimmt, größere Steine

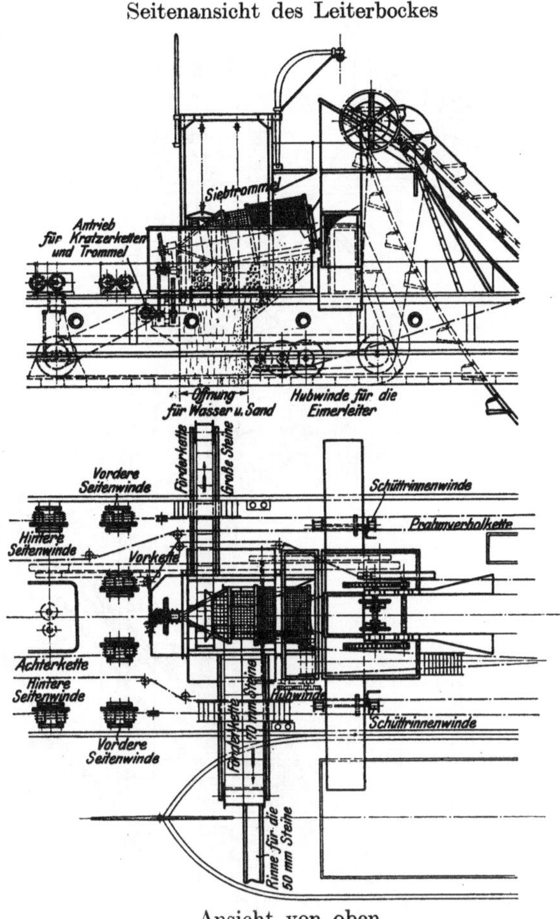

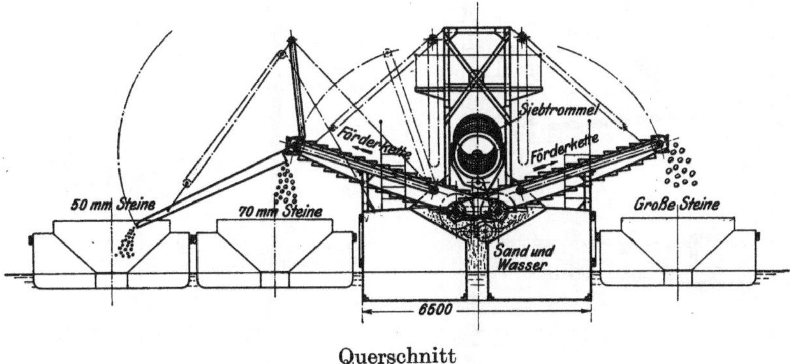

Abb. 41 bis 43. Eimerbagger für 80 cbm Stundenleistung mit Siebtrommel (Zahlentafel IIa, Nr. 17). Maßstab 1:200.

und Felsstücke aus dem Flußbett zu beseitigen und zugleich kleinere Steine und Betonkies zu gewinnen. Die Eimerkette besteht deshalb abwechselnd aus gewöhnlichen Eimern, Körben und Reißern, mit denen das Baggergut gefördert und auf einen Rost im Schüttkasten geschüttet wird. Größere Steine fallen in die Backbord-Schüttrinne, das durchfallende Baggergut in die Steuerbord-Schüttrinne, die einen

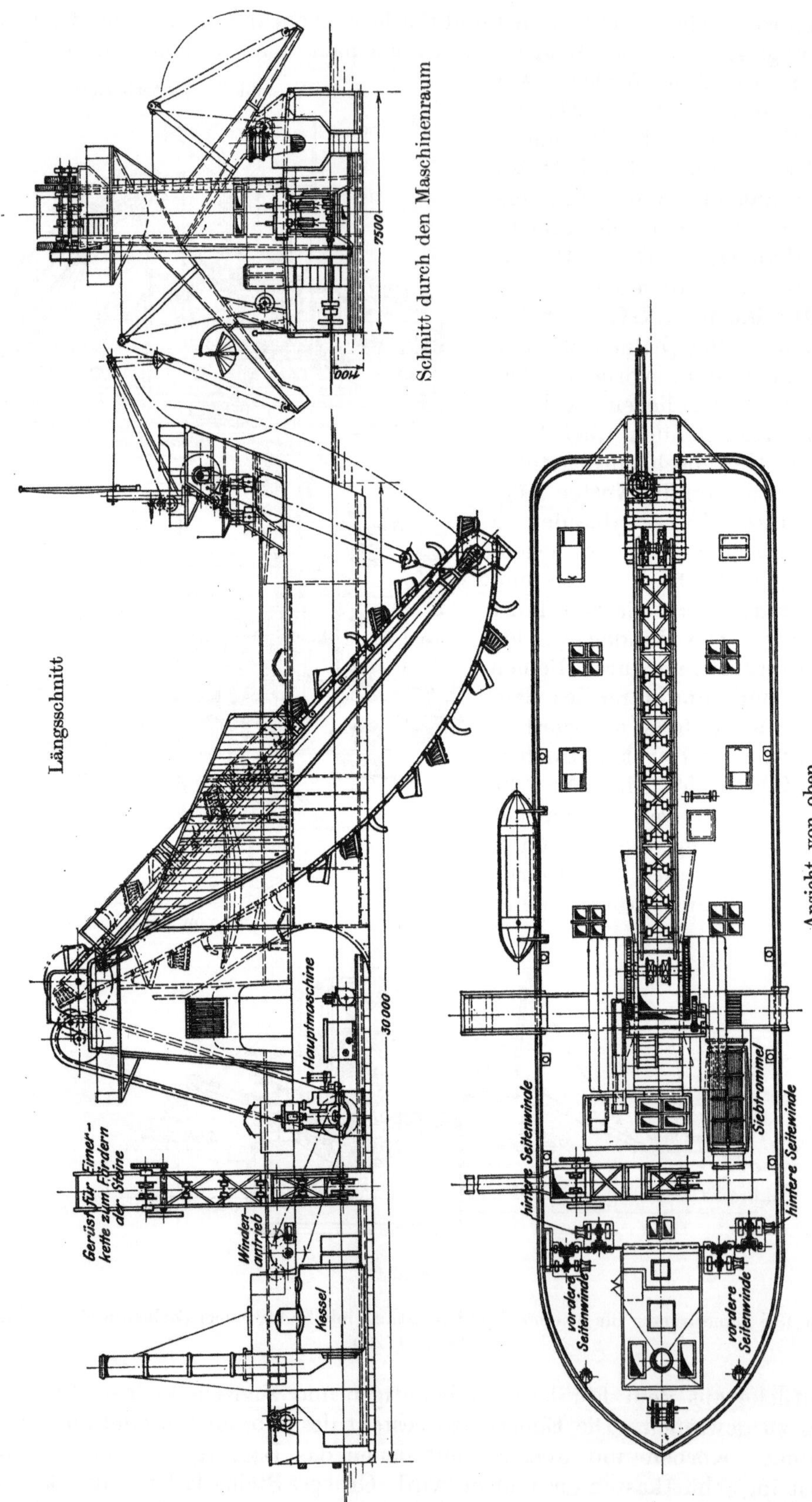

Abb. 44 bis 46. Eimerbagger für 130 cbm Stundenleistung (Zahlentafel IIa, Nr. 20). Maßstab 1:200.

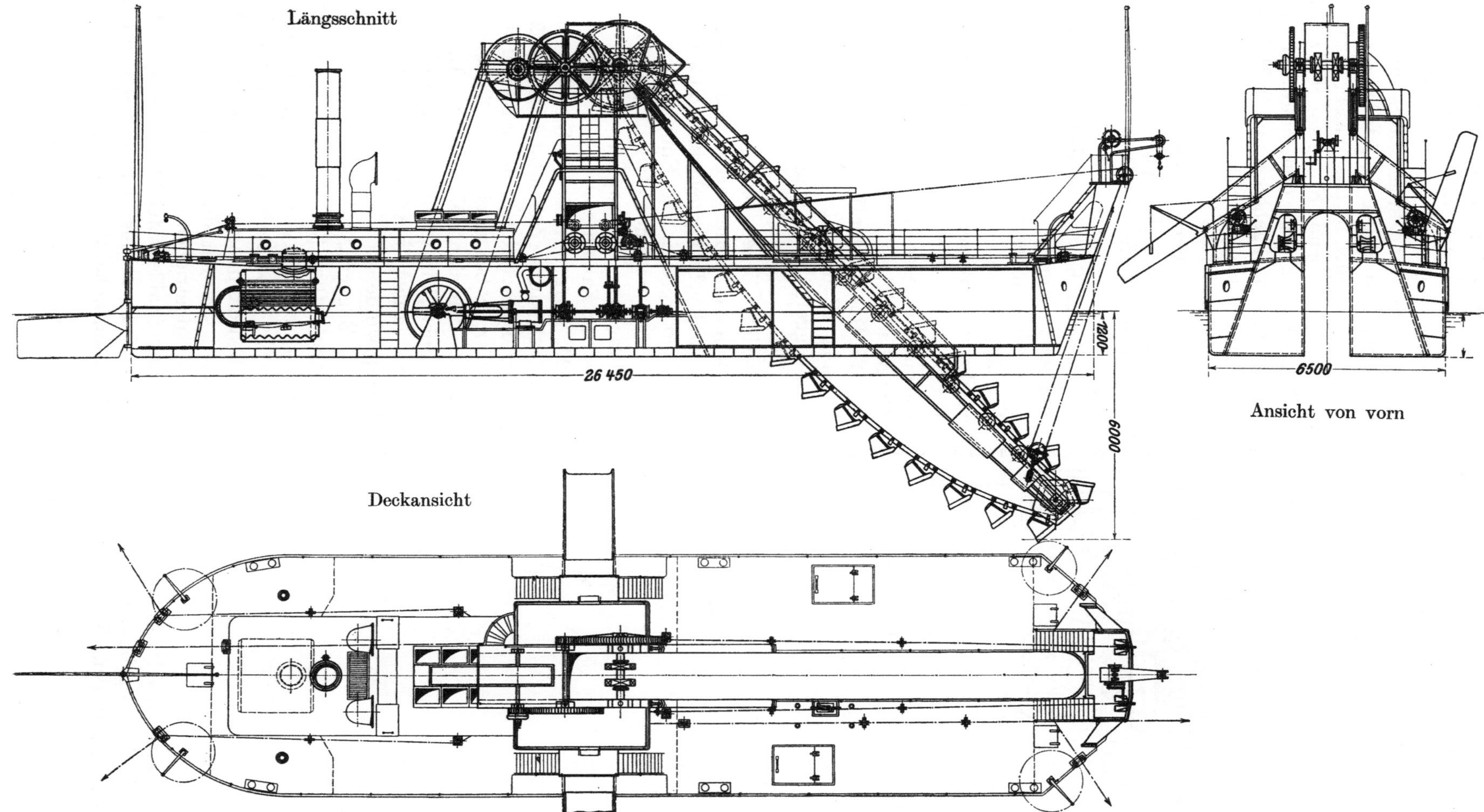

Abb. 47 bis 49. Eimerbagger „Sao Thomé" für 150 cbm Stundenleistung (Zahlentafel IIa, Nr. 23). Maßstab 1:175.

zweiten Rost zum Absondern kleiner Steine enthält, die auf der Rinne weiter gleiten. Der übrige Boden ruscht durch eine drehende Siebtrommel und wird mit einem kräftigen Wasserstrahl gewaschen. Dabei werden feiner Sand und sonstige Bodenteile ausgesondert und fallen durch die Siebtrommel und einen Schlitz unter der Trommel wieder in das Wasser zurück. Der übrig bleibende Kies gelangt in einen Sammelkasten, aus dem er durch eine Eimerkette hochgehoben und in Prähme verstürzt wird.

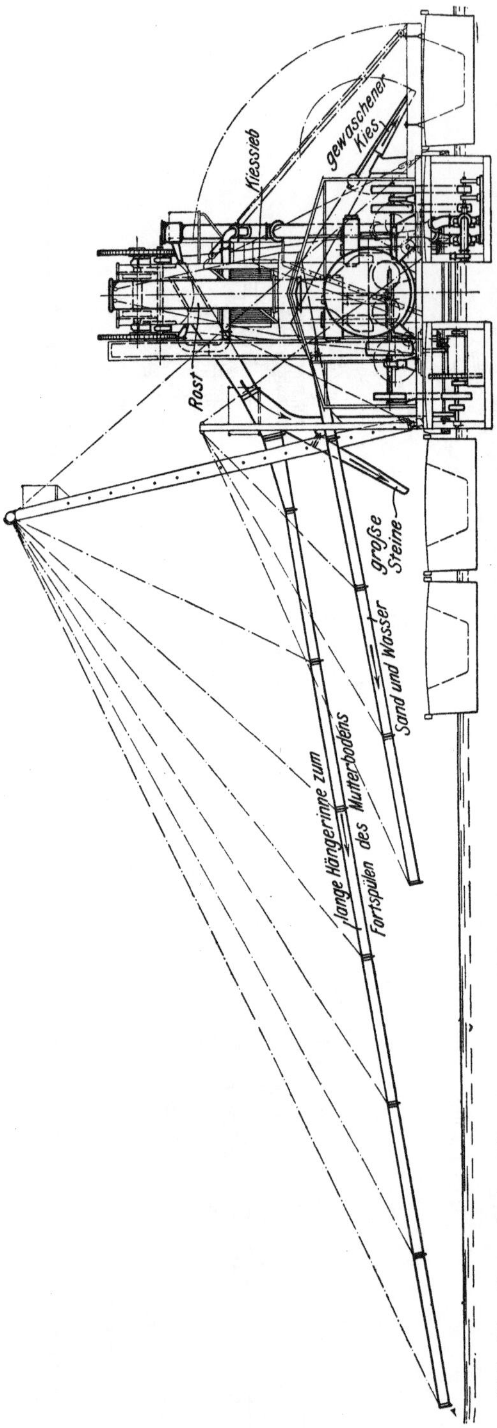

Solche Geräte können gewachsenen Fels nicht fördern. Das Gestein muß entweder schon brüchig oder durch Felsenbohrschiffe (vgl. Seite 105) vorgebrochen sein. Zum Fördern von vorgebrochenem Gestein werden auch Eimerbagger verwendet, auf deren Eimern Stahlzähne aufgesetzt sind (siehe Abb. 329 bis 336). Diese Bagger können bei ausreichend kräftiger Bauart der Eimerkette auch solche Felsarten fördern, die unter Wasser weich sind, z. B. Kreide, Mergel u. dgl.

21. Der Bagger für 130 cbm Stundenleistung (Zahlentafel IIa, Nr. 21) ist ein Flußbagger, der so eingerichtet ist, daß alle Teile, die mehr als 4 m über der Wasserlinie liegen, leicht entfernt werden können. Turasgerüst und Vorderbock sind gelenkig gelagert und können umgelegt werden. Die Eimerleiter dreht sich dabei um einen etwa in ihrer Mitte angebrachten Drehzapfen, ähnlich wie Nr. 7 der Zahlentafel.

22. Bagger „ED I" für 150 cbm **Stundenleistung** (Zahlentafel IIa, Nr. 22). In der Bauart ähnelt dieser Bagger dem unter Nr. 18 beschriebenen. Die Winden haben Einzelantrieb durch Dampfmaschinen; Hintertau und hintere Seitenketten laufen über eine gemeinsame Dampfwinde.

23. Bagger „São Thomé" für 150 cbm **Stundenleistung** (Zahlentafel IIa, Nr. 23, Abb. 47 bis 49). Der Bagger ähnelt dem unter Nr. 19 beschriebenen, jedoch laufen hier die Seitenketten nur über Deck. Die Winden werden durch Kegelrädervorgelege angetrieben.

Abb. 50. Querschnitt Eimerbagger mit Siebtrommel und Spülrinne zur Kiesgewinnung (Zahlentafel IIa, Nr. 25). Maßstab 1:200.

24. Bagger „XI" für 150 cbm Stundenleistung (Zahlentafel IIa, Nr. 24). Der Bagger ist ebenso gebaut wie Bagger Nr. 19. Statt der Riemen ist aber elektrische Übertragung für den Windenantrieb gewählt. Sämtliche Winden, d. h. die sechs

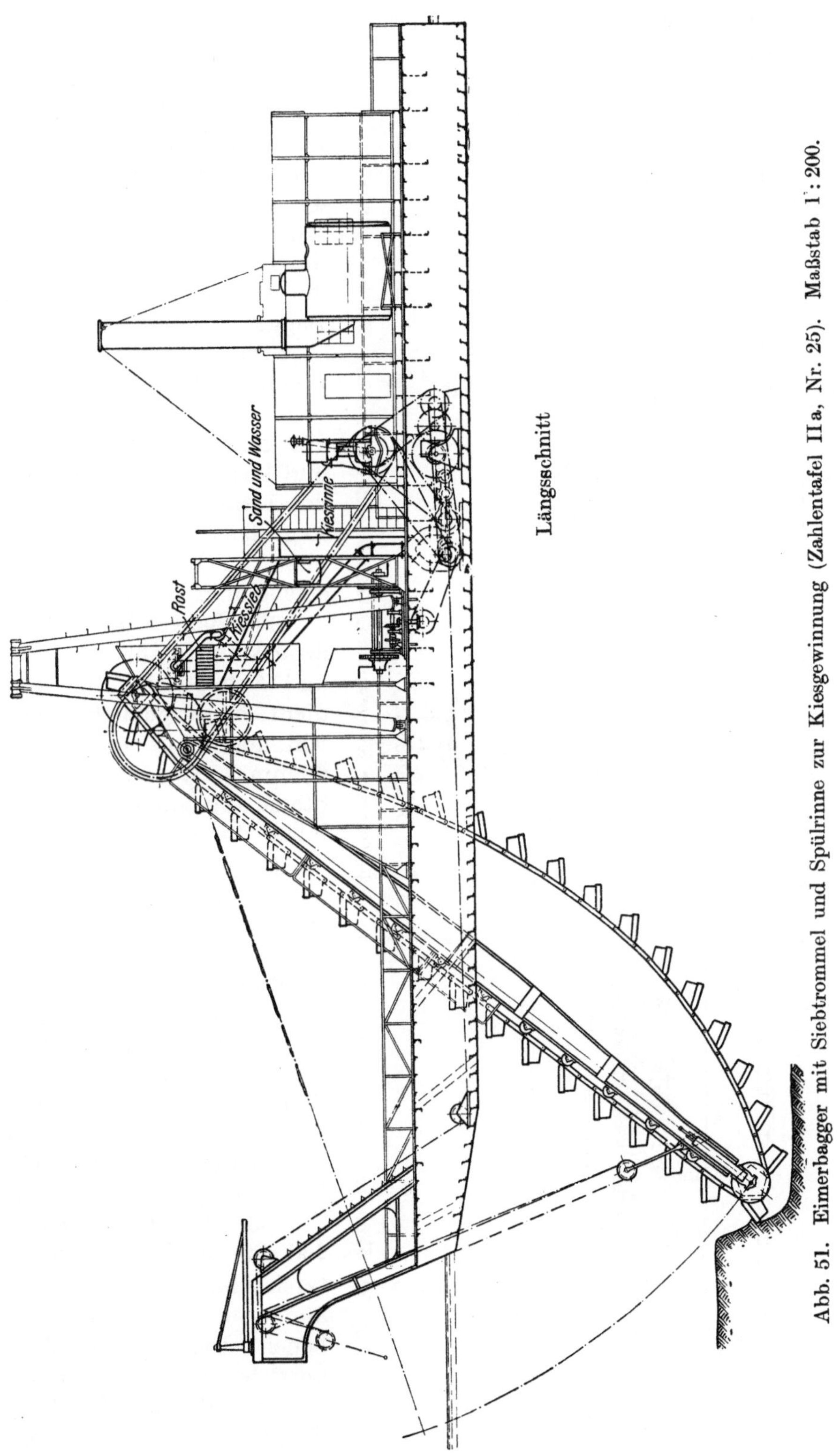

Abb. 51. Eimerbagger mit Siebtrommel und Spülrinne zur Kiesgewinnung (Zahlentafel IIa, Nr. 25). Maßstab 1:200.

Arbeitswinden, die Winden zum Heben der Eimerleiter und der Schüttrinnen und die Spills zum Verholen der Prähme haben besondere Elektromotoren. Für die Schiffsanker ist eine Dampfwinde vorgesehen, um sie von der Hauptmaschine unabhängig zu machen. Den Strom für die Winden erzeugt eine von der Hauptmaschine mit Riemen angetriebene Dynamo.

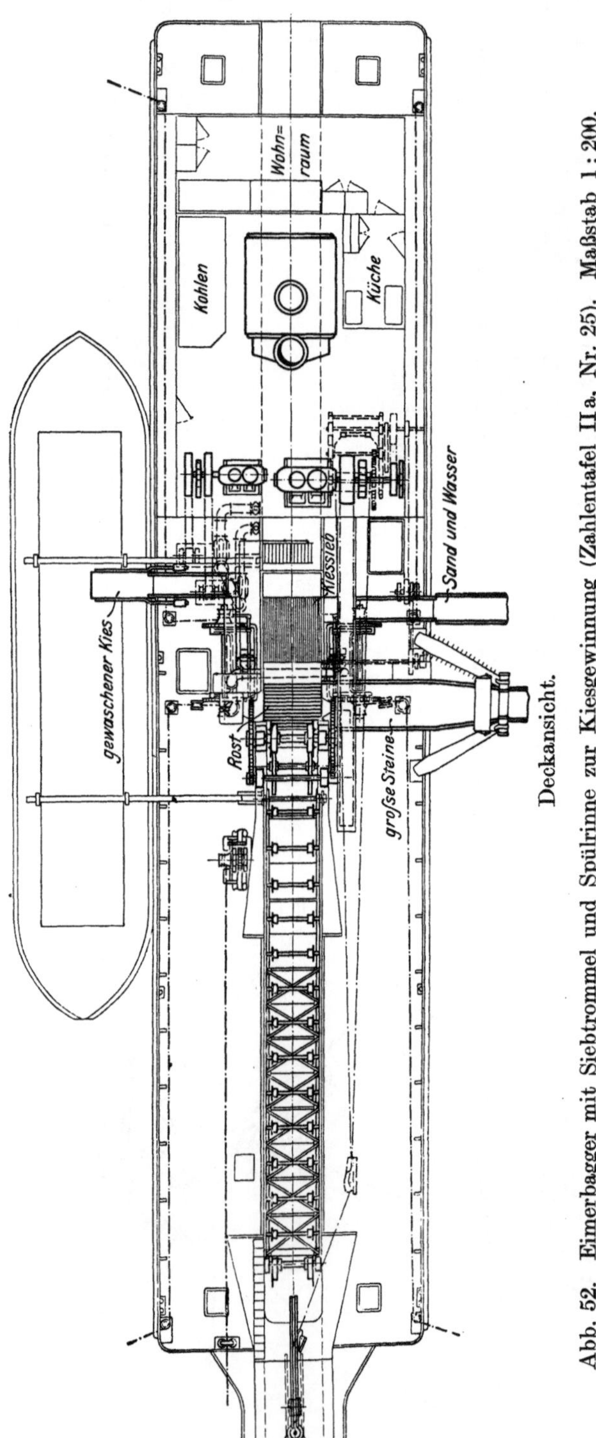

Abb. 52. Eimerbagger mit Siebtrommel und Spülrinne zur Kiesgewinnung (Zahlentafel IIa, Nr. 25). Maßstab 1 : 200.

Wird die Hauptmaschine durch schweren Boden für den Eimerkettenantrieb voll ausgenutzt, so liefert die reichlich bemessene Lichtdynamo den Strom für die vier Seitenwinden und die Vortau- oder die Leiterwinde. Die Anlasser für die Winden sind am Stand des Baggermeisters vereinigt.

Die Ansichten über die Verwendung des elektrischen Stromes beim Baggerbetrieb sind geteilt. Die ganze Anlage wird vielteiliger und kostspieliger. Ob die Vorteile des elektrischen Windenantriebes so groß sind, daß trotzdem Ersparnisse im Betrieb erzielt werden, erscheint fraglich.

25. Bagger für 180 cbm Stundenleistung (Zahlentafel IIa, Nr. 25 und Abb. 50 bis 52). Der Bagger dient hauptsächlich zur Kiesgewinnung. Auf einem Rost von 60 mm l. W. werden die groben Steine abgesondert. Kies und Sand fallen durch den Rost auf ein Sieb, dessen Maschenweite der Größe des zu gewinnenden Kieses entspricht. 2 Pumpen von je 4 cbm je Minute Leistung waschen den Sand aus, der entweder in einem Prahm aufgefangen werden kann oder in die Kiesgrube zurückfällt. Der Kies gleitet in einen Prahm. Zum Antrieb der Pumpen ist eine Maschine von 215 und 350 mm Zylinderdurchmesser und 240 mm Hub vorhanden.

26. Bagger „Stettin II" für 200 cbm Stundenleistung (Zahlentafel IIa, Nr. 26). Der Bagger ähnelt dem unter Nr. 22 beschriebenen. Die Winden haben Einzelantrieb. Auf dem Vorderbock steht eine Winde mit Greifer von 3 t Tragkraft zum Beseitigen von Holz, größeren Steinen u. dgl. aus den Eimern. Die Hinterwinde betätigt die beiden hinteren Seitenketten, das Hintertau, eine Schiffsankerkette und ein Seil zum Pfahlziehen, welches über einen Ausleger mittels Flaschenzug 30 t heben kann.

27., 28., 29. Die Bagger „VII, III, ED II" für 220 cbm Stundenleistung (Zahlen-

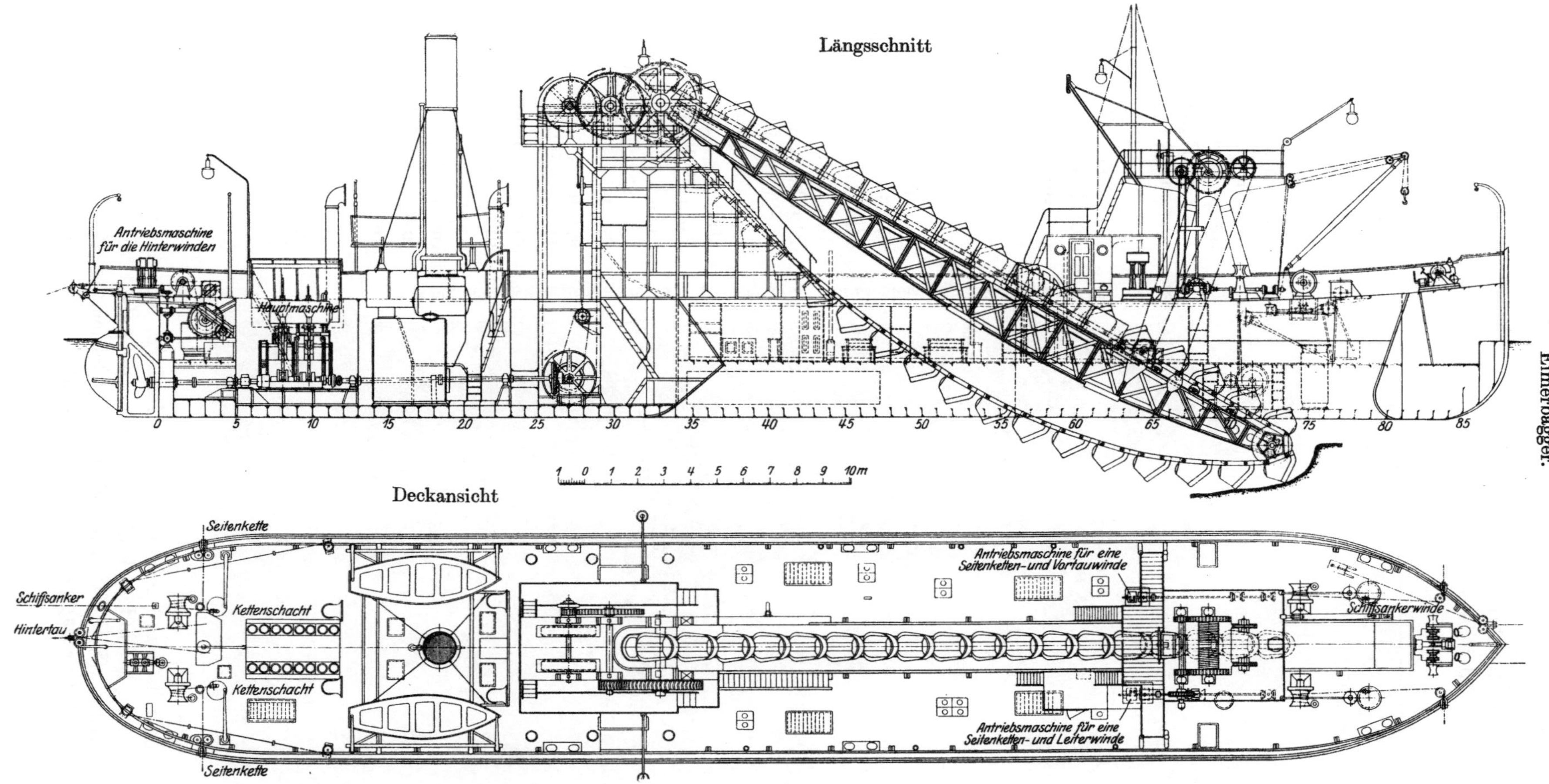

Abb. 53 u. 54. Eimerbagger ED III für 250 cbm Stundenleistung. (Zahlentafel II a, Nr. 33). Maßstab 1 : 250.

tafel IIa, Nr. 27 bis 29) haben die unter Nr. 19 beschriebene Bauart. Sie sind im ganzen größer und schwerer gehalten, als die vorher beschriebenen, weil sie auch zu Arbeiten im Haff und Mündungsgebiet benutzt werden, wo sie den Witterungseinflüssen mehr ausgesetzt sind.

30. Bagger „ED VII" **für 250 cbm Stundenleistung** (Zahlentafel IIa, Nr. 30) ähnelt den unter 27 bis 29 aufgeführten. Die Winden haben Einzelantrieb, wie Nr. 22 und 26.

31. Der Bagger „X" **für 250 cbm Stundenleistung** (Zahlentafel IIa, Nr. 31) ist gebaut wie Bagger Nr. 24 und hat ebenfalls elektrischen Windenantrieb.

Die letzte Gruppe (Nr. 32 bis 48 der Zahlentafel) umfaßt die Seebagger. Sie ähneln in der Bauart den Flußbaggern, sind aber erheblich größer und kräftiger und für größere Baggerleistungen und -tiefen gebaut. Zum Teil sind sie mit Fahrmaschinen ausgerüstet, wenn sie an Stellen arbeiten sollen, die Wind und Seegang besonders ausgesetzt sind und Dampferhilfe zum Bergen des Baggers bei Seenot nicht schnell zur Hand sein kann. Die Arbeitswinden der größeren Bagger haben fast ausschließlich Einzelantrieb.

32. Bagger „I BH" **für 120 cbm Stundenleistung** (Zahlentafel IIa, Nr. 32). Der Bagger dient vornehmlich zur Beseitigung von losem Felsgeröll und Sand; er kann aber auch weichen

Abb. 55. Eimerbagger ED III für 250 cbm Stundenleistung (Zahlentafel IIa, Nr. 33).

gewachsenen Fels (Sandstein und Mergel) fördern. Demgemäß sind Schiffsgefäß und Baggerwerkzeug besonders kräftig gebaut. Die Arbeitswinden haben Einzelantrieb.

33. Bagger „ED III" **für 250 cbm Stundenleistung** (Zahlentafel IIa, Nr. 33 und Abb. 52 bis 55). Der Bagger hat Schiffsform und Schraube. Zum Antrieb der Schraube dient die Baggermaschine, die mit Kupplungen entweder auf die Schraube oder den Eimerkettenantrieb geschaltet werden kann. Hierdurch wird eine besondere Fahrmaschine gespart. Das Gerät hat eine große Länge, weil die Schraube am Hinterschiff liegt und das Schiffsgefäß zur Verringerung des Fahrwiderstandes und zum Schutz gegen Seegang vorn zugebaut wurde. Der Schlitz ist so lang, daß die ganze Leiter zum Auswechseln des Unterturasses über Deck gehoben werden kann. Der geschlossene Schlitz hat zur Folge, daß der Bagger sich nicht freibaggern kann und daß die Eimerkette und der Unterturas nur schwer zugänglich sind. Solche Bagger müssen deshalb, wenn die Kette absattelt, oder große Fremdkörper, wie Schienen oder Baumstämme u. dgl. mitgerissen und in den Schlitz eingeklemmt sind, gewöhnlich ins Dock genommen werden.

Der Bagger hat zwei Kessel, deren jeder allein den nötigen Dampf zum Betriebe hergeben kann; dadurch werden Betriebsunterbrechungen durch Kesselreinigen vermieden.

Die Arbeitswinden werden in einzelnen Gruppen durch stehende Dampfmaschinen angetrieben. Das Vortau und die Backbordseitenkette werden von einer neben dem Leiterbock auf Backbord stehenden Maschine bewegt, die auch den Kran zum Wechseln der Eimer und des Unterturasses bedienen kann. Auf Steuerbord steht die Maschine zum Antrieb der Steuerbordseitenkette und der Eimerleiterwinde. Eine gemeinsame Winde auf dem Hinterdeck bedient das Hintertau und die hinteren Seitenketten. Auf dem Vorschiff steht eine Dampfankerwinde.

Abb. 56. Eimerbagger „Bremen“ für 300 cbm Stundenleistung (Zahlentafel IIa, Nr. 36).

34. Bagger für 275 cbm Stundenleistung (Zahlentafel IIa, Nr. 34). Der Bagger hat die für Flußbagger übliche Anordnung. Die Arbeitswinden werden von der Hauptmaschine angetrieben und am Baggermeisterstand mit Hebeln gesteuert. Die Seitenketten laufen über Deck.

35. Bagger „E I" für 300 cbm Stundenleistung (Zahlenfatel II a, Nr. 35). Das Schiffsgefäß des Baggers ist nach Klasse 100 $\underset{4}{\text{A}}$ k (E) des germanischen Lloyd gebaut und hat Prahmform mit offenem Schlitz und scharfen Kimmen. Die Winden haben Einzelantrieb. Der Bagger ähnelt dem Bagger Nr. 47.

36. Bagger „Bremen" für 300 cbm Stundenleistung (Zahlentafel II a, Nr. 36, Tafel II und Abb. 56). Das Schiffsgefäß hat Prahmform mit scharfen Kimmen. Der Bagger arbeitet gewöhnlich auf 11 bis 14,5 m Tiefe. Durch eine Hilfsleiter ist ihm die Möglichkeit gegeben, sich den verschiedenen Baggertiefen gut anzupassen. Für ganz besonders tiefe Baggerungen (bis zu 20 m) wird eine andere, 30 m lange Eimerleiter benutzt und der Vorderbock durch einen Aufbau erhöht

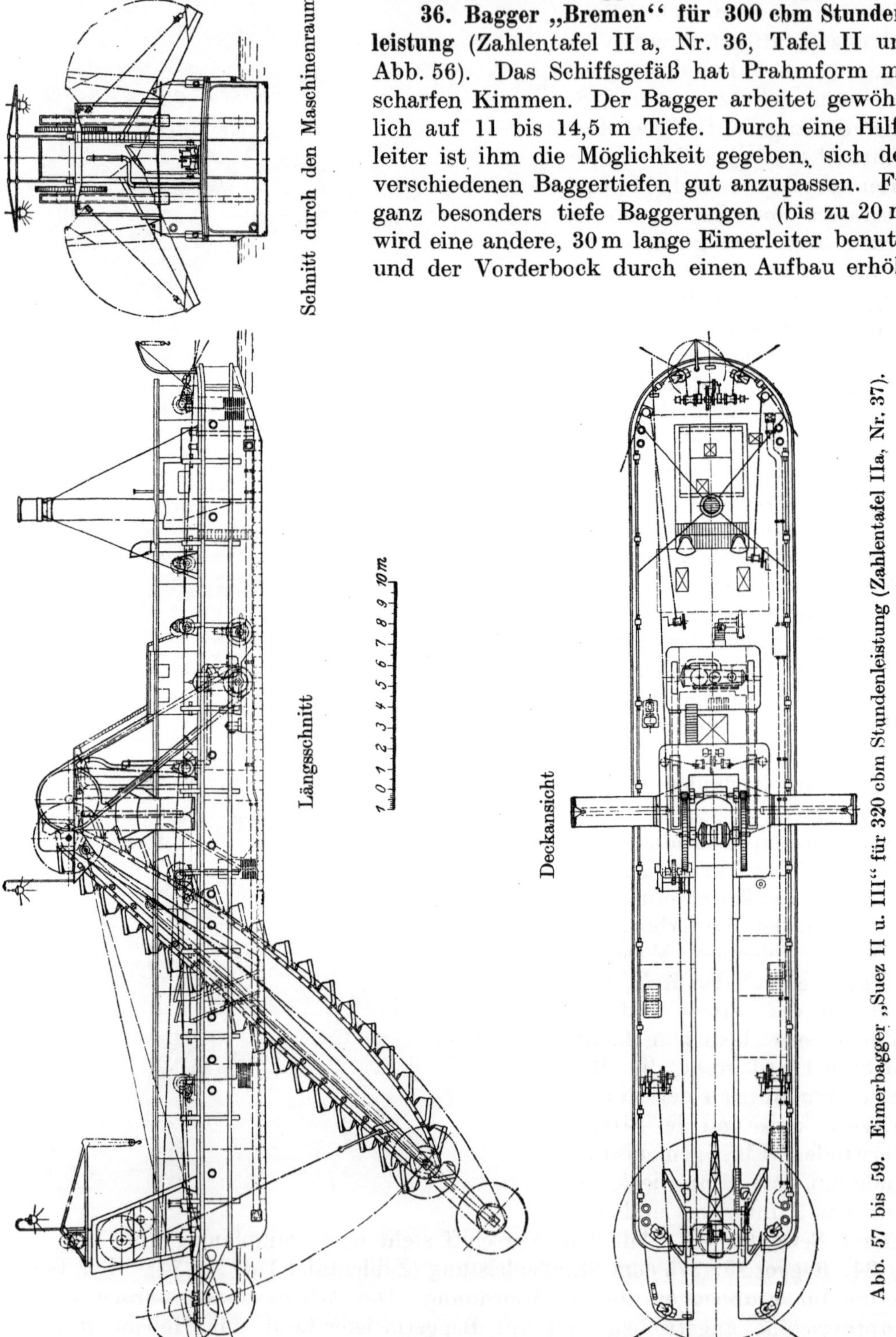

Abb. 57 bis 59. Eimerbagger „Suez II u. III" für 320 cbm Stundenleistung (Zahlentafel IIa, Nr. 37).

(siehe Abb. 364). Entsprechend der vielseitigen Verwendung des Gerätes für verschiedene Baggertiefen und Bodenarten kann die Eimerkette mit zweierlei Geschwindigkeiten laufen (17,5 und 29 m in der Minute). Die Leistung des Baggers steigt dann bis auf 500 cbm je Stunde in leichterem Boden.

Die Vorderwinde und die vorderen Seitenwinden haben Einzelantrieb durch besondere Dampfmaschinen. Ankerkette und hintere Seitenketten laufen über eine gemeinsame Winde. Beim Baggern in sehr große Prähme und mit der langen Eimerleiter werden die Vorschiffe durch besondere Kettenbrücken verlängert, so daß die Ketten weit genug voraus gebracht werden können. Auf dem Hinterschiff stehen zwei Handwinden zum Verholen der Prähme.

37., 38. Die Bagger für 320 cbm Stundenleistung, „Suez II und III" (Zahlentafel IIa, Nr. 37, Abb. 57 bis 59) und **„Europa"** (Zahlentafel IIa, Nr. 38) haben dieselbe Bauart wie der vorher beschriebene. Die Leistung beträgt in leichtem Boden bis zu 500 cbm in der Stunde.

39. Bagger für 350 cbm Stundenleistung (Zahlentafel IIa, Nr. 39 und Abb. 60 bis 63). Der Bagger ähnelt den vorher beschriebenen. Die Winden haben Einzelantrieb wie Nr. 36.

40. Bagger „M. O. P. 21 C." **für 350 cbm Stundenleistung** (Zahlentafel IIa, Nr. 40). Der Bagger hat Schiffsform und eine Schraube im Hinterschiff. Die allgemeine Anordnung des Eimerbagger-Werkzeuges ähnelt dem unter Nr. 39 aufgeführten. Der Bagger kann das Baggergut außer in Prähme auch in einen Schüttrichter

Abb. 60. Eimerbagger für 350 cbm Stundenleistung (Zahlentafel IIa, Nr. 39).

stürzen, aus dem es eine Förderpumpe durch schwimmende Rohrleitungen an Land drückt. Die schwimmende Rohrleitung kann mittschiffs auf jeder Längsseite des Baggers angeschlossen werden.

41. Bagger „Rotterdam" für 350 cbm Stundenleistung (Zahlentafel II a, Nr. 41).

Der Bagger hat Schiffsform und zwei Schrauben an den Vorschiffen; er fährt also mit dem Hinterschiff voran. Der Schlitz ist offen. Die Schrauben werden von zwei längsschiffs stehenden Maschinen angetrieben, die auch mit dem Turasantrieb gekuppelt werden können. Die Eimerleiter ist fest. Im übrigen ist das Gerät wie Nr. 39 eingerichtet. Auf dem Hinterdeck stehen zwei Prahmverholwinden für Handbetrieb. Außerdem haben die vorderen Winden Spillköpfe zum Prahmverholen.

42. Bagger für 400 cbm Stundenleistung (Zahlentafel IIa, Nr. 42). Das Schiffsgefäß hat ähnliche Form wie Bagger Nr. 39. Die Bauart des Baggers unterscheidet sich wenig von den

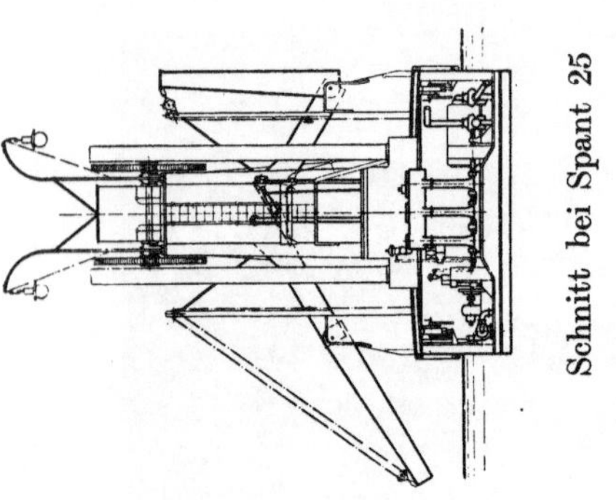

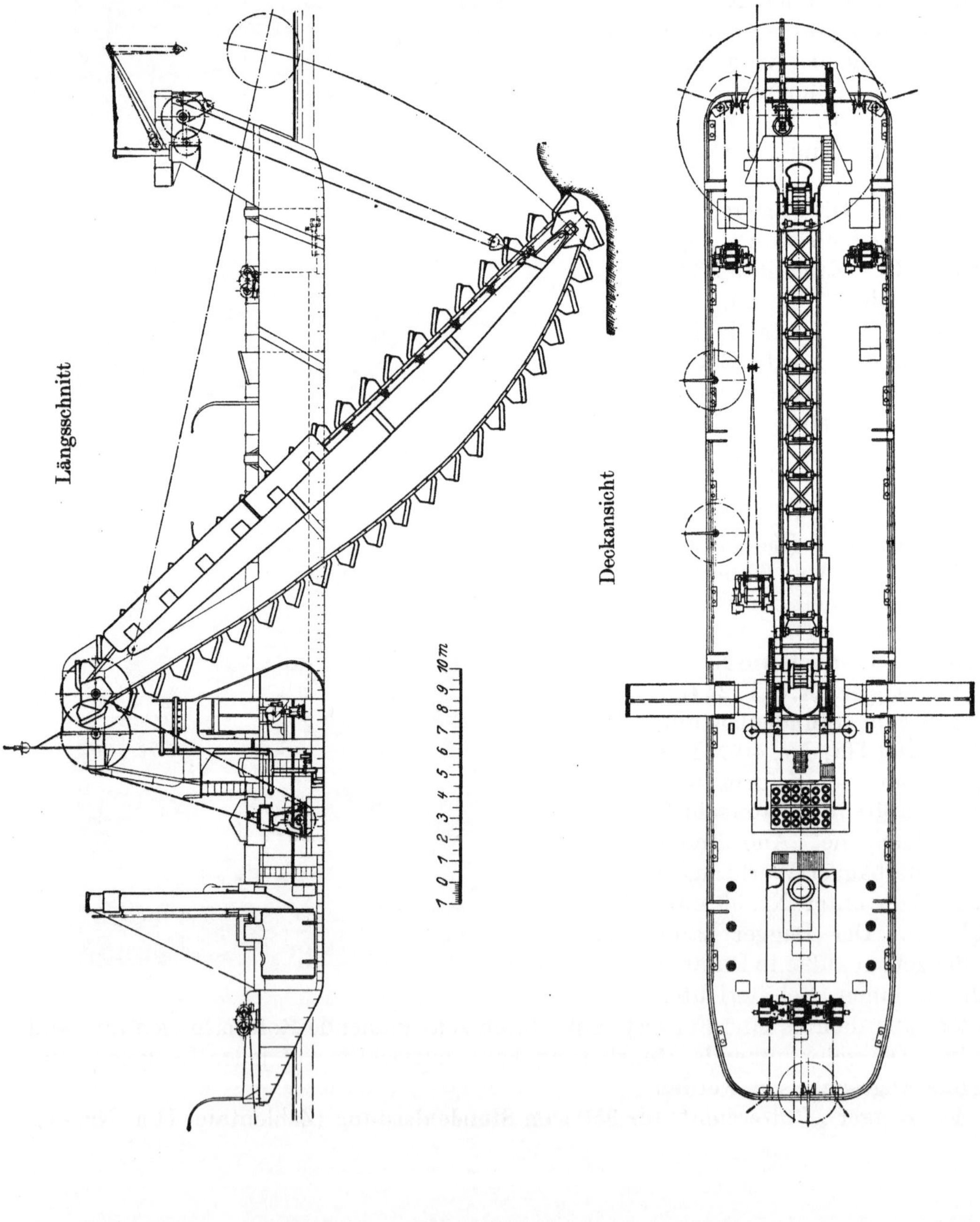

Abb. 61 bis 63. Eimerbagger für 350 cbm Stundenleistung (Zahlentafel IIa, Nr. 39).

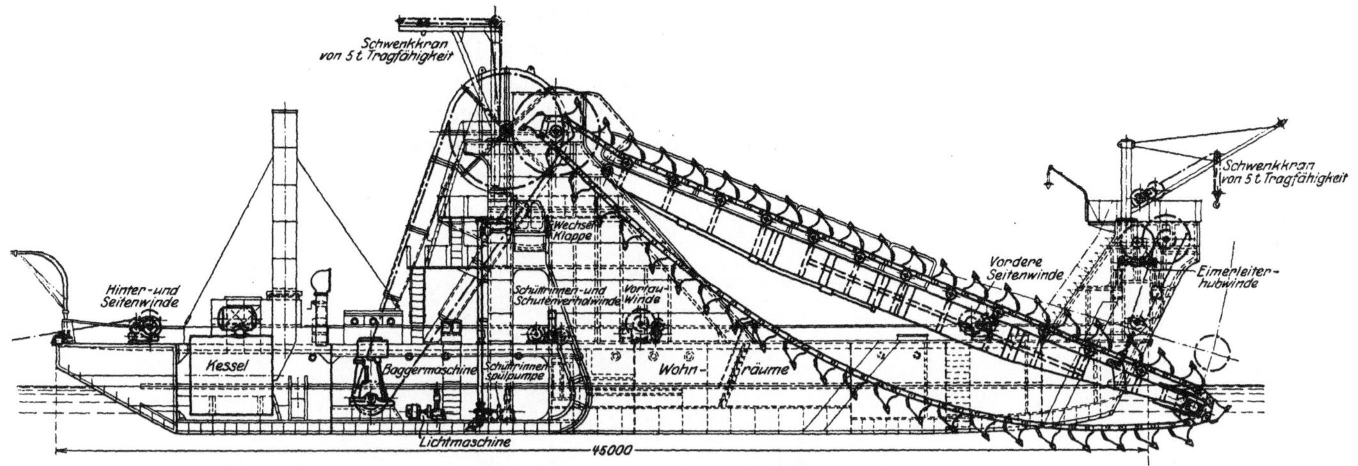

Abb. 64. Eimerbagger „II BH" für 450 cbm Stundenleistung (Zahlentafel II a, Nr. 44). Maßstab 1 : 300.

vorher beschriebenen. Durch eine Hilfsleiter kann die größte Baggertiefe von 12 auf 14 m vergrößert werden. Bemerkenswert sind die schräg nach hinten laufenden Schüttrinnen (vgl. Abb. 385 und 386), die den Boden mehr in der Längsrichtung des Prahmes abwerfen. Die Winden haben Einzelantrieb wie Bagger Nr. 36.

43. Bagger „Hollandschdiep" für 425 cbm Stundenleistung (Zahlentafel IIa, Nr. 43). Der Bagger ähnelt in seiner Gesamtanordnung dem Bagger Nr. 36; er hat schräg nach hinten gerichtete Schüttrinnen und eine besondere Kreiselpumpe zum Spülen der Schüttrinnen.

44. Bagger „II BH" für 450 cbm Stundenleistung (Zahlentafel IIa, Nr. 44 und Abb. 64). Der Bagger ist ebenso gebaut, wie Nr. 32 und kann weichen Felsboden oder Sand baggern. Für die Felsbaggerung hat er besonders schwer gebaute, 225 l fassende Eimer mit starken Hartstahlzähnen. (Abb. 331) und leistet etwa 145 cbm stündlich. Die leichter gehaltenen Sandeimer haben 550 l Inhalt. Im Sande beträgt die Baggerleistung etwa 450 cbm stündlich.

45. Der Bagger für 475 cbm Stundenleistung (Zahlentafel IIa, Nr. 45) ist ebenso gebaut wie Bagger Nr. 39. Zu erwähnen ist, daß die vorderen Seitenketten durch schräge Klüsen laufen.

46. Bagger „E II" für 500 cbm Stundenleistung (Zahlentafel IIa, Nr. 46). Der Bagger ist dem unter Nr. 47 beschriebenen ähnlich und nach derselben Klasse des Germanischen Lloyd gebaut.

47. Bagger „ED V" für 550 cbm Stundenleistung (Zahlentafel IIa, Nr. 47 und Tafel III). Das nach der Klasse $100 \tfrac{A}{4} K$ (E) des Germanischen Lloyd gebaute Schiffsgefäß hat Prahmform und scharfe Kimmen. Der Bagger hat zwei Kessel, deren jeder für sich den nötigen Dampf zum Betriebe liefern kann.

Sämtliche Winden haben Einzelantrieb, die drei hinteren sind wie üblich zusammengelegt. Über die Hinterwinde laufen auch die Ketten der Schiffsanker. Die Seitenketten werden über Deck oder durch Kettenschächte geführt. Auf beiden Seiten des Baggers stehen neben den Schüttrinnen Dampfspills zum Verholen der Prähme. Unter dem Schüttrichter steht eine Dampfwinde, die sowohl die Schüttrinnen als die Wechselklappe bedient.

48. Bagger „Herkules und Goliath" für 600 cbm Stundenleistung (Zahlentafel IIa, Nr. 48; Tafel IV und Abb. 65). Das Schiffsgefäß ist nach der Klasse $100 \tfrac{A}{4} W$ des Germanischen Lloyd gebaut. Der Bagger arbeitet gewöhnlich auf 12 m Tiefe, doch kann durch eine Verschiebung der oberen Traversenlager die Eimerleiter auch auf

14 m Baggertiefe eingestellt werden. Die Winden haben Einzelantrieb durch Elektromotoren. Den Strom hierfür liefert eine besondere Dampfdynamo von 85 PS. eff. Leistung. Die Antriebsmaschine der Dynamo hat 230 und 400 mm Zylinderdurchmesser und 200 mm Hub und macht 350 Umdrehungen in der Minute. Außer den sechs Arbeitswinden sind noch vorhanden: zwei Schutenverholwinden, zwei

Abb. 65. Eimerbagger „Herkules" für 600 cbm Stundenleistung (Zahlentafel IIa, Nr. 48).

Schüttrinnenwinden und eine Leiterhubwinde. Die Seitenwinden, die Vorderwinde und die Eimerleiterwinde werden durch einen Mann vom Baggermeisterstand aus gesteuert, und zwar beide Vorderwinden bzw. Hinterwinden mit je einer Steuerwalze. Die Hinterwinde wird vom Achterdeck aus gesteuert. Die Schiffsankerwinde auf dem Heck hat Dampfantrieb. Im Kesselraum steht neben dem Hauptkessel ein Hilfskessel, der für die elektrische Beleuchtung und die Lenzpumpe ausreicht, wenn der Hauptkessel außer Betrieb ist.

3. Vereinigte Eimer- und Pumpenbagger.

Im allgemeinen ist es üblich, die Geräte, insbesondere Eimerbagger, nur für einen Betriebszweck zu bauen. Unter Umständen kann indes die Vereinigung zweier oder mehrerer Baggerwerkzeuge in einem Gerät zweckmäßig sein, um es an verschiedenen Arbeitsstellen unter verschiedenen Betriebsverhältnissen verwenden zu können. Bei Eimerbaggern, die im Seegebiet arbeiten, ist ein möglichst großer Tiefgang für die ruhige Lage beim Baggern anzustreben, meist aber nur durch viel Ballast zu erreichen. Es liegt deshalb nahe, in Eimerbagger Pumpen und Rohrleitungen einzusetzen, die wenig Raum einnehmen und daher eine Vergrößerung des Schiffsgefäßes nicht nötig machen, und deren Gewicht durch den Fortfall von totem Ballast ausgeglichen werden kann. Solche Eimerbagger sind dann für mehrere Betriebsarten eingerichtet und können als Schwemmbagger oder als Pumpenbagger arbeiten. Schwemmbagger, die seltener gebaut werden, sind in Zahlentafel IIa unter Nr. 9 und 40 aufgeführt (vgl. auch Abb. 33 und 34).

Vereinigte Eimer- und Pumpenbagger werden mehr verwendet. Früher wurden sie so gebaut, daß sie ohne weiteres als Eimerbagger oder als Pumpenbagger arbeiten konnten; sie hatten vollständig getrennte Baggerwerkzeuge, die nur das Schiffsgefäß und die Kesselanlage gemeinsam hatten. Dementsprechend waren die Anlagekosten recht hoch und die Ausnutzung nicht sehr wirtschaftlich, da das Gerät auch schwerfällig und unhandlich war. In neuerer Zeit wird entsprechend dem Bestreben, die Bagger möglichst nur für eine Arbeitsweise zu bauen, das Gerät so eingerichtet, daß es nach geringen Veränderungen für die eine oder die andere Betriebsart verwendbar ist. Da ein Bagger im allgemeinen stets längere Zeit als Eimerbagger oder als Pumpenbagger arbeitet, ist es berechtigt, die Bauart so auszuführen, daß nur das eigentliche Förderwerkzeug (Eimerkette oder Saugerohr) mehrfach vorhanden ist, während Kessel und Maschinenanlage gemeinsam benutzt werden.

1. **Eimer- und Pumpenbagger „Uruguay VII" für 150 cbm Stundenleistung** (Zahlentafel IIe, Nr. 1 und Abb. 66 bis 68). Der Bagger hat Schiffsform mit offenem Schlitz und Schraube. Eine Maschine dient zum Antrieb der Eimerkette, die zweite kann mit der Pumpe oder der Schiffsschraube gekuppelt werden. Das mit der Eimerkette geförderte Baggergut fällt über Schüttrinnen in Prähme, oder es wird von dem Schüttrumpf durch einen besonderen Trichter der Pumpe zugeführt und durch eine schwimmende Rohrleitung an Land gedrückt. Soll der Bagger als Pumpenbagger arbeiten, so wird die Eimerleiter gehoben, auf Deck gestützt und die Hubseile von der Trommel gelöst. Dann wird das Saugerohr angeschlossen und die Eimerleiterhubwinde zum Heben und Senken des Saugerohres benutzt. Der von der Pumpe geförderte Boden kann ebenfalls über Schüttrinnen in Prähme gestürzt oder durch eine Rohrleitung an Land gedrückt werden. Das Gerät liegt vor sechs Ankern, die sowohl für das Arbeiten mit der Eimerkette als auch mit dem Saugerohr genügen. Die Winden haben Einzelantrieb.

2. **Eimer- und Pumpenbagger „Borussia II" für 300 cbm Stundenleistung** (Zahlentafel IIe, Nr. 2). Der Bagger hat Prahmform mit scharfen Kimmen und offenem Schlitz. Zum Antrieb der Eimerkette und der Pumpe ist nur eine Hauptmaschine gewählt.

Soll das Gerät als Pumpenbagger arbeiten, so werden die beiden Antriebsriemen der Eimerkette abgenommen, die Riemenscheibe auf der einen Seite der Hauptmaschine entfernt und durch die Förderpumpe ersetzt. Dann wird, wie beim vorherbeschriebenen Bagger, die Eimerleiter hochgelegt und das Saugerohr angebaut (vgl. Abb. 404 bis 406). Das geförderte Baggergut wird über Schüttrinnen in Prähme gestürzt.

Abb. 66. Eimer- und Pumpenbagger „Uruguay VII" für 150 cbm Stundenleistung (Zahlentafel IIe, Nr. 1). Maßstab 1 : 250.

Der Bagger arbeitet wie üblich vor sechs Ankern, deren Winden Einzelantrieb haben.

3. Eimer- und Pumpenbagger „Subworker" für 400 cbm Stundenleistung (Zahlentafel IIe, Nr. 3). Der Bagger ähnelt in seiner Gesamtanordnung dem unter Nr. 2 beschriebenen. Die Eimerleiter hat eine Hilfsleiter. Der Bagger fördert nur in Prähme, und zwar schütten die Eimer in schräg nach hinten gerichtete Schütttrinnen; die

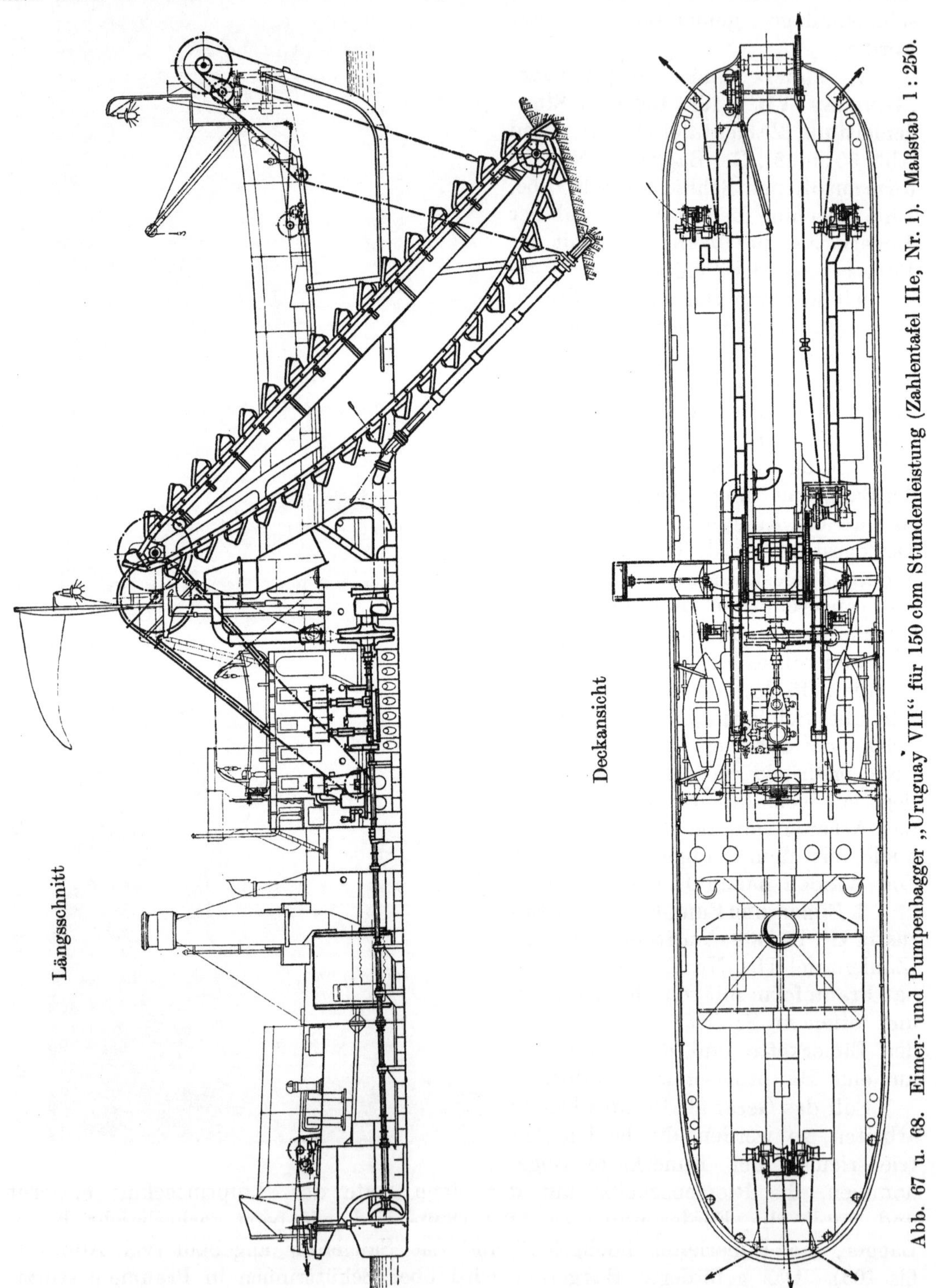

Abb. 67 u. 68. Eimer- und Pumpenbagger „Uruguay VII" für 150 cbm Stundenleistung (Zahlentafel IIe, Nr. 1). Maßstab 1 : 250.

Pumpe spült durch zwei bewegliche Rohre in die Prähme. Beim Baggern liegt das Gerät vor sechs Ankern, deren Winden Einzelantrieb haben. Besonders zu erwähnen sind die mit Stahlzähnen ausgerüsteten Eimer (vgl. Abb. 329 und 330), die zum Fördern von morschem oder vorgebrochenem Fels geeignet sind.

4. Eimer- und Pumpenbagger „la Loire'' für 500 cbm Stundenleistung (Zahlentafel IIe, Nr. 4). Der Bagger hat Schiffsform mit offenem Schlitz und zwei Schrauben am Hinterschiff, die von den Förderpumpmaschinen angetrieben werden. Mit dem Saugerohr arbeitet er auf 7,5 m Tiefe. Der Saugekopf hat ein Messerwerk, infolgedessen hat der Bagger hinten zwei Haltepfähle, um die er beim Arbeiten als Saugebagger schert. Zum Spülen auf große Entfernungen werden beide Pumpen hintereinander geschaltet.

5. Eimer- und Pumpenbagger für 650 cbm Stundenleistung (Zahlentafel IIe, Nr. 5). Der Bagger hat Schiffsform mit offenem Schlitz und zwei Schiffsschrauben an den Vorschiffen. Im ganzen hat er drei Maschinen, von denen eine die Eimerkette treibt, während die beiden anderen auf die Schrauben oder zwei Pumpen geschaltet werden können. Das Gerät kann in folgender Weise arbeiten:

1. Die Eimerkette fördert den Boden über Schüttrinnen in Prähme.

2. Die Eimerkette stürzt den Boden in einen Schüttkasten, aus dem er von den Pumpen unter Wasserzusatz abgesaugt und durch eine schwimmende Rohrleitung an Land gedrückt wird.

3. Die Pumpen fördern den Boden unmittelbar in Prähme.

4. Die Pumpen drücken den Boden durch eine schwimmende Rohrleitung an Land.

Bei größeren Spülweiten können beide Pumpen hintereinander geschaltet arbeiten.

Der Bagger liegt vor fünf Ankern, deren Ketten über Einzeldampfwinden laufen. Über die Winde für die hinteren Seitenketten sind auch die beiden Schiffsankerketten geführt.

4. Pumpenbagger.

In der Arbeitsweise ähneln den Eimerbaggern am meisten die Pumpenbagger mit Schneidekopf (Tafel V), die auch einen genauen Schnitt herstellen. Diese sind für alle Bodenarten, soweit sie nicht stark mit Holz und Steinen vermischt sind, verwendbar. Das Saugerohr mit dem Schneidekopf ist, ähnlich wie die Leiter beim Eimerbagger, in einem Schlitz des Schiffsgefäßes geführt. Das Baggerwerkzeug (Pumpe und Saugerohr) ist ziemlich einfach und verbraucht nur wenig Leerlaufsarbeit. Da jedoch beim Fördern des Bodens etwa die 4÷6 fache Menge Wasser mitgesaugt wird, so müssen die Antriebsmaschinen für das Baggerwerkzeug eines Pumpenbaggers ungefähr ebenso stark sein, wie die eines gleichwertigen Eimerbaggers.

Pumpenbagger mit Schneidekopf sind nur für große Leistungen wirtschaftlich und werden für Förderungen bis zu 1000 cbm/st gebaut. Sie fördern den Boden im allgemeinen durch eine schwimmende Rohrleitung, die unmittelbar an die Baggerpumpe angeschlossen ist, an Land. Hierin liegt der große wirtschaftliche Wert derartiger Geräte, da dieselbe Pumpe, die den Boden ansaugt, auch zu seiner endgültigen Beseitigung benutzt wird, ohne daß das Baggergut während des ganzen Arbeitsvorganges zur Ruhe kommt. Für diese Verwendung der Bagger ist Bedingung, daß die Arbeitsstelle das Auslegen einer schwimmenden Rohrleitung gestattet. Das Schiffsgefäß ähnelt in der Form dem der Eimerbagger.

Beim Arbeiten liegen die Bagger an einem der hinten seitlich angebrachten Pfähle, 2 vorderen Seitenketten oder auch an 2 Seitenketten, die an der Rohrleiter angreifen. Manchmal wird auch ein Voranker verwendet, der jedoch entbehrlich ist, wenn der Bagger in ruhigem Wasser arbeitet. Sie scheren beim Baggern mit Hilfe der Seitenketten um den einen hinteren Haltepfahl. In der seitlichen Endstellung wird der bis dahin hoch gehobene Pfahl gesenkt, der andere angehoben und der Bagger schert wieder zurück (Abb. 69). Solche Bagger können sich ähnlich wie Eimerbagger im flachen Wasser frei baggern.

Wenn die Haltepfähle für den Bagger ziemlich weit auseinanderstehen, so ist die Möglichkeit gegeben, daß die einzelnen Baggerschnitte bei zu großem Abstand der Pfähle den Bagger soweit vorausbringen, daß zwischen den einzelnen Schnitten ein Ringsektor des Bodens stehen bleibt, wie in Abb. 70 in etwas verzerrter Form dargestellt. Will man dies vermeiden, so muß man sich damit abfinden, daß der Baggerkopf auf einem Teil seines Weges über den bereits ausgeschnittenen Boden

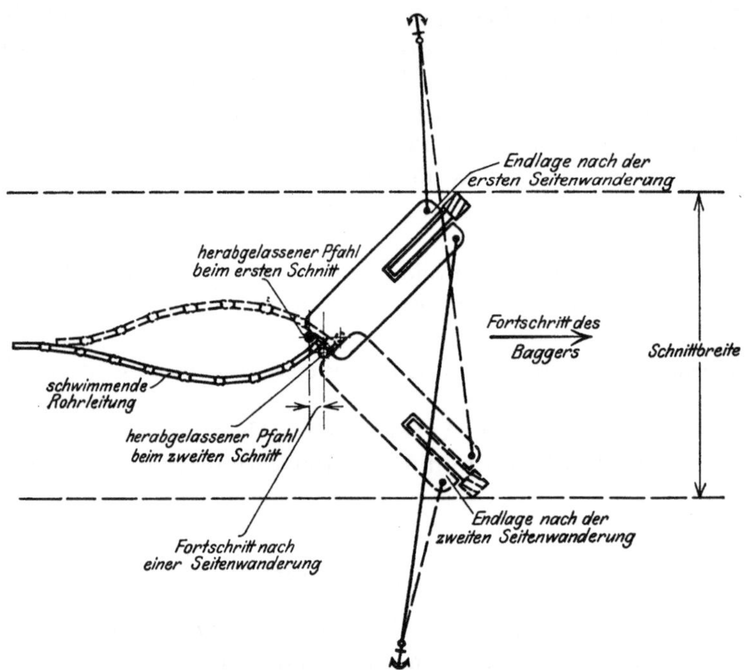

Abb. 69. Arbeitsweise der Pumpenbagger mit Schneidekopf.

hinweggeht. Die oben geschilderten Schwierigkeiten werden vermieden, wenn die Pfähle nach DRP. 296 354 (Dr. Ing. Thele) in einer drehbaren Trommel gelagert werden (Abb. 71 u. 72). Nach einem beendeten Schnitt wird der Bagger dadurch vorausgeholt, daß die Trommel um 180° gedreht wird. Dabei schwingt sie exzentrisch um den im Boden steckenden Pfahl. Nach der Drehung wird der zweite Pfahl herabgelassen. Da beide Pfähle stets in der Längsachse des Baggers stehen, liegen die Baggerschnitte nahezu konzentrisch, wie Abb. 73 zeigt. Es wird also der Wirkungsgrad des Baggers dadurch, daß er immer gegen vollen Boden einschneidet, sehr verbessert.

Bagger mit Schneidekopf werden oft so gebaut, daß sie auch als Spüler arbeiten können, weil hierfür nur der Einbau einer Zusatzwasserpumpe nötig ist.

Für Bodenarten, die leicht angesaugt werden können, d. h. solche, die von Natur eine gewisse Dünnflüssigkeit haben, wie z. B. frisch gelagerter Schlick, oder ihrer Beschaffenheit und Ablagerung nach sich leicht mit Wasser beim Ansaugen vermischen, wie z. B. Sand, werden Pumpenbagger ohne Schneidewerkzeug verwandt (Abb. 76 bis 80). Derartige Geräte stellen keinen genauen Schnitt her. Der

Boden wird durch Schüttrinnen in Prähme gefördert. Das Saugerohr liegt deshalb mittschiffs in einem Schlitz, der meistens vorn geschlossen ist. Gelegentlich werden auch Fahrmaschinen eingebaut. Das Gerät erhält dann Schiffsform.

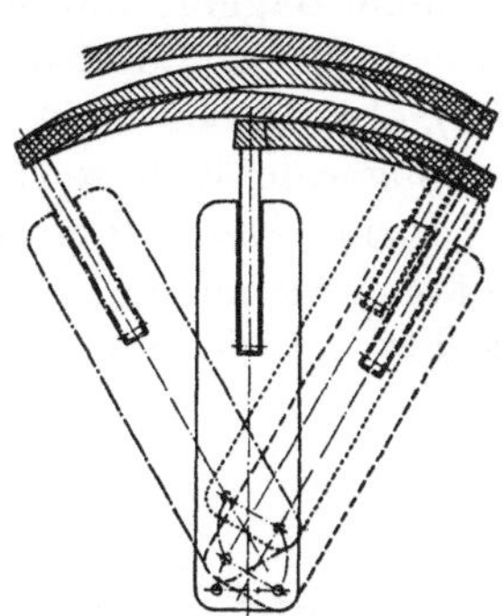

Abb. 70. Arbeitsweise der Pumpenbagger mit Vorschneider.

Beim Arbeiten liegen diese Bagger vor 4 Seitenankern und je einem Vor- und Hinteranker. Der Bagger wird mit dem nach vorn liegenden Saugerohr gegen den Strom gezogen und von den Seitenketten in seiner Lage gehalten. Nachdem er eine gewisse Strecke vorausgearbeitet hat, holt er sich

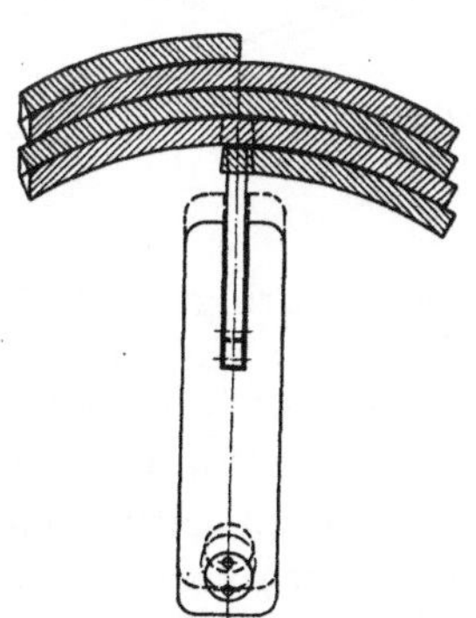

Abb. 73. Arbeitsweise des Theleschen Pumpenbaggers mit Vorschneider.

am Hinteranker zur Anfangsstelle zurück, verschiebt sich mit Hilfe der Seitenanker parallel zu seiner Anfangslage und holt sich wieder voraus. (Der Bagger pflügt. Abb. 74.) Im allgemeinen kann jedoch diese Arbeitsweise nur bei günstigen Stromverhältnissen angewandt werden.

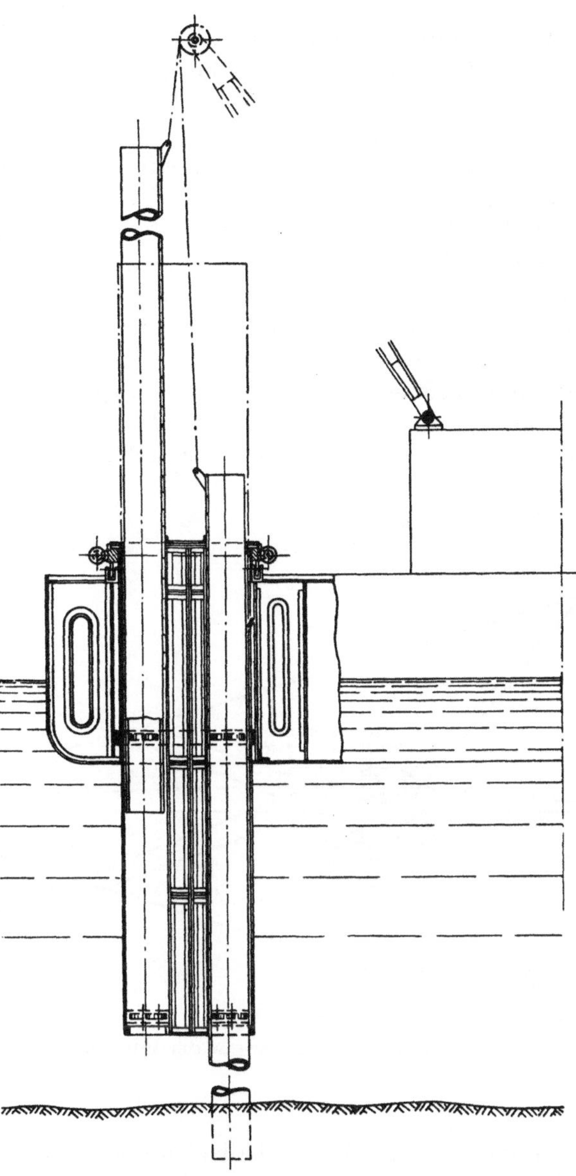

Abb. 71. Längsschnitt durch Pfähle u. Trommel.

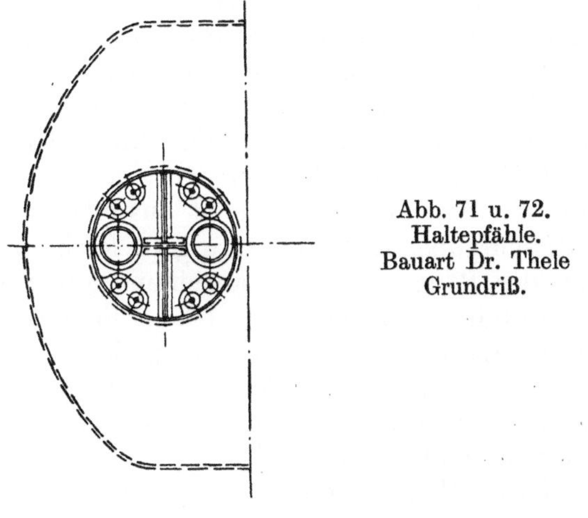

Abb. 71 u. 72.
Haltepfähle.
Bauart Dr. Thele
Grundriß.

Dann sind diese Geräte sehr wirtschaftlich, da sie in der Beschaffung viel billiger und im Betrieb einfacher als die unten beschriebenen Schachtpumpenbagger sind. Letztere haben aber den Vorteil, für alle Arbeitsstellen geeignet zu sein und werden daher vorwiegend gebaut.

Pumpenbagger ohne Schneidekopf werden, wenn die Verhältnisse (Seegang oder Schiffahrtswege mit starkem Verkehr) das Fördern in längsseit liegende Prähme und das Ausbringen der zahlreichen Anker nicht gestatten, mit einem Laderaum gebaut. (Tafel VI und VII, Schachtpumpenbagger.) Solche Bagger, die sehr seetüchtig sein müssen, fahren mit eigner Kraft zur Arbeits- und zur Löschstelle. Sie werden für sehr große Leistungen gebaut (bis 6500 cbm/st), aber in besonderen Fällen auch für Leistungen von weniger als 100 cbm/st. Das Saugerohr liegt seitlich oder in einem offenen Schlitz. Das Schiffsgefäß erhält Schiffsform. Der Laderaum liegt in der Regel vorn und wird so groß bemessen, daß er in etwa 1 Stunde gefüllt werden kann. Zur Verbesserung der Schwimmlage bei der Fahrt mit leerem Laderaum

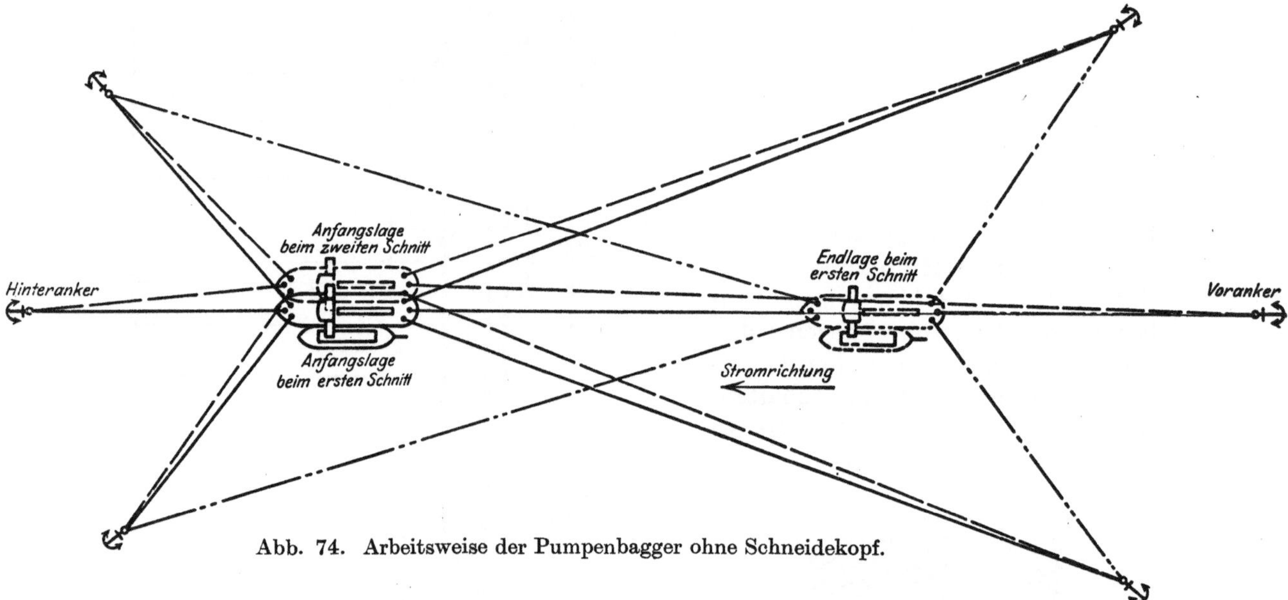

Abb. 74. Arbeitsweise der Pumpenbagger ohne Schneidekopf.

sind vorne große Wasserballasträume nötig. Beim Arbeiten bringt der Bagger 2, seltener nur 1 Voranker aus. Von den beiden Ankern liegt der eine in der Längsrichtung, der andere schräg nach vorn, und zwar ist nach der Seite der Anker schräg auszubringen, von der ein Versetzen des Baggers durch Strom oder Wind zu befürchten ist. Der Bug des Baggers liegt immer gegen den Strom. Hat er ein seitlich nach vorn liegendes Saugerohr, so holt er sich beim Arbeiten an den Ankern voraus und drückt dabei das Rohr gegen den Boden. Liegt das Saugerohr nach hinten in einem Schlitz, so läßt der Bagger sich entweder vom Strom langsam zurücktreiben oder, falls die Kraft des Stromes hierzu nicht ausreicht, unterstützt er die Bewegung durch die Schiffsschraube. Beim Fördern ganz leichten Bodens (loser Schlick) genügt es auch, wenn der Bagger sich nur an einem Anker verholt oder bei langsamer Fahrt das Rohr durch den Boden zieht. Ist der Saugekopf als Schleppkopf ausgebildet, so wird letztere Arbeitsweise für leichten Boden immer angewandt.

Das in dem Laderaum angesammelte Baggergut wird entweder durch Bodenklappen verstürzt oder mit der Baggerpumpe abgesaugt und durch eine Rohrleitung an Land gespült.

Gelegentlich werden Schachtpumpenbagger, besonders wenn sie das Baggergut aus dem eignen Laderaum absaugen können, auch mit den nötigen Einrichtungen versehen, um als Spüler zu arbeiten.

Pumpenbagger mit Schneidekopf.

1. Der auf Tafel VI dargestellte Bagger für 500 cbm Stundenleistung (Zahlentafel IIIa Nr. 1) hat ein prahmartiges Schiffsgefäß mit vorn offenem Schlitz, in dem die sehr kräftige Rohrleiter geführt wird. Der Schneidekopf wird von einer im Maschinenraum stehenden 300 PSi-Maschine angetrieben. Die gesamte Maschinen- und Pumpenanlage ist hinter dem Schlitz im Hinterschiff aufgestellt. Von hier führt die Druckrohrleitung der Pumpe zum hinteren Ende des Schiffes, wo die schwimmende Rohrleitung mit einer Gelenkstopfbüchse angeschlossen ist.

Der Bagger wird verholt mit einer Winde, die 2 Doppeltrommeln hat, auf denen die vorderen Seitenketten auflaufen, die entweder an der Rohrleiter oder vorn am Bagger angreifen.

Eine Vortauwinde und die Saugerohrhubwinde stehen unter Deck im Maschinenraum. Letztere und die Seitenwinden haben einen gemeinsamen in der Mitte des Gerätes liegenden Stellbock. Auf dem Hinterschiff steht eine Ankerwinde, mit der auch die Haltepfähle gehoben und gesenkt werden. Auf jeder Seite des Schiffes steht nahe der Reeling eine Dampfwinde zum Verholen der längsseit liegenden Prähme, wenn der Bagger nicht in eine Rohrleitung, sondern in Prähme fördert.

Der Bagger kann auch als Spüler arbeiten und dann das Baggergut entweder durch die schwimmende oder durch eine festliegende Leitung an Land drücken.

Zum Antrieb der Zusatzwasserpumpe dient die Antriebsmaschine des Schneidekopfes, die sowohl mit der Pumpe als auch mit dem Triebwerk für den Schneidekopf gekuppelt werden kann.

2. Der Bagger für 500 cbm Stundenleistung (Zahlentaf. IIIa, Nr. 2, Abb. 75) hat in der Rohrleiter 2 Saugerohre. Die Rohre führen nach 2 Baggerpumpen,

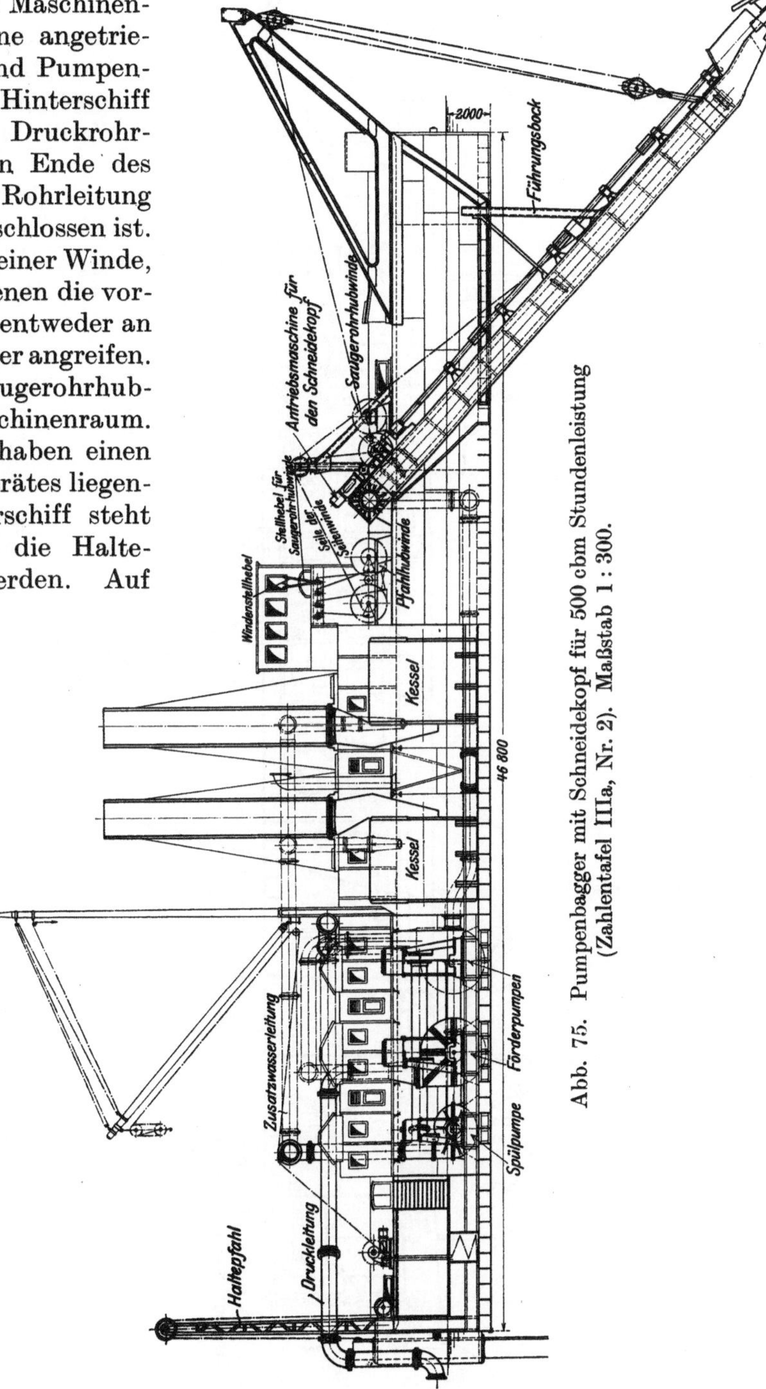

Abb. 75. Pumpenbagger mit Schneidekopf für 500 cbm Stundenleistung (Zahlentafel IIIa, Nr. 2). Maßstab 1 : 300.

die in je eine Druckrohrleitung fördern und von je einer Maschine angetrieben werden.

Die Dampfmaschine zum Drehen des Schneidewerkes ist auf die Rohrleiter aufgebaut. Die Windenanlage ähnelt der zuerst beschriebenen, jedoch steht die Winde zum Heben der Rohrleiter an Deck, auch ist keine Vortauwinde vorhanden, da diese sehr selten benutzt werden kann. Der Bagger kann auch mit beiden Pumpen in Prähme fördern und als Spüler mit einer Pumpe saugen und an Land drücken. Beim Spülen wird das nötige Zusatzwasser von einer Pumpe geliefert, die von einer stehenden 200 PSi-Dampfmaschine angetrieben wird.

3. Bagger „Beverwijk VII" für 500 cbm Stundenleistung (Zahlentafel IIIa, Nr. 3). Der Bagger ähnelt in seiner Gesamtanordnung dem unter Nr. 1 beschriebenen. Er hat jedoch zwei Baggerpumpen mit je einer Antriebsmaschine, die beim Spülen auf große Entfernungen hintereinander geschaltet werden. Arbeitet der Bagger als festliegender Spüler, so wird die Antriebsmaschine für das Messerwerk des Saugekopfes zum Treiben der Zusatzwasserpumpe benutzt. Das Gerät kann auch wie die weiter unten beschriebenen festliegenden Pumpenbagger ohne Schneidekopf arbeiten. Dann wird das Messerwerk vom Saugekopf abgebaut und statt der Haltepfähle am Achterschiff eine Dampfankerwinde mit einem Hinteranker und zwei hinteren Seitenankern benutzt. Für die zuletzt geschilderte Arbeitsweise ist auch eine Vortauwinde vorhanden.

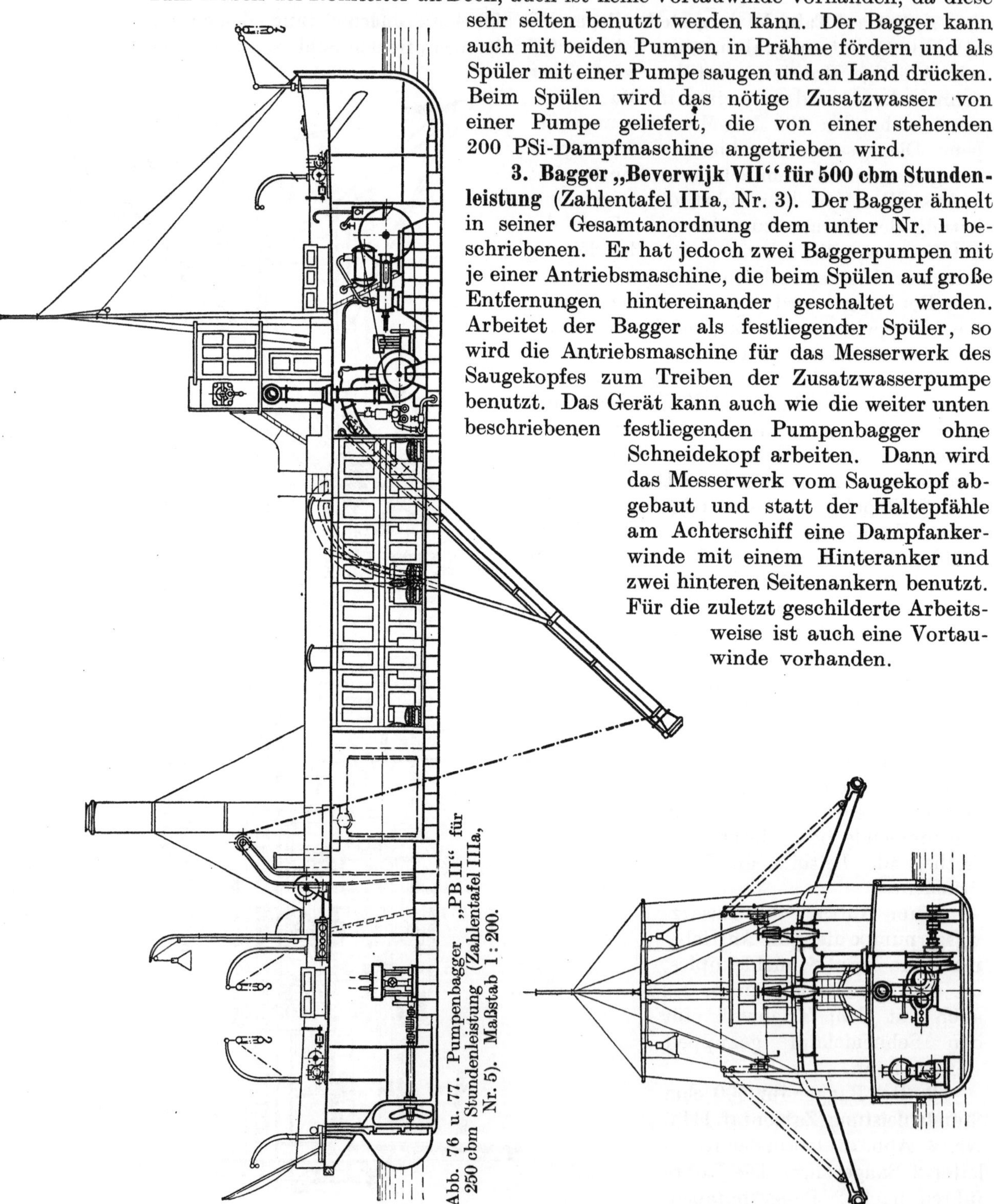

Abb. 76 u. 77. Pumpenbagger „PB II" für 250 cbm Stundenleistung (Zahlentafel IIIa, Nr. 5). Maßstab 1:200.

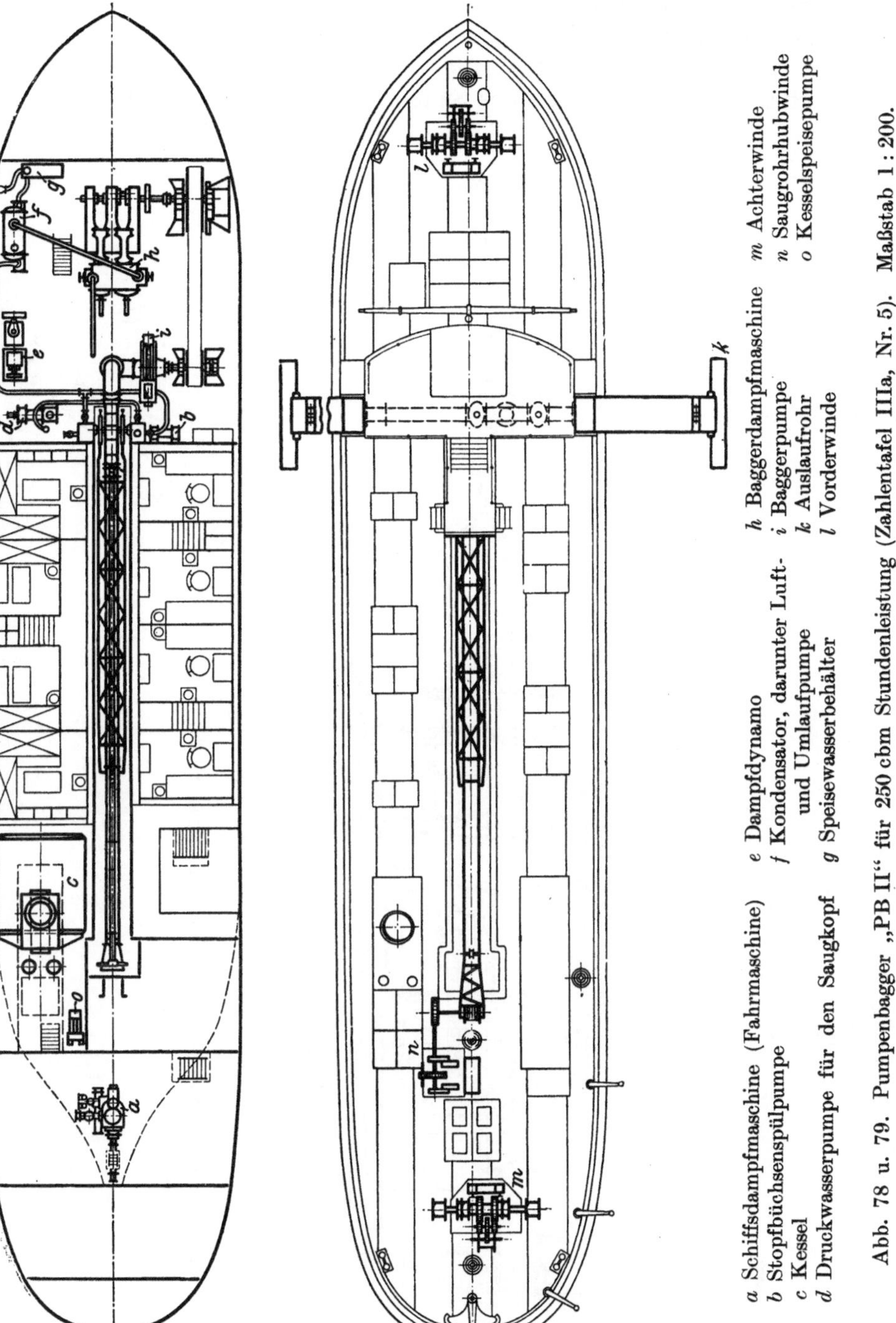

a Schiffsdampfmaschine (Fahrmaschine)　e Dampfdynamo　h Baggerdampfmaschine　m Achterwinde
b Stopfbüchsenspülpumpe　f Kondensator, darunter Luft- und Umlaufpumpe　i Baggerpumpe　n Saugrohrhubwinde
c Kessel　g Speisewasserbehälter　k Auslaufrohr　o Kesselspeisepumpe
d Druckwasserpumpe für den Saugkopf　l Vorderwinde

Abb. 78 u. 79. Pumpenbagger „PB II" für 250 cbm Stundenleistung (Zahlentafel IIIa, Nr. 5). Maßstab 1 : 200.

Festliegende Pumpenbagger ohne Schneidekopf.

4./5. Die Bagger „PB I und II" für 250 cbm Stundenleistung (Zahlentafel IIIa, Nr. 4 und 5 und Abb. 76 bis 79) haben geschlossene Schiffsgefäße mit Mittelschlitz, in dem das Saugerohr geführt wird. Der Saugekopf hat Druckwasserspülung. Die Baggerpumpe wird mit Riemen von einer liegenden Dampfmaschine angetrieben. Der Kessel liegt neben dem Schlitz. Im Hinterschiff, hinter dem Schlitz, steht eine

Fahrmaschine. Zur Verringerung des Fahrwiderstandes hat das Gerät Schiffsform. Auf dem Vor- und Achterdeck steht je eine starke Winde für je zwei Seitenketten und je eine Vor- bzw. Hinterkette. Die vordere Winde hat auch eine Kettennuß für den Schiffsanker. Zum Heben des Saugerohres ist eine besondere Dampfwinde vorhanden.

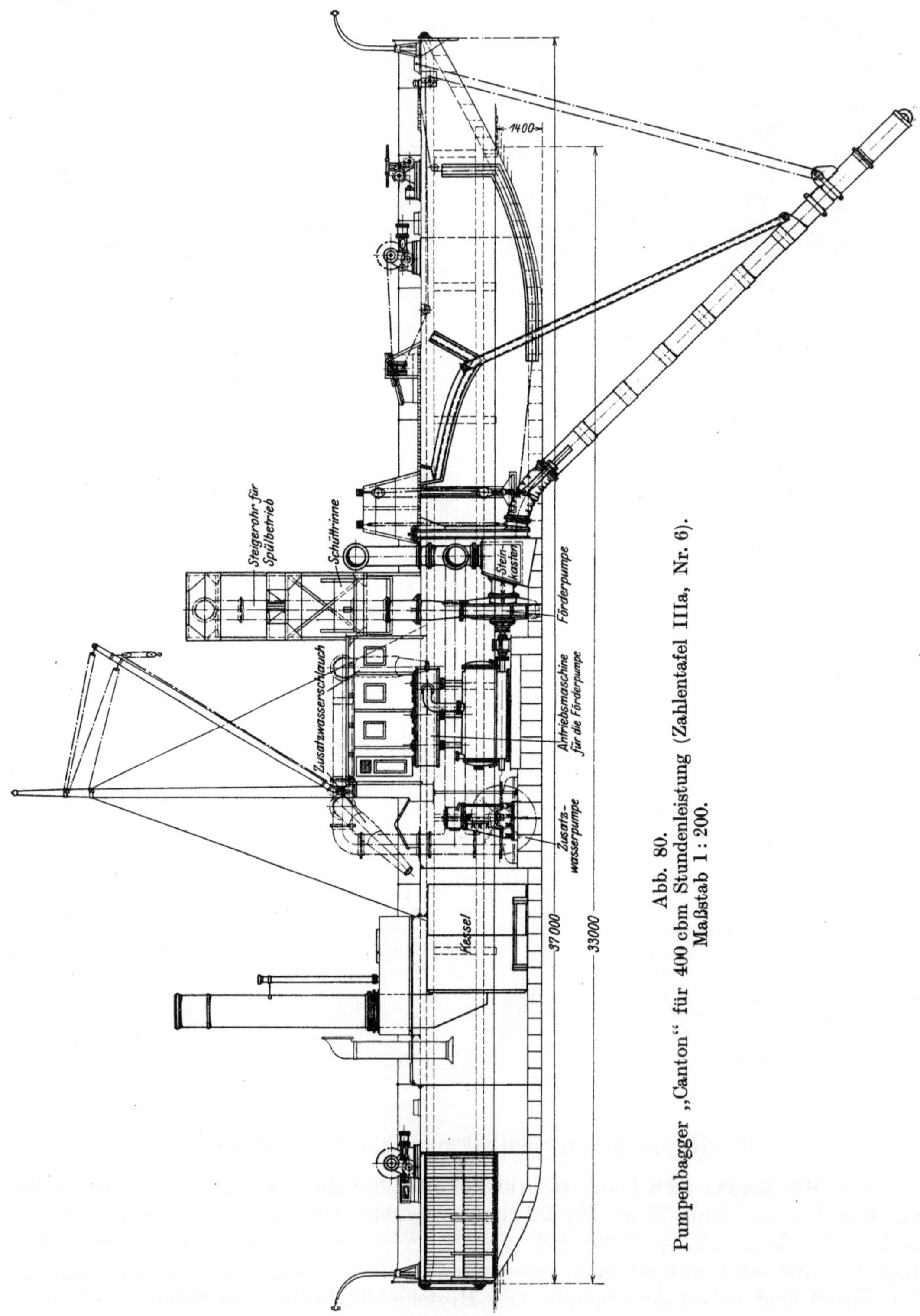

Abb. 80.

Pumpenbagger „Canton" für 400 cbm Stundenleistung (Zahlentafel IIIa, Nr. 6). Maßstab 1 : 200.

6. Bagger „Canton" für 400 cbm Stundenleistung (Zahlentafel IIIa, Nr. 5, Abb. 80). Der Bagger hat ein prahmförmiges Schiffsgefäß mit einem Schlitz, der am Bug über der Wasserlinie zugebaut ist. Die Anordnung der Winden ist ähnlich wie bei den unter Nr. 4 und 5 aufgeführten. Das Gerät kann auch als Spüler 800 m weit fördern. Hierfür sind eine besondere 200 PSi-Zusatzwasserpumpe und an Deck die nötigen Rohrleitungen vorgesehen.

Schachtpumpenbagger.

7. Der Bagger „Leba" für 80 cbm Stundenleistung (Zahlentafel IIIa, Nr. 7) ist für Arbeiten an sehr flachen Stellen gebaut und hat daher ein prahmförmiges Schiffsgefäß. Das Saugerohr liegt seitlich und beim Baggern schräg nach vorn, kann aber auch nach hinten geneigt als Schlepprohr verwandt werden.

Abb. 81. Schachtpumpenbagger für Kiesgewinnung für 220 cbm Stundenleistung.
(Zahlentafel IIIa, Nr. 8).

Das Rohr ist unter Wasser mit festem Krümmer und Schlauch an das Schiff angeschlossen. Zum Schutz dieses Anschlußkrümmers beim Anlegen des Baggers an Dalben usw. ist das Deck über dem Krümmer plattformartig ausgebaut. Für Baggerpumpe und Schiffsschraube ist nur eine gemeinsame Antriebsmaschine vorhanden.

Das Baggergut wird aus dem Laderaum durch Bodenklappen nach unten entleert. Der Bagger kann auch beim Arbeiten den angesaugten Boden unmittelbar durch eine schwimmende Rohrleitung an Land drücken. Er hat deshalb vorn und hinten je eine starke Dampfwinde für je zwei Seiten- und eine Vor- bzw. Hinterkette.

8. Der Bagger für Kiesgewinnung (Zahlentafel IIIa, Nr. 8, Abb. 81 bis 83) ist für eine Stundenleistung von 220 cbm Kies gebaut. Der Bagger dient dazu, an der Küste Nordfrankreichs Kies zu baggern und an Land zu spülen. Das mit einem seitlichen Rohr aufgesaugte Baggergut wird in zwei große umlaufende Siebtrommeln geleitet, die über dem Laderaum liegen. Die Trommeln lassen nur Kies von weniger als 10 mm Korngröße durchfallen, während die größeren Steine in den vorderen Laderaum fallen, der durch ein Querschott von dem Hauptladeraum getrennt ist. Ist dieser vordere Steinschacht gefüllt, bevor der Kiesschacht beladen ist, so wird der Bagger an den Ankerketten von seiner Arbeitstelle verholt, der vordere Schacht durch die Bodenklappen entleert und der Bagger wieder zur Arbeitstelle zurückgeholt. Der gewonnene Kies wird nach einem der Firma J. & K. Smit patentierten Verfahren DRP 159866 unter Wasserzusatz aus dem Laderaum abgesaugt und dann 6 m hoch und 250 m weit an Land gespült. Die Leistung beim Spülen an Land beträgt 115 cbm/st.

Das Mittelkielschwein, Abb. 468, ist als Saugerohr ausgebildet, aus dem die Baggerpumpe das Baggergut absaugt. Dieses fällt durch seitliche Schieber in das Saugerohr, nachdem es vorher durch Druckwasser verdünnt ist. Das Mittelkielschwein steht am vorderen Ende bei a, Abb. 82, mit dem Außerwasser in Verbindung, so daß ständig ein Saugstrom in ihm erzeugt werden kann, dessen Stärke durch einen Abschlußschieber b geregelt wird.

Die Siebtrommeln werden von einer zwischen ihnen über dem Laderaum stehenden Maschine mit Kegelradübersetzung angetrieben. Das Baggergut wird in je einem

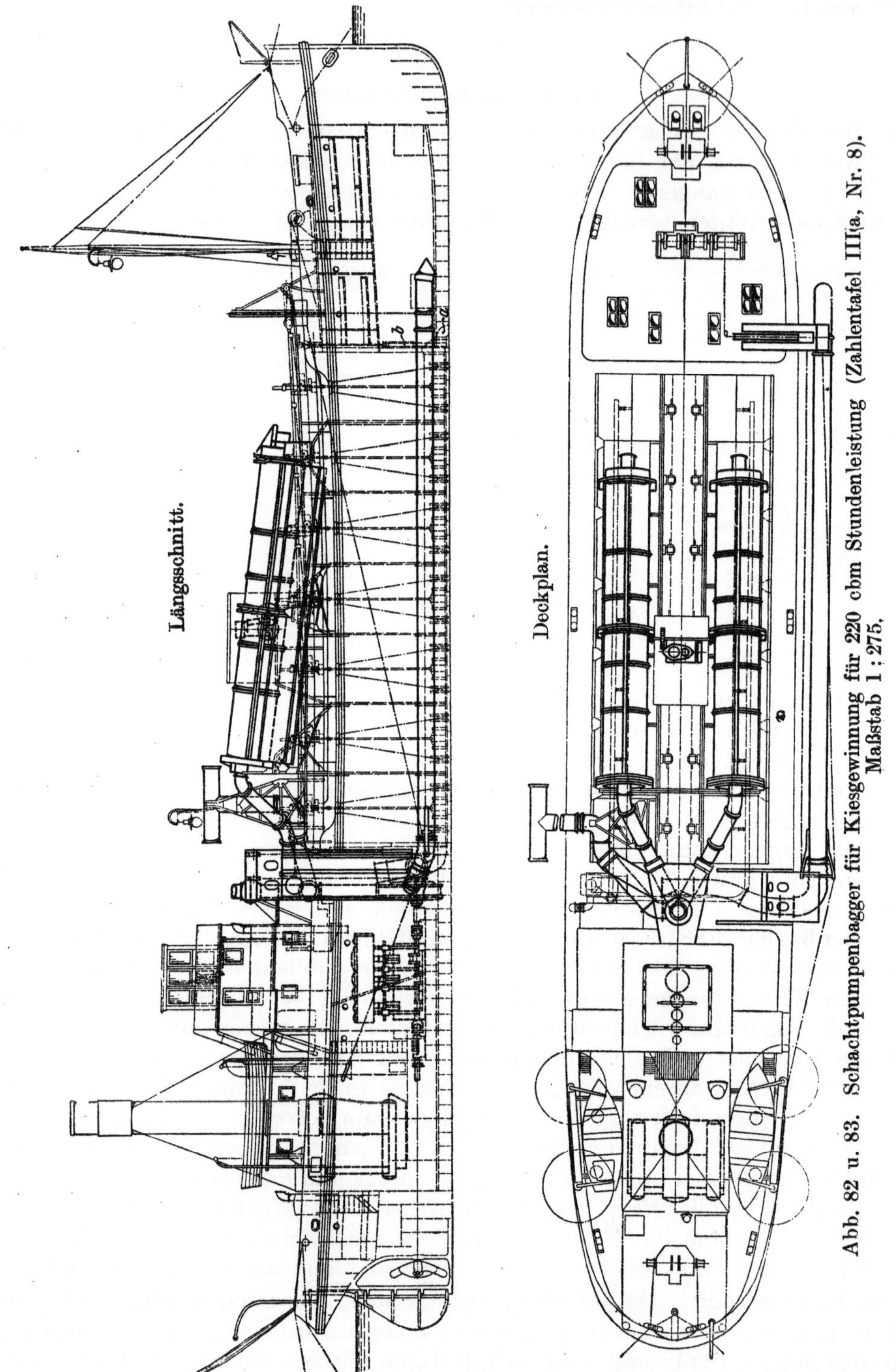

Abb. 82 u. 83. Schachtpumpenbagger für Kiesgewinnung für 220 cbm Stundenleistung (Zahlentafel IIIa, Nr. 8). Maßstab 1:275.

Rohr, das bis an das vordere Ende der Trommeln reicht, zugeführt und durch Öffnungen auf die ganze Länge des Siebes verteilt. Der Bagger kann den Kies auch unmittelbar in seitlich liegende Prähme fördern.

9. Bagger „PB III" für 400 cbm Stundenleistung (Zahlentafel IIIa, Nr. 9). Der Bagger ist als Zweischraubenschiff mit offenem Schlitz und nach hinten liegendem Saugerohr (ähnlich wie Abb. 89) gebaut. Beim Fördern von weichem Schlick arbeitet er mit einem Schleppsaugekopf (Bauart Frühling), während für Sandbaggerungen ein offener Saugekopf mit Druckwasserspülung angesetzt wird. Zu jeder Seite des Schlitzes liegt ein Maschinenraum, in dem je zwei Schiffsmaschinen stehen, die gemeinsam oder getrennt zum Antrieb der Schrauben oder der Pumpen verwandt werden. Die Kessel liegen zwischen dem Laderaum und dem Schlitz.

Das Baggergut wird aus dem Laderaum entweder durch Bodenklappen, die mit Druckwasserwinden bewegt werden, entleert, oder von den Pumpen wieder angesaugt und durch eine Druckrohrleitung an Land gespült. Um den Boden absaugen zu können, wird er durch Zusatzwasser verdünnt, das von außen durch Ventile in den Laderaum eintritt.

10. Bagger „Cosmopolit" für 600 cbm Stundenleistung (Zahlentafel IIIa, Nr. 10, Tafel VI und Abb. 84). Das als Einschraubenschiff für Seebaggerungen gebaute

Abb. 84. Schachtpumpenbagger „Cosmopolit" für 600 cbm Stundenleistung (Zahlentafel IIIa, Nr. 10).

Gerät hat ein seitliches schräg nach vorn gerichtetes Saugerohr, das während der Fahrt wenn der Bagger nicht arbeitet, mit einer Dampfwinde ganz an Deck genommen werden kann, so daß es weder den Fahrwiderstand erhöht, noch beim Anlegen beschädigt werden kann. Baggerpumpe und Schiffsschraube werden von derselben Maschine angetrieben. Das Baggergut wird entweder durch Bodenklappen, die von einer Winde mit Seiltrommeln bewegt werden, entleert oder abgesaugt und an Land gedrückt, wobei zur Verdünnung des Baggergutes im Laderaum von unten Preßwasser zugesetzt wird. Der Bagger kann auch als Spüler aus Prähmen saugen (Abb. 85 bis 88). Im Maschinenraum ist deshalb noch eine Zusatzwasserpumpe aufgestellt,

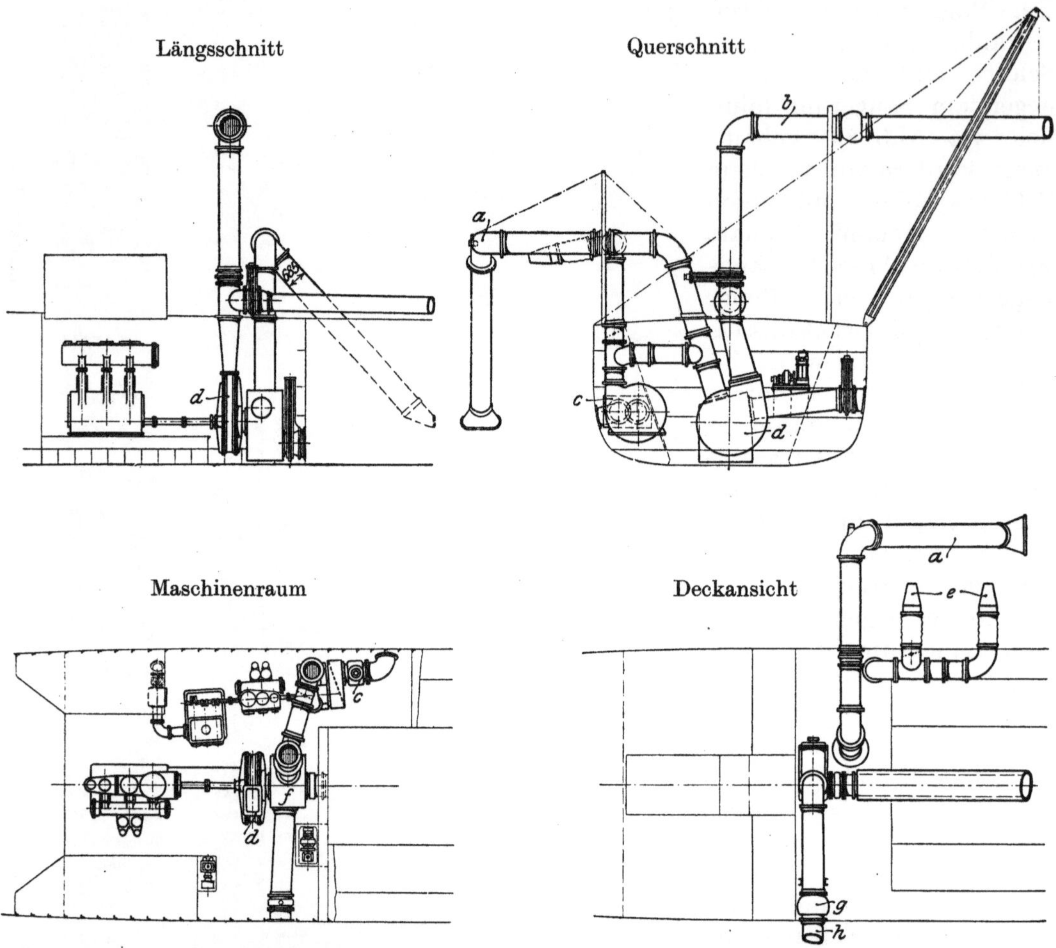

a Saugerohr   *b* Druckrohr   *c* Zusatzpumpe   *d* Förderpumpe   *e* Zusatzwasserrohre   *f* Steinkasten
g Kugelgelenk   *h* Druckrohr an Land

Abb. 85 bis 88.   Einrichtung des Baggers „Cosmopolit" zum Arbeiten als Spüler. Maßstab 1 : 250.

die 60 cbm je Minute leistet. Die 130 PSi-Antriebsmaschine dieser Zusatzwasserpumpe treibt auch die Pumpe an, die das Preßwasser zum Verdünnen des Baggergutes im Laderaum liefert. Der Bagger hat eine kräftige Vorwinde für zwei Voranker und eine Dampfwinde mit Spillköpfen auf dem Hinterschiff.

11. Der für 600 cbm Stundenleistung gebaute Bagger „Seegat" (Zahlentafel IIIa, Nr. 11) hat einen geschlossenen Mittelschlitz im Vorschiff, zu dessen beiden Seiten die Laderäume liegen, die nur durch Bodenklappen entleert werden können. Die Kessel- und Maschinenanlage liegt im Hinterschiff. Schiffsschraube und Baggerpumpe werden von derselben Maschine getrieben, Saugerohr und Laderaumklappen von derselben Winde bewegt. Für die beiden Voranker ist je eine getrennte Winde vorhanden.

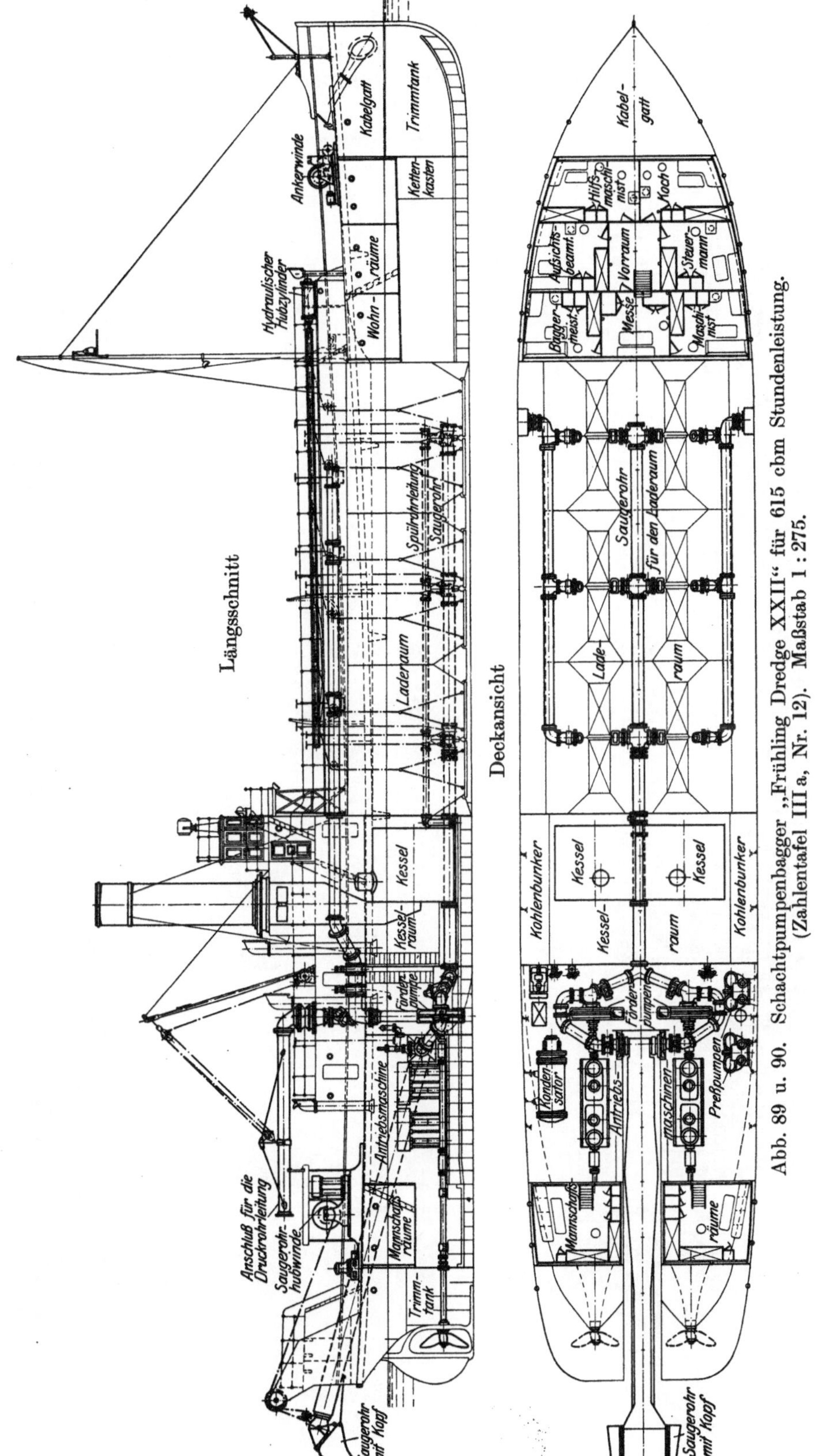

Abb. 89 u. 90. Schachtpumpenbagger „Frühling Dredge XXII" für 615 cbm Stundenleistung. (Zahlentafel IIIa, Nr. 12). Maßstab 1 : 275.

12. Der Bagger „Frühling Dredge XXII" für 615 cbm Stundenleistung (Zahlentafel IIIa, Nr. 12 Abb. 89 u. 90). Der für den Hafen von Quebec bestimmte Bagger hat ein im offenen Schlitz gelagertes Saugerohr mit doppelter Saugeleitung und Saugekopf Patent „Frühling". Für jede der beiden Pumpen ist eine Antriebsmaschine vor-

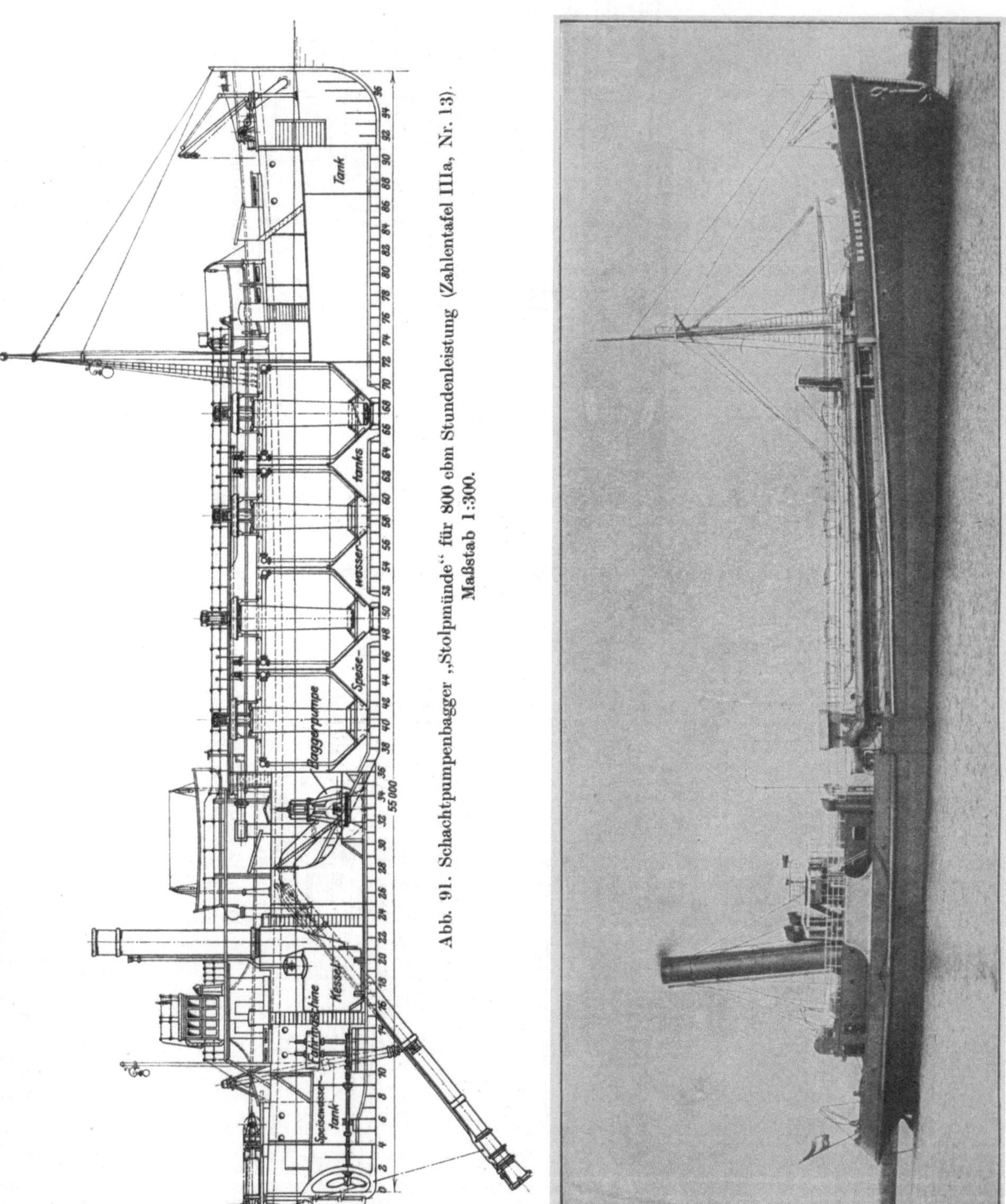

Abb. 91. Schachtpumpenbagger „Stolpmünde" für 800 cbm Stundenleistung (Zahlentafel IIIa, Nr. 13). Maßstab 1:300.

Abb. 92. Schachtpumpenbagger „XIV und XV" für 820 cbm Stundenleistung (Zahlentafel IIIa, Nr. 14.)

handen, außerdem zwei ebenso große Maschinen für den Propellerantrieb. Je
eine Pumpenantriebs- und Fahrmaschine stehen in der gleichen Achse. Beim
Baggern arbeiten die hinteren Maschinen auf die Propeller, die vorderen auf die
Pumpen. Fährt der Bagger mit Ladung, so können alle 4 Maschinen auf die Propeller
arbeiten. Der Bagger ist für Arbeiten im Schlick und Sand gebaut. Je nach der

Abb. 93. Schachtpumpenbagger „XIV und XV" für 820 cbm Stundenleistung (Zahlentafel IIIa, Nr. 14).

Bodenart kann die Neigung des Schleppsaugekopfes verstellt werden. Der Laderaum wird durch 12 hydraulisch bewegte Bodenklappen entleert. Der Laderauminhalt kann auch abgesaugt und an Land gespült werden.

13. Der Bagger „Stolpmünde" für 800 cbm Stundenleistung (Zahlentafel IIIa, Nr. 13 und Abb. 91) ist als Zweischraubenschiff mit offenem Schlitz und nach hinten liegendem Saugerohr ausgeführt.

Je ein Kessel und eine Fahrmaschine liegen in getrennten Maschinenräumen zu beiden Seiten des Schlitzes, während die Baggerpumpe in einem unmittelbar an dem Schlitz liegenden über die ganze Schiffsbreite reichenden Maschinenraum aufgestellt ist.

Der aus acht Abteilungen bestehende Laderaum kann nur durch Bodenventile, die mit Druckwasser bewegt werden, entleert werden. Zum besseren Abstürzen des Bodens wird den einzelnen Schächten Druckwasser zugeführt. Der Bagger hat

Deckansicht

Abb. 94. Schachtpumpenbagger „XIV u. XV" für 820 cbm Stundenleistung (Zahlentafel IIIa, Nr. 14).

eine Dampfvorwinde und zwei Dampfseitenwinden. Die Saugerohrhubwinde wird mit Druckwasser betrieben.

14. Die Bagger „XIV und XV" für 820 cbm Stundenleistung (Zahlentafel IIIa, Nr. 14, Tafel VII und Abb. 92 bis 94) sind als Zweischraubenschiffe mit seitlichem Saugerohr gebaut. Jede Fahrmaschine kann mit einer Baggerpumpe gekuppelt werden. Zum Baggern wird immer nur eine Pumpe benutzt, die andere dient als Reserve. Es können jedoch auch, wenn der Bagger aus seinem Laderaum saugt und an Land drückt, besonders bei großen Förderweiten, beide Pumpen zugleich arbeiten. Aus dem Laderaum wird der Boden durch zwei seitliche Rohre abgesaugt, wobei von oben Druckwasser zugesetzt wird. Die Windenanordnung ähnelt der des unter Nr. 10 aufgeführten Baggers, jedoch werden die Bodenklappen mit Druckwasser bewegt.

15. Der Bagger „III B. H." für 900 cbm Sand (4000 cbm Schlick) (Zahlentafel IIIa, Nr. 15 Abb. 95 bis 101) ist für Arbeiten an solchen Stellen gebaut, an denen, sei es wegen der wechselnden Baggertiefe, sei es wegen der Witterungsverhältnisse oder

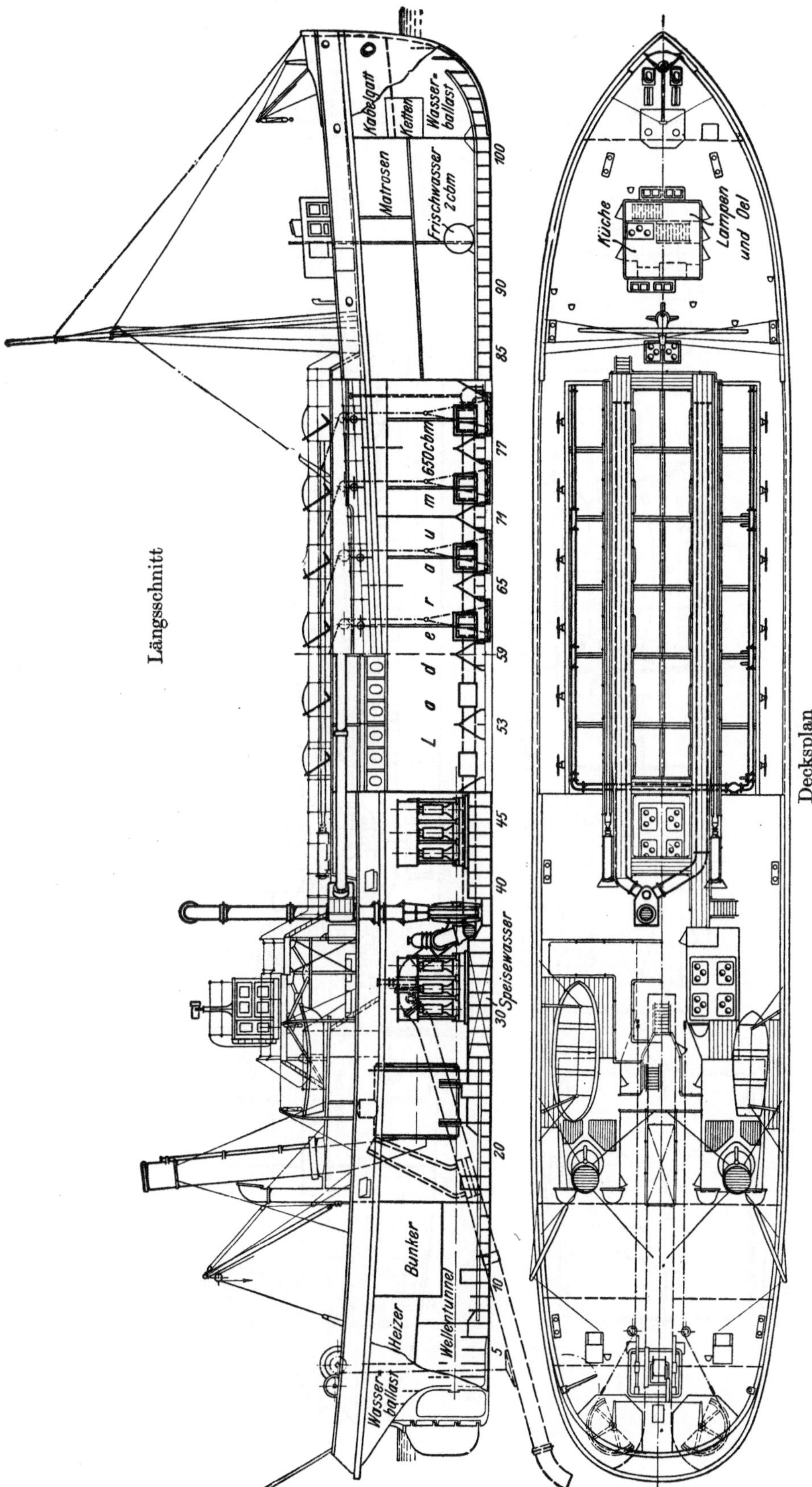

Abb. 95 u. 96. Schachtpumpenbagger III BH für 900 cbm Stundenleistung (Zahlentafel IIIa, Nr. 15). Maßstab 1 : 300.

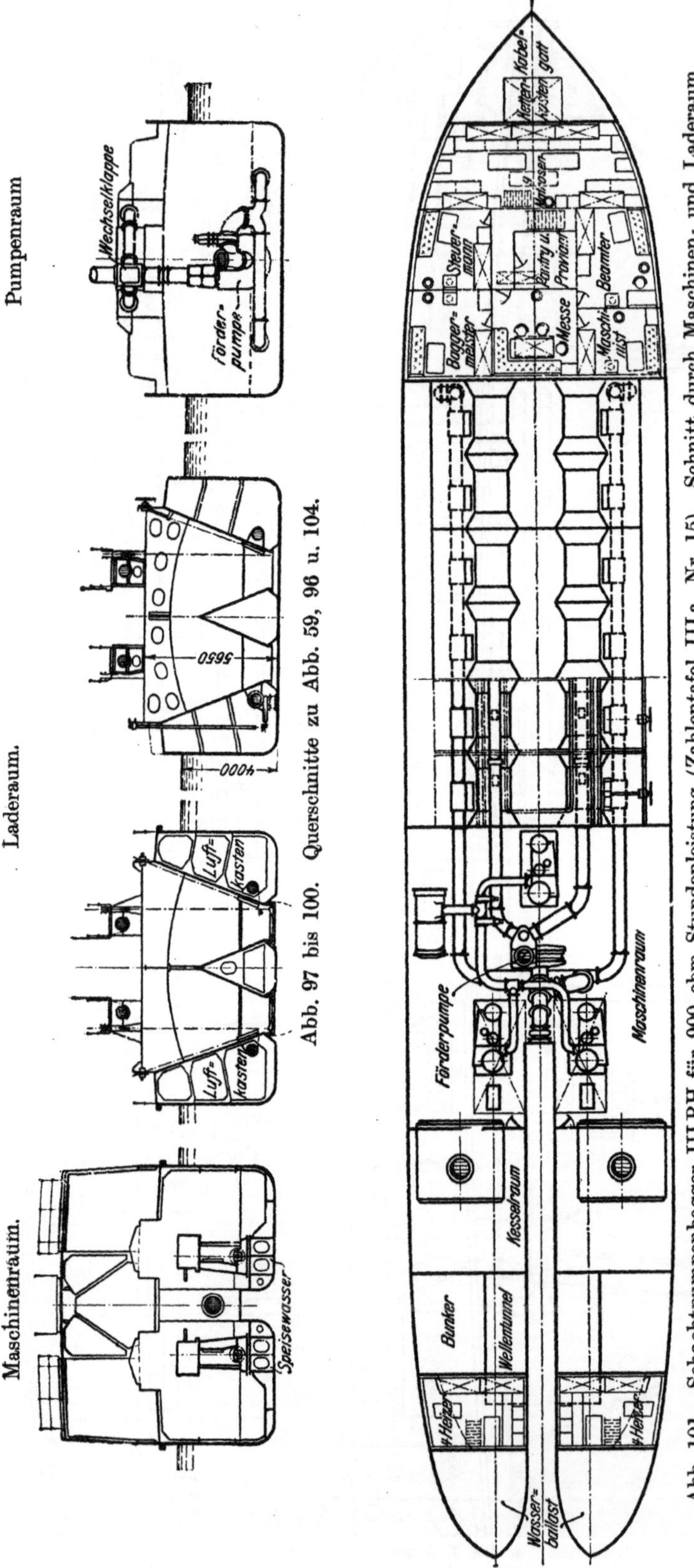

Abb. 97 bis 100. Querschnitte zu Abb. 59, 96 u. 104.

Abb. 101. Schachtpumpenbagger III BH für 900 cbm Stundenleistung (Zahlentafel III a, Nr. 15). Schnitt durch Maschinen- und Laderaum. Maßstab 1 : 300.

mit Rücksicht auf den Schiffsverkehr in engen Fahrrinnen oder Hafeneinfahrten, ein häufiges Wechseln oder Verlassen der Arbeitsstelle nötig ist. Er hat deshalb ein im Schlitz gelagertes Saugerohr, 2 besondere Fahrmaschinen und eine nur zum Antrieb der Pumpe dienende Maschine. Er kann daher an vielen Stellen, ohne Anker ausbringen zu müssen, baggern, da durch die 2 Schrauben das Schiff leicht im Strom gehalten werden kann, wenn das Saugerohr sich in den Boden eingearbeitet hat. Die Einrichtung des Laderaumes, der Bodenklappen und Absaugevorrichtung ist die gleiche wie bei den unter Nr. 14 beschriebenen Geräten.

16. Bagger „Sumatra" für 2300 cbm Schlick (Zahlentafel IIIa Nr. 16 Abb. 102). Der für Niederländisch-Indien gebaute Bagger hat ein im Schlitz gelagertes Saugerohr mit Schleppsaugekopf. Das im Schlitz gelagerte Saugerohr hat 2 Rohrleitungen,

Abb. 102. Schachtpumpenbagger „Sumatra" für 2300 cbm Schlick Stundenleistung
(Zahlentafel III a, Nr. 16).

die je an eine Pumpe anschließen. Der Bagger kann auch in Prähme fördern, die an Backbord liegen. Der Laderaum wird durch hydraulisch bewegte Bodenklappen entleert. Pumpen und Schrauben werden von je zwei Dreifach-Expansionsmaschinen angetrieben. Für die Fahrmaschinen und Pumpenantriebsmaschinen ist je eine besondere Kondensationsanlage vorhanden.

17. Bagger für 3600 cbm Schlick (Zahlentafel IIIa, Nr. 17 und Abb. 103 bis 105). Der für weichen schlammigen Boden gebaute Bagger ist ein Zweischraubenschiff mit zwei nach vorn liegenden seitlichen Saugerohren, die je an eine Pumpe anschließen. Beim Arbeiten fährt der Bagger langsam voraus, wobei sich die auf jeder Seite herabhängenden Saugerohre in den Schlick schieben und die Saugewirkung unterstützen. Es arbeiten also die Baggerpumpen und Schiffsschrauben gleichzeitig, was den Einbau von zwei Antriebsmaschinen für die Pumpen und zwei für die Schrauben nötig machte. Die Maschinen sind jedoch so angeordnet, daß beim Fahren des beladenen oder leeren Baggers auch je zwei Maschinen auf eine Schraube arbeiten können. Der Laderaum kann entweder durch Bodenklappen verstürzt oder abgesaugt werden. Die Bodenklappen sowie die Vorrichtung zum Anbordnehmen des Saugerohrs werden mit Druckwasser bewegt, während das Saugerohr mit einer Dampfwinde gehoben wird.

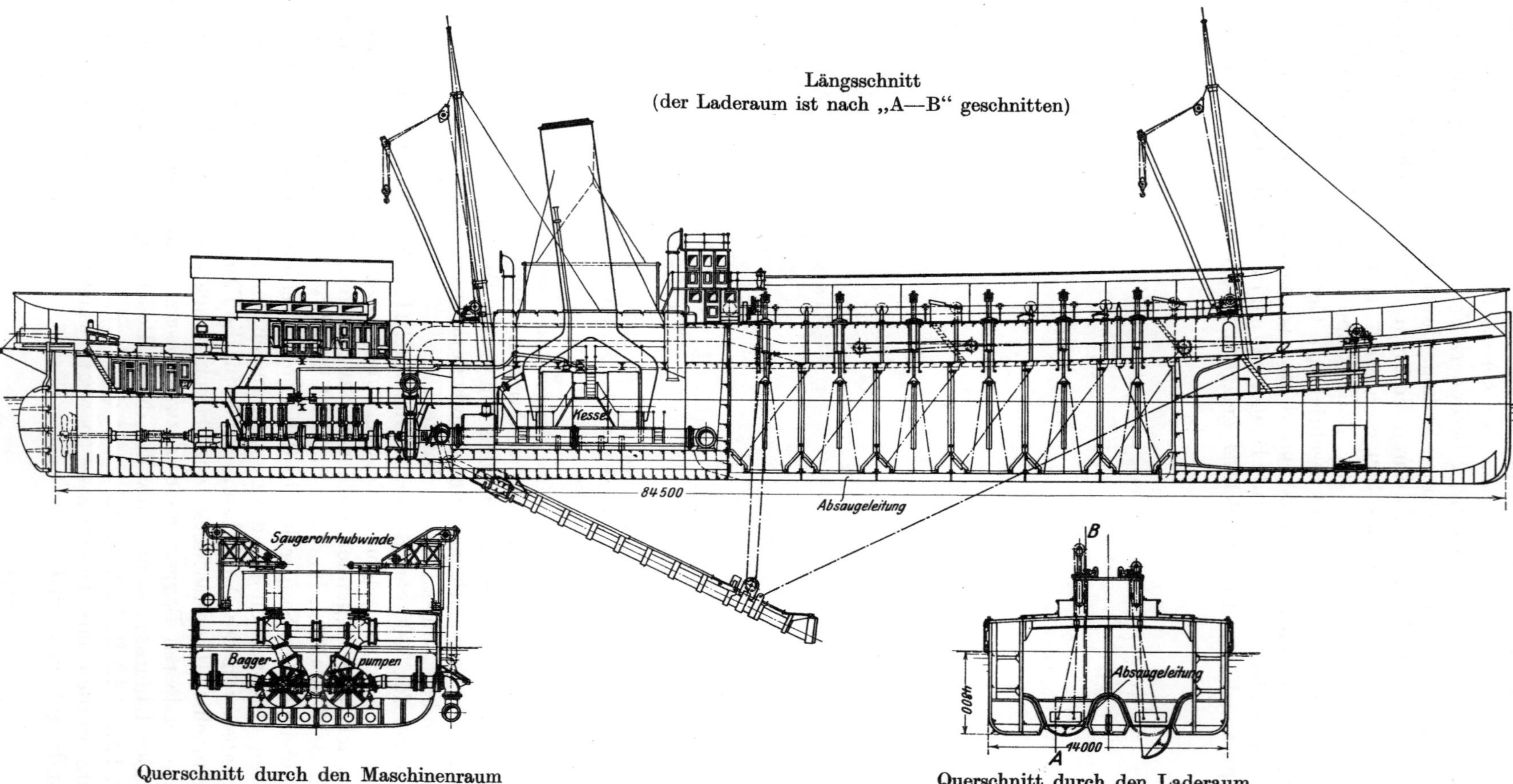

Abb. 103 bis 105. Schachtpumpenbagger für 3600 cbm Stundenleistung (Schlick) (Zahlentafel IIIa, Nr. 17). Maßstab 1 : 400.

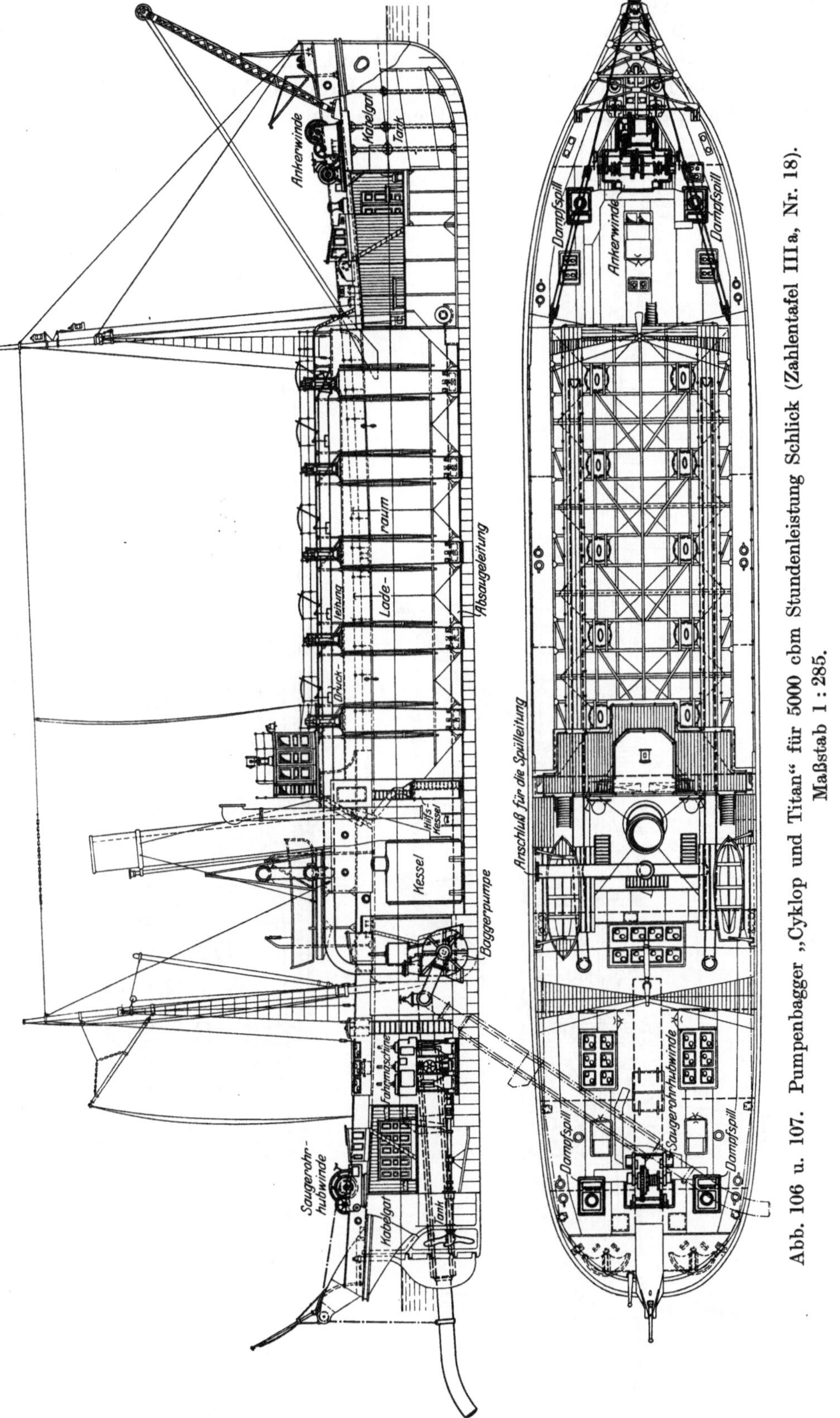

Abb. 106 u. 107. Pumpenbagger „Cyklop und Titan" für 5000 cbm Stundenleistung Schlick (Zahlentafel IIIa, Nr. 18). Maßstab 1 : 285.

18. Bagger „Cyklop und Titan" für 5000 cbm Schlick/St (Zahlentafel IIIa, Nr. 18, Abb. 106 u. 107). Der Bagger hat offenes Hinterschiff mit Saugerohr. Die von einer besonderen Maschine angetriebene Pumpe fördert das Baggergut entweder in den Laderaum oder nach Backbord in Prähme. Die Fahrmaschinen liegen in den Seitenschiffen, die Pumpenanlage in einem über die ganze Schiffsseite reichenden Ma-

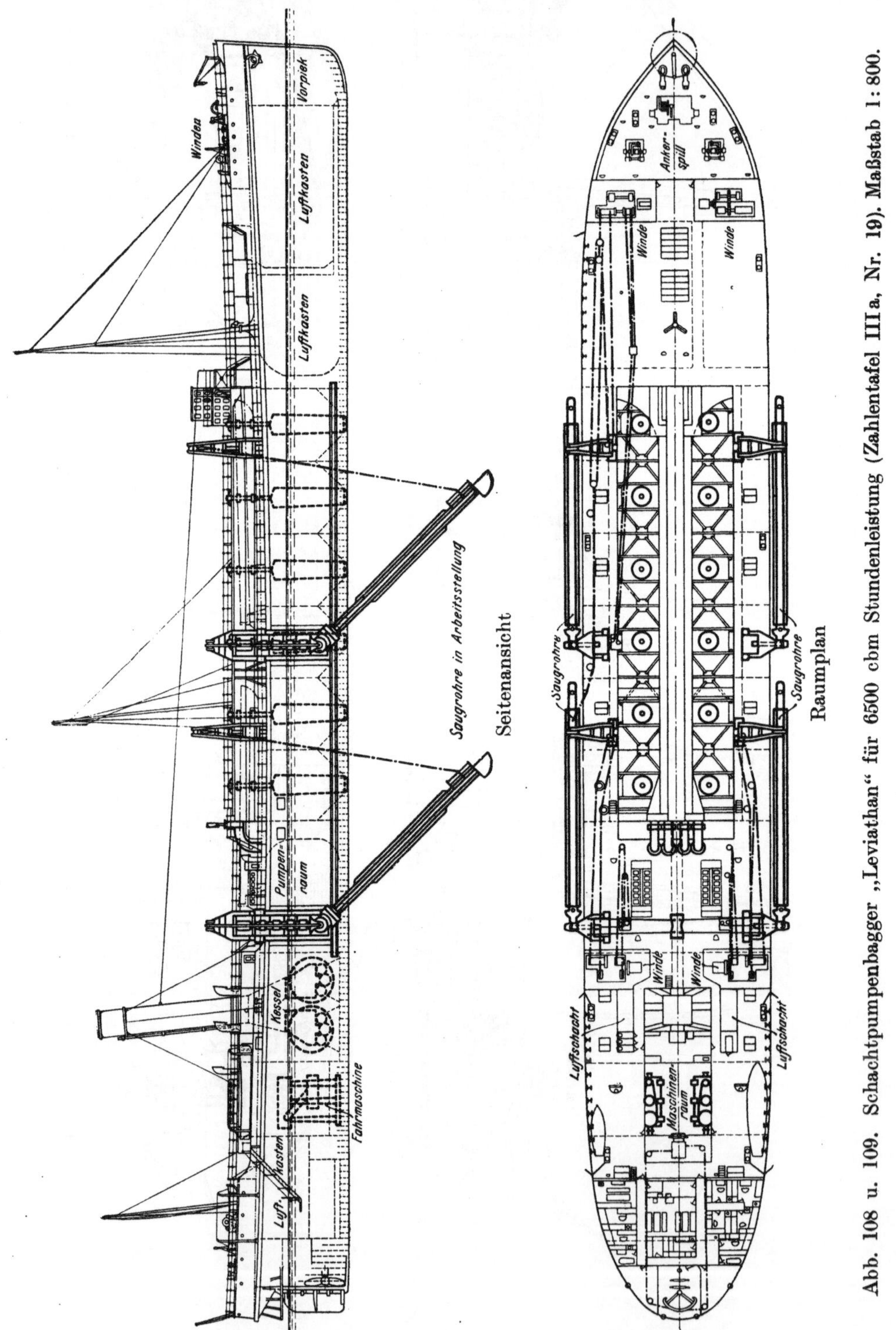

Abb. 108 u. 109. Schachtpumpenbagger „Leviathan" für 6500 cbm Stundenleistung (Zahlentafel IIIa, Nr. 19). Maßstab 1 : 800.

schinenraum vor dem Schlitz. Der in 10 Abteilungen zerlegte Laderaum kann nur durch hydraulisch bewegte Bodenventile entleert werden. Kessel-, Maschinen- und Pumpenraum im Hinterschiff sind jeder durch wasserdichte Schotten abgetrennt, so daß der Bagger selbst bei schweren Havarien schwimmfähig bleibt.

19. Bagger „Leviathan" für 6500 cbm Stundenleistung (Zahlentafel IIIa, Nr. 19 und Abb. 108 und 109). Der Bagger ist zurzeit der größte vorhandene Saugebagger und für Arbeiten an Stellen gebaut, die durch Seegang sehr gefährdet sind. Er muß daher bei jeder Reise möglichst schnell eine große Menge Sand fördern. Die große Leistung wird mit vier besonderen Pumpen mit je einem seitlichen Saugerohr bewältigt. Die Saugerohre können ganz an Deck genommen werden. Der Laderaum wird durch Bodenventile (Bauart Lyster) entleert, die mit Druckwasser bewegt werden. Die Ladung wird dabei durch Spülwasser flüssig gemacht, das von einer Baggerpumpe in den Laderaum gedrückt wird.

5. Spüler.

Spüler (Tafel VIII bis X) sind Naßförderer. Sie dienen dazu, den von den Baggern geförderten Boden durch Aufspülen an Land auf weite Entfernungen und über große Flächen zu beseitigen, wie dies ähnlich durch die S. 8 u. 14 beschriebenen Schwemmbagger geschieht. Die Trennung der bei diesen Baggern vereinigten Arbeitsvorgänge kann in der Weise erfolgen, daß entweder der Bagger in den Schüttrichter eines mit ihm gekuppelten Spülers schüttet (Abb. 35 und 36) oder, daß das Baggergut erst in besondere Prähme gefördert und aus diesen von dem Spüler angesaugt und an Land gedrückt wird. Ist der Spüler mit dem Bagger gekuppelt, so muß er mit einer schwimmenden Rohrleitung arbeiten, die alle Bewegungen des scherenden Eimerbaggers mitmacht. Diese Arbeitsweise ist daher nur in ruhigem Wasser und,

wegen des Widerstandes beim Verholen der beiden Geräte und der Rohrleitung, nur mit kleinen und mittelgroßen Baggern (etwa bis 200 cbm/st) zu empfehlen.

Bei den neben den Baggern liegenden Spülern wird der Boden aus der Schüttrinne des Baggers unmittelbar in den Schüttrichter gestürzt und aus diesem abgesaugt. Zur Zerkleinerung größerer Bodenklumpen dient ein Rührwerk (Abb. 110). Zum Verdünnen wird Wasser zugesetzt. Spüler, die aus Prähmen saugen, werden an Dalben fest verankert. Der Boden wird aus den Prähmen durch ein Sauge-

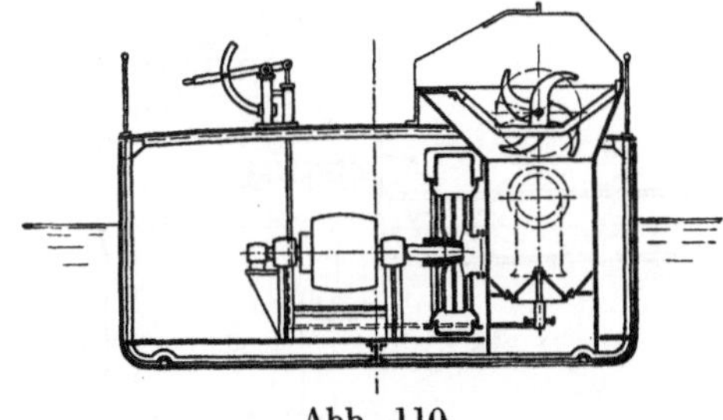

Abb. 110.
Querschnitt durch Pumpe und Schneidwerk eines mit einem Eimerbagger gekuppelten Spülers.

rohr unter starkem Wasserzusatz angesaugt und durch eine feste oder schwimmende Rohrleitung an Land gedrückt. Festliegende Spüler sind für Leistungen bis 800 cbm/st gebaut. Geräte, die bis zu 2500 m weit spülen, sind mit Erfolg verwandt worden.

Die Prähme werden während des Leersaugens entsprechend dem Arbeitsfortschritt durch eine Winde am Spüler entlang geholt.

Spüler, die aus einem Schüttrichter oder aus Prähmen saugen.

1. Spüler für 50 cbm/st (Zahlentafel IVa, Nr. 1 und Abb. 35 u. 36). Der Spüler ist zum Arbeiten mit einem als Hinterschütter gebauten Bagger bestimmt. Spüler und Bagger werden durch einen Bolzen gekuppelt und liegen beim Arbeiten hintereinander. Der Schüttrichter liegt an dem einen Ende des Gerätes. Die Förderpumpe und die Zusatzwasserpumpe werden von einer unter Deck aufgestellten Lokomobile

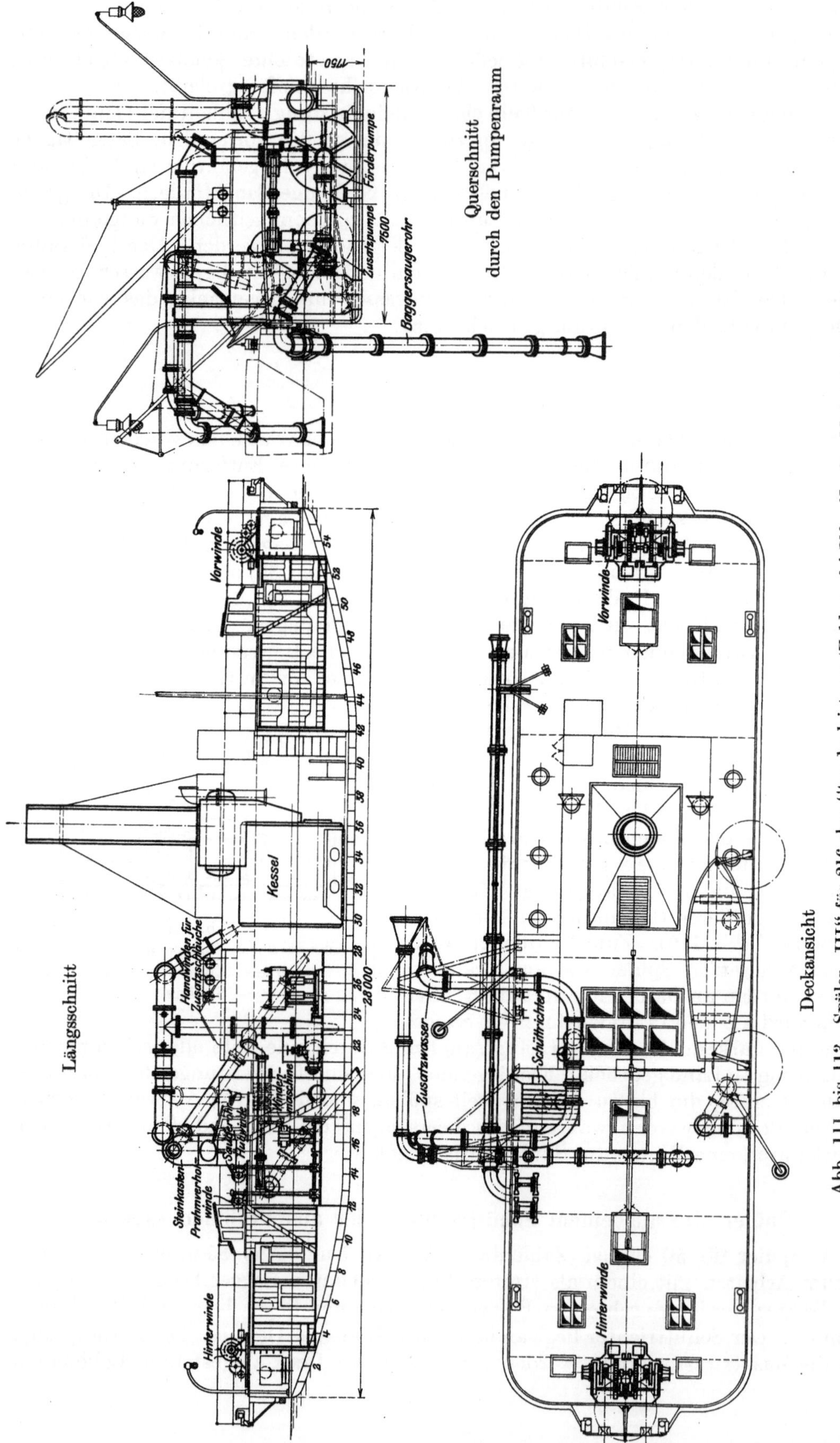

Abb. 111 bis 113. Spüler „III" für 216 cbm Stundenleistung (Zahlentafel IVa, Nr. 2). Maßstab 1 : 200.

Abb. 114 u. 115. Spüler „I und II" (Zahlentafel IVa, Nr. 3).

getrieben. Das Zusatzwasser wird von oben in den Schüttrichter gespritzt, in den ein
Sieb eingebaut ist.

2. **Spüler „III" für 216 cbm/st** (Zahlentafel IVa, Nr. 2 und Abb. 111 bis 113).
Förderpumpe und Zusatzwasserpumpe werden je von einer Zweifach-Verbund-
maschine angetrieben. Der Spüler kann auch als Saugebagger mit schwimmender
Rohrleitung arbeiten. Auf der Saugeseite wird dann über der Wasserlinie ein
Krümmer mit langem Saugerohr angebaut. Der Saugekopf wird von einem
Ausleger mit Seil und Flaschenzug gehalten. Die schwimmende Rohrleitung wird
auf der entgegengesetzten Schiffsseite nach Entfernung des Pumpensteigerohrs an-
geschlossen. Mit Rücksicht auf die Verwendung des Gerätes als Saugebagger sind

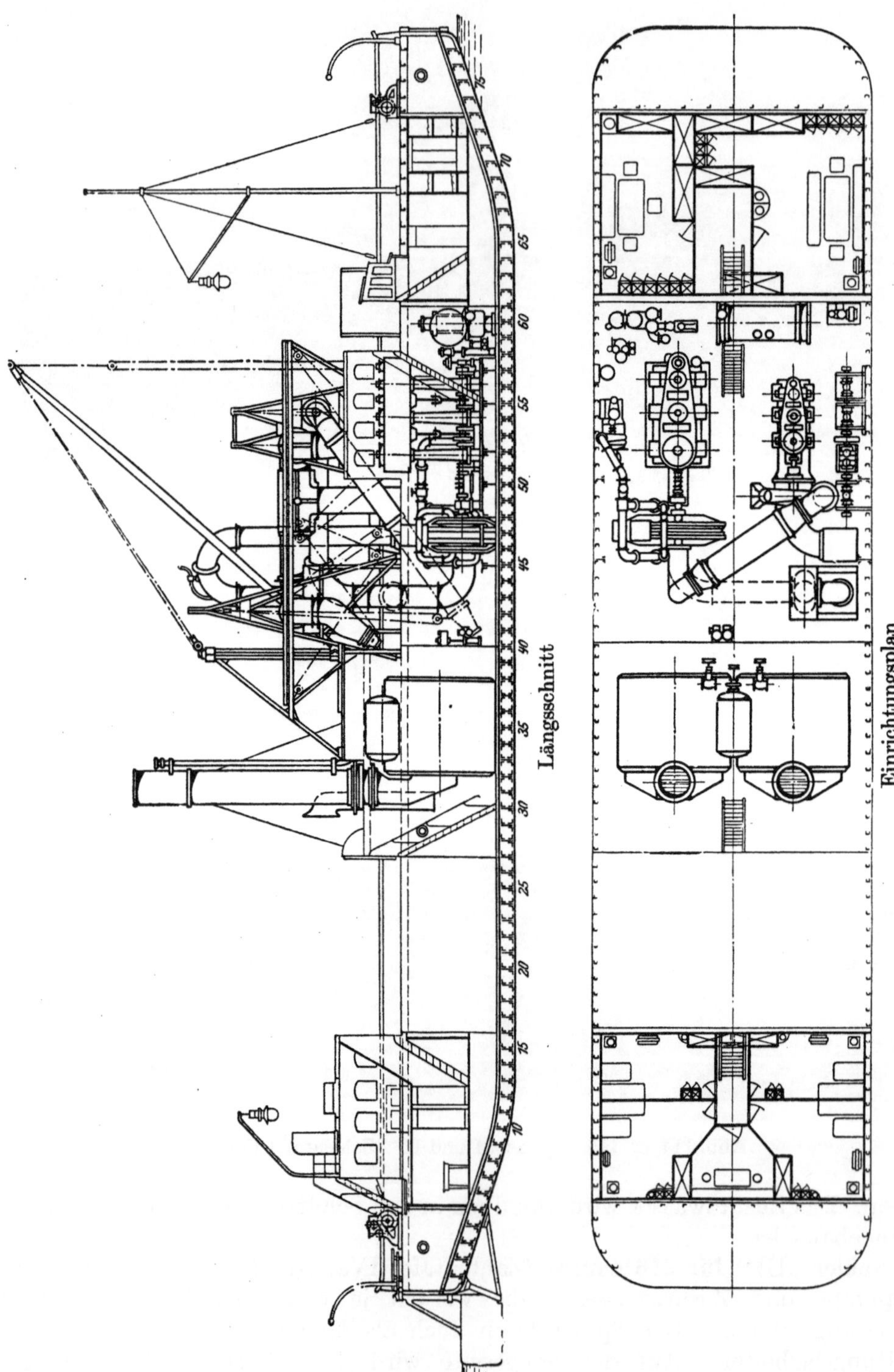

Abb. 116 u. 117. Spüler „I und II" für 600 cbm Stundenleistung (Zahlentafel IVa, Nr. 3). Maßstab 1:250.

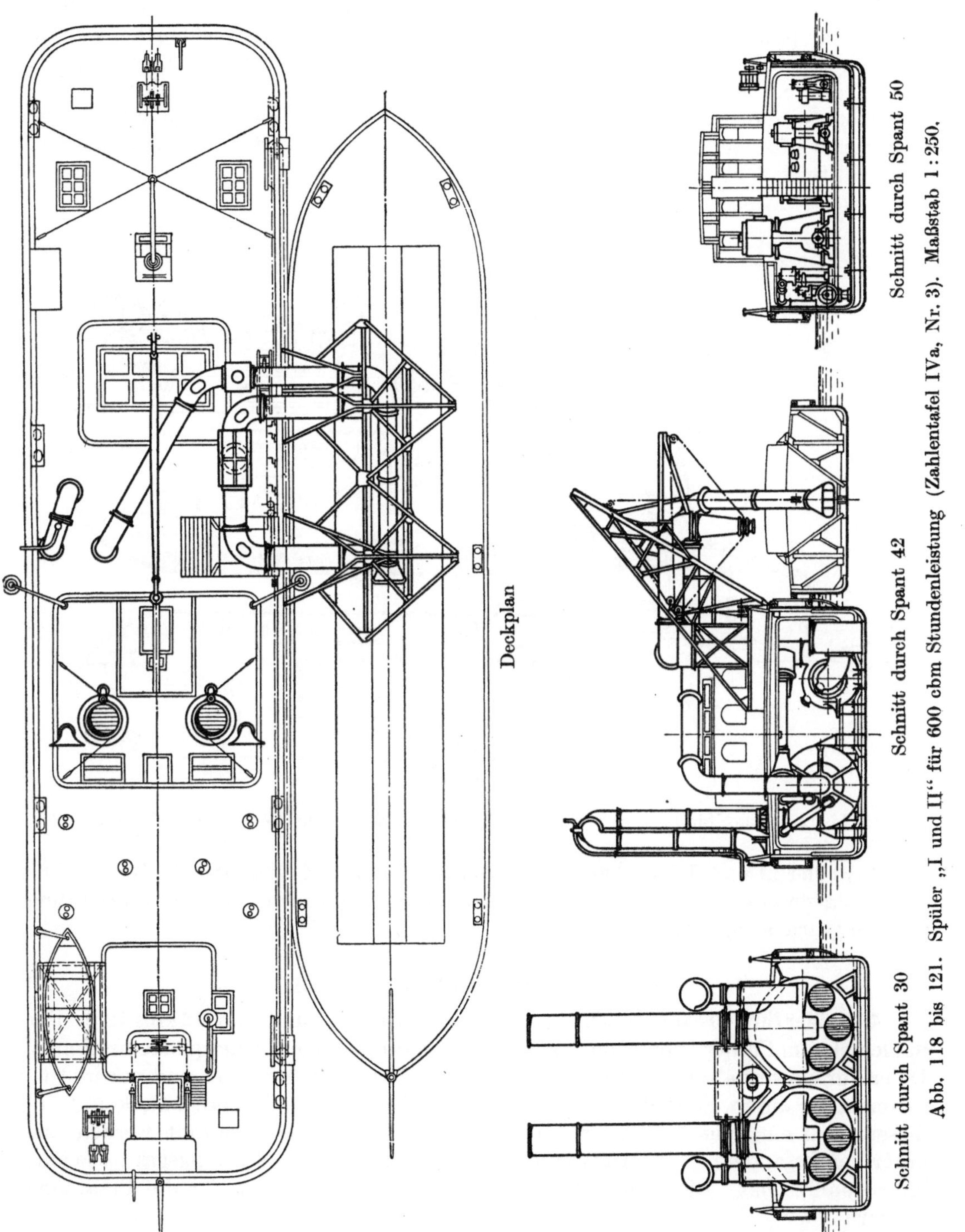

Abb. 118 bis 121. Spüler „I und II" für 600 cbm Stundenleistung (Zahlentafel IVa, Nr. 3). Maßstab 1:250.

auf dem Vor- und Hinterschiff Dampfankerwinden aufgestellt, über die je 2 Seitenketten, ein Schiffsanker und je eine Vor- bzw. Hinterkette geführt werden. Die an der Reeling umlaufende Prahmverholkette und das Saugerohrhubseil werden von 2 Winden bewegt, die von einer unter Deck im Maschinenraum stehenden gemeinsamen Dampfmaschine angetrieben werden. Die Zusatzwasserschläuche werden mit Handwinden verstellt. Der Spüler kann auch mit einem Eimerbagger gekuppelt werden und hat hierzu einen Schüttrichter. Das Rührwerk wird von der Windenantriebsmaschine gedreht. Bei der zuletzt geschilderten Arbeitsweise müssen die über die Schiffswand hinausragenden Rohre für den Spülbetrieb abgebaut werden. Das Schiffsgefäß bietet Wohnräume für die ganze Besatzung.

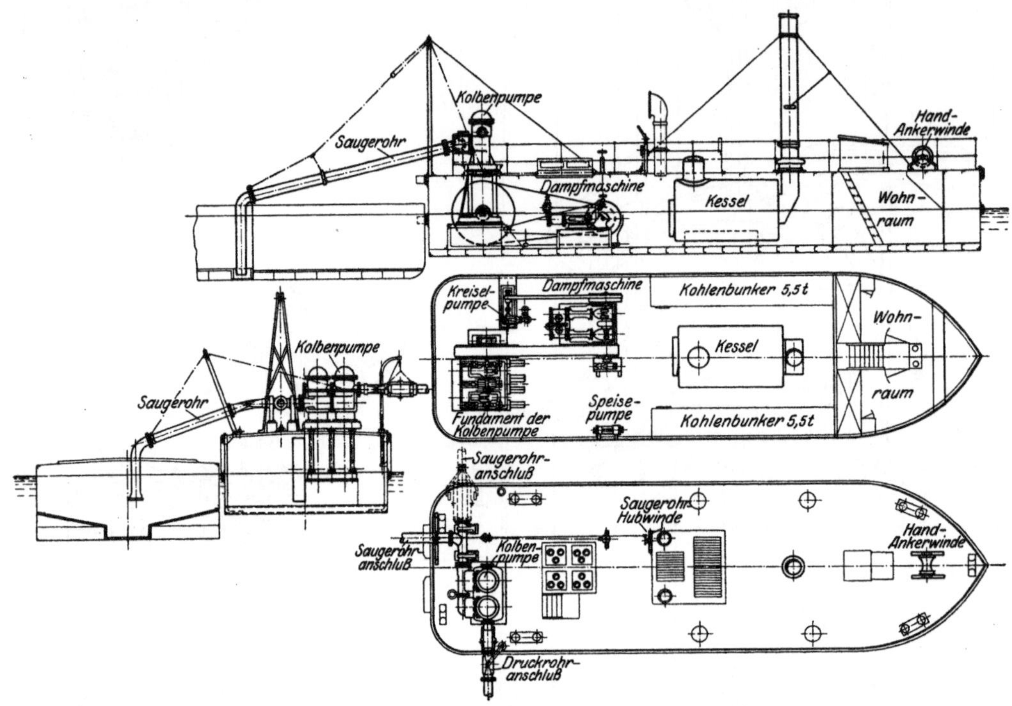

Abb. 122 bis 125. Spüler für 140 cbm Schlick Stundenleistung (Zahlentafel IV a, Nr. 4). Maßstab 1 : 200.

3. Spüler „I und II" für 600 cbm/st (Abb. 114 bis 121, Zahlentafel IV, Nr. 3). Die Spüler ähneln dem unter Nr. 2 beschriebenen, sind jedoch nicht mit einer Einrichtung zum Baggern ausgerüstet.

Spüler, die aus Prähmen saugen.

4. Spüler für 140 cbm Schlick/st (Zahlentafel IV a, Nr. 4 und Abb. 122 bis 125). Der Spüler ist zum Fördern von Schlick aus Prähmen auf besondere Lagerplätze bestimmt. Da er nur ein verhältnismäßig dünnflüssiges, durchaus gleichmäßiges und nur in Ausnahmefällen durch Fremdkörper verunreinigtes Gemisch zu fördern hat, konnte in diesem Fall eine mit 2 Plungern arbeitende Kolbenpumpe verwandt werden, die unter den besonderen Verhältnissen einen erheblich besseren Wirkungsgrad wie eine Kreiselpumpe hat. Die Pumpe hat Riemenantrieb. Wohnraum für die Besatzung ist vorhanden.

5. Spüler „IV" für 50 cbm/st (Zahlentafel IV a, Nr. 5 u. Abb. 126 bis 128). Der Spüler ist für Arbeiten in Binnengewässern gebaut und hat dementsprechend ein möglichst kleines Schiffsgefäß, das ganz durch Kessel- und Maschinenanlage ausgefüllt wird. Förderpumpe und Zusatzwasserpumpe sind von einer Lokomobile durch Riemen

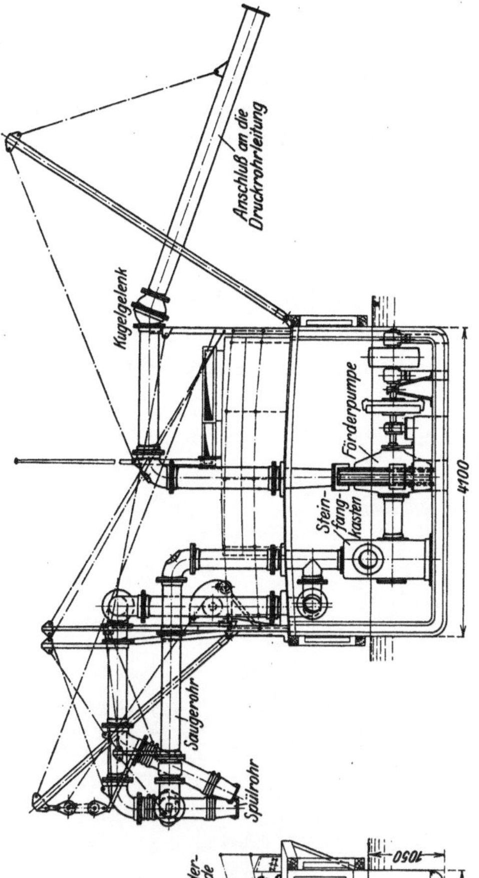

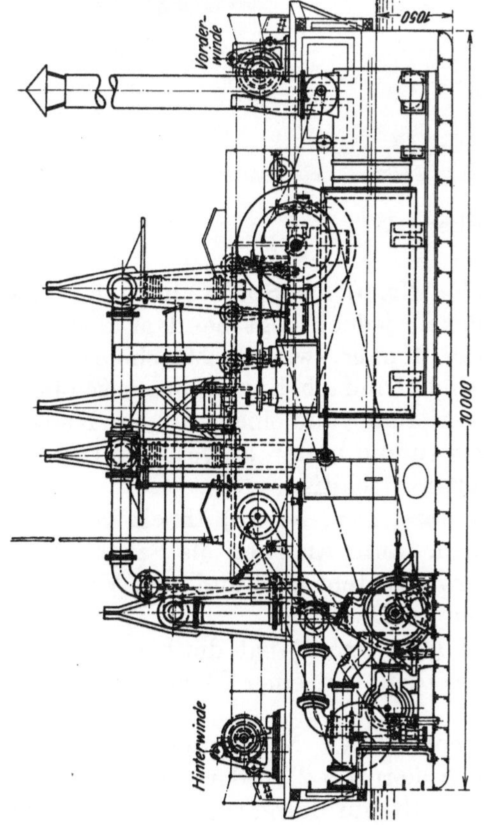

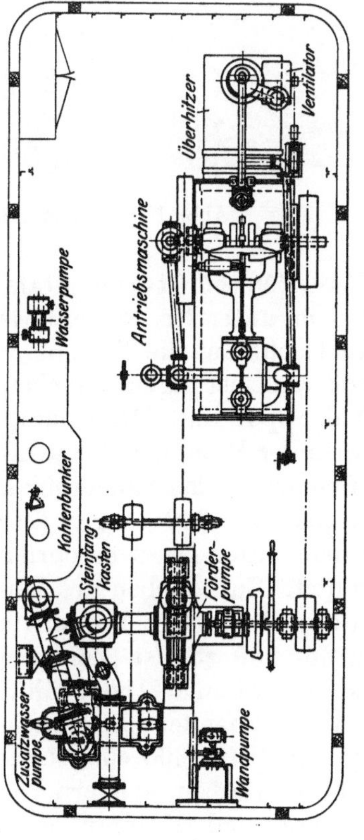

Abb. 126 bis 128.

Spüler IV für 50 cbm Stundenleistung (Zahlentafel IVᵃ, Nr. 5).
Maßstab 1 : 100.

angetrieben. Der Spüler kann außer an Land das Baggergut auch durch eine am hinteren Schiffsende anzuschließende schwimmende Rohrleitung fördern.

6. Der Spüler für 100 cbm/st (Zahlentafel IVa, Nr. 6) hat eine Lokomobile, die mit Riemen die Förderpumpe und die Zusatzwasserpumpe antreibt. Das Zusatzwasser wird mit einem vor dem Saugekopf hängenden Schlauch dem Prahm zugeführt. Zum Verholen der Prähme, zum Heben und Senken des Saugerohres und zum Bewegen des Zusatzwasserschlauches dienen Handwinden.

7. Der Spüler „Sliedrecht IV'' für 170 cbm/st (Zahlentafel IVa, Nr. 7 und Abb. 129 bis 132) ist für größere Spülweiten (bis 1700 m) gebaut. Er hat 2 Förderpumpen, die von derselben Maschine angetrieben werden und hintereinander geschaltet sind. Um auch bei kleineren Spülweiten wirtschaftlich zu arbeiten, ist die erste Pumpe auch mit Steigerohr und Anschluß an die Landleitung versehen, so daß sie auch allein arbeiten kann. Die Zusatzwasserpumpe wird von einer stehenden Verbundmaschine angetrieben und spritzt das Wasser durch je einen vor und hinter dem Saugekopf hängenden Schlauch in den Prahm. Die über Deck liegenden Saug- und Druckrohre werden von einem Eisengerüst getragen. Das sehr kräftige Schiffsgefäß bietet Wohnräume für die Besatzung und ist ziemlich lang. Die Prähme haben daher am Spüler, auch wenn er in starker Strömung liegt, eine sichere Lage, die zum schnellen Leersaugen nötig ist.

Die Zusatzwasserschläuche und die Anker werden mit Handwinden bedient, zum Verholen der Prähme und zum Heben und Senken des Saugerohres sind Dampfwinden vorgesehen.

8. Spüler „III" für 250 cbm/st (Zahlentafel IVa, Nr. 8). Der Spüler gleicht in seiner Gesamtanordnung dem unter 3 beschriebenen, ist jedoch nur zum Saugen aus Prähmen und Spülen durch eine fest an Land verlegte Rohrleitung eingerichtet.

Abb. 129. Spüler „Sliedrecht IV".

9. Spüler „VI" für 250 cbm/st (Zahlentafel IVa, Nr. 9). Der Spüler ähnelt in seiner Gesamtanordnung dem unter Nr. 12 beschriebenen, jedoch liegt bei dem kleineren Schiffsgefäß mit Rücksicht auf die Trimmlage der Bunker zwischen Maschinen- und Kesselraum. Der größeren Leistung entsprechend sind 2 Dreifach-Expansionsmaschinen, je eine zum Antrieb der Spül- und Förderpumpe vorhanden und eine besondere Kesselanlage. Zum Verholen der Prähme dient je eine vorn und hinten aufgestellte Dampfwinde. Die Dampfwinde für das Saugerohr steht mittschiffs.

10. Der Spüler „II" für 300 cbm/st (Zahlentafel IVa, Nr. 10) ähnelt in seiner Gesamtanordnung dem unter Nr. 2 beschriebenen. Zum Arbeiten als Saugebagger ist er nicht eingerichtet. Zum Heben des Saugerohres steht eine und zum Verholen der Prähme stehen zwei besondere Dampfwinden an Deck.

11. Der Spüler für 300 cbm/st (Zahlentafel IVa, Nr. 11) hat die bereits unter Nr. 10 beschriebene Anordnung. Die Prähme werden von einer Dampfwinde mit Doppeltrommel und umlaufendem Seil verholt.

12. Spüler „Elevador" für 600 cbm/st (Zahlentafel IVa, Nr. 12 und Tafel VIII). Das Gerät liegt nicht an Dalben, sondern vor 6 Ankern (je 2 vordere und 2 hintere Seitenanker und je 1 Vor- und Hinteranker) und spült nur durch eine schwimmende

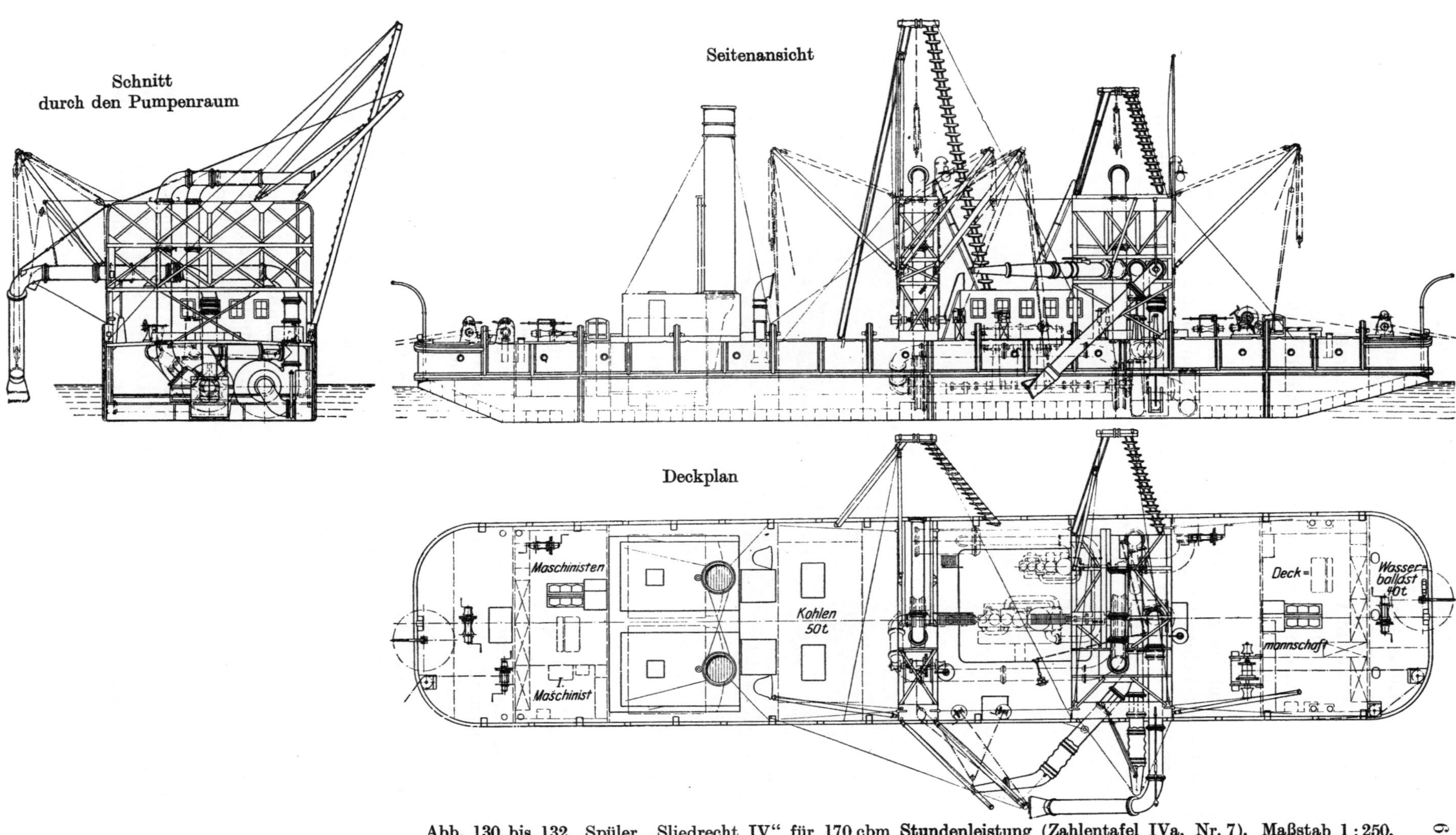

Abb. 130 bis 132. Spüler „Sliedrecht IV" für 170 cbm Stundenleistung (Zahlentafel IVa, Nr. 7). Maßstab 1 : 250.

Rohrleitung. Diese Art der Verankerung ist nur zu empfehlen, wenn die Arbeitsstelle das Liegen des Spülers an einem festen Dalben nicht gestattet und die Stromverhältnisse die sichere Verankerung der schwimmenden Rohrleitung und des großen Gerätes, an dem manchmal noch 2 beladene Prähme liegen, nicht gefährden. Die Verwendung einer schwimmenden Leitung hat jedoch den Vorteil, daß die Entfernung zwischen Spüler und Bagger in gewissen Grenzen durch Ausdehnung der schwimmenden Leitung verkürzt werden kann. Dadurch werden die Fahrzeiten der Schleppzüge herabgesetzt und die Zahl der Prähme verringert. Die freie Lage ermöglicht ferner dem Spüler von beiden Seiten Prähme zuzuführen, so daß nach dem Leersaugen des auf der einen Seite liegenden Prahmes sofort mit dem Leersaugen eines auf der gegen-

Abb. 133. Spüler „Elbe".

überliegenden Seite inzwischen bereit gelegten begonnen werden kann. Dadurch werden die Zeitverluste beim Prahmwechsel wesentlich eingeschränkt. Die sonstige Anordnung des Gerätes ähnelt dem vorher beschriebenen. Das Zusatzwasser wird, um den Saugekopf schnell einzuspülen, beim Arbeitsbeginn auch durch eine, auf dem Saugerohr befestigte, bis zum Kopf des Rohres reichende Leitung zugeführt.

13./14. Die Spüler „Elbe und Spüler II" für 600 cbm/st (Zahlentafel IVa, Nr. 13 und 14, Abb. 133 bis 138 und Tafel IX) ähneln alle in der Gesamtanordnung den unter Nr. 8, 10 und 11 beschriebenen. Bei dem Spüler für Harburg sind die Kessel etwas nach der Landseite hin verschoben, um die Gleichgewichtslage der Gerätes beim Arbeiten zu verbessern (siehe auch „Schiffsgefäß").

15. Die Spüler „I u. II" für 800 cbm/st (Zahlentafel IVa, Nr. 15 und Tafel X). Der Spüler ist für besonders große Spülweiten bestimmt und hat deshalb 2 Förderpumpen, die hintereinander geschaltet werden können. Beim Arbeiten auf geringe Entfernung wird nur mit einer Pumpe gearbeitet. Die übrige Anordnung ähnelt den unter Nr. 11÷14 beschriebenen.

16. Spüler „Kraft" für 800 cbm/st (Zahlentafel IVa, Nr. 16). Die Raumeinteilung unterscheidet sich dadurch von den zuletzt beschriebenen Geräten, daß zum Einbau der großen Kesselanlage 2 Kesselräume, je einer vor und hinter dem Maschinenraum, vorgesehen wurden.

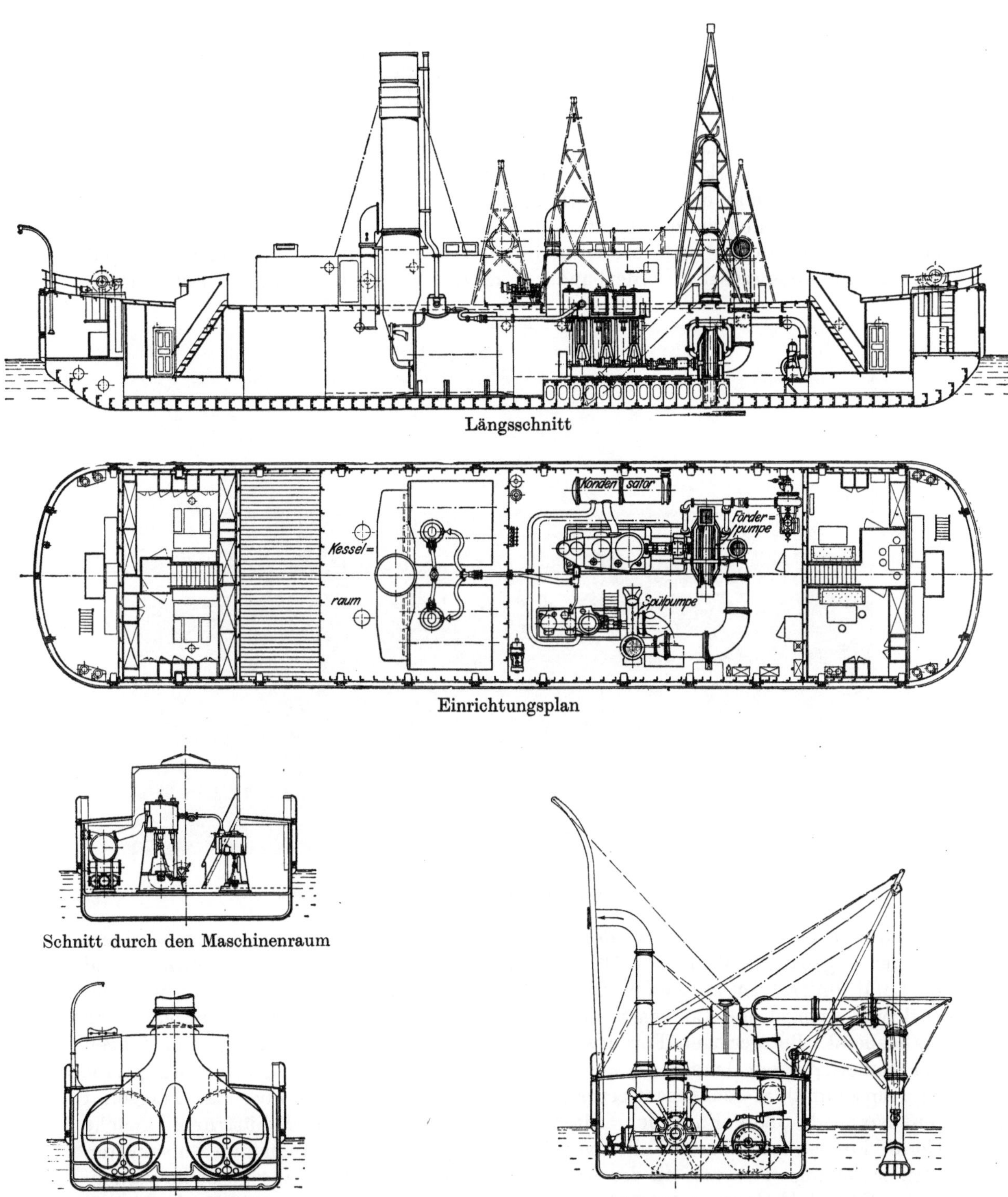

Abb. 134 bis 138. Spüler „Elbe" für 600 cbm Stundenleistung (Zahlentafel IVa, Nr. 13). Maßstab 1:250.

6. Schutenentleerer.

Schutenentleerer Abb. 139 ff. dienen dazu, den Baggerboden aus Prähmen an Land abzulagern oder zum Weiterfördern in Hängebahnen oder Feldbahnen zu entleeren. Sie können mit Ausnahme von ganz zähem Klei und Darg alle Bodenarten fördern und werden für Leistungen bis etwa 300 cbm/st gebaut. Die Förderweite an Land hält sich in ziemlich engen Grenzen. Im allgemeinen haben die Schutenentleerer 2 Förderwerkzeuge, deren eines (eine einfache oder doppelte Eimerkette) den Boden aus den an dem Gerät entlang gezogenen Prähmen aufnimmt und in einen hochliegenden Schüttrichter stürzt, während das zweite den aus dem Schüttrichter stürzenden Boden zur Seite an Land fördert. Hierfür dienen Schüttrinnen, Spülrinnen mit Wasserzusatz, Förderbänder, Kratzer, Ketten oder Kübel. Für sehr un-

Abb. 139. Schutenentleerer mit Förderband-Antrieb von Land aus.

reinen und schweren Boden werden Geräte mit nur einem Förderwerkzeug — einem Greifer — gebaut (Abb. 160 bis 162), der den Boden aus den Prähmen aufnimmt und an Land fördert. Im übrigen ist für die Bauart und Gesamtanordnung der Schutenentleerer weniger die Bodenart als die Art und der Zweck der Bodenablagerung maßgebend. Bei geringen Förderweiten, bis etwa 15 m, genügt meist zum Tragen der Eimerleiter ein Tragschiff, auf dem die Leiter quer zur Längsachse aufgebaut ist (Einschiff-Quer-Schutenentleerer). Das nach der Landseite über das Tragschiff hinausragende obere Ende der Leiter erhält dann eine lange Schüttrinne. Solche Geräte können sowohl zum Füllen von Feldbahnen dienen, als auch zum Aufschütten kleiner Dämme, wobei sie an der Arbeitsstelle nach Bedarf entlang gezogen werden. Sollen Einschiff-Querschutenentleerer größere Förderweiten überwinden, so ist es mit Rücksicht auf die Standsicherheit des Tragschiffes nicht möglich, das zweite Förderwerkzeug so an die Eimerleiter anzubauen, daß es nach Art eines Auslegers von dem Gerät getragen wird. Es wird dann in der Regel eine feste Spülrinne auf Land aufgebaut, in die der Boden aus dem Schüttrichter der Eimerleiter unter starkem Wasserzusatz verstürzt und in der er fortgeschwemmt wird. Es kann auch ein mit Lokomobile betriebenes Förderband auf Land angeordnet werden, auf das die Eimerkette schüttet. (Eine ähnliche für einen Zweischiff-Schutenentleerer gebaute Ausführung zeigt Abb. 139). Wird eine derartige an Land fest aufgebaute Fördervorrichtung verwandt, so kann das Gerät nicht verholt werden und dient wie bei dem zuletzt geschilderten Fall entweder nur zum Fördern des Bodens in Bahnwagen oder zum Aufspülen an Land, wobei die Art der Bodenablagerung der bei Spülern üblichen ähnelt.

Sollen die Geräte auf größere Entfernungen fördern und während der Arbeit verfahren werden, so muß, um bei den großen Auslegern die Standsicherheit zu wahren, das Gewicht der Förderanlagen auf zwei durch einen eisernen Aufbau starr verbundene Tragschiffe verteilt werden. Die Eimerkette kann dabei quer zur Längsachse liegen (Zweischiff-Querschutenentleerer) und durch ihre schräge Lage einen Teil der Seitenförderung übernehmen, oder sie liegt, besonders wenn eine große Förderweite zu überwinden und eine einseitige Gewichtsverteilung zu vermeiden ist, in der Längsrichtung der Schiffe über dem zwischen beiden Tragschiffen freibleibenden Raum (Zweischiff-Längsschutenentleerer).

1. Schutenentleerer für 50 cbm/st (Zahlentafel Va, Nr. 1). Das Gerät ist mit einem Tragschiff und querliegender Eimerkette gebaut. Zur Seitenförderung dient eine Kratzerkette oder eine Spülrinne. Die ganze Anlage, die auf dem Deck eines kleinen Prahms aufgebaut ist, kann auch von diesem abgenommen und an Land gesetzt werden. Die Eimerkette, der Kratzer, die Zusatzwasserpumpe und die Leiterhubwinde werden von einer Einzylindermaschine angetrieben.

2. Der Zweischiff-Querschutenentleerer für 60 cbm/st (Zah-

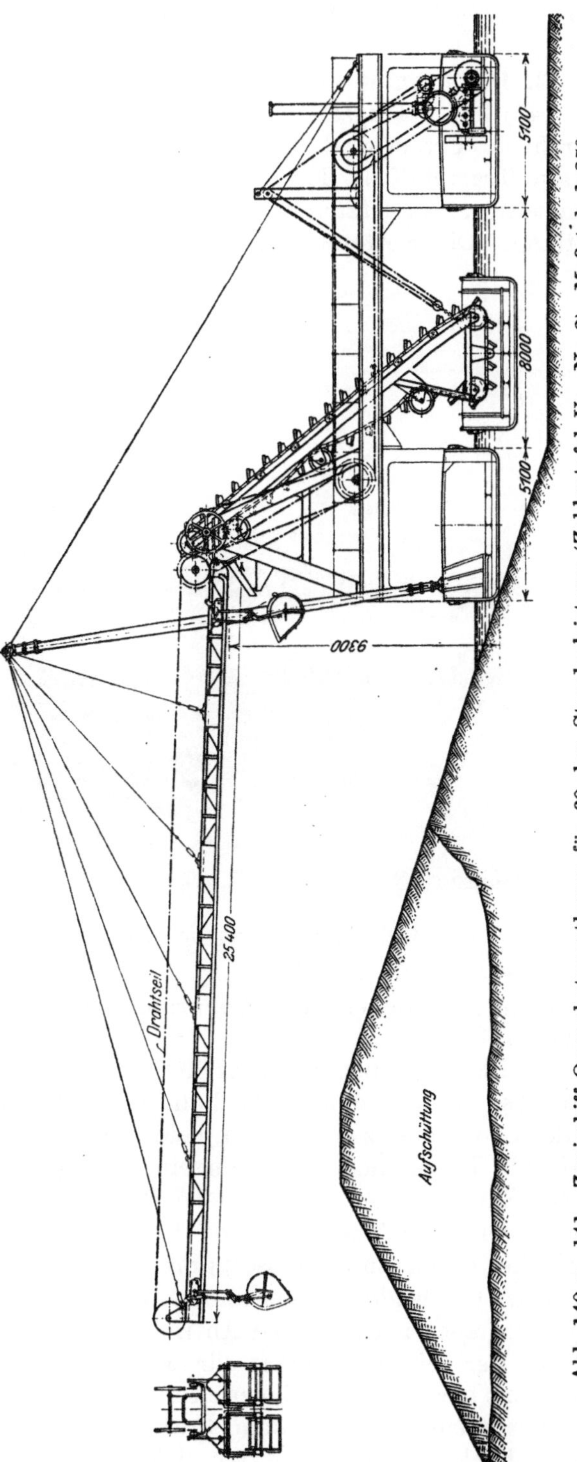

Abb. 140 u. 141. Zweischiff-Querschutenentleerer für 60 cbm Stundenleistung (Zahlentafel Va, Nr. 2). Maßstab 1:250.

lentafel Va, Nr. 2 und Abb. 140 u. 141) hat zur Seitenförderung 2 von Seilen gezogene Laufkatzen mit Kübeln, die an einem verstellbaren Anschlag sich selbsttätig entleeren. Das Baggergut kann leicht an jeder gewünschten Stelle der Fahrbahn ausgeschüttet werden. Das Gerät wird daher mit großem Erfolg zur Aufschüttung von Deichen verwandt. Eine im wasserseitigen Schiff stehende Lokomobile treibt mit Riemenvorgelege die Eimerkette, die Fahrseile der Laufkatzen und die Leiterhubwinde.

3. Der Schutenentleerer für 60 cbm/st (Zahlentafel Va, Nr. 3 und Abb. 142 bis 145) hat 2 Tragschiffe mit querliegender Eimerkette, die Seitenförderung wird durch ein Förderband (Gummigurt) oder eine Spülrinne ausgeführt. Das wasserseitige Tragschiff, in dem Kessel und Maschinen stehen, ist etwas schmaler als das landseitige. An letzterem zieht eine über 2 Ausleger geführte Kette die Prähme entlang. Die Kettenwinde wird ebenso wie die Leiterhubwinde von der Haupt-

Abb. 142. Zweischiff-Querschutenentleerer für 60 cbm Stundenleistung.

maschine angetrieben. Die Wohnräume für die Besatzung liegen in dem landseitigen Tragschiff.

4. Der Schutenentleerer für 80 cbm/st (Zahlentafel Va, Nr. 4 und Abb. 146 bis 152) fördert in eine 220 m lange an Land fest aufgebaute Spülrinne. Die Eimerkette liegt in der Längsachse zwischen den beiden Tragschiffen. Zum Anschluß an die auf Land stehende Rinne dient eine von einem Ausleger getragene bewegliche Rinne. Für kurze Entfernungen und trockene Bodenförderung ist eine besondere kleine Rinne vorhanden. Die Maschinen und Kessel sind in das wasserseitige Schiff eingebaut. Eimerkette und Zusatzwasserpumpe werden von 2 stehenden Dampfmaschinen getrieben. Die beiden Schüttrinnen werden mit Handwinden gehoben; die anderen Winden haben maschinellen Antrieb.

5. Der Schutenentleerer für 90 cbm/st (Zahlentafel Va, Nr. 5) hat ein Tragschiff mit querliegender Eimerleiter. Die Eimerkette hat unten 2 Leittrommeln, die die Kette entsprechend dem Prahmquerschnitt führen. Die Eimerleiter ist auf einem Bock drehbar gelagert und kann beim Schleppen des Gerätes in die Längsrichtung des Tragschiffes gedreht und niedergelegt werden. Der Boden fällt durch

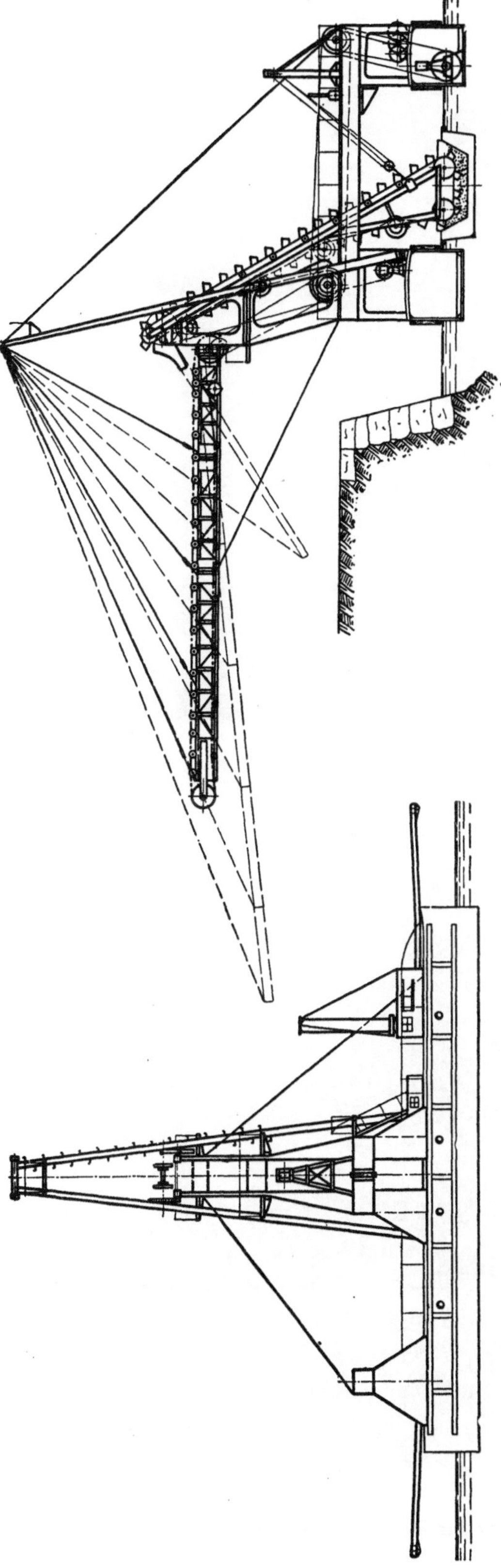

eine Schüttrinne an Land. Wenn die Beschaffenheit des Bodens es erfordert, wird Wasser zugesetzt. Die Windenanordnung ähnelt der unter Nr. 3 beschriebenen. Das Schiffsgefäß hat Wohnräume für die Besatzung.

6. Der Schutenentleerer für 90 cbm/st (Zahlentafel Va, Nr. 6 und Abb. 153 u. 154) hat eine quer zum Schiff liegende, sehr weit nach der Landseite ausladende Eimerleiter. Mit Rücksicht auf die Standsicherheit liegt das zweite bedeutend kleinere Tragschiff ziemlich weit von dem größeren landseitigen entfernt. Kessel und Maschine stehen in dem größeren Tragschiff. Beim Schleppen kann das ganze Gerät zusammengeschoben werden. Die Eimerleiter nebst Verbindungsgerüst wird in die Längsrichtung des großen Schiffes gedreht und niedergelegt, dabei wird das kleine Tragschiff von dem Verbindungsgerüst gelöst und kann beim Schleppen hinter das große Schiff gehängt werden. Die Prähme werden beim Entleeren mit einem Rahmen verbunden, der an der Außenwand des

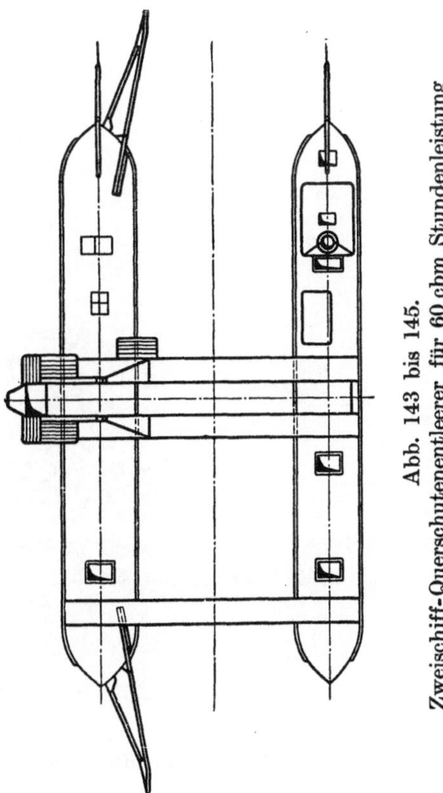

Abb. 143 bis 145.
Zweischiff-Querschutenentleerer für 60 cbm Stundenleistung
(Zahlentafel Va, Nr. 3). Maßstab 1:300.

Abb. 146 u. 147. Zweischiff-Längsschutenentleerer für 80 cbm Stundenleistung.

Seitenansicht

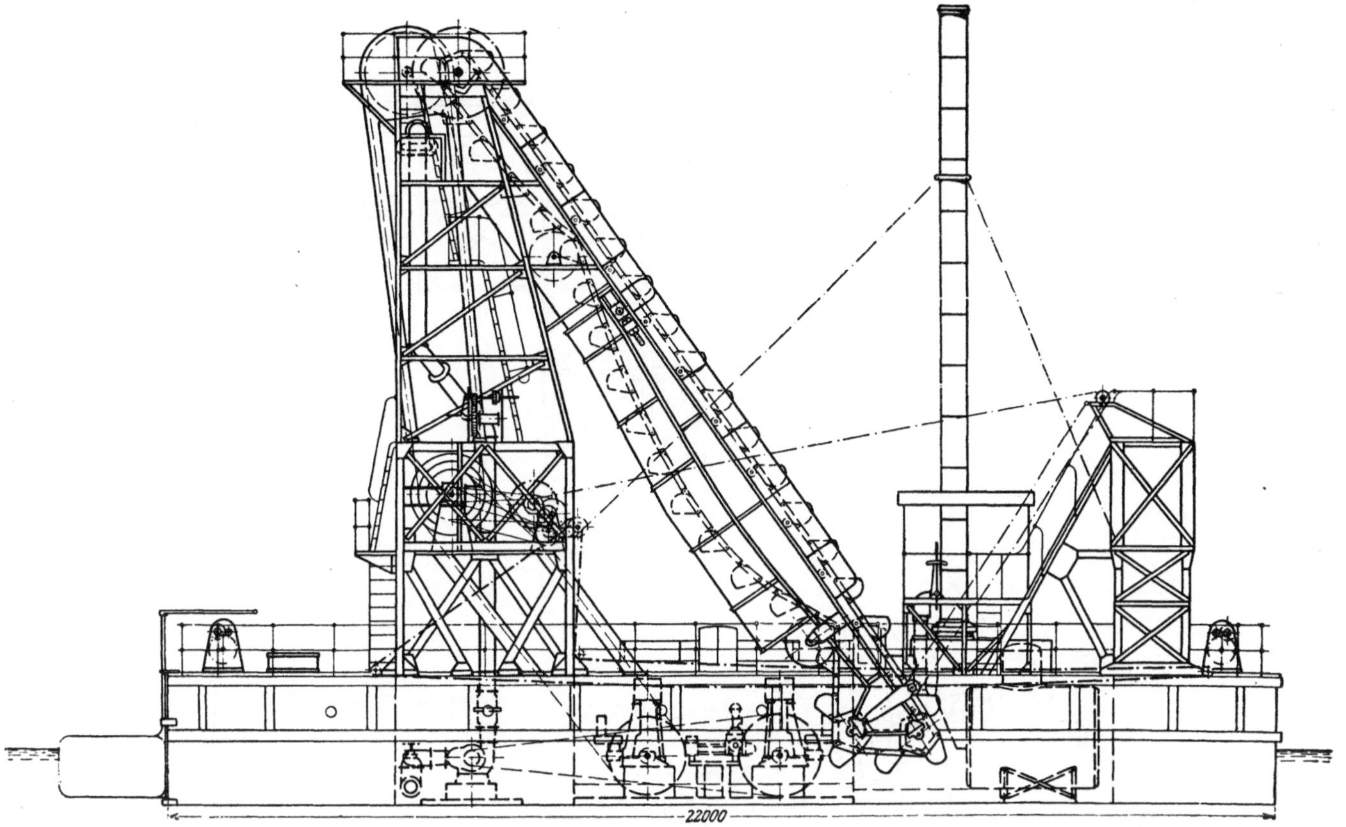

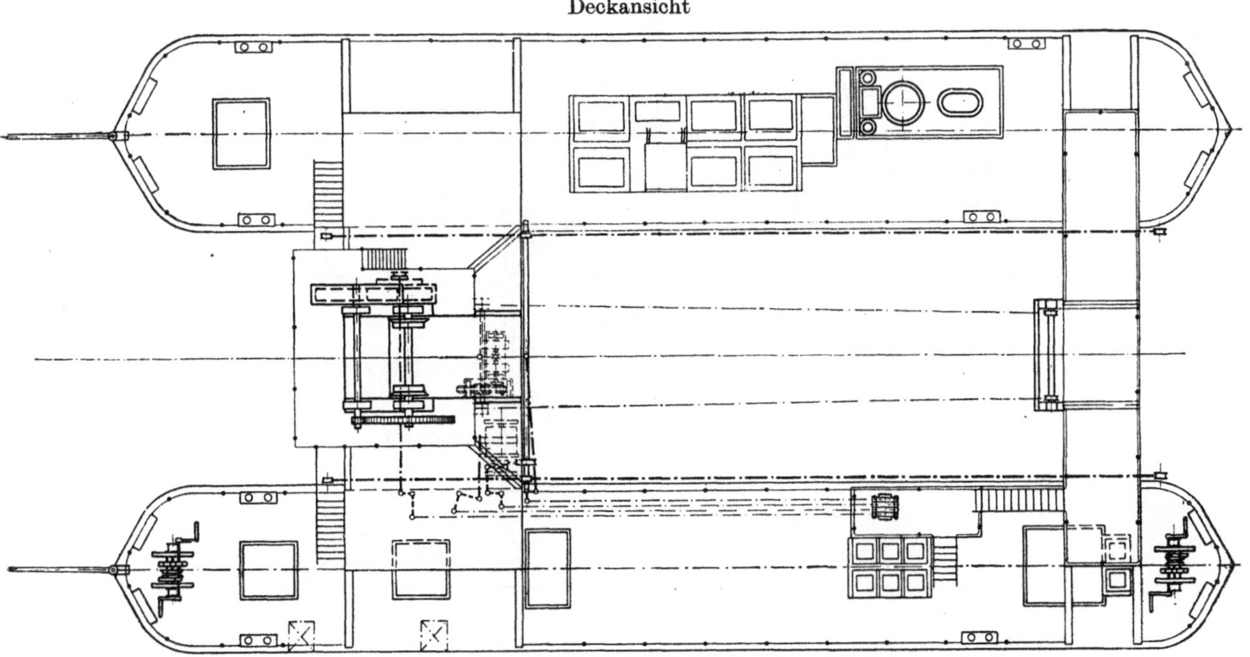

Deckansicht

Abb. 148 u. 149. Zweischiff-Längsschutenentleerer für 80 cbm Stundenleistung (Zahlentafel Va, Nr. 4).
Maßstab 1:150.

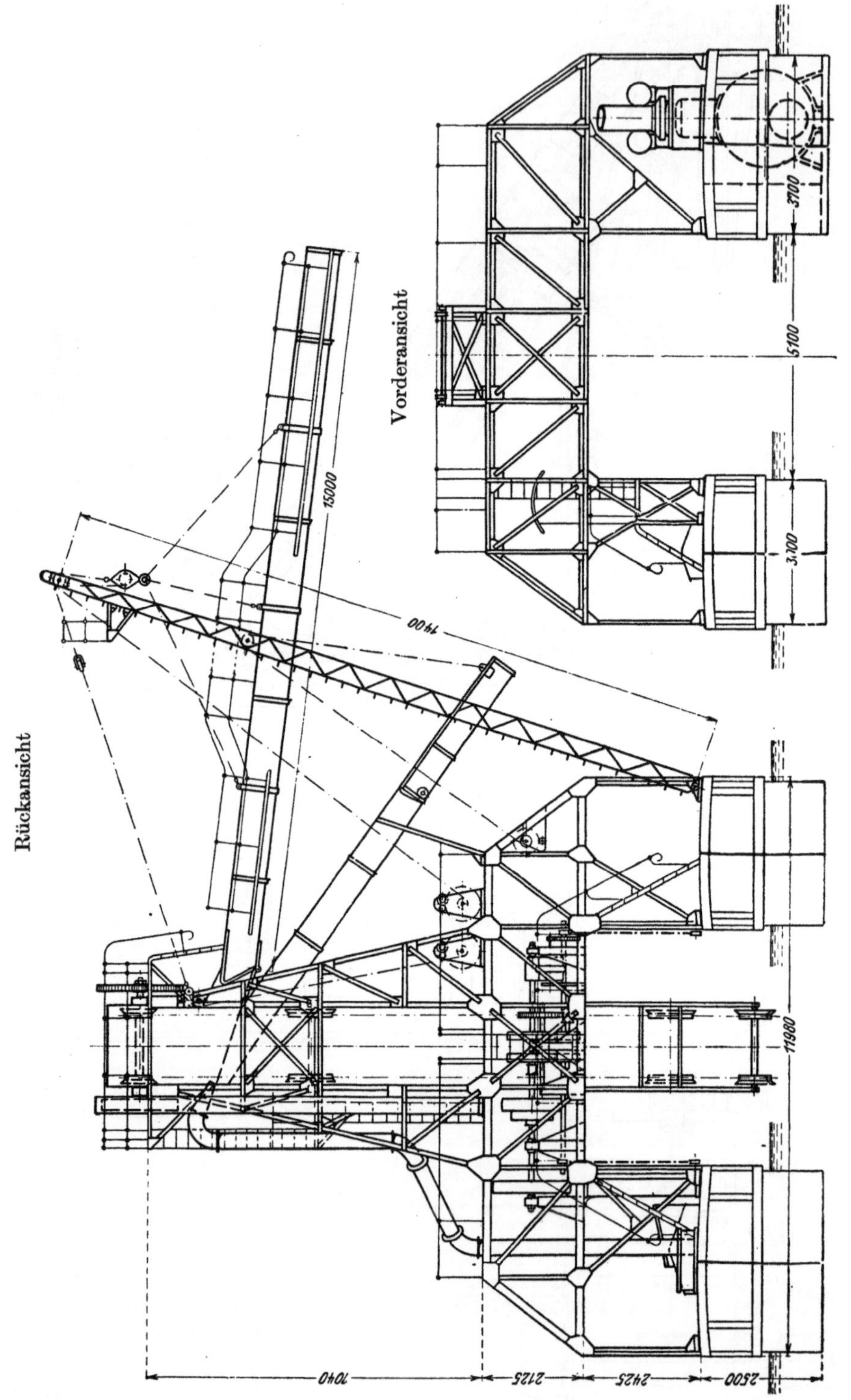

Abb. 150 u. 151. Zweischiff-Längsschutenentleerer für 80 cbm Stundenleistung (Zahlentafel Va, Nr. 4).
Maßstab 1:150.

Maschinen-, Kessel- und Mannschaftsräume.

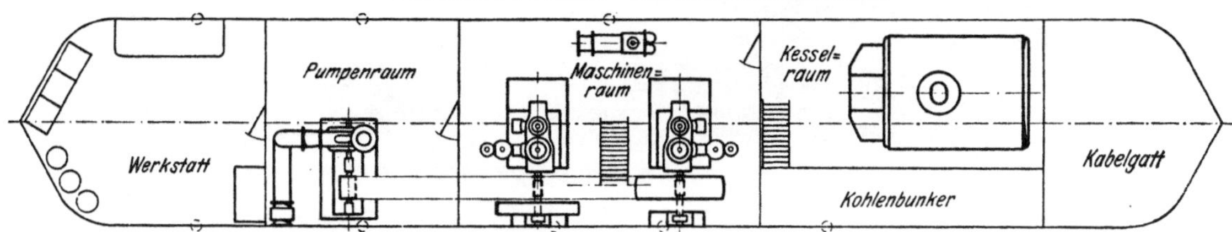

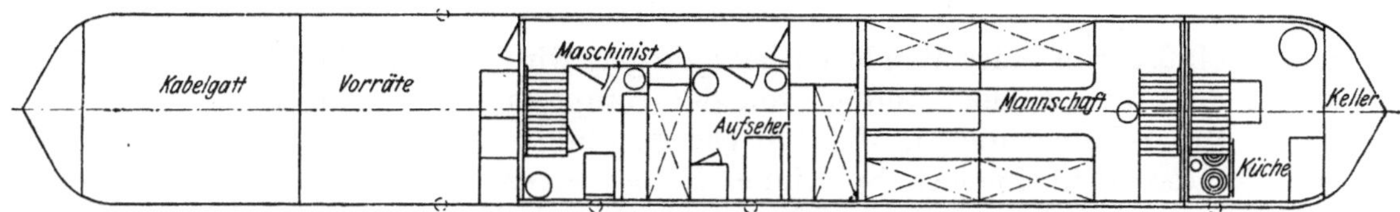

Abb. 152. Zweischiff-Längsschutenentleerer für 80 cbm Stundenleistung (Zahlentafel Va, Nr. 4).
Maßstab 1:150.

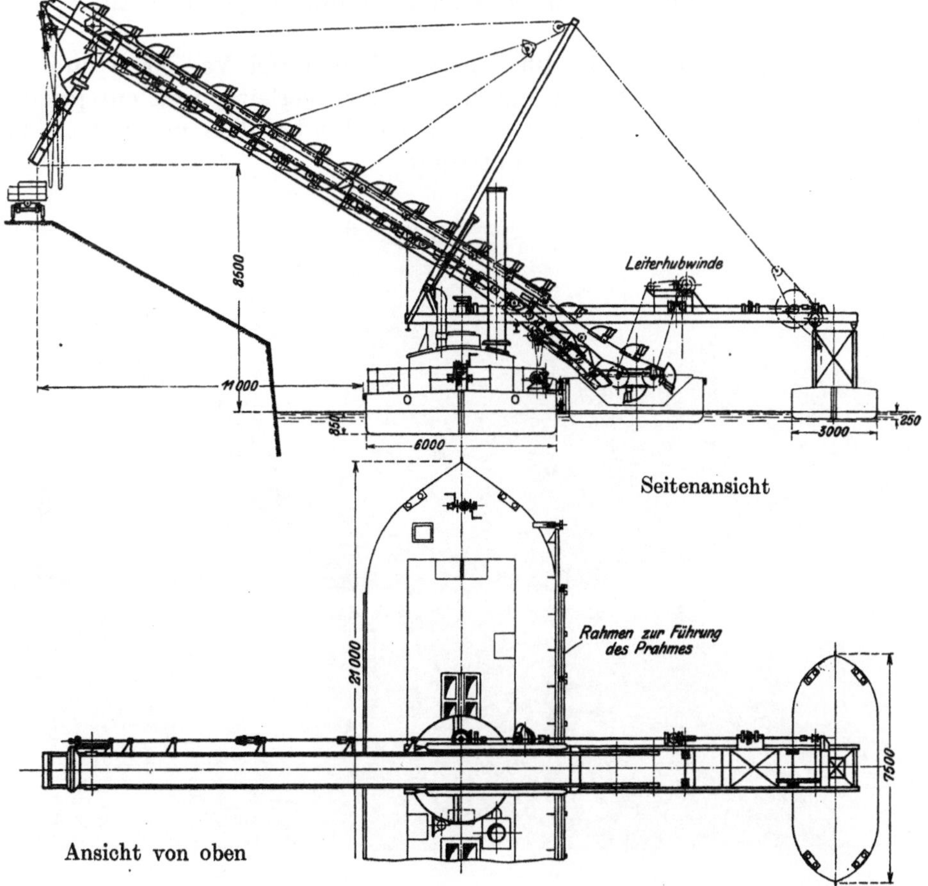

Abb. 153 u. 154. Zweischiff-Querschutenentleerer für 90 cbm Stundenleistung (Zahlentafel Va, Nr. 6).
Maßstab 1:250.

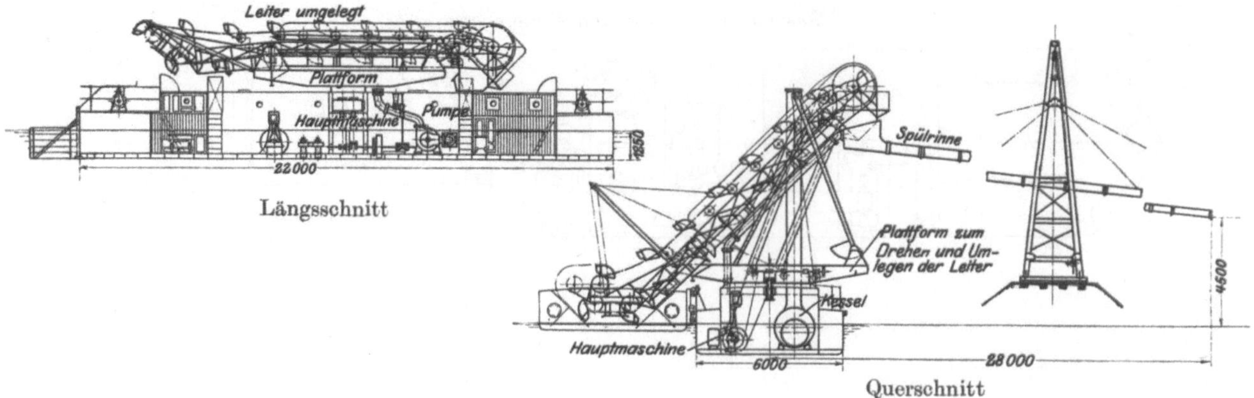

Abb. 155 u. 156.   Einschiff-Querschutenentleerer für 100 cbm Stundenleistung (Zahlentafel Va, Nr. 7).
Maßstab 1:300.

Schiffsgefäßes von einer Winde entlanggezogen wird. Sämtliche Winden, mit Ausnahme der Ankerwinden, werden von der Hauptmaschine getrieben.

7. **Der Schutenentleerer für 100 cbm/st** (Zahlentafel Va, Nr. 7 und Abb. 155 und 156) fördert in eine feste Spülrinne. Die auf einem Tragschiff aufgebaute Eimerleiter kann umgelegt und in die Längsrichtung gedreht werden. Die Windenanlage ist ähnlich wie bei dem vorher beschriebenen Gerät.

8. **Schutenentleerer für 100 cbm/st** (Zahlentafel Va, Nr. 8). Das Gerät ähnelt in seiner Gesamtanordnung dem unter Nr. 4 aufgeführten, jedoch dient zum Fördern an Land eine Rohrleitung.

9. **Der Schutenentleerer für 100 cbm/st** (Zahlentafel Va, Nr. 9 und Abb. 157 bis 159) hat zwei Tragschiffe mit querliegender Eimerleiter und entspricht in der allgemeinen Anordnung und in der Anlage der Winden dem unter Nr. 3 beschriebenen. Er fördert jedoch in eine Schüttrinne.

Abb. 157.   Zweischiff-Querschutenentleerer für 100 cbm Stundenleistung.

10. Der Schutenentleerer für 100 cbm/st (Zahlentafel Va, Nr. 10 und Abb. 160 bis 162) ist für sehr schweren und unreinen Boden gebaut. Über zwei Tragschiffen steht ein Bockgerüst, das die Fahrbahn für einen Hone-Greifer trägt. Der Greifer entnimmt den Boden dem Prahm, fährt an der Fahrbahn nach dem Lande zu und kann hier an jeder Stelle entleert werden. Der Prahm wird von Handwinden verholt, und zwar ist zu seiner völligen Entleerung ein Hin- und Zurückziehen nötig, da der Greifer den Boden in zwei Schichten abhebt. Das Gerät kann auch wie das unter Nr. 2 beschriebene sehr gut zum Aufschütten von Deichen benutzt werden.

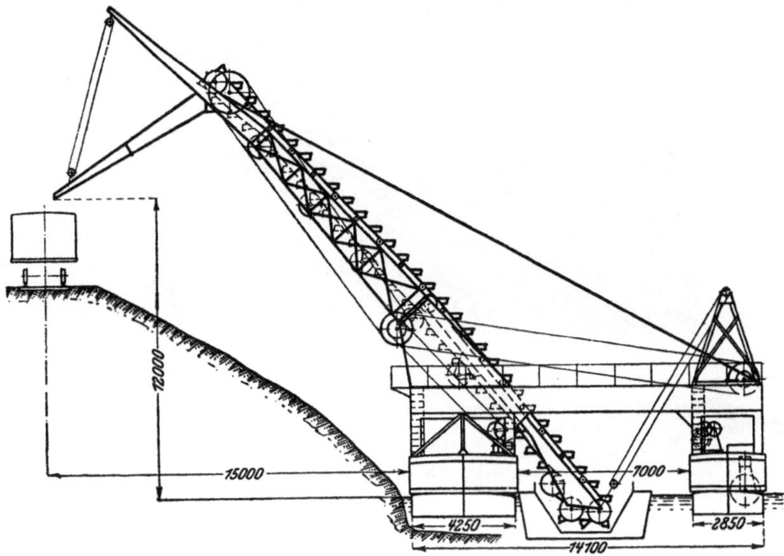

Seitenansicht

11. Der Schutenentleerer für 100 cbm/st (Zahlentafel Va, Nr. 11 und Abb. 163 bis 166) ähnelt in seiner Gesamtanordnung dem unter Nr. 7 beschriebenen. Er fördert jedoch nicht in eine Spülrinne, sondern wirft den Boden durch eine Schüttrinne an Land.

12. Der Schutenentleerer für 120 cbm/st (Zahlentafel Va, Nr. 12) hat die gleiche Gesamtanordnung wie Nr. 7.

13. Der Schutenentleerer für 120 cbm/st (Zahlentafel V a, Nr. 13) ist für die gleichen Arbeiten wie Nr. 2 gebaut und hat wie dieser zwei Kübel zur Seitenförderung. Die Eimerkette liegt in der Längsachse der beiden Tragschiffe. Die Kübel können mit zwei Geschwindigkeiten verfahren werden. Das in den Prähmen stehende Wasser wird von einer Pumpe abgesaugt, damit der Boden recht trocken gefördert wird. Die Windenanlage ist die gleiche wie bei Nr. 12.

14. Der Schutenentleerer für 150 cbm/st (Zahlentafel Va, Nr. 14 und Abb. 167 bis 170) hat zwei Tragschiffe mit längsliegender Eimerkette und Gurtförderer. Die Anordnung der Winden ist die übliche. Der Gurtförderer kann in die Längsrichtung der Tragschiffe eingeschwenkt werden.

15. Der Schutenentleerer für 160 cbm/st (Zahlentafel Va, Nr. 15 und Abb. 171 und 174) gleicht in seiner ganzen Anordnung dem unter Nr. 13 beschriebenen.

16. Schutenentleerer für 200 cbm/st (Zahlen-

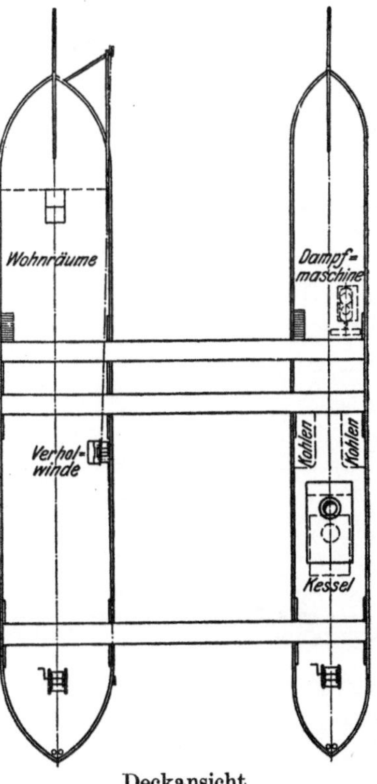

Deckansicht

Abb. 158 u. 159.
Zweischiff-Querschutenentleerer
für 100 cbm Stundenleistung
(Zahlentafel Va, Nr. 9).
Maßstab 1:300.

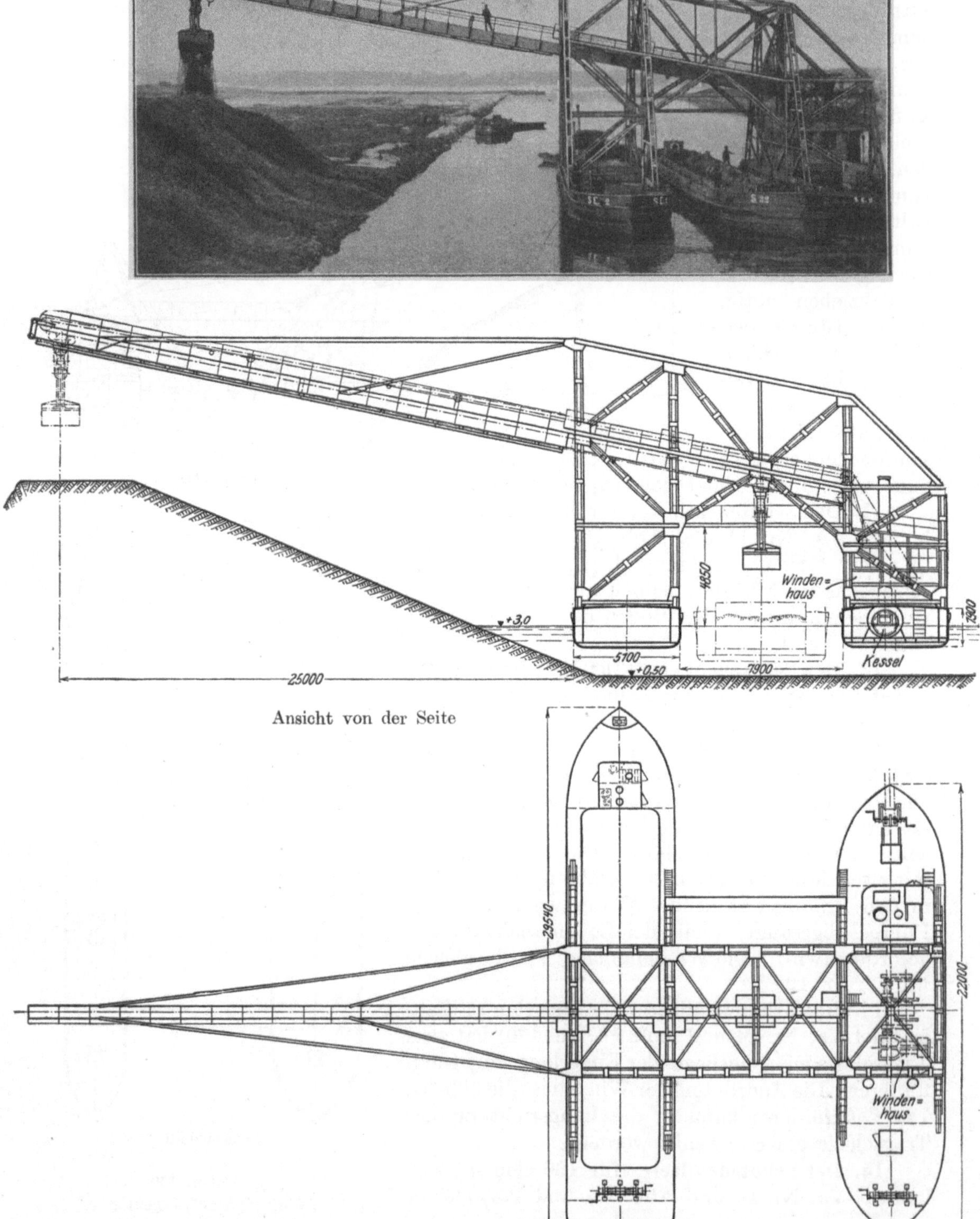

Abb. 160 bis 162. Zweischiff-Schutenentleerer für 100 cbm Stundenleistung (mit Greifer)
(Zahlentafel Va, Nr. 10). Maßstab 1:300.

tafel Va, Nr. 16). Das Tragschiff ähnelt in der Schiffsform der der Eimerbagger. Es hat vorn einen breiten Schlitz, in den die Prähme hineingefahren werden. Die Eimerkette liegt in der Längsachse und hat ein der Länge des Prahmladeraums entsprechendes wagerecht liegendes Unterteil. Die Eimer haben die bei Trockenbaggern übliche Form, so daß sie, über den ganzen Laderaum hingleitend, sich füllen. Der hochgehobene Boden kann nach beiden Seiten in Spülrinnen verstürzt werden.

17. **Schutenentleerer für 200 cbm/st** (Zahlentafel Va, Nr. 17 und Abb. 175 bis 177). Das Gerät hat die gleiche Gesamtanordnung wie das unter Nr. 14 beschriebene. Der Boden kann jedoch außer mit einem Gummigurt auch mit einer Spülrinne an Land gefördert werden. Auf der Eimerleiter laufen zwei Ketten nebeneinander.

Abb. 163. Einschiff-Querschutenentleerer für 100 cbm Stundenleistung.

7. Baggereihilfsgeräte.

Der von den Baggergeräten geförderte Boden wird entweder in den eigenen Laderaum oder in Prähme gestürzt, oder durch feste oder schwimmende Rohrleitungen unmittelbar vom Bagger an Land gespült. Aus den Prähmen kann das Baggergut an Löschstellen verklappt oder von Schutenentleerern und Spülern an Land gefördert werden. Zum Verklappen dienen Klapprähme, für den Betrieb mit Schutenentleerern und Spülern werden Prähme mit festem Boden benutzt. Die Prähme werden von geeigneten Dampfern oder Motorbooten an die Löschstellen geschleppt. Unter Umständen kann es von Vorteil sein, Schlepper und Prähme zu vereinigen, d. h. die Prähme mit eigener Fortbewegung auszurüsten und sog. Dampf- oder Motorprähme zu bauen. Die Verwendung von solchen Prähmen empfiehlt sich hauptsächlich da, wo die Klappstelle sehr weit vom Bagger entfernt liegt, und beim Arbeiten im Seegang, wenn Schleppbetrieb nicht mehr möglich ist. Die Fahrgeschwindigkeit der beladenen Dampf- und Motorprähme ($\sim$ 13 km) wird deshalb größer als die eines Schleppzuges ($\sim$ 8 bis 10 km) angenommen. Bei der Wahl der einen oder anderen Betriebsart ist zu berücksichtigen, daß die Ausnutzung der

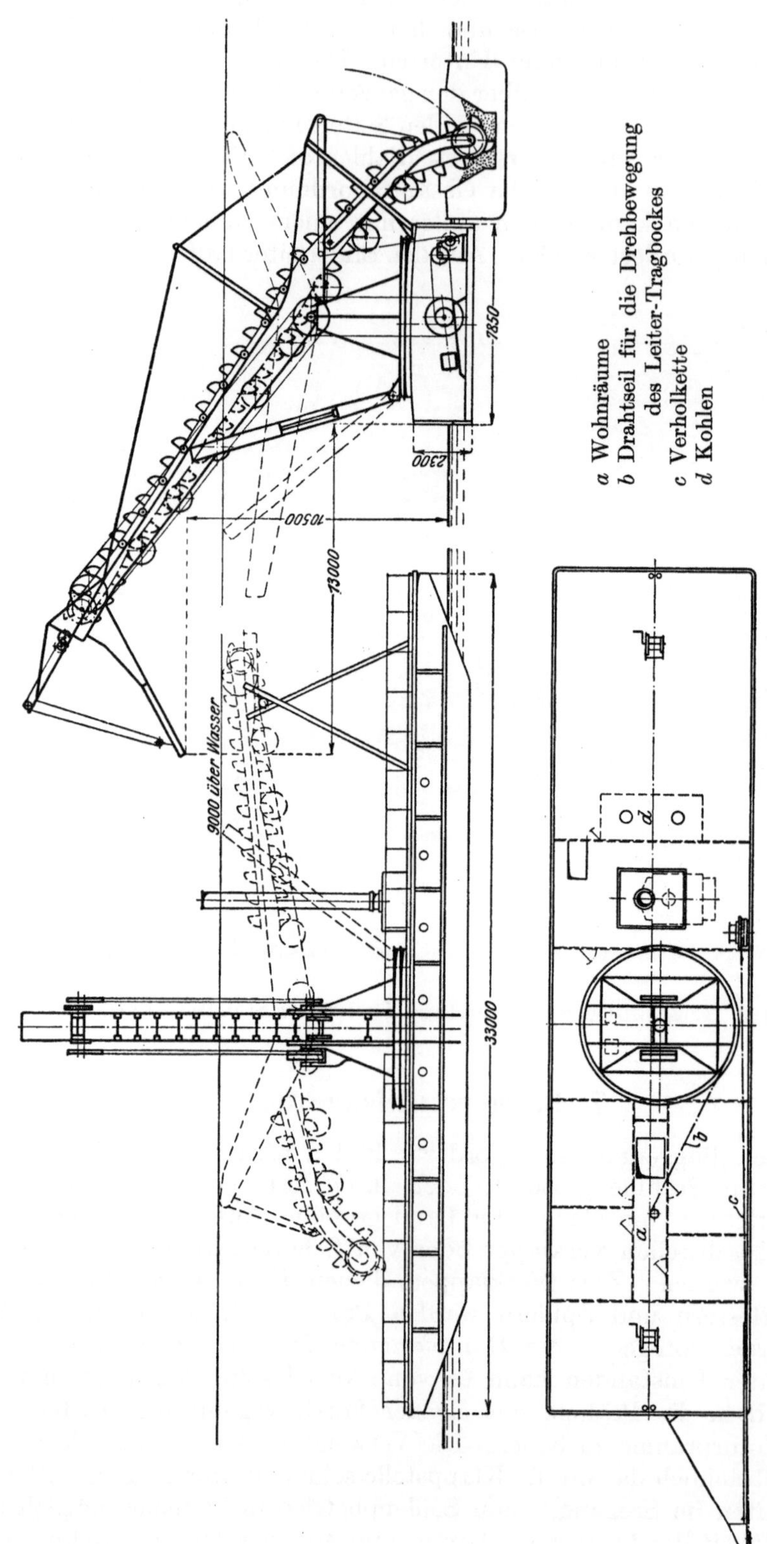

Abb. 164 bis 166. Einschiff-Querschutenentleerer für 100 cbm Stundenleistung (Zahlentafel V a, Nr. 11). Maßstab 1:300.

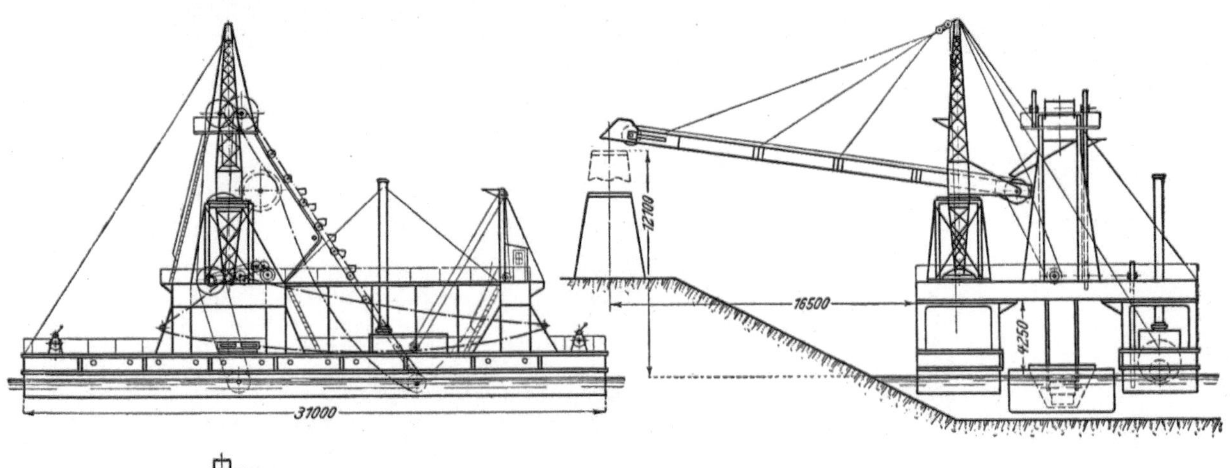

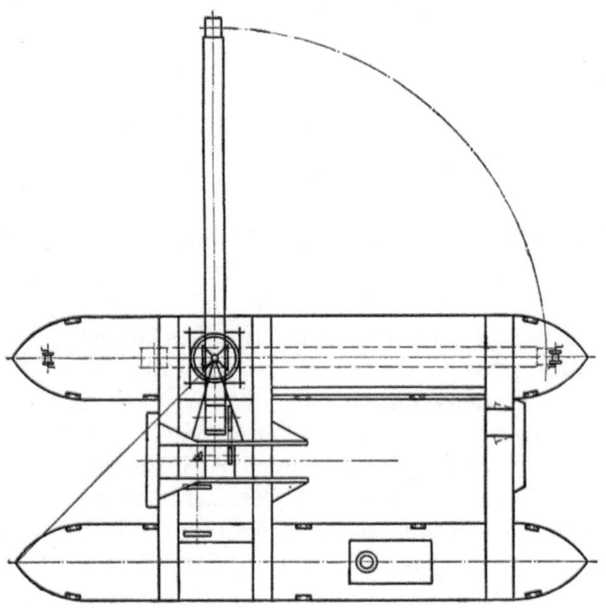

Abb. 167 bis 170.

Zweischiff-Längsschutenentleerer
für 150 cbm Stundenleistung
(Zahlentafel Va, Nr. 14).

Maßstab 1:400.

Maschinenanlage eines Dampfprahms bei geringer Entfernung der Löschstelle nicht sehr günstig ist, da beim Beladen des Prahms und den unvermeidlichen Liegezeiten das ganze Gerät still liegt. Der Schleppbetrieb läßt sich dagegen leicht so einrichten, daß nur der Prahm Wartezeit hat, während der Schlepper dauernd beschäftigt ist.

Prähme für kleine Bagger (Zahlentafel VI a, Nr. 1 und Abb. 178 bis 180) werden allgemein mit festem Boden gebaut. Das Baggergut wird ausgekarrt oder durch Greifer an Land gebracht. Der Fassungsraum richtet sich nach den örtlichen Ver-

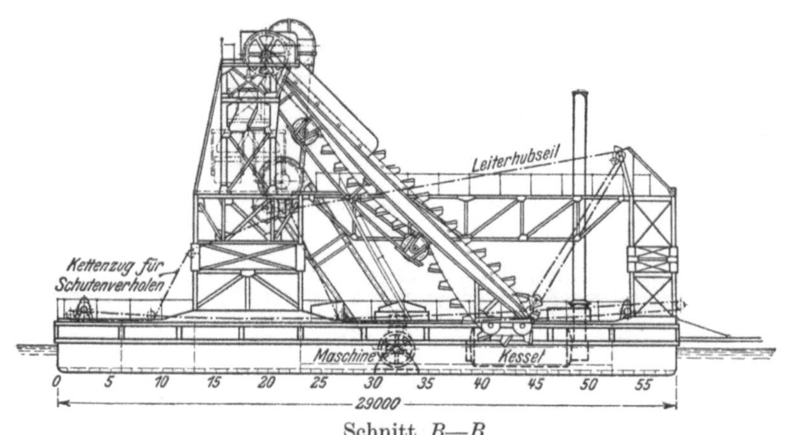

Schnitt *B—B*

Abb. 171 u. 172. Zweischiff-Längsschutenentleerer für 160 cbm Stundenleistung (mit Kübel) (Zahlentafel Va, Nr. 15). Maßstab 1:350.

hältnissen und beträgt etwa 5 bis 20 cbm. Die völlig gehaltenen flachbodigen Schiffsgefäße werden aus Eisen, seltener aus Holz gebaut und erhalten vorn und hinten je einen Schwimmkasten. Die Ausrüstung ist sehr einfach, Handruder mit Pinne, Schleppoller oder Schlepphaken, Anker und Kette müssen vorhanden sein. Das Ruder kann von Hand am Vor- und am Hintersteven eingehängt werden, so daß die Prähme, ohne zu wenden, in jeder Richtung geschleppt werden können.

Klapprähme (Zahlentafel VIa, Nr. 2 bis 4) werden in allen Größen gebaut. Für flache Gewässer werden zuweilen Seitenklappen verwendet. Diese Ausführung ist selten. Die Prähme sind nicht standsicher. Bei einseitigem Löschen kentern sie leicht. Ferner fällt oft das Baggergut nicht von selbst heraus, sondern bleibt zum Teil liegen und muß von Hand herausgestoßen werden. Daher werden Klapprähme

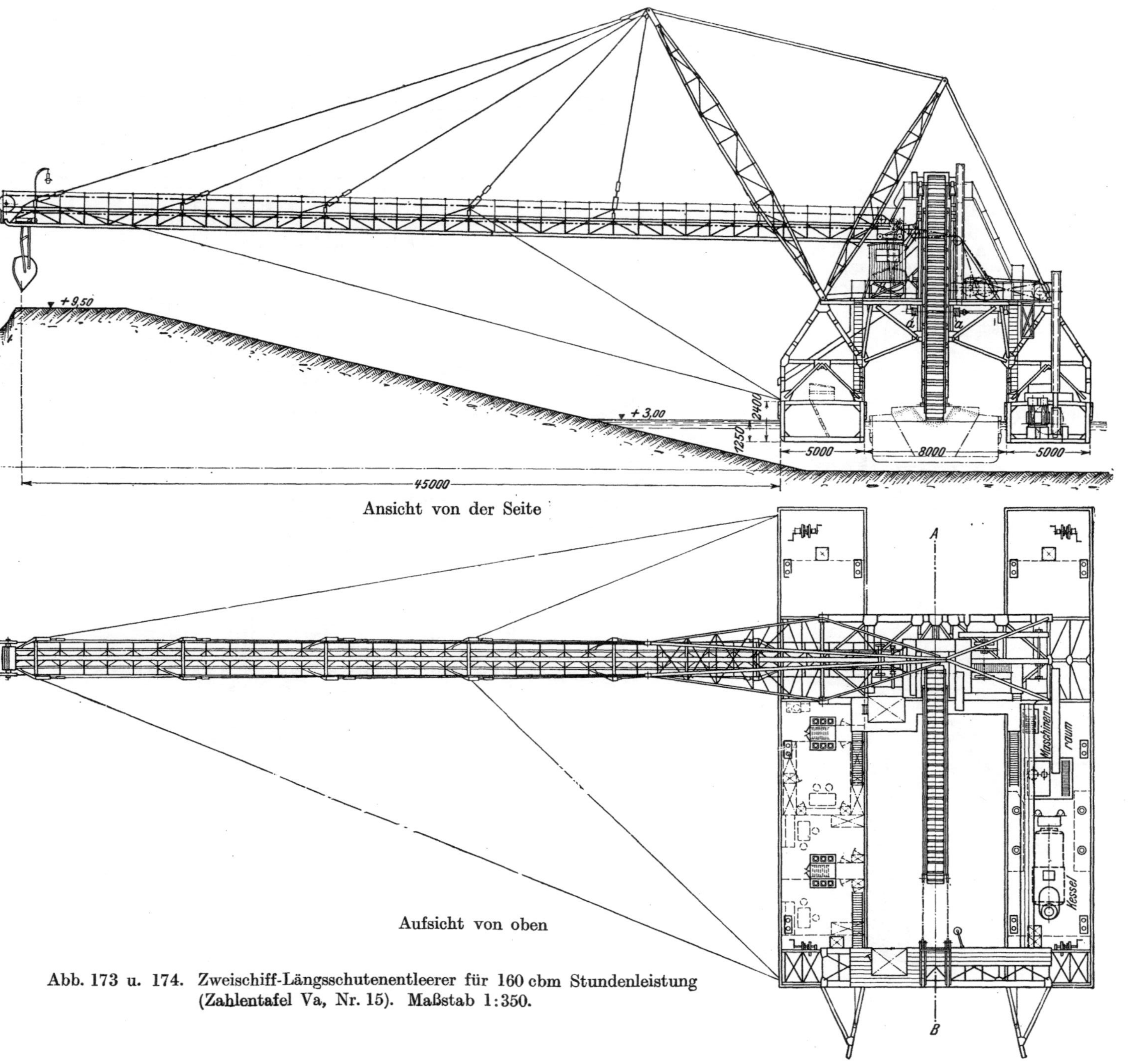

Abb. 173 u. 174. Zweischiff-Längsschutenentleerer für 160 cbm Stundenleistung (Zahlentafel Va, Nr. 15). Maßstab 1:350.

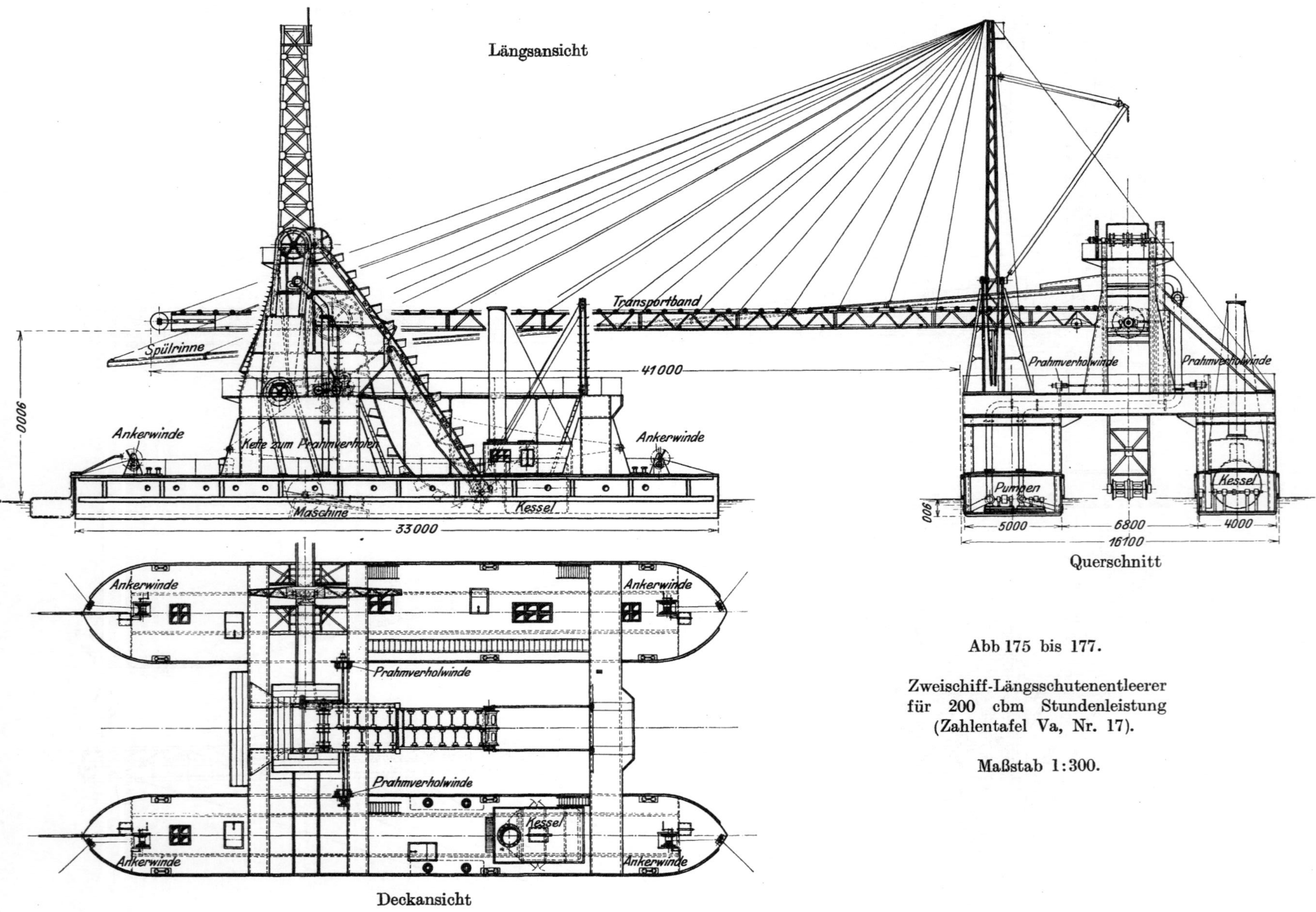
Längsansicht
Transportband
Spülrinne
41000
9000
Ankerwinde
Kette zum Prahmverholen
Ankerwinde
Maschine
Kessel
33000
Prahmverholwinde
Prahmverholwinde
Pumpen
Kessel
900
5000
6800
4000
16100
Querschnitt
Ankerwinde
Ankerwinde
Prahmverholwinde
Prahmverholwinde
Kessel
Ankerwinde
Ankerwinde
Deckansicht
Abb 175 bis 177.
Zweischiff-Längsschutenentleerer
für 200 cbm Stundenleistung
(Zahlentafel Va, Nr. 17).
Maßstab 1:300.

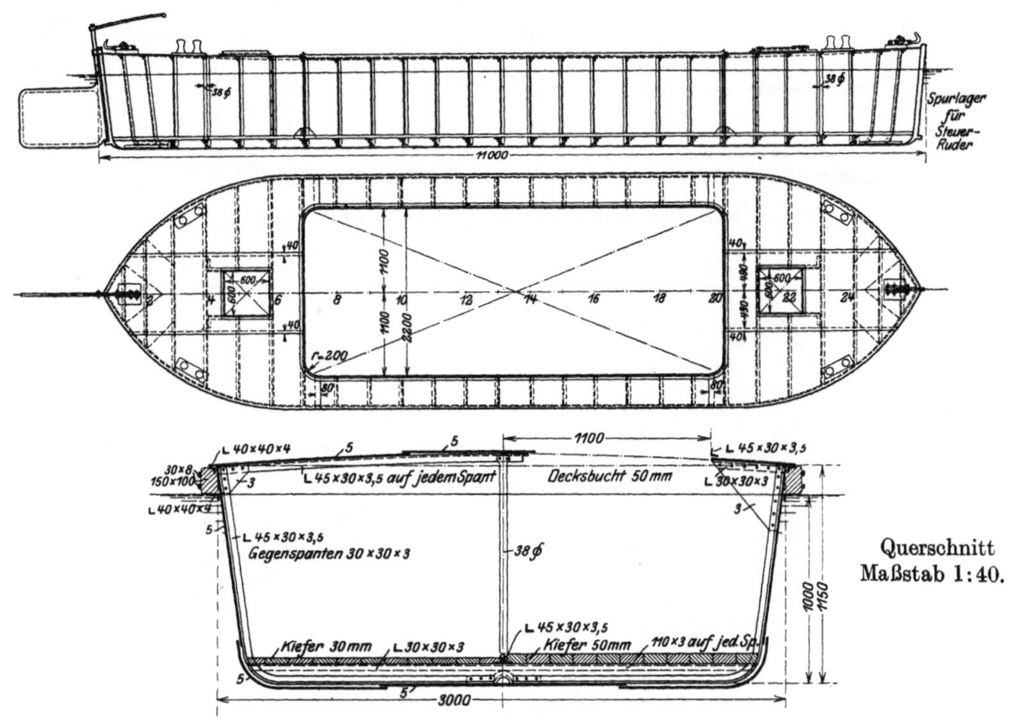

Abb. 178 bis 180. Baggerprahm von 16,7 cbm (20 t) Ladefähigkeit (Zahlentafel VIa, Nr. 1).
Maßstab 1:100.

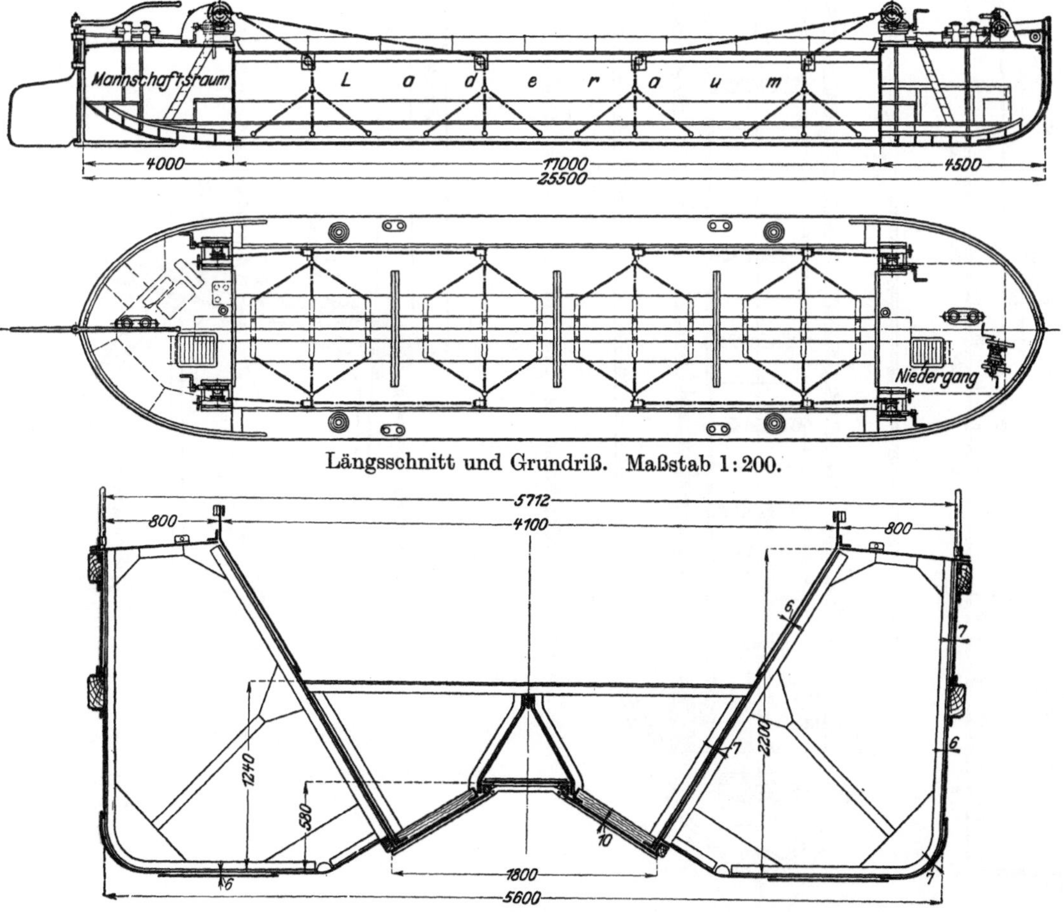

Abb. 181 bis 183. Klapprahm von 100 cbm (180 t) Ladefähigkeit.

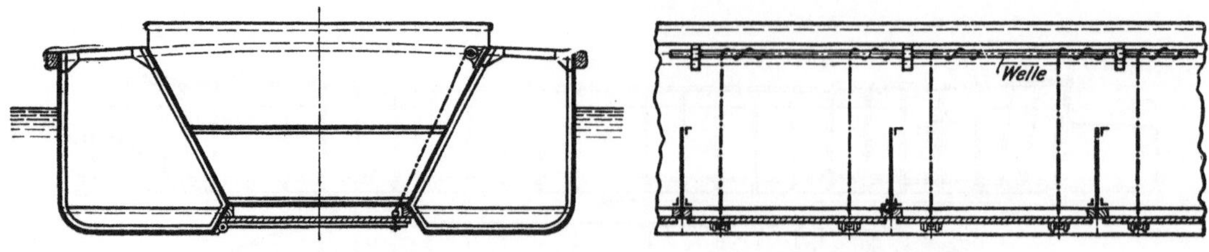

Abb. 184 u. 185. Prahm mit einseitigen Bodenklappen. Maßstab 1:100.

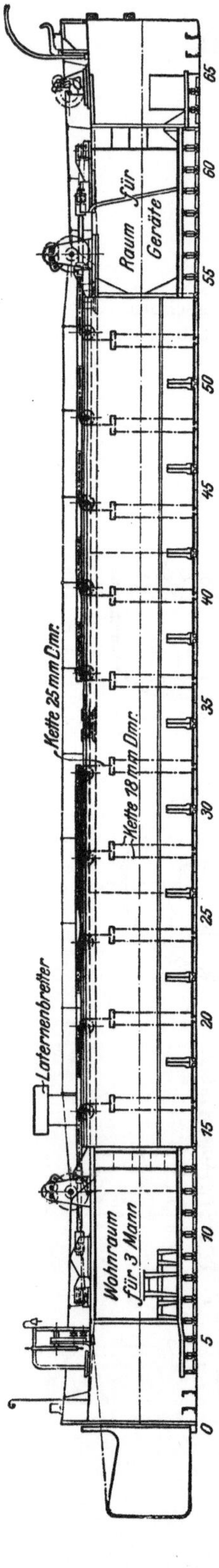

Längsschnitt

Deckansicht

Abb. 186 u. 187. Klapprahm von 200 cbm Ladefähigkeit (Zahlentafel VI a, Nr. 4). Maßstab 1 : 200.

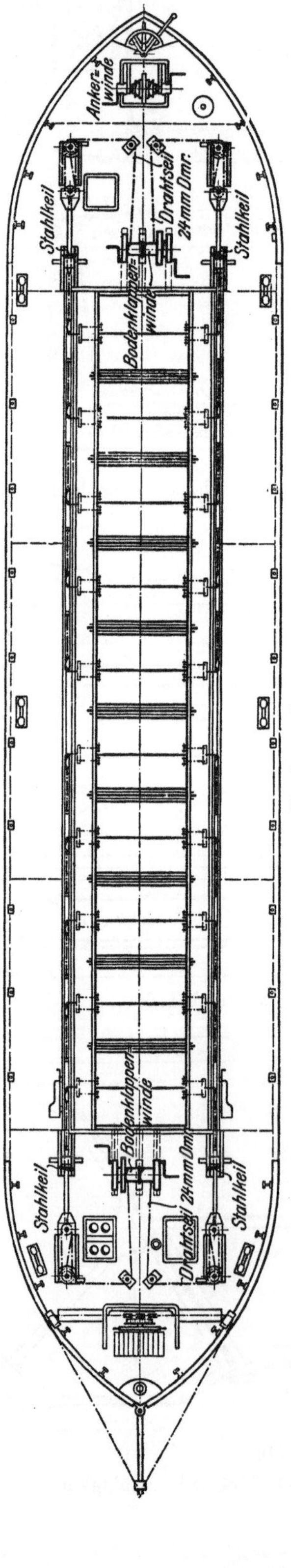

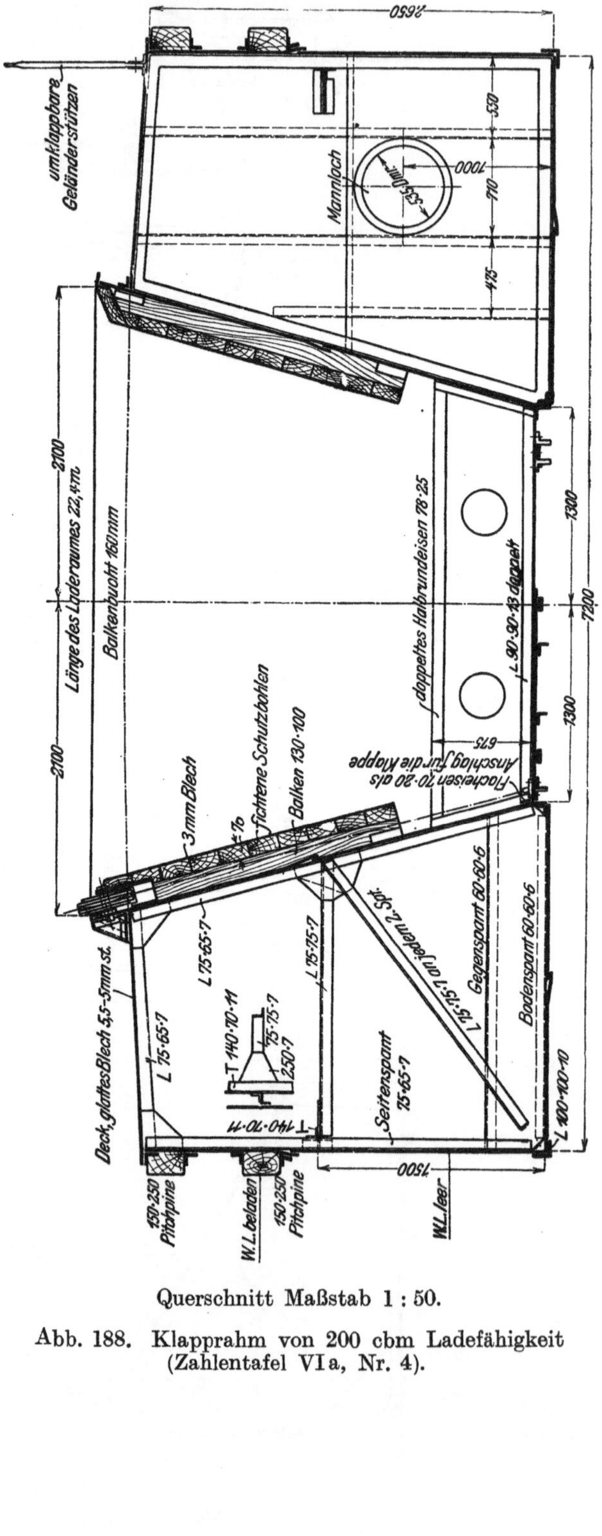

Querschnitt Maßstab 1 : 50.

Abb. 188. Klapprahm von 200 cbm Ladefähigkeit (Zahlentafel VI a, Nr. 4).

Bodenstück vor und hinter dem Laderaum. Maßstab 1 : 50.

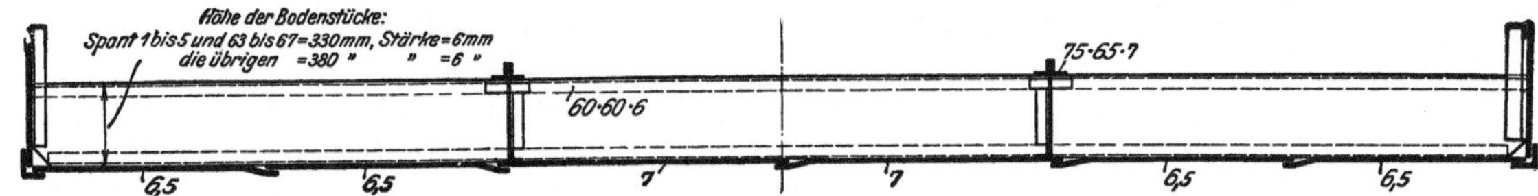

Abb. 189. Klapprahm von 200 cbm Ladefähigkeit (Zahlentafel VI a, Nr. 4).

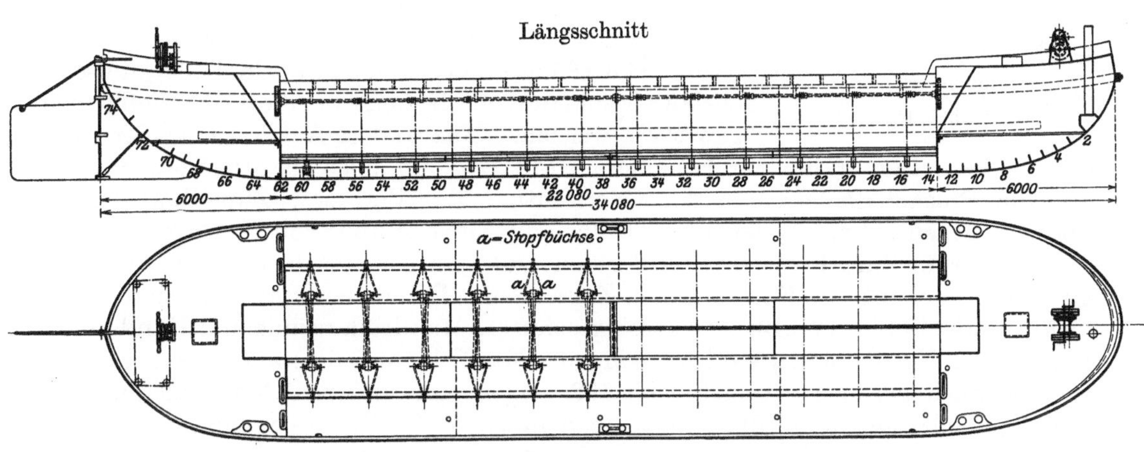

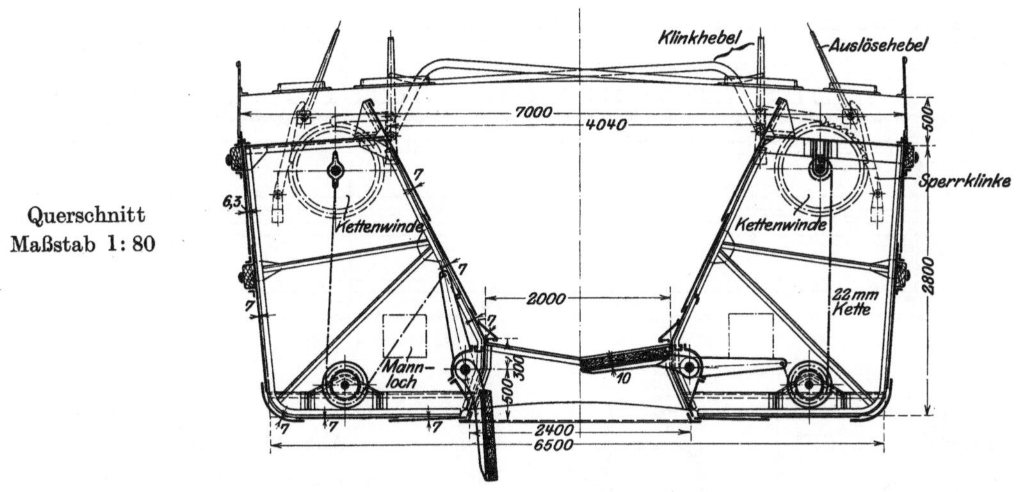

Querschnitt
Maßstab 1 : 80

Abb. 190 bis 192. Klapprahm mit doppelten Bodenklappen (D.R.P.). Maßstab 1 : 250.

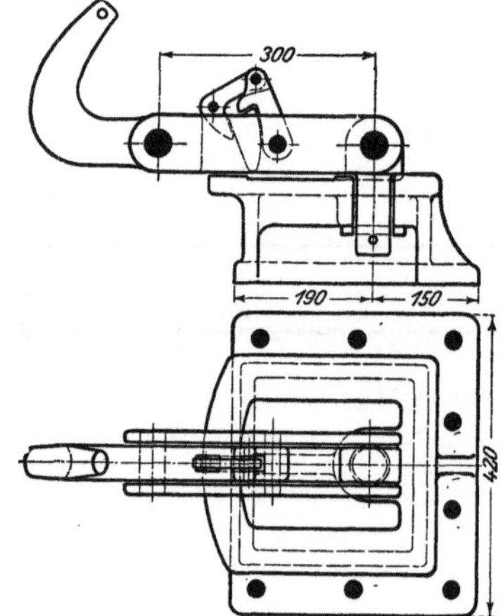

Abb. 193 u. 194.

Schlepphaken.

Maßstab 1:15.

im allgemeinen mit Bodenklappen gebaut. Die Bauart der Klappen ist verschieden. Abb. 181 bis 183 zeigen einen Prahm von 100 cbm Inhalt. Die Klappen hängen an dem Mittelkielschwein zu beiden Seiten der Längsachse. Der Drehpunkt liegt so hoch, daß die geöffneten Klappen nur wenig unter dem Schiffsboden hervorragen und auch bei flachem Wasser vom verstürzten Boden freikommen. Zum Schließen der Klappen stehen an Deck vier Schneckenradwinden für Handbetrieb. Diese Prähme haben einen großen Schleppwiderstand, da sich in dem Hohlraum unter den Klappen ständig Wirbel bilden. Liegen die Löschstellen in tieferem Wasser, so werden die Prähme besser so gebaut, daß die geschlossenen Klappen mit dem Schiffsboden in einer Ebene liegen. Die in einer Reihe liegenden Klappen (Abb. 184 u. 185) werden durch eine an der Laderaumseite entlang geführte Welle bedient, um die die Schließketten gewickelt werden. Eine andere Ausführung zeigt Abb. 186 bis 189. Der Prahm hat besonders große Bodenklappen für stückiges Baggergut; die Drehachsen liegen in der Querrichtung des Prahmes. Zum Bewegen der Klappen dienen 2 Winden, die mittels Rollenzug je eine Gruppe von 10 Klappen öffnen und schließen. Zum Entlasten der Winden und zum gemeinsamen festen Anziehen der Klappen dient ein Keil an jeder Zugschiene. Die Laderaumwände sind durch 75 mm starke Bohlen und Blechbeschlag geschützt. Handruderwinde und Handankerwinde mit 2 Kettennüssen sind vorhanden. Der Schleppwiderstand dieser Prähme ist wesentlich geringer. Abb. 190 bis 192 zeigen eine andere Klappenausführung, deren Schließketten und Führungsscheiben innen im Schiffskörper liegen und gegen Verunreinigung durch Baggerboden geschützt sind. Die Drehzapfen der Hebel sind durch Stopfbüchsen abgedichtet. Die Klappen werden durch an Deck stehende Winden geschlossen. Die zuletzt geschilderte Bauart hat folgende Vorzüge. Der Laderaum ist frei von allen Teilen (Verstrebungen, Ketten, Rollen), die das Ab-

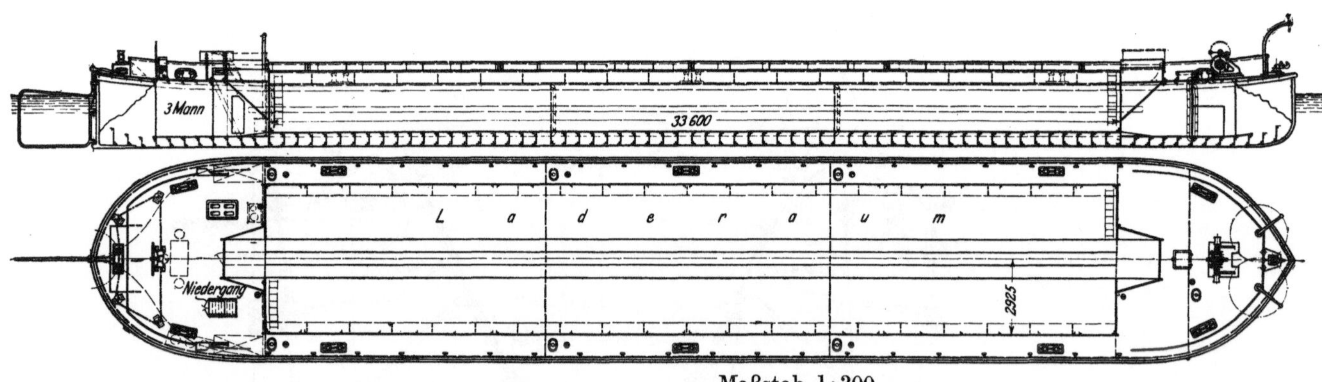

Maßstab 1:300.

Abb. 195 bis 197.

Spülerprahm von 300 cbm Inhalt und 540 t Tragfähigkeit (Zahlentafel VIa, Nr. 8).

Maßstab 1:150.

rutschen des Bodens hindern können. Bei geschlossenen Klappen gleicht der Laderaum dem eines Spülprahms. Der Prahm kann daher auch ohne weiteres bei Spülern und Schutenentleerern benutzt werden.

Die Schiffsgefäße der Klapprähme müssen kräftig gebaut sein. Die durch die Bodenklappen verursachte Schwächung des Schiffsverbandes wird durch kräftige Längs- und Querverbindungen im Laderaum ausgeglichen. Die Räume im Vor- und Hinterschiff und seitlich neben dem Laderaum dienen als Tragekästen und werden deshalb durch wasserdichte Schottwände voneinander getrennt. Bei größeren Prähmen werden die seitlichen Tragekästen so unterteilt, daß beim Vollaufen eines wasserdicht abgeschotteten Raumes der Prahm noch schwimmfähig bleibt. Das Schiffsgefäß wird gegen die Stöße beim Anlegen an den Bagger durch eine (bei größeren durch zwei) um das ganze Schiff herumgeführte hölzerne Scheuerleiste (Fender) geschützt. Die hölzernen Fender liegen zwischen zwei wagerechten Winkeleisen und werden an diesen durch Bolzen, die durch die abstehenden Flanschen gehen, befestigt, so daß Stöße, die das Holz aufnimmt, keine Undichtigkeiten in der Schiffshaut hervorrufen. Die Holzfender können durch aufgespiekerte Halbrundeisen gegen Absplittern geschützt werden. Im Vorschiff wird gewöhnlich ein Kollisionsschott und ein Stauraum für Geräte, im Hinterschiff ein Wohnraum für die Besatzung eingerichtet. Geschleppt werden die Prähme an Schleppollern, besser aber an Schlepphaken. Abb. 193 und 194 zeigt einen Schlepphaken, der drehbar gelagert und dessen Auslösung doppelt gesichert ist (Sliphaken).

Prähme für Spüler und Schutenentleerer (Zahlentafel VIa, Nr. 5 bis 10). Der Laderaum hat trapezförmigen Querschnitt. Abb. 195 bis 197 zeigen einen Spül-

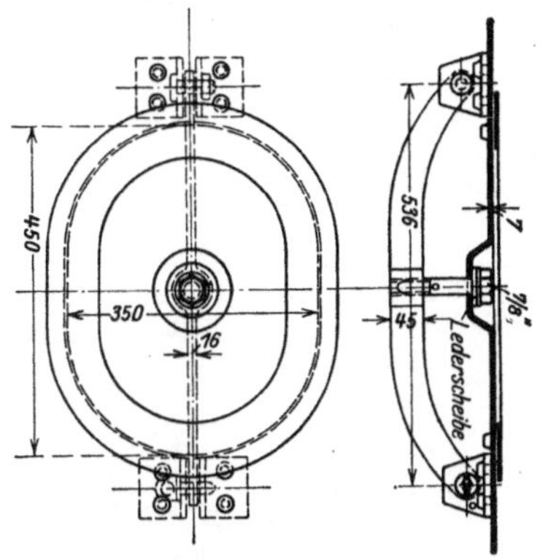

Abb. 198 u. 199.
Bunkerdeckel-Verschluß.
Maßstab 1:15.

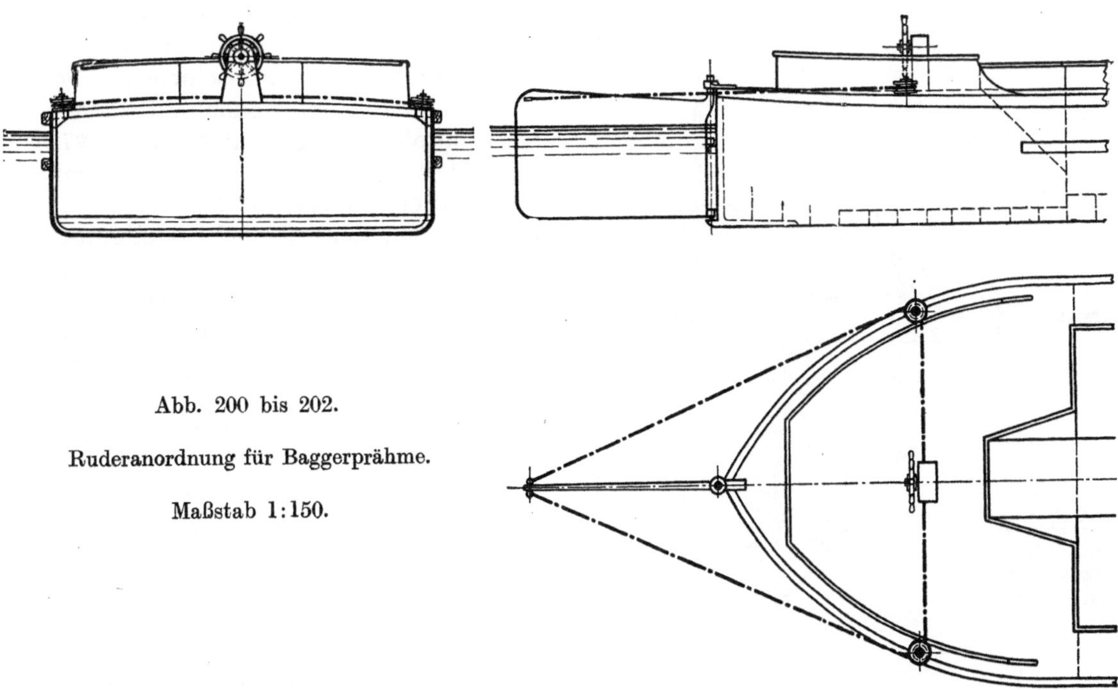

Abb. 200 bis 202.

Ruderanordnung für Baggerprähme.

Maßstab 1:150.

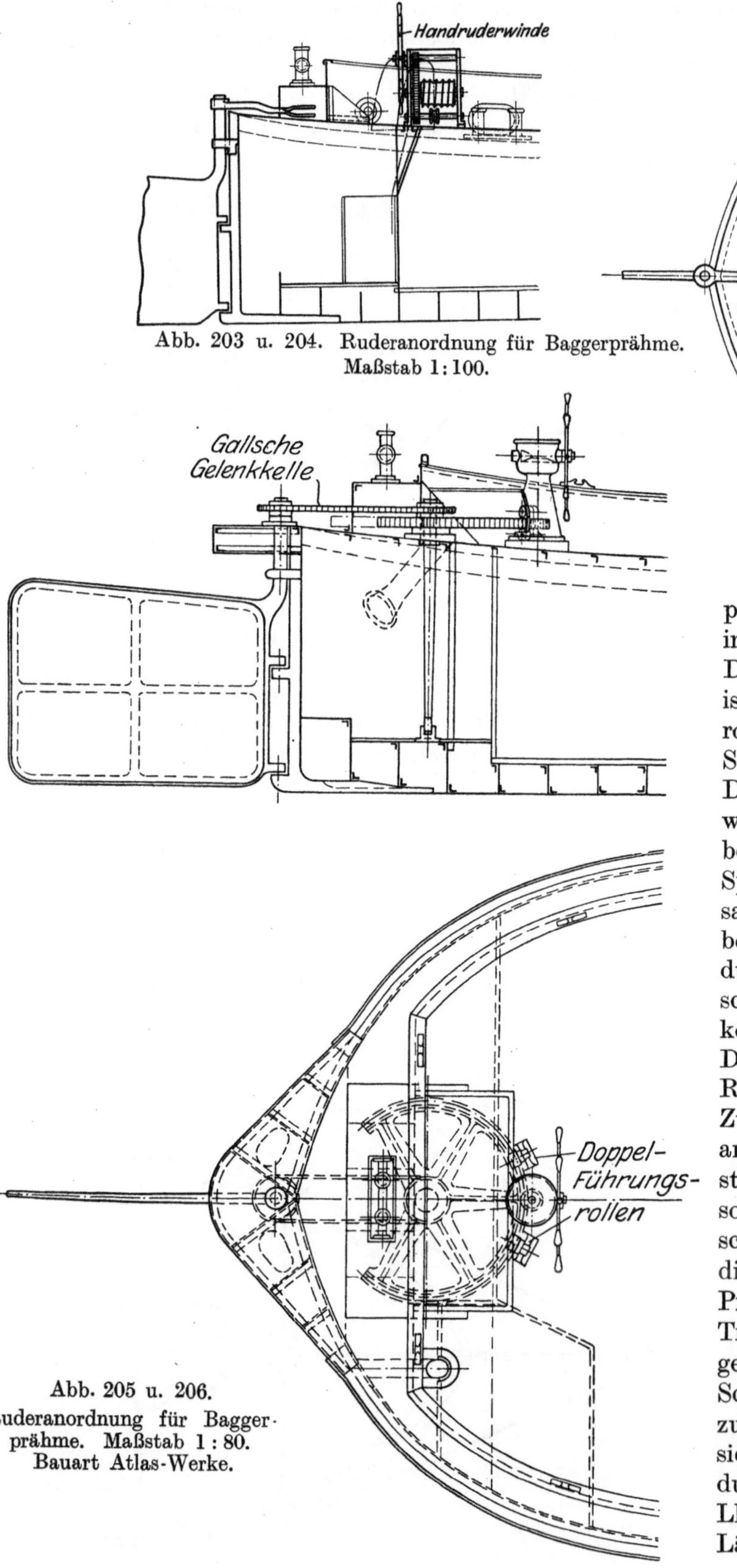

Abb. 203 u. 204. Ruderanordnung für Baggerprähme.
Maßstab 1:100.

Abb. 205 u. 206.
Ruderanordnung für Bagger-
prähme. Maßstab 1:80.
Bauart Atlas-Werke.

prahm von 300 cbm Laderaum-
inhalt und 540 t Tragfähigkeit.
Die Bodenbreite des Laderaums
ist so zu bemessen, daß der Saugerohrkopf des Spülers auf beiden
Seiten etwa 200 m Spielraum hat.
Das Maß darf nicht zu groß gewählt werden, da sonst der Prahm
bei einmaligem Entlangholen am
Spüler nicht vollständig leer gesaugt werden kann. Der Laderaumboden wird gegen Abnutzung
durch Führungsschienen geschützt, auf denen der Saugekopf entlang gleitet (Abb. 197).
Die Bodenwrangen sind mit
Rücksicht auf die Festigkeit und
Zugänglichkeit bei Reinigungsarbeiten 500 mm hoch. Die Ab-
steifungen in den Luftkästen sind
so gesetzt, daß die Last der
schrägen Laderaumwände und
die Stöße beim Anlegen des
Prahms von den als kräftige
Träger ausgebildeten Bodenwrangen aufgenommen werden. Die
Schiffsseitenwand wird nicht
zum Abstützen benutzt, sie kann
sich also bei Stößen federnd
durchbiegen. Das Schiff ist nach
Lloydklasse gebaut und hat zwei
Längsfender. Querfender schützen

zwar die Außenwand, erhöhen aber den Schleppwiderstand. Bei der Ausbildung der Schiffsform ist besonders darauf zu achten, daß der Bug gut abgerundet und das Heck stark eingeholt wird. Hierdurch wird der Schleppwiderstand bedeutend verringert und die Steuerfähigkeit erhöht. Das Schanzkleid auf dem Vor- und Hinterschiff ist weit nach innen gesetzt, so daß es beim Anlegen nicht beschädigt wird.

Die Seitenkästen sind durch wasserdichte Schottwände in soviel Räume geteilt, daß das Schiff mit voller Ladung schwimmfähig bleibt, wenn ein Raum voll Wasser läuft. Die einzelnen Räume sind durch Luken mit Bunkerdeckelverschluß (Abb. 198 und 199) und Steigleitern zugänglich. Der abgebildete Deckel schließt wasserdicht ab. Lukendeckel an Deck können vermieden werden, wenn die Räume durch Mannlöcher im Vor- und Hinterschiff zugänglich sind; die Reinigungsarbeiten werden jedoch durch diese Anordnung erschwert. Die Ruder werden bei kleineren Schiffen mit Pinnen, bei größeren mit Handruderwinden bewegt. Die Kettenführung der Ruderwinde ist aus Abb. 200 bis 202 ersichtlich. Bei dieser sehr einfachen Anordnung muß die Kette etwas toten Gang haben. Besser ist die Führung nach Abb. 203 und 204. Eine ähnliche Anordnung zeigt Abb. 205 und 206. Die Ruderwinde bewegt über ein Zahnsegment mittels Gallscher Kette das Ruder. Das Halslager ist hier durch eine an den umlaufenden Fender anschließende kräftige Kastenkonstruktion gegen Stöße besonders gut geschützt. Das Ruder kann nach beiden Seiten hart an das Schiff gelegt werden. Die bei großen Fluß- und Kanalkähnen üblichen wagerechten Ruderräder sind für Seebetrieb ungeeignet, da stets zwei Mann zu ihrer Bedienung nötig sind und das große Ruderrad beim Umlegen des Ruders nicht mit der nötigen Schnelligkeit bewegt werden kann. An Arbeitsstellen mit regem Verkehr empfiehlt es sich, bei großen Prähmen Heckanker vorzusehen. Die Winde steht am Heck, seitlich vom Steuerruder (Abb. 204). Um den Prahm schnell anzuhalten, wird der Anker durch Lösen des Palls fallen gelassen. Der Anker wirkt auf eine mittschiffs befestigte Trosse.

Prähme für besondere Zwecke.

Von den Prähmen für Sonderzwecke sind zu erwähnen die Prähme mit hochliegendem flachen Boden zur Aufnahme der von Greifern geförderten Steine und

Seitenansicht

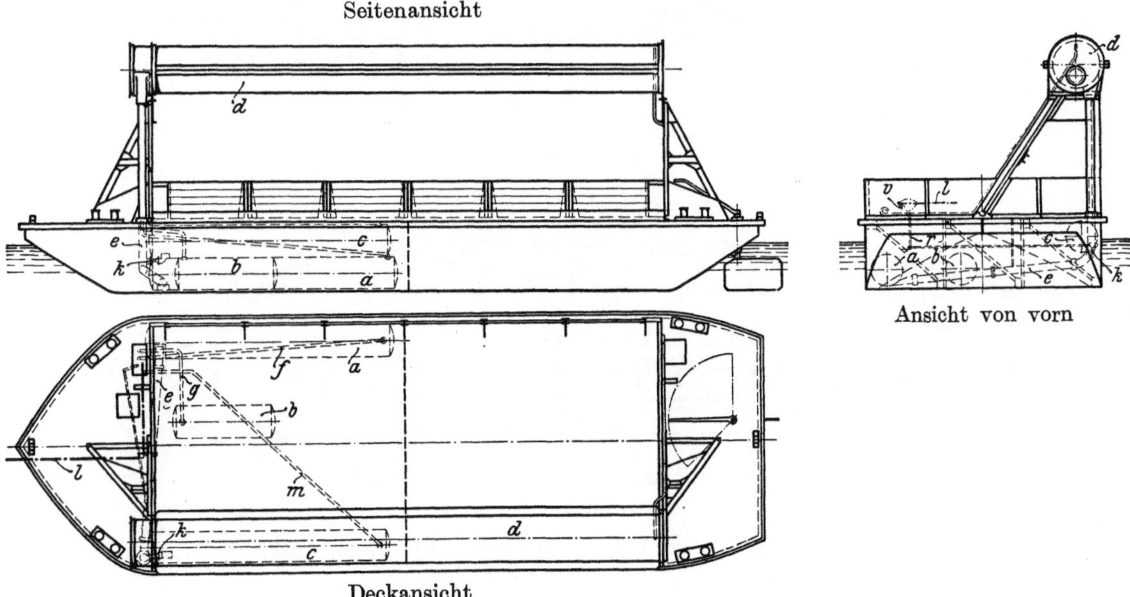

Abb. 207 bis 209. Selbstentladender Wikingprahm. Maßstab 1:250.

die selbstlöschenden Wikingprähme (Abb. 207 bis 209). Die Wirkungsweise des Wikingprahmes ist die folgende. Aus dem Behälter a wird mit der Druckluft des Behälters b (7 at) Wasserballast (6 t Wasser für 200 t Ladung) durch Rohr e nach Behälter d gedrückt. Hierdurch wird der Prahm gekippt, so daß die Ladung von der offenen Seite des Prahms abrutscht. Ist die Ladung gelöscht, so entweicht die Druckluft aus a und das Wasser fließt aus d über den Zwischenbehälter c nach a zurück. Die verschiedenen Vorgänge werden durch einen Steuerschieber auf dem Prahm eingeleitet, der mit Seilzug vom Schleppdampfer aus bewegt wird.[1]

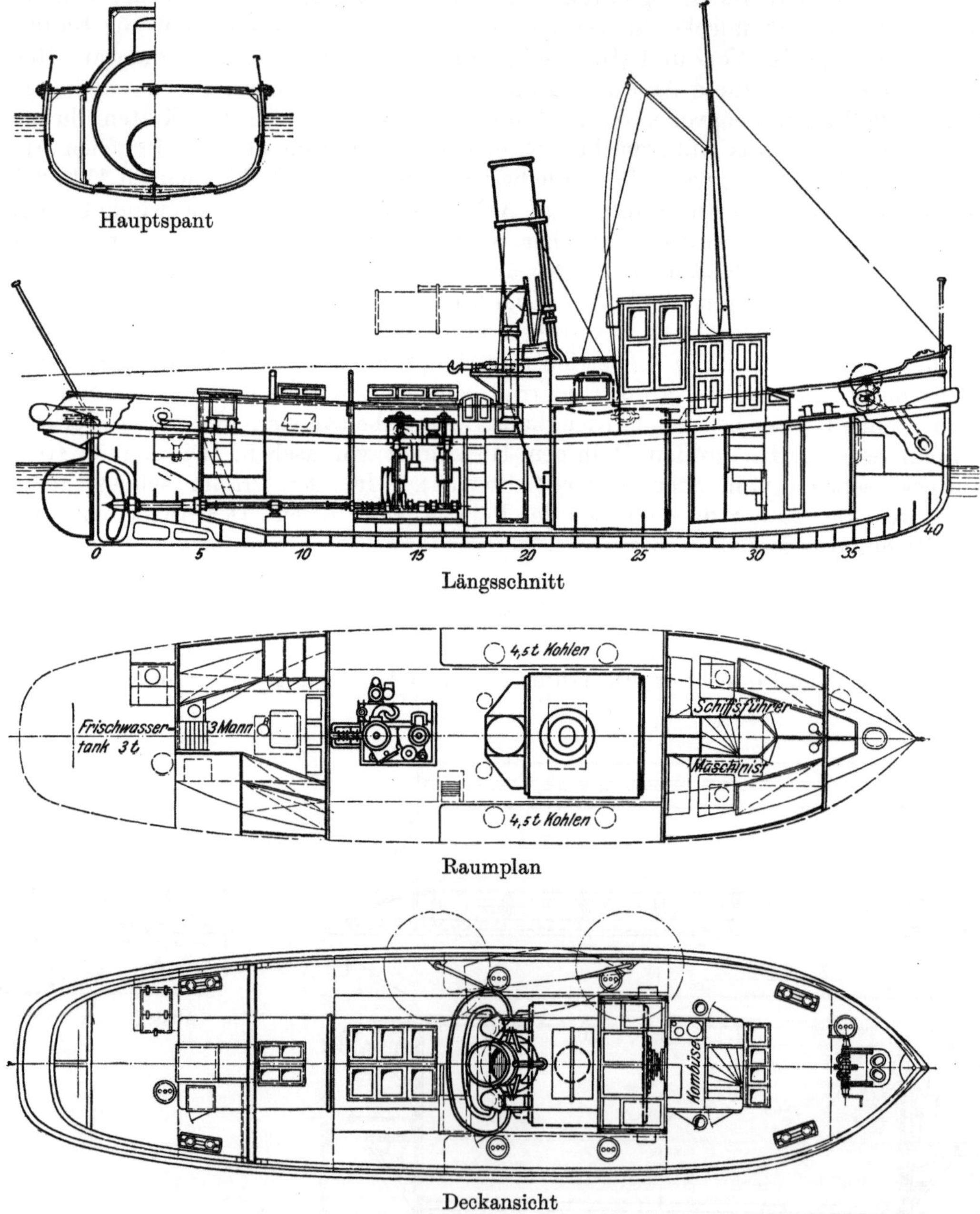

Abb. 210 bis 213. Schleppdampfer von rd. 150 PS$_i$ (Zahlentafel VIb, Nr. 3). Maßstab 1:150.

---

[1] Z. Ver. deutsch. Ing. 1910, S. 533.

Schleppdampfer und Schleppboote (Zahlentafel VIb). Die zum Schleppen der Prähme im Fluß- und Seegebiet benutzten Dampfer müssen anderen Anforderungen genügen, als denen des gewöhnlichen Schleppschiffahrtsbetriebes. Sie müssen gut schleppen, sehr leicht manövrieren und besonders standsicher sein, da sie sehr häufig gezwungen sind, querab zu schleppen. Die Länge zwischen den Steven wird deshalb meist nicht viel über 20 m und das Verhältnis der Breite zur Länge etwa 1:4 bis 1:5 gewählt. Die Aufbauten sollen niedrig und das Freibord nicht zu groß sein. Für den Tiefgang wird das Maß von 2 m zweckmäßig nicht überschritten. Im Gezeitengebiet ist das Hauptspant so auszubilden, daß das Fahrzeug ohne Gefahr trocken fallen kann. Die Maschinen haben im allgemeinen etwa 150 bis 200 PS$_i$ bei 150 bis 170 Umläufen je Minute. Über die Schleppleistung derartiger Dampfer gibt die Zahlentafel VIb Aufschluß. Abb. 210 bis 213 zeigt einen Schlepper von 150 PS$_i$ (Zahlentafel VIb, Nr. 3). Der Schleppbügel lädt sehr weit nach den Seiten aus; hierdurch wird die Gefahr des Kenterns beim Querschleppen erheblich verringert. Der Schleppbügel kann weit ausladen, weil

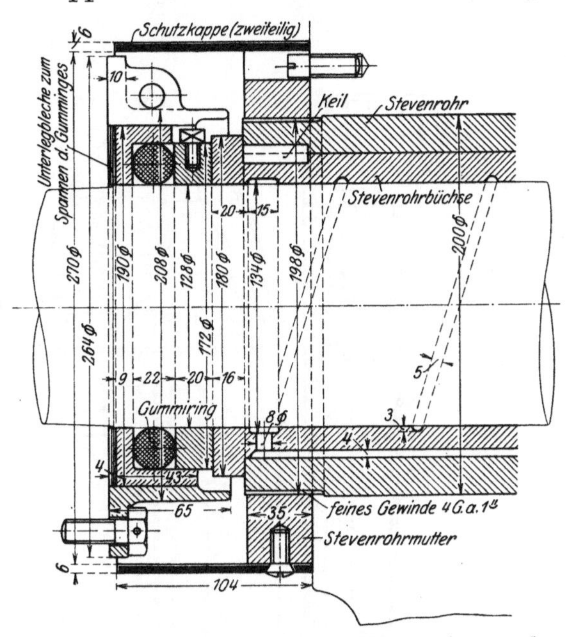

Abb. 214. Stevenrohrdichtung, Bauart Atlaswerke Bremen. Maßstab 1:4.

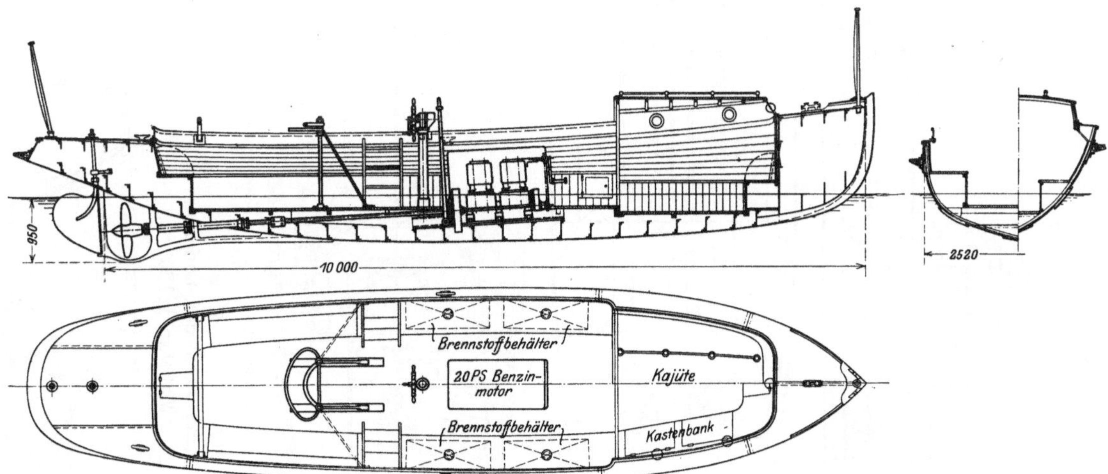

Abb. 215 bis 217. Schleppmotorboot (Zahlentafel VI b, Nr. 15). Maßstab 1:100.

die Trosse nur wagerecht oder schräg nach unten steht. Die zum Schutz gegen Stöße beim Anlegen stark eingezogene Reeling hat keine Stützen, so daß das Schanzkleid sich beim Anstoßen federnd durchbiegt und nicht streckt. Der Schiffskörper ist durch eine starke Scheuerleiste geschützt, die in gleicher Weise wie bei den Prähmen befestigt wird (vgl. S. 91). Das Schiffsgefäß ist kräftig und gedrungen gebaut, hat 4 wasserdichte Schotten (davon 2 Kollisionsschotten Abb. 211), und enthält Wohnräume für die ganze Besatzung, große Kohlenbunker und hinten einen

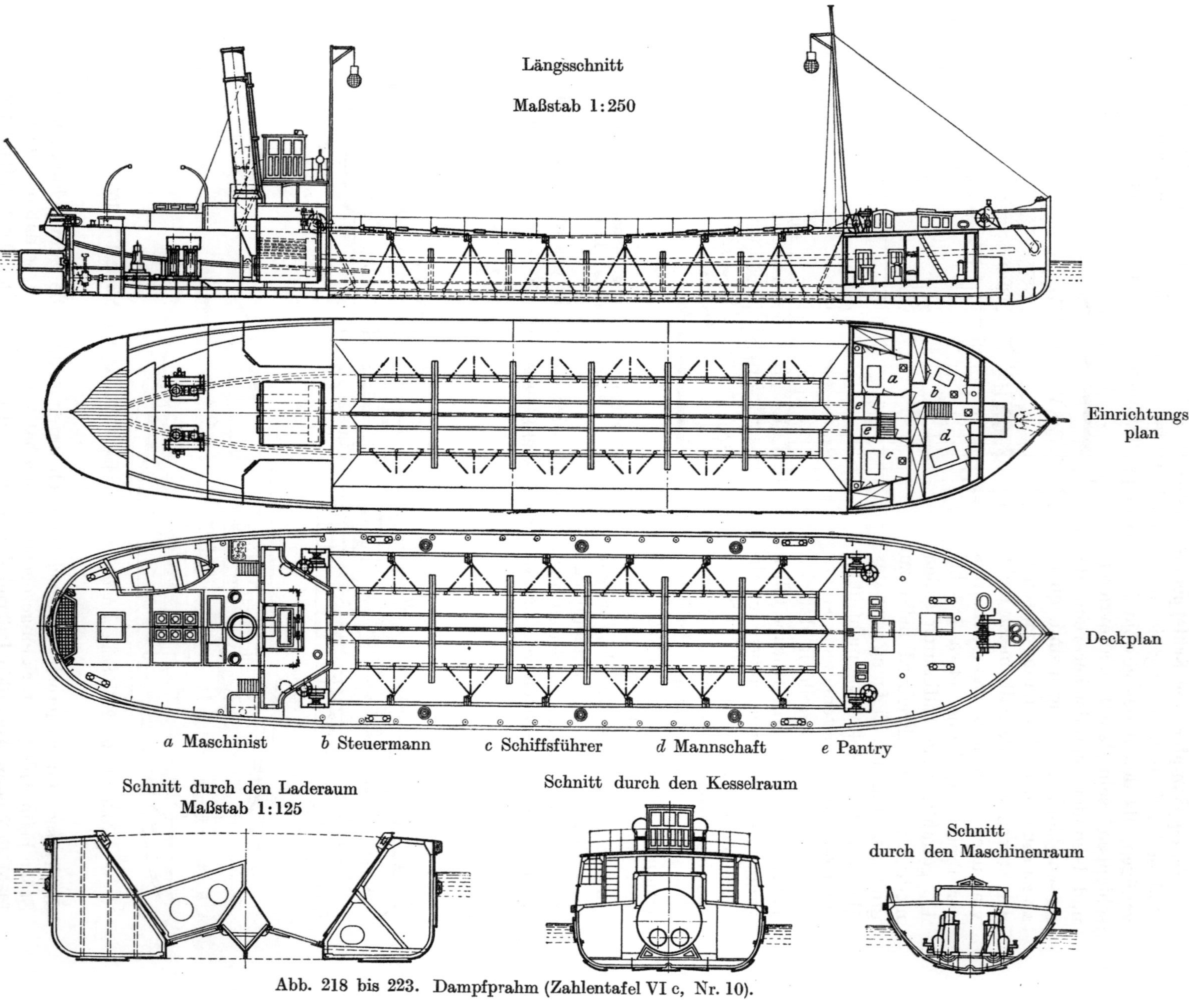

Abb. 218 bis 223. Dampfprahm (Zahlentafel VI c, Nr. 10).

Frischwassertank. Bullaugen werden zweckmäßig ganz vermieden, da sie beim häufigen Anlegen in bewegtem Wasser leicht zertrümmert werden. Die Klüsen müssen reichlich bemessen werden, um das Belegen des Tauwerkes zu erleichtern. Hierauf ist besonderer Wert zu legen, weil derartige Fahrzeuge viel öfter an- und ablegen, als gewöhnliche Schlepper, und weil die Dampfer auch zum Verschleppen der Seiten- und Voranker der Bagger benutzt werden. Arbeiten die Schlepper unter solchen Verhältnissen, daß aufgewirbelter feiner Sand in die Stevenrohre eindringen kann, so ist es sehr zu empfehlen, diese mit guten Dichtungsringen abzudichten (Cederwall, Bauart der Atlaswerks u. a.). In Abb. 214 ist eine Stevenrohrdichtung Bauart Atlaswerke, Bremen, dargestellt. Sie ist sehr einfach und durch Einlage von geteilten Blechringen leicht nachzuspannen, falls der Gummiring nachgelassen hat. Besonders geeignet ist sie für Fahrzeuge, die viel in flachem Wasser mit Sandboden fahren, wobei sonst rascher Verschleiß zu erwarten ist. Die Ausrüstung der Dampfer ist die übliche; sie entspricht der Lloydklasse, für die das Schiff gebaut ist. Der Schlepphaken soll federnd sein. Wenn irgend möglich, ist eine Dampfankerwinde vorzusehen. Die Zahlentafel gibt die Abmessungen einiger Dampfer, mit denen die Verfasser Schleppversuche ausgeführt haben. Die unter Nr. 12 u. 13 aufgeführten Dampfer sind besonders stark gebaut, um auch in Seenot Hilfe leisten zu können.

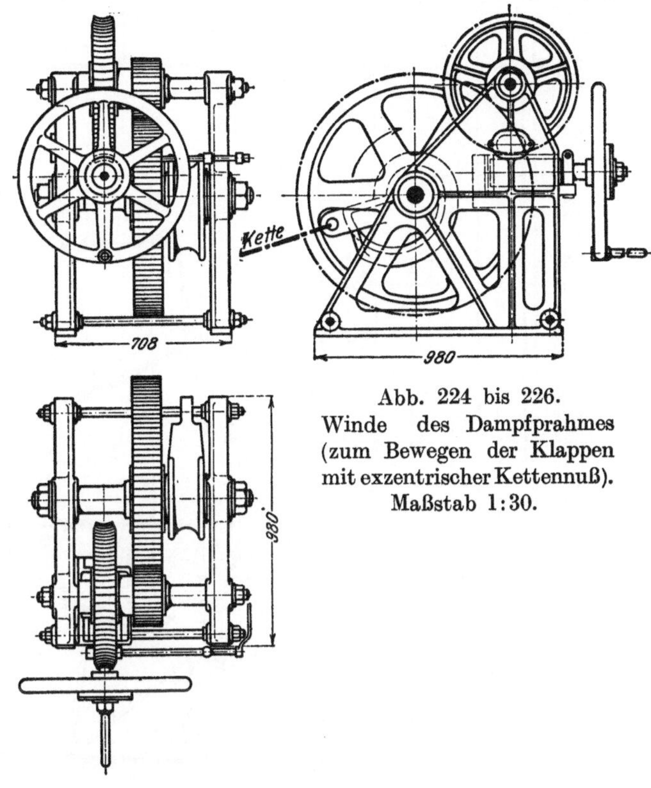

Abb. 224 bis 226. Winde des Dampfprahmes (zum Bewegen der Klappen mit exzentrischer Kettennuß). Maßstab 1:30.

Zum Schleppen im Fluß- und Binnenbetrieb werden auch mit Vorteil Motorboote verwendet, besonders wenn die Löschstellen nahe bei den Baggerstellen liegen, und wenn Dampfer auf den betreffenden Gewässern nicht verkehren können. Der Motorbootbetrieb wird wirtschaftlich, weil nur ein Mann Besatzung nötig ist, während der Schlepper mindestens drei Mann erfordert. Außerdem ist das Motorboot kleiner und beweglicher als der Dampfer gleicher Schleppkraft, und kann deshalb, besonders in engen Gewässern, leichter manövrieren. Abb. 215 bis 217 zeigt ein größeres Schleppmotorboot für den Binnenbetrieb (Zahlentafel VIb, Nr. 15). Der eiserne Schiffskörper ist völlig gehalten und kräftig gebaut. Zum Schutz gegen überkommendes Wasser bei mäßigem Seegang ist das Boot vorn gedeckt. Als Antriebsmotor dient ein vierzylindriger Deutzer Benzinmotor mit Drehflügelschraube. Die Benzintanks haben 360 l Inhalt; das Boot kann also mit einer Tankfüllung 40 Stunden fahren. In der Zahlentafel VIb ist unter Nr. 14 ein kleines Boot ähnlicher Bauart für den Kanalbetrieb aufgeführt.

In Spalte 24 der Zahlentafel VIb ist berechnet, wieviel Kilogramm Zugkraft ein PS_i der Hauptmaschine leistet.

Dampfprähme (Zahlentafel VIc) werden nur mit Bodenklappen ausgeführt.

Abb. 227 bis 231. Motorprahm (Zahlentafel VIc, Nr. 11). Maßstab 1 : 300.

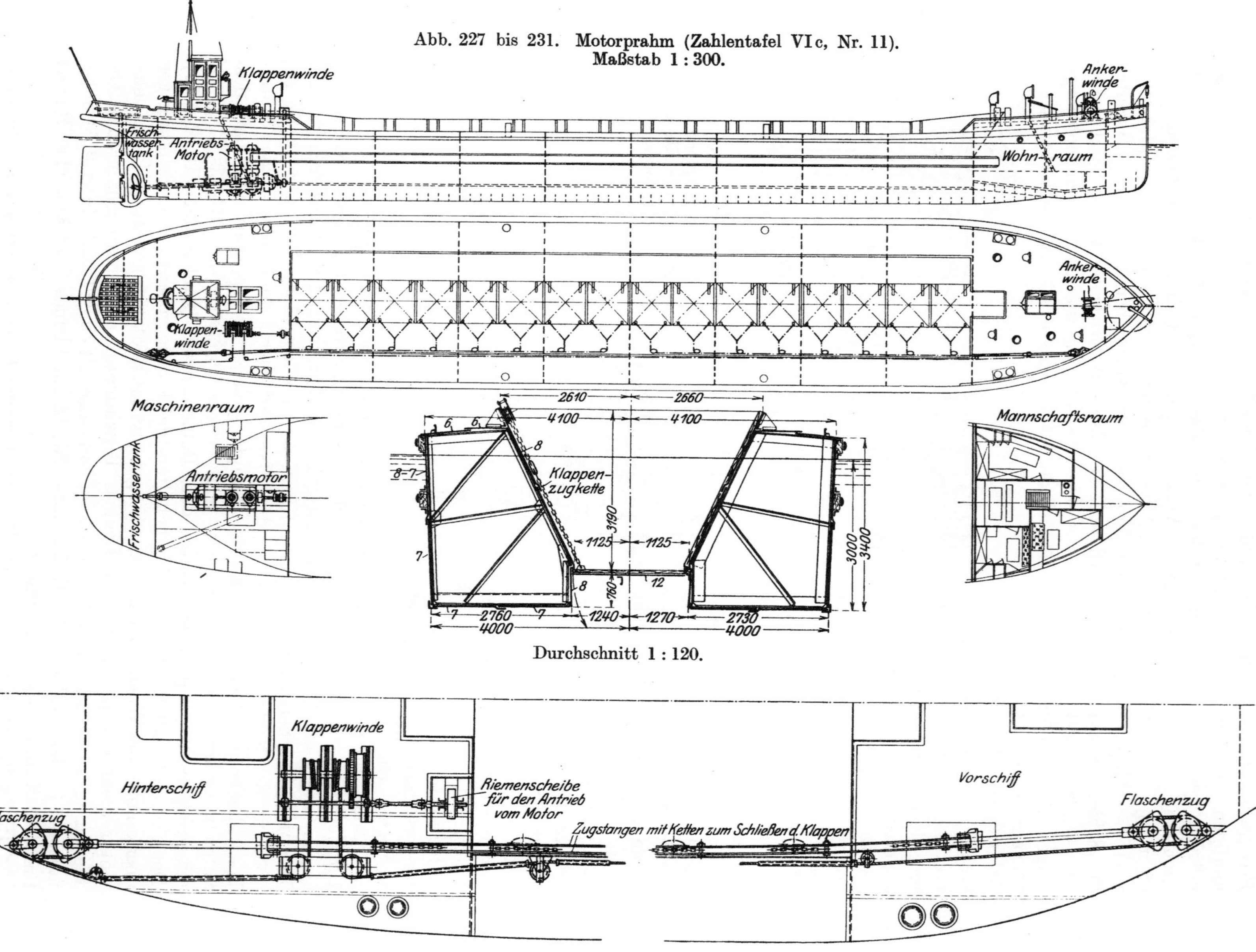

Durchschnitt 1 : 120.

Abb. 232. Klappenwindeneinrichtung des Motorprahmes. Maßstab 1 : 100.

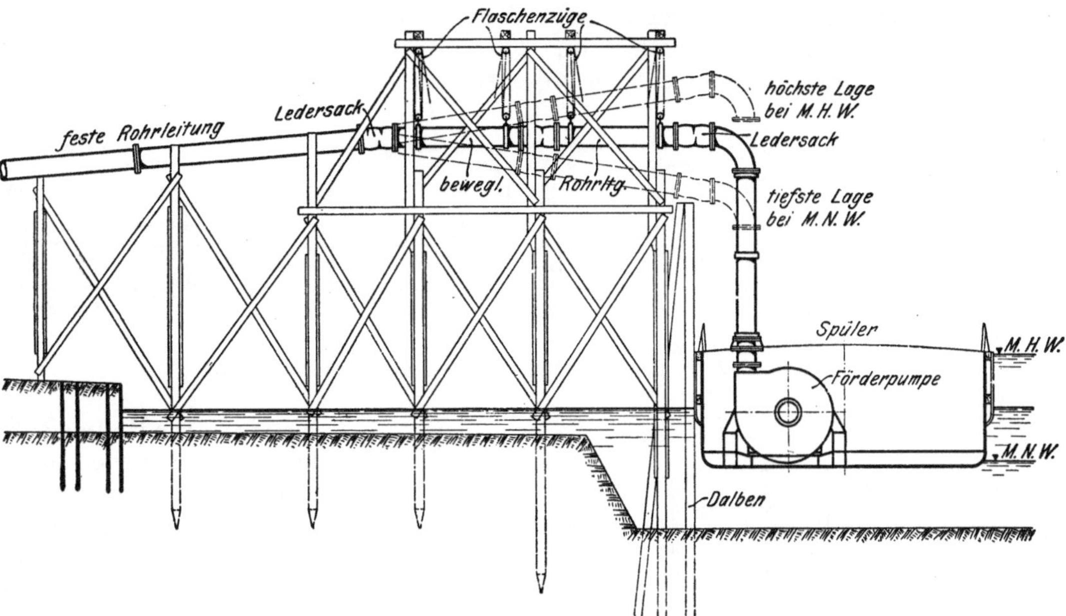

Abb. 233. Beweglicher Anschluß der festen Rohrleitung an den Spüler. Maßstab 1:250.

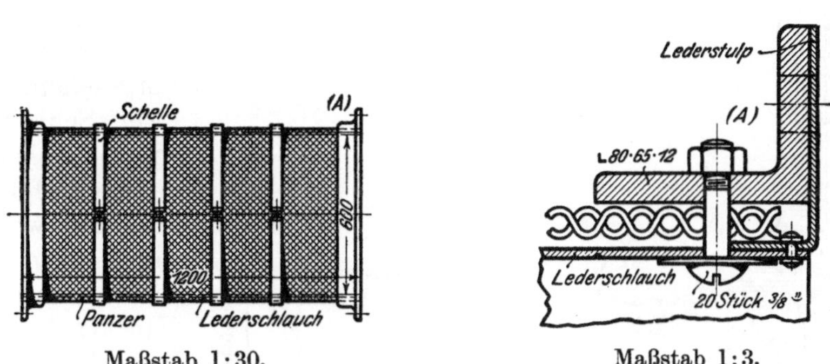

Maßstab 1:30.   Maßstab 1:3.

Abb. 234 u. 235. Panzerschlauch für Spülleitungen.

Maßstab 1:6

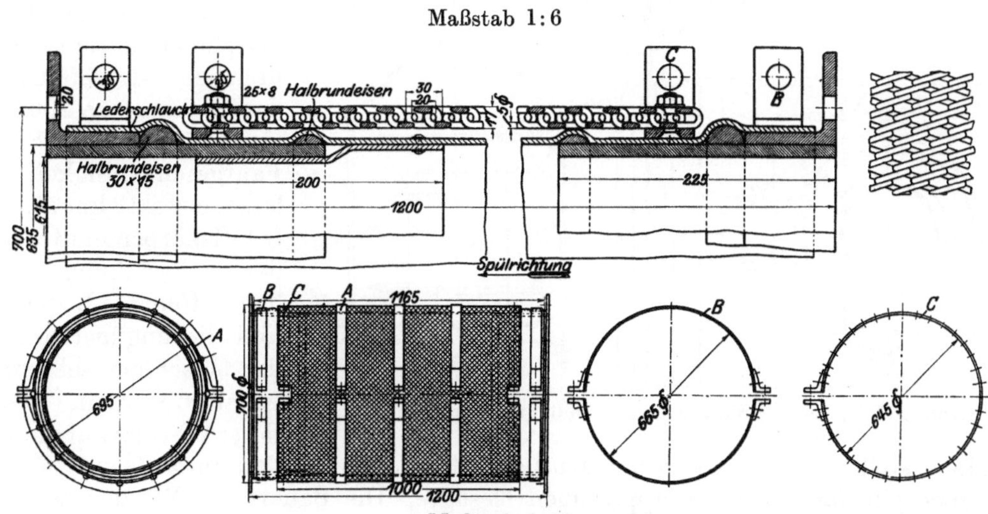

Maßstab 1:30.

Abb. 236 bis 241. Panzerschlauch.

Zum Spülerbetrieb sind sie wegen ihrer Aufbauten nicht verwendbar. Abb. 218 bis 223 zeigen einen Dampfprahm für 200 cbm Ladefähigkeit (Zahlentafel VIc, Nr. 10). Das Schiffsgefäß gleicht im wesentlichen dem Klappenprahm (Abb. 181

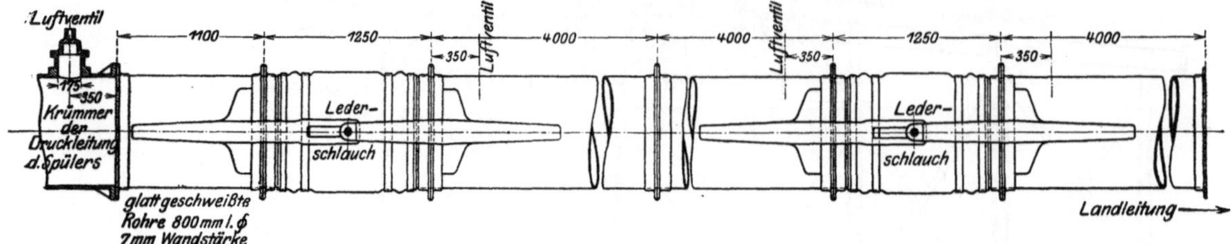

Abb. 242. Schlauchanschluß mit Gelenk. Maßstab 1:60.

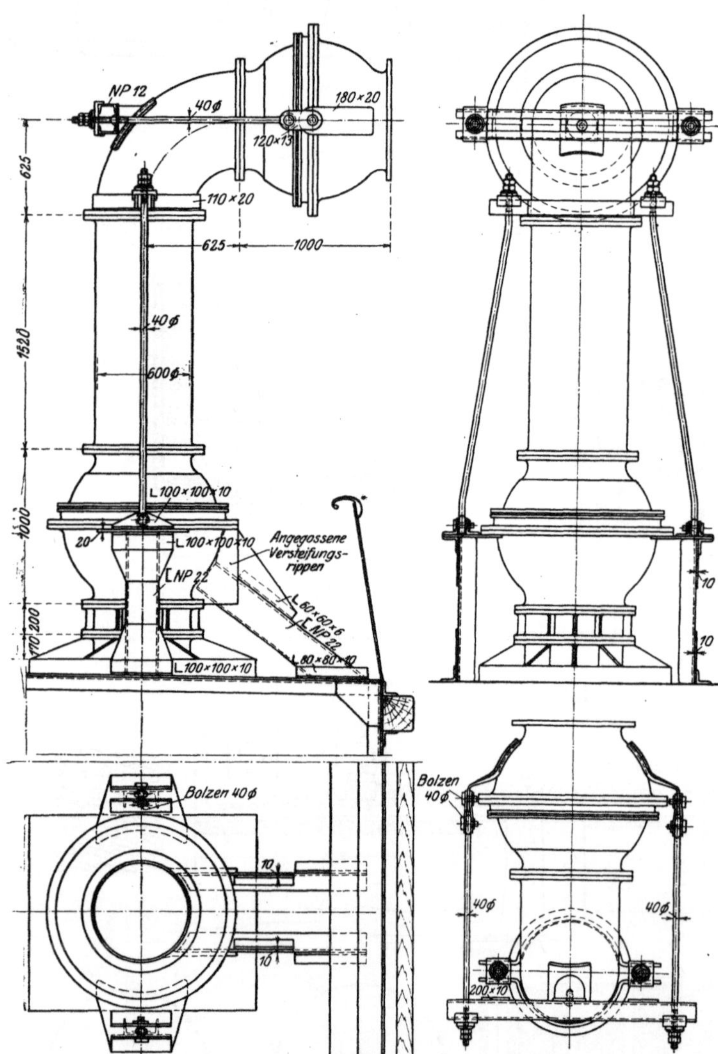

Abb. 243 bis 246. Rohrleitungsanschluß mit Kugelgelenken.

bis 183). Die Räume vor, hinter und neben dem Laderaum dienen als Tragekästen. Das Hinterschiff ist etwas vergrößert, um Raum für Kessel und Maschine zu gewinnen. Je nach dem zulässigen Tiefgang sind eine oder zwei Schrauben vorgesehen. Prähme mit zwei Schrauben manövrieren sicherer. Ein geringer Tiefgang ist innezuhalten, wenn das Gerät auf flachen Löschstellen löschen soll (Zahlentafel VIc, Nr. 5, 7 bis 10.) Die Stevenrohre (s. a. S. 97 u. Abb. 214) werden zweckmäßig abgedichtet. Die Gesamtstärke der Fahrmaschinen beträgt bei der üblichen Ladefähigkeit des Prahms von 200 cbm etwa 170 bis 200 PS_i, die Fahrgeschwindigkeit beladen etwa 13 km/st. Der Schiffskörper muß wegen der Schwächung durch den offenen Laderaum und die ungünstige Lage der Maschinen sehr stark gehalten werden. Besonderer Wert ist auf die Verbindungsstellen zwischen Vor- und Hinterschiff und dem Laderaum zu legen. Für die Klappen gilt das bei den Klapprähmen Gesagte. Die Bauart der Winden zum Bewegen der Klappen ist aus Abb. 224 bis 226 ersichtlich. Das Achterdeck des Schiffes muß durch ein hohes Quersüll gegen Überfluten geschützt werden. Die

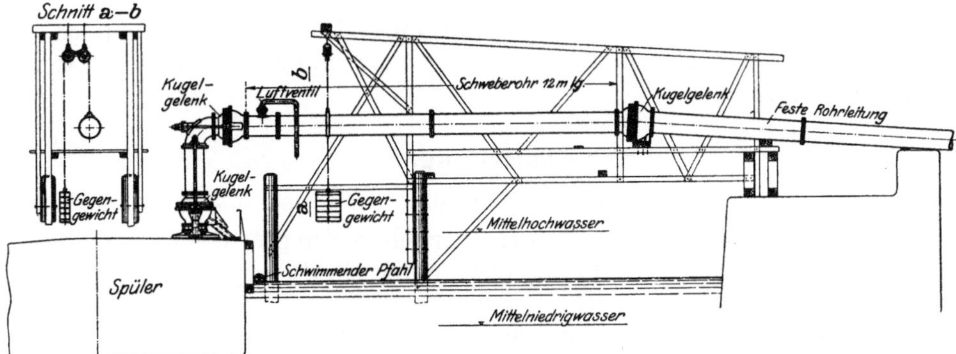

Abb. 247 u. 248. Landanschluß für eine Rohrleitung mit Kugelgelenken. Maßstab 1 : 400.

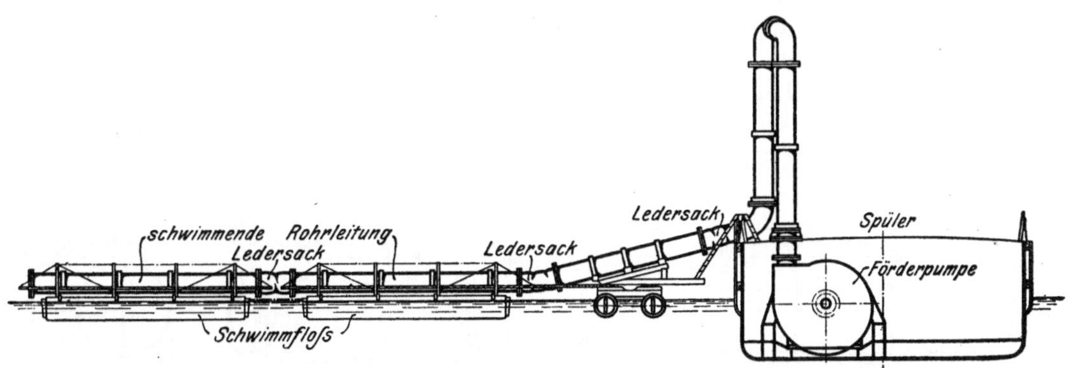

Abb. 249. Anschluß der schwimmenden Rohrleitung an den Spüler. Maßstab 1:250.

Ausrüstung eines Dampfprahms entspricht der Lloydklasse, für die er gebaut ist. Außerdem ist eine Dampfpumpe vorzusehen zum Lösen des beim Klappen sich etwa verhängenden Bodens und zum Reinigen des Gerätes.

Motorprähme. Neuerdings werden auch mit Erfolg Prähme mit Rohölmotoren ausgerüstet, die in den hinteren Luftkasten eingebaut sind. Solche Prähme haben nur geringe Aufbauten und können auch für Spülbetrieb verwandt werden. In Abb. 227 bis 231 ist ein Motorprahm mit 400 cbm Laderaum dargestellt. Die Luftkästen seitlich des Laderaumes sind durch wasserdichte Querschotten in 8 Abteilungen zerlegt. Der Laderaum ist vollkommen frei von Längs- und Querträgern und die 16 Bodenklappen liegen horizontal, so daß der Prahm auch zum Spülbetrieb geeignet ist. Die Klappen, deren Drehachsen in der Längsrichtung des Schiffes liegen, werden in 2 Gruppen von je 8 Stück von 2 vom Motor angetriebenen Winden bewegt (Abb. 232). Die der Hebevorrichtung gegenüberliegende Seite des Laderaumes ist durch 50 mm starken Holzbelag geschützt. Als Antriebsmotor für die Fortbewegung des Schiffes dient ein zweizylindriger

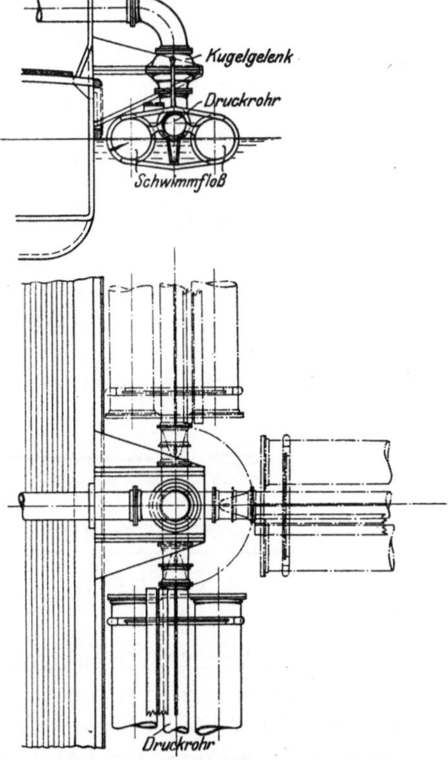

Abb. 250 u. 251. Anschluß der schwimmenden Rohrleitung an Schwemmbagger. Maßstab 1:150.

Bolinder-Rohöl-Zweitaktmotor. Für den Brennstoff ist ein Tank von rd. 4 cbm Inhalt vorgesehen. Der Maschinenraum ist hier naturgemäß bedeutend kleiner als bei einem Dampfprahm.

Rohrleitungen.

Das von Schutenentleerern mit Eimerketten aus den Prähmen gehobene Baggergut fällt entweder in offene Rinnen oder seltener in geschlossene Spülleitungen, in denen es unter Wasserzusatz durch eigene Schwerkraft fortbewegt wird. Letztere stehen nicht unter innerem Druck.

Spüler fördern das Baggergut immer durch geschlossene Rohrleitungen, die entsprechend der Spülweite stets mehr oder minder unter innerem Druck stehen. Die Wandstärke der Rohre wird mit Rücksicht auf den Verschleiß stärker gewählt, als für die Festigkeit allein nötig ist. Die Länge eines einzelnen Rohres beträgt etwa 5 m, da sonst infolge des großen Gewichtes das Verlegen zu schwierig ist. Die Rohrleitung ist je nach der Lage der Löschstelle fest oder schwimmend. Bei festliegenden

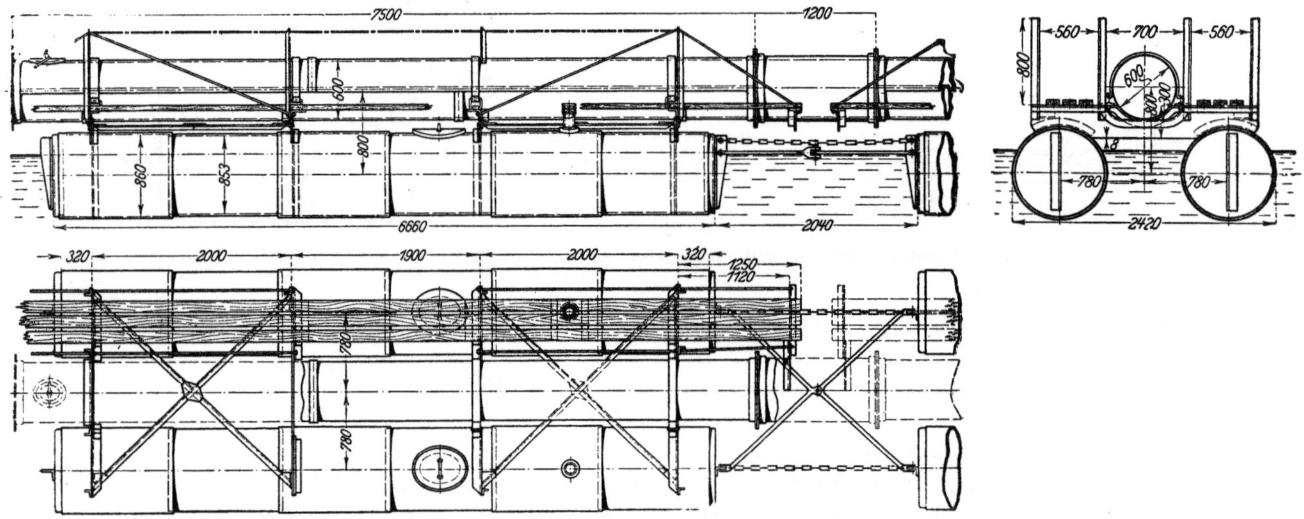

Abb. 252 bis 254. Druckrohrleitung auf Schwimmfloß. Maßstab 1:75.

Rohrleitungen müssen im Gezeitengebiet die beiden ersten Rohre der Leitung beweglich aufgehängt werden (vgl. Abb. 233). Die Verbindung wird durch Leder- oder Gummischläuche hergestellt, die durch Panzer (Abb. 234, 235 u. 236 bis 241) oder Gelenke (Abb. 242) geschützt werden. Panzerschläuche sind im Seegebiet, Gelenk-

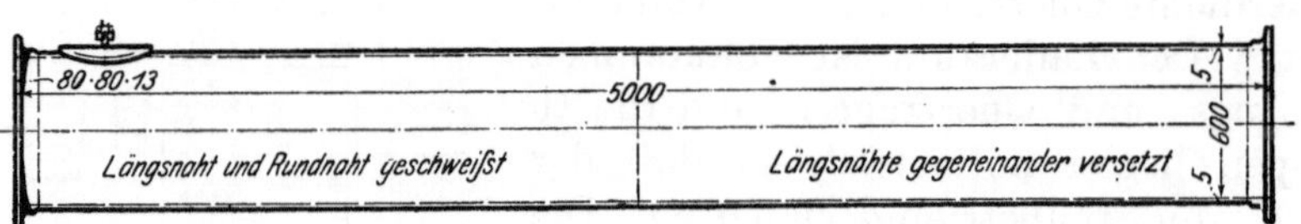

Abb. 255. Druckrohr von 600 mm l. W. Maßstab 1:50.

verbindungen (Abb. 242) in ruhigem Wasser vorzuziehen. Die Schläuche können auch durch Kugelgelenke ersetzt werden (Abb. 243 bis 246). Diese Anordnung ist sehr schwerfällig; der auf dem Spüler liegende Teil der Rohrleitung muß mit dem Schiffskörper sehr fest verbunden werden. Der Landanschluß wird dann nach Abb. 247 u. 248 ausgeführt. Bei niedrigen Lederpreisen sind Lederschläuche vorzuziehen. Bei flachen Ufern wird der anschließende Teil der Rohrleitung auf einem Pfahlgerüst gelagert. Für den

Anschluß schwimmender Leitungen haben die Spüler eine besondere Anschlußstelle (Abb. 249). An Schwemmbagger können die Rohrleitungen nach der in Abb. 250 u. 251 dargestellten Bauart angeschlossen werden. Die Leitung liegt auf Schwimmflößen, deren Einzelheiten Abb. 252 bis 254 zeigen. Die Rohre der Spülleitung werden genietet oder auch in allen Nähten autogen geschweißt (Abb. 255).

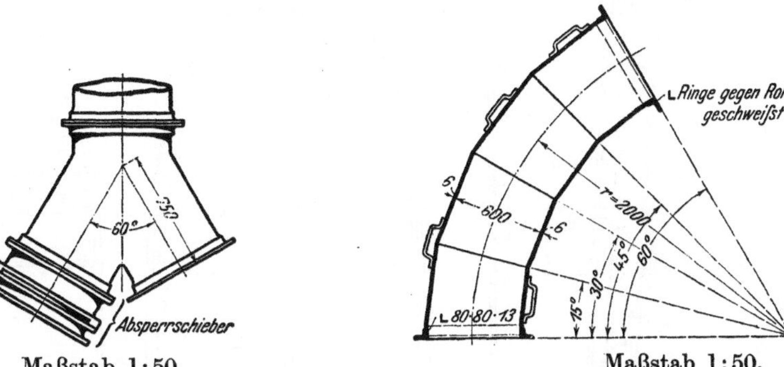

Maßstab 1:50.
Abb. 256. Hosenstück.

Maßstab 1:50.
Abb. 257. Krümmer von 60°.

Geschweißte Rohre haben sehr glatte Innenwände und sind leichter als genietete. Außerdem können Undichtigkeiten, selbst auf weitab liegenden Arbeitsstellen, mit einem Autogen-Schweißgerät leicht ausgebessert werden. Die Rohre der schwimmenden Leitung werden durch die schon erwähnten Panzerschläuche verbunden. Abzweigungen in den Rohrleitungen werden durch Hosenstücke (Abb. 256), Richtungsänderungen durch Krümmer (Abb. 257) gebildet. Die einzelnen Abzweigungen werden durch Schieber (Abb. 258 bis 263) abgeschlossen.

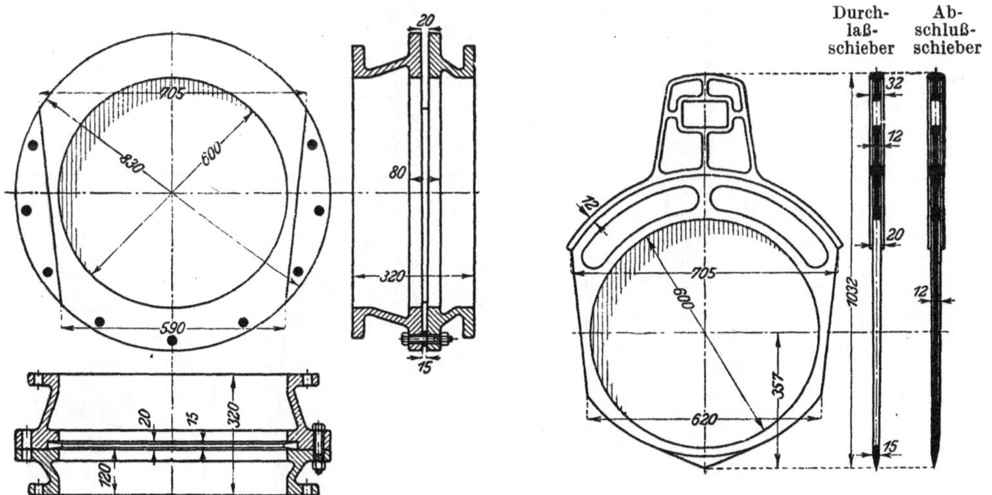

Abb. 258 bis 263. Schieber. Maßstab 1:20.

Geräte zum Heranschaffen der Betriebsstoffe.

Hierher gehören die zur Beförderung von Wasser und Kohle, sowie von sonstigen Betriebsstoffen, Werkzeugen u. dgl. dienenden Fahrzeuge. Bei kleinerem Gerätepark genügen hierzu Prähme. Für größere Betriebe und weitläufigere Arbeitsstellen empfiehlt sich die Verwendung besonderer Fahrzeuge mit eigener Fortbewegung. Abb. 264 bis 266 zeigt einen solchen Kohlen- und Wassertransportdampfer, der im Jahre 1909 von den Stettiner Oderwerken für die Preußische Bauverwaltung gebaut

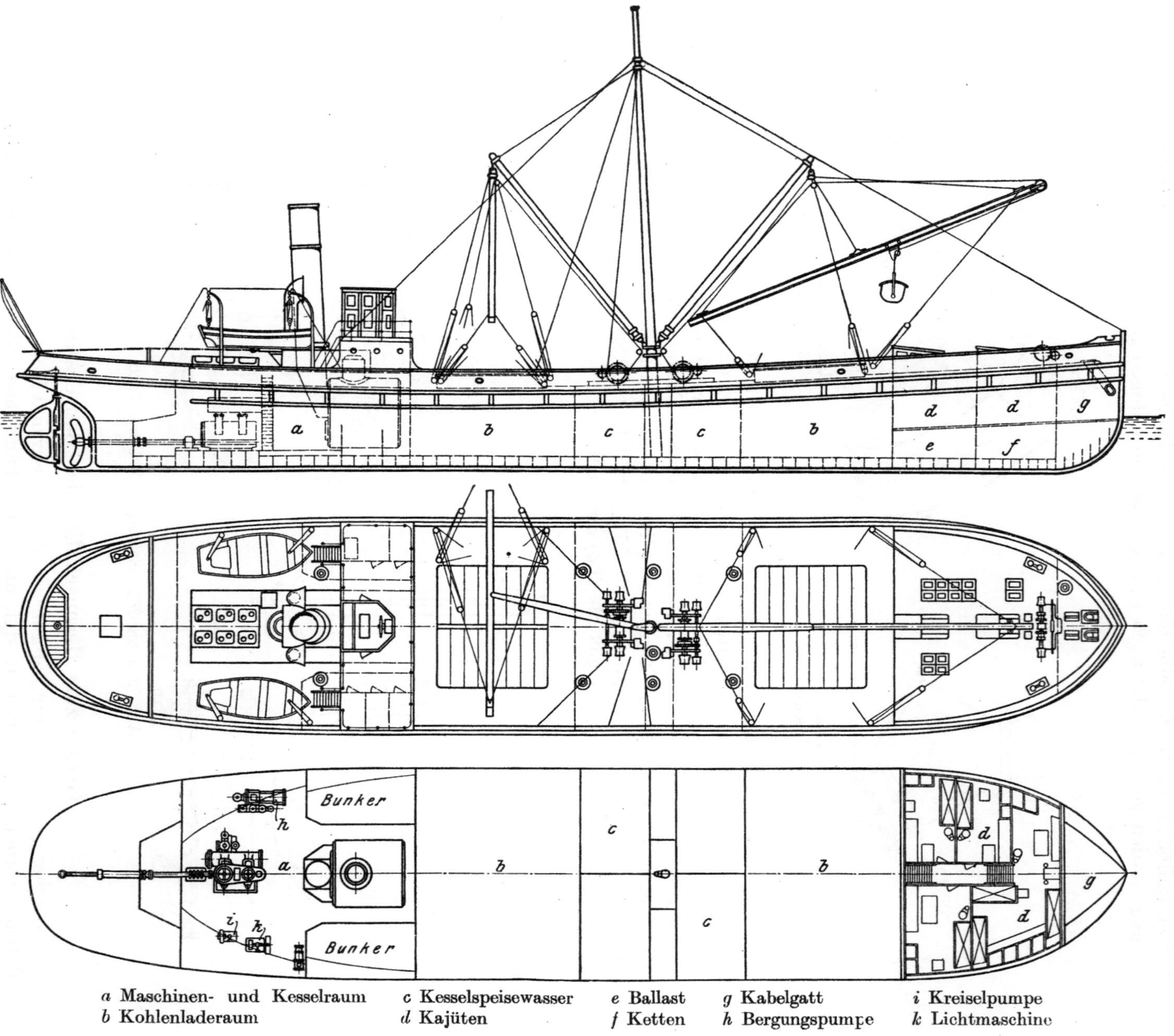

a Maschinen- und Kesselraum *c* Kesselspeisewasser *e* Ballast *g* Kabelgatt *i* Kreiselpumpe
b Kohlenladeraum *d* Kajüten *f* Ketten *h* Bergungspumpe *k* Lichtmaschine

Abb. 264 bis 266. Kohlen- und Wassertransportdampfer „Tender". Maßstab 1:250.

ist. Der Dampfer trägt bei 2,4 m Tiefgang 200 t Kohlen und 140 t Wasser. Die Länge zwischen den Steven beträgt 42 m, die Breite im Spant 8,5 m, die Seitenhöhe 3,2 m. Die 200-pferdige Dampfmaschine verleiht dem beladenen Schiff eine Geschwindigkeit von 14,5 km/st. Die Kohlen werden mit zwei Temperleyanlagen entladen, deren jede 16 t/st leistet. Die Förderkübel haben 0,5 cbm Inhalt. Zum Übergeben von Wasser dient eine Dampfpumpe von 100 cbm/st-Leistung bei 6 at Wasserdruck. Die Pumpe ist zugleich als Bergungs- und Feuerlöschpumpe eingerichtet. Das Fahrzeug hat eine elektrische Lichtanlage, deren Dynamo auch zum Betriebe tragbarer elek-

Abb. 267. Felsenbohrschiff.

trischer Bohrmaschinen benutzt werden kann. Durch eine gute Auswahl von Werkzeugen und richtige Bemessung der Temperleyförderer ist die Möglichkeit gegeben, den Dampfer zum Auswechseln von Unterturassen zu verwenden und größere Ausbesserungsarbeiten an den Geräten auf der Arbeitsstelle auszuführen.

Felsenbohrschiffe und Felsenbrecher.

Besteht der Baggergrund ganz oder teilweise aus gewachsenem Fels, so kann er von Baggern nur beseitigt werden, wenn er vorher zertrümmert ist. Die auf S. 21 und 33 beschriebenen Bagger sind zum Fördern von vorgebrochenem Fels mit besonderen Einrichtungen ausgerüstet. Die Felsen werden entweder gesprengt oder mit einem Fallmeißel zertrümmert.

Zum Einbringen des Sprengstoffes müssen Löcher in den Fels gebohrt werden. Hierzu werden mechanisch angetriebene Bohrmaschinen benutzt, die auf besonderen Felsenbohrschiffen untergebracht werden. Abb. 267 zeigt ein Felsenbohrschiff, das von der Maschinenfabrik Bromowsky, Schulz & Sohn erbaut ist. (Siehe auch

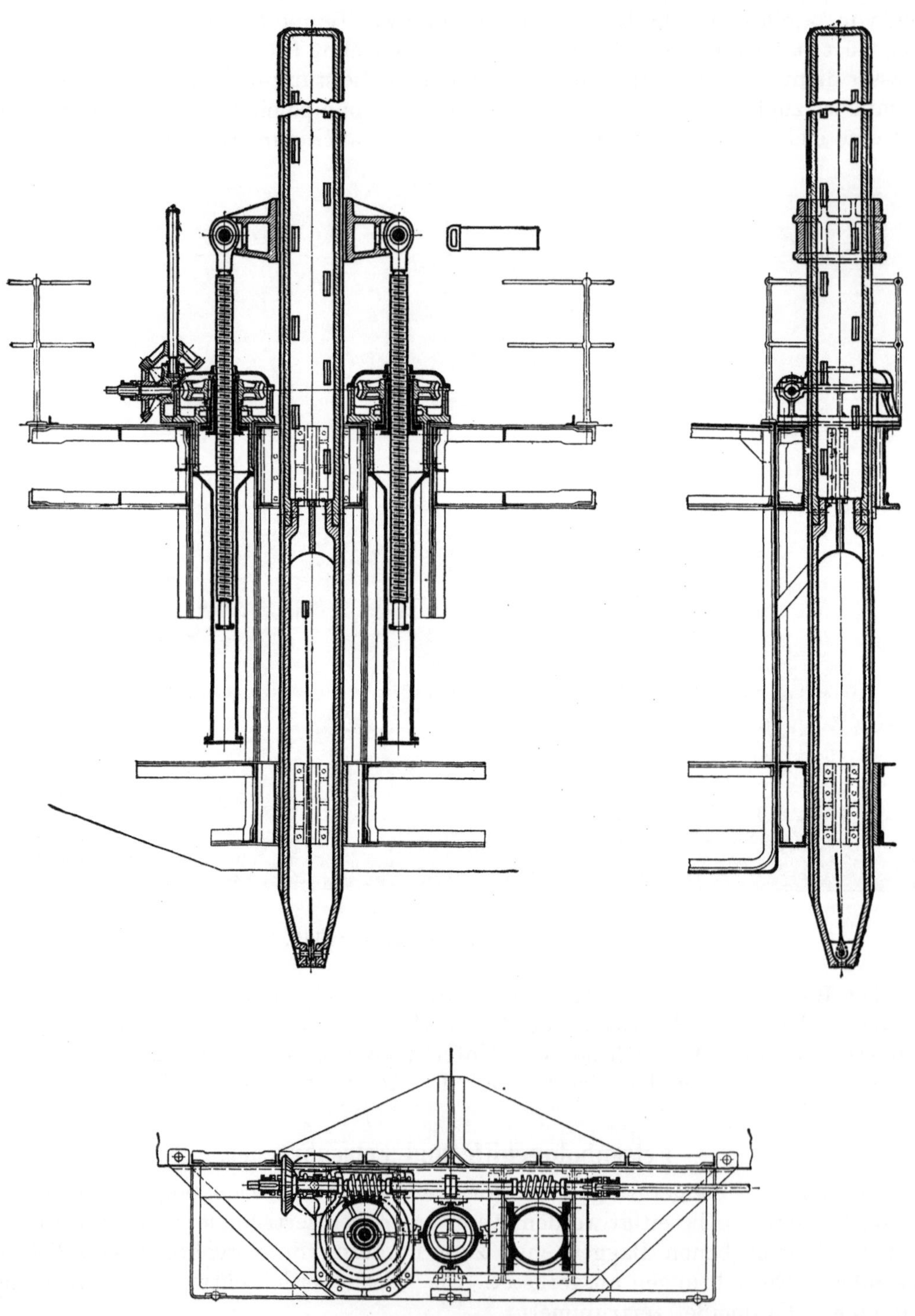

Abb. 268 bis 270. Fuß des Felsenbohrschiffes. Maßstab 1:40.

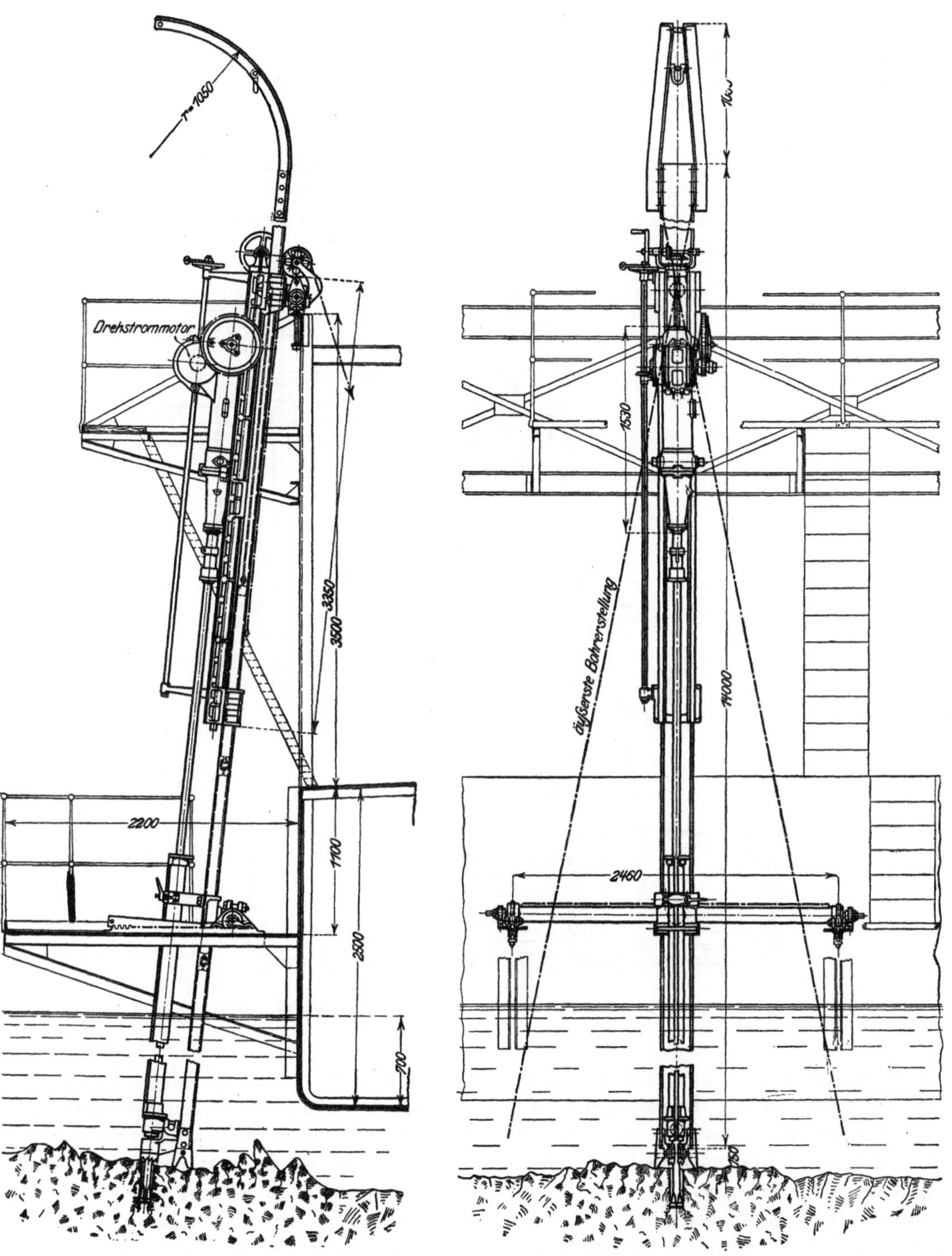

Abb. 271 u. 272. Unterseeischer Gesteinsbohrer. Maßstab 1:50.

Z. Ver. deutsch. Ing. 1910, S. 497 ff.) Das prahmförmige Gerät ist 18 m lang, 6 m breit und 2,5 m hoch. Am Schiffskörper sind vier 13 m lange Füße verschieblich befestigt (Abb. 268 bis 270) und können mit Handwinden gehoben und gesenkt und bei unebenem Boden unabhängig voneinander auf die erforderliche Tiefe eingestellt werden. Zum Arbeiten wird das Schiff mit Hilfe der Füße, die auf den Meeresgrund hinabgelassen werden, durch Maschinenkraft um 10 bis 20 cm angehoben und erhält so die zum Bohren nötige ruhige Lage. Die beiden elektrisch betriebenen Gesteinsbohrer sind an Gerüsten an der Längsseite des Schiffes befestigt (Abb. 271 und 272), die in Kreuzgelenken hängen, so daß von einer Schiffsaufstellung aus ein möglichst großes Feld bestrichen werden kann (etwa 5 qm mit jedem Bohrfuß). Die nach der

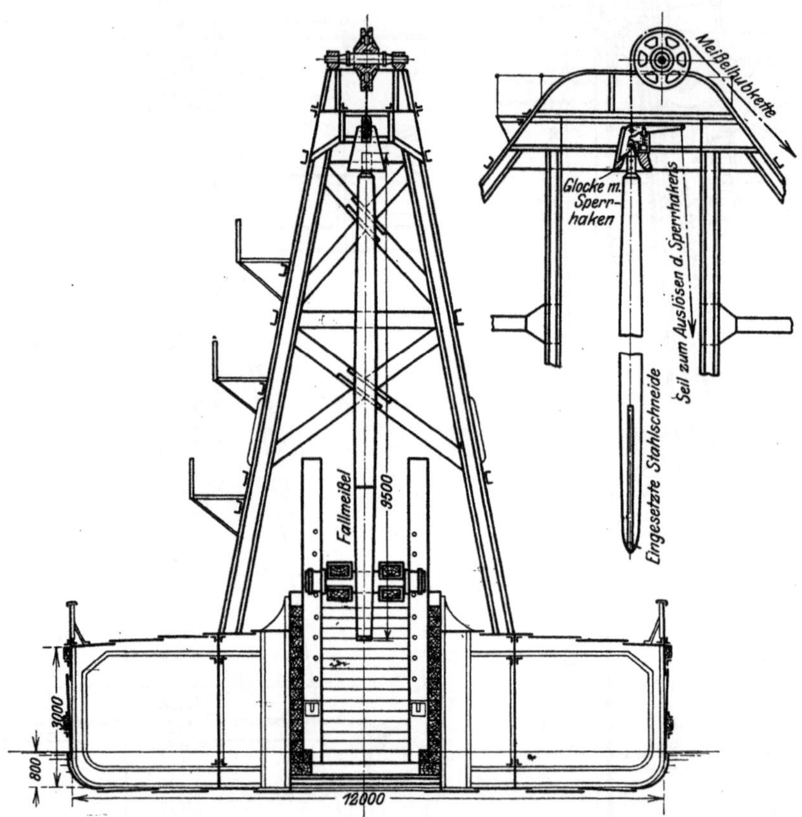

Abb. 273 u. 274. Fallmeißel eines Felsenbrechers. Maßstab 1:150.

Federhammerbauart ausgeführten Bohrmaschinen werden von dreipferdigen Elektromotoren angetrieben. Das Wasser zum Spülen der Bohrlöcher wird von einer elektrisch betriebenen Kapselpumpe von 30 l/Min. Leistung bei 40 m Druckhöhe geliefert. Bohrfuß und Führungsrohr für den Bohrer werden durch an Deck stehende Winden gehoben oder gesenkt. Mit den Bohrern können Löcher von 80 mm Durchmesser und 2 m Tiefe gebohrt werden, und zwar in etwa 30 Minuten. Sind die Löcher gebohrt und geladen, so wird das Gerät, nachdem es wieder in die Schwimmlage heruntergelassen ist, an kräftigen Dampfwinden verholt. Dann wird die Sprengung durch elektrische Zündung eingeleitet.

Bei anderen Felsenbohrschiffen hängt in der Mitte eine Taucherglocke, die herabgelassen wird. Von dieser Glocke aus werden die Sprenglöcher mit Druckluftbohrmaschinen gebohrt.

Bei den **Felsenbrechern** wird das Gestein von einem Fallmeißel zertrümmert. Abb. 273 und 274 zeigen den Fallmeißel eines größeren Felsenbrechers. Das Gerät ist 60 m lang, 12 m breit, an der Seite 3 m hoch und hat 0,8 m Tiefgang. Das Arbeitswerkzeug ist ein rd. 9,5 m langer flußeiserner Meißel von rd. 10 t Gewicht, mit eingeschweißter Tiegelstahlschneide. Zum Anheben des Meißels dient eine 90 PS-Dampfwinde, mit der eine glockenartige Haube auf den Kopf des Meißels

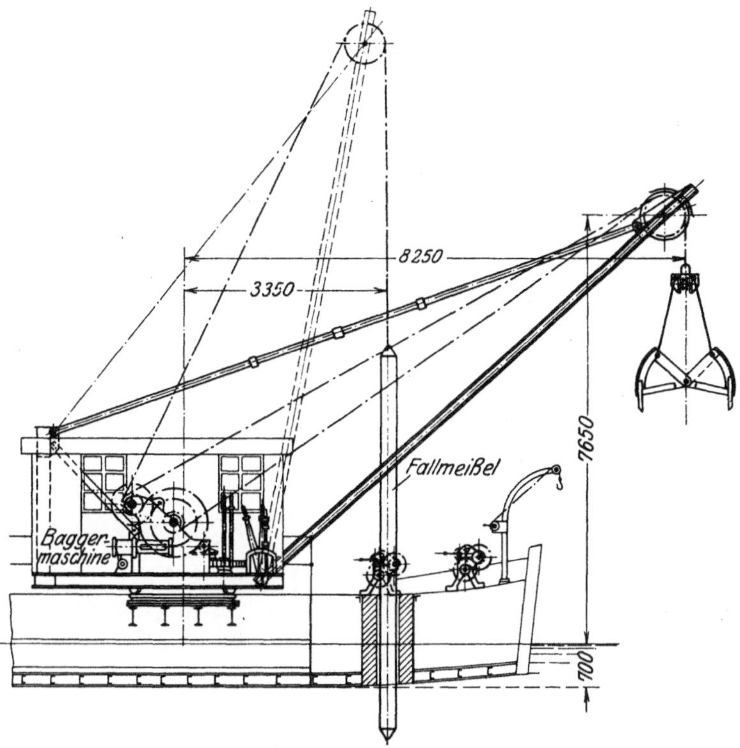

Abb. 275. Greifbagger mit Fallmeißel. Maßstab 1 : 125.

gesetzt wird. Ein Sperrhaken in der Glocke faßt den Meißel und läßt ihn in beliebig einzustellender Höhe selbsttätig wieder fallen. In hartem Gestein leistet der Felsenbrecher etwa 2, in weichem rd. 4 cbm in der Stunde. Das Gerät wird an sechs Ketten verholt, die alle von einer 30 PS-Dampfwinde bewegt werden. Die vordere und hintere Seitenkette auf einer Seite werden gleichzeitig angeholt, auf der anderen Seite entsprechend nachgelassen. Nach Umstellen einer Kupplung können Vor- und Hinterkette in gleicher Weise bewegt werden.

Will man keine besonderen Felsbrecher bauen oder kommt die Felsbrecharbeit verhältnismäßig selten in Frage, so rüstet man auch wohl andere Geräte mit Fallmeißeln aus. Abb. 275 zeigt das Vorschiff eines Greifbaggers, dessen Winde auch einen Fallmeißel bedienen kann. Die Arbeitsweise ist die vorher beschriebene.

II. Zahlentafeln über Abmessungen ausgeführter Bagger und Baggereihilfsgeräte.

Erklärung zu den Gewichtstafeln.

Das Gewicht des Schiffskörpers berechnet sich aus der Formel: $G_S = (L \cdot B - L_s \cdot B_s)\, H \cdot C_S = K \cdot C_S$,

das der Ausrüstung und des Inventars aus: $G_A = (L \cdot B - L_s \cdot B_s)\, H \cdot C_A = K \cdot C_A$

und das der Windenanlage aus: $G_W = (L \cdot B - L_s \cdot B_s) H \cdot C_W = K \cdot C_W$;

hierin bedeutet:

G_S: Gewicht des Schiffskörpers in kg.

G_A: Gewicht des Inventars und der Ausrüstung in kg.

G_W: Gewicht der Windenanlage in kg.

L: Länge des Schiffsgefäßes in der Wasserlinie in m,

B: Breite des Schiffsgefäßes in der Wasserlinie in m,

L_s: Länge des Schlitzes in der Wasserlinie in m,

B_s: Breite des Schlitzes in der Wasserlinie in m,

H: Seitenhöhe des Schiffsgefäßes in m,

C_S, C_A, C_W sind Festwerte. $K = (L \cdot B - L_s \cdot B_s)\, H$ in m³.

Das Gewicht der Baggermaschinenanlage ist: $G_M = N_i \cdot C_M$,

das der Schiffsmaschinenanlage: $G_{MS} = Ni \cdot C_{MS}$,

das der Kesselanlage: $G_K = H_w \cdot C_K$,

das des Baggerwerkzeuges: $G_B = Q \cdot C_B$.

Hierin bedeutet:

G_M: Gewicht der Baggermaschinenanlage in kg,

G_{MS}: Gewicht der Schiffsmaschinenanlage in kg.

G_K: Gewicht der Kesselanlage in kg,

G_B: Gewicht des Baggerwerkzeuges in kg.

N_i: Leistung der Hauptmaschine in PS$_i$,

H_w: Feuerberührte, auf der Wasserseite gemessene Heizfläche der Kesselanlage in qm,

Q: Leistung des Baggers in cbm/st,

C_M, C_{MS}, C_K, C_B sind Festwerte.

G: Gesamtgewicht des leeren Gerätes, einschl. Inventar und Ausrüstung, auschl. Ballast in t,

Z: Zuladung an Ballast, Wasser in Kesseln und Tanks und Kohle in t,

G_b: Gewicht des betriebsfertig ausgerüsteten Schiffes $= G + Z = D =$ Wasserverdrängung in t,

δ: Völligkeitsgrad des Gerätes.

1	2	3	4	5	6	7	8	9	10	11	12
Nummer	Name	Beschreibung Seite	Erbauer	Baujahr	Arbeitsstelle	Schiffsform	Bauart des Greifers	Länge des Schiffsgefäßes m	Breite im Spant m	Seitenhöhe m	Tiefgang m
1	—	4	Menck & Hambrock Altona	1908	Wasserstraße Berlin-Hohensaathen	Prahmform	Vierseilgreifer Patent Menck & Hambrock	15	4,8	1,7	0,9
2	—	4	„	1909	Hannover	„	„	15	7,5	1,8	0,8
3	—	4	Jos. L. Meyer, Papenburg	1911	Harburg	„	2-Kettengreifer Rose, Downs & Thomson in Hull	20,5	7	2,25	1,15
4	—	4	Schichau, Elbing	1896	Swinemünde	„	Priestmannscher 2-Kettengreifer	21,5	7,5	2,1	1,2
5	Swakopmund	5	Stettiner Oderwerke	1905	Swakopmund	Schiffsform	„	21,5	7,5	2	1
6	Krebs	8	A.-G. Weser, Bremen	1892	Emden	Prahmform	2-Kettengreifer Rose, Downs & Thomson in Hull	20,8	6,3	1,97	1,3
7	Norderney	8	Bünger & Leyrer, Düsseldorf	1890	„	„	Priestmannscher 2-Kettengreifer	21,5	6,2	1,7	1,3
8	—	8	Menck & Hambrock, Altona	1910	Brunsbüttelkoog	Schiffsform	4-Seilgreifer Pat. Menck & H.	16,3	8	2,15	1,4
9	Nr. VI	8	Gebr. Wichhorst, Hamburg	1902	Hamburg	Prahmform	2-Seilgreifer, Pat. Bruce & Batho	23	7,7	2,35	1,2
10	Nr. XIX	8	Fr. Schenk & Co., Elbing u. Menck & Hambrock, Altona	1914	„	„	4-Seilgreifer Pat. Menck & H.	23,5	9	2,4	1,03

Zahlentafel Ib   Hauptmaschinen der Greifbagger.

1	2	3	4	5	6	7	8	9	10	11
Nummer in Zahlentafel Ia.	Baggermaschinen				Fahrmaschinen				Kesseldruck	Bemerkungen
	Leistung PS_i	Zylinderdurchmesser mm	Hub mm	Umdrehungen je Min.	Leistung PS_i	Zylinderdurchmesser mm	Hub mm	Umdrehungen je Min.	at	
1	40	2×178	290	140	—	—	—	—	7	
2	45 Hubwerk 10 Drehwerk	Elektromotoren für Drehstrom von 190 Volt und 50 Per.								
3	56	2×250	300	160	—	—	—	—	9	
4	35	2×200	305	180	—	—	—	—	5	
5	26	2×200	200	120	2×40	180/300	180	240	10	
6	50	2×230	305	180 bis 240	35	2×241	255	150	6	
7	50	2×229	307	180 bis 240	35	2×216	228	175	5	
8	70	2×196	245	190 bis 300	—	—	—	—	8	
9	70	$2 \times 180/300$	260	120	—	—	—	—	10	Tandem-Verbundmaschine.
10	127	2×300	365	198	—	—	—	—	12	

tafel Ia.
von Greifbaggern.

13	14	15	16	17	18	19	20	21	22	23	24	25	26	27	28	29
Hubzahl in der Stunde	Baggertiefe	Leistung (Sand)	Ausladung von Mitte Kransäule	Ausladung vorn über Schiffskante	Leistung der Bagger-Maschine	Leistung der Fahr-Maschine	Kessel Heizfläche	Kessel Dampfdruck	Greiferinhalt für Sand	Greiferinhalt für Steine	Greiferinhalt für Schlick u. weichen Boden	Fahrgeschwindigkeit	Inhalt der Kohlenbunker	Speisewassertanks	Trimmtanks	Bemerkungen
	m	cbm/st	m	m	PSi	PSi	qm	at	cbm	cbm	cbm	km/st	t	cbm	cbm	
60	13	20	6	1,85	40	—	6,33	7	0,5	0,45	0,6	—	—	—	—	2 Schwimmpontons längsseits (je 6 cbm Inhalt) zur Erhöhung der seitlichen Standsicherheit
60—70	8	23 (Kies)	9,3	4,05	Hub-motor 45 Drehm. 10	—	—	—	0,8 (Kies)	—	—	—	—	—	—	Elektrischer Antrieb vom Lande her
45	10	25	8	2	56	—	27,5	9	1	0,6	1,4	—	8	5	5	—
50	13,5	25	7	3,25	35	—	27	5	{0,5	}	0,75	—	20	{~33	}	—
50	13	25	6,7	2,6	26	2×40	36	10	1	0,75	1,5	13	16	{10	}	
45	10	25	5,69	2,35	50	35	17,7	6	1,13	0,45	1,4	7,5	7	7,8	—	—
50	9,5	25	6,83	2,18	.50	35	10	5	1,13	0,45	1,4	7,5	12	4	—	—
60—80	10	35 (Schlick)	9,3	1,56	70	—	9,3	8	0,8	0,6	1 (Kies)	—	20	26	—	—
38	16	36	7	2,36	70	—	28	10	{1,7		}	—	25,5	—	—	—
32	21	45	8,5	2,8	127	—	36,5	12	{1,8	}	—	—	25	{18	}	

Zahlentafel Ic.

Gewichte von Greifbaggern.

1	2	3	4	5	6	7	8	9	10	11	12	13	14	15	16	17	18	19	20
		N_i	N_i			Einzel-Gewichte													
Nr. in Zahlentafel Ia.	K	Bagger-maschine	Fahr-maschine	H_w	Q	G_S	C_S	G_{MS}	C_{MS}	G_K	C_K	G_B	C_B	G_A	C_A	G	Z	G_b	δ
	m³	PSi	PSi	qm	cbm	kg		kg		kg		kg		kg		t	t	t	
1	123	40	—	6,33	20	30000	243	—	—	1975	312	14300	715	5000	40,7	51,3			
2	202	55	—	—	23	35000	173	—	—	—	—	16000	695	3000	15	54			
3	323	56	—	27,5	25	76150	235	—	—	4500	163,5	18000	720	16950	52,5	115,6	29	144,6	0,917
4	338	35	—	27	25	60750	180	—	—	4885	181	22407	900	10746	31,7	98,8	55	153,8	0,8
5	322	26	2×40	36	25	58500	180	8200	103	11000	305	19000	760	1900	5,9	98,6	32	130,6	0,81
8	280	70	—	9,4	35	45000	160	—	—	3200	342	26000	745	25000	89,5	99,2	50,8	150	0,823
9	416	70	—	28	36			—	—			41500	1155			161,5	28,5	190	0,89
10	508	127	—	36,5	45	97000	191	—	—	11000	302	53000	1180	16000	31,5	177	30	207	0,955

Zahlen-
Hauptabmessungen

1	2	3	4	5	6	7	8	9	10	11	12	13	14	15	16	17	18	19	20
Nummer	Name	Beschreibung Seite	Erbauer	Baujahr	Arbeitsstelle	Länge des Schiffsgefäßes (m)	Breite im Spant (m)	Seitenhöhe (m)	Tiefgang betriebsfertig (m)	Länge des Schlitzes in der W. L. (m)	Breite des Schlitzes in der W. L. (m)	Leistung in Sand in der Stunde (cbm)	Größte Arbeitstiefe (m)	Höhe der Turas-achse über W.-L. (m)	Inhalt eines Eimers (l)	Zahl der Eimer in der Kette	Schakenlänge (mm)	Seitenzahl des Ober-Turas	Zahl der Eimer-schüttungen in 1 Min.
1	–	11	R. A. Wens & Co., Weinmeisterhorn bei Spandau	1901	Spreewald	5,7	3,1	1	0,625	4,1	0,6	8	2,5	2,5	20	17	400	4	20
2	–	11	}	1906	Wintershall (Werra)	6,	3,1	1	0,6	6	0,8	12	3,4	2,5	25	20	400	4	20
3	–	12	Jos. L. Meyer, Papenburg	1909	Langholt-Burlage	9	3,9	1,1	0,7	3	0,8	12,5	2	4,6	20	28	333	4	18
4	–	13	R. A. Wens & Co., Weinmeisterhorn bei Spandau	1908	Rathenow	7,5	3,5	1	0,575	4,2	0,7	20	3	3,4	30	20	400	4	20
5	–	13		1909	Egeln	8	4	1,2	0,5	5,1	0,7	20	4	3,6	30	26	400	4	20
6	–	13	Schiffs- und M.-B. A.-G. Mannheim	1898	Meppen	9,5	4,7	1,55	1,1	6,3	0,85	25	4,5	3,25	30	24	450	4	18,3
7	E D VI	14	Jos. L. Meyer, Papenburg	1910/11	Aurich	10	3,6	1,2	0,9	8,5	0,76	30	5	3	54	30	409	4	22
8	–	14	Schiffs- und M.-B. A.-G. Mannheim	1920	Thuner See	36	7	1,7	0,7	36	1,3	40	12	8	46	55	480	4	19
9	–	14	R. A. Wens & Co. Weinmeisterhorn bei Spandau	1908	Kottbus	22	4,85	2,2	0,75	4,9	0,8	40	4	4,1	55	23	400	4	20
10	–	14		1910	,,	8,5	4,7	1,5	1,06	5,5	0,9	50	3	4,6	70	24	500	4	18
11	–	14	Schiffs- und M.-B. A.-G. Mannheim	1910	Salzach	14,5	6	1,8	0,9	10	0,95	50	7	6,5	65	40	600	4	16,7
12	Meppen I II III	19	Jos. L. Meyer, Papenburg	1896	Dortmund-Emskanal	19,5	5	2,3	1	8,7	1,3	50	4,5	5	114	26	586	4	12,7
13	–	19	R. A. Wens & Co., Weinmeisterhorn bei Spandau	1905	Kukernese	21	5	2,5	1,1	9	1,06	60	4,5	6	95	30	500	4	18
14	Rügen	19	R. A. Wens & Co., Weinmeisterhorn bei Spandau	1913	Stralsund	23,5	7	2,75	1,59	10	1,2	75	5	7,8	112	37	500	5	20
15	–	19	Schiffs- und M.-B A.-G. Mannheim	1914	Hoya a. d. Weser	25	6	2,4	0,85	10	1,2	75	5,5	5,25	100	28	560	4	15,6
16	–	19	Schiffs- und M.-B. A.-G. Mannheim	1907	Oberrhein	26	6,2	2,35	0,8	13,5	0,95	75	5	6	80	36	560	4	18,3
17	–	19		1907	,,	31	6,5	2,35	0,8	11,5	1	80	6	6	95	31	560	4	18,3
18	E D IV	21		1903/4	Leer	30	7,98	2,85	1,4	13,35	1,3	100	7,5	8	217	34	600	5	15
19	Bagger VIII	21	Stettiner Oderwerke	1897	Swinemünde	30	8	3	1,5	14	1,6	125	8,5	9,25	250	40	650	5	18,8
20	–	21	Schiffs- und M.-B. A.-G. Mannheim	1900	Oder	30	7,5	2,4	1,1	14	1,3	130	6	8	250	32	650	4	16
21	–	24	Wie vor.	1909	,,	32	7	2,4	1,2	11	1,7	130	6	7,5	200	31	600	5	18
22	E D I	24	A.-G. Weser, Bremen	1873 umgeb. 1906	Emden	30	6	2,65	1,7	13,53	1,57	150	7,5	6,78	190	39	550	5	17,5
23	São Thomé	24	Gebr. Sachsenberg, Roßlau a. E.	1906	São Thomé	26,45	6,5	2,5	1,2	15	1,7	150	6	6,9	230	31	600	5	15
24	Bagger XI	24	Stettiner Oderwerke	1908	Stettin	30	8	3	1,75	14,5	1,6	150	10	9,25	320	41	640	5	15
25	–	26	Schiffs- und M.-B. A.-G. Mannheim	1908	Weser	35	7,2	1,85	1	35	1,6	180	10	8,4	220	37	650	4	18
26	Stettin II	26	Stettiner Oderwerke	1911	Stettin	30	8	3	1,8	14,1	1,6	200	11	8,5	320	42	600	5	18
27	Bagger VII		Vulkan, Stettin	1895	Swinemünde	38,8	9	3	1,85	16,5	1,6	220	10	11,15	350	39	775	5	14
28	Bagger III	26	Stettiner Oderwerke	1894	,,	38,8	8,5	3,1	1,7	15	1,6	220	9	10,65	350	36	775	5	14
29	E D II	26	Lübecker M.-G.	1897	Emden	39,35	9	3,2	1,8	17	1,6	220	10	11,15	350	40	775	5	14
30	E D VII	28	Gebr. Sachsenberg, Roßlau a. E.	1914	Leer	37,4	8	3	1,7	17,25	1,516	250	9	8	350	40	700	5	13
31	Bagger X	28	Gebr. Sachsenberg, Roßlau a. E.	1907/8	Stettin	42,45	8,7	3,25	1,75	19	1,7	250	10	10,92	450	44	690	5	14
32	I B H	28	Schiffs- und M.-B. A.-G. Mannheim	1911/12	Wilhelms-haven	37,2	9,25	3,5	2	17,5	1,83	120 Fels	12	10,2	185	41	700	5	15,5

tafel IIa.
von Eimerbaggern.

21	22	23	24	25	26	27	28	29	30	31	32	33	34
Geschwindigkeit der Eimerkette in 1 Minute	Leistung d. Hauptdampfmaschine	Kessel — Anzahl	Heizfläche	Dampfdruck	Windenantrieb	Führung der Seitenketten	Art der Eimerleiter	Der Bagger schüttet:	Inhalt der Kohlenbunker	Größe der tanks — Speisewasser-	Trimm-	Trinkwasser-	Bemerkungen
m	PSi		qm	at					t	cbm	cbm	cbm	
16	12	1	3,6	8	Sämtliche Winden Handantrieb.	über Deck	einfach	hinten	1,5				
16	10	1	3,2	8	Sämtliche Winden von der Hauptmaschine.	,,	,,	,,	1,0				
12	8	1	4,2	8	Vordere Seitenwinden von der Hauptmaschine. Vor- u. Hintertau Handbetrieb.	,,	,,	auf ein drehbares Förderband	1,6				Der Bagger kann mit einem Förderband den Boden 2,5 m hoch, 10 m weit fördern.
16	14	1	4,5	8	Sämtliche Winden von der Hauptmaschine.	,,	,,	hinten	1,0				Der Boden wird mit Kratzerkette 16 m weit an Land gefördert.
16	15	1	4,5	8	Wie vor.	,,	,,	,,	1,0				
16,5	20	1	9	7	Antrieb von der Hauptmaschine.	,,	,,	,,					
18	10	1	10,7	6	Seitenwinden von der Hauptmaschine. Vortau Handbetrieb.	,,	,,	,,	1,75				Die Eimerleiter kann niedergelegt und der Bock abgebaut werden.
18	28	1	17,5	10	Sämtliche Winden Handbetrieb. Dampfwinde zum Leiterheben.	,,	,,	seitlich	1,2				Das Baggergut wird in einer Siebtrommel sortiert.
16	16	1	35	10	Sämtliche Winden von der Hauptmaschine. Hintertau Handbetrieb.	,,	,,	hinten	4				Der Bagger hat eine Vorrichtung, um den Boden an Land zu spülen
18	25	1	8	10	Sämtliche Winden von der Hauptmaschine.	,,	,,	,,	2				Der Bagger arbeitet mit angekuppeltem Spüler.
20	Lokomobile 20 PS. eff. $n = 200$				Antrieb von der Hauptmaschine.	,,	,,						
15	40	1	17,6	8	Seitenwinden und Vortau von der Hauptmaschine. Hintertau Handbetrieb.	,,	,,	seitlich	5				Die Eimerleiter kann niedergelegt und der Bock abgebaut werden.
18	30	1	19,4	8	Sämtliche Winden von der Hauptmaschine.	,,	,,	,,	4				
20	70	1	30	10	Sämtliche Winden von der Hauptmaschine.	über Deck oder durch Kettenschächte	,,	,,	9	1,6	—		
17,5	40	1	20	10	Wie vor.	über Deck	,,	,,	10				Die Eimerleiter kann niedergelegt werden.
20,5	40	1	23,5	9	Antrieb von der Hauptmaschine.	,,	,,	,,					Das Baggergut wird beim Schütten sortiert.
20,5	65	1	35	9	Wie vor.	,,	,,	,,					
18	80	1	50,4	9	Sämtliche Winden von der Hauptmaschine.	,,	,,	,,	20				
24,5	100	1	51	8	Seitenwinden und Vortau von der Hauptmaschine. Hintertau Dampfspill.	über Deck oder durch Kettenschächte	,,	,,	30				
21	90	1	46	10	Antrieb von der Hauptmaschine. Leiterhubwinde besonders.	über Deck	,,	,,					Der Bagger hat 11 Eimer, 11 Reisser und 10 Körbe in der Leiter. Das Baggergut wird beim Schütten sortiert.
21,5	70	1	35	10	Antrieb von der Hauptmaschine.	,,	,,	,,					
19,2	50	1	50	7	Einzelwinden. Hintertau und hintere Seitenwinden zusammen.	,,	,,	,,	20	7	—	1,5	
18	65	1	45	9,5	Sämtliche Winden von der Hauptmaschine.	,,	,,	,,	15				
19,2	140	1	61,9	10	Einzelwinden m. Elektromotoren.	,,	,,	,,	20				
20,7	90	1	60	10	Vorkette einz. Seitenketten v. der Hauptmasch. Hinterkette fehlt.	über Deck	,,	,,					
20,7	115	1	55,6	10	Einzelwinden. Hintertau und hintere Seitenketten zusammen.		,,	,,	28				
21,7	150	1	72	8	Sämtl. Winden v. d. Hauptmasch.	über Deck oder durch Kettenschächte	,,	,,	40	4	—	1	
21,7	150	1	74,5	8	Wie vor.		,,	,,	40	4	—	1	
21,7	150	1	60,5	8	,,		,,	,,	40	6	—	4	
18,2	140	1	77	10	Einzelwinden. Hintertau und hintere Seitenketten zusammen.		,,	,,	48	57		1	
18	220	1	125	10	Einzelwinden mit Elektromotoren.		,,	,,	25				
21,6	200 bis 230	1	100	13	Einzelwinden. Hintertau und hintere Seitenketten zusammen.	über Deck	,,	,,	30	30	2 × 22		

Zahlen-
Hauptabmessungen

1	2	3	4	5	6	7	8	9	10	11	12	13	14	15	16	17	18	19	20
Nummer	Name	Beschreibung Seite	Erbauer	Bau-jahr	Arbeitsstelle	Länge des Schiffsgefäßes m	Breite im Spant m	Seitenhöhe m	Tiefgang betriebsfertig m	Länge des Schlitzes in der W. L. m	Breite m	Leistung in Sand in der Stunde cbm	Größte Arbeitstiefe m	Höhe der Turasachse über W. L. m	Inhalt eines Eimers l	Zahl der Eimer in der Kette	Schakenlänge mm	Seitenzahl des Ober-Turas	Zahl der Eimerschüttungen in 1 Min.
33	E D III	28	Lübecker M.-B.	1900/1	Emden	50,5	8,5	4,3	3	24	1,8	250	12	9	450	37	775	5	11,6
34	—	29	Schiffs- und M.-B. A.-G. Mannheim	1890	Kaiser-Wilhelm-Kanal	34	7,35	3,2	1,5	17	1,65	250	10	8,5	300	39	700	5	1 8
35	E I Husum	30	Gebr. Sachsenberg Roßlau a. E.	1914	Husum	39,3	8,8	3,5	1,8	20	1,8	300	10 (14)	8,5	500	36	750	5	15,85
36	Bremen	30	Wilton, Rotterdam	1904	Hamburg	43	7,3	3,13	1,85	20,5	1,75	300 (500)	11 (14,5)	8,4	550	36 (41)	725	4	12 (20)
37	Suez II III	31	Werf Gusto Smulders, Schiedam	1906	Suez-Kanal	44,5	7,5	3,15	1,5	18	1,85	320 (500)	11 (14,5)	8,25	600	36 (41)	725	5	12 (18)
38	Europa	31	Maatschappij Fijenoord, Rotterdam	1909	Spanien	45	7,65	3,3			1,85	320 (500)	12,5 (18)	8,6	600	36 (42)	800	5	12 (18)
39	—	31	Schiffs- und M.-B. A.-G. Mannheim	1908		46	8,5	3	1,5	24,5	1,75	350	14	9,5	550	43	800	5	15,6
40	M-O. P. 21. C	31	J. & K. Smit, Kinderdijk (Holland)	1909	Buenos-Aires	46	8	3,5	2,3	21	1,8	350	11	8,25	525	38	700	4	16
41	Rotterdam	31	Wilton, Rotterdam	1907	Talcahuano	50.	9	3,75	2,1	19,5	1,75	350	12,5	9	550	38	725	5	14
42	—	32	Koninklijke Grofsmeederij, Leiden (Holland)	1911		43	7,65	3,3	1,9	22,5	1,8	400	12÷14	8,6	600	44	680	5	14
43	Hollandschdiep	33	J. & K. Smit, Kinderdijk (Holland)	1911		43	8	3,15	1,86	22,5	1,78	425	14 (20)	9	630	41	725	5	16
44	II B H	33	Schiffs- und M.-B. A.-G. Mannheim	1911/12	Wilhelmshaven	42,9	9,75	3,5	2	22,3	1,83	Fels: 145 Sand: 450	12÷15	10,4	Fels: 225 Sand 550	45	700	5	Fels: 13 Sand 17
45	—	33	Schiffs- und M.-B. A.-G. Mannheim	1910	Kaiser-Wilhelm-Kanal	46	8,5	3,2	1,6	24	2	475	14,5	9,6	650	42	800	5	16
46	E II Husum	33	Schiffs- und M.-B. A.-G. Mannheim	1914	Husum	46,9	9	3,5	2,1	22,75	1,8	500	14	9,5	900	42	875	5	14,7
47	E D V	33	Stettiner Oderwerke	1909/10	Emden	45,75	8,4	4,3	2,75	21,6	2,04	550	10 (14)	9	800	37 (41)	800	5	14,5
48	Herkules } Goliath }	33	Gebr. Sachsenberg, Roßlau a. E.	1909/10	Kaiser-Wilhelm-Kanal	49,64	9,2	3,7	2,4	22	2,1	600	14	11,7	875	43	800	5	14,5

tafel IIa.
von Eimerbaggern.

21	22	23	24	25	26	27	28	29	30	31	32	33	34
		Kessel								Größe der			
Geschwindigkeit der Eimerkette in 1 Minute	Leistung d. Hauptdampfmaschine	Anzahl	Heizfläche	Dampfdruck	Windenantrieb	Führung der Seitenketten	Art der Eimerleiter	Der Bagger schüttet:	Inhalt der Kohlenbunker	Speisewasser-	Trimm-	Trinkwasser-	Bemerkungen
											tanks		
m	PSi		qm	at					t	cbm	cbm	cbm	
18 ÷ 22	260	2	108,6	8,5	Einzelwind. Hintertau u. hintere Seitenketten zus. Vortau u. eine vordere Seitenkette zusammen.	über Deck oder durch Kettenschächte	einfach	seitlich	100	26	—	2	Die Baggermaschine kann auch mit einer Schiffsschraube gekuppelt werden.
25	110	1	53	8	Antrieb von der Hauptmaschine. Leiterhubwinde besonders.	über Deck	„	„					
23,8	180	1	90	11	Einzelwinden. Hintertau und hintere Seitenketten zusammen.	über Deck oder durch Kettenschächte	„	„	40	20	10	—	
17,5 (29)	200	2	85	13	Einzelwinden. Vor- und Hinterkette zusammen; hintere Seitenketten zusammen.	über Deck oder über Kettenbrücken	mit Hilfsleiter	„	32	15	50	—	Der Bagger kann 20 m tief arbeiten. Es wird dann eine besondere lange Leiter eingesetzt.
17,5 (26)	200	1	85	13	Wie vor.		„	„					
19 (29)	200	1	88	13	„		„	„					
25	220	1	85	12	Einzelwinden. Hintere Seitenketten u. Hintertau zusammen.	über Deck	einfach	„	40	45			
22,4	250	2	100	11	Einzelwinden. Hintere Seitenwinden und Hinterwinde zusammen.	„	„	„	50		25		Der Bagger hat eine Vorrichtung, um den Boden an Land zu spülen. Die Pumpmaschine kann auch mit einer Schiffsschraube gekuppelt werden.
20	300	2	90	8	Einzelwinden. Hintere Seitenketten u. Hintertau zusammen.	„	„	„	66		15		Der Bagger hat 2 Fahrmaschinen von je 300 PSi, von denen eine für den Antrieb des Oberturas benutzt wird.
19	200	1	90	10	Wie vor.	„	mit Hilfsleiter	seitlich schräg nach hinten					
23	260	1	110	8	Einzelwinden. Hintere Seitenwinden und Hinterwinde zusammen.	über Deck oder über Kettenbrücken	„	„	25		35		
Fels: 18,2 ÷ Sand: 23,8	230 ÷ 300	1	125	13	Einzelwinden. Hintertau und hintere Seitenketten zusammen.	über Deck	einfach	seitlich	30	30	2 × 27		Für Baggerungen in Sand oder Fels muß je eine besondere Eimerkette aufgelegt werden.
25,6	225	1	85	12	Einzelwinden.	„	„	„					Leiter niederlegbar.
25,7	300	1	137	13	Einzelwinden. Hintertau und hintere Seitenketten zusammen.	über Deck oder durch Kettenschächte	„	„	60	40	50		
23,2	270	2	120	12	Einzelwinden. Hintere Seitenketten und Hintertau zusammen.		mit Hilfsleiter	„	80	15	80	2	
23,2	350	1	198	11	Einzelwinden mit Elektromotoren.		einfach	„			26		

Zahlentafel IIc.

Winden, Ketten und Anker von Eimerbaggern.

Winde — Antriebsart; PSi der Einzelmaschinen.

1	2	3	4	5	6	7	8	9
Nr. in Zahlentafel IIa	Vortau-	vordere Seiten-	hintere Seiten-	Hintertau-	Schiffs-Anker-	Schütt-rinnen-	Prahm-verhol-	Leiterhub-
1	Handbetrieb		—	—	—	Handbetr.	—	Handbetr.
2	von der Hauptmaschine		—	—	—	Handbetr.	—	Handbetr.
3	Handbetr.	vd. Hauptmaschine	—	Handbetr.	—	—	—	Handbetr.
4	von der Hauptmaschine			—	—	Handbetr.	—	Handbetr.
5	von der Hauptmaschine			—	—	Handbetr.	—	Handbetr.
6	von der Hauptmaschine			—	—	Handbetr.	—	von der Hauptmasch.
7	Handbetr.	von der Hauptmaschine		—	—	Handbetr.	—	Handbetr.
8	Handbetr.			—	—	Handbetr.	—	12
9	von der Hauptmaschine			Handbetr.	—	—	—	von der Hauptmasch.
10	von der Hauptmaschine			—	—	—	—	Handbetr.
11	von der Hauptmaschine			—	—	—	—	von der Hauptmasch.
12	von der Hauptmaschine			Handbetrieb			—	von der Hauptmasch.
13	von der Hauptmaschine			—	Dampfwinde	—	—	von der Hauptmasch.
14	von der Hauptmaschine					von der Hauptmasch.	—	von der Hauptmasch.
15	von der Hauptmaschine		—	Handbetr.	—	Handbetr.	—	von der Hauptmasch.

	10	11	12	13	14	15	16	17	18	19	20
Nr. in Zahlentafel IIa	Vortau (Kette) Φ; Umfang: mm / Länge: m	vordere Seitenkette Ketteneisenstärke: mm / Länge: m	hintere Seitenkette / Länge: m	Hintertau (Kette) Φ; Umfang: mm / Länge: m	Schiffs-Ankerketten Ketteneisenstärke: mm / Länge: m	Leiterhubseil Φ; Umfang: mm / Länge: m	Vor- (Anker-Gewicht) kg	vordere Seiten- (Anker-Gewicht) kg	hintere Seiten- (Anker-Gewicht) kg	Hinter- (Anker-Gewicht) kg	Schiffs- (Anker-Gewicht) kg
1	10 ϕ (Kette)	9	8	—	—	8 ϕ	50	2×35	—	—	—
2	10 ϕ (Kette)	9	8	—	—	8 ϕ	60	2×40	—	—	—
3	16 ϕ	8 2×30	—	8 ϕ (Kette)	—	13 ϕ	100	2×60	—	50	—
4	10 ϕ (Kette)	10	10	—	—	8 ϕ Kette	50	2×35	2×35	—	—
5	11 ϕ (Kette)	9	8	—	—	8 ϕ	60	2×40	2×30	—	—
6	13 ϕ	10	10	—	—	13 ϕ	150	2×85	2×60	—	—
7	11 ϕ 120	8 2×30	8 2×30	—	—	13 ϕ	100	2×60	2×50	—	—
8	16 ϕ (Kette)	14	12	—	—	14 ϕ	200	2×100	2×85	—	—
9	15 ϕ	11	9	11 ϕ (Kette)	—	12 ϕ	125	2×80	2×60	100	—
10	13 ϕ (Kette)	11	9	—	—	13 ϕ	75	2×50	2×30	—	—
11	16 ϕ (Kette)	13	10	—	—	22 ϕ	300	2×150	2×85	—	—
12	22 ϕ 100	12 2×75	10 2×75	16 ϕ 100		16 ϕ	170	2×100	2×100	100	
13	16 ϕ (Kette)	13	11	—	—	14 ϕ Kette	100	2×60	2×50	—	
14	70 U	17,5	16	60 U	22 u. 19						
15	15 ϕ (Kette)	13	—	12	—		180	2×85	—	75	—

Zahlentafel IIc.

Nr.																				
16	von der Hauptmaschine					—	von der Hauptmasch.	—	von der Hauptmasch.	17 φ (Kette)	14	10	11 φ (Kette)	—	16 φ	220	2×140	2×80	90	—
17	von der Hauptmaschine					—	—	Dampf-spill	von der Hauptmasch.	20 φ (Kette)	14	12	12 φ (Kette)	—	17 φ	600	2×180	2×130	80	—
19	von der Hauptmaschine					Dampf-spill	von der Hauptmasch.	—	17	80 U 400	20 2×200	18 2×180	65 U 300	23 2×120		1000	2×400	2×200	300	2×500
20	von der Hauptmaschine					Hand-betr.	Handbetr.	—	bes. Dampfmaschine	35 φ	22	19	25 φ	—	2× 30 φ	400	2×200	2×100	200	—
21	bes. Maschine	von d.Hauptmasch.			bes. Maschine	—	Handbetr.	—	von der Hauptmasch.	16 φ (Kette)	13	13	12 φ (Kette)	—	22 φ	185	2×100	2×85	100	—
22	15	2×5,5	4,5			—	Handbetr.	—	18	75 U 300	18 2×150	18 2×150	65 U 250	—	90 U 2×40	750	2×400	2×300	500	—
23	von der Hauptmaschine					—	Handbetr.	—	von der Hauptmasch.	21 Φ (Kette) 250	18 2×180	16 2×180	21 Φ (Kette) 180	—	21 Φ (Kette) 33	550	2×350	2×225	225	—
24	17[1])	2×10[1])	2×5,5[1])	12,5[1])		Dampf-winde	2×3,3[1])	2×7[1])	19[1])	80 U 500	18 2×250	16 2×250	65 U 300	23 2×120	60	750	2×500	2×400	400	2×500
26	22	2×17	17						22	30 φ	20	20	25 φ	20	40 φ	500	2×300	2×200	200	
27	von der Hauptmaschine					32	von der Hauptmasch.	—	16	90 U 500	20 2×250	18 2×250	72 U 300	27 2×120	130 U 86	1500	2×750	2×500	1000	2×500
28	von der Hauptmaschine					32	von der Hauptmasch.	—	26,5	90 U 500	20 2×250	18 2×250	72 U 300	27 2×120	130 U 86	1500	2×750	2×500	1000	2×500
29	von der Hauptmaschine					32	von der Hauptmasch.	—	16	90 U 500	20 2×250	18 2×250	72 U 300	27 2×120	130 U 86	1500	2×750	2×500	1000	2×500
30	19	2×9	19				3,5	2×10	25	80 U 500	20 2×250	18 2×250	70 U 500	26 250	30 φ	1000	2×600	2×400	800	600
31	18[1])	2×12[1])	2×5,5[1])	18[1])		Dampf-winde	2×4,6[1])	2×7[1])	30[1])	90 U 500	23 2×250	23 2×250	72 U 300	27 2×120	30 φ 90	1000	2×800	2×600	800	2×500
32	35	2×30	30			—	30		35	110 U	25	22	80 U	—	40 φ	1200	2×500	2×400	650	—
33	28	4 u. 11	28			32	von der Hauptmasch.	von der Leiterhubw.	30	35 φ 500	25 2×250	22 2×250	30 φ 500	30 2×100	45 φ	2000	2×1000	2×750	1500	2×600
34	von der Hauptmaschine					—	von der Hauptmasch.	—	bes. Dampfmaschine	25 φ (Kette)	22	18	20 φ (Kette)	—	30 φ (Kette)	500	2×250	2×200	200	—
35	20	2×20	25				3,5	—	40	28 φ 500	23 2×250	22 2×250	26 φ 500	30 150	44 φ	1300	2×900	2×750	1100	850
36	mit Hinterw. 45	2×30	mit Ankerw. 45	mit Vortau	mit hint. Seitenk.		Handbetr.		80	25 φ (Kette)	16	14	20 φ (Kette)		62 φ	700	2×250	2×150	400	
41	50	2×40	50				Handbetr.		80	28 φ (Kette)	20	16	25 φ (Kette)		62 φ	650	2×600	2×350	600	

[1]) Die Leistung der Elektromotoren ist in PS_e angegeben.

Zahlentafel IIc.
Winden, Ketten und Anker von Eimerbaggern.

Spalten 2–9: **Winde** — Antriebsart; PSi der Einzelmaschinen.

1	2	3	4	5	6	7	8	9	10	11	12	13	14	15	16	17	18	19	20
Nr. in Zahlentafel IIa.	Vortau-	vordere Seiten-	hintere Seiten-	Hintertau-	Schiffs-Anker-	Schütt-rinnen-	Prahm-verhol-	Leiter-hub-	Vortau (Kette) Φ Umfang: mm / Länge: m	vordere Seitenkette Ketteneisenstärke: mm / Länge: m	hintere Seitenkette / Länge: m	Hintertau (Kette) Φ: Umfang: mm / Länge: m	Schiffs-Anker-Ketten Ketteneisenstärke: mm / Länge: m	Leiterhubseil Φ: Umfang mm / Länge: m	Vor- Ankergewicht kg	vordere Seiten- Ankergewicht kg	hintere Seiten- Ankergewicht kg	Hinter- Ankergewicht kg	Schiffs- Ankergewicht
42	30	2×15	15		Dampfwinde			45	32φ	19	16.	18φ (Kette)		65φ	900	2×300	2×250	500	
44	35	2×30	30		—	30		35	135 U	25	22	100 U	—	40φ	1400	2×600	2×500	800	—
45					—	—			45φ	28	25	25φ	—	2× 45φ	750	2×500	2×350	400	—
46	60	2×30	30			20	—	40	43φ / 500	25 / 2×250	22 / 2×250	32φ / 500	29 / 2×165	45φ	1300	2×700	2×550	900	2×900
47	40	2×24	29			15	2×15	75	120 U / 500	25 / 2×250	22 / 2×250	95 U. / 500	33 / 2×110	185 U / 50	1900	2×1000	2×750	1400	2×900
48	18¹)	2×18¹)	2×18¹)	18¹)	Dampfwinde	2×4,6¹)	2×7¹)	30¹)	35φ / 500	25 / 2×250	22 / 2×250	30φ / 500		35φ / 2×72	1500	2×800	2×600	1000	—

Zahlentafel IIg.
Winden, Ketten und Anker von Vereinigten Eimer- und Pumpenbaggern.

1	2	3	4	5	6	7	8	9	10	11	12	13	14	15	16	17	18	19	20
1²)	30	2×15	15		—			30	22φ (Kette)	16	13	16 (Kette)	—	40φ	500	2×200	2×150	350	—
3²)	55	2×40	55		—		—	100	32φ	22	20	25φ	—	64φ	600	2×400	2×300	400	—
4²)	45	2×15	35 hint. Seitenwinden und Schiffsanker					45	36φ (Kette)	26	26	—		37φ	1200	2×850	2×850	—	

¹) Die Leistung der Elektomotoren ist in PS_e angegeben. ²) Tafel IIe

Zahlentafel IIb.
Hauptmaschinen der Eimerbagger.

1	2	3	4	5	6	7	8	9	10
Nr. in Zahlentafel IIa	Die Maschine treibt:	Bauart	Leistung	Durchmesser der			Hub	Umdrehungen je Minute	Kesseldruck
				Hoch-	Mittel-	Nieder-			
				druckzylinder					
			PSi	mm	mm	mm	mm		at
1	Turas	stehend	12	130	—	—	200	200	8
2	Turas u. Winden	„	10	100	—	—	150	320	8
3	„	liegend	8	150	—	—	300	120	8
4	„	schrägliegend	14	140	—	—	200	200	8
5	„	„	15	140	—	—	160	200	8
6	„	stehend	20	190	—	—	240	160	7
7	„	„	10	2×165	—	—	180	120	6
8	Turas	„	28	250	—	—	320	155	10
9	Turas u. Winden	„	16	140	—	240	160	180	10
10	„	schrägliegend	25	170	—	—	240	180	10
12	„	stehend	40	236	—	390	320	75	8
13	„	liegend (Lokomobile)	30	175	—	275	226	160	8
14	„	stehend	70	260	—	470	310	130	10
15	„	„	40	215	—	350	240	160	10
16	„	„	40	215	—	350	240	155	9
17	„	„	65	250	—	415	280	155	9
18	„	„	80	280	—	520	360	95	9
19	„	schrägliegend	100	320	—	510	650	85	8
20	„	stehend	90	290	—	450	320	150	10
21	„	„	70	250	—	415	280	155	10
22	Turas	„	50	260	—	500	320	110	7
23	Turas u. Winden	liegend	65	250	—	410	600	120	9,5
24	Turas u. Windendynamo	schrägliegend	140	320	—	510	650	85	10
25	Turas	stehend	90	290	—	460	320	150	10
26	„	„	115	320	—	600	370	120	10
27	Turas u. Winden	schrägliegend	150	360	—	780	700	75	8
28	„	„	150	380	—	590	750	75	8
29	„	„	150	410	—	750	600	75	8
30	Turas	stehend	140	320	—	560	400	140	10
31	Turas u. Windendynamo	schrägliegend	220	380	—	680	800	85	10
32	Turas	stehend	230	270	450	700	400	160	13
33	Turas u. Schraube	„	260	420	—	780	600	85	8,5
34	Turas u. Winden	„	110	280	—	520	360	155	8
35	Turas	„	180	320	—	560	400	150	11
36	„	„	200	248	400	635	380	150	13
37	„	„	200	248	400	635	380	150	13
38	„	„	200	270	440	750	350	150	13
39	„	„	220	270	450	700	400	160	12
40	Pumpe u. Schiffsschraube	„	250	292	432	736	380	160	11
	Turas	„	350	292	432	736	460	175	11
41	„	„	300	330	—	660	460	180	8
42	„	„	200	320	—	640	460	130	10
43	„	„	260	333	—	660	550	160	8
44	„	„	300	310	475	780	450	160	13
45	„	„	225	270	450	700	400	150	12
46	„	„	300	310	475	780	450	160	13
47	„	„	270	310	500	800	550	110	12
48	„	„	350	420	—	700	500	180	11

Zahlen-
Hauptabmessungen von vereinigten

1	2	3	4	5	6	7	8	9	10	11	12	13	14	15	16	17	18	19	20	21
Nr.	Name	Beschreibung Seite	Erbauer	Baujahr	Arbeitsstelle	Schiffsform	Länge des Schiffsgefäßes	Breite im Spant	Seitenhöhe	Tiefgang	Länge des Schlitzes in der Wasserlinie	Breite des Schlitzes in der Wasserlinie	Leistung im Sand mit der Eimerkette	Größte Arbeitstiefe	Höhe der Turasachse über W. L.	Eimerinhalt	Zahl der Eimer in der Kette	Schakenlänge	Eimerschüttungen in der Minute	Eimerketten-Geschwindigkeit
							m	m	m	m	m	m	cbm/st	m	m	liter		mm		m/min
1	Uruguay VII	35	Koninklijke Grofsmeederij, Leiden (Holland)	1908	Montevideo	Schiffsform mit offenem Schlitz	44	7,9	2,75	1,5	16	1,6	150	8	7,8	360	35	650	13	16,8
2	Borussia I u. II	35	desgl.	1909		Prahmform mit offenem Schlitz	45,5	7,65	3,3	1,5	22,5	1,75	300	14	8,5	570	44	680	11,5	15,6
3	Subworker	37	Wilton, Rotterdam	1910	Fishguard-Harbour	desgl.	49	8,5	hinten 3,15 vorn 3,65	1,95	21,75	1,7	400	18	9	700	44	740	14	20,7
4	La Loire	37	Werf Conrad, Haarlem	1909	Loire	Schiffsform mit offenem Schlitz	53	9,75	4,25	2,7	24	2,1	500	12,5	10	775	37	825	16	26,4
5	—	37	desgl.	1903	Argentinien	desgl.	60	11	5	3,5	28	2	650	13	11,9	900	35	1000	16	32

[1]) Die Hauptabmessungen der Maschinen enthält Zahlentafel IIf, die Angaben über die Winden sind in

tafel II e.
Eimer- und Pumpenbaggern [1]).

22	23	24	25	26	27	28	29	30	31	32	33	34	35	36	37	38	39	40	41	42	43
Leistung der Hauptmaschine für d. Eimerkette	Kesselheizfläche	Kesseldruck	Winden-antrieb	Führung der Seitenketten	Art der Eimer-leiter	Leistung im Sand mit der Pumpe	Größte Arbeitstiefe	Durchmesser des Saugrohres	Durchmesser des Druckrohres	Anzahl der Pumpen	Kreisel-Durchmesser	Zahl der Flügel	Breite der Flügel	Umdrehungen des Kreisels in der Minute	Leistung der Hauptmaschinen für die Pumpen	Art des Sauge-kopfes	Fahrmaschinen	Fahr-geschwindigkeit	Spülweite	Spülhöhe	Arbeitsweise
PSi	qm	at				cbm/st	m	mm	mm		m		mm		PSi			km	m	m	
120	2 × 70	10	Einzel-antrieb. Hinter-winden vereinigt.	über Deck	einfach	150	8	400	400	1	2	3	200	150	200	ein-fach	200	9	300 bis 400	6	1 Maschine für die Eimerkette, 1 für die Pumpe oder die Schiffsschraube. Der Bagger schüttet seitlich in Prähme, kann aus einem Schüttrichter saugen und in eine schwimmende Rohrleitung drücken.
200	105	10	desgl.	„	„	300	13	520	520	1	1,5	3	300	130	—	„	—	—	—	—	1 Maschine für die Eimerkette und die Pumpe. Der Bagger schüttet seitlich in Prähme.
300	95	13	desgl.	über Deck und über Ketten-brücken	Mit Hilfs-leiter	600	18	550	550	1	1,7	3	350	160	—	„	—	—	—	—	1 Maschine für die Eimerkette und die Pumpe. Der Bagger schüttet seitlich in Prähme.
450	2 × 175	12	desgl.	über Deck	Mit Hilfs-leiter	750	7,5	650	600	2	1,85	3	350	170	2 × 450	mit Vorschneider	2 × 450	15	1000	7,5	1 Maschine für die Eimerkette, 2 für die Pumpen oder Schrauben. Schüttet in Prähme oder drückt durch schwimmende Rohrleitung an Land. Er kann auch mit 2 hintereinander geschalteten Pumpen arbeiten.
450	3 × 130	10	desgl.	desgl.	einfach	650	16	700	440 × 950	2	1,9	3	346	165	2 × 450	ein-fach	2 × 450	15	700	5	1 Maschine für die Eimerkette, 2 für die Pumpen oder die Schrauben. Der Bagger schüttet seitlich in Prähme, kann aus einem Schüttrichter saugen und in eine schwimmende Rohrleitung drücken. Er kann auch mit 2 hintereinandergeschalteten Pumpen arbeiten.

Zahlentafel II g aufgenommen.

Zahlen -
Hauptabmessungen

1	2	3	4	5	6	7	8	9	10	11	12	13	14	15	16	17	18
		Beschreibung					Länge des Schiffsgefäßes	Breite im Spant	Seitenhöhe	Tiefgang		Länge	Breite	Laderaum-Inhalt	Tragfähigkeit	Leistung (Sand)	Größte Arbeitstiefe
Nr.	Name		Erbauer	Bau-jahr	Arbeits-stelle	Bauart des Schiffes				leer	beladen	des Schlitzes					
		Seite					m	m	m	m	m	m	m	cbm	t	cbm/st	m
																Pumpenbagger	
1	—	41	Gebr. Sach-senberg, Roßlau	1907	Wilhelms-haven	Prahmform mit offenem Schlitz	45,6	8	3,5	2,175		19,8	1,95	—	—	500	14
2	—	41	Werf Con-rad, Haarlem	1911	Hamburg	Schiffsform mit Schlitz	46,8	10	3,76	2		12,5	2,4	—	—	500	14
3	Beverwijk VII	42	J. & K. Smit, Kinderdijk	1911	St. Peters-burg	Prahmform mit offenem Schlitz	46	10	3,7	1,9		15	2,1	—	—	500	12
																Festliegende	
4	P. B. I	43	A. G. Weser, Bremen	1898 Umbau 1906/7	Emden	Schiffsform mit geschlossenem Schlitz	33	7	3,32	vorn 1,65 hinten 2,3		15,2	1	—	—	250	11,5
5	P. B. II	43	Johannsen & Co., Danzig	1891 Umbau 1906	Emden	„	35,1	7	3,6	vorn 1,6 hinten 2,1		16	1	—	—	250	11,5
6	Canton	45	Werf Con-rad, Haarlem	1908		Prahmform mit offenem Schlitz	33	8	3,6	1,4		11,8	1,5	—	—	400	12
																Schachtpumpen-	
7	Leba	45	Frerichs & Co., Eins-warden	1910	Leba	Schiffsform ohne Schlitz mit Schacht	23	6,2	2,2	1,31	1,85	—	—	50	100	80	5
8		45	J. & K. Smit, Kinderdijk	1911	Küste von Nord-frankreich	Schiffsform ohne Schlitz	48	9	4,5	2,15	3,87	—	—	465	770	Kies 220	18
9	P. B. III	47	F. Schichau, Elbing	1905	Emden	Schiffsform mit offenem Schlitz und Schacht	50	10,3	4,5	v. 1,9 h. 3,25	4,1	14,5	1,7	500	850	400	14

tafel IIIa.
von Pumpenbaggern.

19	20	21	22	23	24	25	26	27	28	29	30	31	32	33	34	35	36	37	38
Durchmesser des Rohres		Zahl der Förderpumpen	Kreiseldurchmesser	Zahl	Breite	Bauart des Saugekopfes	Leistung der Förderpumpmaschine	Kessel			Leistung der Fahrmaschinen	Fahrgeschwindigkeit		Arbeitsweise des Baggers	Inhalt der Kohlen-Bunker	Größe der			Bemerkungen
Sauge-	Druck-			der Flügel				Zahl	Heizfläche eines Kessels	Dampfdruck		leer	beladen			Speisewasser-	Trimm-	Trink- wasser-	
																	tanks		
mm	mm		m		mm		PSi		qm	at	PSi	km/st			t	cbm	cbm	cbm	
mit Schneidekopf.																			
550	550	1	2,3	5		Kopf mit Vorschneider ohne Spülvorrichtung	900	2	180	13	—	—	—	Schert zwischen festen Ankern u. Haltepfählen. Drückt an Land.	40	10	—	—	Der Bagger kann auch als Spüler aus Prähmen saugen. Maschine der Zusatzpumpe (300PSi) treibt auch den Vorschneider an. Spülweite 1000 m.
2× 600	2×600	2	2,25	4	335	Kopf mit Vorschneider und Spülvorrichtung	2×500	2	200	11,4	—	—	—	Schert zwischen festen Ankern u. Haltepfählen. Schüttet in Prähme oder drückt an Land.	100				Der Bagger kann auch als Spüler aus Prähmen saugen. Maschine der Zusatzpumpe 200 PSi, Vorschneidermaschine 170PSi; Spülweite 1500 m, Spülhöhe 8 m.
650	650	2	1,85	3	350	Mit Vorschneider	2×450	2	175	12	—	—	„		70	40		—	Der Bagger kann auch als Spüler aus Prähmen saugen. Maschine der Zusatzpumpe (220PSi), treibt auch den Vorschneider an. Spülweite 1000 m, Höhe 7,5 m.
Pumpenbagger.																			
400	400	1	1,3	3	290	Einfacher Kopf mit Spülvorrichtung	85	1	62	9	55	6		Pflügt zwischen festliegenden Ankern. Schüttet in Prähme.	12	20	—	—	
400	400	1	1,3	3	290	„	85	1	59	9	55	6		„	20	20	—	—	
500	500	1	1,75	3	340	Einfacher Kopf ohne Spülung	400	2	95	10	—	—	—	Pflügt zwischen festliegenden Ankern. Schüttet in Prähme oder spült an Land.					Der Bagger kann auch als Spüler aus Prähmen saugen und dann 400 m weit spülen. Zusatzpumpe 200 PSi.
Bagger.																			
250	200	1	1,25	4	180	Einfacher Kopf mit Spülvorrichtung	90	1	52	10	—	11	10	Liegt am Voranker. Schüttet in Laderaum oder Prähme oder drückt an Land.	6	7	32	—	Die Pumpmaschine dient zugleich als Fahrmaschine. Kann 400 m weit, 4 m hoch an Land spülen.
650	550	1	1,85	4	350	Einfacher Kopf ohne Spülvorrichtung	450	1		12	—		14	Liegt an Vorankern. Schüttet in Laderaum.	35	35	—	—	Pumpmaschine dient zugleich als Fahrmaschine. Der Bagger kann in der Stunde 115 cbm Kies 250 m weit 6 m hoch spülen.
2× 400	600	2	1,275	4	290	Einfacher Kopf mit Spülvorrichtung	2×175	2	150	9	2×175	17	16	Liegt am Voranker. Schüttet in Laderaum oder Prähme oder drückt an Land.	60	4	60	—	Von den 4 Maschinen können je 2 sowohl auf 1 Pumpe als auf 1 Schraube arbeiten. Der Bagger kann auch 1000 m weit, 7 m hoch an Land spülen.

Zahlen-
Hauptabmessungen

1	2	3	4	5	6	7	8	9	10	11	12	13	14	15	16	17	18
Nr.	Name	Beschreibung Seite	Erbauer	Bau-jahr	Arbeits-stelle	Bauart des Schiffes	Länge des Schiffsgefäßes	Breite im Spant	Seitenhöhe	Tiefgang leer	Tiefgang beladen	Länge des Schlitzes	Breite des Schlitzes	Laderaum-Inhalt	Tragfähigkeit	Leistung (Sand)	Größte Arbeitstiefe
							m	m	m	m	m	m	m	cbm	t	cbm/st	m
10	Cosmopolit	47	Wilton, Rotterdam	1903	Hamburg	Schiffsform ohne Schlitz mit Schacht	55,5	9	4,55	v. 1,58 h. 3,38	4	—	—	600	1100	600	14
11	Seegatt	48	Lübecker M. G.	1901	Memel	Schiffsform mit geschlossenem Schlitz und Schacht	55	11	4,4	v. 1,3 h. 3,2	v. 4 h. 4,2	23,35	1,6	520	1000	600	11
12	Frühling XXII	50	F. Schichau, Elbing	1912	Quebec	Schiffsform mit offenem Schlitz	57	10,5	4,9		3,9			600	1000	600	14
13	Stolpmünde	52	Stettiner Oderwerke	1901	Stolpmünde	Schiffsform mit offenem Schlitz und Schacht	55	10,7	5,1	v. 1,75 h. 2,75	4	18,2	1,2	500	960	800	10
14	Bagger XIVu. XV	52	Stettiner Oderwerke	1908	Hamburg	Schiffsform ohne Schlitz mit Schacht	57,5	10,8	4,8	2,25	4	—	—	600	1100	820	15
15	III B. H.	52	Stettiner Oderwerke	1912	Wilhelms-haven	Schiffsform mit offenem Schlitz	60	11	4,8	2,45	4,1	18,5	1,2	650	1080	900	18
16	Sumatra	55	J. & K. Smit, Kinderdijk	1917	Sumatra	„	85	13,5	6,5	3,25	5	24	1,6	1300	2100	2240 Schlick	14
17	—	55	Werf Conrad, Haarlem	1909	Argentinien	Schiffsform ohne Schlitz mit Schacht	84,5	14	6,6		4,8	—	—	1500	1800	3600 Schlick	14
18	Cyklop & Titan	58	Lübecker Maschinen-Bauges.	1913	Kaiser Wilhelm-Kanal	Schiffsform mit offenem Schlitz	62	11,75	5,2	v. 2 h. 3,5	4,4	15	1,5	1000	1300	5000 Schlick	15
19	Leviathan	59	Cammel, Laird & Co., Birkenhead.	1909	Mersey	Schiffsform ohne Schlitz mit Schacht	142	21,03	9,6		7,01	—	—	5500	10000	6500	21.3

tafel IIIa.
von Pumpenbaggern.

19 Durchmesser des Saugerohres mm	20 Durchmesser des Druckrohres mm	21 Zahl der Förderpumpen	22 Kreiseldurchmesser m	23 Zahl der Flügel	24 Breite der Flügel mm	25 Bauart des Saugekopfes	26 Leistung der Förderpumpmaschine PSi	27 Kessel Zahl	28 Heizfläche eines Kessels qm	29 Dampfdruck at	30 Leistung der Fahrmaschinen PSi	31 Fahrgeschwindigkeit leer km/st	32 Fahrgeschwindigkeit beladen km/st	33 Arbeitsweise des Baggers	34 Inhalt der Kohlen-Bunker t	35 Speisewassertank cbm	36 Trimmtank cbm	37 Trinkwassertank cbm	38 Bemerkungen
685	685	1	1,9	4	350	Einfacher Kopf ohne Spülvorrichtnng	450	2	85	13	—	12	10	Liegt an Vorankern. Schüttet in Laderaum.	40	15	35		Die Pumpmaschine dient zugleich als Fahrmaschine. Der Bagger kann auch als Spüler aus Prähmen saugen und seine Ladung 300 m weit, 12 m hoch an Land spülen.
650	500	1	2	3	370	,,	520	2	107,9	11,5	—	14,8	11	,,	120	15			Die Pumpmaschine dient zugleich als Fahrmaschine.
						Frühlingscher Saugekopf	2×225				2×225	18,5		Liegt an Vorankern. Schüttet in Laderaum oder Prähme oder drückt an Land					Von den 4 Maschinen können je 2 sowohl auf 1 Pumpe, als auch 1 Schraube arbeiten. Das Baggergut kann auch an Land gespült werden.
730	Rinne 500×750	1	1,8	4	310	Einfacher Kopf mit Spülvorrichtung	350	2	80	11	2×200	15	11	Liegt an Vorankern. Schüttet in Laderaum.	35	15	35	—	
720	720	2 (1 als Reserve)	1,85	5	300	,,	2×	1	222	13	—	18	16	,,	80	15	—	2,5	Die Pumpmaschinen dienen zugleich als Fahrmaschinen. Spült auch 300 m weit, 8,5 m hoch an Land.
650	650	1	1,8	3	315	Einfacher Kopf ohne Spülvorrichtung	420	2	142	13	2×355	16,7	16	,,	100	17	100	2,5	Der Boden kann geklappt oder abgesaugt werden. Als Spüler fördert der Bagger 300 cbm/St. 300 m weit, 7 m hoch.
1120	1120	2	1,6	4	350	Schleppkopf mit Spülvorrichtung	2×400	4	179	12	2×800		16	Fährt beim Baggern. Schüttet in Laderaum.	300	54	73		
2×700	2Rinnen 400×960	2	1,9	4	397	Einfacher Kopf mit Spülvorrichtung	2×500	2	350	11,4	2×500		16,6	,,	175				Beim Baggern arbeitet je 1 Maschine auf 1 Pumpe und je 1 auf 1 Schraube. Beim Fahren arbeiten je 2 Maschinen auf 1 Schraube. Hat 2 seitliche Saugerohre.
800	600	2	1,9	3	342	Einfacher Kopf ohne Spülvorrichtung	900	1 2	11,25 172	13 13	2×500	17,65	15	Liegt an Vorankern. Schüttet in Laderaum.	100	50	—		
1067	2Rinnen 1030×1860	4				,,		4		12,6			1,85	,,					

Zahlentafel IId.
Gewichte von Eimerbaggern.

1	2	3	4	5	6	7	8	9	10	11	12	13	14	15	16	17	18	19	20	21
					\<Einzel-Gewichte\>															
Nr. in Zahlentafel IIa	K	Ni	Hw	Q	Gs	Cs	G_M	C_M	G_K	C_K	G_W	C_W	G_B	C_B	G_A	C_A	G	Z	G_b	δ
	m²	PS$_i$	qm	cbm	kg		kg		kg		kg		kg		kg		t	t	t	
1	15,21	12	3,6	8	2500	164	850	71	950	264	450	29,6	1600	200	250	16,4	6,6	2	8,6	0,9
2	13,8	10	3,2	12	2500	181	850	85	950	297	450	32,7	1600	133	250	18,1	6,6	1,7	8,3	0,99
3	35,9	8	4,22	12,5	6996	195	5835		1696		744	20,8	5385	431	544	15,2	21,2	1	22,2	0,93
4	23,31	14	4,5	20	4600	197	800	57	1500	333	1100	47,2	1400	70	200	8,6	9,6	3,75	13,35	0,85
5	34,12	15	4,53	20	5000	147	550	37	1900	420	1400	41,2	2500	125	1000	29,3	12,35	1,7	14,05	0,958
7	37	10	10,7	30	8972	242	1150	115	2250	210	1665	45	4693	156	2078	56	20,8	4,85	25,65	0,97
8	349	28	17,5	40	60000	171	1700	61	4200	240	4500	12,9	22000	550	1300	3,7	93,7	11,3	105	0,735
9	223	16	35	40	27000	121	$G_M + G_K = 15500$				$G_W + G_B = 10400$				3000	13,5	55,9	10	65,9	0,865
10	52,5	25	8	50	11000	210	1500	60	2200	275	4000	76,5	5000	100	2000	38,2	25,7	3,3	29	0,88
12	198	40	17,5	50	45000	227	3458	86	4756	272							76	8	84	0,885
13	238,5	30	19,4	60	40000	168	3500	117	6500	335	8000	33,6	8000	133	3000	12,6	69	10	79	0,755
14	422	70	30	75	90000	213	10500	150	8500	283	22000	49,5	46000	610	10500	23,7	187,5	12,5	200	0,82
15	360	40	20	75	53000	147	3500	87,5	4700	235	4500	12,5	21000	280	3300	9,2	90	10	100	0,855
19	653	100	51	125	142300	218	12240	122,4	11150	217	13020	20	53910	432	26470	40,5	259,1	34	293,1	0,895
22	424	50	50	150	118000	280	7250	145	10000	200	8280	20	43500	290	15000	35,5	202	32	234	0,9
23	366	65	45	150	83000	227	8900	137					30750	205	6815	19	134,4	17,3	151,7	0,865
24	650	140	61,9	150	150400	232	25800	185	18000	296	26500	41	62200	415	54500	84	337,4	26	363,4	0,96
26	652	115	55,6	200	153000	235	16800	146	11400	205	20800	32	103500	517,5	1500	2,3	307	63	370	0,945
27	971	150	82,8	220	257440	265	30900	207	15100	183	32340	33,3	77210	351	39230	40,5	452	51	503	0,84
28	946	150	74,5	220	241420	255											370	51	421	0,81
29	1048	150	60,5	220	297900	284	20300	136	12900	213	23200	22,1	79300	361	32400	30,9	466	56	522	0,885
30	898	140	77	250	210000	234	13900	99,5	16160	210	22130	24,7	69000	275	41600	46	372,8	67,2	440	0,94
31	1090	220	125	250	312700	287	24410	111	21100	169	44700	41	88000	353	12000	11,1	502,9	32	534,9	0,915
32	1205	230	100	120	251000	208	19500	85	26000	260	37000	30,7	120500	1000	41300	34,3	495,3	104,7	600	0,96
33	1665	260	217	250	312152	187	24734	95,5	48240	222,5	35604	21,3	83481	333	43088	25,8	547,3	283,6	830,9	0,718
35	1210	180	90	300	275000	227	18550	103	20000	222	22300	18,4	81750	272	46550	38,3	463,15	70,85	534	0,96
36	867	200 350+	170	300	220000	255	20000	100	28000	165	32000	37	88000	293	20000	23,2	408	57	465	0,905
40	1150	250	200	350	240000	208	50000	83,5	85000	425	35000	30,5	130000	372	20000	17,4	560	75	635	0,84
41	1560	600	180	350	360000	232	48000	80	55000	306	30000	19,3	95000	272	30000	19,3	618	99	717	0,82
43	958	260	110	425	200000	210	25000	96	45000	410	40000	42	150000	355	20000	21	480	60	540	0,96
44	1470	300	125	450	344000	234	23600	78,7	29200	233	38000	25,8	147000	325	49000	33,3	630,8	89,2	720	0,955
46	1480	300	137	500	380700	257	25200	84	27000	197	32350	21,8	116200	232,4	38300	25,8	619,7	150	769,7	0,955
47	1461	250	240	550	369600	253	29800	120	52200	218	42600	29,2	131000	238	46500	31,8	672	238	910	0,96
48	1510	350	208	600	205000	136	34700	98,5	34500	166	38300	25,3	169700	282	65000	43	547	243	790	0,81

Zahlentafel IIf.
Hauptmaschinen der vereinigten Eimer- und Pumpenbagger.

1	2	3	4	5	6	7	8	9	10	11	12	13	14	15	16
Nr. in Zahlentafel IIe	Die Maschine treibt:	Leistung	Durchmesser der druckzylinder			Hub	Umdrehungen je Minute	Die Maschine treibt:	Leistung	Durchmesser der druckzylinder			Hub	Umdrehungen je Minute	Kesseldruck
			Hoch-	Mittel-	Nieder-					Hoch-	Mittel-	Nieder-			
		PS_i	mm	mm	mm	mm			PS	mm	mm	mm	mm		at
1	Eimerkette	120	280	—	560	350	115	Pumpe und Schraube	200	300	—	600	420	150	10
2	Eimerkette und Pumpe	200	320	—	640	460	130	—	—	—	—	—	—	—	10
3	Eimerkette und Pumpe	300	265	445	725	460	160	—	—	—	—	—	—	—	13
4	Eimerkette	450	330	520	840	460	170	Pumpen und Schrauben	2×450	330	520	840	460	170	12
5	Eimerkette	450	350	530	800	600	165	desgl.	2×450	350	530	800	600	165	10

Zahlentafel IIIb.
Hauptmaschinen der Pumpenbagger.

1	2	3	4	5	6	7	8	9	10	11	12	13	14	15
Nr. in der Zahlentafel IIIa	Förderpumpmaschinen						Fahrmaschinen						Kesseldruck	Bemerkungen
	Leistung	Durchmesser des druckzylinders			Hub	Umdrehungen in der Min.	Leistung	Durchmesser des druckzylinders			Hub	Umdrehungen in der Min.		
		Hoch-	Mittel-	Nieder-				Hoch-	Mittel-	Nieder-				
	PS_i	mm	mm	mm	mm		PS_i	mm	mm	mm	mm		at	
1	900	410	670	1030	500	220	—	—	—	—	—	—	13	
2	2× 500	340	570	850	550	150	—	—	—	—	—	—	11,4	
3	2× 450	320	510	840	460	180	—	—	—	—	—	—	12	
4	85	350	—	610	530	85	55	234	—	405	254	150	9	Pumpe macht 160 Umdrehgn.
5	85	280	—	480	500	90	55	200	—	340	250	180	9	
6	400	290	435	650	550	200	—	—	—	—	—	—	10	Beim Fahren ist $n = 210$ und $N_i = 130$
7	90	230	—	450	320	120	—	—	—	—	—	—	10	
8	450	330	495	838	458	165	—	—	—	—	—	—	12	
9	2× 175	310	—	560	300	230	2× 175	310	—	560	300	230	9	
10	450	304	507	812	457	120 u. 180	—	—	—	—	—	—	12	$n = 120$ beim Baggern
11	520	440	725	1100	600	120	—	—	—	—	—	—	11,5	$n = 180$ beim Spülen
13	350	320	470	720	450	175	2× 200	320	—	600	370	150	11	
14	2× 350	330	530	830	540	150	—	—	—	—	—	—	13	
15	420	330	530	830	540	150	2× 355	330	530	830	540	110	13	
16	2× 400	292	432	737	458	200	2× 800	406	616	1016	610	145	12	
17	2× 500	340	570	850	550	150	2× 500	340	570	850	550	150	11,4	
18	900	380	620	1000	560	175	2× 500	360	575	900	540	150	13	
19		381	635	1016	457			597	940	1549	1143		12,6	

Zahlentafel IIIc.
Gewichte von Pumpenbaggern.

1	2	3	4	5	6	7	8	9	10	11	12	13	14	15	16	17	18	19	20	21	22	23	24	25	26
Nr. in Zahlentafel IIIa	K	N_i Förderpumpmaschinen	N_i Fahrmaschinen	H_w	Q	G_S	C_S	G_M	C_M	G_{MS}	C_{MS}	G_K	C_K	G_W	C_W	G_B	C_B	G_A	C_A	G	Z	G_b	Ladung	δ leer	δ beladen
	m³	PSi	PSi	qm	cbm	kg		kg		kg		kg		kg		kg		kg		t	t	t	t		
1	1140	900	—	2×180	500	359870	316			—	—	65000	181							589,9	81	671	—		0,945
3	1580	2×450 +200	—	2×175	500	300000	190	55000	50	—	—	145000	415	40000	35,3	100000	200	30000	19	670	70	740	—		0,96
4	717	85	55	62	250	140404	196	14126	166	7454	136	13593	218	12250	17,1	9650	38,5	21335	29,8	218,8	72,6	291,4	—		0,685
5	827	85	55	59	250	136000	165	13500	159	6500	118	12800	217	12300	14,9	9800	39,3	21100	25,6	212	81	293	—		0,69
7	312	90	—	52	80	58142	186	8650	96	—	—	11500	222	5090	16,3	5606	70	7949	25,5	96,94	41	137,94	100	0,74	0,825
8	1944	450	—		220			28000	62	—	—									474	76	550	770	0,59	0,79
9	2220	2×175	2×175	2×150	400	435219	196	16194	46,3	21683	61,8	50579	169	22746	10,2	97478	243,7	49819	22,3	693,72	91,6	785,3	850	0,61	0,8
10	2275	450	—	2×85	600	475000	208	60000	133	—	—	45000	265	20000	8,8	20000	33,4	25000	11	645	85	730	920	0,62	0,825
11	2490	520	—	2×108	600	508757	203	61313	118	—	—	51328	238	24833	10	27027	45	5232	2,1	678,49	156,5	835	1000	0,66	0,79
13	2845	350	2×200	2×80	800	435549	153,5	17177	49	21191	53	32336	202	26986	9,5	46931	58,7	26927	9,5	607,1	103	710,1	960	0,565	0,73
14	2980	2×350	—	222	820	600300	202	84000	120	—	—	64800	292	37500	12,6	126000	154	91000	30,5	1003,6	112,5	1116,1	1100	0,795	0,89
15	3062	420	2×355	2×142	900	884000	288	37200	88	53500	75	66700	236	13500	4,4	24500	27,2	20600	6,7	1100	90	1190	1080	0,735	0,83
16	7208	2×400	2×800	4×179	5000 2240	1400000	195	70000	87,5	140000	87,5	240000	335	35000	4,85	180000	(36) 80	161000	22,3	2226	364	2590	2100	0,696	0,816
18	3671	900	2×500	11,25 + 2×172	5000	630000	172	40000	44,4	45000	45	104000	292	45000	12,3	70000	14	70000	19	1004	196	1200	1300	0,65	0,805

Zahlentafel IVa.
Hauptabmessungen von Spülern.

Spalten 13–17 gehören zu den **Förderpumpen**, Spalten 18–20 zur **Zusatzpumpe**.

1 Nr.	2 Name	3 Beschreibung	4 Erbauer	5 Baujahr	6 Arbeitsstelle	7 Schiffsform	8 Länge des Schiffsgefäßes (m)	9 Breite im Spant (m)	10 Seitenhöhe (m)	11 Tiefgang (m)	12 Leistung (Sand) (cbm/St)	13 Anzahl	14 Kreiseldurchmesser (m)	15 Flügelzahl	16 Flügelbreite (mm)	17 Umdrehungen je Minute	18 Anzahl	19 Umdrehungen je Minute	20 Leistung in 1 Minute (cbm)	21 Förderweite (m)	22 Förderhöhe (m)	23 Durchmesser des Saugerohres (mm)	24 Durchmesser des Druckrohres (mm)	25 Durchmesser des Landleitungsrohres (mm)	26 Leistung der Förder-Pumpmaschine (PSi)	27 Leistung der Zusatz-Pumpmaschine (PSi)	28 Kesselzahl	29 Heizfläche eines Kessels (qm)	30 Kessel-dampfdruck (at.)	31 Kohlenbunker-inhalt (t)	32 Tanks für Speisewasser (cbm)	33 Tanks für Trimmwasser (cbm)	34 Bemerkungen
a) Spüler, die nur aus Schüttrichtern saugen.																																	
1	—		Wens u. Co. Weinmeisterhorn	1910	Kottbus	Prahmform	12	4,8	1,8	1,08	50	1	0,75	4	175	600			8	600	4	250	250	250	150		1 (Lokomobile)	48	10	3,5	—	—	
b) Spüler, die aus Schüttrichtern oder Prähmen saugen.																																	
2	Spüler III		Lübecker M. G.	1908	Stettin	Prahmform	28	7,5	3	1,75	216	1	1,4	3	280	220 bis 240	1	320	21	800	3	375	375	375	300	100	1	120	12	100	10	—	Kann auch als Bagger arbeiten.
3	Spüler I u. II		„	1907	Emden	„	43,5	9,6	3,75	2	600	1	2,2	4	420	150	1	250	80	1500	7	650	625	600	800	250	2	204,7	13	167,5	30	—	
c) Spüler, die nur aus Prähmen saugen.																																	
4	Schlickpumpe		A. G. Weser Bremen	1899	Emden	Prahmform	15	4,5	2,2	1	140 (Schlick)	Kolbenpumpe 2 Zylind. Φ356			h=400	35	—	—	—	30	2,5	220	220	220	20	—	1	22	7,5	11	—	—	
5	Spüler IV		Staatswerft Stettin-Bredow	1916	Stettin	„	10	4,1	2,15	1,05	50	1	0,8	3	170	350	1	600	6	400	2	250	250	250	68		1	13,73 Überhitzer 10,6	12	2	—	—	
6	Krone		Gebr. Sachsenberg Rosslau a.E.	1910	Stettin-Berlin	„	28	4,72	2,3	1,02	100	1	1,36	4	200	250	1	480	10	600	4	320	320	320	200		Lokomobile			8	—	—	
7	Sliedrecht IV		J. & K. Smit Kinderdijk	1907	Rotterdam	„	42	8,5	3,25	1,5	170	2	1,75	3	300 u. 360	180 bis 220	1	200	60	1800	8,5	600	600	600	400	200	2	120	12	50		40	
8	Spüler III		Gebr. Sachsenberg Rosslau a.E.	1914	Leer	„	29	7,5	3	1,7	250	1	1,6	4	296	200	1	230	20	800	5	400	400	400	250	80	1	140	10	48	26	—	
9	Spüler VI		Stettiner Oderwerke	1914	Stettin	„	32	8,4	3,1	1,6	250	1	1,8	3	350	185	1	245	50	1200	5	450	500	500	500	200	2	125,5	12	50	—	—	
10	Spüler II		„	1907	„	„	30	8	3	1,8	300	1	1,5	3	320	230	1	250	40	800	3	475	450	450	400	120	2	90	12	54	—	—	
11	—		Koninklijke Grofsmeederij Leiden (Holland)	1909	Java	„	27	8	3	1,5	300	1				180	1	180	37	500	6	500	500	500	250	110	2	80	10	35	10	30	
12	Elevador		Wilton Rotterdam	1905	Huelva	„	33	7	3,3	1,7	600	1	1,7	3	300	160	1	230	45	900	12	500	500	500	300	140	3	70	12	35		40	
13	Elbe		Lübecker M. G.	1908	Hamburg	„	38,5	8,6	4	2	600	1	2,2	5	240 bis 260	160	1	240	100	350	8,5	650	625	625	800	250	2	154	13	75		55	
14	Spüler II		Stettiner Oderwerke	1910 bis 1911	Harburg	„	43,5	10	3,75	2,05	600	1	2,2	4	420	200	1	250	80	1000	7	700	650	600	950	250	2	200	13	150	30	30	
15	Spüler I u. II		„	1919	Husum	„	42	10	3,38	1,95	800	2	2,1	4	415	180	1	230	60	1500	7	675	650	650	2×650	200	2	204	12	140	2×25	2×38	
16	Kraft		„	1910	Kaiser-Wilh.-Kanal	„	45,24	8,8	4	2,6	800	1	2,6	4	400	160	1	225	150	1000	8	800	800	800	1500	445	4	145	13	200	5	—	

Zahlen-
Hauptabmessungen

1	2	3	4	5	6	landseitiges Schiff				wasserseitiges Schiff				15	16	17	18
						7	8	9	10	11	12	13	14				
Nr.	Beschreibung Seite	Erbauer	Bau-jahr	Arbeits-stelle	Bauart des Gerätes	Länge	Breite	Seitenhöhe	Tiefgang	Länge	Breite	Seitenhöhe	Tiefgang	Zwischenraum zwischen beiden Schiffen	Gesamtbreite	Leistung (Sand)	Eimerinhalt
						m	m	m	m	m	m	m	m	m	m	cbm/st	l
1	71	R. A. Wens, Weinmeisterhorn	1911	Oder-Spree-Kanal	Einschiff quer	20	4	1,25	0,8	—	—	—	—	—	—	50	60
2	71	—	1909	Hamburg	Zweischiff quer	22	5,1	2	1	22	5,1	2	1	8	18,2	60	40
3	72	Mannheim M. B. A.-G.	1899	Straßburg	Zweischiff quer	22,5	2,9	2,2	0,9	22	2,5	2,2	0,9	6,5	12	60	45
4	72	Stettiner Oderwerke	1904	Stettin	Zweischiff längs	22	3	2,5	1 ,1	22	3,7	2,5	1,1	4,8	11,9	80	156
5	72	Lübecker M.-G.	1898	Petersburg	Einschiff quer	17	5,7	1,8	1	—	—	—	—	—	—	90	120
6	73	Lübecker M.-G.	1893	Bremen	Zweischiff quer	21	6	1,35	0,85	7,5	3	1	0,25	8	19	90	100
7	78	Lübecker M.-G.	1902	Elb-Trave-Kanal	Einschiff quer	22	6	1,8	1,25	—	—	—	—	—	—	80 bis 100	120
8	78	Lübecker M.-G.	1902	Wismar	Zweischiff längs	19,85	3	2,5	1,4	19,85	3,5	2,5	1,4	5,9	12,4	80 bis 100	120
9	78	Mannheim M. B. A.-G.	1898	Duisburg	Zweischiff quer	26	4,25	2,35	0,8	26	2,85	2,35	0,8	7	14,1	100	70
10	79	—	1910	Hamburg	Zweischiff	29,5	5,1	1,9	1,05	22	5,1	1,9	1,05	7,7	18,3	100	—
11	79	Mannheim M. B. A.-G.	1903	Rhein	Einschiff quer	33	7,85	2,3	0,9	—	—	—	—	—	—	100	75
12	79	Lübecker M.-G.	1908	Bremen	Einschiff quer	27	8	2,25	1	—	—	—	—	—	—	120	150
13	79	Lübecker M.-G	1910	Hamburg	Zweischiff längs	29	5	2,4	1	29	5	2,4	1	8,5	18,5	120	140
14	79	Mannheim M. B. A.-G.	1908	Bremen	Zweischiff längs	31	4,5	2,25	1	31	4	2,25	1	6,5	15	150	180
15	79	Nüske & Co. Stettin	1910	Hamburg	Zweischiff längs	29	5	2,4	1,25	29	5	2,4	1,25	7,8	18,2	160	140
16	79	Lübecker M.-G.	1900	Lübeck	Einschiff längs	27	11	2,5	1,15	—	—	—	—	—	—	150 bis 200	380
17	81	Mannheim M. B. A.-G.	1905	Deutz	Zweischiff längs	33	5	2,26	0,9	33	4	2,26	0,9	6,8	16,1	200	120

tafel Va.
von Schutenentleerern.

19	20	21	22	23	24	25	26	27	28	29	30
				Förder-		Leistung der Hauptmaschine	Kessel-			Wasserleistung der Zusatzpumpe	
Zahl der Eimer in der Kette	Schakenlänge	Kettengeschwindigkeit	Zahl der Eimerschüttungen in der Min.	Weite	Höhe		Heizfläche	Druck	Greifer und Kübel		Bemerkungen
	mm	m/min		m	m	PSi	qm	at		cbm/min	
20	300	16,65	18,5	10	4	30	8	10			Der Elevator schüttet auf einen Kratzerförderer, dessen Geschwindigkeit 30 m/min beträgt.
38	350	31,5	45	25	9,5	35	21	9,8	2 Kübel je 1200 l	—	
42	350	32	45	19,5	10	35 bis 40	24	9			Der Elevator schüttet in feste Spülrinne oder Förderband ($v = 2,6$ m/sek).
39	450	18	16	220	11	40	38,4	10		8,1	Der Elevator schüttet in feste Spülrinne.
17	320	28,8	25	15	7,5	45	38,3	7,5			Der Elevator schüttet in Schüttrinne.
39	320	30	25	11	8,5	45	30	7,5		—	Der Elevator schüttet in Schüttrinne.
16	320	35 bis 38	18 bis 20	28	4,5	45	45	9		6,7	Der Elevator schüttet in feste Spülrinne.
48	400	16 bis 21	20 bis 26	200	2,8 bis 9,5	45	50	9		6,5	Der Elevator schüttet in feste Spülrinne.
62	400	36	40 bis 50	15	12	60	25	10		—	Der Elevator schüttet in Schüttrinne.
—	—	—	—	25	7	100	41,9	9,8	1 Greifer 1500 l 65 Schüttungen/st	—	
61	400	36	40 bis 45	13	10,5	60	45	9		—	Der Elevator schüttet in Schüttrinne.
26	500		24	10 bis 20	5 bis 7,9	60	44	8		1,1	Der Elevator schüttet in Spülrinne.
26	420	22	26	45	7,5	75	45	9,5	2 Kübel je 2200 l rd. 75 Schüttungen/st	—	
35	550	29,7	27	16,5	12,1	70	45	10		—	Der Elevator schüttet auf ein Förderband ($v = 2,5$ m/sek).
40	480	25	26	45	6,5	75	45,2	9,5	2 Kübel je 2200 l 80 Schüttungen/st	—	
22	355			19,5	4	60	2× 41	9		6,7	Der Elevator schüttet in feste Spülrinne.
2×32	550	31	28	41	9	100 bis 125	92	10		6 und 4	Der Elevator hat zwei Eimerketten; er schüttet auf Förderband (2,45 m/sek) oder in feste Spülrinne.

Zahlentafel IVb.
Hauptmaschinen der Spüler.

1	2	3	4	5	6	7	8	9	10	11	12	13	14	15
	Förderpumpmaschinen						Zusatzpumpmaschinen							
Nr. in Zahlentafel IVa	Leistung	Durchmesser der Hoch-	Mittel-	Nieder- druckzylinder	Hub	Umdrehungen je Minute	Leistung	Durchmesser der Hoch-	Mittel-	Nieder- druckzylinder	Hub	Umdrehungen je Minute	Wasserleistung je Minute	Kesseldruck
	PSi	mm	mm	mm	mm		PSi	mm	mm	mm	mm		cbm	at
1	150	300	—	445	458	120	—	—	—	—	—	—	8	10
2	300	230	370	600	360	220÷240	100	200	—	360	240	320	21	12
3	650÷800	380	620	1000	560	150÷200	250	230	370	600	360	250	80	13
4	20	2×200	—	—	250	95	—	—	—	—	—	—	—	7,5
5	68	270	—	—	300	200	—	—	—	—	—	—	6	12
6	200					180								
7	400					180÷220	200					200	60	12
8	250	320	—	560	400	200	80	230	—	400	200	230	20	10
9	500	340	550	880	550	185	200	220	325	510	350	245	50	12
10	400	295	420	700	400	230	120	200	—	380	240	250	40	12
11	250	320	—	640	460	180	110	280	—	560	300	180	37	10
12	300	265	445	725	460	160	140	185	280	460	305	230	45	12
13	800	380	600	950	600	160÷200	250	300	480	750	330	240	100	13
14	950	380	600	950	600	200	250	250	410	650	350	250	80	13
15	2×650	360	570	920	550	180	200	250	410	650	350	230	60	12
16	1500	460	750	1170	650	160	445	320	470	720	450	225	150	13

Zahlentafel IVc.
Gewichte von Spülern.

1	2	3	4	5	6	7	8	9	10	11	12	13	14	15	16	17	18	19	20	21
Nr. in Zahlentafel IVa	K	Ni Förder- und Zusatz-Pumpmaschinen	H_w	Q	G_S	C_S	G_M	C_M	G_K	C_K	G_B	C_B	G_W	C_W	G_A	C_A	G	Z	G_b	δ
					Einzelgewichte															
	m³	Zus.PSi	qm	cbm	kg		kg		kg		kg		kg		kg		t	t	t	
1	103,5	150	48	50	12000	116,5	Lokomobile 25000				15000	300					52	5,5	57,5	0,93
2	630	400	120	216	80000	127	26000	65	27000	225	27000	125	19600	31,2	7700	12,3	187,3	147,7	335	0,91
3	1565	1050	2×204,7	600	274353	175	51599	49,2	94300	232	44990	75	10775	6,9	23440	15	499,5	270,5	770	0,922
5	88,5	68	24,33	50	13500	153	Lokomobile 12000										34	7	41	0,95
6	303	200		100	50000	165	Lokomobile						1100	3,6	1250	4,1				
8	630	330	140	250	124300	197	18200	55	25300	182	17400	69,5	7700	12,2	18700	29,6	211,6	128,4	340	0,92
9	835	700	2×125,5	250	151900	182	42800	61,1	60140	240	33260	134	15000	18	10100	12,1	313,2	86,3	399,5	0,925
10	720	520	2×90	300	146100	204	30300	58,5	64800	360	26000	86,6	9000	12,5	4500	6,25	280,7	110,3	391	0,905
12	760	440	3×70	600	150000	198	25000	56,8	82000	390	20000	33,3	5000	6,6	15000	19,8	297	55	352	0,92
13	1320	1050	2×154	600	268000	203	54000	51,4	78000	253	62000	133	12000	9,1	16000	12,1	490	122	612	0,925
14	1630	1200	2×200	600	291184	178	41698	34,8	88822	222	50791	84,6	10728	6,6	19467	12	502,7	309,7	812,4	0,915
15	1420	1500	2×204	800	286500	203	66500	44,4	94500	230	58300	73,3	8500	6	30700	21,7	545	210	755	0,92
16	1590	1945	2×145	800	355000	223	94000	48,5	164000	283	49000	61,3	12000	7,6	16000	10	690	269	959	0,925

Zahlentafeln VIa.

Hauptabmessungen von Prähmen.

1	2	3	4	5	6	7	8	9	10	11	12	13	14	15	16	17	18	19	20	21	22	23	24	25
									T		Laderaum			Ladefähigkeit	Tragfähigkeit	δ		$K=L.B.H.$	Gewichte					
Nr.	Name	Arbeits-stelle	Gattung	Erbauer	Bau-jahr	L	B *)	H	leer	bela-den	Länge *)	Breite *)	Höhe			leer	be-laden		Schiffs-körper	C_s	Ausrü-stung	C_A	Gesamt-gewicht	C
						m	m	m	m	m	m	m	m	cbm	t			m³	kg		kg			
1	A 1÷6	Aurich	Mit festen Boden. Zum Auskarren	Gebr. Sachsenberg, Roßlau a/E.	1911	11	2,67÷3	1,15	0,3	1	5,59	2,67÷3	0,9	16,7	20	0,71	0,84	36	6095	171,6	181	5,4	6,276	177
2	K 1÷8	Emden	Mit Bodenklappen	Lübecker M. G.	1903/4	22	5÷5,2	1,75	0,6	1,5	12,45	1,8÷3,34		50	75	0,63	0,695	196	37000	189	5000	25	42	214
3	—	Leer	„	Schiffs- u. M. G., Mannheim	1899	25	5,45÷5,6	1,7		1,2	14,4	1,4÷3,2		50	87,5		0,795	235	40400	172	3320	14	43,72	186
4	—	Wilhelmshaven	Mit Bodenklappen	Lübecker M. G.	1912	37	7,2	2,65	0,6	1,9	22,4	2,6÷4,2	2,85	200	340			710						
5	—	Harburg	Spülerprähme	Lübecker M. G.	1905/6	36	6	2,4		2	22,9÷26,22	1÷4,7	2,6	175	315		0,92	518	76200	147	4800	9	81	156
6	—	Stettin	Spülerprahm	Nüscke & Co., Stettin	1907	37,56	6,3	2,4		2	26	1,5÷4,3	2,3	175	332,5		0,74	568	77970	138	5140	9	83,11	147
7	—	Hamburg	„	„	1910	39,6	7,5	2,75		2,45	27	2,4÷5,2	2,9	300	500		0,862	815	128530	158	3410	4	131,94	162
8	S 10÷17	Emden	„	„	1909/11	47	7,6	2,4	0,45	2,1	33,6	1,5÷5,85	2,5	300	540	0,914	0,917	855	128690	151	18510	21	147,2	172
9	L 3÷5	„	Mit festem Boden. Zum Absaugen durch eine Dampfpumpe	Nordseewerke Emden	1907	53,7	7,74	2,1	0,4	1,8	36	5,5	2,1	400	520	0,9	0,9	875	142570	163	7430	9	150	172
10	S 5	„	Spülerprahm	Jos. L. Meyer, Papenburg	1908/9	57,5	7,6	2,6	0,5	2,4	41	1,3÷6,2	2,6	400	720	0,9	0,9	1135	193000	170	4000	4	197	174
11	W 3÷4	„	Wasserprähme mit Laderaum für Boden	„	1907	24	5÷5,5	1,5	0,38	1,2	13,72	4,1÷4,3	1,05	70 [im Laderaum oder 60 cbm Wasser unter dem Laderaum]	90	0,87	0,925	189	39816	211	384	2	40,2	213

*) Bei trapezförmigem Querschnitt bzw. Längsschnitt gibt das kleinere Maß die untere, das größere die obere Breite an.

Zahlen-
Hauptabmessungen

1	2	3	4	5	6	7	8	9	10	11	12	13	14
								T	T	Laderaum		Lade-fähigkeit	Trag-fähigkeit
Nr.	Name	Arbeitsstelle	Erbauer	Bau-jahr	L	B	H	leer	be-laden	Länge	Breite		
					m	m	m	m	m	m *)	m *)	cbm	t
1	D P I, II	Swinemünde	Oderwerke, Stettin	1891	33,7	8,5	3,2	2,3	3,2			150	320
2	D P 3÷6	„	Schichau, Elbing	1894/95	42,35	8,5	3,2	2,3	3			200	400
3	D P 7÷9	„	Vulkan, Stettin	1895	42	8,5	3,2	2,3	2,9	15,5÷17,8	3÷6,5	200	400
4	D P 10	„	„	1895	33,1	8,5	3,2	2,3	3	13÷15	3÷6,5	150	320
5	D P 11, 12	Stettin	Klawitter, Danzig	1897	37	6,6	2,45	1	1,5	14,4÷16,5	2,3÷4,7	120	200
6	D P 1, 2	Stralsund	M.B.A.G.,Mannheim	1899	34,5	8,5	3,2	2,2	2,8	11,8	3,3÷6,3	160	270
7	D P 1, 2	Emden	Merten, Danzig	1897	38,8	7,5	2,47	0,95	1,85	15÷17,15	2,6÷5,3	160	240
8	D P 3, 4	„	A. G. Weser, Bremen	1898	40	8	2,4	1,1	2,25	17,2÷18,35	3,15÷6	200	260
9	D P 5	„	Meyer, Papenburg	1900	40	8	2,5	1,05	2,2	19÷21,1	3,3÷6,3	200	260
10	D P 6÷10	„	„	1901	40	8	2,5	1,05	2,2	19,25÷21,5	3,25÷6,2	200	260
11	Nord,Süd, Ost,West	Kaiser-Wil-helm-Kanal	Howaldtswerke, Kiel	1912	50,5	8÷8,2	3,4	1,75	3	33,98	2,25÷5,27	400	720

*) Bei trapezförmigem Längsschnitt, bzw. Querschnitt gibt das kleinere Maß die untere, das größere die

Zahlentafel Vb.
Hauptmaschinen von Schutenentleerern.

1	2	3	4	5	6	7
Nr. in Zahlen-tafel V a	Leistung	Durchmesser der		Hub	Umdre-hungen je Minute	Kessel-druck
		Hoch-druckzylinder	Nieder-druckzylinder			
	PSi	mm	mm	mm		at
1	30	180	—	240	225	10
2	35	184	324	355	135	9,8
3	35÷40	215	350	240	150	9
4	40	190	320	300	120	10
5	45	2×200	—	310	220	7,5
6	45	255	400	400	150÷180	7,5
7	45	230	420	350	180	9
8	45	255	400	450	100	9
9	60	215	350	240	180	10
10	100	2×250	—	350	200	9,8
11	60	220	380	400	100	9
12	60	255	400	400	150	8
13	75	260	420	400	150	9,5
14	70	290	460	320	145	10
15	75	230	440	300	170	9,5
16	60	255	440	400	180	9
17	100÷125	250	415	600	100÷110	10

tafel VI c.
von Dampf- und Motorprähmen.

15	16	17	18	19	20	21	22	23	24	25	26	27	28	29	30	31	32	33
Fahr-geschwin-digkeit		Leistung der Fahr-maschine	HD	ND	Hub	Umdrehungen je Minute	Heizfläche des Kessels	Dampf-druck	Schrauben		$K = $ L. B. H.	Schiffs-körper	C_S	Gewichte				Gesamt-gewicht
			Zylinder-durchmesser						Durch-messer	Stei-gung				Maschi-nen u. Kessel-anlage	C_M	Ausrü-stung u. Reser-veteile	C_A	
leer	be-laden																	
km/st		PSi	mm	mm	mm		qm	at	m	m	m³	kg		kg		kg		t
12,8	9,3	175	320	600	370	185	65	8	1,65	2,0								
13,7	12,2	170	360	680	400	145	82	8	1,8	2,2 ÷ 2,5	1150	185 565	161	37 852	222	12 642	11	236
15	13,5	210	380	680	500	140	84	8	2	2,2	1140	191 494	168	37 885	181	9 203	8,2	238,6
15,3	13,5	210	380	680	500	140	80	8	2	2,2	900	153 756	170	36 464	174	8 064	9	198,3
14	13,5	2 × 50	235	375	240	195	64	8	1,5	1,25	598	86 175	144	29 370	293,7	5 000	8,5	120,5
16,5	16	250	370	620	400	170	85	8	2	1,9								
14	12	2 × 75	260	470	220	200	77,5	8	1,4	1,8								
14,5	13	2 × 90	260	480	260	175	66	8	1,4	1,8	768	121 748	159	27 672	154	16 849	22	166,3
14,5	13	2 × 80	205	350	280	200	64	9	1,4	1,8	800	124 000	156	22 050	138	10 000	12,5	156,1
14,5	13	2 × 90	236	390	320	190	73,7	8,5	1,4	1,8	800	124 000	156	22 050	125	10 000	12,5	156,1
12,5	12	190 PSe	2 × 430	—	480	225	—	—	1,32	1,65	1390	290 000	208	12 000	63	4 500	3,2	306,5

obere Breite an.

Zahlentafel Vc.
Gewichte von Schutenentleerern.

1	2	3	4	5	6	7
Nr. in Zahlen-tafel V a	Einzelgewichte					G
	G_S	G_M	G_K	G_B	G_A	
	kg	kg	kg	kg	kg	t
1		1 250	2 600	12 000	2 200	
5	45 300	10 000	13 000	41 500	4 000	113,8
6	31 700	7 700	10 880	31 150	17 200	98,63
7	46 600	9 800	10 300	21 798	5 200	93,69
8	81 900	16 500	12 800	23 100	11 250	145,5
10	95 000	4 000	11 000	70 000	10 000	190
12	83 400	22 400	10 000	54 900	2 200	172,9
13	151 200	17 900	10 400	74 650	3 200	257,35
15	117 000	10 000	13 150	149 000	—	289,15
16	85 947	20 400	13 150	43 318	7 600	170,41

Zahlentafel VIb.

Schleppdampfer und Schleppmotorboote.

1	2	3	4	5	6	7	8	Maschine						Kessel		Schraube			Schleppleistungen (durch Versuche ermittelt)						26
Nr.	Name	Erbauer	L	B	H	T	δ	Lei-stung	φ H.D.Cyl.	φ M.D.Cyl.	φ N.D.Cyl.	Hub	Umdrehungen in 1 Minute	Heizfläche	Druck	φ	Steigung	Flügelzahl	Z = Zugkraft	Schleppge-schwindigkeit	Leistung der Maschine	Umdrehungen in 1 Minute	Z/PSi	Leerge-schwindigkeit	
			m	m	m	m		PSi	mm	mm	mm	mm		qm	at	mm	mm		kg	km/St.	PSi			km/St.	
1	Stecknitz	Atlaswerke Bremen	16,01	4,8	2,2	1,8	0,5	135	240	—	440	275	220	48	10,5	1550	1550	4	1560	5	123	185	12,65	15,8	Pfahl-probe
2	Lübeck	Atlaswerke Bremen	17	4,95	2,3	1,9	0,52	207	290	—	500	275	239	60	10,5	1450	1850	4	2350	—	165	178	14,2	15,4	Pfahl-probe
3	Logum	Jos. L. Meyer Papenburg	17,8	4,5	2,2	1,75	0,535	140 ÷ 175	280	—	480	350	150	57,4	10	1550	2050	4	1325	8,8	110,5	150	12		
																			1640	11,4	174	176	9,5	17,8	
4	Petkum	Schiffs- & M. B. A. G. Mannheim	17,25	4,5	2,5	1,8	0,535	150 ÷ 200	340	—	560	360	160	63	9	1650	2190	4	1600	10,9	136	145	11,7		
																			1733	8,6	139	150	12,5		
																			1810	10,5	202	160	9	15,8	
5	M 111 ÷ 116	Atlaswerke Bremen	19,22	4,9	2,13	1,6	0,57	180	290	—	500	275	175	60	10,5	1450	1700	4	2300	5	192	200	11,95		Doppel-ruder
																			1900	4,5	160	179	11,85	15,6	
6	Moorau	Jos. L. Meyer Papenburg	19	5,2	2,4	1,95	0,545	200	305	—	540	400	170	80,4	9	1700	2000	4	2050	9,6	207	171	9,9	17,6	
7	Sandau	Jos. L. Meyer Papenburg	19	5,2	2,4	1,95	0,545	200	305	—	540	400	170	80,4	9	1700	2000	4	2122	9,82	219	172	9,7	17,4	
8	Rethe	Jos. L. Meyer Papenburg	19	5,2	2,4	1,95	0,545	200	305	—	540	400	170	80,4	9	1700	2000	4	1900	8,05	200	166	9,5	17,8	
9	M 2	Atlaswerke Bremen	21	5,3	2,25	1,6	0,529	200	300	—	560	400	161	90	10,5	1600	2000	4	2350	5,15	199	161	11,8		Gegen-propeller
10	Wilgum I	Jos. L. Meyer Papenburg	23,4	5,5	2,45	2	0,56	200 ÷ 250	330	—	640	400	165	95	9	1700	2400	4	2550	8,5	241	166	8,6		
																			2075	10,4	241	166	10,6	19,5	
11	Wilgum II	Jos. L. Meyer, Papenburg	24,5	5,8	2,6	2,3	0,545	250 ÷ 330	350	—	640	500	155	113	9	1900	2550	4	2400	10,7	249	160	9,65		
																			2900	11,45	328	162	8,85	19,5	
12	Emshörn	Stocks & Kolbe, Kiel	26	6,5	3,85	3,5	0,442	400	335	515	835	560	135	144	12	2600	2603	4	4750	9,35	419	127	11,3	18,5	See-schlepper
13	Centaur	Atlaswerke Bremen	30,81	6,7	4	3	0,503	500	320	560	920	550	124	145	13	2650	3300	4						20,2	„
14	Ems-Jade	Oltmann, Motzen	7,4	2	1,1	0,75	0,39	PSe 10	2 Cyl. je 130 Φ			125	660	—	—	550	470	2	125	5,75	10	660	Z/PSe 12,5	11	Motor mit Dreh-flügel-schraube von Deutz
15	Tümmler	Oltmann, Motzen	10	2,52	1,31	0,85	0,45	PSe 20	4 Cyl. je 130 Φ			125	660	—	—	700	600	2	280	4,1	20	660	Z/PSe 14	14,5	

Spaltengruppe 26: *Schleppdampfer* (Nr. 1–13); *Motor-boote* (Nr. 14–15).

III. Berechnung der Bagger.

Für die Berechnung eines Baggers ist in erster Linie die Größe und der Kraftbedarf des eigentlichen Bagger- und Förderwerkzeuges (Eimer, Pumpe, Greifer, Förderband und Kübel) maßgebend. Ein auf den dafür ermittelten Werten aufgebauter Entwurf, für den die Größen der Bunker, der Tanks, des Laderaums, die Räume für die Besatzung usw. bekannt sein oder angenommen werden müssen, gibt dann Unterlagen zur Ermittelung des Gewichts und der Standsicherheit des ganzen Gerätes. Die Hauptabmessungen sind auf Grund dieser Berechnungen und der in den Zahlentafeln gegebenen Vergleichswerte festzulegen. Dabei sind besondere Anforderungen, denen das ganze Gerät bei seiner späteren Verwendung entsprechen muß, zu berücksichtigen. Im allgemeinen gilt letzteres besonders für Form und Abmessungen der Schiffsgefäße.

1. Greifbagger.

Bei Greifbaggern erfolgen die 3 Arbeitsvorgänge: das Loslösen, Fördern und Ausschütten des Bodens nur nacheinander. Es muß also der Berechnung derjenige Arbeitsvorgang zugrunde gelegt werden, der den größten Kraftaufwand erfordert. Den Inhalt des Greifkorbes gibt die Formel:

$$J = \frac{Q \cdot 1000}{Z \cdot \eta} \qquad \ldots \ldots \ldots \ldots \ldots \quad 1)$$

hierin bedeutet:

J: Greiferinhalt in Litern,
Q: Leistung des Baggers in 1 Stunde in Kubikmetern,
Z: Anzahl der Greiferhübe in 1 Stunde,
η: Wirkungsgrad des Greifers.

Z ist bestimmt durch die für einen Greiferhub nötige Zeit und ist bei hartem Boden, großer Baggertiefe und langen Schwenkungen des Auslegers am größten. Bei Berechnung der für einen Hub nötigen Zeit ist im allgemeinen eine Schwenkbewegung von 150° anzusetzen. Die Drehgeschwindigkeit v_d ist zu $2 \div 3$ m/sek, am Ausleger gemessen, anzunehmen, die Hubgeschwindigkeit v_h zu $0{,}3 \div 0{,}5$ m/sek, je nach der geförderten Bodenart, die Senkgeschwindigkeit v_s im Mittel zu 0,8 bis 1 m/sek. Ist t_1 die zum Schließen, t_2 die zum Entleeren des Greifers nötige Zeit in Sekunden, l der Abstand des Auslegerendes von der Kransäule, a der Schwenkungswinkel und h die Hubhöhe, so ist:

$$Z = \frac{3600}{t_1 + t_2 + \dfrac{h}{v_s} + \dfrac{h}{v_h} + \dfrac{l \cdot \pi \cdot a}{180 \cdot v_d}} \qquad \ldots \ldots \ldots \ldots \quad 2)$$

oder

$$v_h = \frac{h}{\dfrac{3600}{Z} - \left(t_1 + t_2 + \dfrac{h}{v_s} + \dfrac{l \cdot \pi \cdot a}{180 \cdot v_d}\right)} \qquad \ldots \ldots \ldots \quad 3)$$

η ist für weichen Boden $= 0,7$ ($\div 0,75$ bei sehr weichem Schlick),
für Sand und schweren Boden $= 0,5 \div 0,6$,
für Steine $= 0,2 \div 0,35$ je nach deren Lagerung.

Maschinenleistung. Der größte Kraftbedarf tritt auf beim Schließen des Korbes und beim Heben und Drehen des gefüllten Greifers über Wasser. Für das Heben ist:

$$N_i = \frac{(J \cdot \gamma_1 \cdot \eta + g)v_h}{\eta_m \cdot 75} \quad \ldots \ldots \ldots \ldots \quad 4)$$

Hierin bedeutet:

γ_1: spez. Gewicht des Bodens,

g: das Gewicht von Greifer und Kette in Kilogramm (Zahlentafel XI, S. 166),

η_m: Wirkungsgrad des Triebwerks und der Maschine,

J, η und v_h haben die bereits angegebene Bedeutung.

Für die Kesselgröße (Zahlentafel Ia) ist zu beachten, daß die größte Beanspruchung immer nur einmal bei jedem Greiferhub auftritt, und daß während des Drehens des Auslegers nur $\sim 50^0/_0$ der Hubkraft nötig sind, während beim Senken die Maschine nicht arbeitet. Da jedoch nur ziemlich kleine Kessel in Frage kommen, empfiehlt es sich für 1 PS$_i$ der größten Maschinenleistung 0,4 bis 0,5 qm Heizfläche zu rechnen.

Ist eine Fahrmaschine vorhanden, so ist deren Leistung (Zahlentafel Ia) in der Regel erheblich größer als die Höchstleistung der Baggermaschine, so daß der Kessel nach der Größe der Fahrmaschine mit $0,35 \div 0,4$ qm Heizfläche je PS$_i$ anzunehmen ist.

Die Schiffsgefäße sind mit Rücksicht auf die Verwendbarkeit der Bagger möglichst klein zu halten. Abmessungen hierfür gibt die Zahlentafel Ia.

Die Gewichtsberechnung ist in gleicher Weise wie bei den Eimer- und Pumpenbaggern durchzuführen. Gewichtsangaben enthält die Zahlentafel Ic.

Rechnungsbeipiel.

Ein Greifbagger soll 25 cbm Sand vom spez. Gewicht 2 in 1 Stunde aus 10 m Tiefe fördern und 3,5 m über Wasserlinie ausschütten. Die Ausladung, von Mitte Kran gerechnet, soll 9 m betragen.

Greiferinhalt:

$$J = \frac{Q \cdot 1000}{Z \cdot \eta} = \frac{25 \cdot 1000}{45 \cdot 0,6} \sim 1000 \; l.$$

Hubgeschwindigkeit:

$$v_h = \frac{h}{\dfrac{3600}{Z} - \left(t_1 + t_2 + \dfrac{h}{v_s} + \dfrac{l \cdot \pi \cdot a}{180 \cdot v_d}\right)} = \frac{13,5}{\dfrac{3600}{45} - \left(20 + 5 + \dfrac{13,5}{0,8} + \dfrac{9 \cdot \pi \cdot 150}{180 \cdot 2,5}\right)} \sim 0,48 \; \text{m/sek.}$$

Maschinenleistung:

$$N_i = \frac{(J \cdot \gamma_1 \cdot \eta + g)v_h}{\eta_m \cdot 75} = \frac{(1000 \cdot 2 \cdot 0,6 + 2500)\, 0,48}{0,50 \cdot 75} \sim 50 \; \text{PS}_i.$$

Kesselgröße:

$$H_w = 50 \cdot 0,45 \sim 23 \; \text{qm.}$$

Derselbe Bagger kann beim Schlickbaggern leisten: 45 Hübe, wenn für den Schlickgreifer: $(J \cdot \gamma_1 \cdot \eta + g) = 3700$, d. h. bei $\gamma_1 = 1,2$, $\eta = 0,7$, $J = 1600\,l$, $g = 2350\,\text{kg}$.

$$Q = \frac{J \cdot Z \cdot \eta}{1000} \sim 50 \; \text{cbm/st.}$$

2. Eimerbagger.

Der Eimer-Inhalt berechnet sich aus der Formel:

$$J = \frac{Q}{\eta \cdot 60 \cdot \dfrac{v}{2l}} \qquad\qquad \ldots \ldots \ldots \ldots \; 5)$$

hierin bedeutet:

$J =$ Inhalt des Eimers in cbm,

$Q =$ Leistung des Eimerbaggers in 1 Std. in cbm,

$\eta =$ Wirkungsgrad der Eimerkette, d. h. das Verhältnis der wirklichen Eimerfüllung in cbm zum Fassungsvermögen des Eimers in cbm,

$v =$ Geschwindigkeit der Eimerkette in m/Min (Werte von v siehe Zahlentafel IIa),

$l =$ Schakenlänge in m,

$\dfrac{v}{2l} =$ Anzahl der Eimerschüttungen in 1 Min.

η ist bei Sand $= 0{,}6 \div 0{,}8$ (und zwar gelten für größere Eimer die höheren Werte), bei weichem Schlick, Klai und Darg $= 0{,}8 \div 0{,}9$,

l wird zweckmäßig an Hand ähnlicher Ausführungen gewählt.

Sind für einen Bagger verschiedene Bodenarten vorgeschrieben, so wird zweckmäßig mit der Berechnung von J für den schwersten Boden begonnen, für den die Leistung des Baggers naturgemäß die kleinste ist.

Die Leistung des Baggers in leichterem Boden ergibt sich, wenn die für diese Bodenart zulässige Eimergeschwindigkeit in die angegebene Formel für J eingesetzt wird.

Der Kraftbedarf der Eimerkette ist gegeben durch die Formel:

$$N_i = \frac{[Q\,(\gamma_1 - \gamma_2)\,t \cdot 1000 + Q \cdot \gamma_1 \cdot h \cdot 1000] \cdot L}{60 \cdot 60 \cdot 75}$$

$$N_i = \frac{Q}{270} \cdot L\,[(\gamma_1 - \gamma_2)\,t + \gamma_1 h] \qquad \ldots \ldots \ldots \ldots \; 6)$$

hierin bedeutet:

$N_i =$ Kraftbedarf in $\mathrm{PS_i}$,

$Q =$ Leistung in cbm/st,

$\gamma_1 =$ spezifisches Gewicht des Bodens,

$\gamma_2 =$ spezifisches Gewicht des Wassers,

$t =$ die größte Baggertiefe in m,

$h =$ Turashöhe über Wasser in m (beim ersten Entwurf nach Zahlentafel IIa zu wählen),

$\dfrac{Q \cdot (\gamma_1 - \gamma_2)\,t \cdot 1000}{60 \cdot 60 \cdot 75} =$ Hubarbeit für den Boden unter Wasser in PS,

$\dfrac{Q \cdot \gamma_1 h \cdot 1000}{60 \cdot 60 \cdot 75} =$ Hubarbeit für den Boden vom Wasserspiegel bis Oberturas in PS,

$L =$ Leistungswert, d. h. das Verhältnis der erforderlichen Arbeit zum Heben des Bodens von Grund bis Ober-Turas in PS, zur Leistung der Antriebsmaschine beim Baggern in $\mathrm{PS_i}$.

Zahlentafel VII.
Leistungswerte L von Eimerbaggern.

1	2	3	4	5
Nr.	Leistung des Baggers in cbm/st	**Bodenart**		
		feiner Triebsand: $L =$	grober Sand und Ton: $L =$	Klai, Darg, Schlick, Torf: $L=$
1	bis 30	—	Sand bis 5 Ton bis 7	4
2	„ 100	6	5	4
3	„ 300	5	4	3
4	über 300	4	$4 \div 3{,}5$	3

Der Wert L ist aus der Zahlentafel VII zu entnehmen und faßt folgende, im einzelnen rechnerisch nicht einwandfrei zu ermittelnde Werte zusammen: Grab-Arbeit, Reibungsarbeit der Eimerkette, Verlust in der Kraftübertragung von der Antriebsmaschine zum Oberturas und in der Antriebsmaschine selbst.

Für verschiedene Leistungen bei verschiedenen Bodenarten wird auch hier N_i für den schwersten Boden berechnet. Für größere Leistung bei geringerem γ_1 ist der zuerst ermittelte Wert nachzuprüfen.

Die Abmessungen der Antriebsmaschine und ihr Raumbedarf sind nach dem Abschnitt „Maschinenanlage" zu bestimmen.

Der gesamte Kraftbedarf der Winden ist aus der Zahlentafel II c für die verschiedenen Baggergrößen zu entnehmen. Von den Winden arbeiten jedoch immer nur einige gleichzeitig, so daß es für die Berechnung der Kesselgröße im allgemeinen genügt, wenn die Kessel für eine Maschinenanlage berechnet werden, die um rund 50 Prozent größer als die bereits ermittelte Leistung der Hauptmaschine ist. Der Kessel genügt dann auch für den Dampfverbrauch einer Dampfdynamo für die Beleuchtung, sowie den Betrieb der Kesselspeise- und Luftpumpen. Mit Rücksicht auf die oft ungleichmäßige Belastung der Kessel ist bei größeren Baggern $0{,}3 \div 0{,}35$ qm Heizfläche (feuerberührte, auf der Wasserseite gemessene) je PS$_i$, bei mittleren $0{,}4 \div 0{,}5$ und bei kleineren Baggern bis 1 qm/PS$_i$ zu rechnen (Zahlentafel IIa).

Die Größe der Kohlenbunker, Speise- und Wassertanks richtet sich nach den für den Bagger gegebenen Betriebsverhältnissen. Für Seebagger wählt man sie zweckmäßig recht groß, um möglichst selten frische Betriebsstoffe zuführen zu müssen. Für Flußbagger jeder Größe soll immer darauf gesehen werden, daß die an Bord befindlichen Betriebsstoffe mindestens für 1 Woche ausreichen. Trimmtanks sind meist nur bei Seebaggern von Bedeutung. Angaben über deren Größe und Anordnung finden sich in dem Abschnitt „Schiffsgefäß" und Zahlentafel II a. Der für die Wohnräume nötige Platz ist bei größeren Baggern stets vorhanden. Bei Baggern unter 50 cbm Stundenleistung muß man meist darauf verzichten, für die ganze Besatzung auf dem Bagger die nötigen Wohnräume zu schaffen. Bei Seebaggern, deren Besatzung oft wochenlang nicht an Land kommen kann, muß für größere Wohnräume als bei den Flußbaggern gesorgt werden.

Auf Grund der so gewonnenen Unterlagen ist ein allgemeiner Entwurf möglich.

Für die Gewichtsberechnung gibt die Zahlentafel II d einen Anhalt.

Hieraus und aus dem Gewicht des Wasser- und Kohlenvorrates ergibt sich das Gesamtgewicht des betriebsfähigen Gerätes.

Die Wasserverdrängung D des Gerätes in t ist nach den beim Entwurf ermittelten Abmessungen:

$$D = (L \cdot B - L_s \cdot B_s)\, T \cdot \delta \cdot \gamma_2 \quad \ldots \ldots \ldots \ldots \quad 7)$$

wobei: $L =$ Länge in der Wasserlinie in m,

$B =$ Breite in der Wasserlinie in m,

$T =$ Tiefgang in m,

$L_s =$ Länge des Schlitzes in der Wasserlinie in m,

$B_s =$ Breite des Schlitzes in der Wasserlinie in m,

$\delta =$ Völligkeitsgrad des Schiffes (zu wählen nach Zahlentafel II d),

$\gamma_2 =$ spezifisches Gewicht des Wassers.

Ist der Wert der Wasserverdrängung größer als das ermittelte Gesamtgewicht des Schiffes, so ist fester Ballast einzubauen, um den gewünschten Tiefgang zu erreichen.

Werden die Eimerbagger als Selbstfahrer gebaut, so ist unter Berücksichtigung des auf Seite 147 Gesagten zu entscheiden, ob die Baggermaschine zum Antrieb der Schrauben dienen soll, oder ob besondere Fahrmaschinen eingebaut werden. Die Berechnung des Kraftbedarfs für diese Maschinen erfolgt zweckmäßig nach der französischen Formel (Hütte, 22. Aufl., 2. Bd., S. 718). Da die Fahrten solcher Eimerbagger meist nicht sehr lange dauern, kann für die Berechnung der Kesselheizfläche 0,3 qm/PS$_i$ angenommen werden. Ergibt sich, daß die Kesselheizfläche sehr viel größer sein muß, als die bei Berechnung der Baggermaschine ermittelte, so ist zu untersuchen, ob es besser ist, 2 Kessel einzubauen, deren jeder allein für den Baggereibetrieb genügt und die zusammen beim Fahren des Baggers den nötigen Dampf hergeben.

Wird in den Eimerbagger eine Baggerpumpe eingebaut, um ihn als festliegenden Pumpenbagger zu verwenden (Abb. 404 bis 406, S. 204), oder um außerdem noch den, von den Eimern geförderten Boden durch eine schwimmende Rohrleitung an Land zu drücken (Schwemmbagger Abb. 66 bis 68, S. 35 u. 36), so ist die Größe der Pumpenanlage im ersten Falle nach den für die Pumpenbagger (S. 149), im anderen Falle nach den für die Spüler angegebenen Formeln (S. 53) zu berechnen.

Bei Bemessung der Kesselgröße ist zu prüfen, welche Verwendung des Gerätes den größten Kraftbedarf ergibt. Der Dampfverbrauch der Hilfsmaschinen, insbesondere der Winden, ist bei vereinigten Eimer- und Pumpenbaggern für beide Förderarten ungefähr gleich. Im allgemeinen wird auch die Leistung des Baggers so anzunehmen sein, daß die Hauptmaschine, die sowohl zum Antrieb der Eimerkette wie der Pumpe dient, für beide Betriebsarten den gleichen Kraftbedarf hat, die Kesselanlage also in beiden Fällen in gleichem Maße ausgenutzt wird. Soll das von den Eimern geförderte Baggergut durch eine schwimmende Leitung an Land gedrückt werden, so tritt gegenüber der Verwendung des Gerätes als reiner Eimerbagger ein erheblich größerer Dampfverbrauch durch die Antriebsmaschine der Förderpumpe und gegebenenfalls durch die der Zusatz-Wasserpumpe auf. Hier ist zu prüfen, ob es sich empfiehlt, 2 Kessel einzubauen, die zusammen beim Arbeiten des Gerätes als Schwemmbagger und jeder für sich allein bei der Verwendung des Gerätes als Eimerbagger, oder Pumpenbagger, den nötigen Dampf erzeugen.

Rechnungsbeispiel.

1. Ein Flußbagger soll 30 cbm Sand vom spez. Gewicht $1,8 \div 2$ aus 4 m Tiefe in einer Stunde fördern und vor Kopf ausschütten. Eimer-Inhalt:

$$J = \frac{Q}{\eta \cdot 60 \cdot \dfrac{v}{2l}} = \frac{30}{0,65 \cdot 60 \cdot \dfrac{16}{2 \cdot 0,41}} = \sim 0,040 \,\text{cbm}.$$

Anzahl der Eimerschüttungen in einer Minute:

$$\frac{v}{2\,l} = \frac{16}{2\cdot0,41} = \sim 19,5.$$

Kraftbedarf:

$$N_i = \frac{Q}{270}\,[(\gamma_1 - \gamma_2)\,t + \gamma_1\cdot h]\,L = \frac{30}{270}\,[(2-1)\,4 + 2\cdot3]\,5 = \sim 6\ \mathrm{PS_i}.$$

Für den Kraftbedarf der Winden sind mit Rücksicht auf die Verluste in der Übersetzung $3 \div 4\ \mathrm{PS_i}$ anzusetzen, so daß der gesamte Kraftbedarf rd. $10\ \mathrm{PS_i}$ beträgt.

Für die Kesselheizfläche wird zweckmäßig 1 qm je $\mathrm{PS_i}$, also im ganzen 10 qm angenommen.

Die Größe des Schiffsgefäßes bestimmt sich bei so kleinen Baggern in der Regel danach, welche Abmessungen der Kanal oder der Fluß, in dem der Bagger verwandt wird, gestattet. Im allgemeinen muß man so geringe Abmessungen als möglich zu erreichen suchen. Eine genaue Gewichtsberechnung ist nötig, um den in der Regel sehr geringen Tiefgang nicht zu überschreiten. Für das Rechnungsbeispiel wären auf Grund der Zahlentafel II a folgende Abmessungen anzunehmen:

$$L = 10\,\mathrm{m},\ \ B = 3,60\,\mathrm{m},\ \ H = 1,25\,\mathrm{m},\ \ T = 0,9\,\mathrm{m},\ \ L_s = 8,5\,\mathrm{m},\ \ B_s = 0,76\,\mathrm{m}.$$

Hierbei kann noch der Wohnraum für einen Baggermeister und einen Maschinisten eingebaut werden. Ein Trinkwassertank ist nötig, das Speisewasser wird von außenbord entnommen. Der Kohlenbunker faßt 1,75 t, d. h., bei 10 stündiger Arbeitszeit und einem Kohlenverbrauch von 0,85 kg/cbm geförderten Boden, den für eine Arbeitswoche nötigen Vorrat.

Die Wasserverdrängung des Baggers ist:

$$D = (L\cdot B - L_s\cdot B_s)\,T\cdot\gamma_2\cdot\delta = (10\cdot3,6 - 8,5\cdot0,76)\cdot0,9\cdot1\cdot0,97 = \sim 25,6\ \mathrm{t}.$$

Für das Gewicht ergibt sich:

Schiffsgefäß $(L\cdot B - L_s\cdot B_s)\cdot H\cdot C_S = (10\cdot3,6 - 8,5\cdot0,76)\cdot1,25\cdot242 = \sim$		9 000 kg
Ausrüstung $= (10\cdot3,6 - 8,5\cdot0,76)\cdot1,25\cdot C_A = 37\cdot56$ . . . . . . $= \sim$		2 050 ,,
Windenanlage $= 37\cdot C_W = 37\cdot45$ . . . . $= \sim$		1 650 ,,
Baggermaschinenanlage $N_i\cdot C_M = 10\cdot115$ . . . . $=$		1 150 ,,
Kesselanlage $= H_w\cdot C_K = 10\cdot225$ . . . . $=$		2 250 ,,
Baggergerät $= Q\cdot C_B = 30.156$ . . . . $=$		4 650 ,,
Kohlenvorrat . . . . $=$		1 750 ,,
Wasser in Kessel- und Rohrleitung . . . . $= \sim$		800 ,,
Besatzung . . . . $= \sim$		200 ,,

$$\text{Gesamtgewicht} = 23\,500\ \mathrm{kg}$$
$$\text{Wasserverdrängung} = 25\,600\ ,,$$

Es muß ein fester Ballast von 2 100 kg eingebaut werden.

2. Ein Eimerbagger soll bei 8 m größter Baggertiefe 120 cbm/st Sand von $1.8\div2$ spez. Gewicht fördern. Die Betriebsmittel für 20 Arbeitstage müssen an Bord unterzubringen sein.

Der Bagger soll auch Klai und Schlick vom spezifischen Gewicht 1,6 fördern können. Die Leistung in diesem Boden ist anzugeben.

Eimergröße.

a) für Sand:

$$J = \frac{Q}{\eta\cdot60\cdot\dfrac{v}{2\,l}} = \frac{120}{0,7\cdot60\cdot\dfrac{18}{2\cdot0,6}} = 0,19\ \mathrm{cbm}.$$

Anzahl der Eimerschüttungen in einer Minute:

$$\frac{18}{2 \cdot 0,6} = 15,$$

b) im Schlick und Klai erreicht der Bagger bei:

$$\eta = 0,9; \quad J = 0,19 \,\text{cbm} \quad \text{und} \quad v = 21 \,\text{m/min}$$

eine Leistung von:

$$Q = J \cdot \eta \cdot 60 \cdot \frac{v}{2\,l} = 0,19 \cdot 0,9 \cdot 60 \cdot \frac{21}{2 \cdot 0,6} = \sim 180 \,\text{cbm/st.}$$

Kraftbedarf der Antriebsmaschine.

a) beim Sandbaggern:

$$N_i = \frac{Q}{270} \left[(\gamma_1 - \gamma_2)\, t + \gamma_1 \cdot h \right] L = \frac{120}{270} [(2 - 1,02)\, 8 + 2 \cdot 7] 4 = \sim 40 \,\text{PS}_i,$$

b) beim Schlick- und Klaibaggern:

$$N_i = \frac{180}{270} [(1,6 - 1,02) 8 + 1,6 \cdot 7] \cdot 3 = \sim 33 \text{PS}_i.$$

Der Kraftbedarf der Winden kann nach der Zahlentafel II c angenommen werden zu:

$$15 \quad \text{PS}_i \text{ für Vortauwinde,}$$
$$2 \cdot 5,5 = 11 \quad \text{PS}_i \text{ für die vorderen Seitenwinden,}$$
$$4,5 \,\text{PS}_i \text{ für die Achterwinde,}$$
$$\underline{20 \quad \text{PS}_i \text{ für die Leiterhubwinde,}}$$
$$\text{zusammen} \quad 50,5 \,\text{PS}_i.$$

Davon arbeiten gleichzeitig:

$$\text{Die Vortauwinde mit} \ldots \ldots 15 \quad \text{PS}_i$$
$$\text{eine vordere Seitenwinde mit} \quad 5,5 \,\text{PS}_i$$
$$\underline{\text{die Hinterwinde mit} \ldots \ldots 4,5 \,\text{PS}_i}$$
$$\text{zusammen} \ 20 \quad \text{PS}_i.$$

Es genügt also für die Berechnung der Kesselgröße, wenn mit einem größten Kraftbedarf von $40 + 20 = 60 \,\text{PS}_i$ gerechnet wird. Bei 0,6 qm Heizfläche für 1 PS_i sind $60 \cdot 0,6 = 36$ qm Kesselheizfläche nötig.

Die Kohlenbunker müssen bei 10 stündiger Arbeitszeit und einem Kohlenverbrauch von 0,8 kg/cbm Sand einen Fassungsraum von:

$$\frac{20 \cdot 10 \cdot 120 \cdot 0,8}{1000} = \text{rd. 20 t}$$

haben.

Für Frischwasser zum Kesselspeisen sind 8 cbm anzusetzen, damit der Kessel alle drei bis vier Tage abgeschäumt werden kann, wozu jedesmal rd. 1 cbm Frischwasser nötig ist. 2 cbm sind für Verlust der mit Auspuff arbeitenden Winden anzunehmen.

Für das Schiffsgefäß ergeben sich bei 9 Mann Besatzung folgende Abmessungen:

$$L = 30 \,\text{m}; \ B = 6 \,\text{m}; \ H = 2,65 \,\text{m}; \ T = 1,7 \,\text{m}.$$

Länge des Schlitzes $= 13,53$ m, Breite des Schlitzes $= 1,57$ m. Der Tiefgang von 1,7 m ist mit Rücksicht auf gelegentliche Verwendung des Baggers im Seegebiet gewählt. Dann ist die Wasserverdrängung in t:

$$D = (L \cdot B - L_s \cdot B_s)\, T \cdot \delta \cdot \gamma_2 = (30 \cdot 6 - 13,53 \cdot 1,57)\, 1,7 \cdot 0,9 \cdot 1,02 = \sim 247 \,\text{t.}$$

Für das Gewicht ergibt sich:

Schiffsgefäß $= (L \cdot B - L_s \cdot B_s) H \cdot C_S = (30 \cdot 6 - 13{,}53 \cdot 1{,}57) 2{,}65 \cdot 280 = \sim$ 118 000 kg

Ausrüstung $= (30 \cdot 60 - 13{,}53 \cdot 1{,}57) \cdot 2{,}65 \cdot C_A = 424 \cdot 35{,}5 \ldots\ldots = \sim$ 15 000 ,,

Windenanlage $= 424 \cdot 20 \ldots\ldots\ldots = $ 8 280 ,,

Baggermaschinenanlage $= N_i \cdot C_M = 40 \cdot 145 \ldots\ldots\ldots = $ 5 800 ,,

Kesselanlage $= H_w \cdot C_K = 36 \cdot 200 \ldots\ldots\ldots = $ 7 200 ,,

Baggergerät $= Q \cdot C_B = 120 \cdot 290 \ldots\ldots\ldots = $ 34 800 ,,

Kohlenvorrat $\ldots\ldots\ldots\ldots = $ 20 000 ,,

Wasservorrat in Tanks, Kessel und Rohrleitung $\ldots\ldots = \sim$ 12 000 ,,

$$\text{Gesamtgewicht des Baggers} = \quad 221\,080 \text{ kg}$$
$$\text{Wasserverdrängung in t} = \quad 247\,000 \text{ ,,}$$
$$\text{Es sind also an festem Ballast} \quad \sim \quad 26{,}0 \text{ t}$$

einzubauen.

3. Ein Eimerbagger für Seebaggerungen soll 500 cbm/st Sand von $1{,}8 \div 2$ spez. Gewicht aus 14 m Tiefe fördern. Bei 14 stündiger Arbeitszeit muß Betriebsmaterial für 14 Arbeitstage an Bord genommen werden können. Es sind zwei Kessel einzubauen, deren jeder allein den nötigen Dampf zum Betriebe liefern kann.

Eimergröße:

$$J = \frac{Q}{\eta \cdot 60 \cdot \dfrac{v}{2\,l}} = \frac{500}{0{,}75 \cdot 60 \cdot \dfrac{23}{2 \cdot 0{,}8}} = \sim 0{,}800 \text{ cbm.}$$

Kraftbedarf der Hauptmaschine:

$$N_i = \frac{Q}{270}[(\gamma_1 - \gamma_2) t + \gamma_1 h] L = \frac{500}{270} [(2 - 1{,}02) 14 + 2 \cdot 9] \cdot 3{,}8 = \sim 230 \text{ PS}_i.$$

Um mit dem Bagger gelegentlich auch sehr harten Boden schneiden zu können, soll die Maschine für eine größte Leistung von 250 PS$_i$ gebaut werden.

Der Kraftbedarf der Winden kann nach Zahlentafel II c angenommen werden zu:

$$40 \text{ PS}_i \text{ für die Vortauwinde,}$$
$$2 \cdot 24 = 48 \text{ PS}_i \text{ für die vorderen Seitenwinden,}$$
$$29 \text{ PS}_i \text{ für die Achterwinde} \left\{ \begin{array}{l} 10 \text{ PS}_i \text{ für eine hintere Seitenkette,} \\ 19 \text{ PS}_i \text{ für das Achtertau,} \end{array} \right.$$
$$75 \text{ PS}_i \text{ für die Leiterwinde,}$$
$$2 \cdot 15 = 30 \text{ PS}_i \text{ für die Prahmverholwinden,}$$
$$\underline{15 \text{ PS}_i \text{ für die Schüttrinnenwinde,}}$$
$$237 \text{ PS}_i.$$

Der größte Kraftbedarf, der gleichzeitig auftritt, ist:

$$\begin{array}{lr} \text{Vortauwinde} \ldots\ldots & 40 \text{ PS}_i, \\ \text{Eine vordere Seitenwinde} \ldots & 24 \text{ PS}_i, \\ \text{Achterwinde für eine Seitenkette} & 10 \text{ PS}_i, \\ \text{Eine Verholwinde} \ldots & 15 \text{ PS}_i, \\ \text{Schüttrinnenwinde} \ldots & \underline{15 \text{ PS}_i,} \\ & 104 \text{ PS}_i. \end{array}$$

Hierzu kommt noch für eine Dampfdynamo $\ldots$ $\underline{15 \text{ PS}_i}$

$$119 \text{ PS}_i.$$

Jeder Kessel muß für $119 + 230 = 349$ PS$_i$ Dampf liefern können. Bei 0,34 qm Heizfläche für 1 PS$_i$ berechnet sich die Kesselheizfläche zu $349 \cdot 0{,}34 = \sim 120$ qm.

Für die Abmessungen des Schiffsgefäßes ist bei so großen Baggern in erster Linie die Seetüchtigkeit maßgebend. Der Raum für Maschinen- und Kesselanlage,

Kohlenbunker, Wohnräume usw. ist leicht zu schaffen. Eine Breite von 8,4 m bei 45,74 m Länge, 2,7 m Tiefgang, 21,6 m Länge und 2,04 m Breite des Schlitzes gibt bei der gewählten Höhe des Oberturasses gute Stabilität.

Die Wasserverdrängung in t ist:

$$D = (L \cdot B - L_s \cdot B_s)\, T \cdot \delta \cdot \gamma_2 = (45{,}74 \cdot 8{,}4 - 21{,}6 \cdot 2{,}04)\, 2{,}7 \cdot 0{,}97 \cdot 1{,}02 = \sim 908\, \text{t}.$$

Für das Gewicht ergibt sich:

Schiffskörper $= (L \cdot B - L_s \cdot B_s)\, H \cdot C_S = (45{,}74 \cdot 8{,}4 - 21{,}6 \cdot 2{,}04) \cdot 4{,}3 \cdot 253 \sim 370\,000$ **kg**
Ausrüstung $= (45{,}74 \cdot 8{,}4 - 21{,}6 \cdot 2{,}04) \cdot 4{,}3 \cdot C_A = 1461 \cdot 31{,}5 \ \ldots = \sim \ \ 46\,000$,,
Windenanlage $= 1461 \cdot 29{,}5 \ \ldots \ldots \ldots \ldots \ldots = \sim \ \ 43\,000$,,
Baggermaschinenanlage $= N_i \cdot C_M = 250 \cdot 120 \ldots \ldots = \ \ \ 30\,000$,,
Kesselanlage $= H_w \cdot C_K = 2 \cdot 120 \cdot 217 \ \ldots \ldots \ldots = \sim \ \ 52\,000$,,
Baggergeräte $= Q \cdot C_B = 500 \cdot 262 \ldots \ldots \ldots = \ \ 131\,000$,,
Kohlenvorrat $\ldots \ldots \ldots \ldots \ldots \ldots \ldots = \ \ \ 80\,000$,,
Speisewasser im Tank $\ldots \ldots \ldots \ldots \ldots \ldots = \ \ \ 30\,000$,,
Wasser im Kessel und Rohrleitung $\ldots \ldots \ldots \ldots = \sim \ \ 27\,000$,,

Gesamtgewicht =	809000 kg
Wasserverdrängung =	908,0 t
Es sind an festem Ballast einzubauen:	99,0 t

Bei 14 Arbeitstagen und 0,8 kg Kohle für 1 cbm Sand müssen die Bunker $14 \cdot 14 \cdot 500 \cdot 0{,}8 = $ rd. 80 t Kohlen fassen. Die Frischwassertanks müssen $25 \div 30$ cbm Inhalt haben, da allein für das Abschäumen rd. 10 cbm verbraucht werden.

4. Der unter 3 berechnete Bagger soll Fahrmaschinen erhalten, um mit einer Geschwindigkeit von $v = 7$ Seem/st fahren zu können. Bei dieser verhältnismäßig großen Geschwindigkeit muß in jedes Vorschiff eine Maschine eingebaut werden, da der Kraftbedarf recht groß wird, und da dann der Einbau nur einer großen Maschine, die auch die Eimerkette triebe, unwirtschaftlich wäre. Die Vorschiffe werden durch den Einbau der Maschinen um $\sim$ 4 m länger. Die Gesamtlänge in der Wasserlinie beträgt dann $\sim$ 50 m. Der Schiffskörper erhält eine runde Kimme, flachen Boden und vorn und hinten Schiffsform (Abb. 276). δ wird mit Rücksicht auf den Fahrwiderstand zu 0,95 gewählt.

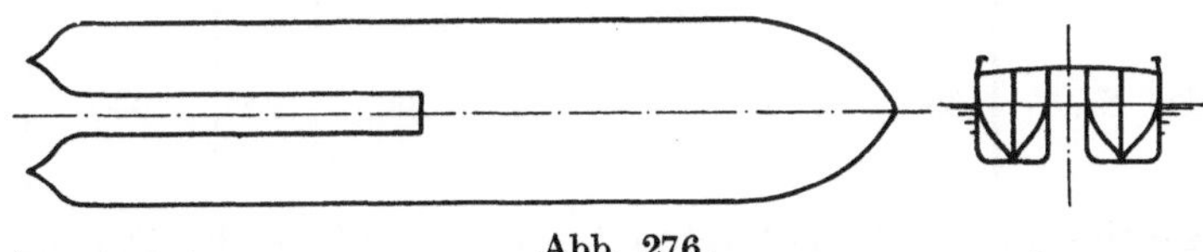

Abb. 276.

Nach der französischen Annäherungsformel (Hütte II, S. 718, 22. Aufl.) ist der Kraftbedarf beim Fahren:

$$N_i = \otimes \left(\frac{v}{m} \right)^3 \quad \ldots \ldots \ldots \ldots \ldots \quad 8)$$

In Zahlentafel VIII sind einige Werte für die Größe von ,,m'' angegeben. Im allgemeinen werden nur große See-Eimerbagger mit Fahrmaschinen ausgerüstet, für die im Mittel m zu 2,5 angenommen werden kann. Genauere Ermittlungen können nicht angegeben werden. Der größte Teil der Kraft wird durch die Wirbelbildungen in dem Eimerschlitz verbraucht. Es scheint günstiger zu sein, zwei Schrauben in den Vorschiffen anzuordnen, da sich bei Baggern mit offenem, beim Fahren nach hinten liegendem Schlitz ein etwas größeres ,,m'' ergibt. Die zuletzt beschriebene Anordnung hat auch den Vorteil besserer Manövrierfähigkeit. Ferner bleibt die Gesamtlänge des Gerätes immer noch geringer, wie bei der Bauart mit vorn geschlossenem Schlitz (Abb. 54).

Im vorliegenden Falle ist: bei $T = 2{,}7$, $B = 8{,}4$ und δ des Hauptspants $= 0{,}95 \otimes = 21{,}5$ qm.

$$N_i = 21{,}5 \left(\frac{7}{2{,}5}\right)^3 = \sim 470\,\mathrm{PS_i},$$

Es sind also zwei Maschinen von je 235 $\mathrm{PS_i}$ aufzustellen.

Zahlentafel VIII.

Fahrwiderstand von Eimerbaggern.

Name des Baggers	Nr. in der Zahlentafel	L in m	B in m	T in m	v in Seem/st	$\otimes$ in qm	m	Gesamtleistung der Fahrmaschinen in $\mathrm{PS_i}$	Lage und Anzahl der Schrauben
1	2	3	4	5	6	7	8	9	10
Uruguay	IIe, Nr. 1	44	7,9	1,6	4,85	11	1,84	200	1 Schraube im Hinterschiff, Vorschiff mit offenem Schlitz.
Rotterdam	IIa, Nr. 41	50	9	2,1	8,5	17,13	2,59	600	Je 1 Schraube in jedem Vorschiff, Schlitz offen.
Thor	—	44,5	8,5	2,16	6,5	17,2	2,4	350	Je 1 Schraube in jedem Vorschiff, Schlitz offen.
M. O. P. 21c	IIa, Nr. 40	46	8	2,3	7	18,14	2,6	350	1 Schraube im Hinterschiff.
La Loire	IIe, Nr. 4	53	9,75	2,75	8	23,91	2,4	900	2 Schrauben im Hinterschiff.
E. D. III	IIa, Nr. 33	50,5	8,5	3	5,9	24,3	2,68	260	1 Schraube im Hinterschiff. Schlitz im Vorschiff geschlossen.
Argentinien	IIe, Nr. 5	60	11	3,5	8,2	36,5	2,77	900	Je 1 Schraube in jedem Vorschiff, Schlitz offen.

Für die Kesselgröße des berechneten Baggers ergibt sich: Der Dampfverbrauch beim Fahren kann von einem Kessel allein nicht geliefert werden, da dieser nur für 336 $\mathrm{PS_i}$ ausreicht. Es müssen also beide Kessel in Betrieb genommen werden.

3. Pumpenbagger.

Wie in der Beschreibung der Pumpenbagger (S. 37) bereits ausführlich dargelegt, dienen diese oft nicht nur zum Fördern des Bodens in Prähme oder in den eigenen Laderaum, sondern auch zum Aufspülen des Baggergutes an Land, entweder, indem sie es aus dem eigenen Laderaum wieder absaugen oder beim Baggern unmittelbar in eine schwimmende Rohrleitung drücken. Ist ein Bagger für mehrere der erwähnten Betriebsarten eingerichtet, so werden für die einzelnen Arbeitsweisen auch der Kraftbedarf und die rechnerisch ermittelten Abmessungen der Pumpen verschieden sein. Hierzu kommt noch, daß des öfteren die Antriebsmaschine der Pumpe auch mit der Schraubenwelle gekuppelt werden kann, und daß dann der Kraftbedarf der Schiffsschraube größer sein kann als der der Pumpe. Es empfiehlt sich jedoch, auch in diesen Fällen zunächst die Abmessungen und den Kraftbedarf des eigentlichen Baggergerätes zu ermitteln und hierauf die weitere Berechnung aufzubauen.

Die Baggerpumpe.

Eine genaue Berechnung der Baggerpumpe kann nicht angegeben werden, da die Vorgänge in der Pumpe selbst und das Verhalten des Gemisches schwer nachzuprüfen sind. Den nachstehenden Ermittlungen liegt der Gedanke zugrunde, daß vor allem die Geschwindigkeit, mit der das Gemisch in die Pumpe eintritt, von großem Einfluß auf die Leistung der Pumpe ist. Für die Berechnung dieser Eintrittsgeschwindigkeit kann angenommen werden, daß der größte Widerstand in der Pumpe beim Durchströmen der in geradliniger Verlängerung des Saugestutzens liegenden zylindrischen Mantelfläche auftritt. Die Höhe dieser Mantelfläche ist gleich der Kreiselbreite, der Durchmesser gleich dem Durchmesser des Saugestutzens an der Pumpe (d in Abb. 280 und 281). Der freie Durchgang dieses Zylindermantels wird verringert durch die Arme und Platten des Kreiselsterns.

Der in der Pumpe erzeugte Druck H ergibt sich aus der Umfangsgeschwindigkeit des Kreisels. Dieser Druck dient zum Überwinden der Hubhöhe H, gemessen von der Kreiselachse bis zum höchsten Punkt der Druckleitung und der Widerstandshöhe h_w. Die in der Saugeleitung auftretenden Widerstände, und zwar am Saugekopf, im Rohr, am Saugestutzen der Pumpe und bei Richtungsänderungen der Leitung lassen sich im einzelnen rechnerisch nicht einwandfrei ermitteln. Der zur Überwindung dieser Widerstände nötige Kraftbedarf wird deshalb zweckmäßig bei Annahme des Pumpenwirkungsgrades mitberücksichtigt.

Für H gilt die Formel:

$$H = \frac{v^2}{c} \text{ oder } v = \sqrt{H \cdot c} \quad \ldots \ldots \ldots \ldots 9)$$

wobei $v =$ Umfangsgeschwindigkeit des Kreiselrades in m/sek
$c = 18 \div 22$, und zwar für schweres Gemisch $= 22$
für leichteres $= 18$.

Über die Werte von c bei verschiedenen Bodenarten sind von den Verfassern Untersuchungen an Pumpenbaggern und Spülern gemacht worden, deren Ergebnisse in der Zahlentafel IX enthalten sind.

Die Größe H ist bei Baggern, die in längere Rohrleitungen spülen, durch den Widerstand dieser Leitungen bestimmt; weitere Angabe siehe bei Berechnung der Spüler (S. 154).

Bei Pumpenbaggern, die in Prähme oder in den eigenen Laderaum fördern, ist H meist dadurch gegeben, daß der Berechnung eine bestimmte Kreiselumfangsgeschwindigkeit zugrunde gelegt werden muß, um sicher zu sein, daß mitangesaugte Steine und Eisenteile beim Verlassen des Kreisels eine Beschleunigung haben, die ausreicht, sie bis zum höchsten Punkt des Steigrohres der Pumpe zu fördern. Werte für v gibt die Zahlentafel IX. Keinesfalls soll v viel kleiner als 10 m/sek sein.

Da bei Pumpenbaggern der Saugestutzen und das Saugerohr immer so tief wie angängig, wenn möglich sogar unterhalb des Wasserspiegels liegen, so ist die Saugehöhe für das im Gemisch enthaltene Wasser sehr klein oder gleich Null. Für den Arbeitsbedarf der Pumpe kommt vor allem die Saugehöhe für den mitgeförderten Boden in Frage. Das spez. Gewicht γ des Gemisches ist bei 1 Teil Boden vom spez. Gewicht γ_1 und n Teilen Wasser vom spez. Gewicht γ_2:

$$\gamma = \frac{\gamma_1 + n \cdot \gamma_2}{n + 1} \quad \ldots \ldots \ldots \ldots 10)$$

Zahlentafel IX.
Abmessungen von Baggerpumpen.

Nummer der Zahlentafeln IIIa u. IVa	Zweck der Pumpe	Bauart der Pumpe	D = Durchmesser des Pumpenkreisels in mm	b = Breite des Kreisels in mm	z = Anzahl der Kreiselarme	f = Breite eines Kreiselarmes mit Platte in mm	d = Durchmesser des Saugestutzens an der Pumpe in mm	d_s = Durchmesser des Saugerohrs in mm	d_a = Durchmesser des Druckrohres in mm	n = Umdrehungen des Kreisels in 1 Min.	v = Umfangsgeschwindigkeit in m/sek	Druckhöhe H für c = 18, in m Wassersäule	Druckhöhe H für c = 22, in m Wassersäule	Leistung in Sand in cbm/st	Länge der Druckrohrleitung in m	Durchmesser der Druckrohrleitung in mm	v_e in m/sek	v_s in m/sek	v_a in m/sek (bei Spülern für die Druckrohrleitung)
1	2	3	4	5	6	7	8	9	10	11	12	13	14	15	16	17	18	19	20
IIIa, Nr. 7 . . {	Baggern	mit anschließen-	1250	180	4	150	325	250	200	120	7,85	3,45	2,82	80	—	—	0,80	1,6	2,5
	Spülen	dem Gehäuse	1250	180	4	150	325	250	200	225	14,7	12,0	9,8	80	400	200	0,80	1,6	2,5
IVa, Nr. 6 . .	Spülen		1360	200	4			320	320	250	17,8	17,6	14,4	100	600	320		1,38	1,38
	Spülen	mit Leitkanal	1250	220	4	125	540	500	500	250	16,4	15,0	12,2	180	800	400	0,665	1,03	1,6
IVa, Nr. 2 . .	Spülen	mit anschließen- dem Gehäuse	1400	280	3	140	480	375	375	220	14,65	11,9	9,75	216	800	375	0,85	2,19	2,19
IIIa, Nr. 4 u. 5	Baggern	„	1300	290	3	110	425	400	400	160	11,0	6,7	5,5	250	—	—	0,835	2,21	2,21
IVa, Nr. 10 . .	Spülen	„	1500	320	3	110	600	475	450	230	18,0	18,0	14,9	300	800	450	1,04	1,9	2,1
IIIa, Nr. 2 . .	Baggern u. Spülen	„	2250	335	4	160	660	600	600	150	17,7	17,3	14,1	500	1500	600	0,99	1,87	1,87
IVa, Nr. 13 u. 14	Spülen	„	2200	420	4	170	780	650	625	150	17,3	16,3	13,7	600	1200	600	0,80	2,01	2,35
IIIa, Nr. 10 . . {	Baggern	„	1900	350	4			685	685	120	12,0	8,0	6,6	600	—	—		1,8	1,8
	Spülen		1900	350	4			685	685	180	17,9	14,6	17,8	600	300	600		1,8	2,35
IIIa, Nr. 11 . .	Baggern	mit Leitkanal	2000	370	3	140	800	650	500	120	12,5	8,8	7,2	600	—	—	0,81	2,02	3,4
IIIa, Nr. 17 . .	Baggern	mit anschließen- dem Gehäuse	1900	397	4	115	850	700	Offene Rinne	150	14,95	12,4	10,1	3600 Schlick	—	—	1,06	2,6	—

Die anteilige Saugehöhe h_{s1} für den im Gemisch enthaltenen Boden ist, da angenommen werden muß, daß der Saugerohrkopf in ein Gemisch von Wasser und Boden eintaucht:

$$h_{s1} = t\,(\gamma - \gamma_2) \quad . \quad . \quad . \quad . \ 11)$$

Liegt die Kreiselmitte oder der höchste Punkt des Saugerohres über Wasseroberfläche, so kommt hierzu noch für das Gemisch der Wert:

$$h_{s2} = h \cdot \gamma \quad . \quad . \quad . \quad . \ 12)$$

Die Bedeutung von h und t wird aus Abb. 277 bis 279 ersichtlich. Die Gesamtsaugehöhe ist:

$$h_s = h_{s1} + h_{s2} = t\,(\gamma - \gamma_2) + h \cdot \gamma \ . \ 13)$$

Der Durchmesser D des Kreisels in m ist bei gegebenem v und angenommener Umdrehungszahl n der Pumpe:

$$D = \frac{60 \cdot v}{\pi \cdot n} \quad . \quad . \quad . \quad . \ 14$$

Die Umdrehungszahlen sind nach ähnlichen Ausführungen anzunehmen (Zahlentafel IX).

Die Breite der Pumpe ist:

$$b = \frac{q}{(d \cdot \pi - z \cdot e) \cdot v_e} \quad . \quad . \quad . \ 15)$$

Es ist:

q gefördertes Gemisch in cbm/sek und nach Abb. 280 und 281

d Durchmesser des Saugestutzens an der Pumpe in m.

$e = {}^2/_3\,f$; f ist die Breite des Schaufelarmes mit Flügelplatte in m.

Ferner ist:

v_e Eintrittsgeschwindigkeit des Gemisches in die Pumpe in m/sek.

z Anzahl der Arme des Kreisels.

Für die Wahl von d, v_e, f, z enthält die Zahlentafel IX einige Angaben. In der Tafel ist v_e für ein Mischungsverhältnis von 1 Teil Boden auf 3 Teile Wasser angegeben. Dichteres Gemisch wird in der Regel nicht gefördert. Ist für dieses Gemisch die Geschwindigkeit richtig bemessen, so kann die Pumpe auch dünneres Gemisch mit entsprechend größerer Geschwindigkeit fördern.

Saugerohr.

Der Durchmesser des Saugerohres ist:

$$d_s = 2\,\sqrt{\frac{q}{\pi \cdot v_s}} \quad . \quad . \quad . \quad . \ 16)$$

v_s Geschwindigkeit des Gemisches im Saugerohr in m/sek. (siehe Zahlentafel IX).

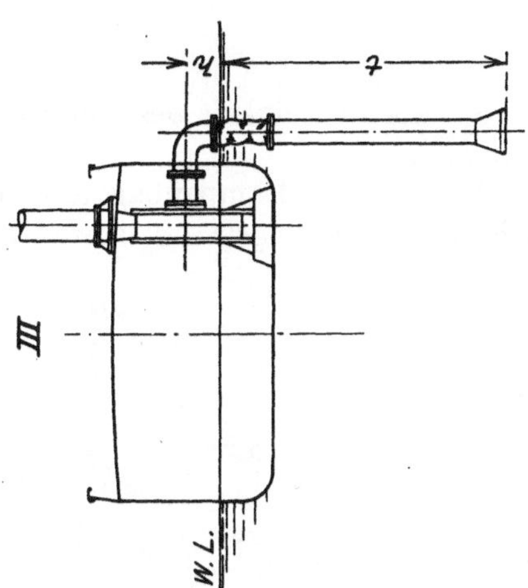

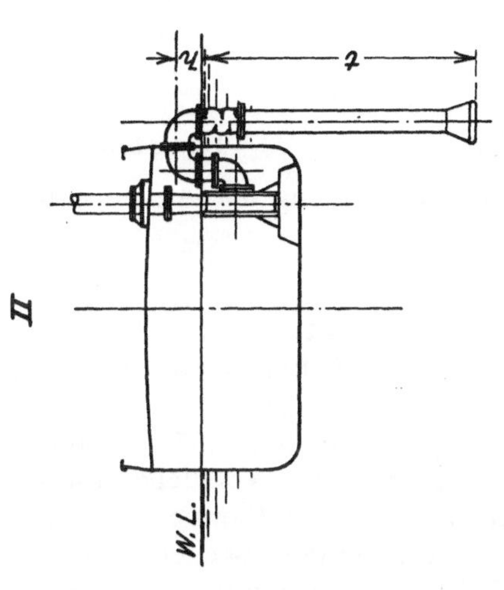

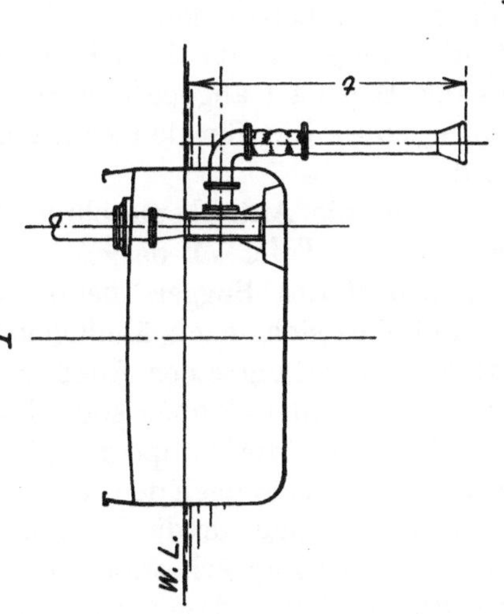

Abb. 277 bis 279. Lage der Baggerpumpen im Schiff.

Druckrohr.

Der Durchmesser des Druckrohres ist:

$$d_a = 2 \sqrt{\frac{q}{\pi \cdot v_a}} \quad \ldots \ldots \ldots \ldots \ldots \quad 17)$$

v_a Geschwindigkeit des Gemisches beim Austritt aus der Pumpe (siehe Zahlentafel IX).

d_a wird bei Pumpenbaggern, die in Prähme oder in den eigenen Laderaum fördern, in der Regel $= d_s$ gewählt.

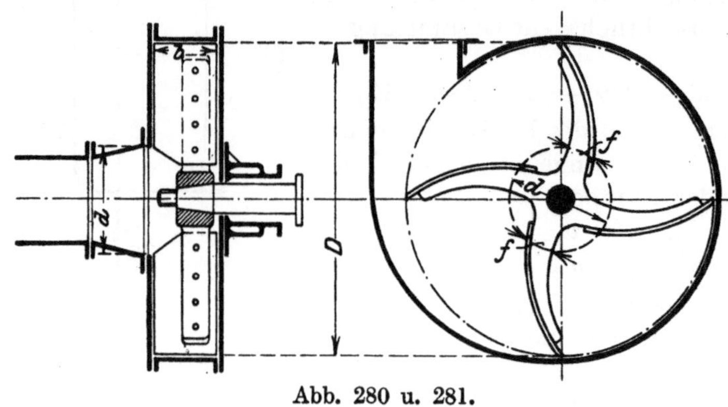

Abb. 280 u. 281.

Kraftbedarf der Antriebsmaschine.

Die Leistung der Antriebsmaschine kann berechnet werden aus der Formel:

$$N_i = \frac{\gamma \cdot q \, (H + h_s) \cdot 1000}{\eta \cdot 75}, \quad \ldots \ldots \ldots \ldots \quad 18)$$

hierin bedeutet:

η den Wirkungsgrad von Maschine und Pumpe nebst Saugerohrleitung;
$$\eta = \eta_m \cdot \eta_p.$$
$\eta_m = \sim 0{,}70 \div 0{,}85$, je nach Größe und Bauart der Maschine.

η_p ist durch Versuche festgestellt und $\sim 0{,}55 \div 0{,}7$, je nach der Bodenart, dem Zustand der Pumpe und der Saugeleitung.

Sind für den Bagger verschiedene Bodenarten vorgeschrieben, so wird zweckmäßig für den schwersten Boden und die geringste Leistung die Berechnung durchgeführt. Die Leistungen bei leichterem Boden ergeben sich, wenn in die Formeln für die Pumpe die für den leichteren Boden zulässigen Werte von γ unter Beachtung des der Bodenart angepaßten Mischungsverhältnisses und der Eintrittsgeschwindigkeit v_e sowie die für den schweren Boden errechneten Werte D und b eingesetzt werden.

Dient die Antriebsmaschine der Pumpe auch zum Antrieb der Schraube, wie bei dem auf Tafel VI dargestellten Schachtpumpenbagger Cosmopolit, so ist der Kraftbedarf des Baggers beim Fahren zu ermitteln. Für Schachtpumpenbagger empfiehlt es sich, nach ähnlichen Ausführungen die Maschinenstärke anzunehmen unter Verwendung einer Annäherungsformel, da über den Widerstand von Fahrzeugen mit Bodenklappen keine Formeln angegeben werden können. (Zahlentafel X, Seite 159.) Soll die Pumpe den Boden ansaugen und durch eine Rohrleitung an Land drücken, so ist sie nach den Angaben auf Seite 153ff. als Spülerpumpe nachzurechnen. Dann werden sich für die Pumpe und Antriebsmaschine größere Werte ergeben als für den reinen Baggerbetrieb nötig, vor allem wird die von der Pumpe zu erzeugende Druckhöhe H und damit auch der Wert v größer.

Die Antriebsmaschine muß daher so gebaut werden, daß ihre Leistung sowohl bei den größeren wie bei den geringeren Umdrehungszahlen ausreicht.

Der Kraftbedarf der Hilfsmaschinen ist bei Pumpenbaggern je nach der Arbeitsweise recht verschieden.

Festliegende Pumpenbagger ohne Vorschneider benutzen meist nur eine Vor- und eine Hinterwinde, da sie pflügen und somit nur an den Ankern gehalten werden müssen. Der Kraftbedarf dieser Winden beim Baggern ist gering. Die Saugerohrhubwinde und die Saugekopfspülpumpe arbeiten nur zeitweise. Im allgemeinen genügt es, den größten gleichzeitig auftretenden Kraftbedarf der Hilfsmaschinen zu 50 bis 60 % der für den Antrieb der Pumpe ermittelten Leistung anzunehmen. Der größere Zuschlag gilt für kleinere Bagger.

Bei Schachtpumpenbaggern arbeitet beim Baggern die vordere Ankerwinde, die Saugerohrhubwinde und gegebenenfalls die Saugekopfspülpumpe mit. Da der Kraftbedarf beim Fahren immer erheblich größer ist als beim Baggern, kommt der Dampfverbrauch dieser Hilfsmaschinen für die Berechnung der Kesselgröße nicht in Betracht. Beim Aufspülen des Bodens aus dem Laderaum durch eine feste Rohrleitung an Land arbeitet nur die Laderaumspülpumpe mit. Der Dampfverbrauch dieser Pumpe beträgt im Mittel etwa 10 bis 20 % von dem der Förderpumpe.

Für Saugebagger mit schwimmender Rohrleitung und Vorschneider am Saugekopf ist der Kraftbedarf der Hilfsmaschinen im Verhältnis zur Hauptmaschine nur etwa 30 %, da die Hauptmaschine mit Rücksicht auf die zu erzielende große Spülweite meist recht stark gewählt werden muß. Der größte Kraftbetrieb tritt auf, wenn die Antriebsmaschine für den Vorschneider, eine vordere Seitenwinde und die Saugerohrhubwinde und gegebenenfalls die Saugekopfspülpumpe gleichzeitig arbeiten.

Der Dampfbedarf einer Maschine für die elektrische Beleuchtung des Baggers sowie Kesselspeise- u. Luftpumpe ist, wenn nicht besondere Verhältnisse vorliegen, durch den für die einzelnen Geräte angegebenen Kraftbedarf der Hilfsmaschinen mit berücksichtigt.

Nach dem Gesagten ist die Kesselgröße zu bestimmen. Für ein PS_i ist 0,3 bis 0,4 qm Heizfläche nötig, je nach der Größe des Gerätes.

Für die Abmessungen des Schiffsgefäßes gilt sinngemäß das bei Eimerbaggern Gesagte.

Für Schachtpumpenbagger wird im allgemeinen der Laderaum so bemessen, daß er in $1 \div 1^{1}/_{2}$ Stunden gefüllt werden kann, außerdem sind bei diesen in der Regel Trimm- und Ballasttanks vorzusehen. Angaben hierfür enthält die Zahlentafel III a. Das Gewicht des Gerätes kann nach den in Zahlentafel IIIc enthaltenen Angaben überschläglich berechnet werden. Das Gewicht der Wasser- und Kohlenvorräte, sowie bei Schachtpumpenbaggern das Gewicht der Ladung, wird den Bedürfnissen entsprechend angenommen.

Die Wasserverdrängung D in t ergibt sich bei Pumpenbaggern mit Schlitz nach der Formel 7 Seite 142.

Für geschlossene Schiffsgefäße ist:

$$D = L \cdot B \cdot T \cdot \delta \cdot \gamma_2 \quad \ldots \ldots \ldots \ldots \ldots \ldots \quad 19)$$

wobei die gleichen Bezeichnungen wie auf Seite 110 gelten. Werte für δ siehe Zahlentafel IIIc.

4. Spüler.

Bei der Berechnung der Spüler ist für die Förderpumpen die für die Pumpenbagger angegebene Formel anzuwenden.

Wird jedoch das Verhältnis des Durchmessers zur Breite größer als 6, was vor allem eintreten kann, wenn kleine Mengen auf große Entfernungen zu fördern sind,

so ist unter Umständen ein Hintereinanderschalten von zwei Pumpen wie bei dem
S. 67 abgebildeten Spüler Sliedrecht IV und Spüler I u. II (Zahlentafel IVa, Nr. 15)
zu empfehlen. Da im allgemeinen die Spüler nicht immer auf die größtmögliche Entfernung fördern, sondern, besonders wenn sie in Unternehmerbetrieben verwandt
werden, auch oft auf kürzere Entfernungen arbeiten, wird der Wirkungsgrad einer
schmalen Pumpe von großem Durchmesser bei kleinen Förderweiten durch die
Reibung des Gemisches an den Seitenwänden des Gehäuses stark herabgesetzt. Es
empfiehlt sich dann, zwei Pumpen einzubauen, deren eine die Saugearbeit und einen
Teil der Förderarbeit übernimmt, während die andere nur Förderarbeit leistet. Im
allgemeinen ist es angebracht, beiden Pumpen den gleichen Durchmesser zu geben,
so daß jede etwa die Hälfte der für die Überwindung des Leitungswiderstandes
nötigen Druckhöhe erzeugt. Für den Durchmesser ist dann $\dfrac{H}{2}$ statt H in Formel 18
einzusetzen. Für die Berechnung der Breite der zweiten Pumpe ist zu beachten, daß
das von den Spülern geförderte Gemisch, besonders wenn die Prähme von Eimer
baggern gefüllt werden, etwas Luft enthält, und daher eine gewisse Kompression
eintritt. Um die mit einer Ausdehnung der vorhandenen Luft verbundenen Druck-
verluste zu vermeiden, muß die zweite Pumpe etwa $6\,^0/_0$ schmaler sein wie die erste.

Der Kraftbedarf der ersten Pumpe berechnet sich dann aus Formel 18, wenn
$\left(\dfrac{H}{2}+h_s\right)$ statt $(H+h_s)$ gesetzt wird.

Für die zweite Pumpe ist statt $(H+h_s)$ zu setzen: $\dfrac{(H+0,1\,H)}{2}$, um den in der
Verbindungsleitung der Pumpen entstehenden Druckverlust ($\sim 10\,^0/_0$) auszugleichen.
Zum Antrieb der Pumpen empfiehlt es sich, bei kleinen Spülern eine gemeinsame Antriebsmaschine auf jeder Seite mit einer Pumpe zu kuppeln. Für größere Leistungen
werden zweckmäßig zwei gleich große getrennte Dampfmaschinen eingebaut.

Der in der Pumpe erzeugte Druck muß zum Überwinden der in der Druckrohrleitung auftretenden Widerstände ausreichen und wird daher bedeutend größer
als bei Baggern, die in den eigenen Laderaum oder in Prähme fördern.

Der Widerstand in den Druckrohrleitungen ist rechnerisch nicht genau zu
ermitteln. Er hängt von dem Querschnitt und der Lage der Rohrleitung ab. Am
günstigsten liegen natürlich die Verhältnisse, wenn die Rohrleitung unmittelbar
hinter der Pumpe zu ihrem höchsten Punkt senkrecht ansteigt und dann im weiteren
Verlauf wagerecht oder mit Gefälle verlegt ist. An solchen Rohrleitungen haben
die Verfasser den Druckverlust durch manometrische Messungen festgestellt und
die in Abb. 282 und 283 dargestellten Werte erhalten. Danach ist bei einer Geschwindigkeit des Gemisches von $2,5 \div 3,5$ m/sek und Leitungen von rd. 1000 m
Länge mit einem Druckverlust von $0,13 \div 0,15$ atm für je 100 m Rohrleitung zu
rechnen. Die Erfahrung hat ferner gezeigt, daß bei kürzeren Rohrleitungen der
Druckverlust für 100 m Leitung bis auf 0,2 atm steigt. Der Widerstand erhöht
sich bedeutend, wenn die Rohrleitung erst am Ende oder in der Mitte Steigungen
zu überwinden hat. Das gleiche gilt natürlich auch von scharfen Krümmungen,
die besonders bei schwimmenden Rohrleitungen nicht zu vermeiden sind.

Die Druckhöhe H der Pumpe ist:

$$H = h_d + \frac{l}{100}\,p \cdot 10 \quad \ldots \ldots \ldots \ldots \quad 20)$$

hierin bedeutet:

h_d größte Höhe der Druckleitung über Kreiselmitte in m,
l Länge der Leitung in m,
p den Druckverlust für je 100 m Rohrleitung in atm,

$p = 0,13$ für leichten Boden und günstig verlegte Rohrleitungen, $= 0,15$ für schweren Boden, und bis 0,18 bei grobem Kies und Sand.

Bei Leitungen unter 500 m Länge: $p = 0,2$.

Die Saugehöhe ist:

$$h_s = h \cdot \gamma \ \ldots \ldots \ldots \ 21)$$

wobei $\gamma = $ spez. Gewicht des Gemisches und h die Höhe von Saugekopf bis zum höchsten Punkt der Saugeleitung in m bei Spülern die aus Prähmen saugen. Spüler mit Schüttrichter müssen immer so gebaut sein, daß das Saugerohr unter Wasserlinie an den Schüttrichter angeschlossen wird. Eine rechnerisch zu berücksichtigende Saugehöhe ist nicht vorhanden.

Der Durchmesser der Saugeleitung ist zu berechnen unter Annahme eines Wertes von $v_s = 2 \div 3$ m/sek nach Formel 16 Seite 151.

Die Druckrohrleitung muß so angenommen werden, daß die Geschwindigkeit des Gemisches mindestens 2,5 m/sek beträgt, da sonst der Boden und besonders Steine im Rohr ablagern. In Formel 17 Seite 152 ist daher: $v_s = 2,5 \div 3,5$ m/sek anzunehmen.

Der Kraftbedarf der Förderpumpenantriebsmaschine ist durch die Formel 18 Seite 152 gegeben, wenn für h_s und H die oben berechneten Werte gewählt werden.

Die Zusatzwasserpumpe ist reichlich zu bemessen, da sie bei Verwendung des auf Seite 229 beschriebenen Patentes der Werft Conrad imstande sein muß, sowohl in den Prahm als auch unmittelbar in die Förderpumpe Wasser zu liefern. Der von ihr zu erzeugende Druck ist mit 0,8 bis 1,2 atm anzusetzen, je nach der Bodenart. Die Förderleistung muß aus dem oben angegebenen Grunde etwa das 1,2 fache der zum Auflockern des Bodens nötigen Wassermenge betragen. Daraus ergibt sich die Leistung der Antriebsmaschine. Eine Saugehöhe ist im allgemeinen nicht zu berücksichtigen, da die Pumpe unter Wasserlinie liegt.

An Hilfsmaschinen kommen für Spüler, die aus Prähmen saugen, in Betracht:

1 Zusatzwasserpumpe von $\frac{1}{4} \div \frac{1}{3}$ Kraftbedarf der Förderpumpe,

1 Winde für das Saugerohr und das Schutenverholen,

1 Winde zum Heranholen der Prähme,

1 Spülpumpe für die Stopfbüchse der Förderpumpe,

1 Lichtmaschine.

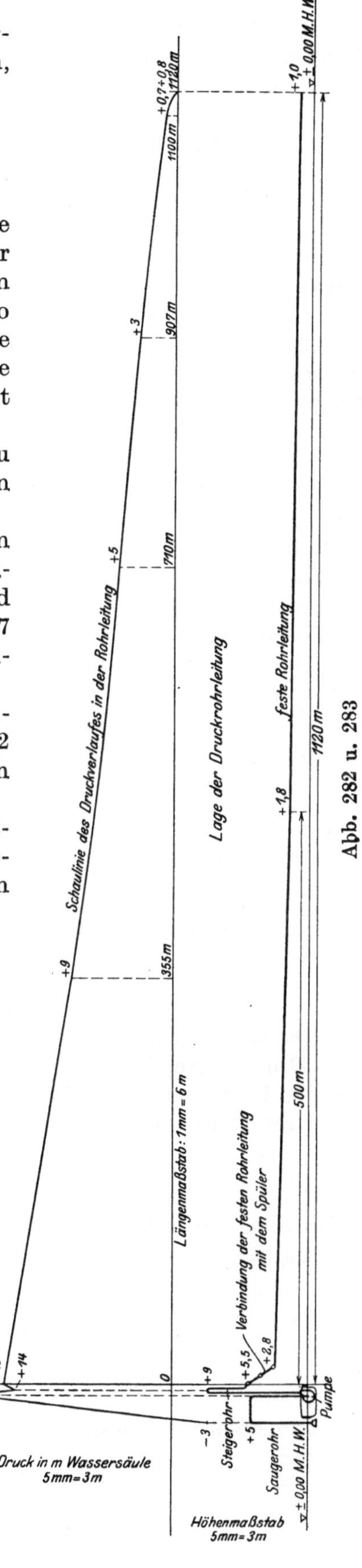

Abb. 282 u. 283

Die Zusatzwasserpumpe und Stopfbüchsenspülpumpe sowie gegebenenfalls die Lichtmaschine arbeiten dauernd mit; die Prahmverhol- und Saugerohrhubwinde etwa während der Hälfte der Zeit. Im ganzen ist mit $25 \div 30\%$ des Kraftbedarfs der Hauptmaschine zu rechnen.

Spüler, die das Baggergut aus einem Schütttrichter saugen, haben meist eine Hauptmaschine, die mittels Transmission die Förderpumpe und das Schneidewerk treibt, während für die Zusatzwasserpumpe eine besondere Antriebsmaschine von $^1/_6 \div ^1/_8$ Leistung der Hauptmaschine eingebaut wird. Beim Arbeiten dieser Spüler ist die Förderpumpe, die Zusatzwasserpumpe und das Schneidewerk stets gleichzeitig in Tätigkeit.

Hiernach ist die Kesselgröße zu bestimmen. Bei kleinen Spülern ist bis 0,5 qm Heizfläche auf 1 PSi, bei großen 0,4 bis 0,35 qm/PSi zu rechnen. Für die Abmessungen der Spüler und deren Gewichtsberechnung gilt sinngemäß das bei den Eimer- und Pumpenbaggern Gesagte.

Rechnungsbeispiele.

1. Ein festliegender, im Seegebiet arbeitender Pumpenbagger ohne Vorschneider soll 230 cbm Sand vom spez. Gewicht 1,8 in 1 Stunde reiner Arbeitszeit aus 10 m Tiefe baggern. Bei 14stündiger täglicher Arbeitszeit soll Betriebsmaterial für 7 Arbeitstage an Bord untergebracht werden können. Der Bagger soll auch losen Schlick vom spez. Gewicht 1,2 aus 8 m Tiefe fördern. Die Leistung hierfür ist anzugeben.

Berechnung der Pumpe:

Das Saugerohr werde über der Wasserlinie durch die Schiffswand geführt. Mitte Anschlußkrümmer sei der höchste Punkt der Saugeleitung und liege 1,20 m über Wasserlinie. Das Mischungsverhältnis sei 1 Teil Sand auf 3 Teile Wasser.

Das spez. Gewicht des Gemisches ist:

$$\gamma = \frac{\gamma_1 + n \cdot \gamma_2}{1 + n} = \frac{1,8 + 3 \cdot 1,02}{1 + 3} = 1,215.$$

Die Saugehöhe ist:

$$h_s = t\,(\gamma - \gamma_2) + h \cdot \gamma = 10\,(1,215 - 1,02) + 1,2 \cdot 1,215 \sim 3,41 \text{ m.}$$

Die Druckhöhe ist bei $v = 11$ und $c = 20$.

$$H = \frac{v^2}{c} = \frac{11^2}{20} \sim 6 \text{ m.}$$

Dieser Wert genügt, da der höchste Punkt der Druckleitung etwa 3,6 m über dem Druckstutzen liegen wird und somit noch 2,40 m zur Überwindung des Widerstandes in der kurzen Druckrohrleitung verbleiben.

Kreiseldurchmesser:

$$D = \frac{60 \cdot v}{\pi \cdot n} = \frac{60 \cdot 11}{\pi \cdot 162} \sim 1,3 \text{ m,}$$

wobei n zu $160 \div 165$ Umdrehungen in der Minute angenommen ist.

Kreiselbreite:

$$b = \frac{q}{(d \cdot \pi - z \cdot e) \cdot v_e}; \qquad q = \frac{4 \cdot 250}{3600} \sim 0,277 \text{ cbm/sek,}$$

$$b = \frac{0,277}{(0,43\,\pi - 3 \cdot 0,075) \cdot 0,85} = 0,29 \text{ m.}$$

Saugerohrdurchmesser:

$$d_s = 2\sqrt{\frac{q}{\pi \cdot v_s}} = 2\sqrt{\frac{0,277}{\pi \cdot 2,2}} = 0,4 \text{ m.}$$

Der Druckrohrdurchmesser werde gleich dem Saugerohrdurchmesser gewählt.
Soll die Pumpe Schlick fördern, so ist:

$$\gamma = 1{,}2; \qquad h_s = t\,(1{,}2 - 1{,}02) + 1{,}2 \cdot 1{,}2 \sim 2{,}9 \text{ m}.$$

H und v werden wie beim Sandbaggern angenommen. Bei 1,300 m Kreiseldurchmesser und 0,290 m Kreiselbreite ergibt sich bei $v_e = 1{,}03$ m/sek.

$$q = v_e\,(d\,\pi - z \cdot e)\,b = 1{,}03\,(0{,}43\,\pi - 3 \cdot 0{,}075)\,0{,}29 \sim 0{,}333 \text{ cbm/sek}.$$

Der Wert $v_e = 1{,}03$ ist für Schlick zulässig.

Bei 0,400 m Saugerohrdurchmesser ist:

$$v_s = \frac{0{,}333}{0{,}1256} = 2{,}65 \text{ m/sek}.$$

Auch dieser Wert ist zulässig.

Kraftbedarf der Antriebsmaschine

    a) beim Sandbaggern:

$$N_i = \frac{\gamma \cdot q\,(H + h_s)\,1000}{\eta \cdot 75} = \frac{1{,}215 \cdot 0{,}277\,(6 + 3{,}41)\,1000}{0{,}6 \cdot 0{,}75 \cdot 75} \sim 95 \text{ PS}_i,$$

wobei der Wirkungsgrad der Pumpe $\eta_p = 0{,}60$,
der der Antriebsmaschine . . . . . $\eta_m = 0{,}75$ angenommen ist;

    b) beim Schlickbaggern:

$$N_i = \frac{1{,}2 \cdot 0{,}333 \cdot (6 + 2{,}9)\,1000}{0{,}70 \cdot 0{,}75 \cdot 75} \sim 91 \text{ PS}_i,$$

wenn $\eta_p = 0{,}70$ angenommen wird.

Die Stärke der Hauptmaschine werde zu 95 PS$_i$ gewählt.

An Hilfsmaschinen sind vorzusehen:

    1 Vorwinde von 30 PS$_i$ für 1 Voranker und 2 Seitenanker,
    1 Achterwinde von 30 PS$_i$ für 1 Hinteranker und 2 Seitenanker,
    1 Saugerohrhubwinde von 20 PS$_i$,
    1 Saugekopfspülpumpe von 9 PS$_i$,
    1 Lichtmaschine von 7 PS$_i$.

Hiervon arbeiten dauernd gleichzeitig:

    Die Vorwinde mit
    Die Vorwinde mit rd. . . . . 20 PS$_i$
    Dis Spülpumpe mit rd. . . . . 9 „
    Die Lichtmaschine mit rd. . . . . . . 7 „
    Die Saugerohrhubwinde mit rd. . . . 10 „
                  im ganzen 46 PS$_i$.

Der Kessel muß also für $95 + 46 = 141$ PS$_i$ ausreichen. Gewählt werde ein Kessel von $141 . 0{,}4 \sim 56$ qm Heizfläche.

Der Inhalt der Kohlenbunker berechnet sich bei einem Kohlenverbrauch von 0,8 kg/cbm gebaggerten Boden zu:

$$\frac{1}{1000} \cdot 0{,}8 \cdot 250 \cdot 14 \cdot 7 = \text{rd. } 20\ t.$$

Kesselspeisewasser sind 10 cbm anzunehmen.

Für das Schiffsgefäß empfiehlt sich eine geschlossene Form, um die Seetüchtigkeit zu erhöhen. Gleichfalls ist der Einbau einer besonderen Fahrmaschine zweckmäßig, für die etwa 70 PS$_i$ anzusetzen sind, wenn das Gerät eine Fahrgeschwindigkeit von rd. 4 Seem/st erhalten soll.

An Besatzung sind 9 bis 10 Mann zu rechnen, so daß das Schiffsgefäß unter Berücksichtigung der in der Zahlentafel III a gegebenen Werte folgende Abmessungen erhält:

$$L = 35\,\text{m};\ B = 7\,\text{m};\ H = 3{,}6\,\text{m};\ T = 1{,}85\,\text{m};\ L_s = 16\,\text{m};\ B_s = 1\,\text{m};$$

Die Wasserverdrängung in t ist:

$$D = (L \cdot B - L_s \cdot B_s)\, T \cdot \delta \cdot \gamma_2 = (35 \cdot 7 - 16 \cdot 1)\, 1{,}85 \cdot 0{,}69 \cdot 1{,}02 \sim 298\, t.$$

Für die Gewichtsberechnung ergibt:

1. Schiffsgefäß: $(LB - L_s \cdot B_s) \cdot H \cdot C_S = (35 \cdot 7 - 16 \cdot 1)\, 3{,}6 \cdot 170$

$$= 827 \cdot 170 \sim 141\,000 \text{ kg}$$

2. Ausrüstung und Inventar: $827 \cdot C_A$ . . . . $= 827 \cdot 25 \sim \quad 20\,700$,,
3. Windenanlage: $827 \cdot C_W$ . . . . $= 827 \cdot 15 \sim \quad 12\,400$,,
4. Bagger-Maschinenanlage: $N_i \cdot C_M$ . . . . $= 95 \cdot 160 \sim \quad 15\,200$,,
4a. Schiffs-Maschinenanlage: $N_i \cdot C_{MS}$ . . . . . . $= 70 \cdot 120 \sim \quad\ 8\,400$,,
5. Kesselanlage: $H_W \cdot C_K$ . . . . $= 56 \cdot 215 \sim \quad 12\,000$,,
6. Baggergerät: $Q \cdot C_B$ . . . . $= 250 \cdot 40 \sim \quad 10\,000$,,
7. Kohlenvorrat: . . . . $20\,000$,,
8. Wasservorrat in den Tanks, Kesseln und Rohren: . . . . $20\,000$,,

$$\text{Gesamtgewicht des Baggers} = 259\,700 \text{ kg}$$
$$\text{die Wasserverdrängung ist} = 298\ t.$$

Demnach ist ein fester Ballast von 38,3 t einzubauen.

2. Ein Schachtpumpenbagger mit seitlichem Saugerohr soll 600 cbm Sand von 1,8 spez. Gewicht in 1 Stunde aus 14 m Tiefe fördern. Der Laderaum-Inhalt von 500 cbm soll durch eine feste, 300 m lange Rohrleitung in 1 Stunde an Land gespült werden können. Der Land-Anschluß der Spülleitung liegt 10 m über Pumpenmitte. Die Fahrgeschwindigkeit des beladenen Baggers muß 6,5 Seem/st, die des leeren Baggers 7,5 Seem/st betragen. Die Pumpenantriebsmaschine soll auch als Fahrmaschine dienen.

Berechnung der Pumpe:

Das Saugerohr sei 1 m unter Wasserlinie durch die Schiffswand und von da unmittelbar an die Pumpe geführt. Das Mischungsverhältnis beim Baggern und beim Spülen betrage 1 Teil Sand auf 3 Teile Wasser. Das spez. Gewicht des Gemisches ist:

$$\gamma = \frac{\gamma_1 + n \cdot \gamma_2}{1 + n} = \frac{1{,}8 + 3 \cdot 1{,}02}{4} = 1{,}215.$$

Die Saugehöhe ist beim Baggern:

$$h_s = t\,(\gamma - \gamma_2) - 13\,(1{,}215 - 1{,}02) \sim 2{,}55\,\text{m}.$$

Die Druckhöhe ist bei $v = 12$ und $c = 20$:

$$H = \frac{v^2}{c} = \frac{12^2}{20} = 7\ 2\,\text{m}.$$

Dieser Wert genügt, da der höchste Punkt der Druckleitung etwa 4,0 m über Pumpenmitte liegen wird. Zur Überwindung des Widerstandes in der Druckrohrleitung bleiben dann noch 3,2 m verfügbar.

Beim Spülen ist:

$$H = h_d + \frac{l}{100} \cdot p = 10 + \frac{300}{100} \cdot 2 = 16\,\text{m},$$

dann ist bei $c = 20$:

$$v = \sqrt{c \cdot H} = \sqrt{20{,}16} \sim 17{,}9\ \text{m/sek}.$$

Der Kreiseldurchmesser ist:

$$D = \frac{60 \cdot v}{\pi \cdot n} = \frac{60 \cdot 17{,}9}{\pi \cdot 180} = 1{,}9\,\text{m}.$$

Beim Baggern genügt eine minutliche Umdrehungszahl:

$$n = \frac{v \cdot 60}{D \cdot \pi} = \frac{12 \cdot 60}{1,9 \cdot \pi} \sim 120.$$

Kreiselbreite:

$$b = \frac{q}{(d\pi - z \cdot e)\, v_e}, \qquad q = \frac{4 \cdot 600}{3600} \sim 0,67 \text{ cbm/sek},$$

$$b = \frac{0,67}{(0,75 \cdot \pi - 4 \cdot 0,09)} \sim 0,35 \text{ m}.$$

Saugerohrdurchmesser:

$$d_s = 2 \sqrt{\frac{q}{\pi \cdot v_s}} = 2 \sqrt{\frac{0,67}{\pi \cdot 1,9}} \sim 0,68 \text{ m}.$$

Der Druckrohrdurchmesser werde gleich dem Saugerohrdurchmesser gewählt. Kraftbetrieb der Antriebsmaschine:

a) beim Baggern:

$$N_i \frac{\gamma \cdot q \cdot (H + h_s)\, 1000}{\eta \cdot 75} = \frac{1,215 \cdot 0,67\,(7,2 + 2,55)\, 1000}{0,6 \cdot 0,75 \cdot 75} \sim 235 \text{ PS}_i,$$

wobei $\eta_p = 0,6$ und $\eta_m = 0,75$ ist, da die Maschine mit geringerer Umdrehungszahl nicht so günstig arbeitet;

b) beim Spülen an Land ist: $q = \dfrac{4 \cdot 500}{3600} = 0,556 \sim 0,56 \text{ cbm/sek}.$

Nach den Angaben S. 154 ist:

$$N_i = \frac{q \cdot \gamma \cdot (H + h_s)\, 1000}{\eta \cdot 75} = \frac{0,56 \cdot 1,215 \cdot (16 + 1,5)\, 1000}{0,6 \cdot 0,80 \cdot 75} \sim 335 \text{ PS}_i;$$

c) beim Fahren des voll beladenen Baggers:

Die Abmessungen des Baggers sind auf Grund ähnlicher Ausführungen anzunehmen zu:

$$L = 56 \text{ m}; \quad B = 9 \text{ m}; \quad H = 4,5 \text{ m}; \quad T = 4 \text{ m bei } 500 \text{ cbm Ladung}.$$

Die Hauptspantfläche sei 33 qm. Ähnliche Bagger (Zahlentafel X) ergeben bei Anwendung der französischen Annäherungsformel (Hütte II, S. 718, 22. Aufl.) einen Wert $m = 2,85$ für den beladenen, $m = 3,15$ für den leeren Bagger.

Zahlentafel X.

Fahrwiderstand von Pumpenbaggern.

Name des Baggers	Nr. in der Zahlentafel IIIa	L in m	B in m	T (beladen) in m	v_b (beladen) in Seem/st	$\otimes$ (beladen) in qm	m (beladen)	T leer in m	v_l leer in Seem/st	$\otimes$ leer in qm	m leer	Gesamte Leistung der Fahrmaschinen in PS$_i$	Bauart des Laderaumes
1	2	3	4	5	6	7	8	9	10	11	12	13	14
Cosmopolit	10	54,5	9,0	4	5,4	34	2,37	3,2	6,5	26	2,61	400	mit Bodenklappen
Stolpmünde . . .	13	57,5	10,7	4	7,3	40,4	3,34	3,2	8,14	31,8	3,44	424	„ Bodenventilen
Nogat	—	52	9,1	3,85	4,5	33	2,00	2,85	7,0	24	2,78	380	„ Bodenklappen
Seegatt	11	56,5	11	4	7,2	42,6	3,03	3,2	8,75	33,6	3,41	557	„ „
Hamburg XIV und XV	14	57,5	10,8	4	8,8	43	3,48		9,8			700	„ „
Pumpenbagger III	9	50	10,6	4,2	8,8	42,2	3,46	3,25	9,2	29,1	3,19	700	„ „
—	17	84,5	14	4,8	9	61,9	2,82					2000	„ „

Danach ist der Kraftbedarf des Baggers beim Fahren:

$$N_i = \otimes \cdot \left(\frac{v_b}{m}\right)^3 = 33 \cdot \left(\frac{6,5}{2,85}\right)^3 = 392\,\mathrm{PS_i}.$$

Der leere Bagger habe hinten einen größten Tiefgang von 3,3 m, so daß $\otimes$ = rd. 29 qm sei. Dann ist der Kraftbedarf:

$$N_i = \otimes \left(\frac{v_l}{m}\right)^3 = 29 \cdot \left(\frac{7,5}{3,15}\right)^3 = 391\,\mathrm{PS_i}.$$

Die Leistung der Hauptmaschine ist daher beim Fahren am größten. Die Maschine soll deshalb 400 PS$_i$ erhalten.

An Hilfsmaschinen sind vorzusehen:

1 Vorankerwinde von	45 PS$_i$
1 Winde für Saugerohr und Bodenklappen	30 ,,
1 Saugekopfspülpumpe	10 ,,
1 Laderaumzusatzwasserpumpe von rd. 40 cbm Leistung/ min bei 0,5 atm Druck	80 ,,
1 Achterwinde von	45 ,,
1 Lichtmaschine von	15 ,,

Die Kesselheizfläche muß ausreichen:

a) beim Baggern für Hauptmaschine . . . . 235 PS$_i$
   ,,   ,,   ,, Saugekopfhubmaschine . . . . . 30 ,,
   ,,   ,,   ,, Saugekopfspülung . . . . 10 ,,
   ,,   ,,   ,, Lichtmaschine . . . . 15 ,,
                                          Im ganzen 290 PS$_i$;

b) beim Spülen für Hauptmaschine . . . . 335 PS
   ,,   ,,   ,, Zusatzwasserpumpe . . . . 80 ,,
   ,,   ,,   ,, Lichtmmaschine . . . . 15 ,,
                                          Im ganzen 430 PS$_i$;

c) beim Fahren für Fahrmaschine . . . . 400 PS$_i$
   ,,   ,,   ,, Lichtmaschine . . . . 15 ,,
                                          Im ganzen 415 PS$_i$.

Der größte Dampfverbrauch tritt beim Spülen ein.

Bei 0,39 qm/PS$_i$ sind rd. 170 qm Heizfläche nötig. Es sollen zwei Kessel von je 85 qm eingebaut werden.

Für die Berechnung des Kohlenbedarfs werde angenommen, daß der Bagger täglich 7 Stunden baggert und 7 Stunden unterwegs zur Klappstelle ist. Dann sind für $7 \cdot 600 = 4200$ cbm Boden $0,8 \cdot 4200 = 3360$ kg Kohlen, für 7 Fahrstunden $7 \cdot 400 \cdot 1 = 2800$ kg täglich aufzuwenden. Im ganzen also 6,2 t täglich. Da Schachtpumpenbagger meist alle Woche zum Kohleneinnehmen den Hafen aufsuchen, genügt ein Kohlenvorrat von 45 t, der für sieben Arbeitstage ausreicht. Für den Bedarf an Frischwasser sind 20 cbm anzunehmen. Die Besatzung besteht aus 13÷14 Mann. Um das Schiff bei leerem Laderaum etwas herabtrimmen zu können, ist vorn auf Steuerbord und Backbord je ein Trimmtank von rd. 18 cbm einzubauen.

Die Wasserverdrängung in beladenem Zustand ist:

$$D = L \cdot B \cdot T \cdot \delta \cdot \gamma_2 = 56 \cdot 9 \cdot 4 \cdot 0,81 \cdot 1,02 \sim 1650\,\mathrm{t}.$$

Für die Gewichtsberechnung ergibt sich:

1. Schiffsgefäß: $L \cdot B \cdot H \cdot C_S = 56 \cdot 9 \cdot 4{,}5 \cdot 210 = 2275 \cdot 210 . \sim 477\,000$ kg
2. Ausrüstung und Inventar: $2275 \cdot C_A = 2275 \cdot 10 \ldots = 22\,750$,,
3. Windenanlage: $2275 \cdot C_W = 2275 \cdot 10 \ldots = 22\,750$,,
4. Fahrmaschine (zugleich Baggermaschine):
   $N_i \cdot C_M = 400 \cdot 150 \ldots = 60\,000$,,
5. Kesselanlage: $H_W \cdot C_W = 170 \cdot 265 \ldots \sim 45\,000$,,
6. Baggergerät: $Q \cdot C_B = 600 \cdot 35 \ldots = 21\,000$,,
7. Kohlenvorrat: $\ldots = 45\,000$,,
8. Speisewasser im Behälter, Kessel und Rohrleitung $. = 55\,000$,,
9. 500 cbm Sandladung: $\ldots = 900\,000$,,

Im ganzen $= 1\,648\,500$ kg.

3. Ein Saugebagger mit Schneidekopf soll aus 14 m Tiefe 500 cbm schweren Klai- und Tonboden vom spez. Gewicht $1{,}6 \div 1{,}8$ in einer Stunde fördern und durch eine 1400 m lange, zum Teil schwimmende Rohrleitung an Land spülen. Die Rohrleitung hat eine größte Höhe von 6 m über Wasserspiegel. Der Bagger soll das Baggergut auch durch Schüttrinnen in seitlich liegende Prähme fördern und auch aus längsseit liegenden Prähmen ansaugen und an Land spülen können. Betriebsmaterial für sieben Arbeitstage soll an Bord untergebracht werden können.

Berechnung der Pumpe:

Das Saugerohr werde rd. 1 m über Wasserlinie durch die Schiffswand geführt, die Pumpenmitte liege in der Wasserlinie. Das Mischungsverhältnis sei mit Rücksicht auf den schweren Klaiboden: 1 Teil Boden auf 5 Teile Wasser. Das spez. Gewicht des Gemisches ist:

$$\gamma = \frac{\gamma_1 + n \cdot \gamma_2}{1 + n} = \frac{1{,}8 + 5 \cdot 1}{6} = \sim 1{,}14.$$

Die Saugehöhe ist:

$$h_s = t\,(\gamma - \gamma_2) + h \cdot \gamma = 14\,(1{,}14 - 1) + 1 \cdot 1{,}14 = 3{,}1 \text{ m}.$$

Bei 6 m Steigung in der Rohrleitung und 1400 m Rohrlänge ist nach S. 154 mit einer Druckhöhe:

$$H = h_d + \frac{l}{100} \cdot p = 6 + \frac{1400}{100} \cdot 1{,}5 = 27 \text{ m}$$

rechnen.

$$H = \frac{v^2}{c}; \quad v = \sqrt{H \cdot c} = \sqrt{27 \cdot 18} = 22 \text{ m/sek.}$$

Kreiseldurchmesser:

$$D = \frac{60 \cdot v}{\pi \cdot n} = \frac{60 \cdot 22}{\pi \cdot 185} \sim 2{,}3 \text{ m}.$$

Kreiselbreite:

$$b = \frac{q}{(d \cdot \pi - z \cdot e)v_e}; \quad q = \frac{6 \cdot 500}{3600} \sim 0{,}84 \text{ cbm/sek.}$$

$$b = \frac{0{,}84}{0{,}75 \cdot \pi - 4 \cdot 0{,}1)\,1{,}05} \sim 0{,}41 \text{ m}.$$

Saugerohrdurchmesser:

$$d_s = 2\sqrt{\frac{q}{\pi \cdot v_s}} = 2\sqrt{\frac{8{,}84}{\pi \cdot 2{,}5}} \sim 0{,}655 \text{ m}.$$

wobei v_s mit Rücksicht auf das leichte Gemisch $= 2{,}5$ m/sek. Der Durchmesser der Druckrohrleitung werde $= 0{,}600$ m gewählt. Dann ist die Ausflußgeschwindigkeit am Ende der Leitung:

$$\frac{q}{\frac{d_2\pi}{4}} = \frac{0{,}840}{0{,}283} \sim 3{,}0 \text{ m/sek}$$

und nach dem S. 155 Gesagten ausreichend.

Kraftbedarf der Antriebsmaschine:

$$N_i = \frac{\gamma \cdot q\,(H+h_s)\,1000}{\eta \cdot 75} = \frac{1{,}14 \cdot 0{,}84\,(27+3{,}1)\,1000}{0{,}6 \cdot 0{,}82 \cdot 75} \sim 800 \text{ PS}_\text{i},$$

wobei $\eta_\mathrm{p} = 0{,}60$ mit Rücksicht auf den sehr ungleichmäßigen Boden.

Arbeitet der Bagger als Spüler aus Prähmen saugend, so ist $h_s = 4{,}0$ m, also:

$$N_i = \frac{1{,}14 \cdot 0{,}84 \cdot (27+4) \cdot 1000}{0{,}6 \cdot 0{,}82 \cdot 75} \sim 800 \text{ PS}_\text{i},$$

Die Zusatzwasserpumpe muß in der Stunde mindestens $5.500.1{,}2 = 3000$ cbm Wasser von 0,8 atm Druck liefern können.

Der Kraftbedarf der Antriebsmaschine ist bei 0,2 atm Druckverlust in der Zuleitung:

$$N_i = \frac{3000}{3690} \cdot \frac{10 \cdot 1000}{0{,}625 \cdot 75} \sim 180 \text{ PS}_\text{i},$$

wenn $\eta_p \cdot \eta_m = 0{,}80 \cdot 0{,}78 \sim 0{,}625$.

An sonstigen Hilfsmaschinen kommen in Betracht: Antrieb für den Vorschneider: 75 PS_i, 2 vordere Seitenwinden: je 15 PS_i, Bagger-Saugerohrhubwinde: 15 PS_i, hintere Seitenwinde mit Pfahlwinde: 15 PS_i, 1 Vortauwinde: 30 PS_i, Spülersaugerohrhubwinde mit Prahmverholwinde: 20 PS_i, Stopfbüchsenspülpumpe: 5 PS_i, Lichtmaschine: 15 PS_i. Der größte Kraftbedarf tritt beim Arbeiten des Baggers als Spüler auf. Dann werden gebraucht:

<pre>
Für die Förderpumpe: . . . . 800 PS_i
Für die Zusatzpumpe im Mittel: . . . . 160 ,,
Für die Prahmverholwinde und Saugerohrwinde: 20 ,,
Stopfbüchsenspülpumpe: . . . .   5 ,,
Lichtmaschine: . . . .   15 ,,
                                 Im ganzen 1000 PS_i,
</pre>

wovon 200 auf die Hilfsmaschinen entfallen.

Die Kesselheizfläche werde mit 400 qm, d. h. zwei Kessel von je 200 qm Heizfläche angenommen.

Die Kohlenbunker sollen 65 t fassen, also bei 0,9 kg für 1 PS_i/St den für sieben Arbeitstage von je zehn Arbeitsstunden nötigen Vorrat. Für Frischwasser ist ein Vorrat von 20 cbm vorzusehen.

Das Schiffsgefäß erhält bei $10 \div 12$ Mann Besatzung etwa folgende Abmessungen:

$$L = 46 \text{ m}; \quad B = 8 \text{ m}; \quad H = 3{,}5 \text{ m}; \quad T = 2{,}18 \text{ m}; \quad L_s = 20; \quad B_s = 2 \text{ m}.$$

4. Ein Spüler mit Schneidewerk, dem das Baggergut durch einen längsseits liegenden Eimerbagger zugeführt wird, soll 180 cbm Sand vom spez. Gewicht 2 in einer Stunde 800 m weit und 3 m über Wasserspiegel hoch spülen. Wohnräume für die Besatzung sind nicht vorzusehen.

Das Mischungsverhältnis sei 1 Teil Boden auf 4 Teile Wasser. Das spez. Gewicht des Gemisches ist:

$$\gamma = \frac{\gamma_1 + n \cdot \gamma_2}{1+n} = \frac{2 + 4 \cdot 1}{5} = 2{,}1.$$

Der Anschluß der Saugeleitung und die Mitte der Pumpe sollen $\sim {}^3/_4$ m unter Wasserlinie liegen. Es ist also:

$$h_s = 0;$$

$$H = h_d + \frac{l}{100} \cdot p = 3{,}75 + \frac{800}{100}\, 1{,}5 \sim 16 \text{ m};$$

$$H = \frac{v^2}{c}; \quad v = \sqrt{c \cdot H} = \sqrt{20 \cdot 16} \sim 17{,}9 \text{ m/sek}.$$

Kreiseldurchmesser:

$$D = \frac{60 \cdot v}{\pi \cdot n} = \frac{60 \cdot 17{,}9}{\pi \cdot 200} \sim 1{,}7 \text{ m}.$$

Kreiselbreite:

$$b = \frac{q}{(d \cdot \pi - z \cdot e) v_e}; \quad q = \frac{5 \cdot 180}{3600} = 0{,}25 \text{ cbm/sek}.$$

$$b = \frac{0{,}25}{(0{,}5 \cdot \pi - 4 \cdot 0{,}09) \cdot 1} \sim 0{,}210 \text{ m}.$$

Saugerohrdurchmesser:

$$d_s = 2 \sqrt{\frac{q}{\pi \cdot v_s}} = 2 \sqrt{\frac{0{,}25}{\pi \cdot 2}} \sim 0{,}4 \text{ m}.$$

Druckrohrleitung: Der Durchmesser werde gleichfalls zu 400 mm gewählt. Dann ist die Ausflußgeschwindigkeit am Ende der Leitung 2 m.

Kraftbedarf der Pumpenantriebsmaschine:

$$N_i = \frac{\gamma \cdot q\, (H + h_s)\, 1000}{\eta \cdot 75} = \frac{1{,}2 \cdot 0{,}25\, (16 + 0)\, 1000}{0{,}6 \cdot 0{,}7 \cdot 75} \sim 155 \text{ PS}_i,$$

wobei $\eta_m = 0{,}7$, da die Pumpe mit Riemen angetrieben wird.

Für den Betrieb des Schneidewerkes sind einschließlich Verlust in der Transmission etwa 25 PS$_i$ zu rechnen, so daß die Hauptmaschine zweckmäßig mit ~ 180 PS$_i$ angenommen wird.

Für die Zusatzwasserpumpe sind 25 PS$_i$ anzusetzen. Der Kessel muß 205.0,4 $\sim$ 85 qm Heizfläche erhalten.

Die Kohlenbunker können mit 16 t Inhalt den Bedarf für eine Arbeitswoche aufnehmen.

Für das Schiffsgefäß, das möglichst klein zu halten ist, genügen folgende Abmessungen:

$$L = 20 \text{ m}; \quad B = 5{,}5 \text{ m}; \quad H = 2{,}4 \text{ m}; \quad T = 1{,}75 \text{ m}.$$

Die Wasserverdrängung ist:

$$D = L \cdot B \cdot T \cdot \delta \cdot \gamma_2 = 20 \cdot 5{,}5 \cdot 1{,}75 \cdot 0{,}95 \cdot 1 \sim 183 \text{ t}.$$

Für die Gewichtsberechnung ergibt sich:

Schiffsgefäß: $L \cdot B \cdot H \cdot C_S = 20 \cdot 5{,}5 \cdot 2{,}4 \cdot C_S = 264.220 \sim$ 58000 kg
Ausrüstung und Inventar: $264 \cdot C_A = 264.4$ . . . $\sim$ 1100 ,,
Maschinenanlage: $N_i \cdot C_M \cdot 180 \cdot 110$ . . . . = 19800 ,,
Kesselanlage: $H_w \cdot C_W = 85 \cdot 295$ . . . . $\sim$ 25000 ,,
Baggergerät: $Q \cdot C_B = 180 \cdot 100$ . . . . = 18000 ,,
Kohlenvorrat: . . . . = 16000 ,,
Wasservorrat in Behältern, Kessel und Rohrleitung
und Sonstiges: . . . . = 15000 ,,
Im ganzen: 152900 kg

Es sind also 183 — 152,9 $\sim$ 30 t Ballast einzubauen.

5. Schutenentleerer.

Für den Eimerinhalt gilt die auf S. 141 gegebene Formel Nr. 5. η ist im Mittel 0,6, bei besonders zähem und steinigem Boden $0,4 \div 0,5$. v kann aus der Zahlentafel V a entnommen werden.

Der Kraftbedarf der Eimerkette ist:

$$N_i = \frac{Q \cdot \gamma_1 \cdot h \cdot 1000}{60 \cdot 60 \cdot 75} \cdot L \quad\ldots\ldots\ldots\ldots 22)$$

hierin bedeutet h den Höhenunterschied zwischen Ober- und Unterturas. Sonst gelten die Erklärungen zu Formel 6, S. 141.

Der Wert L beträgt bei kurzen Eimerleitern etwa 3 und steigt bei langen Leitern (besonders infolge der größeren Anzahl von Leitrollen) und bei zähem Boden bis auf 5.

Der Kraftbedarf des Förderbandes kann nach den in der Hütte II, S. 511 ff., 22. Aufl., gegebenen Formeln berechnet werden.

Da dieser Kraftbetrieb im allgemeinen ziemlich gering ist und gegen den der Eimerkette nicht sehr ins Gewicht fällt, kann mit ausreichender Sicherheit für jede t/st und 10 m Förderweite $0,01 \div 0,015$ PS$_i$ angenommen werden.

Für Q Kubikmeter vom spezifischen Gewicht γ_1 und eine Förderweite von l Meter ist:

$$N_i = \frac{1}{\eta} \cdot \frac{l}{10} \cdot Q \cdot \gamma_1 \cdot 0,01, \text{ bzw. } 0,015 \quad\ldots\ldots\ldots 23)$$

η ist der Wirkungsgrad der Kraftübertragung von der Antriebsmaschine nach dem Förderband und ist je nach der Art und Anzahl der vorhandenen Übersetzungen zu wählen.

Treten an Stelle des Förderbandes fahrbare Kübel oder Greifer, so ist der Kraftbedarf für die Bewegung der Laufkatzen für die Kübel oder Greifer nach den für den Fahrwiderstand von Laufwinden geltenden Formeln (Hütte II, S. 456, 22. Aufl.) zu berechnen. Die Kesselgröße ist so anzunehmen, daß bei größeren Anlagen $0,38 \div 0,4$, bei kleineren $0,26 \div 0,6$ qm Heizfläche für 1 PS$_i$ vorhanden sind.

An Hilfsmaschinen kommen die Winden zum Heben und Senken der Eimerleiter und zum Verholen der Prähme, die beide von der Hauptmaschine betrieben werden, in Betracht. Da die Leiter in der Regel nur gehoben und gesenkt wird, während die übrigen Triebwerke nicht arbeiten, ist die hierfür nötige Antriebskraft stets vorhanden. Für das Verholen der Prähme sind je nach deren Abmessungen $5 \div 10$ PS$_i$ anzunehmen.

Wird der Boden statt mit einem Förderband in einer Spülrinne unter Wasserzusatz an Land geschwemmt, so ist noch eine besondere Pumpe nötig. Die Leistung und der Kraftbedarf dieser Pumpe richten sich danach, wieviel Wasser dem Boden zugesetzt werden muß, damit er fortgeschwemmt werden kann.

Für die Gewichtsberechnung sind in der Zahlentafel Vc einige Vergleichswerte gegeben. Im allgemeinen muß das wasserseitige Tragschiff ziemlich viel Ballast erhalten.

Rechnungsbeispiel.

Ein Schutenentleerer soll 180 cbm Sand vom spez. Gewicht 1,8 in einer Stunde aus Prähmen an Land fördern. Die Förderweite soll 20 m (von Außenkante des landseitigen Schiffes gemessen) betragen, die Förderhöhe 10 m über Wasserspiegel.

Es sind zwei Tragschiffe mit längsliegender Eimerkette anzuordnen.

$$J = \frac{Q}{\eta \cdot 60 \cdot \dfrac{v}{2l}} = \frac{180}{0,6 \cdot 60 \cdot \dfrac{30}{2 \cdot 0,55}} = 0,185 \text{ cbm.}$$

Kraftbedarf der Kette:

Der Oberturas wird $\sim$ 12 m über dem Unterturas liegen, dann ist:

$$N_i = \frac{Q \cdot \gamma \cdot h \cdot 1000}{60 \cdot 60 \cdot 75} \cdot L = \frac{180 \cdot 1,8 \cdot 12 \cdot 1000}{60 \cdot 60 \cdot 75} \cdot 4 \sim 58 \text{ PS}_i.$$

Kraftbetrieb des Förderbandes:

$$N_i = \frac{1}{\eta} \cdot \frac{l}{10} \cdot Q \cdot \gamma \cdot 0,01 = \frac{1}{0,6} \cdot \frac{20}{10} \cdot 180 \cdot 1,8 \cdot 0,01 \sim 11 \text{ PS}_i.$$

Für die Winden zum Verholen der Prähme genügen 5 PS_i, so daß die Antriebsmaschine 74 PS_i leisten muß.

Der Kessel erhält $74 . 0,45 = \sim 35$ qm Heizfläche.

IV. Bau der Bagger.

1. Das Baggerwerkzeug.

Beim Baggern sind drei Arbeitsvorgänge zu unterscheiden, erstens: das Loslösen oder Abgraben, zweitens: das Fördern, und drittens: das Ablagern der Bodens. Bei den Spülern und Schutenentleerern gilt die gleiche Einteilung, jedoch kann nur von einem Loslösen, nicht von einem Abgraben des Bodens gesprochen werden.

Schwerer und fester Boden wird entweder mit Greifern oder Eimern abgegraben und in diesen Gefäßen gefördert, oder er wird mit einem unter Wasser liegenden Schneidewerkzeug gelöst und unter starkem Wasserzusatz von Kreiselpumpen angesaugt. Das mitgesaugte Wasser ist dabei als Fördermittel zu betrachten und die zu seiner Bewegung nötige Arbeit entspricht bei den Greif- und Eimerbaggern der für die Bewegung des Greifers oder der Eimerkette aufgewandten Leerlaufsarbeit. Bei schlammigem und leicht löslichem Boden, der die Verwendung von Pumpenbaggern ohne Schneidewerkzeug zuläßt, wird der Boden durch Druckwasser oder nur durch die Saugekraft des angesaugten Wassers gelöst.

Die Schutenentleerer lösen und fördern den Boden gleichfalls mit Greifern oder Eimern. Bei den Spülern wird er unter starkem Wasserzusatz verdünnt und an-

Zahlentafel XI.   Greifer (Inhalt und Gewicht).

1	2	3	4	5	6	7
Bagger-Nr. in Zahlentafel Ia	Abb.	Bauart	Bodenart	Inhalt in Litern $J =$	Gewicht in kg $g =$	$\frac{g}{J}$
1		Vierseilgreifer	Schlick	600	1175	1,96
4		Zweikettengreifer	,,	750	1500	2
7		,,	,,	1400	1220	0,87
6	284	,,	,,	1400	1450	1,04
3		,,	,,	1400	1750	1,25
5		,,	,,	1500	2000	1,33
2		Vierseilgreifer	Kies	800	2050	2,56
8	287	,,	,,	1000	1450	1,45
1		,,	Sand	500	1450	2,9
4		Zweikettengreifer	,,	500	1500	3
8		Vierseilgreifer	,,	800	2000	2,5
5		Zweikettengreifer	,,	1000	2000	2
3		,,	,,	1000	2300	2,3
9		Bruce u. Batho	,,	1700	4900	2,7
1		Vierseilgreifer	Steine	450	1450	3,23
7	291	Zweikettengreifer	,,	450	1630	3,6
4		,,	,,	500	1500	3
8	239	Vierseilgreifer	,,	600	1800	3
3		Zweikettengreifer	,,	600	2400	4
5		,,	,,	750	2200	2,94

gesaugt, wobei das Wasser in ähnlicher Weise wie bei den Pumpenbaggern als Fördermittel dient.

Der Boden wird bei Greifbaggern durch unmittelbares Entleeren des Greifers
über dem Prahm oder am Ufer abgelagert, bei Eimerbaggern in Schüttrinnen

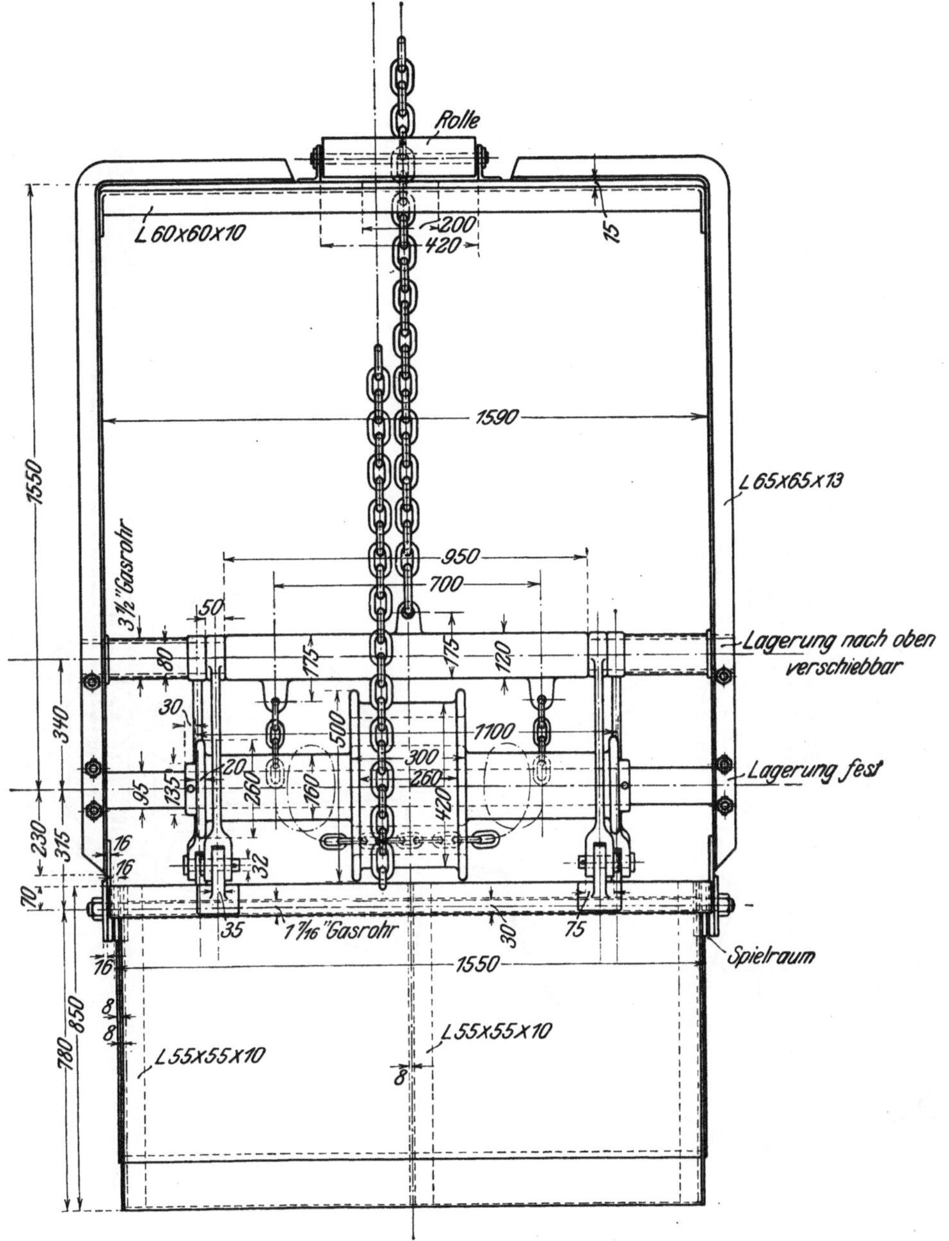

Abb. 284. Priestmannscher Greifer für Schlick. Inhalt 1,4 cbm. Maßstab 1 : 20.

verstürzt, aus denen er in Prähme, auf Kratzer oder Förderbänder fällt, oder schließlich in den Saugekasten einer Pumpe, die ihn durch eine schwimmende Rohrleitung
an Land drückt.

Pumpenbagger fördern entweder durch Schüttrinnen in Prähme, oder in den
eigenen Laderaum, oder sie drücken das Baggergut durch eine Rohrleitung an Land.

In ähnlicher Weise lagern auch die Spüler den Boden durch eine Druckrohrleitung ab, während bei den Schutenentleerern, wie bereits S. 79 gesagt, hierzu Schüttrinnen, Spülrinnen, Kratzerketten, Förderbänder, Kübel oder auch Greifer dienen. Letztere vereinigen dann wie die Greifbagger alle drei Arbeitsvorgänge in einem Werkzeug.

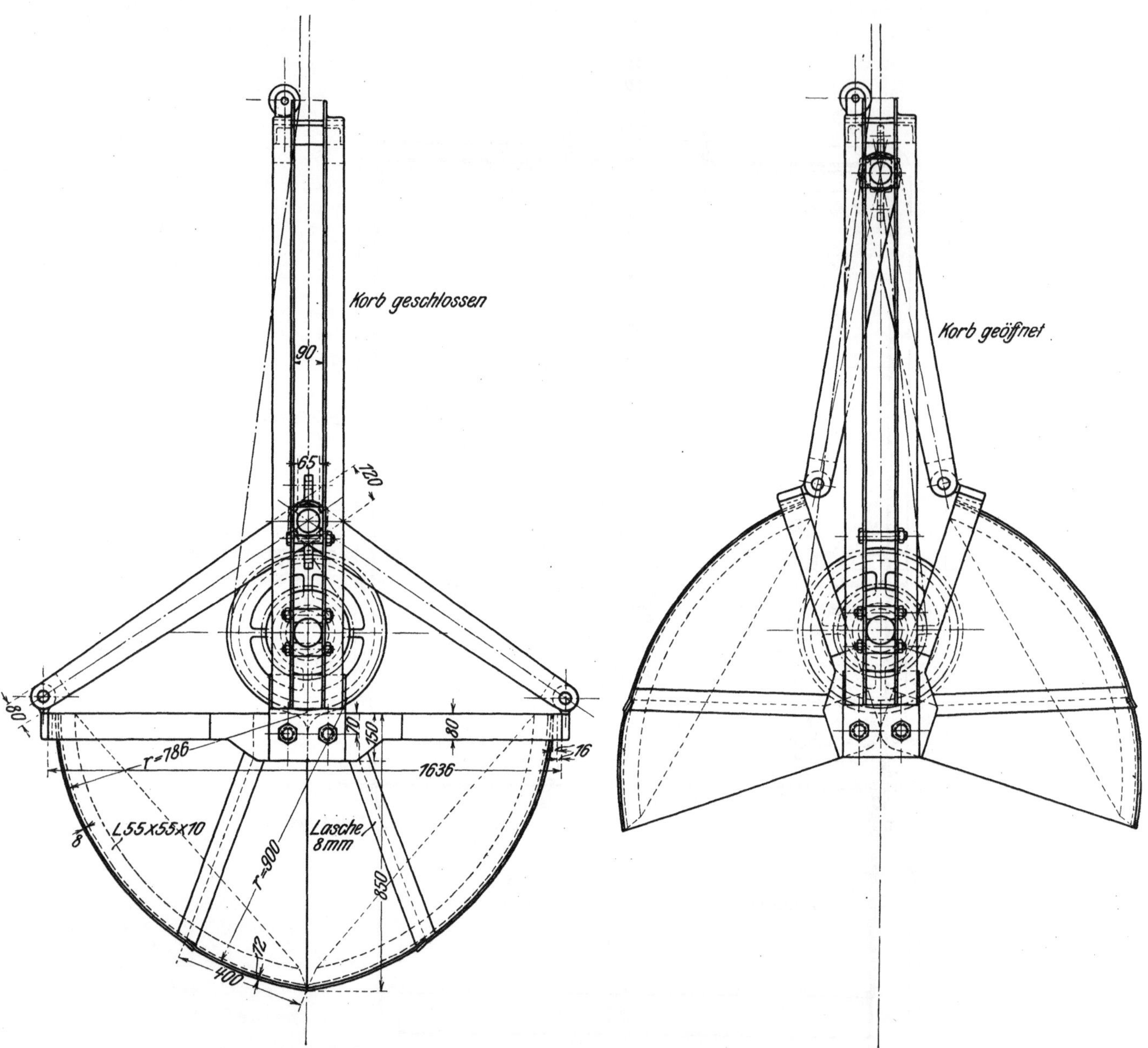

Abb. 285 u. 286. Priestmannscher Greifer für Schlick. Inhalt 1,4 cbm. Maßstab 1 : 20.

Je nach der Art, wie bei den einzelnen Geräten die oben erwähnten drei Arbeitsvorgänge ausgeführt werden, richtet sich die Bauart und der Antrieb des Baggerwerkzeuges.

Greifbagger.

Die Greifer müssen so schwer sein, daß sie schon beim Herabstürzen auf den Boden sich mit den senkrechten Schneiden möglichst tief eingraben. Je mehr sie

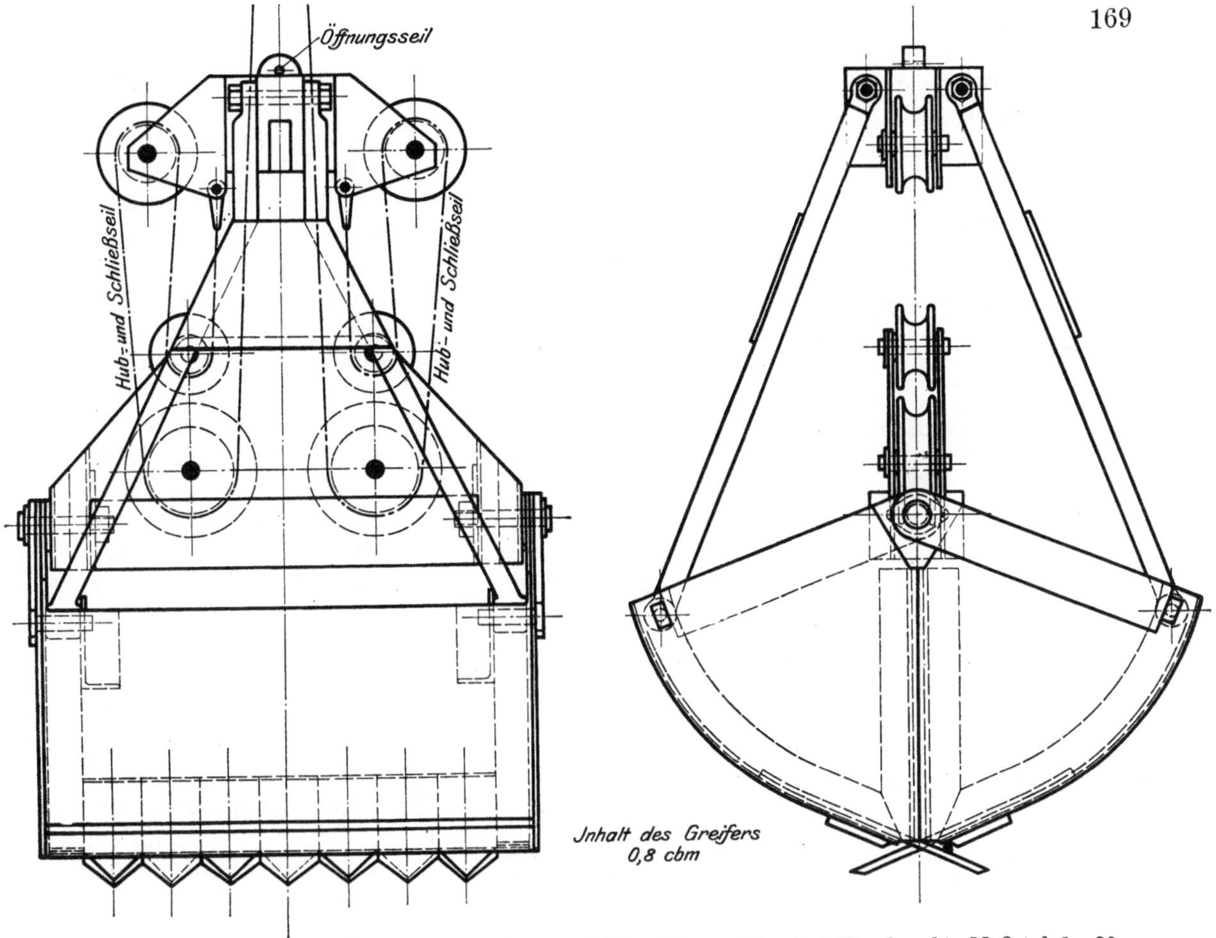

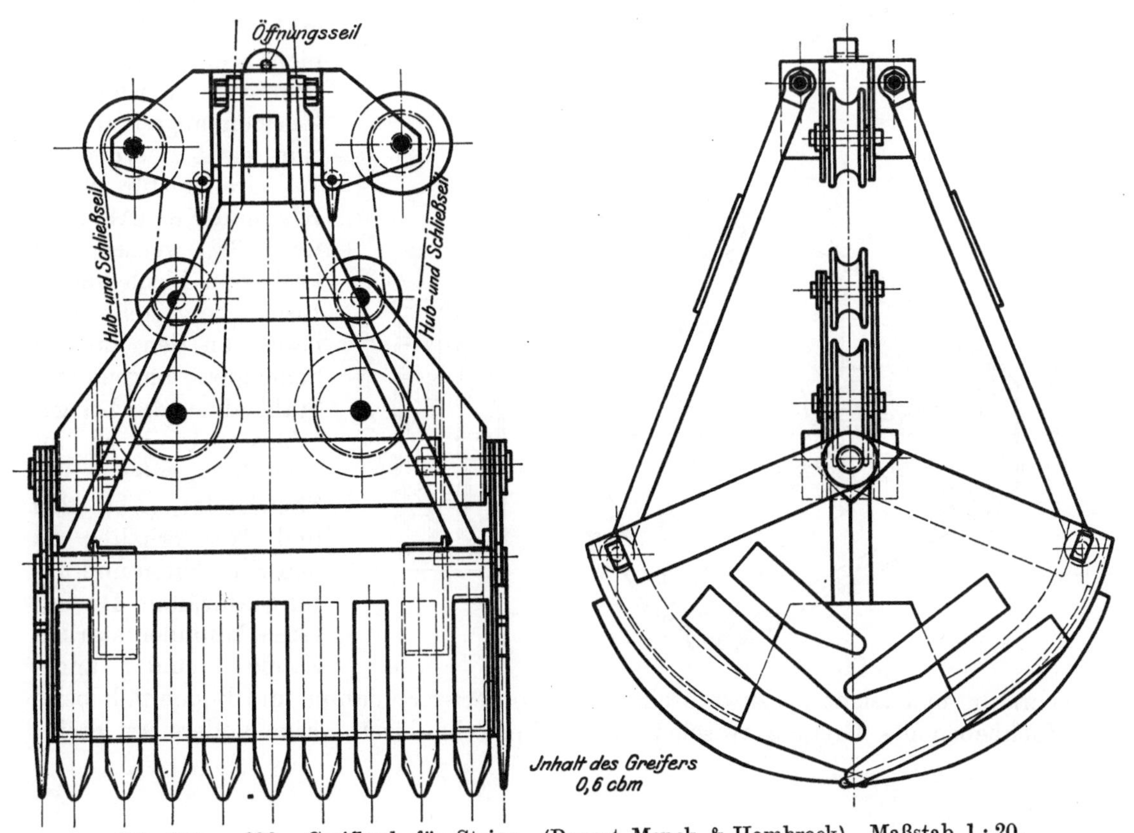

Abb. 287 u. 288. Greifkorb für Sand, Klei und Kies (Bauart Menck & Hambrock). Maßstab 1 : 20.

Abb. 289 u. 290. Greifkorb für Steine. (Bauart Menck & Hambrock). Maßstab 1 : 20.

dies tun, um so besser werden sie beim Schließen gefüllt. In weichem Boden ist daher der Füllungsgrad am größten. Für das Verhältnis von Greiferinhalt zu Greifergewicht gibt die Zahlentafel XI einige Werte.

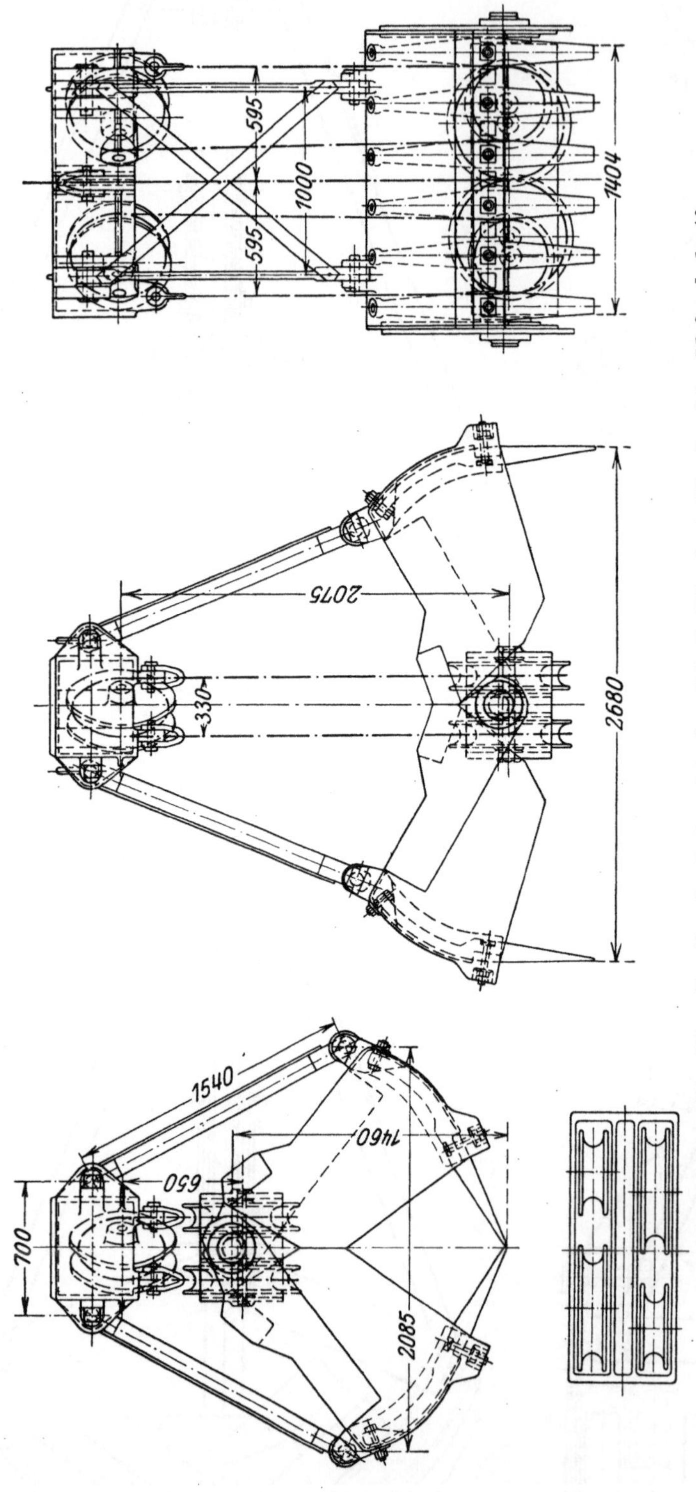

Zum Schließen und Heben der Greifer einerseits und zum Öffnen andererseits wird bei Naßbaggern meistens je eine besondere Kette oder ein Doppelseil verwandt. Einkettengreifer lassen sich bei Naßbaggern nicht so vielseitig verwenden, wie Zweiketten- oder Vierseilgreifer, und sind nur für besondere Fälle zu empfehlen.

Greifer für sehr weichen Boden (Schlick) werden aus Blech mit glatter Schneide gebaut (Abb. 284 bis 286). Bei größeren Greifkörben erhält jede Hälfte innen eine Versteifungswand, die bei dem weichen Baggerboden das Eingraben und Entleeren nicht beeinträchtigt. Die Schneiden werden mit Laschen angesetzt und sind leicht zu erneuern.

Greifer für Sand, Klei und Kies (Abb. 287 und 288) werden aus kräftigem Blech und ⌀ Eisen hergestellt und haben an den unteren Schneiden angenietete Stahlzähne, die bei geschlossenem Korb ineinander greifen. Die Steingreifer (Abb. 289 und 290) erhalten an den Stirnseiten und unten Stahlzähne. Die unteren, besonders starken Zähne sind angeschraubt und leicht auszuwechseln. Mitgeförderter Schlamm und Boden fällt beim Hochheben des Greifers zwischen den Zähnen hindurch. Eine andere Art Stein-

Abb. 293 bis 296. Vierseilgreifer für Steine, 1,8 cbm Inhalt (Menck & Hambrock). Maßstab 1:40.

greifer (Abb. 291 und 292) ist aus zugespitzten Dreikanteisen zusammengebaut, die in einen geschmiedeten Rahmen eingesetzt und gleichfalls leicht auszuwechseln sind. Einen Vierseilgreifer für Steine von 1,8 cbm Inhalt zeigt Abb. 293 bis 296.

Die Greiferwinden werden, wenn nicht besondere Umstände vorliegen, die den Antrieb mit einem Elektromotor ermöglichen, allgemein von Zwillingsmaschinen angetrieben, die unmittelbar an das Windwerk angebaut sind. Dieses ist so einzurichten, daß das Heben, Senken und Öffnen des Greifers gleichzeitig und unabhängig von der Drehbewegung erfolgen kann. Zum Drehen dient allgemein ein an dem Fundament befestigter Zahnkranz mit Innen- oder Außenverzahnung, an

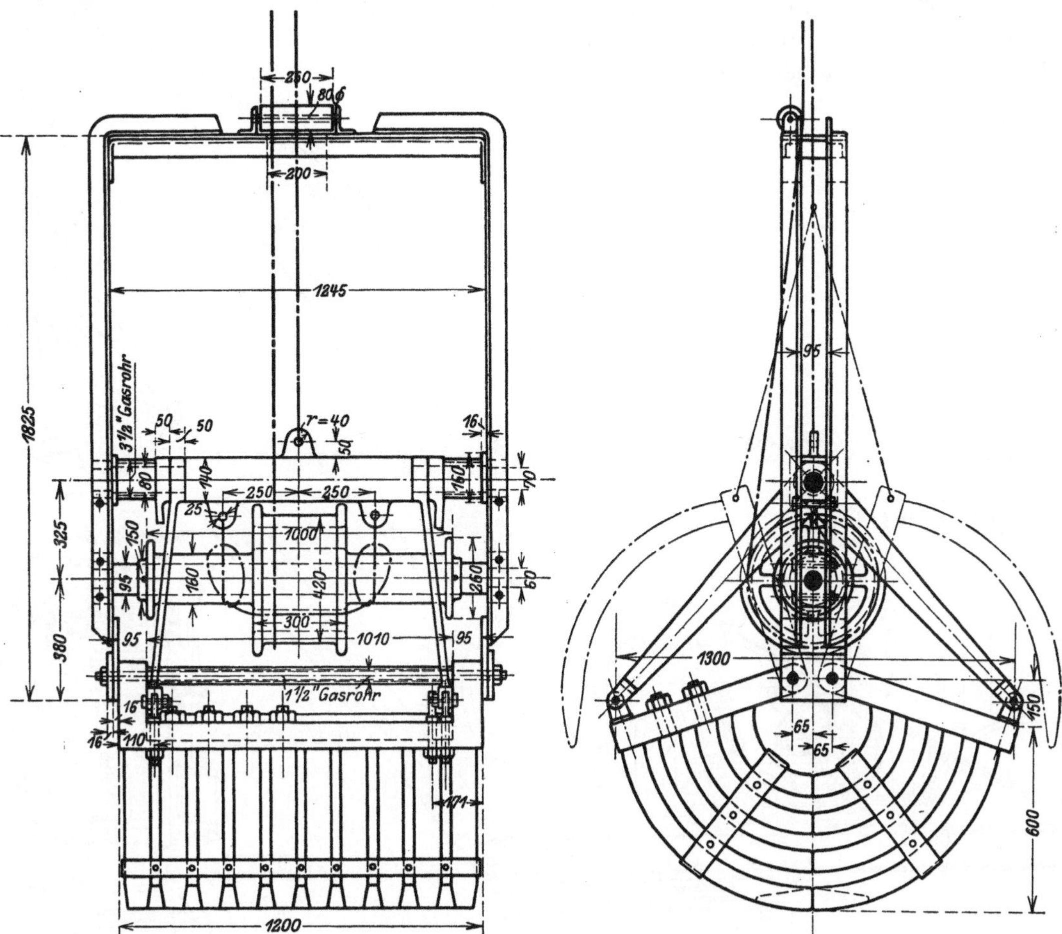

Abb. 291 u. 292. Priestmannscher Greifer für Steine (gebaut von Bünger & Leyrer). Maßstab 1 : 25.

dem ein von der Winde bewegtes Ritzel entlang läuft. Die ganze Plattform dreht sich um eine Königssäule, an der bei den kleineren Anlagen, bei denen der Dampfkessel auf der Plattform steht, das ganze Windwerk mit einem Spurlager hängt (Abb. 300). Größere Winden werden von einem Laufkranz mit konischen Laufrollen, der mit dem Zahnkranz für die Drehbewegung verbunden ist, getragen.

Die Winde von Priestmann (Abb. 297 und 298) treibt nur die Trommel für die Hub- und Schließkette an. Diese Trommel mit einem an ihr befestigten Reibungsrad läuft lose auf einer exzentrisch gelagerten Welle. Durch Verdrehen dieser Welle wird das Reibungsrad gegen ein zweites Reibungsrad auf der Kurbelwelle gepreßt. Bei geöffnetem und auf dem Boden gesenkten Greifer werden die Reibungsräder gegeneinander gedrückt und durch das Drehen der Hubtrommel die

Schließkette von dem Mittelteil der Schließtrommel des Greifers abgewickelt (Abb. 284). Gleichzeitig werden die Verbindungsketten zwischen der oberen und unteren Traverse aufgewickelt, so daß der Korb sich schließt. Bei weiterem Anziehen hebt sich der Korb, während die Öffnungskette durch ein an einem Flaschenzug hängendes Gegengewicht eingeholt wird. Ist der Korb in der Ausschüttstellung angelangt, so wird das große Reibungsrad der Hubkette von dem auf der Kurbelwelle sitzenden kleineren Reibungsrad abgehoben und gegen den unter dem Rad liegenden Bremsklotz gedrückt. Der Korb hängt jetzt nur an der abgebremsten Schließkette. Dann wird die Öffnungskette durch die Bremse festgesetzt und das große Reibungsrad der Hubkette vom Bremsklotz abgehoben. Der Korb hängt jetzt an der an

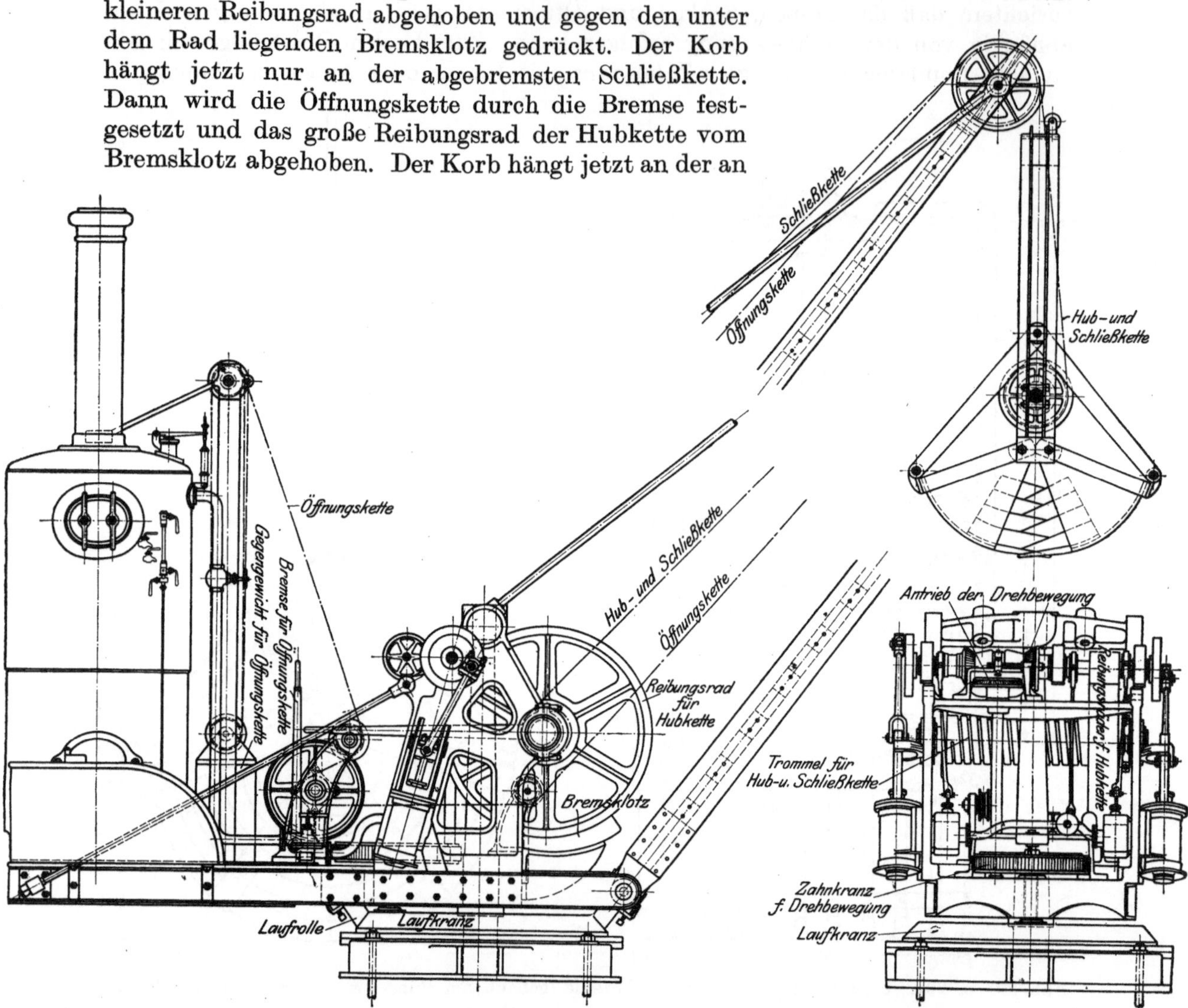

Abb. 297 u. 298. Priestmannsches Windwerk (gebaut von Bünger & Leyrer).

der oberen Traverse befestigten Öffnungskette und gleitet durch sein Eigengewicht in den Rahmenführungen herab. Dabei werden die beiden Greiferhälften durch die an der oberen Traverse befestigten Zugstangen geöffnet, während die Schließkette sich auf der Schließtrommel aufwickelt. Hat sich der Greifer entleert, so wird er an der Öffnungskette herabgelassen, während die Schließkette frei abläuft. Das Ritzel für die Drehbewegung wird von einem wagerechten Kegelrad angetrieben, in das abwechselnd zwei auf der Kurbelwelle sitzende Kegelräder eingreifen, die je nach der Drehrichtung durch eine Reibungskupplung eingeschaltet werden. Das Gegengewicht der Öffnungskette muß nachstellbar sein, damit bei

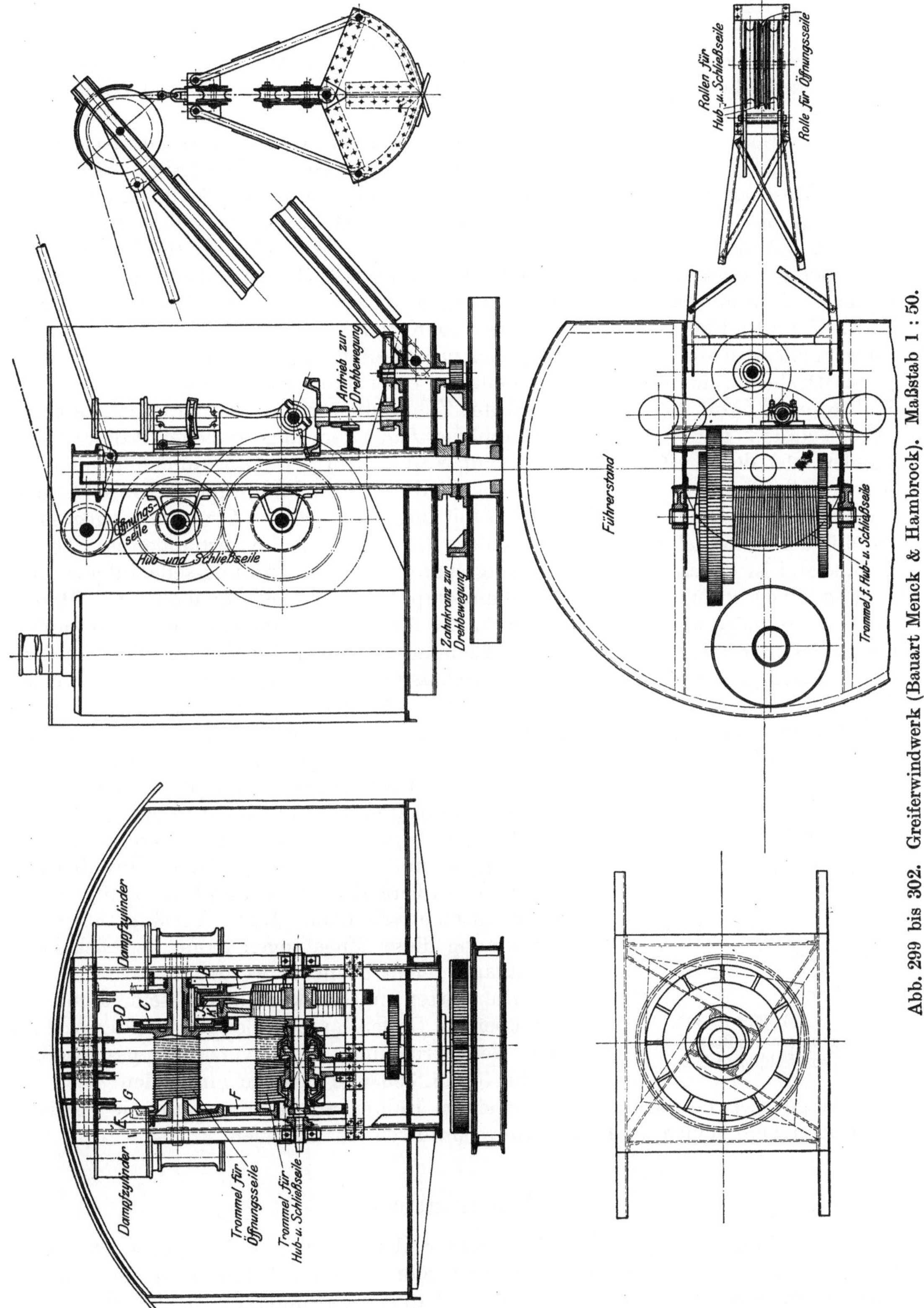

Abb. 299 bis 302. Greiferwindwerk (Bauart Menck & Hambrock). Maßstab 1 : 50.

den verschiedenen Baggertiefen das Gewicht der ablaufenden Kette richtig ausgeglichen wird.

Das Windwerk von Rose, Downs & Thomson in Hull wirkt ähnlich wie das oben beschriebene, jedoch wird die Öffnungskette auch auf eine Trommel aufgewickelt, die ebenso wie die Hubtrommel des eben beschriebenen Windwerkes mit dem Triebwerk gekuppelt wird.

Die Firma Menck & Hambrock in Altona verwendet statt der Ketten die verhältnismäßig leichteren Seile und erreicht bei den Greifkörben (Abb. 287 bis 290) durch Einschalten eines doppelten Flaschenzuges eine große Schließkraft, wobei allerdings die zum Schließen nötige Zeit größer ist als bei den Priestmannschen Greifern. Außerdem werden zum Schließen zwei Seile gleichzeitig benutzt, die auf einer gemeinsamen Trommel mit gegenläufigen Seilrillen aufgewickelt werden, so daß bei Bruch eines Seiles der Greifkorb noch von dem zweiten Seil getragen wird. An den Enden der Schließseile sind Kettenenden befestigt, so daß die Seile selbst nicht über die Rollen des Flaschenzuges laufen. Das Öffnungsseil ist ein doppeltes Drahtseil, das wie die Schließseile auf einer Trommel aufgewickelt wird. Die Hubtrommel (Abb. 299 bis 302) wird mit Zahnradvorgelege von der Maschine angetrieben und ist mit einer Reibungskupplung J mit dem angetriebenen Zahnrad verbunden. Ist der Greifer geschlossen und wird er von der Hubtrommel angehoben, so wird die Trommel für das Öffnungsseil durch das Zahnradpaar AB schleifend mitgenommen. Deshalb ist das Rad B mit der Bremsscheibe C zusammengegossen, die mit der Trommel der Öffnungsseile durch ein Bremsband verbunden ist. Dieses Bremsband ist durch eine Feder so eingespannt, daß die Öffnungsseile aufgewickelt werden ohne lose zu werden. Die Reibungskupplung G ist beim Schließen und Heben des Greifers ausgerückt. Ist der Greifer in der Ausschüttstellung angelangt, so werden die Bremsen D und K festgesetzt, die Reibungskupplung J gelöst und der von dem Öffnungsseil gehaltene Greifer durch Nachlassen des Schließseiles mit der Bremse K geöffnet. Der geöffnete Greifer wird mit der Bremse D gesenkt, wobei die Kupplung G eingeschaltet und die Hubtrommel durch das Räderpaar E und F mitgenommen wird. Die Übersetzung E und F ist so gewählt, daß beim Senken beide Trommeln gleiche Umfangsgeschwindigkeit haben. Die Drehbewegung ähnelt der bereits oben beschriebenen.

Die Ausleger der Greifbagger sind aus Profileisen gebaut und im Windenfundament drehbar gelagert. Das obere Ende wird durch Zugstangen mit der Kransäule verbunden. Durch Verlängerung oder Verkürzung dieser Zugstangen kann die Ausladung des Kranes leicht geändert werden.

Die Ketten müssen kurzgliedrig sein, damit sie gut über die Rollen laufen. Bei der ständigen starken Beanspruchung sind verzahnt geschweißte Ketten (Abb. 303 und 304) zu empfehlen.

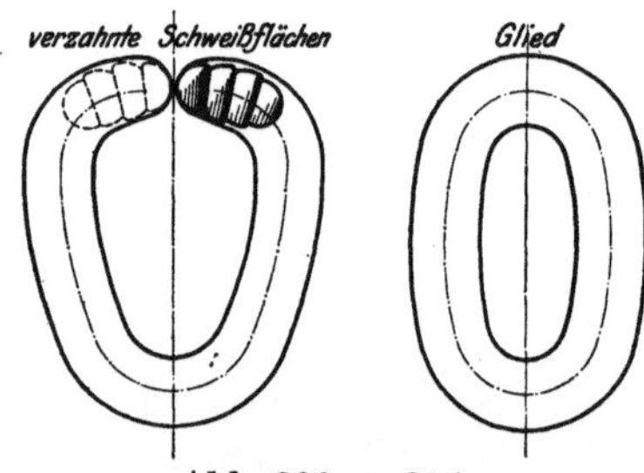

Abb. 303 u. 304.
Verzahnt geschweißtes Kettenglied
(von Schlieper D.R.P.).

Die ganze Greiferwinde wird mit einem Führerhaus überbaut, um sie vor herumspritzendem Boden und Witterungseinflüssen zu schützen.

Eimerbagger.

Die Eimer müssen den Boden leicht und mit gutem Füllungsgrad abgraben und ihn beim Kippen über den Oberturas schnell und vollständig in den Schütttrichter entleeren. Je nach der Bodenart ist die Geschwindigkeit des Schnittes und damit die Geschwindigkeit der Eimerkette zu ändern. Die Eimer, Schaken und Bolzen sind einem außerordentlich starken Verschleiß ausgesetzt, daher muß die

Eimerkette in allen Teilen sehr widerstandsfähig und in ihrer Gesamtanordnung so gebaut sein, daß einzelne Teile leicht auszuwechseln sind. Die Schnittwirkung der Eimer ist nach Abb. 305 bis 308 folgende:

Die Stärke der bei einem einmaligen Schnitt abgehobenen Schicht richtet sich nach der Bodenart. Um eine gleichmäßige Sohle zu erhalten, darf die Schnitthöhe nur so groß sein, daß der vom Eimermesser abgeschnittene Boden ganz in den Eimer stürzt und nicht zum Teil über den Eimer auf die frei-gebaggerte Sohle zurückfällt. Der Bagger darf deshalb nicht „unterschneiden", d. h. er darf nicht soweit in den Boden eindringen, daß die Eimer die oberste Schicht nicht mitgreifen, die dann überragt und auf die Sohle stürzt. Bei sehr festem und zähem Boden darf R nicht viel größer sein als h (Abb. 306). Bei den meisten Bodenarten fällt jedoch, wenn $R > h$, der oberste Teil des Schnittes, dem natürlichen Böschungswinkel des Bodens folgend, noch gut in den Eimer. Der Bagger wird bei der Ausführung eines Schnittes zu Anfang um den Fortschritt d in der Längsachse des Schiffes am Vortau voraus geholt. Während des Scherens über die ganze Schnittfläche wird er seitlich verholt, so daß die Eimer mit der einen Seite des Messerumfanges in den Boden einschneiden (Abb. 306).

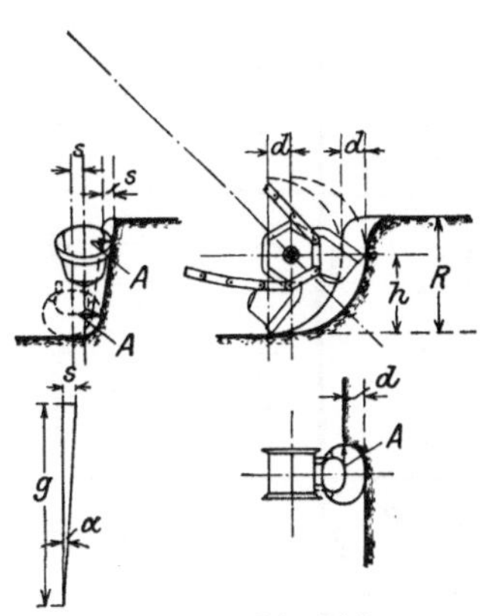

Abb. 305 bis 308.
Schnittwirkung der Eimer.

Die einzelnen Eimerschnitte liegen schräg. Der Eimer muß nach unten hin schmaler werden, da sonst der Eimermantel an der Schnittfläche gleitet und den

Widerstand erhöht. Die Neigung der Schnittfläche ist bestimmt durch $\mathrm{tg}\, \alpha = \dfrac{s}{g}$, wobei s die durch die vorderen Seitenketten erzielte seitliche Geschwindigkeit des Unterturas, g die Schnitt-Geschwindigkeit des Punktes A (Abb. 305) beim Übergang des Eimers über den Unterturas ist. (g überschreitet die Kettengeschwindigkeit je nach der Größe des Baggers um 50÷100 Prozent.) s ist für sehr weichen Boden, je nach der Größe des Baggers 5÷6 m/min und fällt für sehr schweren Boden bis auf 3 m/min; s und g sind bei jedem Bagger verschieden. $\mathrm{tg}\,\alpha$ erreicht für den einzelnen Bagger den größten Wert bei der größten möglichen Seitengeschwindigkeit und der kleinsten Eimergeschwindigkeit. g ist bei kleinen Eimerbaggern und schwerem Boden ~ 25 m/min und steigt bei großen Geräten und leichtem Boden bis auf 50 m/min.

Die Seitengeschwindigkeit ist bei kleineren Baggern $\leqq 5$ m/min, also $\mathrm{tg}\,\alpha \leqq \dfrac{5}{25}$;

$\alpha \leqq 12^0$, während für große Bagger $\mathrm{tg}\,\alpha \leqq \dfrac{6}{50}$ ist; also $\alpha \leqq 7^0$. Wenn irgend mög-lich empfiehlt es sich jedoch, den Neigungswinkel der Seitenwände, wie die Erfahrung gezeigt hat, $= 17^0$ zu wählen. Unter 12^0 soll er selbst bei größeren Baggern nicht angenommen werden, da sonst bei Ungleichheiten im Boden leicht der Eimermantel an der Schnittfläche gleitet. Der größere Neigungswinkel ist auch deswegen empfeh-lenswert, weil, wie die Abb. zeigt, der abgeschnittene Boden nicht so in den Eimer fällt, daß ein Gefäß mit fast senkrechten Wänden gut gefüllt werden kann. Die vordere Mantelfläche soll gleichfalls so stark nach unten verjüngt sein, daß sie die Schnittfläche nicht berührt. Für die Ausbildung des Mantels kommt jedoch vor allem in Betracht, daß der Eimer auch klebrigen Boden gut ausschütten und das Eimer-maul recht groß sein muß; deshalb soll auch die äußere Mantelfläche so stark geneigt sein, daß sie etwa wagerecht liegt, wenn der Eimer auf dem Oberturas sich zu ent-leeren beginnt (Abb. 309). Bei kleineren Eimerbaggern darf jedoch die Verjüngung der Mantelfläche nach dem Boden hin nicht zu stark sein, weil sonst das Baggergut

Zahlentafel XII. Abmessungen von Eimern für Eimerbagger.

1	2	3	4	5	6	7	8	9	10	11	12	13	14	15	16	17	18
Nr. in Zahlentafel IIa	J = Eimerinhalt in Litern	G = Eimergewicht in kg	Baustoff des Eimers	J/G	Schakenlänge mm	Blechdicke für — Boden mm	Mantel mm	Rücken mm	Seitenverstärkung mm	Rückenverstärkung mm	Breite × Dicke der Eimermesser mm	Bolzen-Durchmesser mm	Eimerschake Bauart	Eimerschake Breite der Auflagerfläche mm	Zwischenschake Bauart	Zwischenschake Höhe × Breite mm	Abbildung Nr.
7	54	51,5	Schmiedeeisen	1,05	409	5	5	5	—	5 (Doppelung)	85×6,5	25	einfach	32	doppelt	60×13	
14	112		„		500	6	7	10	—	14 (2 Laschen)	120×13	40	einfach	62	doppelt	100×23	
12	114	155	Stahlgußschaken	0,74	586	8	6	8	—	15 Stahlgußlasche	140×10	30	doppelt	30	einfach	85×32	
22	190	275	Schmiedeeisen	0,7	550	9	9	10	—	14 (2 Laschen)	140×16	50	einfach	59	doppelt	130×15	
18	217	300	Stahlgußrücken	0,725	600	7	7	7	—	—	150×18	45	doppelt	140	einfach	140×15	
19	250	350	„	0,72	650	6,5	8	15	—	—	180×13	50	doppelt	150	einfach		
24	320	360	„	0,89	640	7	8	14	—	—	190×13	50	doppelt	140	einfach	120×50	
26	320	450	Schmiedeeisen	0,715	600	6	7	10	—	16 (2 Laschen)	140×13	60	einfach	76	doppelt	140×27	
32	185	780	Schmiedeeisen mit Stahlzähnen	0,237	700	15	25	20	—	25 (1 Lasche)	1 Stahlzahn 460×115	70	einfach	105	doppelt	155×45	
30	350	606	Schmiedeeisen Dekker-Schaken	0,58	700	7	8	10	15	18 (1 Lasche)	170×20	55	einfach	100	doppelt	155×26	
29	350	750	Stahlgußrücken und -boden	0,47	775	15	11	16	—	—	200×20	60	doppelt	175	einfach	130×75	
33	450	705	Schmiedeeisen	0,64	775	9	9	13	—	23 (2 Laschen)	180×23	70	einfach	92	doppelt	160×35	
31	450	860	Stahlgußrücken und -boden	0,53	690	15	10	20	—	—	200×20	75	doppelt	305	einfach	140×85	
35	500	620	Stahlgußeimer (Jäger)	0,81	750	10	10	10÷16	—	—	225×20	68	doppelt	170	einfach	165×60	
44	550 {Fels 850, Sand 900}		Schmiedeeisen	(0,645) 0,61	700	10	10	10	20	25 (1 Lasche)	200×25	75	einfach	100	doppelt	165×50	
2*	570		„		680	8	9	13	20	23 (1 Lasche)	205×23	65	einfach	119	doppelt	160×38	
42	600	1100	Stahlgußschaken	0,55	680	10	10	13	25	20 (1 Lasche)	220×35	70	einfach	150	doppelt		
—	650	996	Stahlgußrücken und -boden	0,66	875	16	11	16	—	—	275×12÷25	95	doppelt	380	einfach	180× 60÷160	
47	800	964	Schmiedeeisen	0,83	800	9	11	13	—	23 (2 Laschen)	200×23	85	einfach	110	doppelt	180×50	
47	800	1120	Stahlgußeimer (Jäger)	0,715	800	12	12÷18	12÷18	—	—	225×20	85	doppelt	200	einfach	220×100	
48	875	1700	Stahlgußrücken und -boden	0,52	800	18	12	30	—	—	240×25	90	doppelt	346	doppelt	166×90	
46	900	1025	Schmiedeeisen	0,88	875	9	10	12	18	25 (1 Lasche)	200×25	75	einfach	100	doppelt	165×50	
5*	900	2660	Stahlgußrücken und -boden	0,34	1000	25	12	25	—	—	375×20	90	doppelt	320	einfach		

*) Diese Nummern beziehen sich auf Zahlentafel IIe.

sich unten festsetzt. Die Innenfläche des Eimers soll möglichst glatt sein. Die Verwendung durchgehender Schrauben zur Befestigung der Schaken oder dgl. verhindert das leichte Entleeren des Eimers und ist zu vermeiden. Zum Ablaufen des Wassers beim Reinigen der Eimer durch Ausspritzen sind in dem Mantel 3 bis 6 Löcher von 20 bis 26 mm ϕ einzubohren.

Bei der Wahl der Materialstärken und dem Zusammenbau der Eimer ist außer dem bisher über die Eimerform Gesagten noch folgendes über die Beanspruchung der Eimer zu beachten. Beim Einschneiden in den Boden wird auf die Oberkante des Eimermantels und das Eimermesser ein Druck ausgeübt, der von den Schaken aufgenommen werden muß, und der auf ein Zusammenziehen des Mantels wirkt. Hierdurch werden vor allem die Verbindungen zwischen Eimermantel und Eimerrücken und -Boden beansprucht, in geringerem Maße auch die Verbindung des Eimermantels mit den Schaken. Beim Übergang des Eimers über den oberen Turas hängt (Abb. 309)

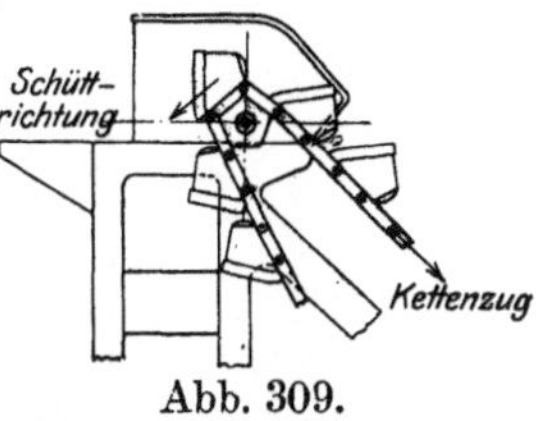

Abb. 309.
Lage des Baggereimers
auf dem Oberturas.

je ein Ende der Kette an der auf dem Turas aufliegenden Schake und beansprucht diese auf Biegung. Diese Biegungsbeanspruchung überträgt sich gleichfalls auf die Verbindung des Eimerrückens mit dem Eimermantel und Eimerboden. Ferner erfolgt das Auflegen der Eimerschaken auf den Turas, wenn die betreffende Kante über den höchsten Punkt hinweggeht, jedesmal mit einem harten Schlag, der besonders deshalb den ganzen Verband des Eimers angreift, weil die Schaken schon durch die daranhängende Eimerkette beansprucht werden.

Die Eimer werden entweder nur aus Stahlguß mit angesetzten Messern oder aus Stahlguß und Schmiedeeisen oder nur aus Schmiedeeisen zusammengebaut.

Zahlentafel XII gibt die Hauptabmessungen von Baggereimern.

Aus Stahlguß und Schmiedeeisen zusammengesetzte Eimer zeigen die Abb. 310 bis 320.

Abb. 310 bis 313 Baggereimer für 200 Liter Inhalt. Der Eimer hat einen Stahlgußrücken mit angegossenen breiten Doppelschaken. Das Eimermesser aus Stahl reicht bis auf den Eimerrücken und verstärkt so die Verbindung des Mantels mit dem Rükken. Die Eimerschaken sind gegen Ab-

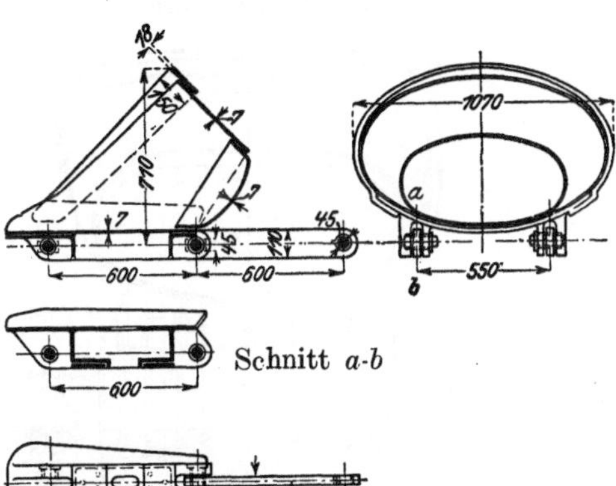
Schnitt a-b

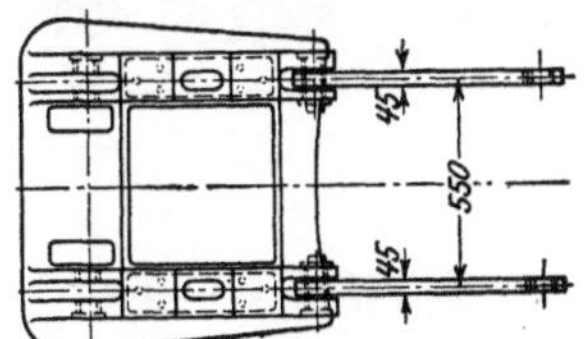

Abb. 310 bis 313.
Schmiedeeiserner Eimer mit Stahlguß-Eimerschaken. Inhalt 200 l. Maßstab 1 : 40.

nutzung durch schmiedeeiserne, aufgenietete Schlagplatten geschützt, die aber den Nachteil haben, daß sich die Nietlöcher leicht in länglicher Form ausschlagen. Das Aufbringen neuer Platten wird dadurch sehr erschwert.

Abb. 314 bis 316 zeigen einen Baggereimer, bei dem Rücken, Boden und Doppelschaken aus einem Stück gegossen sind. Die Schlagplatten sind auf den Tragflächen mit Schwalbenschwanz und Keil befestigt und außerdem vernietet. Die Platten sind gegen Verschieben in der Längsrichtung des Eimers gut gesichert und die Befestigungsnieten werden weniger auf Abscheren beansprucht, so daß auch die Nietlöcher sich nicht so leicht ausschlagen. Das Eimermesser aus naturhartem Gußstahl reicht bis auf den Eimerrücken, der durch Querrippen verstärkt ist.

Der Eimer Abb. 317 bis 320 hat Stahlgußrücken und -boden mit angegossenen

Schnittdurch die Mitte   Schnitt c-d

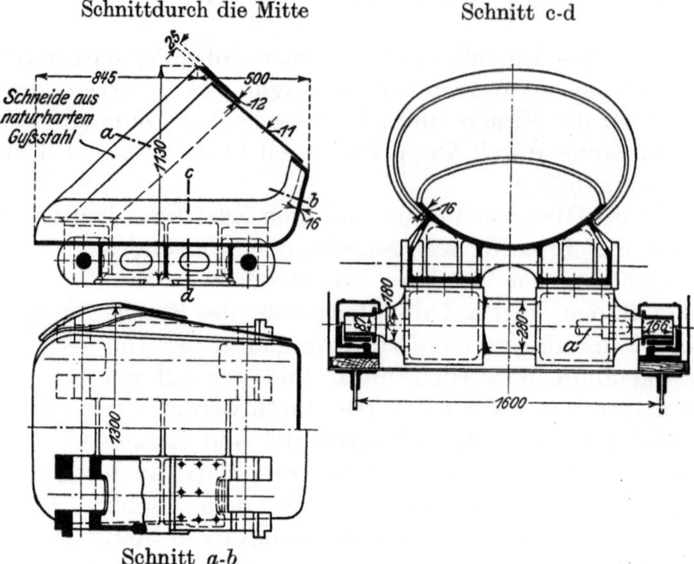

a mit Druckwasser eingepreßte Stahlwelle der oberen und
unteren Leitwalze.

Abb. 314 bis 316. Baggereimer mit Stahlgußrücken und -boden.
Maßstab 1 : 40.

Ansicht von vorn. Schnitt a-b   Schnitt c-d

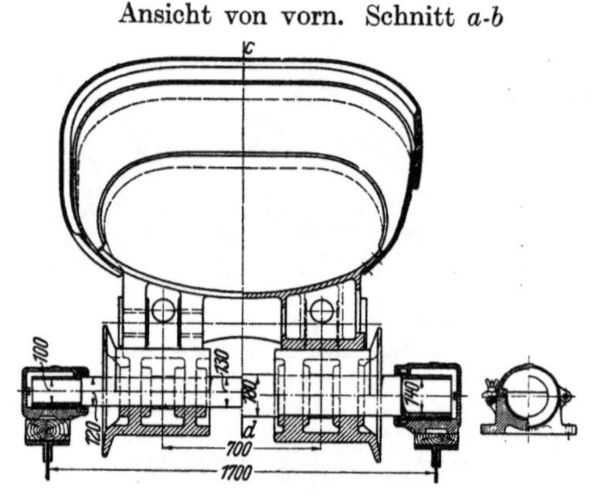

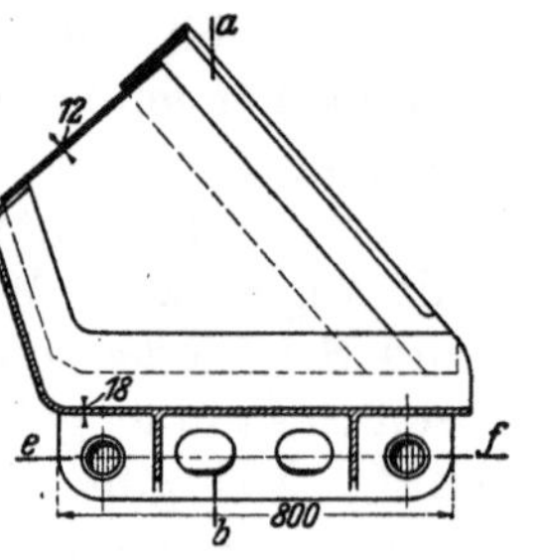

Abb. 317 bis 320.

Eimer von 875 l Inhalt.

Maßstab 1 : 40.

Schnitt e-f
und Ansicht von oben

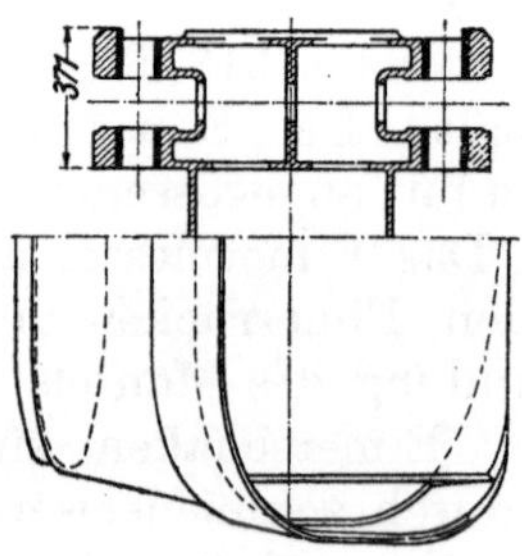

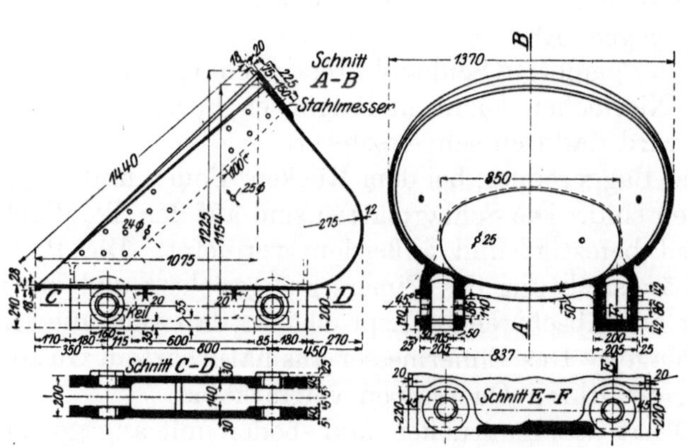

Abb. 321 bis 324.
Stahlguß-Eimer (Bauart Jäger)
Inhalt 800 l.
Maßstab 1:40.

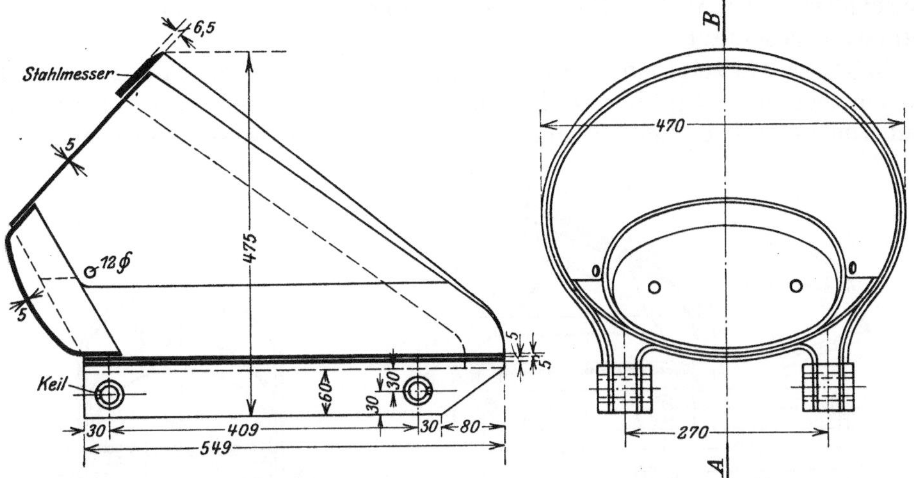

Abb. 325 u. 326. Schmiedeeiserner Eimer von 54 l Inhalt. Maßstab 1 : 10.

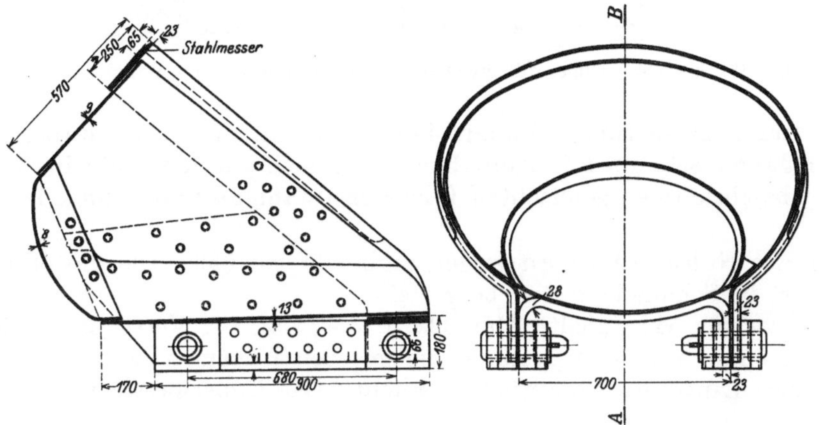

Abb. 327 u. 328. Schmiedeeiserner Eimer mit Stahlgußschaken (D.R.P.). Maßstab 1 : 25.

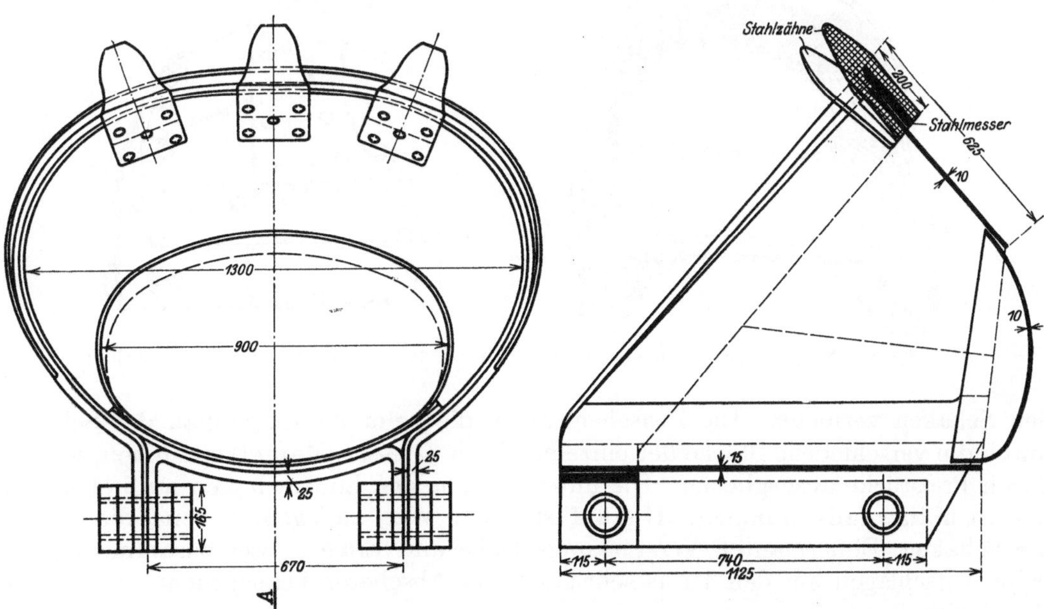

Abb. 329 u. 330. Schmiedeeiserner Eimer mit Stahlzähnen. Maßstab 1 : 20.

Doppelschaken. Die Auflagerflächen der Schaken sind sehr breit und nicht durch Schlagplatten geschützt.

Abb. 321 bis 324 zeigt einen ganz aus Stahlguß in einem Stück gegossenen Eimer, der nur ein angesetztes Stahlmesser hat, das an seinem hinteren Ende auf einem Ansatz des Gußstückes aufliegt und so sehr wirksam die ganze Schneidkraft auf das Guß-

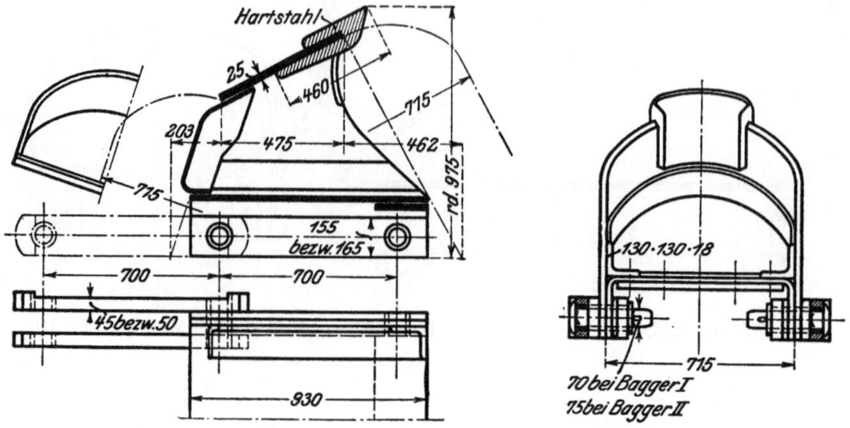

Abb. 331 bis 334. Eimer für Felsbaggerung. Inhalt 185 l. Maßstab 1 : 30.

stück überträgt. Diese Eimer (Bauart Jäger) sind für nicht zu schweren Boden in den letzten Jahren sehr stark in Aufnahme gekommen und jedenfalls in vielen Fällen den vorher beschriebenen gemischten Bauarten (Stahlguß und Schmiedeeisen) überlegen.

Eimer aus Schmiedeeisen zeigen Abb. 325 bis 339. Die gewölbten Böden werden meist in Schmiedepressen hergestellt.

Der Eimer für 54 l Inhalt, Abb. 325 u. 326, hat zur Verstärkung des Eimerrückens eine 5 mm starke Doppelung, die mit den Eimerschaken vernietet ist und über die ganze Länge des Eimerrückens reicht. Das Eimermesser ist gleichfalls mit

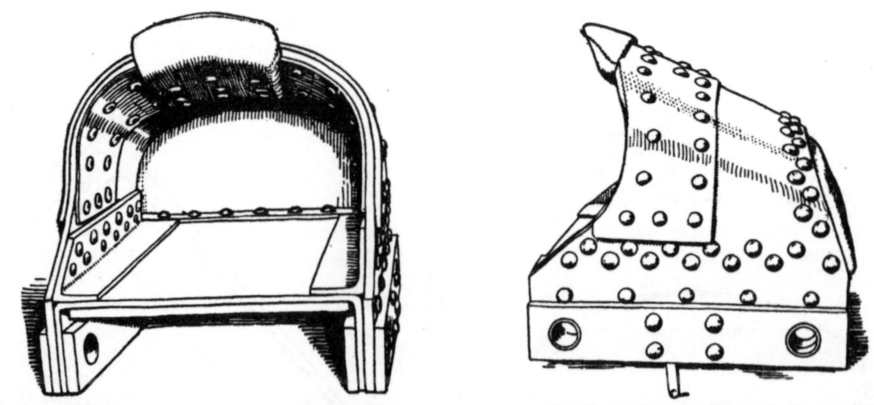

Abb. 335 u. 336. Eimer für Felsbaggerung. Inhalt 185 l. Innen- und Seitenansicht.

den Schaken vernietet. Die Zwischenräume, die beim Zusammenbau der Schaken durch die verschiedene Stärke der einzelnen Teile (Messer, Mantel) entstehen, werden durch Paßstücke ausgeglichen. Die untere Fläche der Eimerschaken muß eben sein und ist nötigenfalls zu hobeln. Hierauf ist großer Wert zu legen, da sonst die Nieten, die Schaken, Eimermantel, Verstärkungsbleche und Eimermesser zusammenhalten, beim Aufschlagen auf den Turas sehr stark auf Abscheren beansprucht werden und sich lockern.

Die Abnutzung der Auflagerfläche der Schaken wird bei dem Eimer Abb. 327 und 328 dadurch vermindert, daß die Schaken aus ⌐-förmigen Stahlgußstücken bestehen, die von beiden Seiten gegen die nach unten gezogenen Enden des Eimermantels, Messers und der Verstärkungslasche genietet werden. Die Kanten der Eimerbleche müssen abgehobelt werden. Die Flanschen der Schaken stoßen an der Auflagerfläche nicht zusammen. Zur besseren Verbindung des Eimermantels mit den Schaken ist auf jeder Seite eine breite Lasche angesetzt, die vom Eimermesser bis zum Eimerboden reicht. Der Eimerrücken ist durch eine Lasche verstärkt, die mit den Schaken vernietet ist.

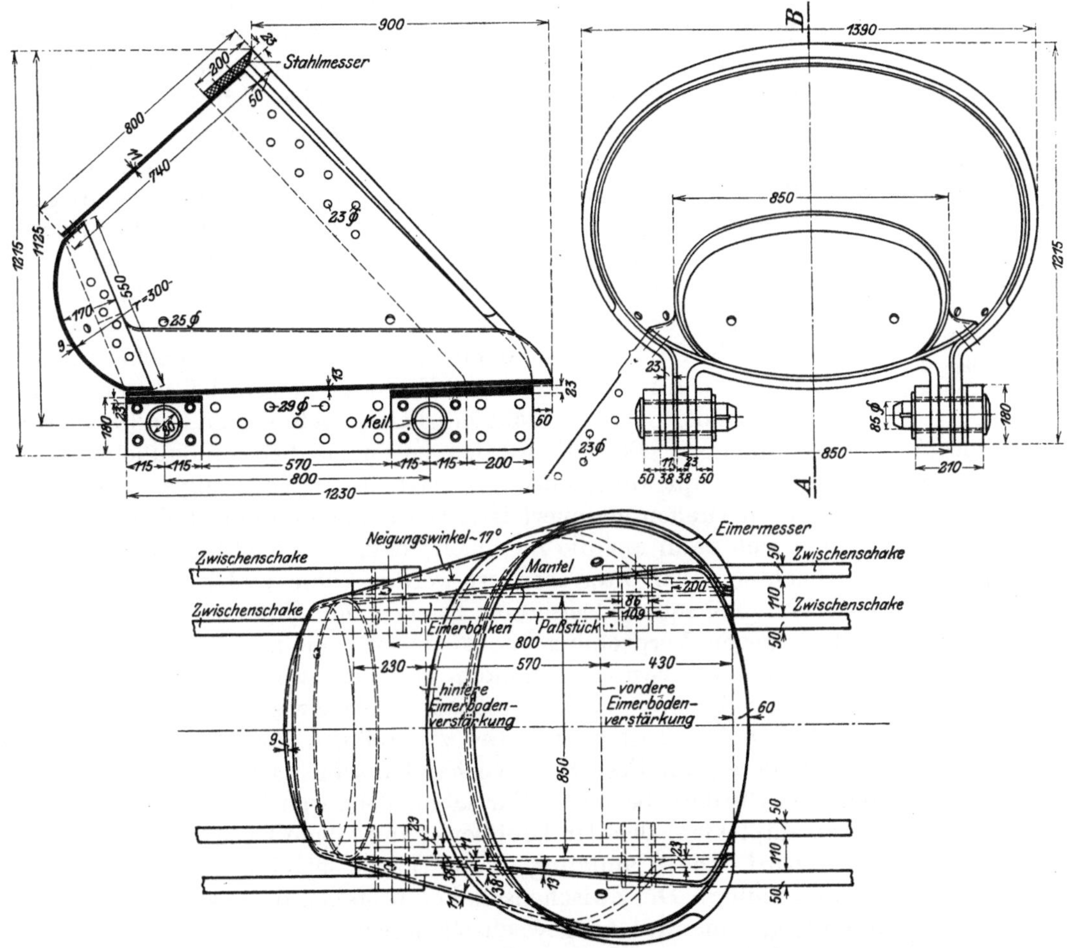

Abb. 337 bis 339. Schmiedeeiserner Baggereimer von 800 l Inhalt. Maßstab 1 : 23,5.

Der in Abb. 329 und 330 dargestellte Eimer hat auch die bei den eben beschriebenen Bauarten vorhandenen Verstärkungen. An das Messer sind besondere Zähne aus Manganstahl angenietet, die es beim Arbeiten in Geröll oder gesprengtem Fels schützen.

Eine besonders schwere Konstruktion eines Eimers für Felsbaggerung zeigt Fig. 331 bis 336. Der Eimermantel hat oben eine breite aufgenietete Lasche, über die ein besonders schwerer aus Hartstahl gefertigter harter Zahn gesetzt ist.

Abb. 337 bis 339 zeigt einen für sehr schweren Boden gebauten Eimer, bei dem der Eimerrücken an beiden Enden durch eine kräftige Lasche mit den Schaken verbunden ist. Die Laschen sind so eingebaut, daß die Eimerbolzen durch sie hindurchgehen.

Die Eimer werden untereinander durch Zwischenschaken und Bolzen verbunden; die Schaken sind abwechselnd Doppelschaken und Einfachschaken. Bei Eimern mit Stahlgußrücken wird allgemein die Eimerschake als Doppelschake ausgebildet und die Zwischenschake als Einfachschake (Abb. 310). Eimer aus Schmiedeeisen erhalten einfache Eimer- und doppelte Zwischenschaken, die entweder aus zwei gleichen Gliedern (Abb. 340) oder aus nur einem Glied (Abb. 341) bestehen, das an beiden Enden gabelförmig aufgebogen ist. Für die Länge der Schaken ist vor allem die Form des Turas maßgebend. Bei großen Baggern ist der Eimer oft erheblich länger als die Schaken. Das hat zur Folge, daß der freie Raum zwischen zwei aufeinanderfolgenden Eimern klein wird (siehe Tafel IV). Für große Bagger, die in starkem Strom arbeiten und Sand fördern, ist diese Anordnung der Kette sehr wertvoll, da sonst bei dem großen Eimermaul ein erheblicher Teil des Bodens beim Hochsteigen des Eimers wieder ausgespült wird.

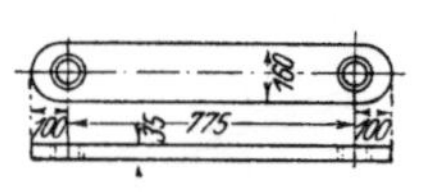

Abb. 340.
Glied einer zweiteiligen Zwischenschake.

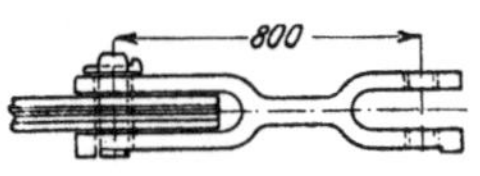

Abb. 341.
Einteilige Zwischen-
schake.

Die Eimerbolzen werden am besten aus naturhartem Stahl (besonders geeignet ist das Material des Stahlwerkes August-fehn) hergestellt. Die Bolzenlöcher sind gegen Verschleiß durch eingesetzte Büchsen aus dem gleichen naturharten Stahl geschützt. Für die Bolzen sind zwei Bauarten üblich. Die Abnutzung der Laufbüchsen in den Eimern und das bei längerem Betriebe damit verbundene Auslaufen der Bolzenlöcher in längliche Form ist besonders bei Stahlgußeimern, bei denen ein Erneuern der Schaken nicht möglich ist, sehr störend und erschwert das Einsetzen neuer Büchsen. Deshalb werden besonders bei Stahlgußeimern die Bolzen mit rechteckigem Kopf ausgeführt, der sich gegen eine angegossene Nase (Abb. 316) legt und gegen Drehen gesichert ist. Die Drehbewegung und der stärkste Verschleiß beschränkt sich dann auf die Zwischenschake, die leichter auszuwechseln ist und deren Laufbüchsen daher öfter erneuert werden können. Die Bolzen werden durch Splinte gesichert. Bei schmiedeeisernen Eimern mit einfachen Eimerschaken läßt sich der Bolzen gegen Verdrehung nicht sichern; er muß dann in den als Doppelschaken ausgebildeten Zwischenschaken gesichert werden (Abb. 341) und dreht sich nur in der Laufbüchse der Eimerschake. Die Zwischenschaken mit angesetzter Nase sind ziemlich kostspielig. Bei zweiteiligen Zwischenschaken muß außerdem eine viel größere Zahl Ersatzteile vorhanden sein, da jede Zwischenschake aus zwei verschiedenen Gliedern besteht. Für schmiedeeiserne Eimer ist der Bolzen mit rundem Kopf zu empfehlen, der der Drehbewegung folgen kann und mit Scheibe und Splint gesichert wird. Die Abnutzung dieser Bolzen ist eine sehr gleichmäßige, die Bauart einfach und billig. Die Zwischenschaken bestehen dann aus zwei gleichen Teilen, die beliebig gegeneinander ausgewechselt werden.

Sehr wichtig ist die Befestigung der Laufbüchsen in den Schaken, die so erfolgen muß, daß die Büchsen auch an Bord mit einfachem Schmiedewerkzeug ersetzt werden können. Bei kleinen Eimern (Abb. 309) haben sie eine angebogene Nase und werden mit dem Hammer eingetrieben. Größere Büchsen werden so stramm eingesetzt, daß die Reibung an den Wandungen genügt, um sie gegen Verdrehen zu sichern. Sie werden stumpf zusammengebogen. In die Stoßstelle wird ein kleines Zwischenstück eingetrieben. Dann wird die Büchse mit dem Vorschlaghammer kalt in das Bolzenloch hineingeschlagen. Wenn sie zu lose sitzt, wird eine etwas größere nachgetrieben. Da die Büchsen beim Biegen nicht alle gleich groß ausfallen, wird sich leicht bei ein- oder zweimaligem Versuch eine passende finden. Beschädigte Büchsen sind leicht zu entfernen, wenn das im Stoß sitzende Zwischenstück mit einem Meißel herausgeschlagen wird. Ein anderes Verfahren ist besonders für große Eimer zu empfehlen. Die Stöße werden schräg abgeschnitten und ein Keil hineingetrieben, der die Büchse auseinander und gegen die Wandung des Bolzenloches drückt. Dadurch, daß nacheinander stärkere Keile eingeschlagen werden, läßt sich eine sehr gute Befestigung erreichen. Besonders, wenn die Löcher schon etwas ausgelaufen sind, bietet das Verfahren die Möglichkeit, neue Büchsen auch in etwas unrunde Löcher gut einzupassen. Die Stoßfuge mit dem Keil soll auf der nicht belasteten Seite der Laufbüchse liegen. Der Büchsenstahl darf nicht zu hart sein, damit er sich beim Eintreiben des Keiles an die Wandung des Loches andrückt. Besonders bewährt für das Einsetzen neuer Büchsen hat sich in den letzten Jahren folgendes Verfahren (D.R.G.M. Nr. 700214 Arppe-Emden). Wie aus Abb. 342 u. 343 ersichtlich, wird die untere dem Verschleiß nicht ausgesetzte Büchsenhälfte fest in die Eimerschake eingeschweißt. Die obere Hälfte wird mit einem Keil gegen die eingeschweißte untere Hälfte gepreßt. Diese Anordnung gestattet, stets nur die abgenutzte Büchsenhälfte auszuwechseln und ermöglicht neben einer sehr wirksamen Befestigung eine Materialersparnis von $50^0/_0$.

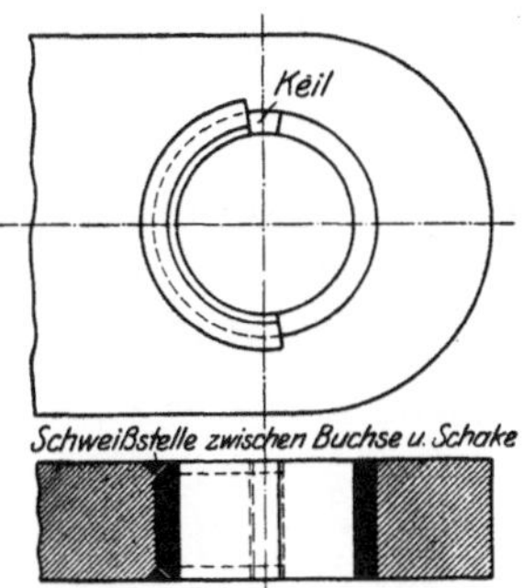

Abb. 342 u. 343.
Befestigung der Büchse in den Eimerschaken
(nach D.R.G. 700214).

Der Verschleiß der Büchsen und Bolzen hat bei längerem Betrieb ein Strecken der ganzen Eimerkette zur Folge. Wird die Kette zu lang, so besteht die Gefahr,

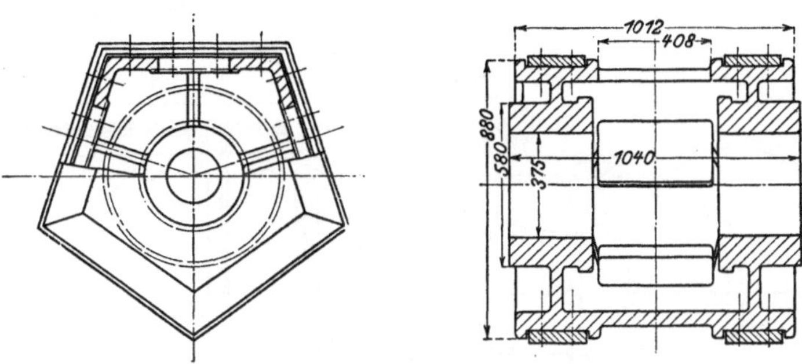

Abb. 344 u. 345. Oberturas mit Schleißplatten. Maßstab 1 : 30.

daß sie vom Unterturas abläuft (absattelt). Sie muß deshalb nachgespannt werden. Hierzu werden, besonders bei kleineren Baggern, die oberen Leiterlager verstellbar

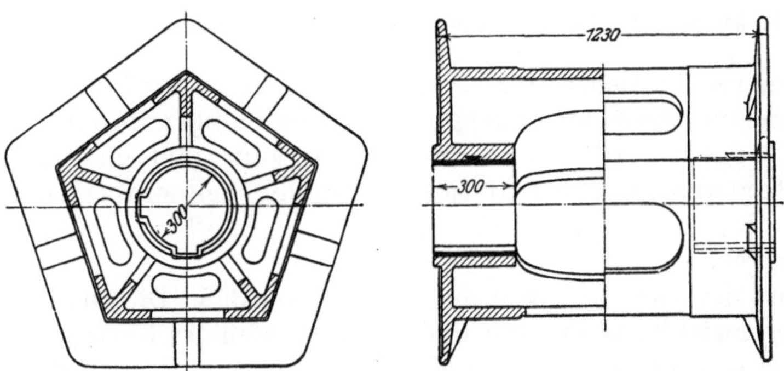

Abb. 346 u. 347. Oberturas aus Stahlguß. Maßstab 1:30.

gemacht (siehe unten) oder, was mehr zu empfehlen ist, es wird von vornherein eine Blindschake eingebaut, die zwischen einem Eimer und einer Zwischenschake sitzt (Tafel III, vierter Eimer von unten). Hat die Kette sich so weit gelängt, daß ein

Nachspannen nötig ist, so wird sie durch die auf S. 274 beschriebene Spannvorrichtung zusammengezogen, die Blindschake ausgebaut und die Kette wieder geschlossen. Hat die Kette dann wieder soviel an Länge zugenommen, daß sie nachgespannt werden müßte, so sind die abgenutzten Bolzen und Büchsen zu erneuern.

Die Eimerkette wird durch die Drehung des Oberturas bewegt, um dessen Kanten sie sich mit den einzelnen Schaken legt. Der Neigungswinkel zwischen zwei Turasseiten ist so zu wählen, daß ein sicheres Anfassen und Weiterziehen der Kette gewährleistet wird, die Seitenzahl muß also möglichst klein sein. Eine kleine Seitenzahl hat ferner, was sehr erwünscht ist, ein geringeres Gewicht des Oberturas zur Folge. Andererseits ist eine größere Seitenzahl für die günstige Beanspruchung

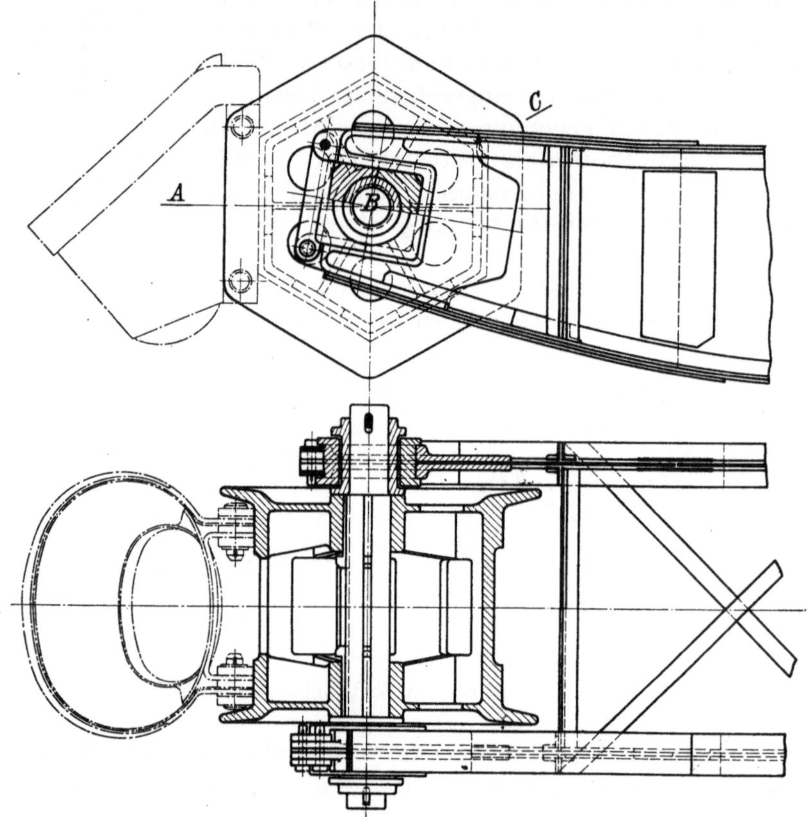

Abb. 348 u. 349. Unteres Leiterende mit Stahlgußturas. Maßstab 1 : 40.

des Turasantriebes von Bedeutung. Aus diesen Gründen wird bei kleineren Baggern, deren Oberturas im allgemeinen eine größere Umdrehungszahl/min hat, ein Vierkant, bei größeren Baggern mit kleinerer Turas-Umdrehungszahl ein Fünfkant verwandt.

Der Unterturas arbeitet günstig, wenn die Seitenzahl möglichst groß ist. Bei kleineren Baggern wird er fast allgemein als Fünfkant, bei größeren Baggern als Sechskant gebaut.

Die Bauart der Turasse zeigen die Abb. 344 bis 358. Die Oberturasse (Abb. 344 und 345) haben meist keine Flanschen, da ein Ablaufen der Kette nicht zu befürchten ist. Bei sehr langen Eimerketten empfiehlt es sich jedoch, auch dem Oberturas zur Führung der Kette Flanschen zu geben (Abb. 346 und 347), an die manchmal besondere Führungsknaggen für die Eimerschaken angegossen sind. Der Unterturas hat immer Flanschen. Führungsknaggen werden am besten vermieden, da sie zum Absatteln der Kette Veranlassung geben. Die Turasbreite ist so zu bemessen, daß die Eimermesserkante seitlich weit über den Turas hervorsteht und der Turasflansch

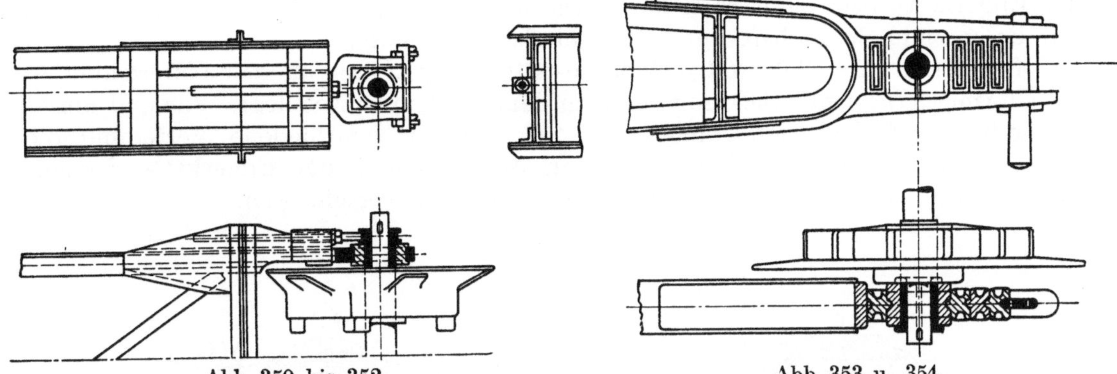

Abb. 350 bis 352.
Verschieben des unteren Turaslagers durch Schraube.

Abb. 353 u. 354.
Verschieben des unteren Turaslagers durch Keil.

nicht mit der Schnittfläche des Eimers beim seitlichen Verholen in Berührung kommt (Abb. 348 und 349). Die Turasse werden allgemein aus Stahlguß gefertigt. Die Trag-

flächen werden, besonders bei Verwendung der schweren Eimer mit Stahlgußrücken, manchmal durch Schleißplatten geschützt. Die gute Befestigung dieser Platten ist schwierig und kostspielig. Lose Platten können nur wieder befestigt werden, wenn der Turas und, wenn es sich um den Oberturas handelt, auch die ganze Eimerkette ausgebaut wird. Die Stahlgußturasse ohne Schleißplatten bleiben dagegen so lange in Betrieb, bis sie so weit abgenutzt sind, daß sie erneuert werden müssen. Dabei sind die Herstellungs- und Einbaukosten, für den gleichen Zeitraum berechnet, nicht höher als die Ausbesserungskosten der Schleißplatten. Das so lästige Abnehmen des Oberturas dagegen fällt ganz fort. Ist die Möglichkeit gegeben, bei Reparaturen den Oberturas elektrisch aufzuschweißen, so empfiehlt sich die in Abb. 355 u. 356 dargestellte Konstruktion. Der Stahlgußkörper ist so stark gebaut, daß er

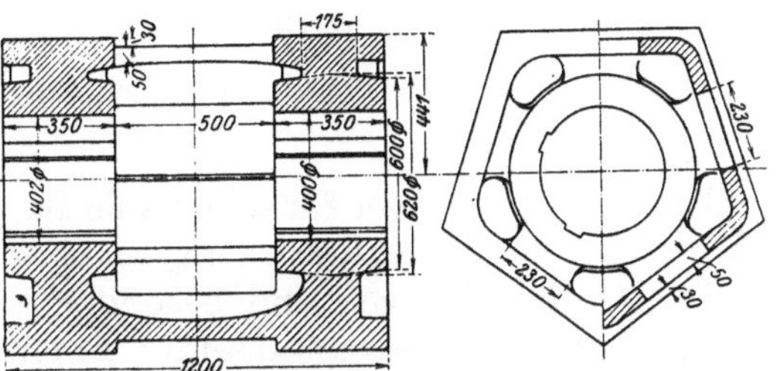

Abb. 355 u. 356. Oberturas mit Schlagflächen zum Aufschweißen. Maßstab 1 : 35.

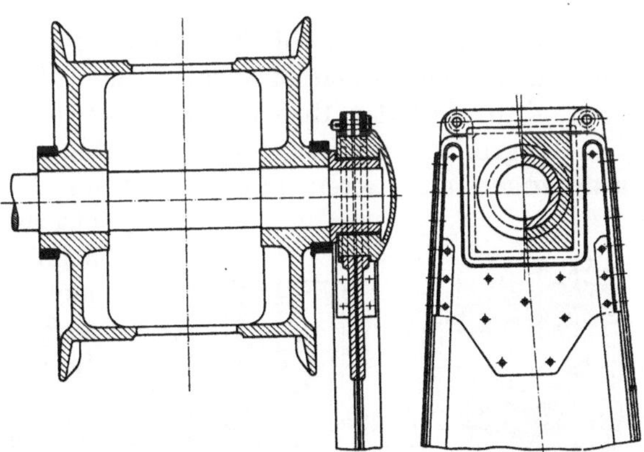

Abb. 357 u. 358. Unterturas-Lager mit Schutzkappe.

auch bei starker Abnutzung der Schlagflächen noch die nötige Festigkeit hat. Die abgenutzten Stellen werden ähnlich wie bei Kesselreparaturen elektrisch aufgeschweißt und dann glatt bearbeitet.

Bei kleineren Baggern können außerdem die Flanschen an dem Fünf- oder Sechskant angeschraubt werden, so daß nur dieser erneuert werden muß. Ober- und Unterturas sind mit Keilen auf ihren Wellen befestigt. Die Lager der Oberturasachse sind sehr breit zu halten und mit Weißmetall auszugießen. Die Achse des Unterturas wird in den Laufflächen durch besondere warm aufgezogene Stahlgußbüchsen geschützt, die in Stahlguß- oder Gußeisenlagerschalen laufen. Abb. 350 bis 352 zeigt ein Lager für kleine Bagger, das mit Schraube verschoben und daher zum Spannen der Eimerkette benutzt werden kann. Die unteren Lagerschalen werden durch ein mit Bolzen und Splint befestigtes Verschlußstück gehalten.

Bei der in Abb. 353 und 354 dargestellten Bauart ist an das Leiterende ein gabelförmiges Stahlgußstück angesetzt, in dem das Turaslager liegt. Vor und hinter demselben sind Paßstücke eingesetzt, durch deren verschiedene Verteilung die Lage der Turasachse geändert und damit die Spannung der Eimerkette geregelt werden kann. Das Gabelstück wird durch einen Keil verschlossen.

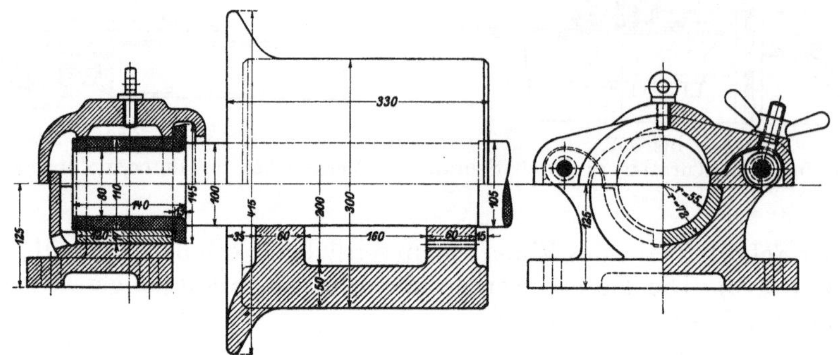

Abb. 359 u. 360. Leitrolle mit Lager. Maßstab 1 : 10.

Ein Unterturaslager für sehr große Bagger zeigt Abb. 348 und 349. In das Leiterende ist ein Stahlgußrahmen eingesetzt, in dem die Lagerschalen liegen.

Die Unterturaslager sind besonders bei Baggern, die im Sand arbeiten, einem sehr starken Verschleiß ausgesetzt. Einen wirksamen Schutz gegen das Eindringen von Sand in die Lagerschalen zeigt Abb. 357 u. 358. Die Lagerschale ist als außen geschlossene Stahlgußbüchse ausgebildet, die über die Turaswelle geschoben wird.

Zur Führung und zum Tragen der Eimerkette auf der Eimerleiter dienen Leit- oder Tragrollen (Abb. 359 und 360), die etwa zur Hälfte seitliche Flanschen haben. Die Anzahl der Rollen ist so zu wählen, daß möglichst unter jedem Eimer eine Rolle liegt, d. h. daß der Rollenabstand etwa gleich der doppelten Schakenteilung ist. Die Tragrollen aus Hartguß oder Stahlguß werden mit Wasserdruck auf die Wellen aufgezogen und deren Laufflächen mit Stahlgußbüchsen geschützt. In den gußeisernen Lagern ist die auswechselbare Unterschale aus naturhartem Stahl, selten aus Weißmetall. Beim Schmieren wird der obere Deckel aufgeklappt und das Lager mit Fett aufgefüllt. Beim Aufsetzen dieser Lager auf die Eimerleiter ist darauf zu achten, daß das Deckelscharnier nach dem Unterturas zu liegt.

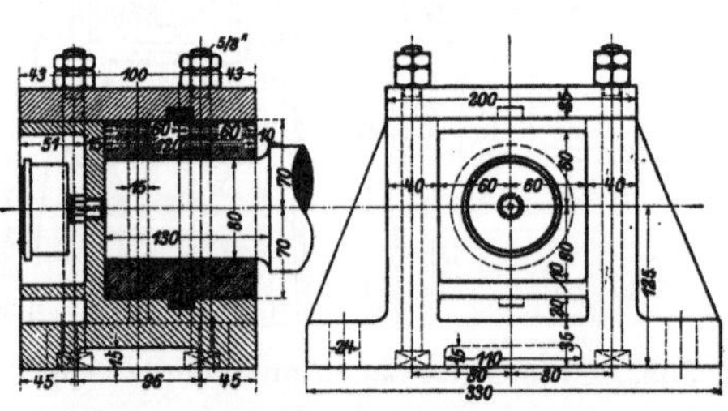

Abb. 361 u. 362. Lager für Leitrolle. Maßstab 1 : 20.

Eine andere Bauart zeigt Abb. 361 und 362. Das Lager wird von der Außenseite mit Staufferfett gefüllt. Die gußeiserne Lagerschale kann, wenn sie einseitig abgenutzt ist, umgedreht werden. Die Tragrollenlager werden mit eichenen Unterlegklötzen auf die Leiterwangen gesetzt.

Zur seitlichen Führung der Eimerkette dienen außer den Flanschen der Tragrollen auch senkrechte Stoßrollen, die besonders in der Nähe des Oberturas eingebaut werden. Die ablaufende Kette wird gelegentlich auch über eine Ablenktrommel geführt, die den freien Durchhang verringert. Die Schüttkante kann dann sehr nahe am Turas liegen (siehe auch Abb. 388). Die Eimer werden aber durch das Überlaufen der Eimermäntel über die Trommel stark beansprucht.

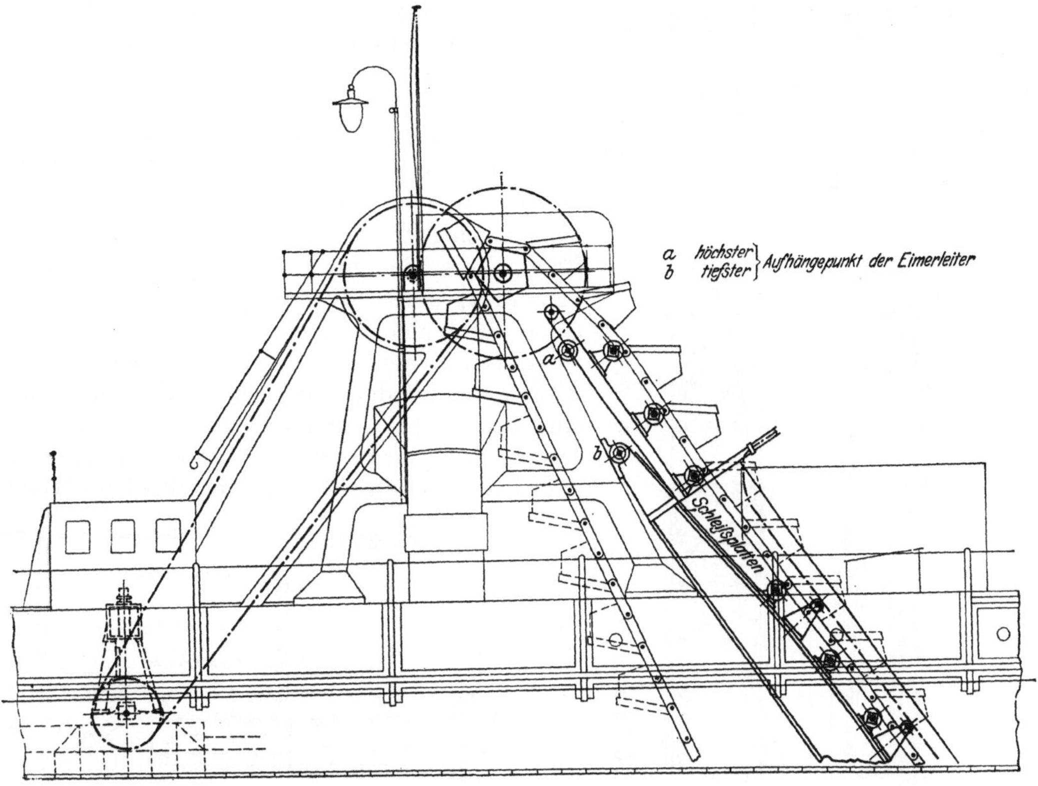

Abb. 363. Anordnung der Hilfsleiter für Eimerbagger.

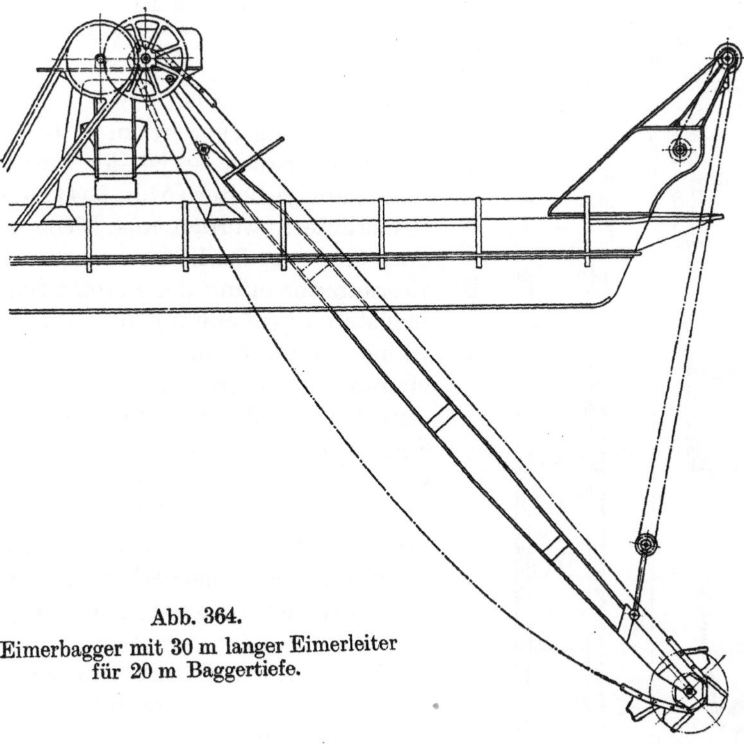

Abb. 364.
Eimerbagger mit 30 m langer Eimerleiter
für 20 m Baggertiefe.

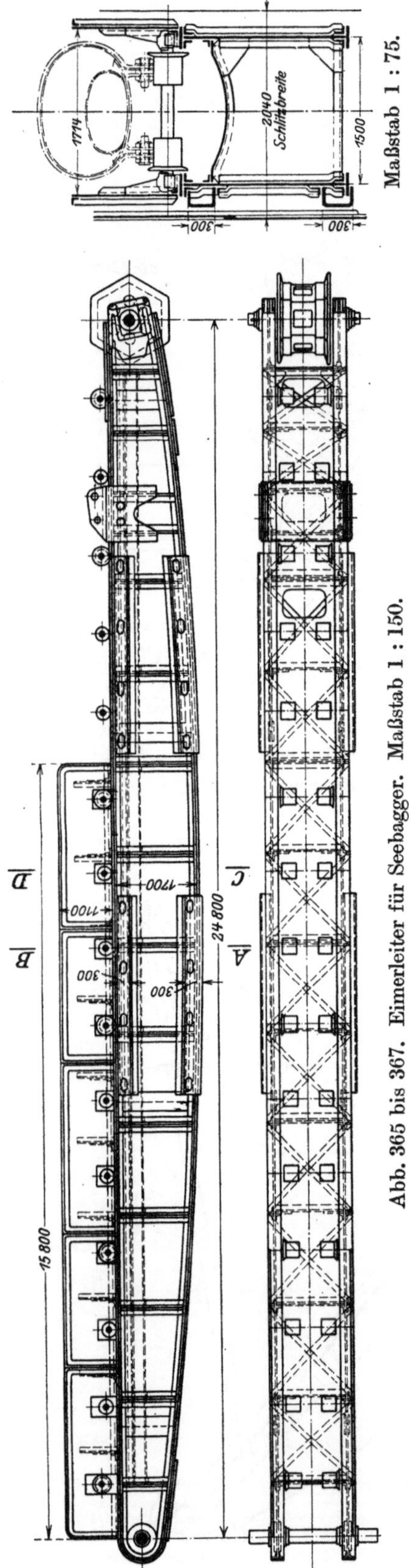

Maßstab 1 : 75.

Abb. 365 bis 367. Eimerleiter für Seebagger. Maßstab 1 : 150.

Die Länge der Eimerleiter ist durch die größte Arbeitstiefe bestimmt, bei der sie eine Neigung von rd. 45° haben soll. Bei stark wechselnder Arbeitstiefe wird der Eimereingriff bei geringer Tiefe sehr ungünstig, besonders auch, wenn der untere, frei durchhängende Teil der Kette schon vor dem Unterturas auf dem Boden schleift. Für solche Geräte werden mit Erfolg verschiebbare Leitern (Abb. 33 und 35) verwandt, deren oberes Ende bei großen Geräten durch eine Hilfsleiter (Abb. 363) verlängert wird. Bei geringeren Arbeitstiefen liegt die Hilfsleiter ganz auf der Hauptleiter. Hierdurch kann eine erhebliche Veränderung in der Länge der Leiter, bzw. der Eimerkette, und damit eine günstige Leiterstellung für stark verschiedene Arbeits-

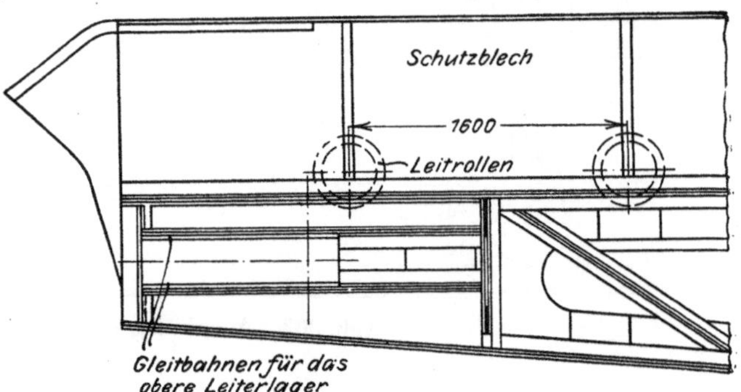

Abb. 368. Oberer Teil der Leiter (zu Abb. 369 bis 371).
Maßstab 1 : 20.

tiefen erzielt werden. Soll auf besonders große Tiefen gebaggert werden, z. B. beim Ausheben von Dockgruben, so ist der Einbau einer besonderen langen Leiter (Abb. 364) zu empfehlen. Die Eimerleitern werden aus Blech und Profileisen oder nur aus Profileisen zusammengebaut. Die Gesamtanordnung der Leitern zeigen die Zusammenstellungszeichnungen. Die beiden Leiterwangen werden durch volle Blechwände untereinander versteift und erhalten an der Außenseite Leisten, die die gute Führung der Leiter im Schlitz sichern. Abb. 365 bis 367 gibt die Gesamtansicht einer Leiter für einen Seebagger. Die Ablaufrinne für den aus den Eimern herausfallenden Boden muß möglichst hoch liegen und nicht unter den Querverbänden der Leiterwangen, da sonst der Boden leicht hängen bleibt. Die Leitern erhalten zum Schutz des Decks gegen zurückfallenden Boden seitliche Schutzbleche, die außerhalb der Tragrollenlager sitzen sollen, um das Ausbauen einzelner Rollen nicht zu erschweren. Die Rollenlager sind durch Schieber in den Schutzblechen zugänglich zu machen. Die Leiter hängt oben an einer durchgehenden Welle, die unabhängig vom Turas gelagert wird. Zum Nachspannen der Eimerkette kann das Lager, wie Abb. 368 bis 371 und Abb. 35 und 36 zeigen, verschiebbar angeordnet werden. Ist eine Hilfsleiter vorhanden, so wird der Leiterbock ausgekragt (Tafel II u. III) und die Hilfsleiter so aufgehängt, daß die Hauptleiter ganz unter die Hilfsleiter geschoben werden kann. Das Verschieben der Hauptleiter wird, während der Bagger auf seiner Arbeitsstelle liegt, folgendermaßen ausgeführt. Die Leiter wird mit dem Unterende auf den Grund gesenkt, dann wird die Eimerkette geöffnet und durch einen dazwischengesetzten Flaschenzug gehalten. Wird nun der Bagger am Hintertau langsam zurückgeholt und gleichzeitig der Flaschenzug nachgelassen, so gleitet das obere Eimerleiterlager auf der schrägen Leiterbockstütze abwärts. Ist es an der gewünschten Stelle angelangt, so wird es zunächst durch Dorne gehalten und dann verschraubt. In der Eimerkette wird die Lücke durch Einsetzen neuer Eimer ausgefüllt. Es empfiehlt sich, das Verschieben in einzelnen Absätzen auszuführen und nach jeder Verschiebung einen Eimer einzusetzen. Die Gleitfläche für das obere Leiterlager soll etwa alle 30 cm mit Löchern versehen sein, an denen das Lager mit starken Dornen gehalten werden kann. Das Aufschieben der Hauptleiter wird in ähnlicher Weise durch Verholen des Baggers am Vortau erreicht. Die Verschiebung der Hauptleiter um 4 m erfordert bei dem auf Tafel III dargestellten Bagger ∼ 6 Stunden.

Das untere Leiterende wird bei kleineren Baggern mit einer Handwinde gehoben, bei mittelgroßen und großen Baggern wird die Leiterhubwinde von der Hauptmaschine oder einer besonderen Dampfmaschine angetrieben. Die Winde muß imstande sein, die Leiter mit gefüllten Eimern in 6÷8 Minuten hochzuheben. Zum Leiterheben werden ausschließlich Drahtseile benutzt. Kleine Bagger haben an der Leiter einen Bügel, an dem in der Mitte der untere Rollenblock eines

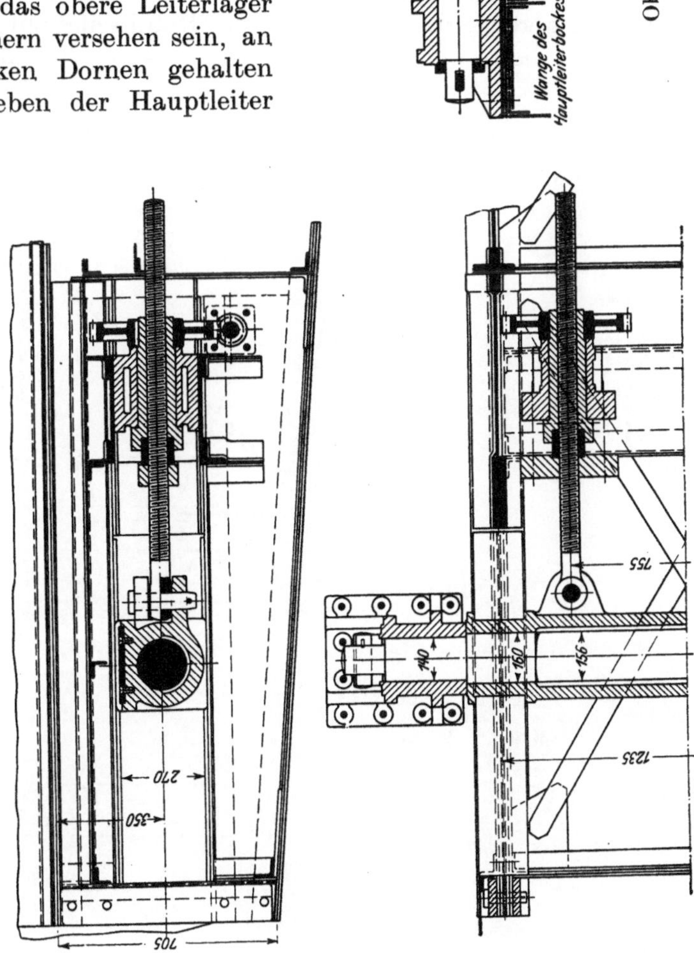

Abb. 369 bis 371.
Oberes Leiterlager mit Stellvorrichtung.
Maßstab 1 : 25.

Abb. 372. Dampf-Eimerleiterwinde der Schiffs- und Maschinenbau-
A.-G. Mannheim.

mehrfachen Flaschenzuges aufgehängt ist. Das Seil wird auf eine Trommel aufgewickelt, die im Vorderbock lagert. Schwerere Eimerleitern werden an den beiden Wangen angehoben. Zwischen die Leiter und den unteren Rollenblock oder das untere Seilende wird eine Kette oder Rundeisenstange geschaltet, damit aufgebaggerte Eisenteile das Hubseil nicht beschädigen, sondern von dem kräftigen Rundeisen oder der Kette aufgehalten werden. Das Leiterhubseil soll, wenn irgend möglich, unmittelbar von der Leiter zur Seiltrommel und nicht mehrfach über die Rollen eines Flaschenzuges geführt werden. Die unter Wasser liegenden Rollen und mehrfachen Seile geben sehr leicht Ursache zu Störungen. Vor allem kann bei der Wahl eines einfachen Seiles auf der Leiter gleich ein Ersatzseil (Tafel II) befestigt werden, das beim Bruch des Hauptseiles auf die Windentrommel aufgelegt wird und dieses ohne weiteres ersetzen kann. Bei mehrfachen Seilen ist das Ein-

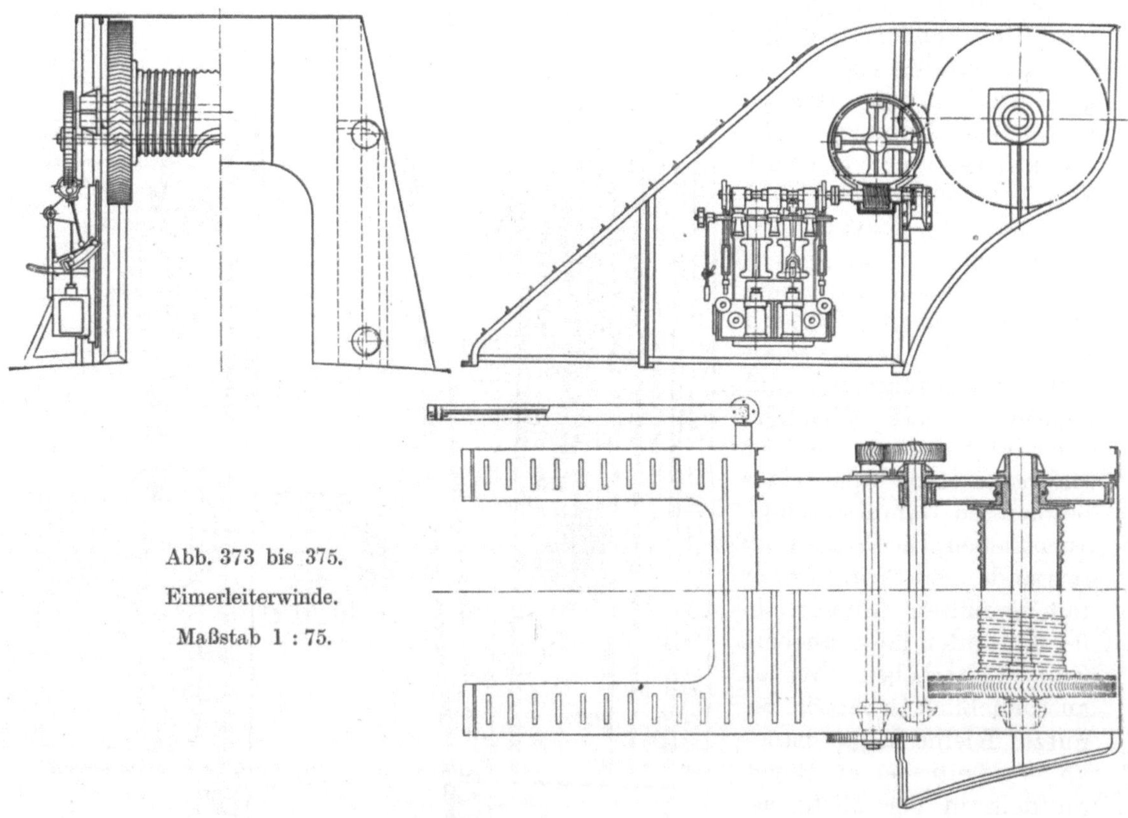

Abb. 373 bis 375.

Eimerleiterwinde.

Maßstab 1 : 75.

ziehen eines Ersatzseiles ohne Taucher nicht möglich. Man sollte daher diese Anordnung keinesfalls wählen.

Die Leiterhubwinden werden bei kleineren Geräten, wenn die Hauptmaschine auch die Baggerwinden treibt, gleichfalls mit dem Triebwerk der Windenanlage gekuppelt. Bei größeren Baggern wird das Triebwerk der Leiterhubwinde für den Antrieb von der Hauptmaschine aus zu vielteilig und bei dem großen Kraftbedarf

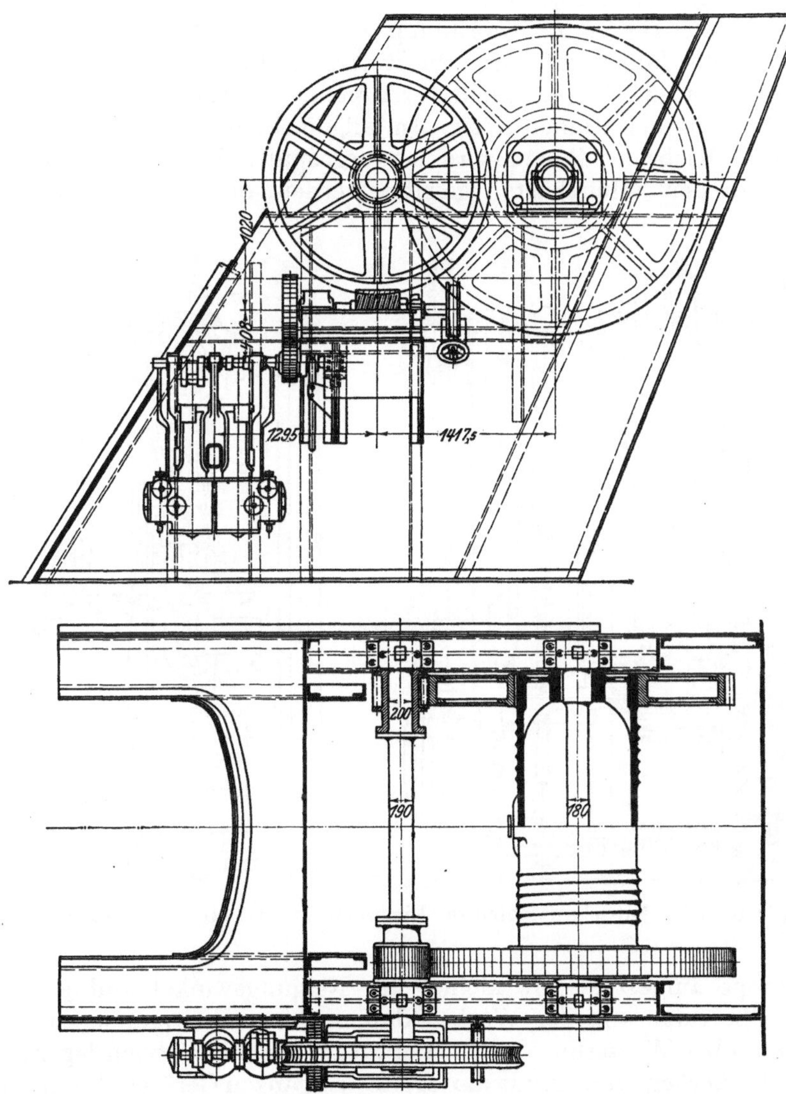

Abb. 376 u. 377. Eimerleiterwinde. Maßstab 1 : 60.

zu schwer. Es wird dann für die Leiterwinde eine besondere stehende Dampfmaschine aufgestellt, die gewöhnlich auch noch mit einem stehenden Spill oder einer Baggerwinde gekuppelt ist (Abb. 53 und 54), oder es wird am Vorderbock eine Wanddampfmaschine angebaut. Bei elektrischem Windenantrieb wird ein besonderer Motor mit stehender Welle und Schnecke vorgesehen (Tafel IV).

Einzeldampfwinden der zuletzt genannten Art zeigen die Abb. 372 bis 379. Die Dampfmaschinen haben Schwingensteuerung. Zwischen dem Trommelantrieb und der Kurbelwelle soll eine Klauenkupplung zum Ausschalten der Maschine liegen; das Windwerk muß beim Senken der Leiter mit einer mit Fußhebel zu bedienenden

Bremse festgestellt werden können. Angaben über Leiterhubwinden enthält die Zahlentafel II c.

Der Schüttrichter soll bei den verschiedenen Leiterstellungen so weit unter das ablaufende Kettenende unterfassen, daß das aus den Eimern stürzende Baggergut völlig in den Trichter und von da in die Schüttrinnen fällt. Aus dem Trichter stürzt der Boden bei Hinterschüttern unmittelbar nach hinten in den Prahm. Bei Seitenschüttern wird er durch eine Wechselklappe nach der einen oder anderen Schüttrinne geleitet. Die ganze Anordnung der Schüttkasten und der Schüttrinnen muß so sein, daß der Boden gut durch die Rinnen in die Prähme stürzt, und daß sich der Schüttkasten und die Rinnen nicht verstopfen. Hierfür ist je nach der Bodenart eine gewisse Neigung der Rinnen nötig. Im allgemeinen genügt ein Neigungswinkel von 30 bis 35°. Klebriger Boden wird herausgespült. Dazu kann das Wasser der Umlaufpumpe in den Schüttkasten geleitet werden, oder es wird eine besondere

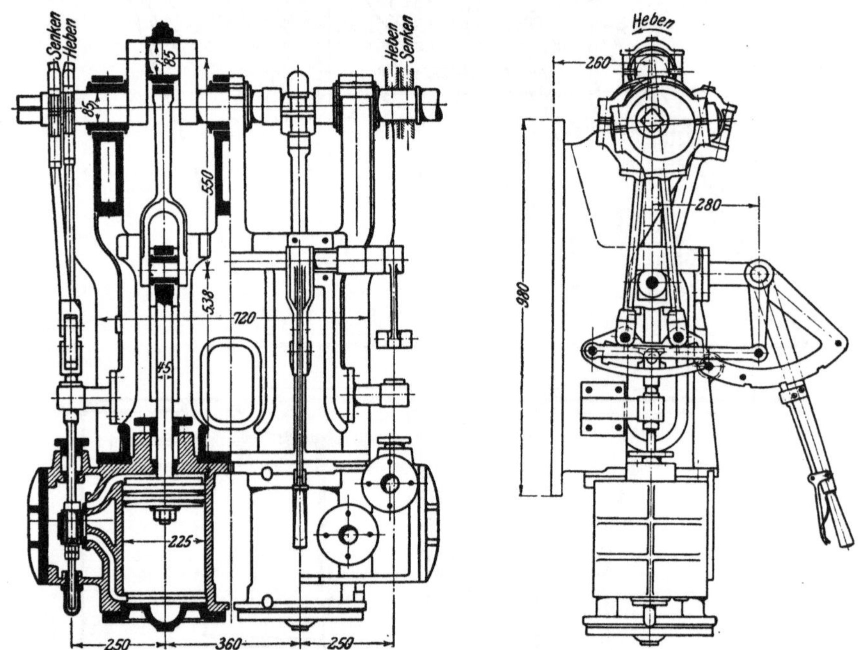

Abb. 378 u. 379. Antriebsmaschine zur Eimerleiterwinde Abb. 376. Maßstab 1 : 20.

Kreiselspülpumpe aufgestellt. Je kleiner der Neigungswinkel und je geringer der Abstand des Oberturas von der Wechselklappe, desto niedriger kann die Gesamthöhe des Turas über Wasserlinie sein. Hierauf ist großer Wert zu legen, weil einerseits die Standsicherheit und damit die Breite des ganzen Gerätes durch das Gewicht des Turas und seines Antriebes sehr stark beeinflußt wird, andererseits bei sehr hoher Turaslage die Länge der Eimerkette und damit die Leerlaufsarbeit des Baggerwerkzeuges wächst. Bei sehr verschiedenen Baggertiefen muß der Abstand der „Schüttkante" (d. h. der Oberkante der vorderen Wand des Trichters) von dem durchhängenden Kettenende nach der Lage des ablaufenden Kettenendes bei der größten Baggertiefe bemessen werden. Das oberste Stück der Vorderwand des Schüttkastens wird dann abnehmbar gemacht und nur bei geringen Baggertiefen angeschraubt. Eine andere Art, die Schüttkante den wechselnden Baggertiefen anzupassen, zeigt Abb. 380 und 381. In den Leiterbock ist ein besonderer beweglicher Schüttkasten eingesetzt, der in der Längsrichtung verschiebbar ist, so daß die Vorderkante je nach Lage der Eimerkette eingestellt werden kann. Der Schüttkasten hat seitliche Öffnungen, die vor den breiteren Öffnungen der Schüttrinnen beim Verschieben des Schüttkastens entlanggleiten. Der Boden des Schüttkastens ist sattelförmig und trägt in der Mitte die Lager für die einseitige Wechselklappe. Diese ist mit $\angle$ Eisen versteift und vorn schräg abgeschnitten. Sie kann daher auch umgelegt werden, wenn die Kette sehr nahe an der Schüttkante vorbeigeht. Die Welle der Wechselklappe ist in der hinteren Leiterbockwand mit einer Stopfbüchse geführt. Die Stöße des herabfallenden Bodens werden vor allem von dem Boden des Schüttkastens aufgenommen, da die Klappe ziemlich steil steht. Die ganze Anordnung ist zwar etwas vielteilig und schwer, hat aber den Vorteil, bei sehr verschiedener Baggertiefe eine gute Lage der Schüttkante zu ermöglichen. Sie verlangt ferner nur einen verhältnismäßig geringen Abstand zwischen Oberturas und Wechselklappe und gestattet daher eine geringe Höhe des Oberturas über W. L. Eine andere Bauart der Wechsel-

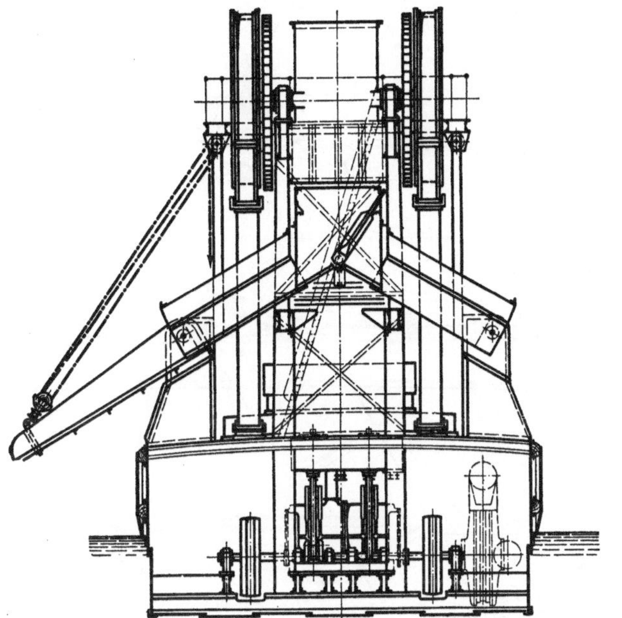

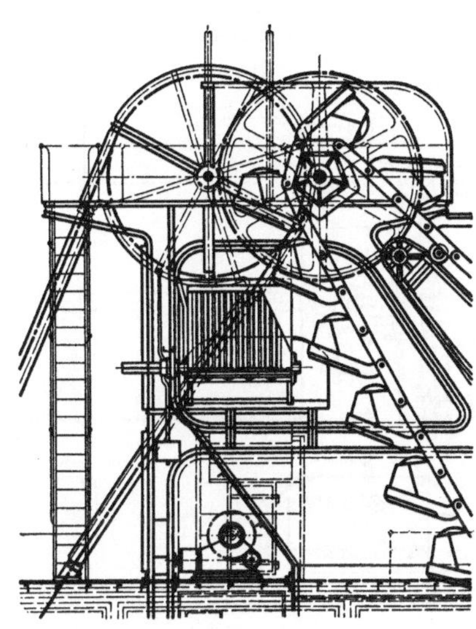

Abb. 380 u. 381.
Eimerleiterbock mit verschiebbarem
Schüttkasten und Wechselklappe.
Maßstab 1 : 150.

klappe, die auch bei kleineren Baggern üblich ist, zeigt Abb. 382 bis 384; die Klappe ist zweiseitig und schwingt um eine mittlere Achse. Die Stöße des herabfallenden Bodens werden ganz von der Klappe aufgenommen. Die Welle muß bei großen Baggern daher von einem besonderen Lager getragen werden, das möglichst unabhängig von der hinteren Schüttrichterwand an den Stützen des Leiterbockes befestigt ist. Eine geringe Entfernung zwischen Turas und Wechselklappe und gedrängte Bauart ermöglichen auch die Seite 186 erwähnten Führungstrommeln.

Die seitlichen Schüttrinnen reichen ungefähr bis in die Mitte der Prähme, der untere Teil ist aufklappbar. Bei sehr breiten Prähmen wird die aufklappbare Rinne noch einmal geteilt (Abb. 382), um den Boden besser in den Prahm abzulagern. Die Rinnen erhalten innen aufgenietete Schleißbleche. Weicher Boden stürzt sehr schnell in den Prahm, so daß die Bodenteile herumspritzen und das Arbeiten für die Besatzung erschweren. Um die Bewegung des Bodens zu verlangsamen, werden Holzklappen in die Schüttrinnen gehängt, unter denen der Boden durchrutscht. Bei sehr steinigem Boden besteht die Gefahr, daß die herabstürzenden Steine den Prahm beschädigen. Die Wucht solcher Steine wird durch Fangbügel, die über das untere Ende der Schüttrinne gebaut werden, gemindert. Eine andere Art, die Prahmwände vor Beschädigung durch herabfallende Steine zu schützen und vor

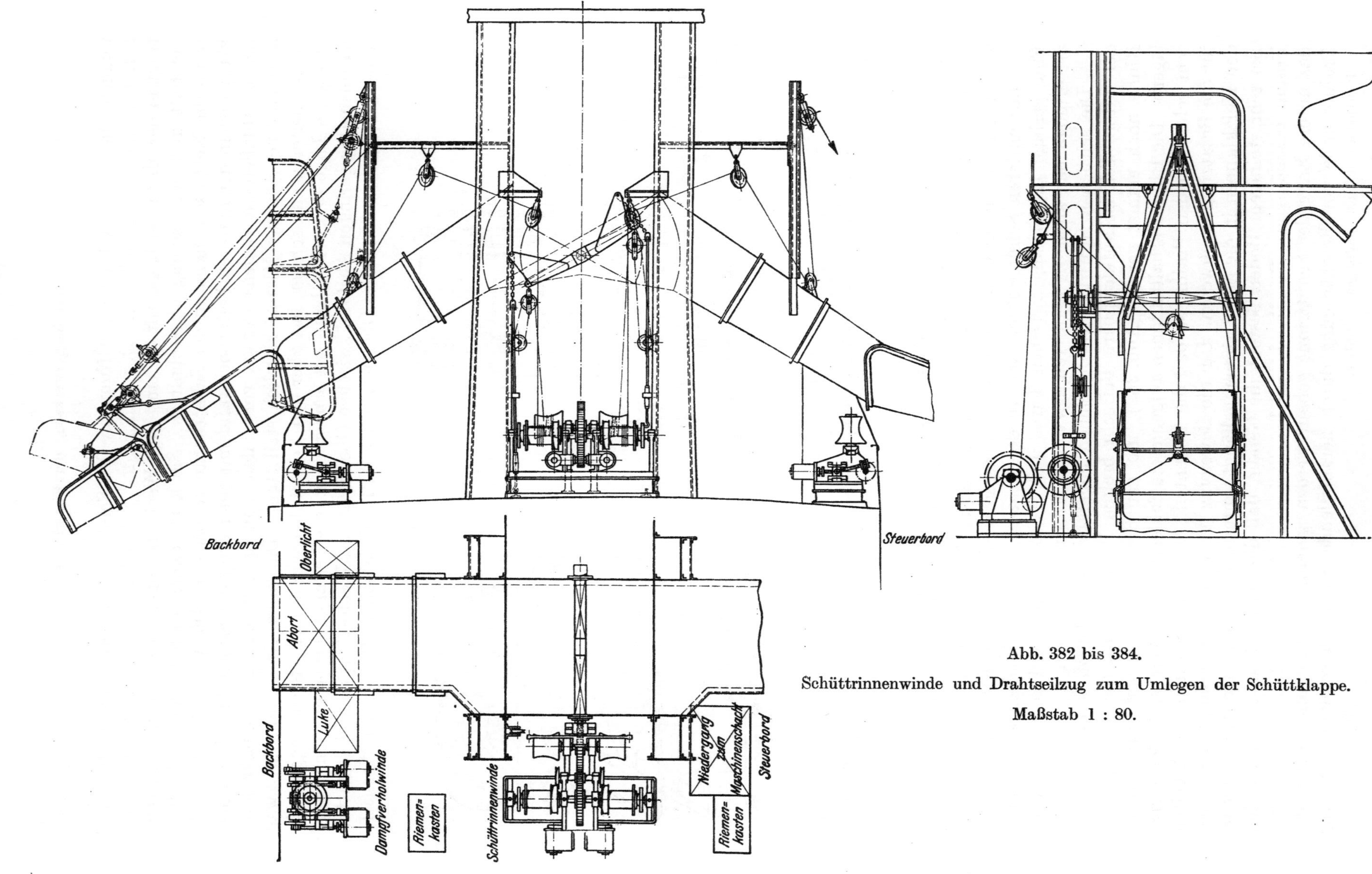

Abb. 382 bis 384.
Schüttrinnenwinde und Drahtseilzug zum Umlegen der Schüttklappe.
Maßstab 1 : 80.

allem auch eine gleichmäßige Beladung des Prahmes zu ermöglichen, zeigen Abb. 385 und 386. Die unteren Schüttrinnen sind schräg nach hinten geneigt, das Baggergut fällt also mehr in die Längsrichtung des Prahmes und trifft weniger die Seitenwände. Dadurch wird auch bei weichem Boden das Herumspritzen des Bodens eingeschränkt.

Eine besonders niedrige Lage des Oberturas wird durch die Anordnung Abb. 387 (D. R. P.) erzielt. Die Eimer schütten den Boden auf eine Rinne mit einer, von der Hauptmaschine angetriebenen Kratzerkette, in der er seitlich in die Prähme geschoben wird. Für kleine Bagger von sehr begrenzter Bauhöhe ist diese Anordnung zu empfehlen.

Wechselklappe und Schüttrinnen werden bei kleinen Geräten von Hand mit eingeschalteten Flaschenzügen oder besonderen Handwinden umgelegt. Bei großen Geräten werden die Rinnen und manchmal auch die Wechselklappe mit Dampf- oder elektrischen Winden bewegt. Abb. 382 bis

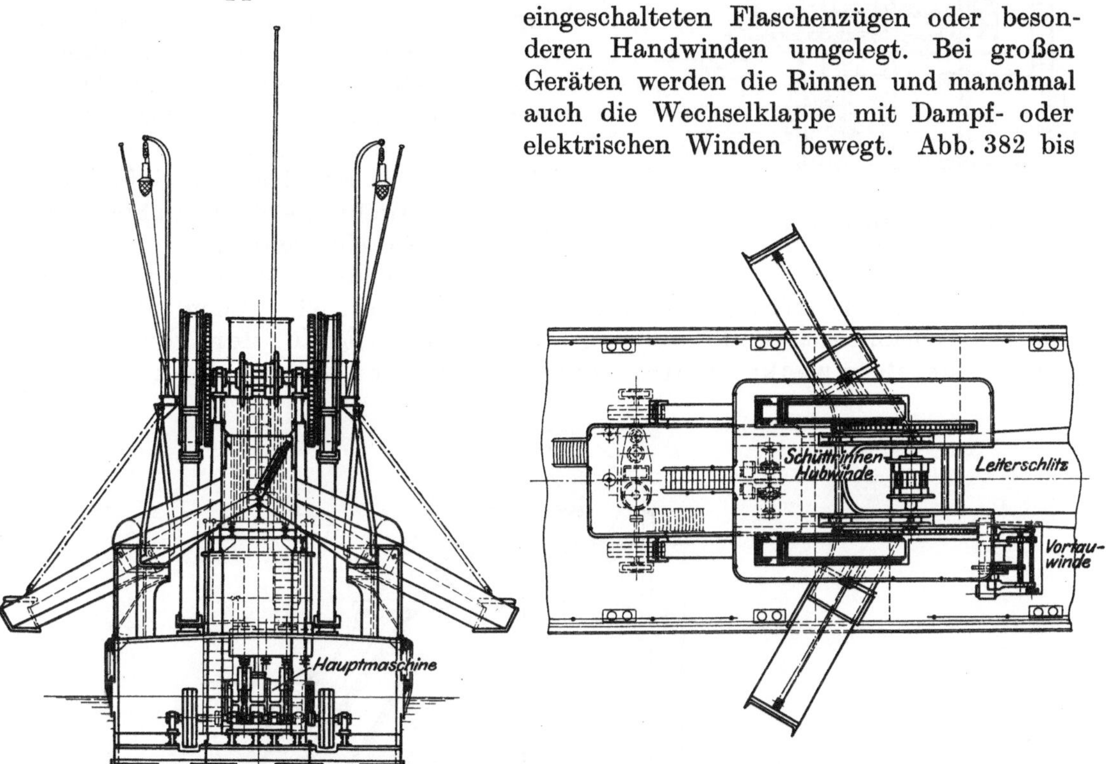

Abb. 385 u. 386. Schräg nach hinten geneigte Schüttrinnen.

384 zeigen eine Dampfwinde, die unter dem Hauptbock aufgestellt ist und zwei Trommeln für die Schüttrinnen hat. Jede Trommel kann ausgekuppelt und beim Senken der Rinnen mit einer Bandbremse gesteuert werden. Die Wechselklappe wird mittels zweier fliegender Spillköpfe, um die Drahtseile gelegt werden, umgestellt. Sie wird mit dem tiefer liegenden Ende des Stellhebels an Deck verankert und dadurch bei starken Stößen, die die hochstehende Seite treffen, entlastet. Bei elektrischer Windenanlage werden die Schüttrinnen mit besonderen Motorwinden, die am Hauptbock angebaut sind (Abb. 568 bis 569), bewegt.

Kleine Bagger, die den Boden neben dem Ufer ablegen können, fördern entweder, wie die weiter unten besprochenen vereinigten Eimer- und Pumpenbagger, in den Schüttrichter einer Pumpe, die den Boden unter Wasserzusatz an Land drückt, oder auf Förderbänder und -ketten. Abb. 33 und 34 zeigt einen Eimerbagger mit Spülpumpe, der als Hinterschütter gebaut ist, um eine möglichst geringe Breite zu erzielen. Der Bagger Abb. 19 bis 21 schüttet auf ein Förderband, das mit Kegelrädern von der Hauptmaschine angetrieben wird. Die beiden Trommeln des Förderbandes sind durch eine Gelenkkette gekuppelt. Das Gewicht des drehbaren Auslegers wird durch ein Gegengewicht ausgeglichen. Bei dem in Abb. 22 bis 25 dargestellten Bagger fällt der Boden in eine lange Rinne, in der er mit einer Kratzerkette an Land geschoben wird. Die Rinne ist am Ufer auf einem über Schienen laufenden Wagen auf einem Rollenstuhl drehbar gelagert. Die Kratzerkette wird durch eine umlaufende

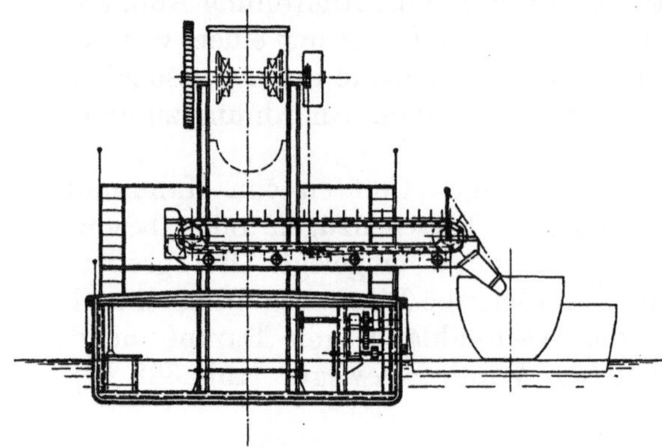

Gelenkkette an beiden Enden getrieben, die von der Hauptmaschine durch Kegelräder bewegt wird. Das letzte Rad, auf dessen Achse auch das Kettenantriebsrad sitzt, ist in einem um die Mitte der stehenden Kegelradwelle drehbaren Bock gelagert. In diesem Bock hängt auf vier Rollen die Förderrinne, die daher während des Betriebes hin und her geschoben werden kann, während sich das Kettentriebrad an der Gelenkkette verschiebt. Die Rinne mit dem Bock kann infolge des Kegelradantriebes gleichfalls während des Betriebes gedreht werden.

Abb. 387. Schüttrinne mit Kratzerkette (Bauart Wens D.R.P.).

Die Ausbildung der Schüttrinne bei Baggern mit Siebtrommel zeigen die Abb. 41 bis 43. Beim Beseitigen größerer Bodenmengen tritt gelegentlich der Fall ein, daß der gewonnene Boden für Bauzwecke weiter verwandt werden kann, wenn er vor-

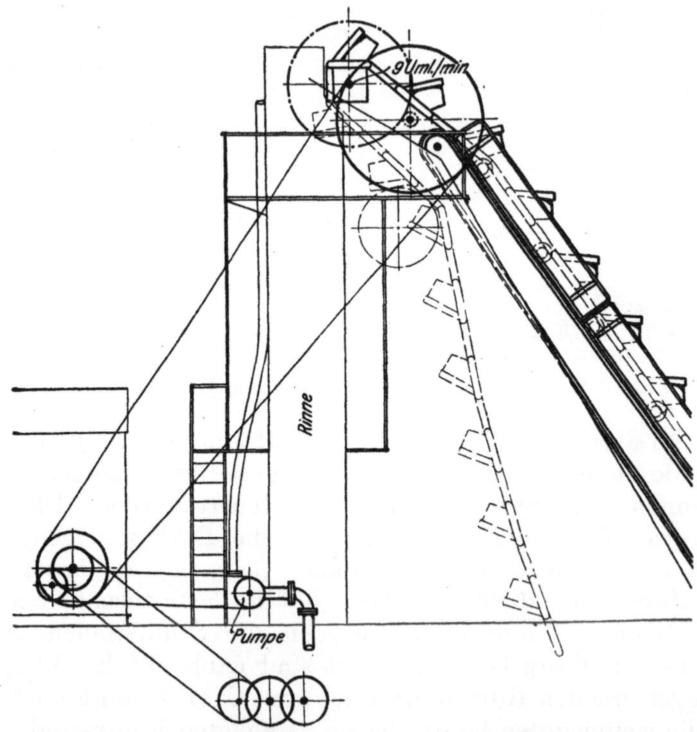

Abb. 388. Vorrichtung zum Kieswaschen. Maßstab 1 : 100.

her getrennt und gereinigt wird. In erster Linie trifft dies bei Baggern, die Kies fördern, zu. Jedoch kommen gelegentlich auch brüchige Gesteine vor, die, wenn sie leicht gesondert werden können, für Bauzwecke weiter verwendbar sind. Solche Anlagen werden aber nur wirtschaftlich arbeiten, wenn die Aus-

sondervorrichtung unmittelbar auf den Baggern aufgebaut
wird. Hauptsächlich kommen hierfür Eimerbagger in Frage;
es finden sich aber auch Pumpenbagger (siehe S. 45), die
mit solchen Einrichtungen versehen sind. Eine besondere
Bedeutung haben der-
artige Anlagen auf
Eimerbaggern, die zum
Ausheben von Kies-
gruben, also zur aus-
schließlichen Gewin-
nung von Kies be-
stimmt sind.

Eine einfache Vor-
richtung, den gewonne-
nen Kies zu waschen
und zu trennen, zeigen
Abb. 388 bis 390. Die
Eimer entleeren sich in
einen Schüttkasten mit
festem, schrägem Bo-
den, dessen Neigung so
groß ist, daß der Kies
langsam auf ein schräges
Sieb von 20 mm Ma-
schenweite weiter-
rutscht. Auf dieses Sieb
wird durch 2 Brausen
Wasser gespritzt; da-
durch werden der Kies
von weniger als 20 mm
Korngröße und der mit-
gebaggerte Sand durch
das Sieb hindurchge-
spült und von einem
zweiten Sieb aufgefan-
gen. Die großen Steine
rutschen auf dem ersten Sieb weiter und gelangen
über eine bewegliche Rinne in einen Prahm. Das
durch das erste Sieb durchgespülte Baggergut wird
auf dem zweiten Sieb von 2 mm Maschenweite durch
das mitströmende Wasser von dem mitgebaggerten
feinen Sande befreit. Sand und Wasser werden
unter dem Sieb aufgefangen und durch eine geschlossene Rinne in einen zweiten Prahm geleitet,
während der gewonnene Kies über eine an das zweite
Sieb anschließende Schüttrinne in einen dritten
Prahm stürzt.

Die durch die Brausen zugesetzte Wassermenge
beträgt 100 cbm/st bei einer Baggerleistung von
rd. 60 cbm/st. Die Eimer haben 70 l Inhalt, und
die Zahl der Eimerschüttungen beträgt 18 in der Minute. Das ablaufende Kettenende ist über eine Leittrommel geführt, damit man die Schüttkante möglichst hoch

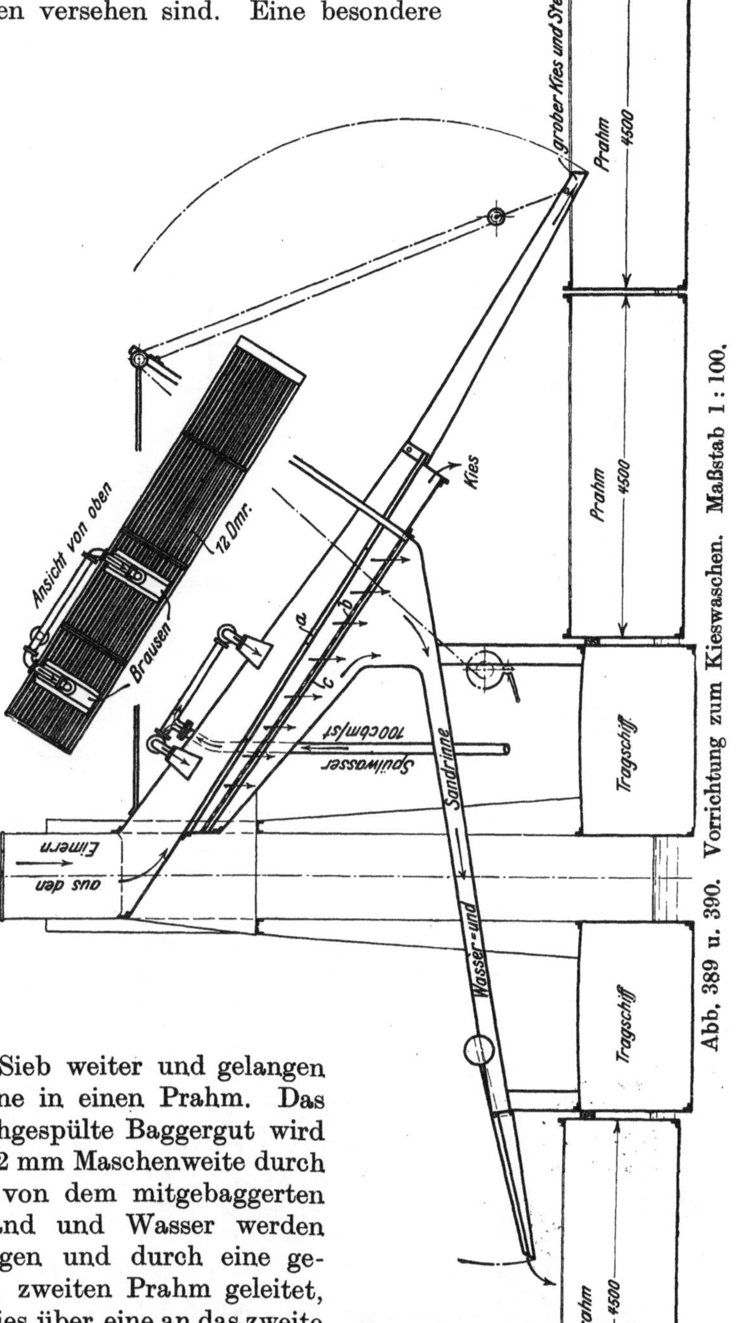

Abb. 389 u. 390. Vorrichtung zum Kieswaschen.

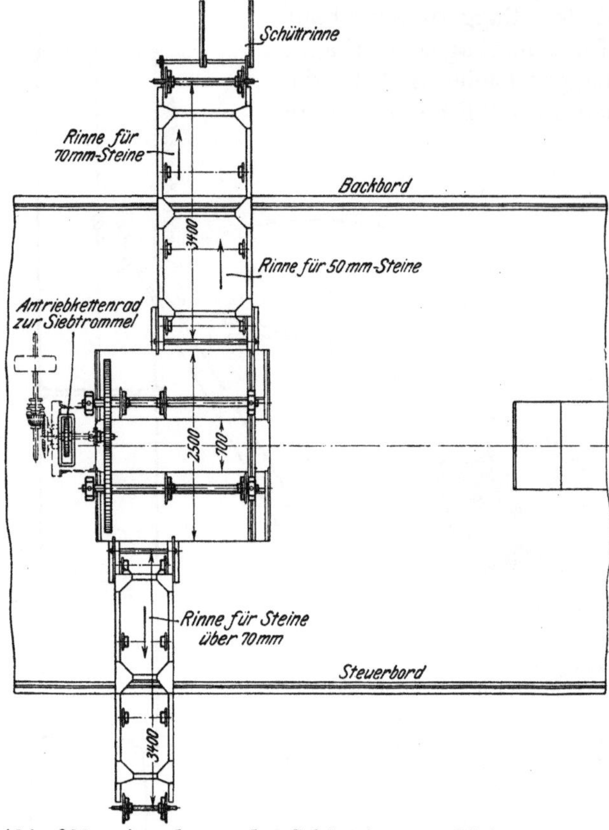

Abb. 391. Anordnung der Schüttrinnen. Maßstab 1 : 100 (zu Abb. 393).

lagern und die Bauhöhe des ganzen Gerätes einschränken kann. Die Siebe sind in der Querrichtung geteilt, um sie leichter herausnehmen zu können. Sie liegen auf Hürden aus Rundeisenstäben und sind von seitlichen Stegen aus zugänglich.

Bei der in Abb. 50 bis 52 dargestellten Anordnung (Seite 24 bis 26) fällt das Baggergut im Schüttkasten auf einen Rost von 60 mm l. W., der die groben Steine absondert. Diese fallen durch die Schüttrinne in einen unmittelbar neben dem Bagger liegenden Prahm. Der durch den Rost hindurchfallende Kies und Sand stürzt auf ein zweites Sieb von einer Maschenweite, die der Größe des zu gewinnenden Kieses entspricht. Auf diesem Sieb wird wie bei der zuerst beschriebenen Anlage durch Wasserzusatz (4 cbm/min) der Sand ausgespült, mit dem Zusatzwasser unter dem Sieb aufgefangen und in eine Rinne geleitet. Aus dieser fließt das Gemisch entweder in einen Prahm oder in die Kiesgrube zurück. Der auf dem Siebe verbleibende Kies rutscht über eine Schüttrinne in einen Prahm.

Bei den bisher beschriebenen beiden Anlagen rutscht das Baggergut infolge der eigenen Schwere über die Siebe, wobei die Bewegung durch reichlichen Wasserzusatz unterstützt wird. Diese Anordnung ist einfach und verhältnismäßig billig, gestattet aber nur eine Absonderung der ganz großen Steine und des feinen Sandes. Eine genauere Trennung

Längsschnitt durch das Sieb.

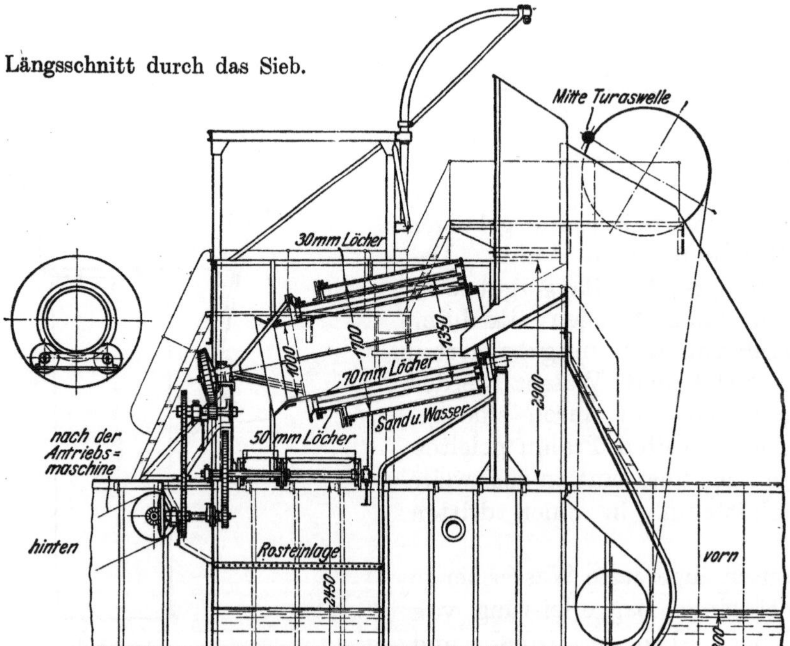

Abb. 392. Trommelsieb für Eimerbagger. Maßstab 1 : 100 (zu Abb. 393).

des Materials nach der Größe wird durch die Verwendung eines Trommelsiebes erreicht. Hierbei wird das Baggergut viel länger auf dem Siebe hin und her bewegt und dabei gründlicher gewaschen.

Abb. 391 bis 393 zeigen eine Trennvorrichtung mit Trommelsieb. Das Baggergut fällt aus dem Schüttrichter in eine Trommel, die aus drei einander umfassenden Sieben besteht. Das innere, längste Sieb von 1000 mm lichtem Durchmesser hat Löcher von 70 mm Weite. Das zweite kürzere Sieb von 1350 mm $\varnothing$ ist mit Löchern von 50 mm, das dritte, äußere Sieb von 1700 mm $\varnothing$ mit Löchern von 30 mm Weite versehen. Der aus dem äußeren Sieb austretende Sand und das Spülwasser fallen durch einen Schlitz im Schiffsgefäß ins Wasser zurück. Zum Auffangen größerer Steine ist in den Schlitz ein Rost eingebaut. Die aus den Sieben fallenden Steine verschiedener Größe werden von drei Förderketten mit kleinen Pfannen aufgefangen. Die großen Steine werden nach Steuerbord in einen Prahm geschüttet, die kleineren und mittelgroßen nach Backbord. Die Förderketten für die kleineren und mittelgroßen Steine laufen nebeneinander. Die mittelgroßen Steine fallen unmittelbar in den Prahm, die kleineren werden in eine Schüttrinne gestürzt, die sie gleichfalls in einen Prahm ablagert. Das Trennen und das Auswaschen des Kieses wird durch einen starken Wasserstrahl unterstützt, der in die innere Siebtrommel eintritt. Das Wasser wird von einer Kolbenpumpe geliefert, die 0,3 cbm/min leistet.

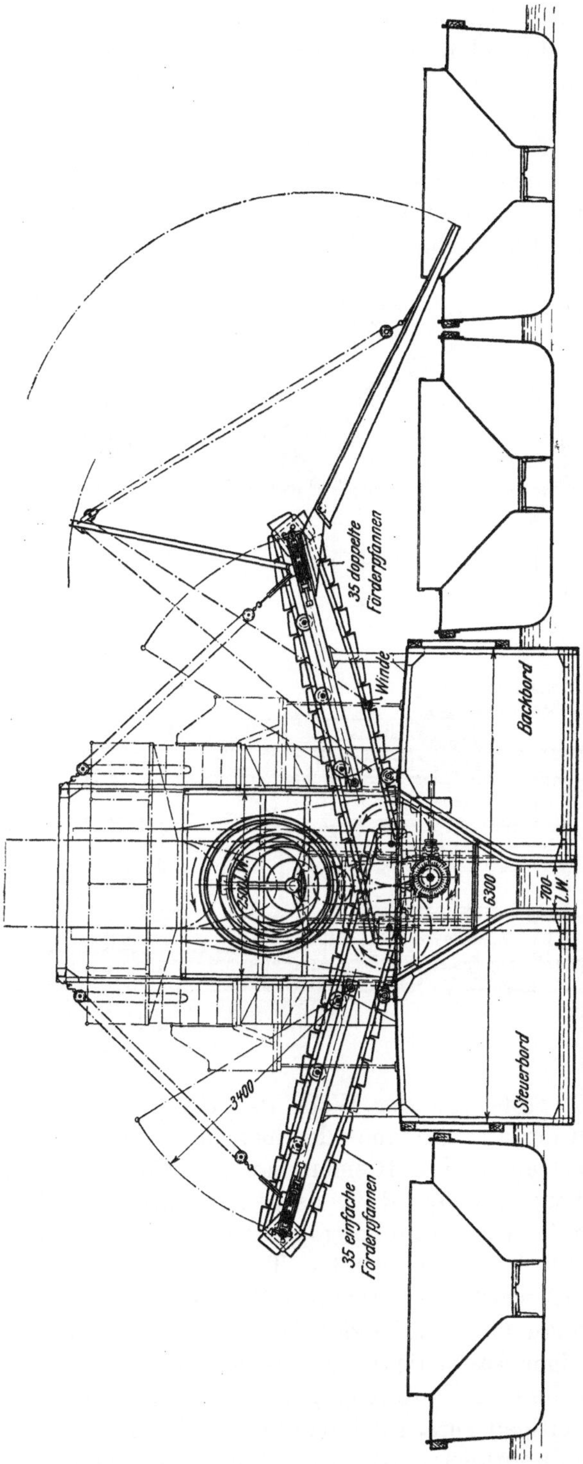

Die drei Siebtrommeln sind am oberen Ende in einem Gußrahmen gelagert, an den ein Laufkreuz angegossen ist. Dieser Kranz ruht auf zwei Laufrollen.

Abb. 393. Trommelsieb für Eimerbagger. Schnitt durch Förderkette und Schüttrinne. Maßstab 1:100.

Am unteren Ende sind die Trommelsiebe gegeneinander abgestützt. Das mittlere Trommelsieb hat am unteren Ende einen schweren gegossenen Rahmen mit aufgeschraubtem dreibeinigem Bock, dessen Ende die Antriebswelle aufnimmt. Die dreifache

Trommel wird von einer Zwischenwelle aus mit Kettentrieb und Stirnradvorgelege
gedreht. Die Förderketten laufen an beiden Enden über Vierkant-Turasse, die von
der gleichen Zwischenwelle aus mit Stirnradvorgelege angetrieben werden. Die
äußeren Turasse der Förderketten sind nachstellbar. Die Ausleger der Förderketten
und die Schüttrinne können so weit hochgezogen werden, daß sie nur wenig über die
Schiffsseitenwände hervorragen. Die Anlage ist für eine Baggerleistung von 80 cbm/st
gebaut.

Turasantrieb. Die Eimerkette wird durch Drehen des Oberturas bewegt.
Zwischen Turas und Antriebsmaschine ist stets ein Vorgelege geschaltet, das in
den meisten Fällen aus einem Riemenvorgelege und einem Zahnradvorgelege besteht.
Die ausschließliche Verwendung von Zahnrädern ist seltener. Der Riemenantrieb

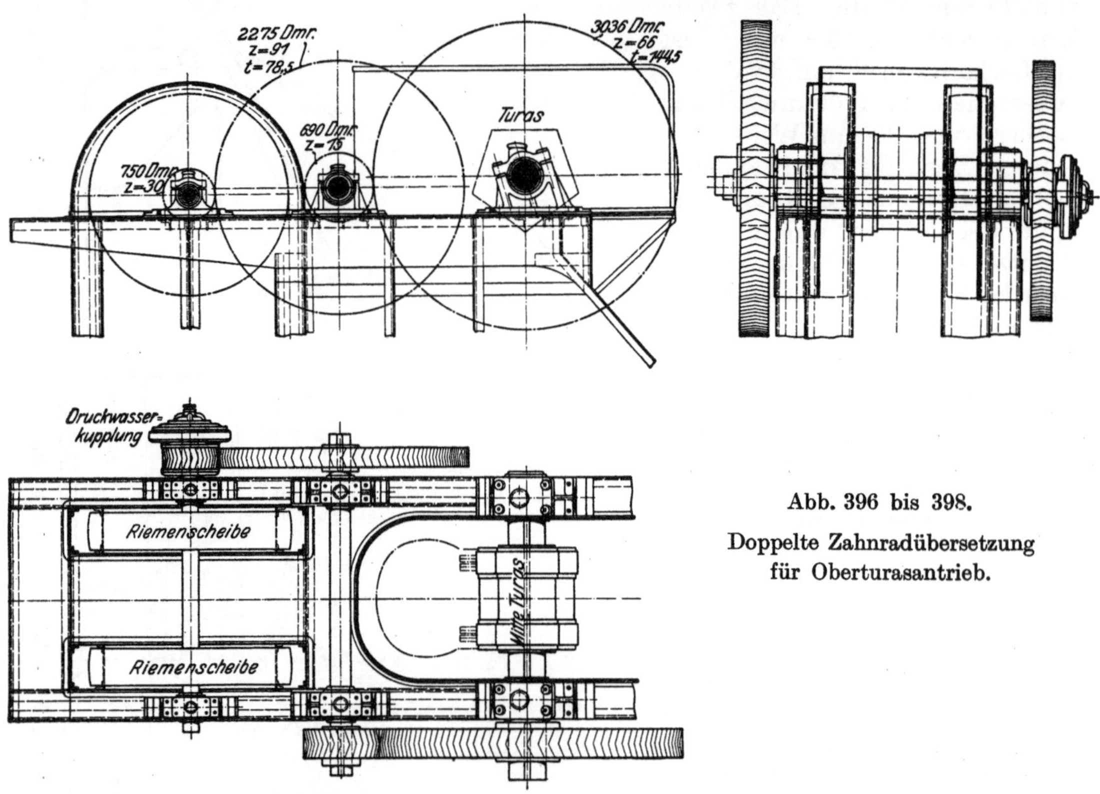

Abb. 396 bis 398.

Doppelte Zahnradübersetzung
für Oberturasantrieb.

geht stets von der Welle der Hauptmaschine aus und treibt eine Zwischenwelle,
von der aus einfache oder mehrfache Zahnradvorgelege die Kraft auf den Oberturas
übertragen. Der Riemen hat den Vorzug, daß er bei plötzlicher sehr starker Belastung auf den Riemenscheiben rutscht und so einem Bruch der Zahnräder vor-
beugt. Die Zahnübertragung soll möglichst einfach gehalten werden, um das Gewicht der hochliegenden Teile nicht zu vermehren. Zahnradübersetzungen von
1 : 12 werden oft angewandt. Der Zahnradantrieb (Abb. 394 u. 395) bedingt den
Einbau einer stehenden Welle und mehrfacher Kegelräder. Er beansprucht etwas
weniger Raum als der Riemenantrieb, muß aber sehr schwer und kräftig gebaut sein,
um die recht stoßweise Belastung aufzunehmen. Kleine Bagger erhalten gewöhnlich
einseitigen Turasantrieb mit einem Riemen und einfachem Zahnradvorgelege (Abb. 27)
Die Zahnräder werden aus Stahlguß mit geraden Zähnen angefertigt. Größere Geräte
mit liegenden Antriebsmaschinen haben nur einen mittleren Riemen (Abb. 47 bis 49),
der aber recht breit sein muß. Die weitere Übertragung auf den Turas verlangt dann
stets ein doppeltes Zahnradvorgelege. Die günstigste Antriebsweise ermöglichen quer

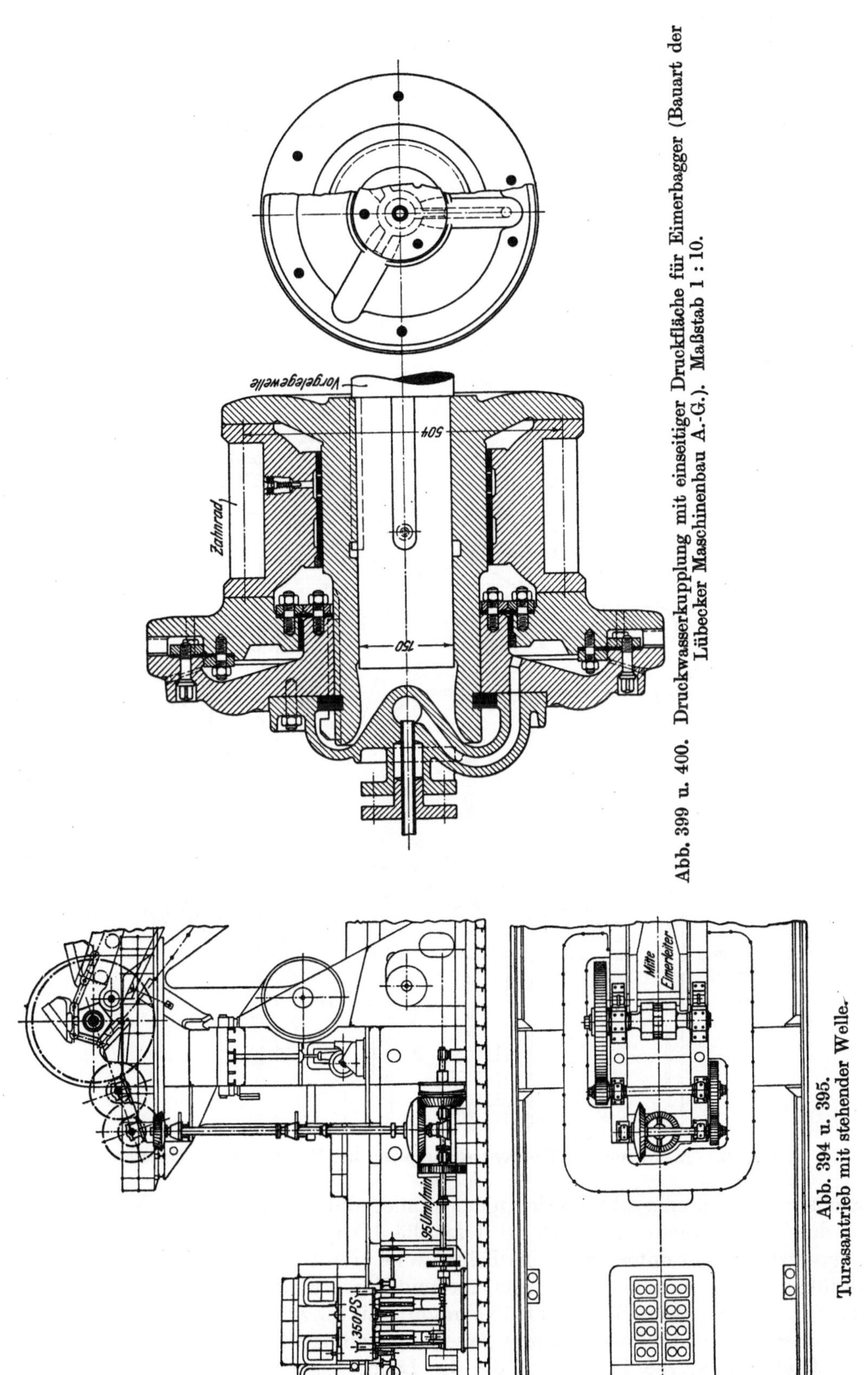

Abb. 399 u. 400. Druckwasserkupplung mit einseitiger Druckfläche für Eimerbagger (Bauart der Lübecker Maschinenbau A.-G.). Maßstab 1 : 10.

Abb. 394 u. 395. Turasantrieb mit stehender Welle.

zur Schiffsachse stehende langsam laufende Maschinen mit zwei seitlichen Riemen
und nur einer Zwischenwelle, auf der die oberen Riemenscheiben und je ein Zahn-
ritzel sitzen, die unmittelbar die auf der Turaswelle befestigten großen Zahnräder
treiben. Die Beschränkung auf ein einfaches Zahnradvorgelege ist jedoch bei stehenden Maschinen, wenn sie auch zum Antrieb der Schiffsschraube dienen und daher eine

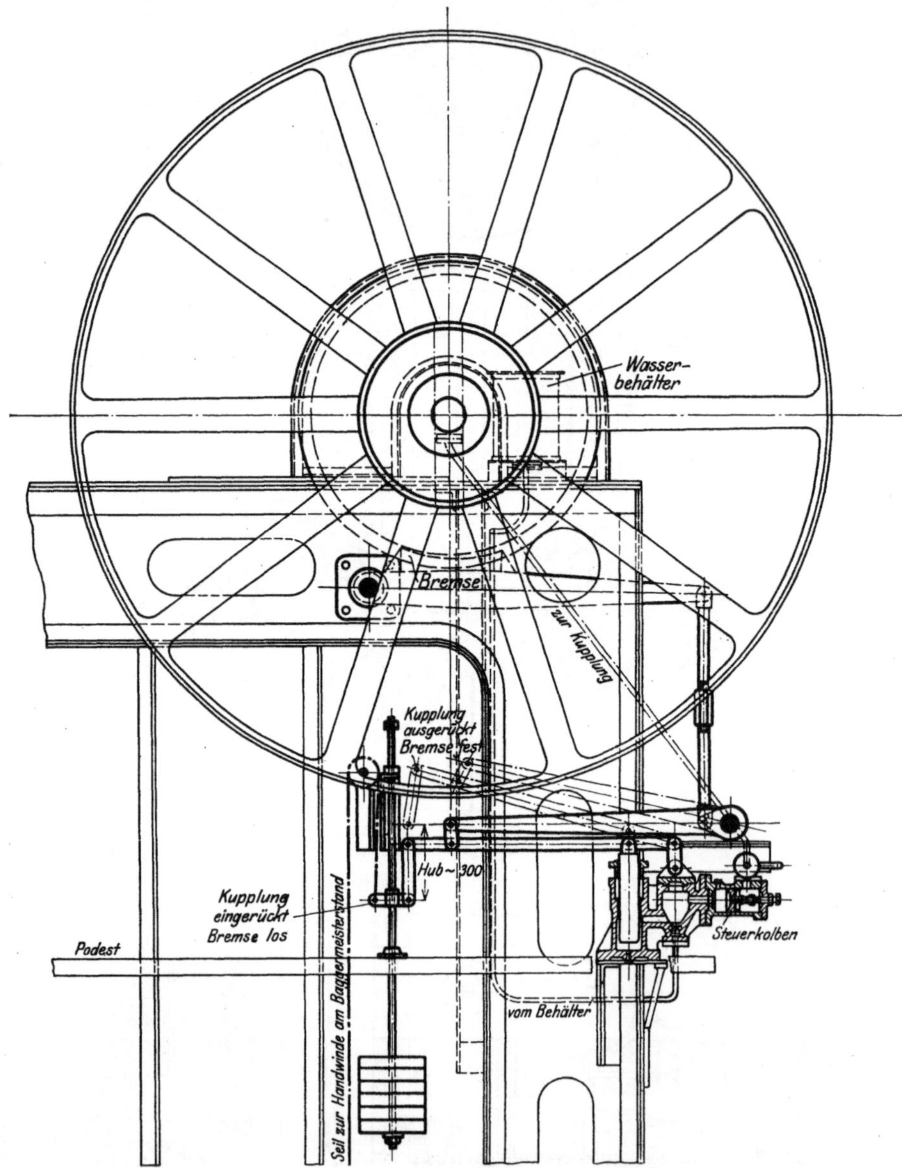

Abb. 402.　Anordnung der Druckwasserkupplung bei Eimerbaggern. Maßstab 1 : 30.

größere Umdrehungszahl haben, nicht immer durchzuführern. Steht die Maschine
in der Schiffslängsrichtung, so wird an die Hauptwelle eine Kegelradübersetzung
angesetzt, die die untere Riemenscheibenwelle treibt (Abb. 53). Die doppelte Zahnradübersetzung zwischen Riemenscheibe und Turas wird einseitig (Abb. 396 bis 398)
gebaut, da eine zweiseitige Kraftübertragung zu schwer und umfangreich wird. Die
Räder sind aus Stahlformguß und haben Pfeilzähne. Der Leiterbock hat oben eine
durchgehende starke Platte, auf die die Lager der Zahnräder usw. aufgeschraubt
werden. Bei sehr großen Baggern ist es unter Umständen angebracht, eine Druck-

wasserkupplung in den Turasantrieb einzubauen. Wenn die Eimerkette mit gefüllten Eimern stillgesetzt werden muß, z. B. um mitgebaggerte Steine oder Eisenteile aus den Eimern zu entfernen, ist es leichter, sie wieder in Bewegung zu setzen, wenn die Maschine leer anläuft und dann durch die Kupplung der Turasantrieb eingeschaltet wird. Vor allem kommt jedoch eine Druckwasserkupplung bei Arbeiten in Triebsand in Frage. Falls hier aus Prahmmangel oder anderen Gründen die Eimerkette einige Minuten stillgesetzt werden muß, tritt besonders bei starker Strömung schnell ein Versanden des unteren Leiterendes ein. Das Wiederanfahren der Kette ist dann besonders schwer, weil die Eimer sehr fest in den Sand eingespült werden. Wenn keine Kupplung vorhanden ist, muß beim Arbeiten in Triebsand die Leiter bei längern Pausen angehoben werden. Die Folge ist

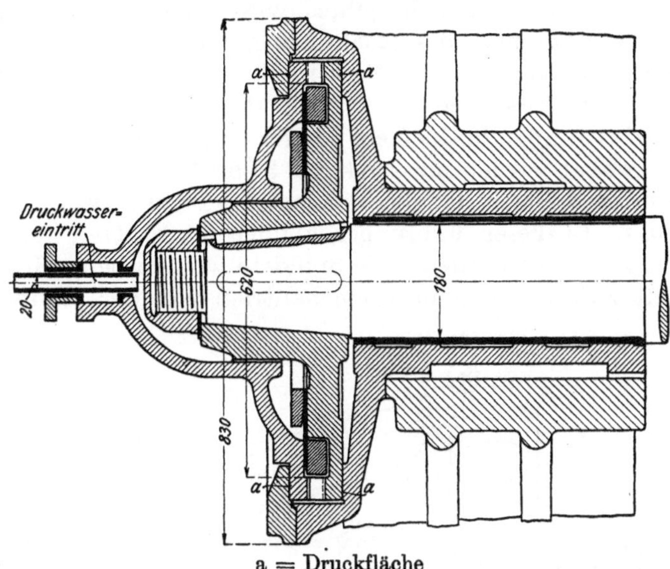

Abb. 401. Druckwasserkupplung mit zweiseitiger Druckfläche für Eimerbagger (Bauart der Stettiner Oderwerke). Maßstab 1 : 12.

dann ein Versanden des Schnittes und eine anfänglich schlechte Eimerfüllung bei der Fortsetzung der Arbeit. Die Kupplungen werden auf die Wellen der Riemen-

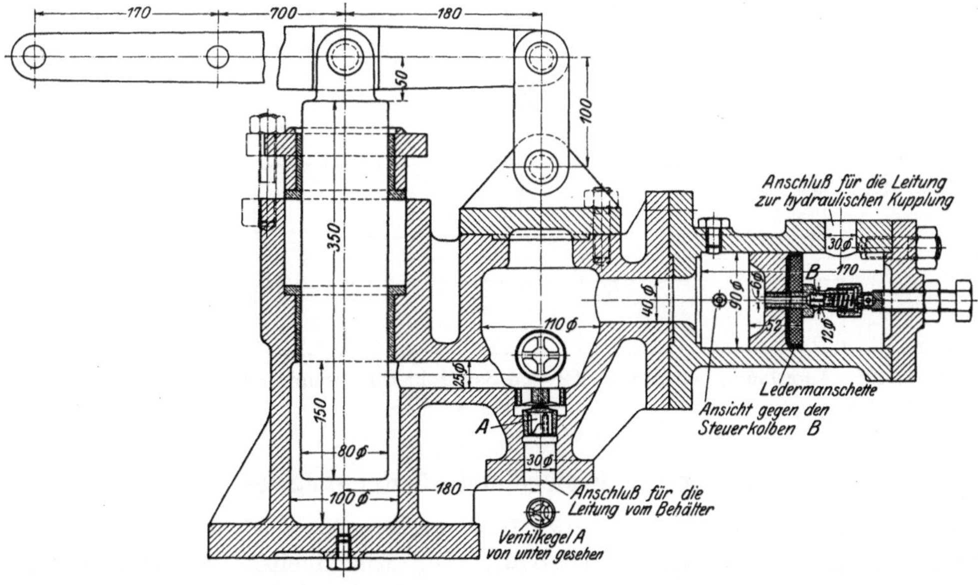

Abb. 403. Preßpumpe für hydraulische Kupplung. Bauart Oderwerke. Maßstab 1 : 70.

scheiben gesetzt und mit einseitiger (Abb. 399 und 400) oder zweiseitiger Druckfläche (Abb. 401) gebaut. Das Druckwasser erhält einen Zusatz von Glyzerin od. dgl. und wird mit einer Handpumpe in einen Zylinder gepumpt, dessen Kolben mit Gewichten belastet wird, die eine verschiedene Einstellung des Druckes gestatten. Die Kupplung kann so eingestellt werden, daß sie bei Überschreitung der vorgesehenen Belastung gleitet. Der Druckwassereintritt wird durch einen Steuerschieber (Abb. 402) geregelt, der selbsttätig wirkt, wenn vom Stande des Baggermeisters aus mittels Seilzuges das Kolbenbelastungsgewicht angehoben wird. Gleichzeitig mit dem Anheben des Gewichtes wird eine Bremse angezogen, die auf der Zwischenwelle sitzt und das Rückwärtslaufen der Eimerkette bei ausgeschalteter Hauptmaschine verhindert. Die Einzelheiten der hydraulischen Preßpumpe zeigt Abb. 403.

Eine besondere Anordnung des Turasantriebes hat die Firma Wens in Weinmeisterhorn für kleinere Bagger ausgeführt, die zum Durchfahren niedriger Brücken abgebaut werden müssen (Abb. 37 bis 40). Riemenwelle, Zahnradvorgelege und Turas sind auf einem Tragbock gelagert, der auf zwei, in Führungen laufenden, Stützen ruht. In diesen Führungen können die Stützen nebst Tragbock durch starke Spindeln gesenkt werden. Die Spindeln werden beim Heben und Senken des Tragbockes mit Zahnrädern und Riemenantrieb von der Hauptmaschine aus gedreht.

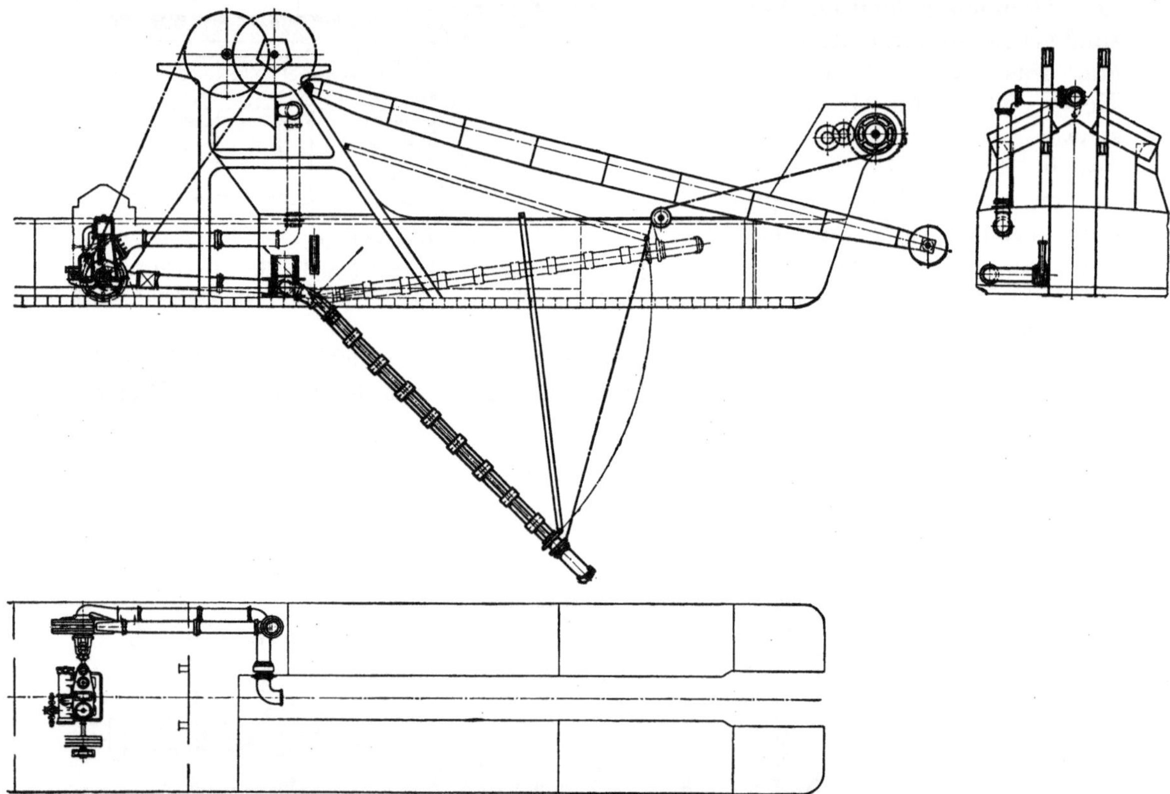

Abb. 404 bis 406. Anordnung von Eimerleiter und Saugrohr für vereinigte Eimer- und Pumpenbagger.
Maßstab 1 : 300.

Vereinigte Eimer- und Pumpenbagger.

Bei den vereinigten Eimer- und Pumpenbaggern wird das Pumpenbaggerwerkzeug in den Eimerbagger eingebaut. Die Einzelheiten des Pumpenbaggerwerkzeuges sind die gleichen wie bei den weiter unten beschriebenen Pumpenbaggern. Besondere Einrichtungen sind nur an der Eimerleiterhubwinde, dem Schütttrichter und der Antriebsmaschine zu treffen.

Die Eimerleiterhubwinde muß imstande sein, sowohl die Eimerleiter als auch das Saugrohr, und zwar jedes für sich allein heben und senken zu können. Da die Hubgeschwindigkeit der Saugerohre größer sein muß als die der Eimerleiter, und das Rohr meistens auch nur ein Hubseil braucht, wird zweckmäßig auf die Seiltrommel in der Mitte eine Seilscheibe von größerem Durchmesser aufgesetzt (Abb. 404 bis 406) und das Seil über eine besondere, über dem Schlitz lagernde Führungsrolle gelegt, um den Seilzug am Saugerohr möglichst senkrecht angreifen zu lassen. Je nachdem der Bagger mit der Eimerkette oder dem Saugerohr arbeitet, wird das Saugerohr ganz ausgebaut, oder die Leiter in hochgehobener Stellung festgelegt. Das Steigerohr der Baggerpumpe wird in den Schüttrichter geleitet. An die Schüttrinnen werden wie bei festliegenden Pumpenbaggern (siehe Seite 43) abnehmbare Auslaufrohre angebaut.

Wird der Bagger auch als Schwemmbagger verwandt, der den von der Eimerkette geförderten Boden durch eine schwimmende Leitung an Land drückt, so wird der Schüttkasten nach unten bis fast auf den Schiffsboden durchgeführt und das Saugerohr der Pumpe hier angeschlossen (Abb. 67). Der untere Teil des Schüttkastens wird durch eine Klappe geöffnet oder geschlossen. Das Zusatzwasser wird durch ein neben dem Schüttkasten liegendes Bodenventil angesaugt. Die Baggerpumpe wird bei den Geräten, die nicht in eine schwimmende Leitung, sondern nur als festliegende Pumpenbagger in Prähme fördern, von der für die Eimerkette vorhandenen Hauptmaschine angetrieben. Die Pumpenwelle wird entweder durch eine lösbare Kupplung mit der Maschinenwelle verbunden, oder es wird die untere Riemenscheibe des Turasantriebes ausgebaut und an deren Stelle die Pumpe gestellt und die Pumpenwelle mit einem Kupplungsflansch angeschlossen (Abb. 406). Bei Schwemmbaggern erhalten die Pumpen besondere Antriebsmaschinen.

Pumpenbagger.

Die Saugeköpfe der Pumpenbagger zerfallen in zwei Gruppen:

1. Saugeköpfe, die nur leicht fließende Bodenarten ansaugen, und bei denen der Boden durch den Strom des mitgesaugten Wassers mitgerissen wird,

2. Saugeköpfe für festgewachsene Bodenarten, die den Boden durch eine Schneidevorrichtung losreißen.

Die Saugeköpfe der Gruppe 1 werden für frisch abgelagerten Schlick und für Sand benutzt. Beim Schlickbaggern genügt es, das Saugerohr unten kegelförmig zu erweitern und mit einem Rost zum Abfangen größerer Teile zu versehen (Abb. 407 bis 409). Der Kopf ist beim Baggern so tief in den losen Schlick einzusenken, daß er in die zu baggernde dickflüssige Schlicklage etwa 3 m eintaucht. Der Saugestrom zieht dann aus der Umgebung des Saugekopfes den Schlick heran, der von allen Seiten so stark zufließt, daß der Kopf stets in den Schlick eintaucht und nur dickes Gemisch fördert. Dieses Verfahren wird vor allem bei fest

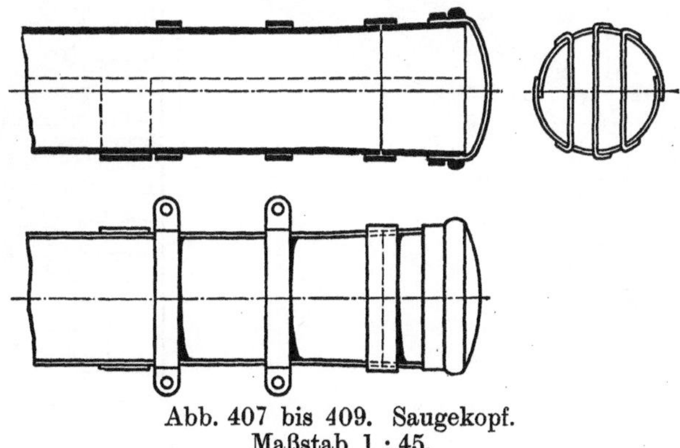

Abb. 407 bis 409. Saugekopf.
Maßstab 1 : 45.

liegenden Pumpenbaggern angewandt, die sich nur wenig an den Ketten verholen, wobei es ohne Bedeutung ist, in welcher Richtung dies erfolgt. Da jedoch starke Schlickablagerungen vor allem in Häfen oder Flußmündungen, in denen reger Schiffahrtsverkehr herrscht, zu beseitigen sind, werden, wie bereits Seite 40 gesagt, hier in erster Linie Schachtpumpenbagger verwandt. Saugeköpfe der eben geschilderten Art werden dann von dem langsam fahrenden Bagger bei sehr schräger Saugerohrstellung (Abb. 103) in den Schlick hineingeschoben, während der Sauge-

kopf an einer am Vorschiff befestigten Kette gehalten und das Saugerohr selbst
nicht auf Knickung beansprucht wird. Es ist deshalb nicht nötig, den Saugekopf
so tief wie bei festliegenden Baggern in den Schlick einzusenken; bei dem gleichmäßigen Vorwärtsgang ist in der Umgebung des Saugekopfes
immer eine ausreichende Menge dickflüssigen Schlickes vorhanden.

Für Schachtpumpenbagger, die Schlick mit nach hinten
liegendem (geschlepptem) Saugerohr fördern (Abb. 95, S. 53),
hat sich die in Abb. 410 u. 411 dargestellte,
leicht nach vorn gekrümmte Form des Saugekopfes bewährt.

Für Schlick werden auch Schleppsauge-
köpfe der Bauart Frühling (Abb. 412 und
413) verwandt, die an einem im Mittelschlitz
angeordneten Saugerohr hinter dem Bagger
durch den Boden geschleppt werden. Der
sehr breite Kopf schiebt dabei den Schlick
vor sich her, so daß in ihm selbst vor den
Mündungen der Saugerohre immer dickflüssige
Masse vorhanden ist, selbst wenn der Saugekopf nicht sehr tief in den Schlamm eintaucht.
Entsprechend der verschiedenen Baggertiefe
kann die Neigung des Baggerkopfes so eingestellt werden, daß immer die hintere Fläche

Abb. 410 u. 411. Saugekopf für Schlick bei
geschlepptem Saugerohr. Maßstab 1 : 40.

in ihrem unteren Ende schräg nach vorn gerichtet ist. Die Kraft zum Durchziehen
des Kopfes durch den Boden muß vom Saugerohr und von dem Anschluß des Rohres
an den Schiffskörper aufgenommen werden und ist ziemlich groß.

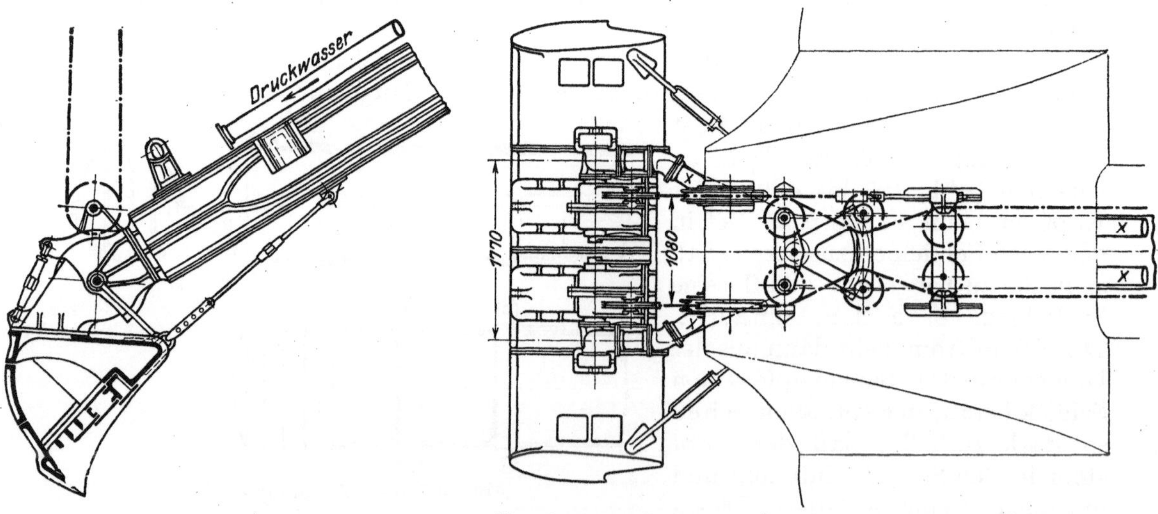

Abb. 412 u. 413. Saugekopf (Bauart Frühling D.R.P.). Maßstab 1 : 75.

Für Sand werden die bereits erwähnten kegelförmigen Saugeköpfe (Abb. 407
bis 409) gleichfalls verwandt. Das Einsenken des Kopfes in den Sand wird durch den
Saugestrom ermöglicht, der den Boden vor dem Saugekopf verdünnt. Bei losem
Saugerohrhubseil sinkt das untere Rohrende durch sein eigenes Gewicht etwa 2÷3 m
tief in den Boden. Der Saugekopf ist von einem Gemisch von Sand und Wasser um-
geben und wird durch Vorausholen des Baggers mit dem offenen Ende langsam

gegen den Boden geschoben, so daß ihn ständig ein möglichst gleichmäßiges Gemisch umgibt. Bei sehr feinem Sand empfiehlt es sich, dem Kopf eine Druckwasserspülung zu geben (Abb. 414 bis 418). Um das untere Ende des Kopfes ist ein Rohr gelegt, aus dem durch Düsen in verschiedener Richtung Druckwasser austritt. Die Einrichtung ermöglicht es, den Kopf sehr schnell in den Sand einzuspülen und hat auch den Wert, daß der Kopf durch dünne Tonschichten, unter denen Sand lagert, durch-

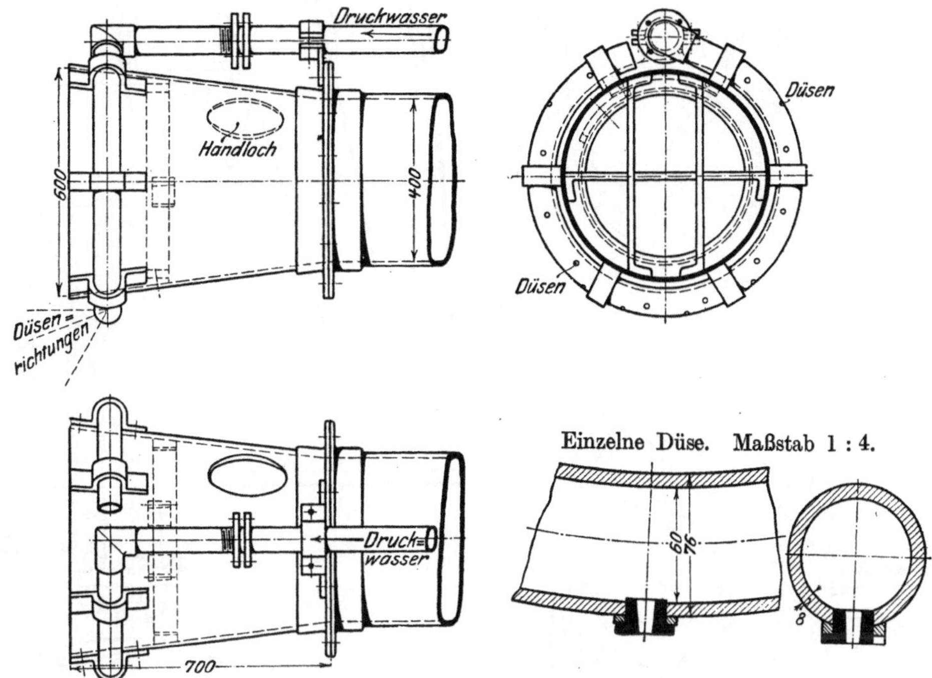

Abb. 414 bis 418. Saugekopf mit Druckwasserspülung. Maßstab 1 : 20.

dringen kann; ferner kann er beim Hochheben des Saugrohres leicht freigespült werden.

Schleppköpfe können nur für grobkörnigen Sand verwandt werden, jedoch erfordert das Verholen des Baggers außerordentlich viel Kraft, da der schwere Boden von dem Saugekopf zusammengeschoben werden muß. Dadurch wird das Saugerohr und dessen Anschluß am Schiffskörper sehr ungünstig beansprucht. Das mit Schleppköpfen geförderte Gemisch enthält außerdem nicht so viel Sand wie das mit offenen Köpfen der oben beschriebenen Bauart gewonnene. Der Grund liegt vor allem darin, daß die breiten Schleppköpfe nicht so tief in den Boden eingespült werden können. Das sie umgebende Gemisch hat daher einen geringeren Sättigungsgrad.

Für feinen Triebsand sind gut geeignete Schleppköpfe bis jetzt noch nicht gebaut. Dieser lagert sehr fest, kann nur mit sehr großem Kraftaufwand von einem Schleppkopf abgegraben werden und verstopft dabei sehr leicht den Saugekopf. Aus dem gleichen Grunde ist es bis jetzt noch nicht gelungen, andere festlagernde Bodenarten, wie Klai und Darg, mit Schleppsaugeköpfen zu baggern.

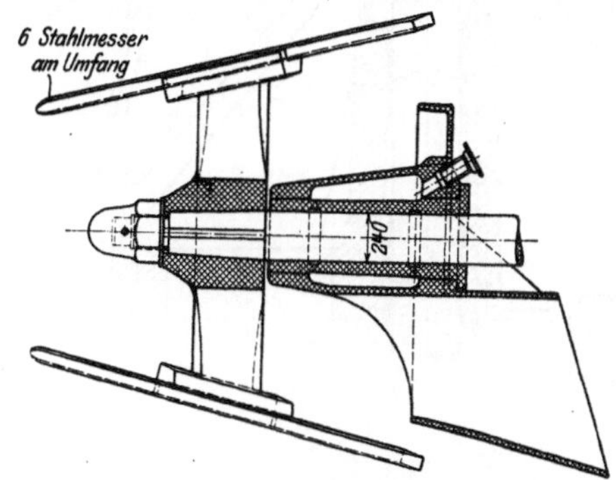

Abb. 422. Saugekopf mit 6 Messern (Werf Conrad). Maßstab 1 : 50.

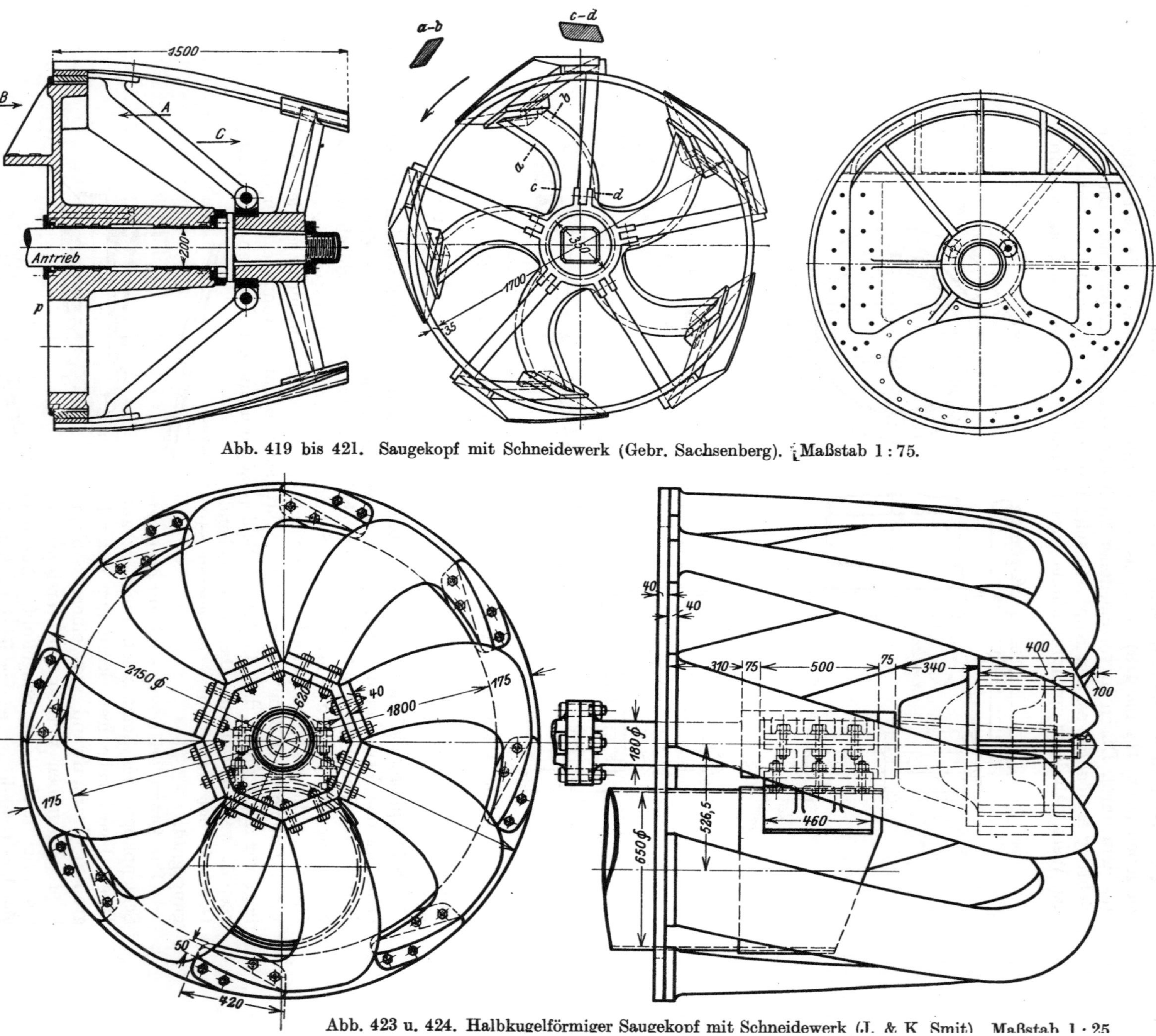

Abb. 419 bis 421. Saugekopf mit Schneidewerk (Gebr. Sachsenberg). Maßstab 1:75.

Abb. 423 u. 424. Halbkugelförmiger Saugekopf mit Schneidewerk (J. & K. Smit). Maßstab 1:25.

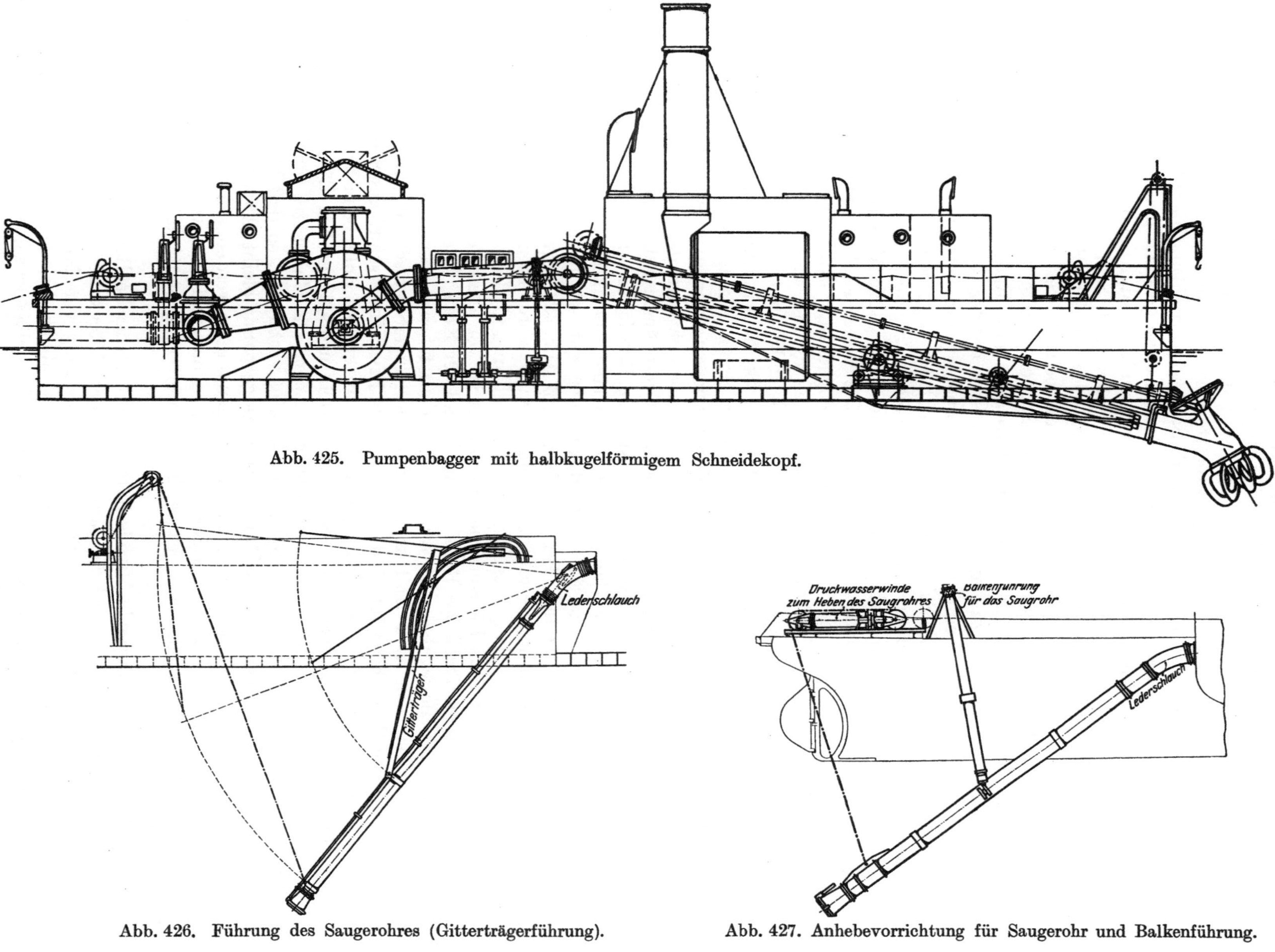

Abb. 425. Pumpenbagger mit halbkugelförmigem Schneidekopf.

Abb. 426. Führung des Saugerohres (Gitterträgerführung).

Abb. 427. Anhebevorrichtung für Saugerohr und Balkenführung.

Die Saugeköpfe der zweiten Gruppe werden mit sehr gutem Erfolg selbst bei schwerem mit Ton vermischtem Klaiboden angewandt. Die Arbeitsweise der Bagger mit Schneidekopf ist Seite 37 beschrieben. Für die Schneidevorrichtung sind verschiedene Bauarten ausgebildet. Das Haupterfordernis ist, die Messer so anzuordnen, daß Holz oder Steine, die im Boden liegen, die Schneidevorrichtung nicht beschädigen, deswegen werden die Messerwerke zum Teil unten offen gelassen und die einzelnen Messer am unteren Ende nicht untereinander verbunden, so daß die freien Enden sich verbiegen können, wenn sie auf Fremdkörper stoßen und nicht durch Einklemmen dieser die ganze Schneidevorrichtung gefährden. Eine andere Bauart verbindet die Messer zu einer Art halbkugelförmigen Fräser, der beim Antreffen von festen Fremdkörpern über diese hinweggleiten kann. Die Schneidewerke werden entweder von einer im Maschinenraum stehenden Hilfsmaschine mit Räderübersetzungen angetrieben, oder, was mehr zu empfehlen ist, von einer auf der Rohrleiter aufgebauten Dampfmaschine. Die Umdrehungszahl der Schneidewerke beträgt $10 \div 12$ je Min. Die Messer haben etwa die Schnittgeschwindigkeit der Baggereimer. Abb. $419 \div 421$ zeigen einen Schneidekopf mit gebogenen Stahlmessern, die am oberen Ende an einem am Saugekopf geführten Rahmen befestigt sind. Die ganze Vorrichtung liegt exzentrisch über der Mündung des Saugerohres. Die Messer sind so gestellt, daß der Boden nach dem Innern des Messerwerkes hineingedrängt wird. Die sehr kräftige Antriebswelle ist in der Rohrleiter gelagert (Tafel V) und wird von der Antriebsmaschine der Spülpumpe durch Kegelradvorgelege betätigt. Das Saugerohrende, in dem das Schneidewerk lagert, ist aus Stahlguß. Bei dem in Abb. 422 dargestellten Schneidekopf ist das Messerwerk gleichfalls in einem Stahlgußstück exzentrisch über der Saugerohrmündung eingebaut. Die Stahlmesser sitzen an einem sechsarmigen Stern und sind nur in der Mitte befestigt. Die beiden Messerenden sind nicht unterstützt. Das Lager der unteren Antriebswelle ist mit einem Schutzkasten umbaut. Das Messerwerk wird von einer liegenden auf der Rohrleiter aufgebauten Dampfmaschine angetrieben. Der Dampf wird durch eine Gelenkrohrleitung zugeführt. Der halbkugelförmige fräserartige Schneidekopf der Abb. 423 liegt gleichfalls exzentrisch über der Rohrmündung. Bei dem Saugekopf Abb. 425 liegt ein Teil der Zahnradübersetzung am Rohrende und ist durch einen wasserdichten Kasten geschützt.

Die Saugerohre liegen seitlich an der Außenwand des Schiffes oder mittschiffs in einem Schlitz. Die seitliche Anordnung ist vor allem für Schachtpumpenbagger sehr geeignet, weil das Rohr so hängt, daß der Kopf ohne Beschädigung des Saugerohres den Bewegungen, die durch Seegang entstehen, folgen kann. Führungen sind, abgesehen von zwei Halteketten, die am Saugerohranschluß oder zuweilen auch am Saugekopf befestigt sind und am Vor-, bzw. Hinterschiff angreifen, nicht vorhanden. Die am Kopf angreifenden Ketten stützen das Rohr beim Vorausholen des Baggers, beeinträchtigen aber bei ihrer verhältnismäßig großen Länge die Beweglichkeit des Rohres in senkrechter Richtung nicht. Die Haltekette für den Kopf ist mit der Hubkette des Saugekopfes zwangläufig verbunden, so daß beim Heben oder Senken des Saugekopfes die Haltekette stets gespannt bleibt (Abb. 103 bis 105). Die seitlichen Rohre können meist ganz an Deck genommen werden, um beim Anlegen des Baggers und beim Fahren zur Löschstelle nicht beschädigt zu werden. Bei kleineren Geräten wird auch das Deck seitlich so weit ausgebaut, daß das Rohr geschützt liegt.

Die Saugerohre müssen im Mittelschlitz gelagert werden bei Baggern mit Schneidekopf. Auf die Rohrleiter wird die ganze Kraft der Seitenwinden übertragen. Eine gute Seitenführung ist daher nötig. Diese Anordnung von Mittelrohren ist auch für festliegende Pumpenbagger ohne Schneidekopf üblich, bei denen die Rohre an ziemlich einfachen Führungen gehalten werden. Diese Bagger sind an sechs Ketten verankert, Beschädigungen des Rohres durch seitliches Vertreiben des ganzen Gerätes sind daher nicht zu befürchten. Schleppköpfe, die nur bei Schachtpumpenbaggern angewandt werden, werden an einer starken Rohrleiter im Mittelschlitz befestigt. Ein Mittelrohr folgt jedoch den Bewegungen des Schiffes bei Seegang nicht so gut, wie ein seitliches Rohr und ist leichter Beschädigungen ausgesetzt. Auch hat der hinten offene Mittelschlitz für einen Schachtpumpenbagger, der stets mit seiner Ladung zur Löschstelle fahren muß, den Nachteil, daß er den Schiffsverband schwächt. Die Raumeinteilung wird sehr erschwert, es sind zwei Fahrmaschinen nötig, und die ganze Einrichtung wird vielteiliger und kostspieliger.

Die Saugerohre werden aus einzelnen schmiedeeisernen Schüssen zusammengenietet. Tafel VI und VII zeigen die Gesamtanordnung seitlicher Saugerohre. Die Länge der Saugerohre ist so zu wählen, daß sie bei tiefster Arbeitsstellung etwa 45° gegen die Wagerechte geneigt sind.

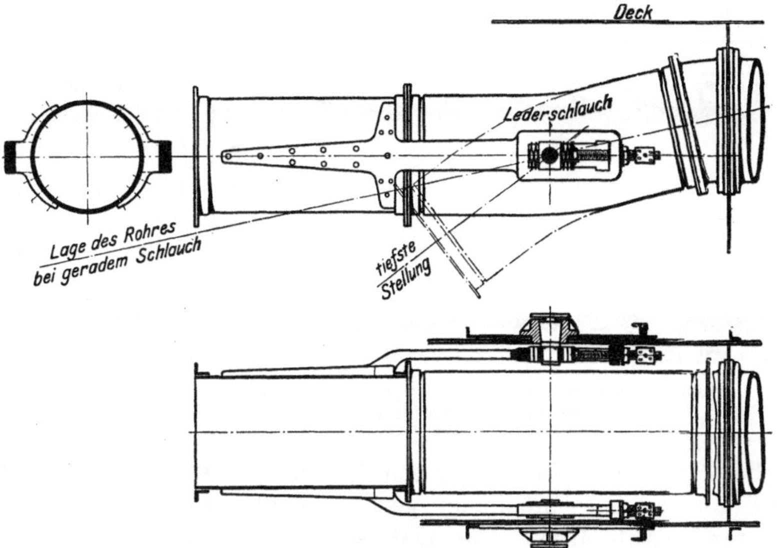

Abb. 428 bis 430. Aufhängung des oberen Rohrendes mit Lederschlauch. Maßstab 1 : 50.

Eine Gitterträgerführung im Mittelschlitz zeigt Abb. 426. Der Träger ist am Rohr drehbar befestigt und am oberen Ende in einer Kurvenbahn mit Rollen geführt; oberhalb der Kurvenbahn liegt eine hölzerne Scheuerleiste, die den Gitterträger bei seitlicher Beanspruchung stützt. Bei hochgehobenem Rohr liegt der Träger in ungefähr gleicher Richtung über diesem. Statt in einer Kurvenbahn kann auch, wie Abb. 427 zeigt, der Gitterträger oder ein starker Holzbalken in einer drehbaren Lagerung geführt werden, in der er ungefähr senkrecht auf und nieder gleitet. Die Rohrleitern für Bagger mit Schneidekopf oder Schleppkopf werden aus Blech oder Profileisen zusammengesetzt. Auf der Rohrleiter sitzt, wie Tafel V erkennen läßt, ein sehr starker Führungsbock, der mit seitlichen Holzleisten an den Schlitzwandungen gleitet. Saugerohre, die in einem Schlitz liegen, werden fest am Schiffskörper angeschlossen. Seitliche Saugerohre werden meist mit dem Anschlußkrümmer an Deck genommen.

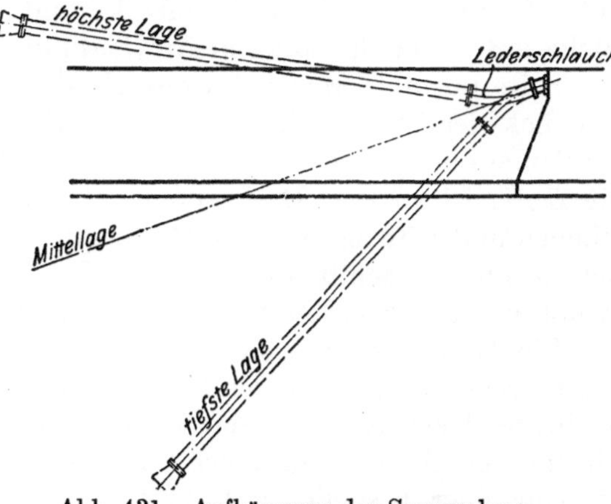

Abb. 431. Aufhängung des Saugerohres.

14*

Der Rohranschluß muß sehr dicht sein und wird deswegen oft ganz unter Wasser
gelegt, so daß durch undichte Stellen keine Luft, sondern nur Wasser eindringen
kann, und die Saugewirkung nicht beeinträchtigt wird. Feste Rohranschlüsse dieser
Art sind aber nur zugänglich, wenn das Fahrzeug trockengelegt ist. Wenn irgend
möglich, sollen die Rohranschlüsse von der Rohraufhängung, bzw. dem oberen Dreh-
lager der Rohrleiter getrennt werden, um erstere vor ungünstigen Beanspruchungen
zu schützen. Die Beweglichkeit des Rohranschlusses wird durch Gelenkstopf-
büchsen oder durch einen ledernen Verbindungsschlauch erzielt. Abb. 428 bis 430
zeigt die Aufhängung des oberen Rohrendes für Lagerung des Rohres im Schlitz.
An dem Rohr sind schwere schmiedeeiserne Bügel angenietet, die an den Schlitz-
wänden an Drehzapfen hängen. Die Bügel haben am oberen Ende eine rechteckige Aussparung, in der das Zapfenlager zwischen Blattfedern verschiebbar ist.
Das Rohrende ist mit dem Anschlußstück an der Schiffswand durch einen Leder-

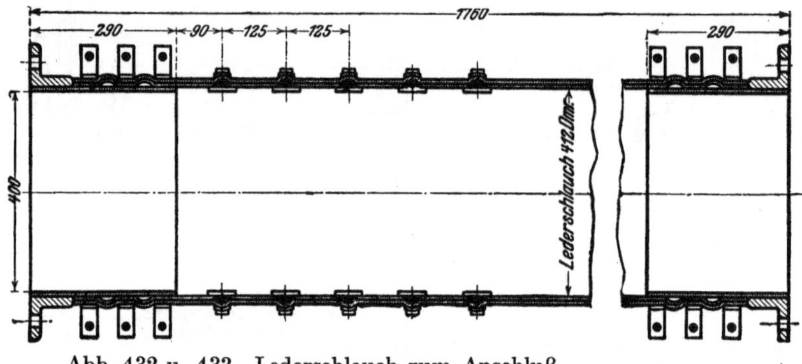

Abb. 432 u. 433. Lederschlauch zum Anschluß
des Saugerohres. Maßstab 1 : 15.

Schnitt durch den Lederschlauch
mit Versteifungsrippe.
Maßstab 1 : 3.

schlauch verbunden, dessen Bewegung durch richtige
Wahl des Aufhängepunktes möglichst gering gehalten werden muß (Abb. 431). Die Lederschläuche
dürfen sich beim Ansaugen nicht zu stark zusammenziehen, da sonst der freie Durchgangsquerschnitt vermindert und der Saugewiderstand vergrößert wird.
Sie müssen durch einzelne Ringe aus Halbrundeisen versteift werden und sind zweckmäßig als Doppellederschläuche auszuführen. Die Enden werden mit Schellen befestigt
(Abb. 432 u. 433). Seitliche Saugerohre werden in ähnlicher Weise mit einem Lederschlauch angeschlossen. Das Rohr wird ebenfalls an zwei Bügeln getragen, die in einem
Ausleger hängen (Tafel VII). Eine Gelenkstopfbüchse für ein doppeltes Rohr zeigt
Abb. 434 und 435. Diese Bauart kommt für Bagger mit Schleppsaugeköpfen und
solche mit Schneideköpfen in Anwendung. Ist nur ein Rohr vorhanden, so wird die
eine Seite nur als Drehzapfen ausgebildet. Die Rohrleiter ist an das mittlere Stahlgußstück der Stopfbüchse angebaut. Eine getrennte Lagerung der Rohrleiter und
des Saugerohranschlusses wird bei der in Abb. 436 wiedergegebenen Bauart erreicht.
Die Leiter ist an zwei Drehzapfen aufgehängt. Das obere Rohrende ist kreisförmig
gebogen und schwingt um den Drehzapfen der Leiter, wobei es in einem Stopfbüchsen-
anschluß in der Schiffswand gleitet. Der Rohranschluß unter Wasser ist leicht dicht
zu halten. Die Rohrleiter ist gut zugänglich über der Wasserlinie aufgehängt.

    Die Saugerohrhubwinden müssen die Rohre ziemlich rasch anheben. Bei
fester Verbindung des oberen Rohrendes wird der Saugerohrkopf mit einem einfachen,
bei Schneideköpfen meist mit zwei einfachen Seilen gehoben. Die Hubwinde kann
mit anderen Winden von einer gemeinsamen Maschine oder, was mehr zu empfehlen
ist, von einer besonderen Dampfmaschine getrieben werden. Druckwasserwinden

sind gleichfalls ausgeführt (Abb. 427). Seitliche Rohre, die ganz an Bord genommen werden, haben, die in Abb. 437 bis 440 dargestellten Winden. Die Anordnung ist der Firma L. Smit in Kinderdijk (Holland) patentiert. Das Seil für den Saugekopf läuft über eine Rolle, die in einem Schwinghebel gelagert ist. Bei gesenktem Rohr liegt dieser Hebel etwa wagerecht. Beim Anheben stößt der Rollenblock des Rohres in der obersten Lage gegen einen Anschlag am Rollenblock des Schwinghebels und schwingt diesen bei weiterem Anheben zurück. In seiner höchsten Lage wird der Hebel durch einen Bolzen festgesetzt und das Rohr durch Nachlassen des Hubseiles

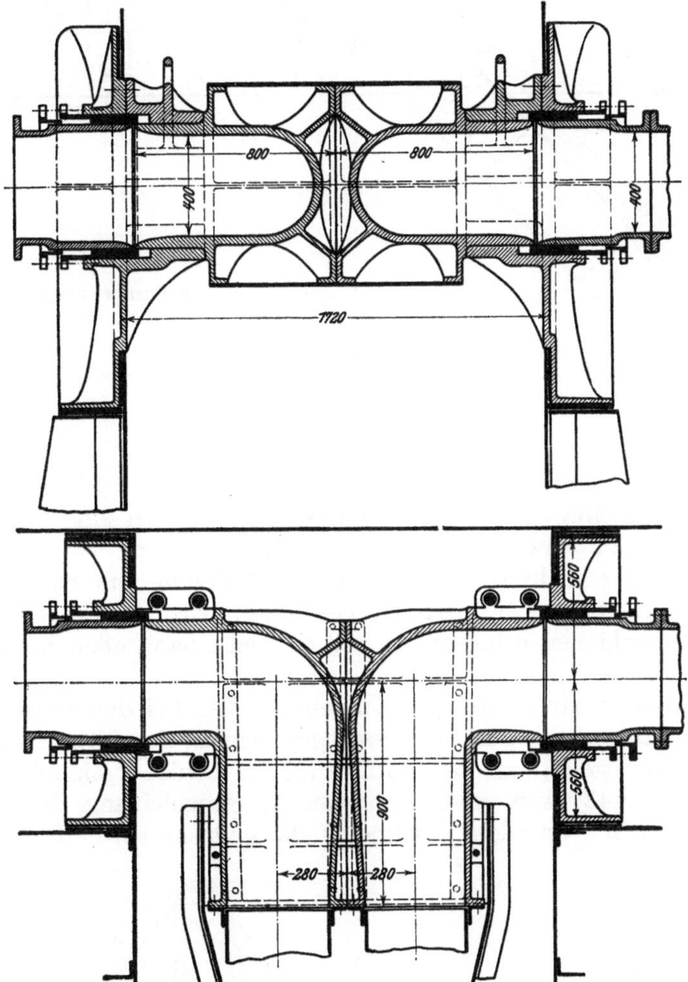

Abb. 434 u. 435. Gelenkstopfbüchse für das Saugerohr. Maßstab 1 : 30.

in das vordere Rohrlager gesenkt. Der Anschlußkrümmer für das obere Rohrende wird in taschenförmigen Schienen geführt, die bis Oberkante Reeling reichen und hier an gleiche Schienen eines fahrbaren Auslegerkranes anschließen. In diesen Schienen wird der Rohrkrümmer an einem Seil herabgelassen. Für das Saugerohr ist ein weiterer Ausleger vorhanden, der gleichfalls in Schienen neben den Führungen des Krümmers auf und ab gleitet. Beide Hubseile, das für den Krümmer und das für das Rohr, laufen über zwei gleiche auf einer Achse sitzende Trommeln. Beim Senken des Rohres wird der Kran ganz an die Reeling gefahren und reicht über Bord. Ist das Rohr ganz hochgehoben, so wird es mit dem Kran zurückgefahren (Abb. 439). Die Seilwinde für den fahrbaren Kran wird von einer besonderen Dampfmaschine

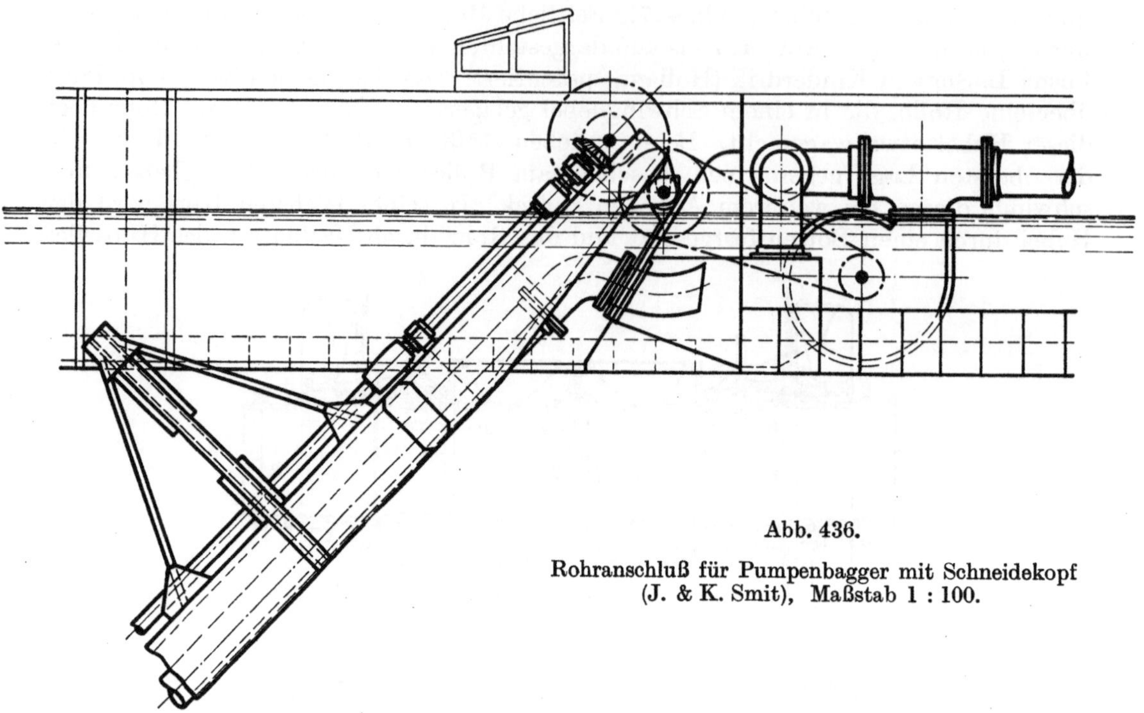

Abb. 436.

Rohranschluß für Pumpenbagger mit Schneidekopf
(J. & K. Smit), Maßstab 1 : 100.

angetrieben, die auch zum Verfahren des Kranes dient. Für das vordere Hubseil wird gleichfalls eine eigene Winde aufgestellt oder an eine andere Winde eine besondere getrennt zu bewegende Trommel angeschlossen.

Bei Baggern für mehrere Betriebsarten, bei denen das Saugerohr ausgebaut werden muß, wenn mit der Eimerleiter gearbeitet wird, ist der Saugerohranschluß auch in Führungsschienen gelagert, so daß er leicht nach oben herausgezogen werden kann.

Bei allen abnehmbaren Saugerohren, ebenso wie bei den unter Wasser liegenden festen Anschlüssen, ist aus Sicherheitsgründen in dem Saugerohranschluß, auf der Innenseite unmittelbar an der Bordwand, ein Schieber einzubauen (Abb. 441).

Abb. 442 und 443 zeigt einen Schieber für Saugeleitung, der mit zwei durch Zahnräder gekuppelten Spindeln auf und nieder gedreht wird. Der schmiedeeiserne

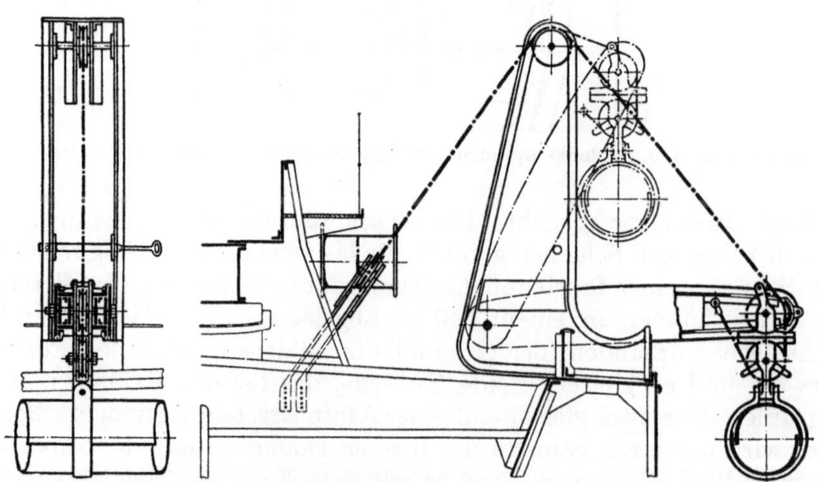

Abb. 437 u. 438. Windenanlage für seitliche Saugerohre (L. Smit D.R.P.): Winde für den Saugekopf.
Maßstab 1 : 75.

Schieber hat vier aufgesetzte Knaggen mit schrägen Flächen, die ein keilartiges Anpressen des Schiebers ermöglichen.

Die Baggerpumpen erhalten zweckmäßig kreisförmige Gehäuse ohne Leitkanal. Spiralförmige Leitkanäle sind seltener und sollten nur bei gleichmäßigem reinem Boden angewandt werden. Ist der Boden mit Steinen, Erz oder besonders Holz vermischt, so klemmen sich diese Teile leicht im Leitkanal fest und beschädigen die Pumpe. Da sehr selten die Bagger nur gleichmäßigen reinen Boden fördern, empfiehlt es sich, die Pumpen möglichst immer mit kreisförmigem Gehäuse ohne Leitkanal zu bauen. Die Baggerpumpen sind an den Wandungen außerordentlich starker Abnutzung ausgesetzt. Besonders stark wird der Verschleiß dort, wo der Druckstutzen auf den Mantel der Pumpe aufgesetzt ist, also an der Stelle, an der das von der Schaufel geförderte Gemisch mit dem frisch in die Pumpe eintretenden zusammentrifft. Hier ist eine schnelle und scharfe Trennung durch ein Keilstück (a in Abb. 450) nötig, an dem die Flügel mit sehr geringem (~ 1 mm) Spielraum vorbeischlagen. Bei sehr unreinem Boden klemmen sich am Keilstück einzelne mitgerissene Teile mitunter so fest, daß die Pumpe mit plötzlichem Ruck stillsteht. Diese ganz außerordentlichen Beanspruchungen muß die Pumpe und vor allem der Kreisel und die Welle aufnehmen können. Der ständige starke Verschleiß bedingt die Panzerung der Pumpe mit stählernen Platten, deren Stöße und Befestigungsschrauben sehr sauber angepaßt sein müssen, da selbst ganz geringe Unebenheiten Wirbelbildungen und damit erhöhten Verschleiß zur Folge haben. Die Kreisel sind fliegend auf die Welle aufgesetzt und in langen Stopfbüchsen gelagert, die gut gegen eindringenden Boden zu schützen sind.

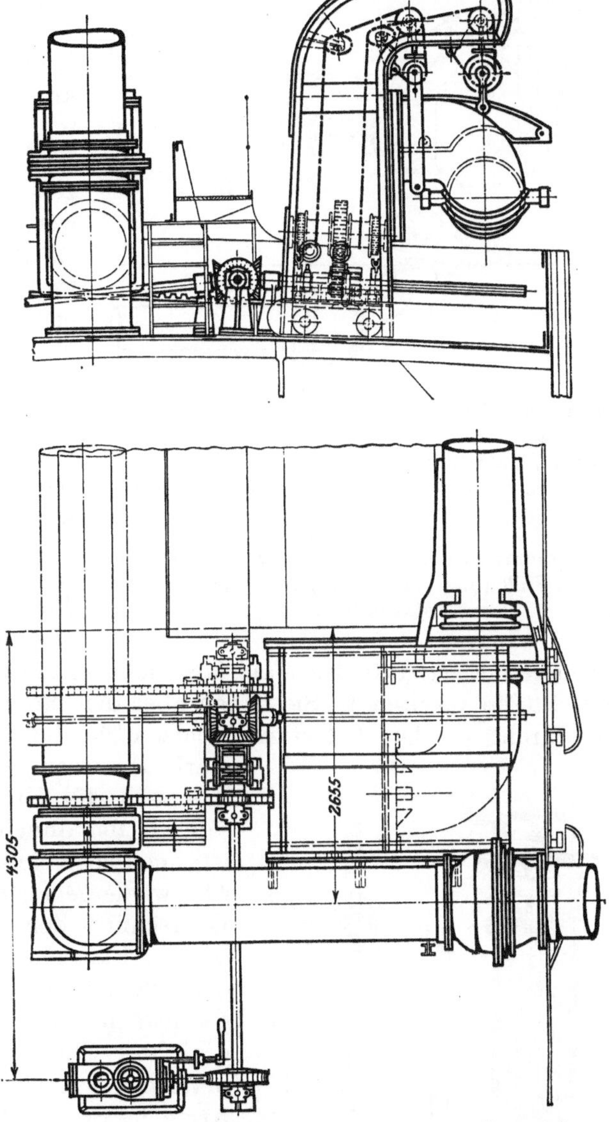

Abb. 439 u. 440. Windenanlage für seitliche Saugerohre (L. Smit D.R.P.): Kran und Winde für das Saugerohr. Maßstab 1 : 75.

Die Wellen haben nahe an der Pumpe ein Traglager, dessen Breite mindestens gleich dem doppelten Wellendurchmesser sein soll. Zwischen Antriebsmaschine und Traglager ist ein Drucklager mit nachstellbaren Druckringen einzubauen. Die Anordnung der Pumpe, besonders auch die auf den Bodenwrangen aufgebauten Fundamente, sollen so sein, daß die Pumpe im Maschinenraum leicht auseinandergebaut werden kann. Eine feste Verbindung mit dem

Fundament ist nötig. Zwischen Fundament und Pumpenfüße sind Hartholzstücke zu legen. Das Pumpenfundament ist mit dem Maschinenfundament zusammenzubauen.

Abb. 444 bis 446 zeigt eine Baggerpumpe, die ganz aus Schmiedeeisen gebaut ist. Die Deckel sind durch Winkeleisen und Stehbleche versteift. Saugestutzen und Stopfbüchsenkörper sind aus Stahlguß. Die Schleißplatten sind mit versenkten Schrauben befestigt. An dem Keilstück ist auf jeder Deckelseite ein kreisrunder abnehmbarer Deckel. Eisenteile, die sich zwischen Kreisel und Keilstück festklemmne, können bei abgenommenen Deckeln leicht ausgemeißelt werden. Der Übergang vom Druckstutzen zu dem Mantel der Pumpe ist spiralförmig. Die Kreiselflügel haben unten etwas Spielraum und können auch bei ausgelaufenem Stopfbüchsenlager den Mantel nicht berühren. Der schmiedeeiserne Kreiselstern ist mit eingeschliffenem Konus und Keil auf der Pumpenwelle befestigt und mit einer Mutter gesichert. Zwischen Kreiselnabe und Mutter ist eine Kupferscheibe gelegt. Das Gewinde muß dem Drehsinn der Pumpe entgegengesetzt sein. Schmiedeeiserne Kreiselsterne sind infolge der

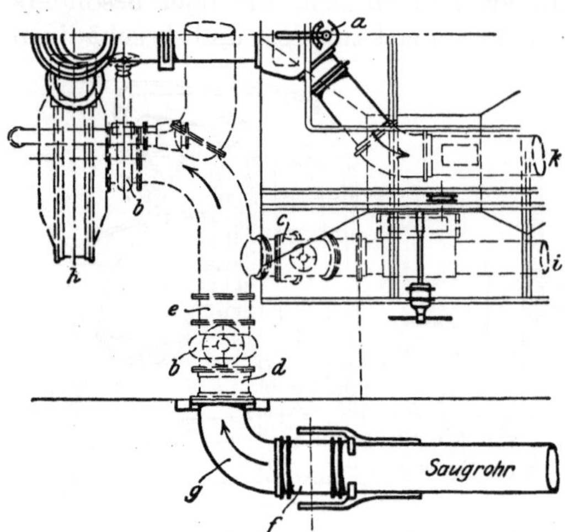

a Wechselklappe *b* Wasserschieber aus Gußeisen *c* Wasserschieber aus Stahlguß *d* Stutzen *e* Paßstück *f* Lederschlauch *g* Krümmer *h* Förderpumpe *i* Absaugerohr *k* Füllrohr für den Laderaum

Abb. 441.
Anordnung des Saugerohres, der Absauge- und Fülleitung bei Schachtpumpenbaggern.
Maßstab 1 : 125.

größeren Elastizität des Materials nicht so leicht Beschädigungen beim Aufschlagen auf Steine ausgesetzt. Sie haben aber den Nachteil, daß die durch die Kreiselarme hindurchgehenden Befestigungsbolzen für die Flügelplatten sich auf der Rückseite stark abnutzen, weil sich hier starke Wirbel bilden, die auch die Kreiselarme anfressen und den Querschnitt, der ohnehin durch das Bolzenloch verringert ist, noch erheblich schwächen können. Bei den in Abb. 447 wiedergegebenen Kreiselsternen mit T-förmigem Querschnitt der Arme sitzen die Befestigungsbolzen an den Flanschen und liegen geschützter. Auch wird der Querschnitt des Armes weniger durch die Löcher geschwächt. Für solche Sterne soll aber nur gut ausgeglühter Stahlguß verwandt werden. Die Flügelplatten des Kreisels ragen am Ende 100 mm über die Arme des Sternes hervor. Beim Aufschlagen auf Steine od. dgl. kann sich die Flügelplatte umbiegen, so daß der Stoß auf den Kreiselarm abgeschwächt wird. Bei der in Abb. 448 bis 451 wiedergegebenen Pumpe sind die Deckel mit Stahlgußsternen versteift. Der Stopfbüchsenhals ist mit dem einen Stern zusammengegossen. Auf der Saugeseite ist der Saugestutzen auf den Stern aufgesetzt und von der Innenseite der Pumpe ein Stahlgußring dagegengelegt, so daß der Stutzen leicht erneuert werden kann. Die Teilung der Schleiß-

Abb. 442 u. 443.
Schieber für Saugeleitung.
Maßstab 1 : 40.

platten am Keilstück ermöglicht, das oberste Stück, das dem stärksten Verschleiß ausgesetzt ist, leicht auszuwechseln. Dieses Stück wird mitunter auch aus Messing angefertigt und nutzt dann nicht so schnell ab wie die Stahlplatten. Die messingenen Schleißplatten haben den Nachteil, daß sie, wenn sie zu sehr abgeschlissen sind, sehr leicht reißen und sich aufbiegen.

Bei der Pumpe mit dreiarmigem Stahlgußkreisel (Abb. 452 und 453) ist der Saugestutzen mit dem Stahlgußstern des Deckels aus einem Stück gegossen und durch ein auswechselbares Einsatzstück gegen Abnutzung geschützt.

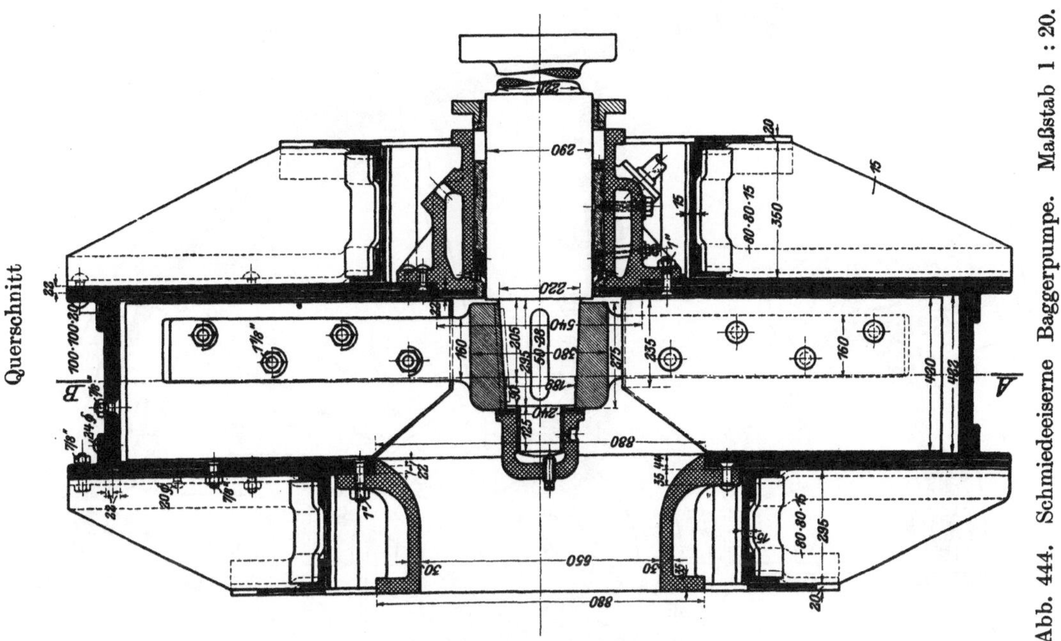

Abb. 444. Schmiedeeiserne Baggerpumpe. Maßstab 1 : 20.

Bei den Stopfbüchsen wird allgemein durch Druckwasserspülung das Eindringen von Verunreinigungen verhindert. Abb. 454 zeigt eine Anordnung, die für Pumpen mit kleiner Druckhöhe gut geeignet ist. Die Welle ist in einer langen Büchse gelagert, die mit Staufferfett geschmiert wird. Das von außen eingepumpte Druckwasser sammelt sich am inneren Ende der Stopfbüchse in einem Sammelraum, tritt durch zahlreiche Löcher in eine von der Nabe des Kreisels und einem besonderen in das Gehäuse eingesetzten Ring gebildete ringförmige Kammer und aus dieser unter hohem Druck in das Gehäuse aus. Der ständig vorhandene mantelförmige Wasserstrahl verhindert den Eintritt von Sand. Bei Pumpen mit hohem Druck ist eine genauere Abdichtung nötig, da der eben erwähnte Ring bei starkem Druck schnell verschleißt und der Wasserstrahl an Druck verliert. Bei der von Dr. Thele gebauten Stopfbüchse (Abb. 455) wird auf die Welle durch das Druckwasser ein Lederflansch aufgepreßt, der sich sehr gut anschmiegt. Die Laufbüchse wird mit Öl von einer von der Hauptmaschine angetriebenen Schmierpumpe geschmiert. Die Ausführung hat sich besonders bei großen Baggern bewährt. Bei größeren Pumpen ist durch das Gewicht des Kreisels eine ziemlich rasche Abnutzung der als Träger dienenden inneren Büchse der Stopfbüchse unvermeidlich. Wächst diese Abnutzung über ein gewisses Maß, so ist ein Abdichten der Ledermanschette nicht mehr möglich. Für schwere breite Kreisel empfiehlt sich daher die in Abb. 456 u. 457 dargestellte Konstruktion. Dabei ist die Abdichtung an das Gehäuse angebaut und von dem Traglager völlig getrennt. Das breite Traglager ist auf eine an den Pumpendeckel angebaute Konsole gesetzt und kann entsprechend

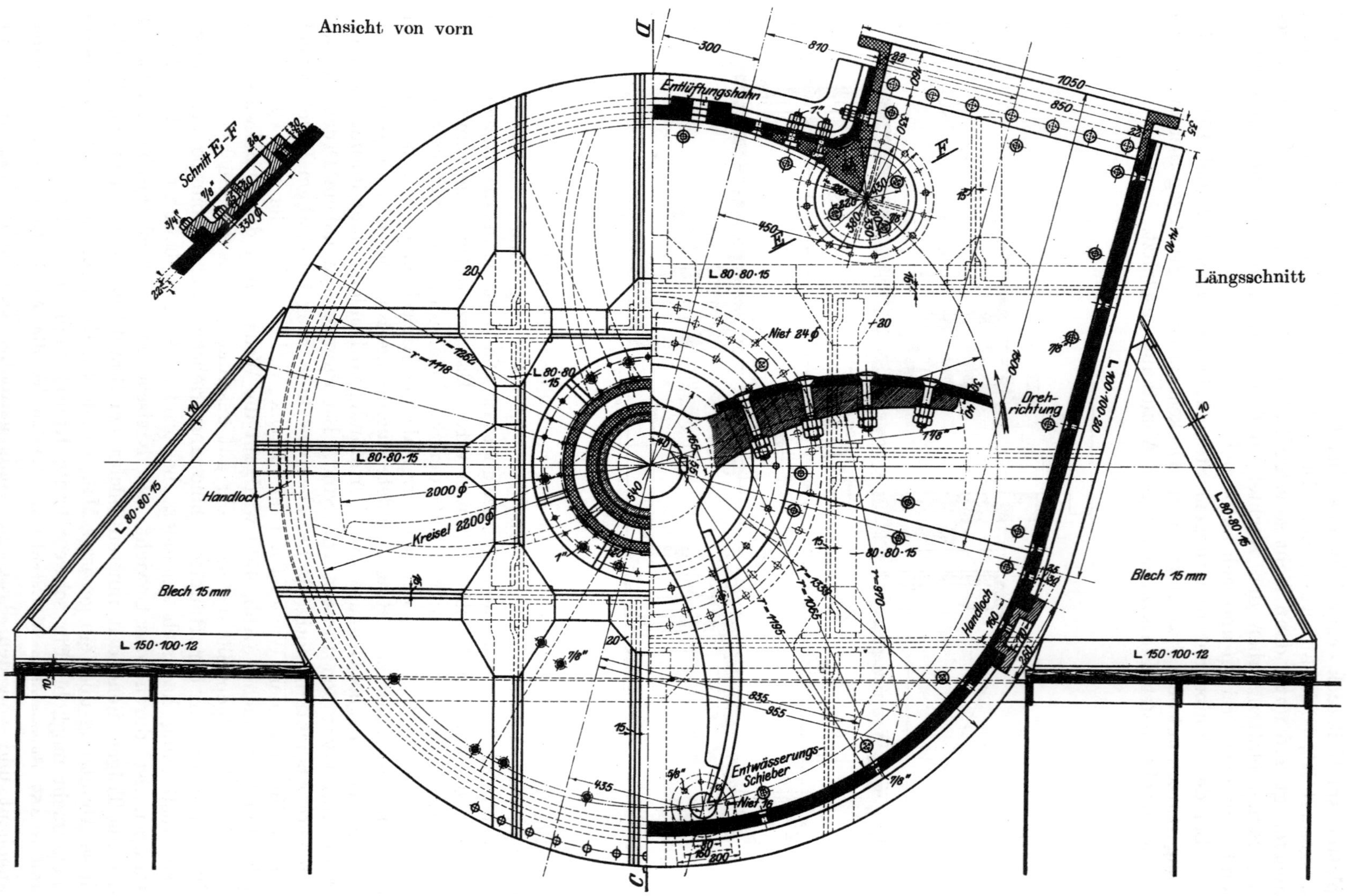

Abb. 445 u. 446. Schmiedeeiserne Baggerpumpe. Maßstab 1 : 20.

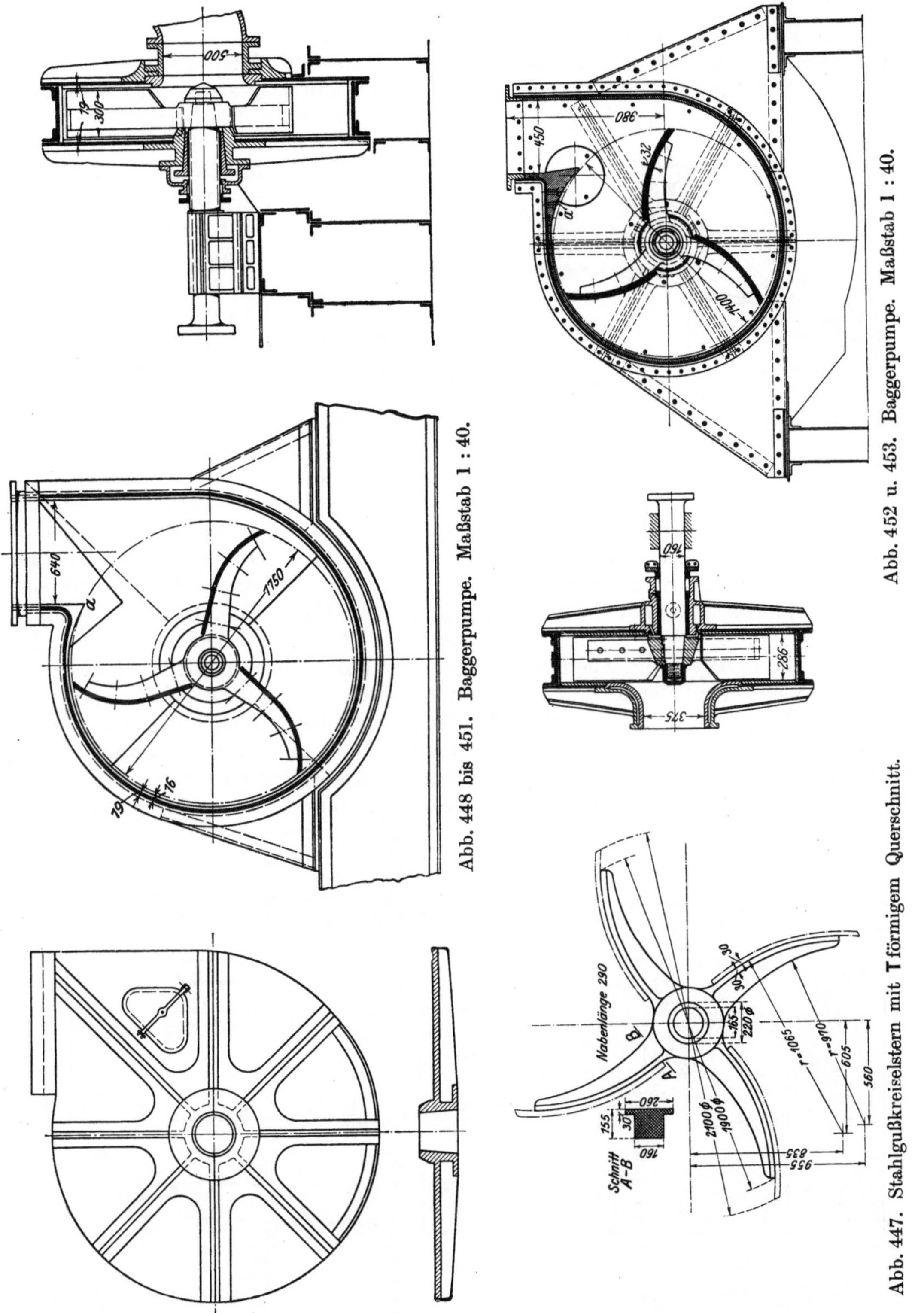

Abb. 448 bis 451. Baggerpumpe. Maßstab 1 : 40.

Abb. 452 u. 453. Baggerpumpe. Maßstab 1 : 40.

Abb. 447. Stahlgußkreiselstern mit T förmigem Querschnitt.

der Abnutzung durch einen schlanken Keil angehoben werden, so daß der Kreisel in der Mittellage bleibt.

Eine Pumpe, die für reinen Sand sehr gut geeignet ist, sonst aber eine von den üblichen Konstruktionen abweichende Form zeigt, ist dem Eisenwerk vorm. Nagel & Kaemp in Hamburg patentiert und in Abb. 458 und 459 dargestellt. Sie ist auf dem vorher beschriebenen Spüler „Elbe" und den Spülern I und II Emden als Förderpumpe eingebaut. Die Pumpe hat ein spiralförmig erweitertes Gehäuse mit Leitkanal. Der Kreisel ist zweiseitig geschlossen und hat fünf stark rückwärts gekrümmte Schaufeln. Zwischen dem Gehäuse und den Kreiselwänden ist eine Labyrinthspülvorrichtung eingebaut, die das Rückströmen der Flüssigkeit zur

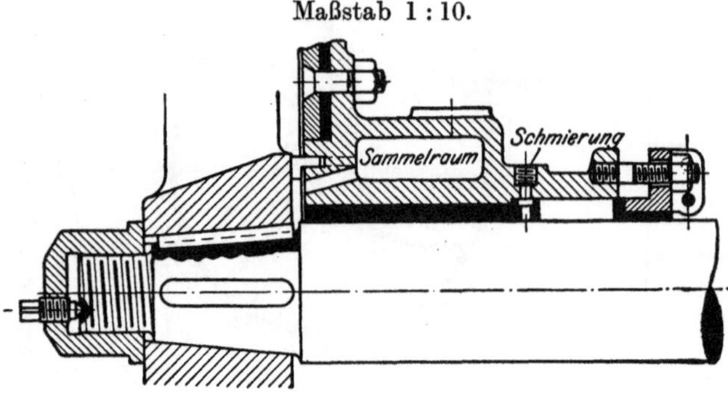

Abb. 454. Stopfbüchse mit Druckwasserspülung.

Saugzone hin verhindert. Diese Einrichtung besteht aus zwei an den Außenseiten des Kreisels auswechselbar angeordneten Platten mit Labyrinthgängen l und dazwischen angeordneten Schaufeln s, sowie zwei mit auswechselbaren Blechen b belegten Nachstellplatten n. Die letzteren, die in einer Deckelvertiefung geführt sind, werden durch Schraubenhohlspindeln, die durch Kapseln k gesichert sind, von der Außenseite des Gehäuses aus eingestellt. Das unter Druck eingepumpte Wasser gelangt aus dem ringförmigen Raume r durch die Nachstellplatten hindurch an die Labyrinthflächen und wird über diese gleichmäßig verteilt. Zum Druckausgleich sind beide Labyrinthseiten durch eine Ausgleichleitung verbunden. Die Labyrinthspülpumpe und die Stopfbüchsenspülpumpe müssen während kurzer Betriebspausen stets weiter laufen, damit der in der Pumpe vorhandene Sand nicht in die Labyrinthdichtung und die Stopfbüchse eintreten kann. Bei längeren Betriebspausen wird der ganze Kreisel durch Nachpumpen von Wasser ausgespült.

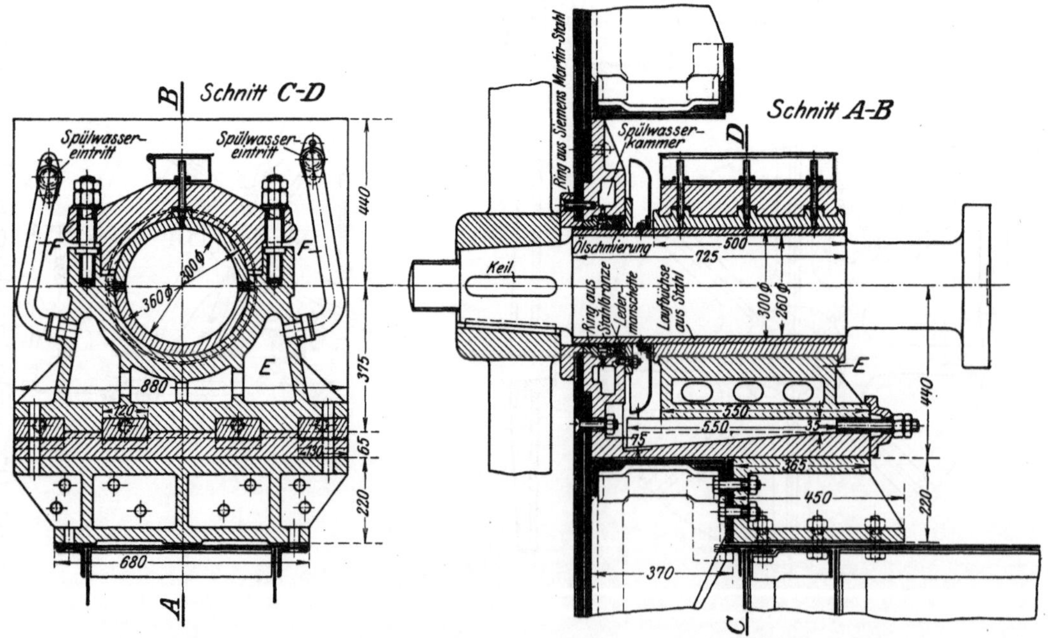

Abb. 456 u. 457. Kreiselwellenlager für schwere Kreisel. Maßstab 1 : 20.

Die Druckrohrleitungen sind, soweit irgend möglich, aus Schmiedeeisen zu bauen. Gußeisen oder Stahlguß werden von mitgebaggerten Steinen leichter zerstört. Fördert der Bagger in Prähme, so wird das Druckrohr der Pumpe möglichst senkrecht hochgeführt und mit einem T-förmigen Stück nach den beiden Schütt-

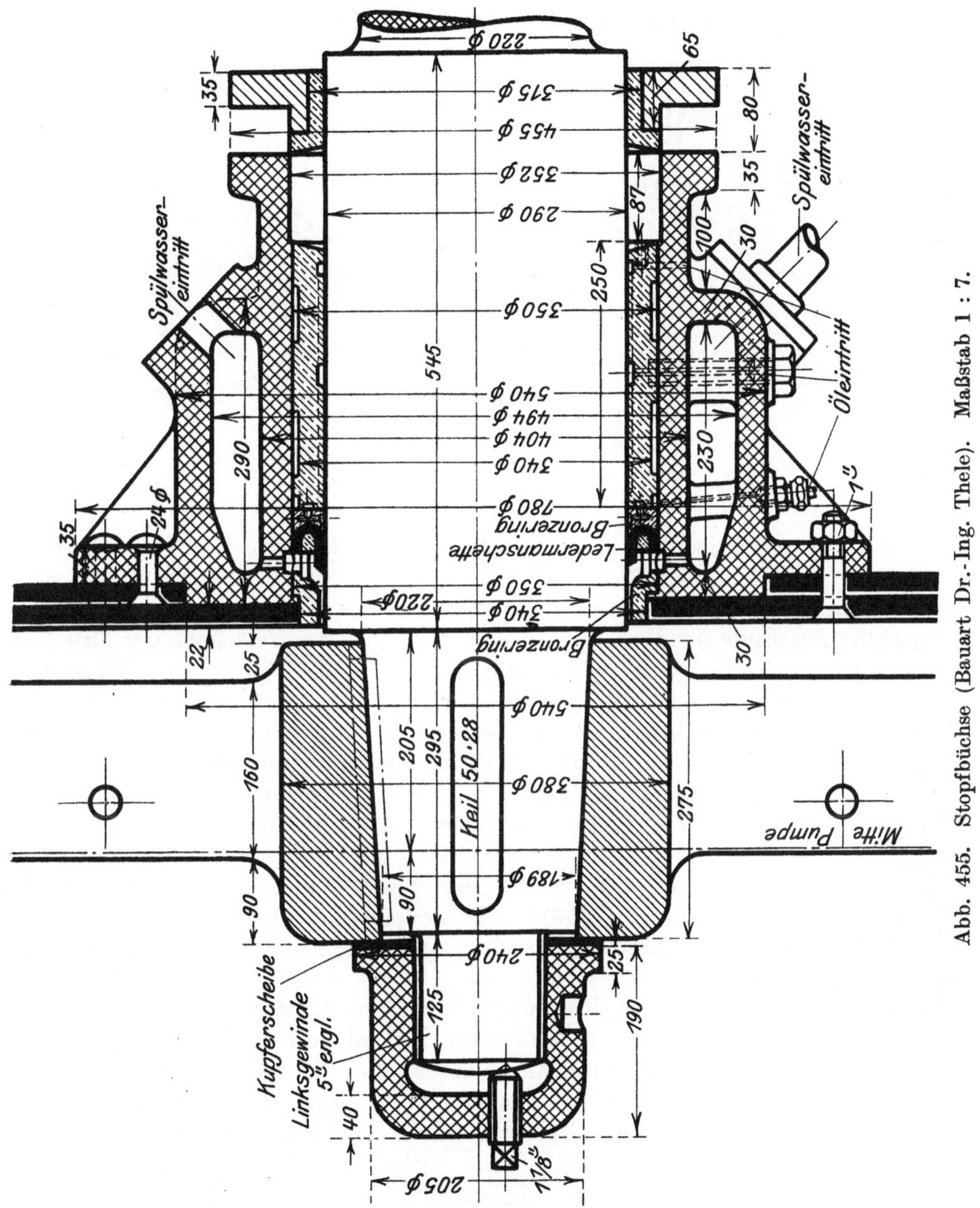

Abb. 455. Stopfbüchse (Bauart Dr.-Ing. Thele). Maßstab 1 : 7.

rinnen geleitet (Abb. 77 und 79). Neben dem T-Stück sind Absperrschieber einzubauen (Abb. 460 und 461). Die Schieberspindel liegt ganz außerhalb des Gehäuses und ist durch eine Stopfbüchse geführt. Der gußeiserne Schieber wird beweglich an die Spindel angehängt und von dem Druck des Gemisches angepreßt.

Die Mündung der Rohre in die Schüttrinnen wird auf der oberen Hälfte mit einer Blechkappe überdeckt, die den Strahl nach unten ableitet. Die Schüttrinnen sind breite, oben offene Rinnen mit Schleißblechen, die mit Handwinden gehoben und gesenkt werden. An der Mündung der Rinnen werden querliegende Auslaufrohre angesetzt, die siebartig durchbohrt sind und das Gemisch beim Abfließen in den Prahm verteilen (Abb. 79).

Fördert die Pumpe in eine schwimmende Druckrohrleitung, so wird diese entweder seitlich oder am Hinterschiff angeschlossen. Der seitliche Anschluß hat den Vorteil einer kurzen und einfachen Verbindung zwischen Pumpe und schwim-

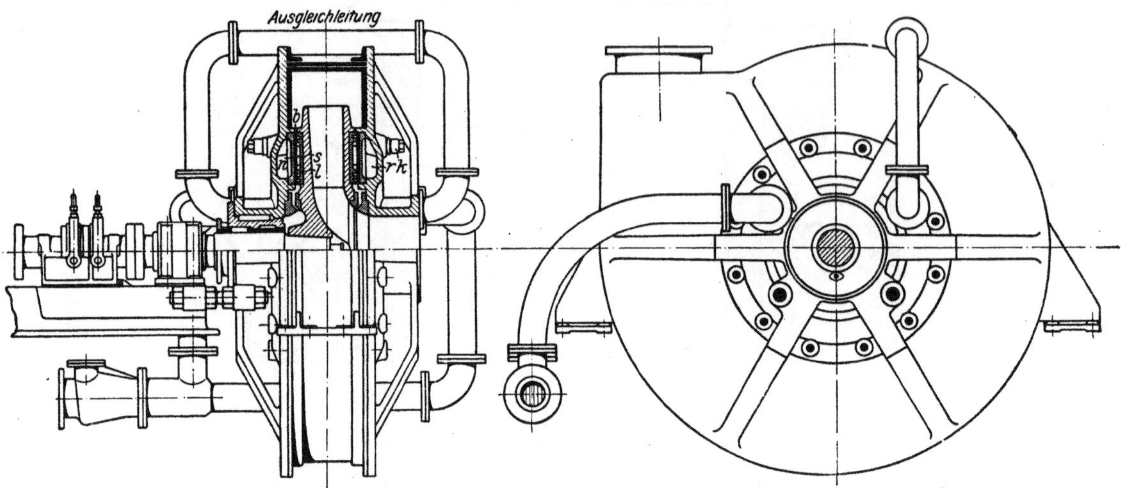

Abb. 458 u. 459. Förderpumpe für Pumpenbagger (Eisenwerk vorm. Nagel & Kaemp). Maßstab 1 : 40.

mender Leitung; er ist jedoch für die Bewegungen des Baggers nicht so günstig, wie der Anschluß am Ende des Gerätes, dieser aber wegen des Verlegens der Druckrohre durch das ganze Schiff oft schwer durchzuführen. Bei Baggern mit Schneidekopf ist der Anschluß am Heck die Regel, Schwemmbagger haben meist seitlichen Anschluß, da die Ketten und Seile der Hinteranker die Bewegung der zunächst liegenden Schwimmflöße behindern. Die Leitung auf dem Bagger und die schwimmende Leitung werden durch einen Ledersack oder Panzerschlauch (Abb. 234 bis 241) verbunden, dessen Beweglichkeit oft durch eine Gelenkstopfbüchse erhöht wird, die an die Bordwand des Baggers außen angebaut ist (Abb. 75 und 250). Die Lederschläuche und Panzersäcke werden durch Ketten oder Zugstangen gegen Zugbeanspruchungen geschützt.

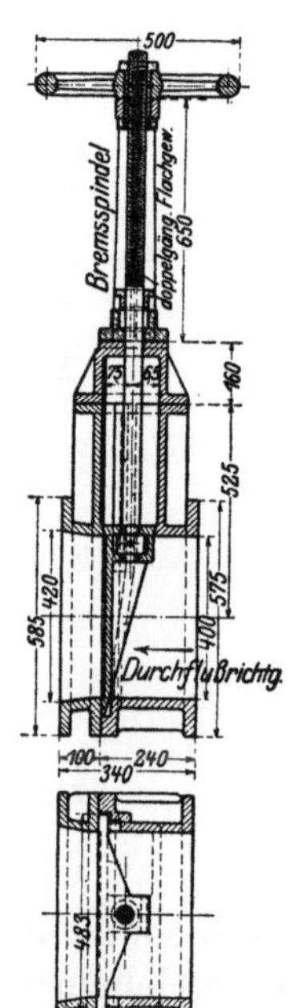

Abb. 460 u. 461. Schieber für Druckrohrleitung. Maßstab 1 : 40.

Die Druckrohrleitung über dem Laderaum von Schachtpumpenbaggern wird zum Teil als offene Rinne, zum Teil als geschlossene Leitung ausgebildet. Für ihre Anordnung ist vor allem zu beachten, daß das Bodengemisch so zugeführt werden muß, daß es mit geringer Geschwindigkeit ausfließt und schnell zur Ruhe kommt, so daß der darin enthaltene Sand gut ablagern kann. Keinesfalls sollen die Zulaufrohre so liegen, daß sie bei gefülltem Laderaum in das Gemisch eintauchen. Die Querschnitte der Leitungen, bzw. Rinnen sind daher reichlich zu bemessen, um die Geschwindigkeit schon in den Zuführungsleitungen zu ermäßigen. Aus den Rinnen und Rohren wird das Gemisch über den einzelnen Abteilungen des Laderaumes durch seitliche Schieber oder unter den Leitungen liegende Klappen entleert (Abb. 462).

Aus den Laderäumen der Schachtpumpenbagger muß das beim Sandbaggern mitgeförderte Wasser abfließen, ohne nennenswerte

Mengen von Sand wieder mitzureißen. Das Füllen des Laderaumes muß dem Beladen von Prähmen durch festliegende Pumpenbagger ähneln, bei denen eine sehr gute gleichmäßige Füllung dadurch erzielt wird, daß der Prahm von einem Ende aus beladen wird. Das Gemisch ist unmittelbar unter der Schüttrinne noch so stark in Bewegung, daß sich hier weniger Sand ablagert und der Prahm an einem Ende etwas höher liegt. Das Gemisch fließt dann durch den ganzen Laderaum und staut sich am anderen Ende. Der Sand wird dabei über den ganzen Laderaum gut verteilt und das Wasser fließt in breitem Strom mit geringer Geschwindigkeit über die Laderaumsülle nach Außenbord ab. Ungleiches Beladen des Prahmes kann leicht durch Verholen desselben unter der Schüttrinne vermieden werden. Bei Schachtpumpenbaggern muß also, um ähnliche Wirkungen zu erzielen, die Zuführung des Gemisches möglichst weit von der Abflußstelle des mitgeförderten Wassers abliegen und dieses in gleichmäßigem langsamen Strom abfließen.

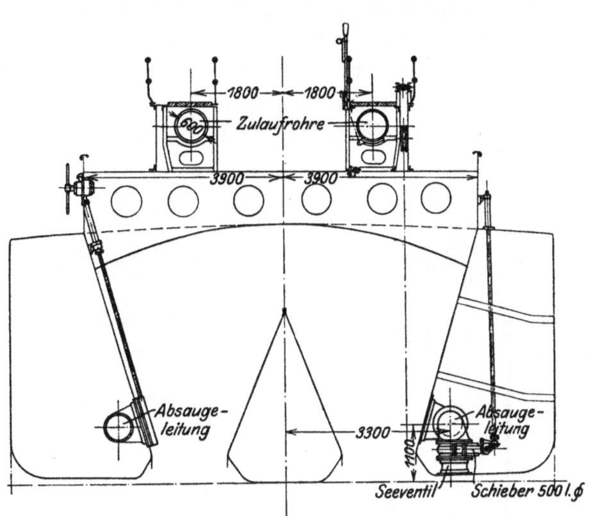

Abb. 462. Querschnitt durch den Laderaum eines Schachtpumpenbaggers. Maßstab 1 : 150.

Die Verteilung des Gemisches über den Laderaum muß an mehreren Stellen möglich sein, damit dieser gleichmäßig beladen werden kann.

Das gleichmäßige langsame Abfließen des Wassers wird nach Tafel VI und Abb. 93 dadurch erreicht, daß es über die seitlichen Längssülle auf Deck und von da nach Außenbord abfließt. Die Reeling ist in der ganzen Länge des Laderaumes entweder ganz fortzulassen, oder besser durch ein offenes Geländer zu ersetzen. Am Anfang und Ende des Laderaumes ist das Deck durch ein Quersüll getrennt und Vor- und Hinterschiff dadurch vor Überfluten geschützt. Der Verkehr zwischen Vor- und Hinterschiff während des Baggerns wird durch eine über dem Laderaum liegende Brücke ermöglicht. Der Laderaum ist bei Abb. 91 und Tafel VII durch Querschotten geteilt. Die einzelnen Abteilungen werden durch die darüberliegenden Bodenöffnungen der Zulaufrinnen gleichzeitig beladen. Der Laderaum auf Tafel VI ist nicht durch Schotten geteilt, jedoch hat die Zulaufsrinne gleichfalls mehrere Schieber, die ein Verteilen des Gemisches gestatten.

Die eben beschriebene Art der Zuführung des Gemisches und des Abflusses des Wassers ist einfach und sehr zweckmäßig. Beim Beladen muß allerdings darauf geachtet werden, daß der Bagger ständig vorn etwas höher liegt, so daß am hinteren Ende des Laderaumes das Wasser richtig über die Längssülle abfließt. Durch richtiges Einstellen der Auslauföffnungen wird ein gleichmäßiges Füllen erreicht.

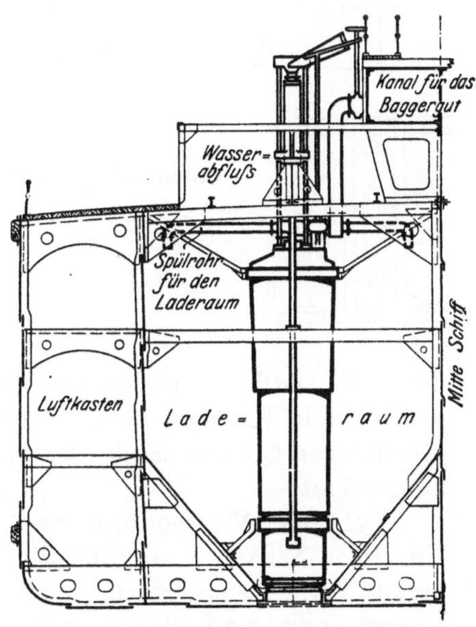

Abb. 463. Querschnitt durch den Laderaum des Baggers „Leviathan" (Abb. 108 u. 109 S. 58). Maßstab 1 : 200.

Das Überfluten des Decks beim Beladen wird bei der in Abb. 463 wiedergegebenen Anordnung vermieden. Über dem Laderaum liegt ein rechteckiger Kanal für das Baggergut, der nach unten durch Schieber entleert wird. Das Wasser fließt durch einen Aufbau über dem Laderaum nach dem hinteren Ende des Laderaumes zurück und wird dort nach beiden Seiten über Bord geleitet. Die Ablaufkanäle müssen sehr reichlich bemessen sein und haben den Nachteil, daß der Laderaum schwer zugänglich ist. Bei reichlicher Bemessung der Wasserabflußleitungen wird das Gemisch sich schnell beruhigen. Nach den Angaben der Erbauer (Engineering vom 23. April 1909, S. 570 ff.) hat bei Versuchen das abfließende Wasser im Höchstfalle 3 bis 4 $^0/_0$ Sand enthalten bei einem Sättigungsgrad des gebaggerten Gemisches von 40 $^0/_0$ und mehr.

Andere Anordnungen suchen das Überfluten des Decks dadurch zu vermeiden, daß neben dem Laderaumsüll eine Sammelrinne entlang geführt wird, die durch Speigatten das Wasser unter Deck nach Außenbord ableitet. Die Ablaufrinnen und Speigatten lassen sich jedoch schwer mit so reichlichem Querschnitt herstellen, daß das Wasser mit geringer Geschwindigkeit abfließen kann.

Das Baggergut wird aus den Laderäumen durch Bodenklappen oder Ventile verstürzt. Die Bodenklappen werden von einer Winde mit Seiltrommel (Tafel VI) oder durch Druckwasser (Tafel VII) bewegt. Die Dampfwinde muß mit großer Übersetzung auf die Trommel wirken, da sonst für die kurze Hubbewegung eine sehr schwere Dampfmaschine nötig ist. Druckwasserwinden ziehen gleichmäßig mit großer Kraft an und schließen gut. Die Bedienung ist einfach. Bei geschlossenen Klappen werden die Schließketten durch Keile gesichert und die Druckwasserwinde entlastet. Die Schließketten müssen einzeln nachgespannt werden können, damit alle Klappen gleichmäßig angezogen wer

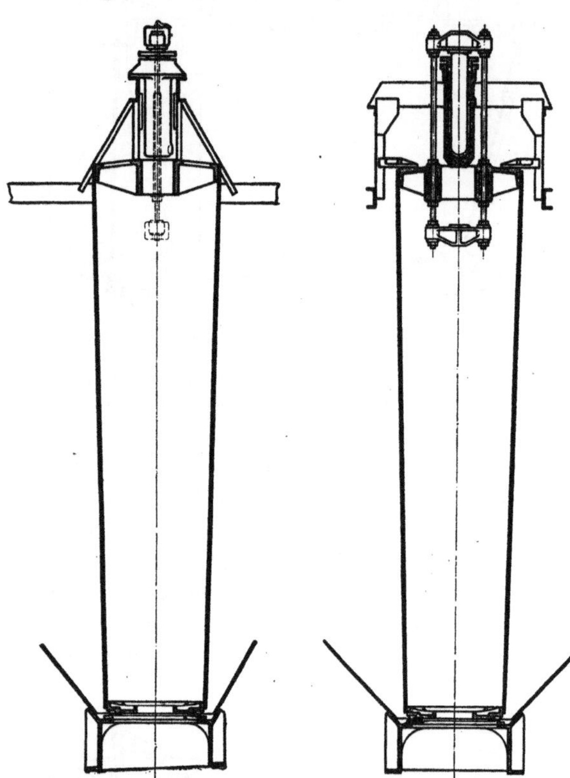

Abb. 464 bis 466.
Bodenventil für Pumpenbagger.
Maßstab 1 : 80.

den. Die seitlichen Laderaumwände sind etwas geneigt ($\sim 60^0$), damit die Öffnungen für die Klappen nicht zu groß werden. Aus demselben Grunde werden auch die unteren Querverbände des Laderaumes als Eselsrücken mit schrägen Wänden ausgebildet.

Bei der Verwendung von Bodenventilen (Abb. 463 bis 469) werden die einzelnen Schächte unabhängig von einander geöffnet und der Laderaum an jedem Ventil trichterförmig ausgebildet. Die Ventile werden durch Druckwasser bewegt und sind durch kegelförmige, unten geführte Blechzylinder, die bis über den Laderaum reichen, entlastet. Das Verstürzen des Baggergutes kann durch Druckwasser, das in die Ladung eingespritzt wird (Abb. 467), beschleunigt werden. Für große Laderäume ist ein starker Wasserzusatz sehr zu empfehlen. Bei dem Laderaum Abb. 463 kann von der Baggerpumpe Wasser in den Zulaufkanal

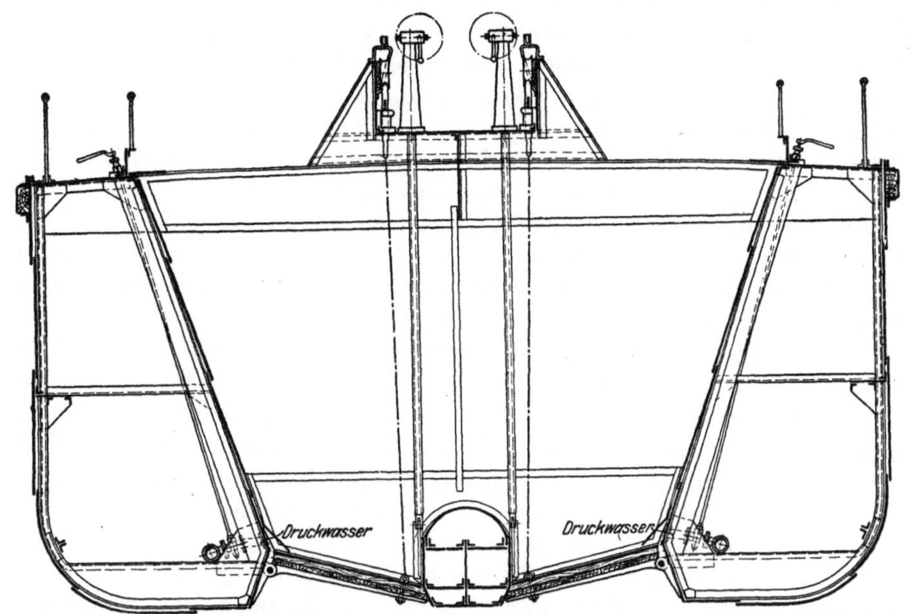

Abb. 468. Laderaum mit Absaugerohr im Mittelkielschwein (J. & K. Smit). Maßstab 1 : 80.

für das Baggergut gedrückt und aus diesem durch besondere Mundstücke über die Ladung verteilt werden.

Das Leersaugen des Laderaumes durch die Baggerpumpe wird durch ein oder zwei unter dem Laderaum entlang geführte Saugerohre ermöglicht. Das Druckrohr erhält einen Krümmer mit Kugelgelenk, mit dem es an eine Landleitung angeschlossen werden kann (Abb. 86). Das Baggergut wird vor oder bei dem Ab-

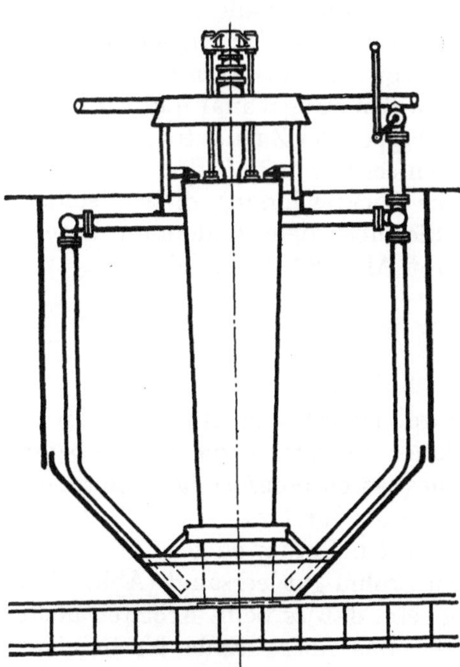

Abb. 467.
Druckwasserspülung für den Laderaum.
Maßstab 1 : 100.

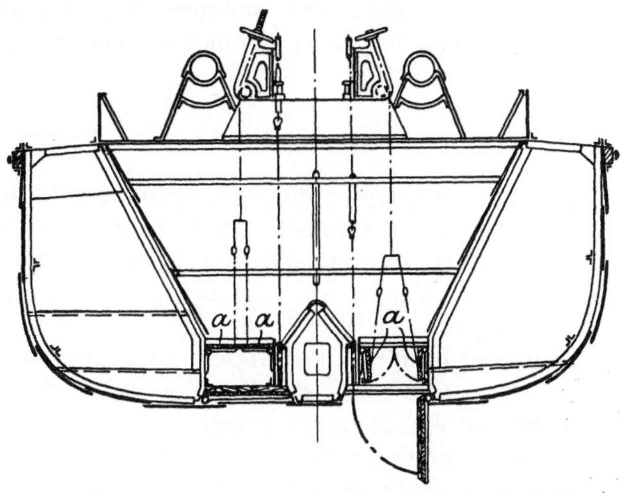

Abb. 469. Laderaum mit doppelten Klappen (D.R.P.).

saugen durch Zusatzwasser verdünnt. Bei Sand muß mehr Wasser zugesetzt werden als bei Schlick.

Der Firma J. & K. Smit in Nieuw-Lekkerland ist ein Verfahren patentiert (D.R.P. 159866), bei dem Druckwasser von einer besonderen Pumpe unten in den Laderaum gepreßt wird (Tafel VI). Das Gemisch tritt durch Schieber in das als Saugerohr ausgebildete Mittelkielschwein, Abb. 468, das am vorderen Ende durch ein Seeventil mit dem Außenwasser verbunden ist. Beim Ansaugen entsteht im Saugerohr zunächst ein Wasserstrom, dem dann durch die oben erwähnten Schieber der verdünnte Boden zugeführt wird. Der Sättigungsgrad des angesaugten Gemisches kann durch die Druckwasserzuführung und die Einstellung des Seeventils am Saugerohrende geregelt werden. Das Verfahren ist vor allem für Sand sehr geeignet, da dieser durch das eingespritzte Druckwasser gut verdünnt wird.

Für schlammigen Boden genügt es, die untersten Schichten im Laderaum mit Zusatzwasser, das unmittelbar durch Schieber und Rohre von Außenbord eingelassen wird, zu verdünnen. Das so verdünnte Gemisch wird leicht durch ein in der Mitte liegendes Rohr angesaugt. Diese Bauart ist dem Zivilingenieur Baurat Frühling patentiert (D.R.P. 122248). Schlammiger Boden läßt sich jedoch auch, ohne daß in den Laderaum Zusatzwasser eingeführt wird, absaugen, wenn die Saugeleitung so liegt, daß der Boden nicht von der Seite, sondern von oben in sie eintritt. Bei dem in Abb. 469 dargestellten Laderaum (Patent L. Smit & Zoon in Kinderdijk, D.R.P. 87709) sind zu beiden Seiten des Mittelkielschweines rechteckige Saugekanäle durch doppelte Klappen gebildet; die vorderen Enden der Saugekanäle stehen wie die oben erwähnten Saugerohre mit dem Außenwasser in Verbindung. Wird in dem Kanal ein Saugestrom erzeugt, so fällt, wenn die oberen Klappen „a" geöffnet werden, das Baggergut in den Saugekanal und wird mitgerissen. Beim Verstürzen des Bodens werden auch die unteren Klappen geöffnet.

Der Werft Conrad in Haarlem ist die in Abb. 103 und 105 wiedergegebene Anordnung patentiert (D.R.P. 154022). Die Bodenklappen sind Hohlkörper mit offenen Enden und bilden in geschlossenem Zustand einen unter dem Laderaum liegenden Kanal, der am vorderen Ende mit dem Außenwasser, hinten mit der Baggerpumpe in Verbindung steht. Zwischen je zwei Bodenklappen liegt ein Stutzen mit nach innen schlagenden Klappen. Durch diese fällt der Boden in den Saugekanal und wird hier wie bei den übrigen Anordnungen mitgerissen. Die Klappen der Zulaufstutzen werden mit Ketten und Winden bewegt und können von den seitlichen Luftkästen aus verriegelt werden. Wenn Schacht-Pumpenbagger zur Kiesgewinnung dienen sollen, sind sie mit einer oder mehreren Siebtrommeln, die über dem Laderaum liegen, ausgerüstet. Ein Beispiel eines solchen Baggers gibt Abb. 82, Seite 46.

Spüler.

Das Baggergut, das von Spülern gefördert wird, ist oft sehr stark mit Holz, Steinen u. dgl. vermischt. Der Saugekopf hat daher Roststäbe, die die größeren Stücke zurückhalten. Die Mündung des Saugekopfes ist ellipsenförmig. Die kleine Achse der Ellipse ist ungefähr gleich $^2/_3$ des Saugerohrdurchmessers. Die breite Öffnung hat den Vorteil, daß der Saugekopf tiefer in den Prahm eingespült werden kann und beim Gleiten auf dem Laderaumboden den Prahm gut leersaugt (Abb. 120).

Das schmiedeeiserne Saugerohr muß so lang sein, daß es beim Arbeiten nicht mehr wie 40° Neigung gegen die Wagerechte hat. Das obere Ende ist in einer Gelenkstopfbüchse drehbar gelagert.

Das Eindringen von Holz, großen Steinen usw. wird durch schmiedeeiserne Querstäbe verhindert. Zum Schutz gegen Wirbelbildungen vor dem Saugekopf beim Saugen empfiehlt es sich, ein Prallblech (Abb. 470) einzuordnen. Dieses Blech verhindert, daß bei irgendwelchen Störungen im gleichmäßigen Absaugen das unmittelbar über dem Saugekopf liegende Baggergut und das Spülwasser in einem Wirbel abgesaugt wird, und der Spüler Luft saugt, bzw. die Pumpen abschlagen.

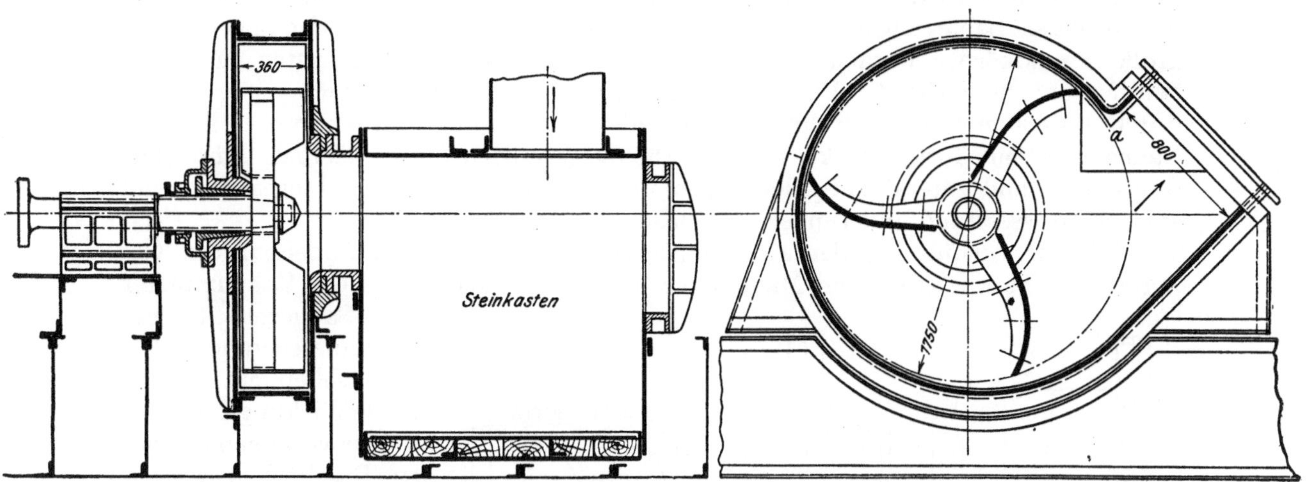

Abb. 472 u. 473. Förderpumpe des Spülers „Sliedrecht IV". Maßstab 1 : 40.

Der Saugekopf wird mit Drahtseil und eingeschaltetem einfachen Flaschenzug gehoben und gesenkt. Die Hubgeschwindigkeit beträgt etwa 10 m/min. Das Rohr muß beim Saugen öfter etwas angehoben werden, damit es sich nicht verstopft, oder damit es über Steine und Holz, die im Prahm liegen, hinweggleiten kann. Die Saugerohrhubwinde wird vom Stand des Spülermeisters aus gesteuert. Sie wird entweder von einer

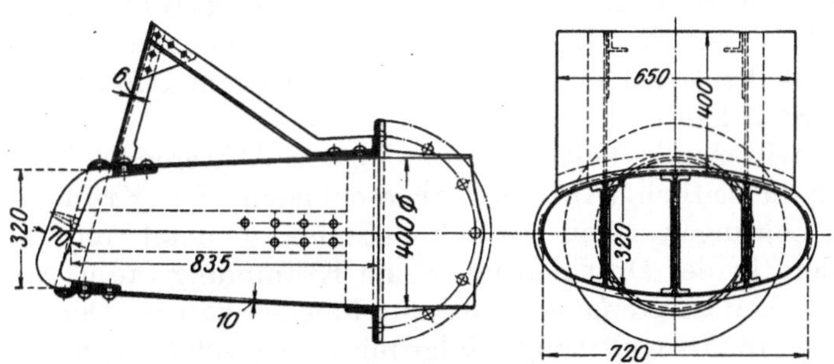

Abb. 470 u. 471. Saugekopf für Spüler mit Prallblech. Maßstab 1 : 25.

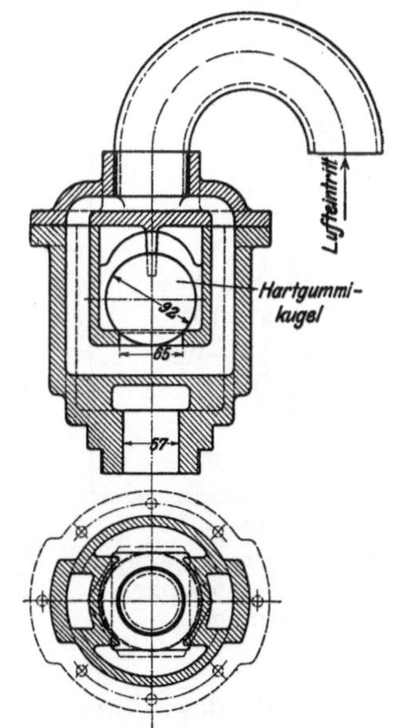

Abb. 474 u. 475.
Luftsaugeventil mit Hartgummikugel.
Maßstab 1 : 10.

besonderen liegenden Dampfmaschine, die auf Deck steht, angetrieben (Abb. 134) oder mit dem Triebwerk einer für alle Winden vorhandene Windenantriebsmaschine gekuppelt (Abb. 583 bis 585). Handantrieb ist nur bei kleinen Geräten zweckmäßig.

In die Saugeleitung der Spüler wird ein Steinkasten eingebaut, der mitgerissenes Holz, Steine, Eisenteile u. dgl. auffängt. Er liegt entweder über Deck in der Verbindung zwischen Gelenkstopfbüchse und Pumpe oder unter Deck unmittelbar vor der Pumpe. Die über Deck liegenden Steinkästen (Abb. 120 und 138 und Tafel IX) können leicht nach Außenbord oder in einen daruntergefahrenen Behälter entleert werden. Im Kasten sitzt ein schräger Rost, der, wenn er durch davorliegende Fremdkörper verengt wird, einen erheblichen Saugwiderstand bietet und daher oft gereinigt werden muß. Die Anordnung eines unter Deck liegenden Steinkastens zeigt Abb. 472 und 473. Der Kasten steht dicht an der Pumpe. Der obere Teil liegt über der Wasserlinie. Die Saugeleitung ändert an dieser Stelle ihre Richtung um 90°. Mitgerissene schwere Körper fallen infolge des größeren Beharrungsvermögens nach unten und werden hier aufgefangen. Sehr große Fremdkörper werden durch ein Mannloch aus dem Steinkasten nach dem Schiffsraum zu entfernt. Der Kasten kann auch von der Zusatzwasserpumpe aus durch ein 400 mm weites Rohr nach Außenbord ausgespült werden, wobei kleinere Steine usw. mit fortgedrückt werden. Die ausgespülten Steine bleiben dann allerdings neben und unter dem Spüler liegen und können bei flachen Liegestellen und starken Wasserstandsänderungen gefährlich werden.

Für die Ausführung der Förderpumpen gilt das bei Pumpenbaggern Gesagte. Die Pumpe erhält ein Manometer für die Druckzone und ein Vakuummeter für die Saugezone, die vom Maschinistenstand aus gut zu sehen sein müssen, um die Wirkung der Pumpe stets verfolgen zu können. Desgleichen ist je ein Manometer und ein Vakuummeter am Spülermeisterstand anzubringen, die an derselben Stelle der Pumpe abzweigen müssen, wie die im Maschinenraum angebrachten.

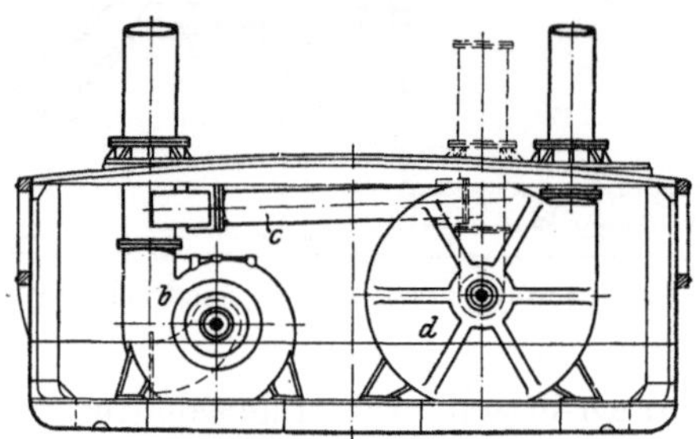

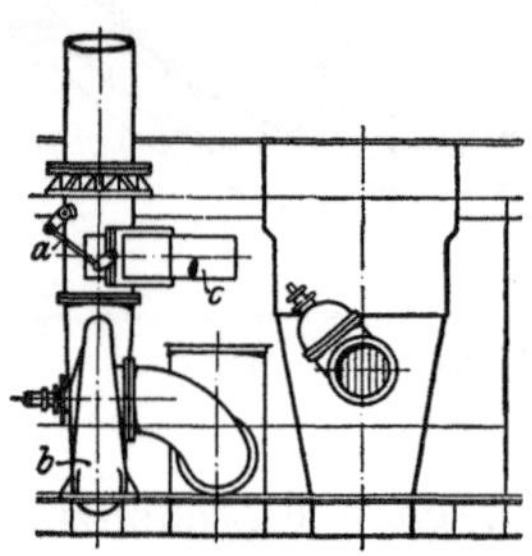

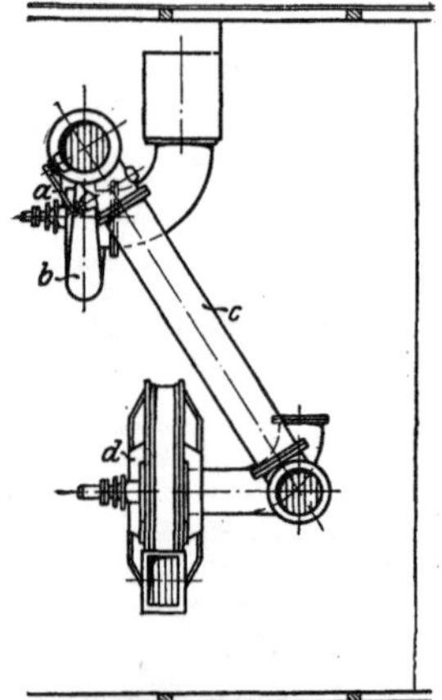

Abb. 476 bis 478. Schaltung von Zusatz- und Förderpumpe nach dem Patent der „Werf Conrad". Maßstab 1 : 175.

a Schaltklappe
b Zusatzwasserpumpe
c Verbindungsrohr
d Förderpumpe

Die Druckrohrleitung wird bei Spülern, die in eine feste Leitung spülen, unmittelbar am Druckstutzen der Pumpe senkrecht hoch geführt. Dieses Steigerohr wird in einem Eisengerüst gelagert und soll, wenn möglich, so hoch sein, daß die Druckleitung selbst mit geringem Gefälle verlegt werden kann.

Schwimmende Leitungen werden am Achterende (Tafel VIII) oder seitlich (Abb. 249) angeschlossen. Die Krümmer in den Leitungen sollen aus Schmiedeeisen genietet sein und besonders in der Druckleitung einen Krümmungsradius von mindestens dem dreifachen Rohrdurchmesser haben. Der Anschluß an die Druckleitung erfolgt mit Panzerschläuchen oder Gelenken (siehe auch S. 99 bis 102). Bei Spülern mit Steigerohr ist oben auf den Krümmer ein Luftsaugeventil zu setzen, das bei plötzlich abschlagender Pumpe Luft einläßt; der Ledersack des Panzerschlauches wird bei der in der Leitung vorhandenen Luftleere sonst zu stark zusammengedrückt. Bei dem in Abb. 474 und 475 dargestellten Luftsaugeventil wird eine Hartgummikugel von dem inneren Druck der Leitung auf einen Sitz gepreßt, unter dem 2 Kanäle, die mit der Außenluft in Verbindung stehen, münden. Entsteht in der Leitung eine Luftleere, so wird die Kugel von der von außen eintretenden Luft angehoben und der Druckunterschied schnell ausgeglichen. Die obere Öffnung der Frischluftkanäle wird durch einen Krümmer gegen Verunreinigung von außen geschützt.

Die Zusatzwasserpumpen sind gewöhnliche Kreiselpumpen mit gußeisernem Gehäuse. Die Seeventile für die Saugeleitung sind reichlich zu bemessen und, wenn möglich, an die Längswand zu legen, um beim Arbeiten in unreinem Wasser den Rost von außen her von angesaugtem Schilf und Tang reinigen zu können. Die Druckleitung für das Zusatzwasser endet bei Spülern, die mit Eimerbaggern gekuppelt werden, mit einem festen Mundstück über dem Schüttrichter. Spüler, die aus Prähmen saugen, haben im allgemeinen 2 bewegliche Zusatzwasserschläuche, deren einer neben oder vor dem Saugekopf, der andere hinter demselben, etwa in der Nähe der Gelenkstopfbüchse hängt. Die Lederschläuche haben lange kegelförmige Mundstücke (Tafel IX) und werden mit Handwinden hin und her bewegt und angehoben. Auf dem höchsten Punkt der Zuleitung ist für jeden Schlauch ein Luftsaugeventil aufzusetzen. Beim Abstellen der Pumpe werden sonst die Lederschläuche von der Luftleere in die Leitung hineingezogen und leicht beschädigt. Bei einigen Spülern (Tafel VIII) wird eine Abzweigung der Zusatzwasserleitung auf dem Saugerohr der Förderpumpe entlang bis zum Saugekopf geführt. Das hier austretende Wasser erleichtert das Einspülen des Kopfes in den Boden. Die Wasserzufuhr aus den beweglichen Schläuchen wird durch Klappen, die vom Stand des Spülermeisters aus bewegt werden, geregelt.

Spüler, die aus Prähmen saugen, erhalten zwischen der Druckleitung der Zusatzwasserpumpe und dem Saugerohr der Förderpumpe ein Verbindungsrohr (Abb. 476 bis 478). Der Zweck dieser, früher der Werf Conrad patentierten, Anordnung ist folgender: Beim Beginn des Arbeitens wird der Saugekopf auf den gefüllten Prahm gesenkt; damit er sich in den Boden einspült und das Ansaugen möglich ist, wird durch das Verbindungsrohr die Förderpumpe und das Saugerohr mit Wasser gefüllt. Das aus dem Saugerohr austretende Wasser spült den Saugekopf in den Baggerboden ein. In das Verbindungsrohr ist eine vom Spülermeisterstand aus betätigte Schaltklappe eingebaut, die etwa $^2/_3$ des von der Zusatzpumpe geförderten Wassers in das Saugerohr und $^1/_3$ in den vorderen der beiden Zusatzwasserschläuche leitet. Der aus diesem Schlauch austretende Wasserstrahl unterstützt das Einspülen des Saugekopfes. Ist der Kopf gut eingespült und um ihn herum eine ausreichende Wassermenge vorhanden, so wird die Förderpumpe auf volle Umlaufzahl gebracht und die Klappe langsam umgestellt, so daß das ganze Zusatzwasser in die Schläuche ge-

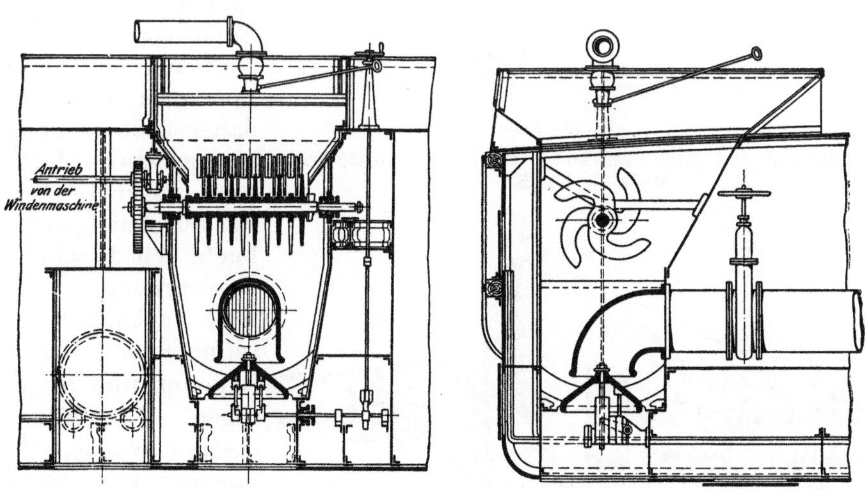

Abb. 479 u. 480. Schüttrichter mit Schneidevorrichtung. Maßstab 1 : 75.

leitet wird. Falls während des Saugens das Saugerohr sich etwas verstopft und die Förderpumpe abschlagen will, wird die Klappe wieder geöffnet und der Förderpumpe dadurch so viel Wasser zugeführt, daß der Saugestrom nicht abreißt. Wird dann der Saugekopf so weit angehoben, daß er keinen Boden vor sich hat, so wird die Störung in der Saugewirkung leicht beseitigt.

Die Schüttrichter der mit Eimerbaggern gekuppelten Spüler erhalten über

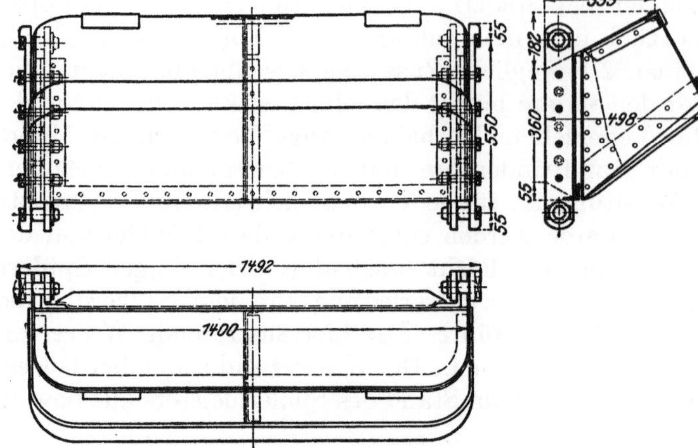

Abb. 481 bis 483.
Schmiedeeiserner Eimer für Schutenentleerer.
Maßstab 1 : 25.

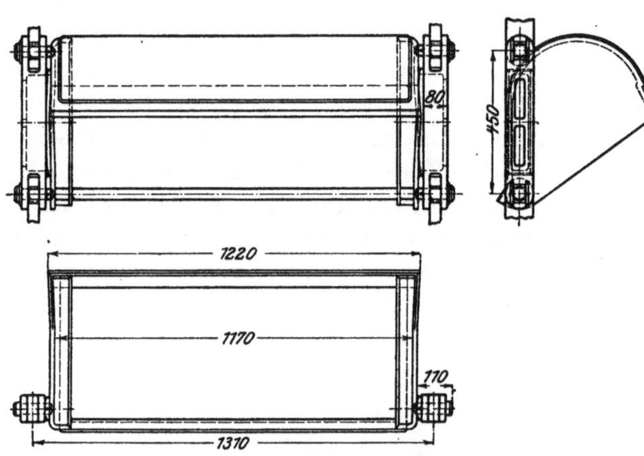

Abb. 484 bis 486.
Eimer mit Stahlgußseitenwänden für Schutenentleerer.
Maßstab 1 : 25.

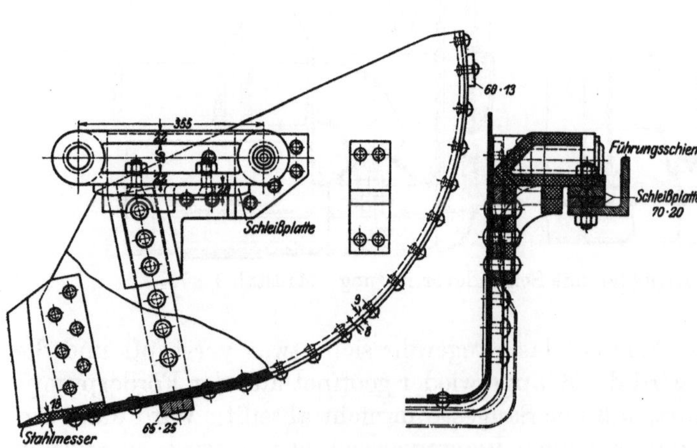

Abb. 487 u. 488.
Eimer für Schutenentleerer.
Maßstab 1 : 15.

der Saugerohrmündung der Förderpumpe ein **Messerwerk zum Zerkleinern des Bodens** (Abb. 479 u. 480). Die Messer aus geschmiedetem Stahl sind rückwärts gekrümmt. Zwischen den einzelnen Messern liegen Roststäbe. Die rückwärts gekrümmten Messer schieben mitgeförderte Steine zur Seite. In den Boden des Schüttkastens ist in der Regel ein Ventil eingebaut, durch das Wasser von außen mitangesaugt werden kann, falls das von oben eingeführte Zusatzwasser zur Verdünnung des Bodens nicht ausreicht. Das Messerwerk wird von der Hauptmaschine oder einer Hilfsmaschine angetrieben.

Schutenentleerer.

Die **Eimerketten** der Schutenentleerer ähneln im allgemeinen denen der Eimerbagger. Sie haben jedoch nur lose geschütteten Boden zu fördern und sind daher leichter gebaut. Die rücklaufende Kette muß stets geführt werden; die frei durchhängende Kettenbucht würde sehr viel Platz beanspruchen, vor allem aber leicht auf den Laderaumwänden des Prahmes schleifen und diese beschädigen. Die Führung der Ketten zeigen Abb. 148, 158 und 175. Querliegende Eimerketten haben entweder einen sehr großen (Abb. 165) oder meistens 2 Unterturasse (Abb. 158), die die Eimerkette entsprechend dem Laderaumquerschnitt führen. In der Längsrichtung liegende Ket-

Zahlentafel XIII.

Abmessungen von Eimern für Schutenentleerer.

Nr. in der Zahlentafel V a	J = Eimer-Inhalt in Litern	G = Eimer-Gewicht in kg	Baustoff des Eimers	$\frac{J}{G}$	Schaken-Länge in mm	Blechdicke für					Breite und Dicke des Eimermessers in mm	Bolzen-Durchmesser in mm	Eimerschake		Zwischen-Schake		Abb. des Eimers Seite	Bemerkungen
						Boden in mm	Mantel in mm	Rücken in mm	Seitenverstärkung in mm	Rückenverstärkung in mm			Bauart	Breite der Auflagerfläche in mm	Bauart	Höhe und Breite in mm		
1	2	3	4	5	6	7	8	9	10	11	12	13	14	15	16	17	18	19
6	100	140	Stahlguß-Schaken	0,715	320	—	5	—	Lasche 15	—	200 × 8	35	einfach	86	einfach doppelt	80 × 35 80 × 20		Trockenbaggerform
8	120	139	Stahlguß-Schaken und -Seitenwände	0,86	400	5,5	5,5	5,5	—	—	120 × 10	32	doppelt	80	einfach	80 × 40		
7	120	156	Stahlguß-Schaken	0,77	320	—	Seiten 11 9	—	Lasche 25 × 65	—	170 × 15	40	„	120	„		230	Trockenbaggerform
5	120	140	Stahlguß-Schaken	0,85	320	—	Seiten 8 5	—	Lasche 15	—	200 × 8	35	einfach	86	einfach doppelt	80 × 35 80 × 20		Trockenbaggerform
13	140	181	Stahlguß-Seitenwände	0,757	420	6	6	6	—	—	120 × 10	40	doppelt	104	einfach	90 × 40		
15	140		Schmiedeeisen-		480	6	Seiten 11 6	6	—	—	120 × 10	40	„	68	„	90 × 73		
12	150	196	Stahlgußrücken	0,765	500	5	5	20	—	Stahlgußrippen 22	120 × 9	35	„	105	„	85 × 40		
4	156	140	Stahlguß-Seitenwände	1,12	450	5	5	5	—	—	110 × 10	35	„	80	„	85 × 35	230	
14	180		Schmiedeeisen		550	5	Seiten 11 5	5	5	—	100 × 12	40	„	82	„	90 × 40	230	
16	380	349	Stahlguß-Schaken	1,09	355	—	5	—	Lasche 20 × 60	—	130 × 10	35	einfach	170	doppelt	80 × 20		Trockenbaggerform

ten werden mit 1 oder 2 Unterturassen ausgeführt. Die Kettenbucht läuft über
Führungstrommeln, auf denen die Eimerschaken (Abb. 148) oder die Eimermäntel
(Abb. 175) auflaufen. Bei der Verwendung von Trockenbagger-Eimern (Abb. 153
bis 156) werden diese durch eine an der Unterseite der Leiter angebrachten Rinne
geführt.

Die Beanspruchung der Eimer beim Arbeiten ist gering; vor allem ist eine
gute Verbindung des Eimerrückens mit den Schaken nötig. Die Eimer werden
sehr breit und mit verhältnismäßig geringer Tiefe gebaut. Bei Leitern, die in der
Längsrichtung der Tragschiffe
liegen, haben sie, um den
Prahm gut zu entleeren, etwa
die Breite des Laderaumbodens.
Ist der Laderaum sehr breit,
so werden zwei nebeneinander-
liegende Eimerkettten angeordnet (Abb. 177). Die Eimer sind

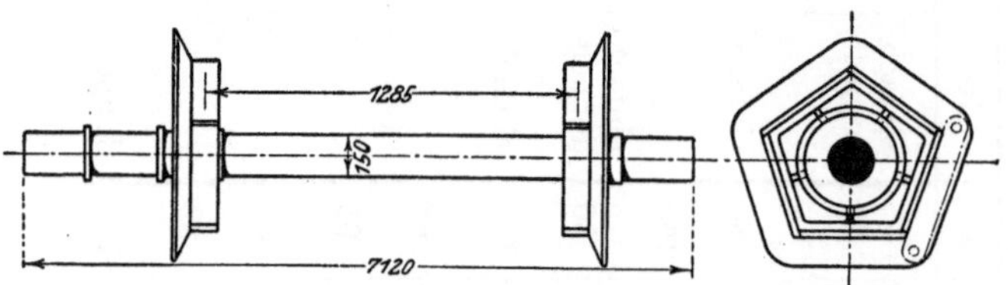

Abb. 489 u. 490. Turas für Schutenentleerer. Maßstab 1 : 40.

ganz aus Schmiedeeisen oder aus Schmiedeeisen mit Stahlgußseitenwänden gebaut. Abmessungen ausgeführter Eimer gibt Zahlentafel XIII. Abb. 481 bis 483 zeigt einen
aus Schmiedeeisen erbauten Eimer. Die Doppelschaken sind am Eimer angeschraubt.
Die Seitenwände haben ein Verstärkungsblech, das mit den Schaken verschraubt
wird. Der Eimer muß mit seinem Mantel über die Führungstrommel laufen. Am
Mantelende sind deshalb zwei kleine Schleißplatten aufgenietet, die die Verbindung
zwischen Mantel und Boden vor Abnutzung schützen. Der Eimer (Abb. 484 bis 486)
hat Stahlgußseitenwände mit seitlich angegossenen Doppelschaken und kann von
einer Trommel geführt werden, auf der nur die Schaken auflaufen. Einen Eimer der
bei Trockenbaggern üblichen Ausführung zeigt Abb. 487 u. 488. An die Seitenwände
sind Stahlgußdoppelschaken mit Verschleißplatten angenietet. Die schaufelförmigen
Eimer werden an der Unterseite der Leiter hochgezogen. Die seitlichen Schaken
laufen über kleine Tragrollen, zwischen denen sie auf einem mit Schleißplatten be-
setzten ⋉ Eisen geführt werden. Unter den aufsteigenden Eimern hängt eine über

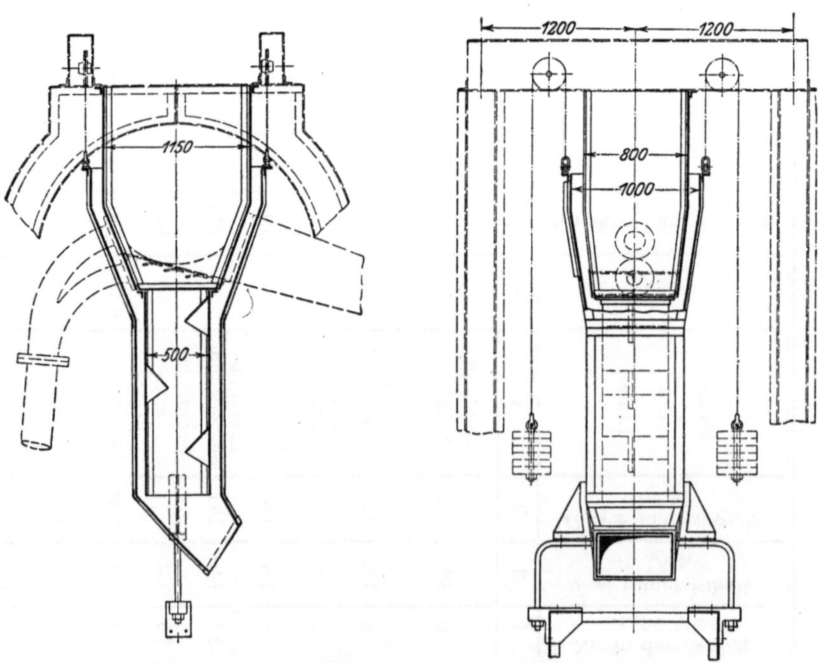

Abb. 491 u. 492. Teleskopartiger Schüttrichter.   Maßstab 1 : 60.

den ganzen Leiterbock reichende Rinne. Die Kette wird sehr gut geführt, jedoch ist die ganze Anordnung vielteilig und vergrößert die Leerlaufsarbeit. Der Füllungsgrad der schaufelförmigen Eimer ist bei nassem leichtfließenden Boden nicht so gut, wie der der becherförmigen. Die schaufelförmige Bauart ermöglicht andererseits eine Gewichtsersparnis und ist für sehr lange Eimerketten mit Erfolg angewandt.

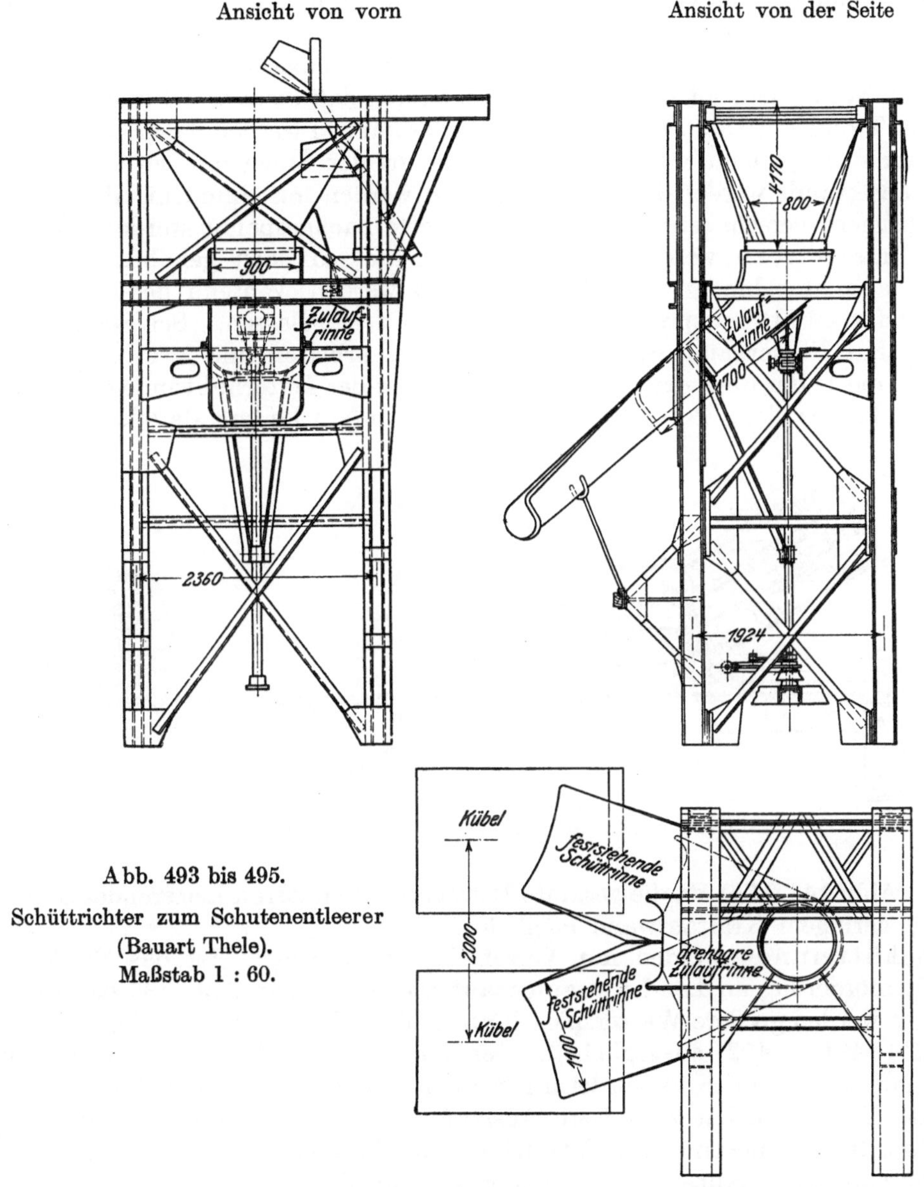

Abb. 493 bis 495.

Schüttrichter zum Schutenentleerer
(Bauart Thele).
Maßstab 1 : 60.

Die Schaken und Bolzen sind ähnlich wie bei Naßbaggern, jedoch haben die Eimer fast immer Doppelschaken, und die Bolzen sind mit Rücksicht auf die viel stärkere Bewegung der Kette stets gegen Verdrehen gesichert. Schaufelförmige Eimer haben sehr kurze Schaken und zwischen zwei Eimern 3÷5 Zwischenschaken.

Die Turasse werden aus zwei auf einer Welle mit Wasserdruck aufgepreßten Stahlgußscheiben zusammengebaut (Abb. 489 u. 490) oder aus einem Stück gegossen. Aufgenietete Schlagplatten werden wie bei Naßbaggern auch hier angewandt. Für die Ausbildung der Turasse als Fünf- oder Sechskant gelten dieselben Gesichtspunkte wie bei den Eimerbaggern.

Die Tragrollen der Kette auf der Leiter haben seitliche Flanschen und sind wie bei den Eimerbaggern, nur entsprechend leichter, gebaut.

Die Führungsrollen für die ablaufende Kette stützen, wie schon gesagt, entweder die Eimerschaken oder den Eimermantel. Laufen die Schaken über die Trommeln, so erhalten diese etwa den Durchmesser der Turasse. Die Eimer und die Leiter werden bei seitlichen Schaken 0,3 ÷ 0,5 m breiter als bei Anordnung der Schaken unter den Eimern; die Führung der Kette ist sehr gleichmäßig und stoßlos. Trommeln, durch die der Eimermantel geführt wird, müssen, um Schwingungen der Kette zu vermeiden, solchen Durchmesser haben, daß stets drei Eimer auf dem Umfang der Trommel (Abb. 175) aufliegen. Die Trommeln werden daher sehr schwer und sind nur zu empfehlen, wenn die breitere Bauart der Eimer mit seitlichen Schaken nicht angewandt werden kann. Die Turasse werden mit Spindeln, ähnlich wie bei Eimerbaggern verschoben, wenn die Eimerkette nachgespannt werden muß.

Die Eimerleitern werden beim Prahmwechsel so hoch gehoben, daß der beladene Prahm unbehindert anlegen kann, und werden während des Entleerens dem Arbeitsfortschritt entsprechend in den Prahm eingelassen. Bei Schutenentleerern, die mit Förderband, Spülrinne oder Kübel arbeiten und zwei Tragschiffe haben, kann die Leiter oben drehbar gelagert und von der Leiterhubwinde das untere Ende angehoben werden. Besser ist es jedoch, das untere Leiterende allein drehbar

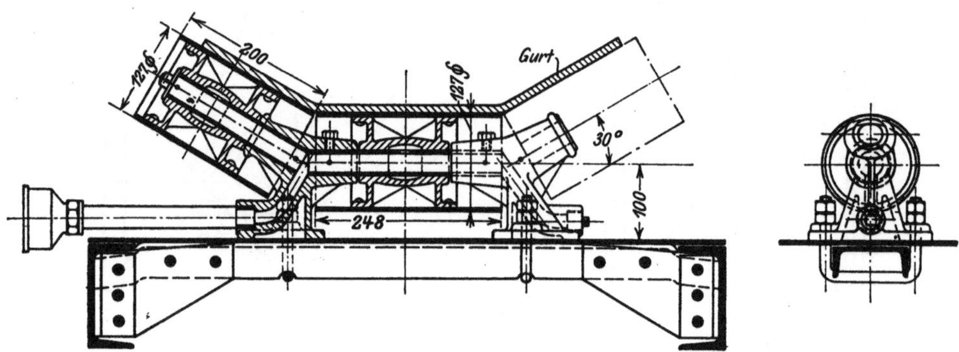

Abb. 496 u. 497. Gurtführung. Maßstab 1 : 10.

zu machen (Abb. 148, 175), da die gesamte Bewegung des unteren Leiterendes schneller und mit geringem Kraftaufwand möglich ist.

Die Schüttrinnen werden mit Verschleißplatten belegt. Ist das Werkzeug für die Seitenförderung an Land fest aufgebaut wie bei dem in Abb. 139 dargestellten Gerät, so werden größere Wasserspiegelunterschiede durch teleskopartige Schütttrichter (Abb. 491 u. 492) ausgeglichen. Der verschiebbare Teil wird von Gegengewichten getragen. Für Kübelförderung werden Schüttrinnen nach Abb. 493 bis 495 gebaut. Die Rinne hat zwei feste Ausläufe und eine bewegliche Zulaufrinne. Durch rechtzeitiges Umlegen dieser Zulaufrinne wird Bodenverlust beim Umschalten der Füllung von einem Kübel auf den anderen vermieden.

Für die Förderung an Land durch Spülrinnen mit Wasserzusatz werden meist offene Rinnen benutzt. Die Neigung der Rinnen muß so stark sein, daß das Gemisch abfließt, ohne den Boden unterwegs abzulagern. Für die Gurtförderer werden Gummigurte mit Stoffeinlagen verwandt, die an beiden Enden über Trommeln laufen. Sie werden durch Verschieben der Trommeln mit Spindeln gespannt. Auf der oberen Seite wird der Gurt muldenförmig (Abb. 496 u. 497) über Rollen geführt. Der zurücklaufende Gurt wird im Ausleger von Rollen getragen. Vor der wasserseitigen Trommel liegt eine größere Tragrolle, um den Reibungsumfang auf der von der Maschine angetriebenen Trommel zu vergrößern. Zum Abwerfen des

Maßstab 1 : 30.

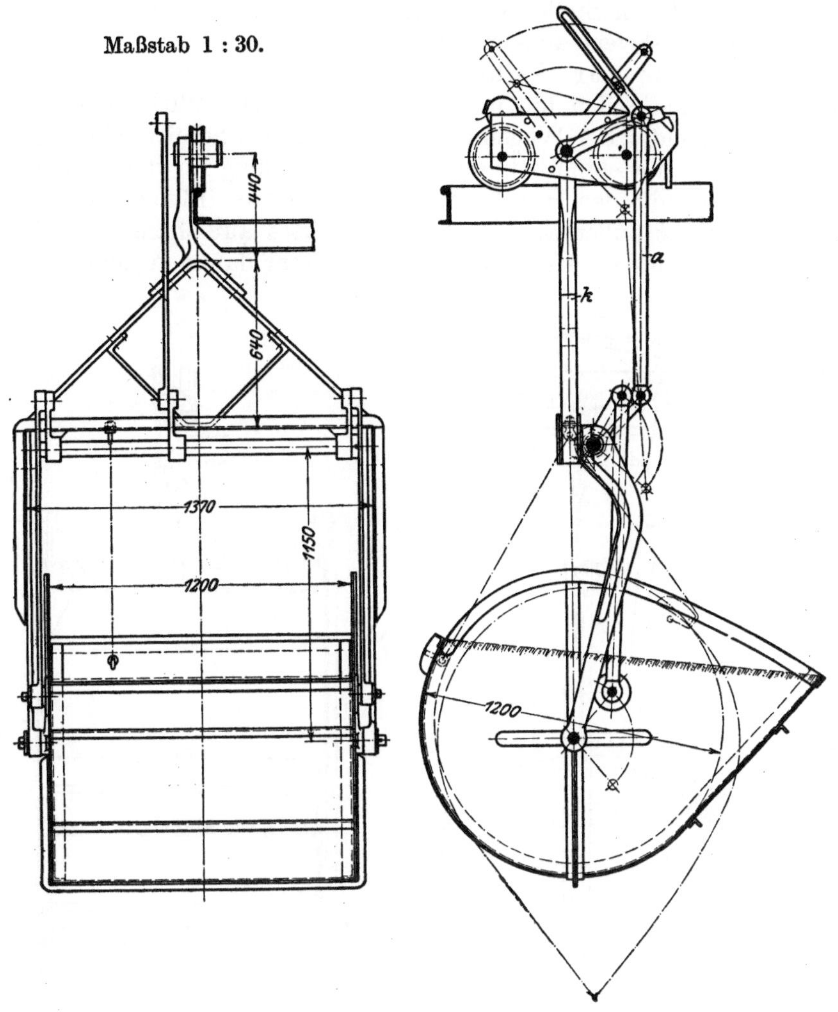

Maßstab 1 : 15.

Abb. 498 bis 500. Kübel für den Schutenentleerer nach Thele (D.R.P.).

Bodens an einer beliebigen Stelle des Auslegers werden Abwurfwagen benutzt, die an jeder Stelle des Auslegers angebracht werden können.

Die Fördergefäße für Kübelförderung zeigen Abb. 498 bis 502. Die Laufkatzen werden mit Seilen hin und her gezogen. Die Wirkungsweise ist nach Abb. 498 bis 500 folgende: Der Wagen ist in der Fahrt zur Schüttstelle, also beladen, dargestellt. An der Schüttstelle befindet sich ein Anschlag für den Hebel b. Dieser löst die Knagge c aus, die den Hebel a festhält. Letzterer trägt einen Teil der Last des am festen Hebel k außerhalb des Schwerpunktes aufgehängten Kübels. Das Gewicht des Kübels zieht den Hebel a und den drehbar damit verbundenen Winkel-

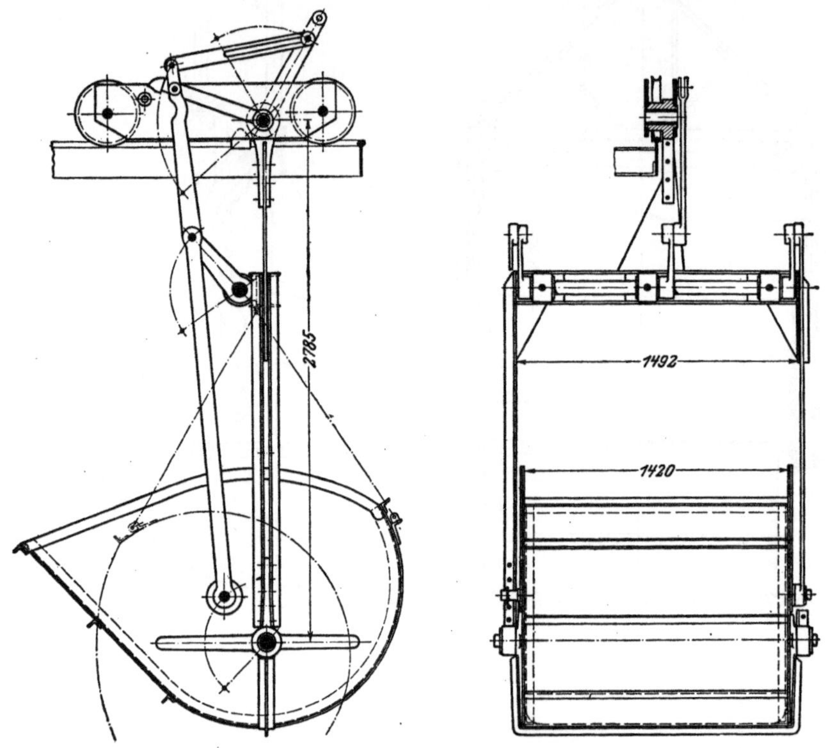

Abb. 501 u. 502. Kübel für den Schutenentleerer nach Thele (D.R.P.). Maßstab 1 : 40.

hebel i nach unten. Der Hebel i ist auf derselben Welle wie die Nocke d festgekeilt, die beim Drehen das am Hebel des Gewichtes f sitzende Rädchen e nach oben drückt. Dadurch wird das bis dahin auf einem Anschlag am Wagen ruhende Gewicht f angehoben und zieht durch den Hebel m die an einem Laufrad angebrachte Bandbremse an, so daß der Wagen fast augenblicklich zum Stehen kommt. Wird nun das am Hebel n angreifende Zugseil auf rückwärts geschaltet, so schlägt der Hebel n in die punktiert gezeichnete Lage nach links und nimmt dabei mittels der Schleife i den Hebel a nach oben, so daß der Kübel wieder aufgekippt wird. Gleichzeitig geht die Nocke d in die Anfangslage zurück und löst die Bremse. Die Knagge e wird durch Gewichtsbelastung in die Anfangsstellung gebracht, und der Kübel fährt zum Schüttrichter zurück. Zur Hubbegrenzung beim Umkippen des Kübels dient eine Haltekette. Das Zurückkippen wird durch ein Gegengewicht erleichtert. Der Kippwagen unterscheidet sich von anderen selbsttätigen Kippgefäßen hauptsächlich dadurch, daß er nach der Entleerung zwangläufig durch den Seilzug zurückgekippt wird. Eine derartige Anordnung war erforderlich, da es sich im Baggereibetriebe um nasses, oft klebriges Fördergut handelt, von dem stets kleinere Mengen im Kippgefäß zurückbleiben, die dessen selbsttätiges Zurückkippen verhindern würden. Daher sind selbsttätige Kippgefäße, wie sie für Kohlen oder Steine in Gebrauch sind, und die nach Entleerung — die bei trockenem Fördergut stets vollständig ist — infolge der außerachsigen Lage des Schwerpunktes von selbst wieder zurückkippen, nicht anwendbar.

Einen Greifer Honescher Bauart für Schutenentleerer zeigt Abb. 503 und 504. Der Greifer hat wellenförmige Schneiden, da durch Versuche festgestellt worden ist, daß diese Form einen geringeren Widerstand beim Einschneiden in das Baggergut ergibt, als die sonst üblichen Zinken. In jede Greiferschaufel ist ein mittleres Verstärkungsblech eingesetzt, an dem die Zugstangen zum Schließen des Greifers angreifen, so daß ein schädliches Biegungsmoment an den Greiferschneiden vermieden wird. Die Wirkungsweise des Greifers ist folgende:

Der geöffnete Greifer wird in den Prahm gesenkt, wobei er von der Prahmbesatzung mit Bootshaken etwas geführt wird, so daß die Prahmwände nicht beschädigt werden. Der gefüllte Greifer wird hochgezogen, bis er an die Katze anstößt. Dann fährt die Katze mit dem Greifer am Ausleger nach vorn, wo die Kupplung der Schließstangen a, b des Honeschen Greifers, s. Abb. 505 und 506, durch einen Anschlag ausgelöst wird. Der Greifer entleert sich und wird in geöffnetem Zustande nach dem Prahm zurückgefahren.

Da die Fahrbahn nicht so steil ist, daß die Schließkraft des Honeschen Greifers durch sein Eigengewicht aufgehoben wird, und somit die nach unten gerichtete Komponente in der Richtung der Fahrbahn kleiner ist als die Schließkraft, ist zum

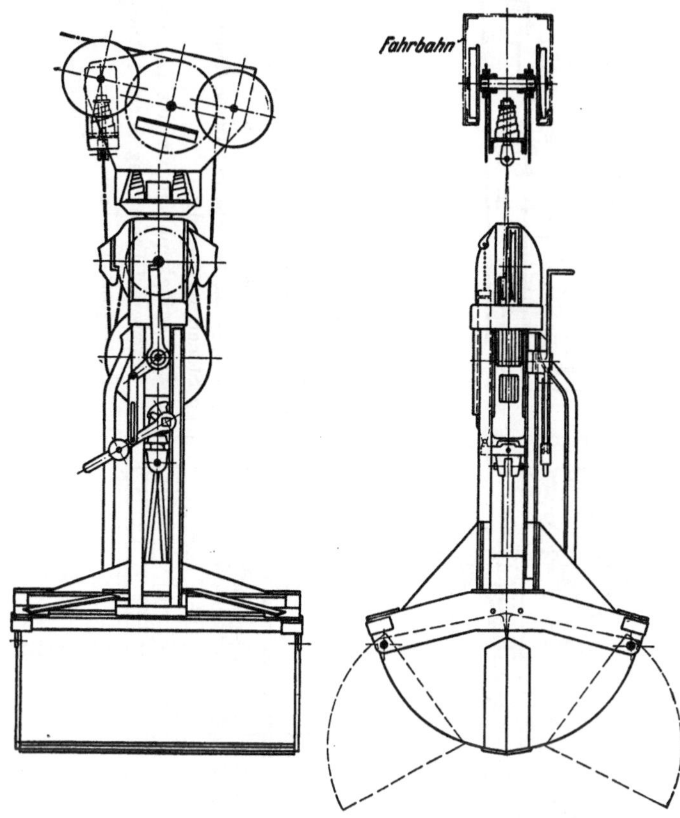

Abb. 503 u. 504. Laufkatze mit Seilgreifer von $1^1/_2$ cbm Inhalt (Bauart Hone). Maßstab 1 : 50.

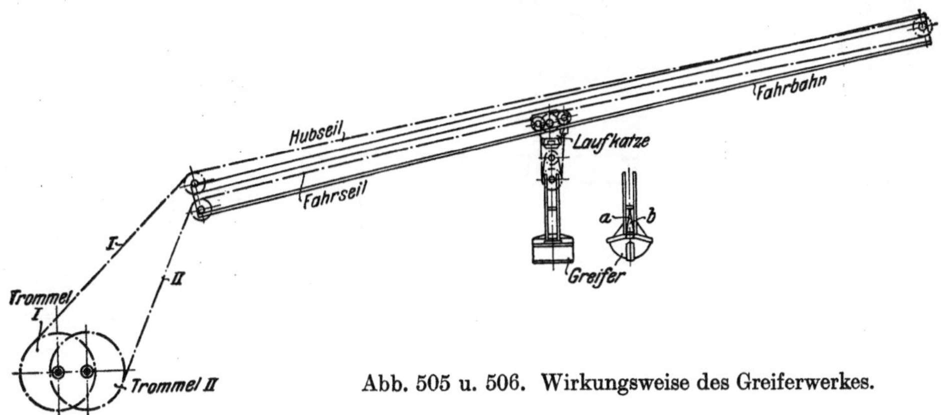

Abb. 505 u. 506. Wirkungsweise des Greiferwerkes.

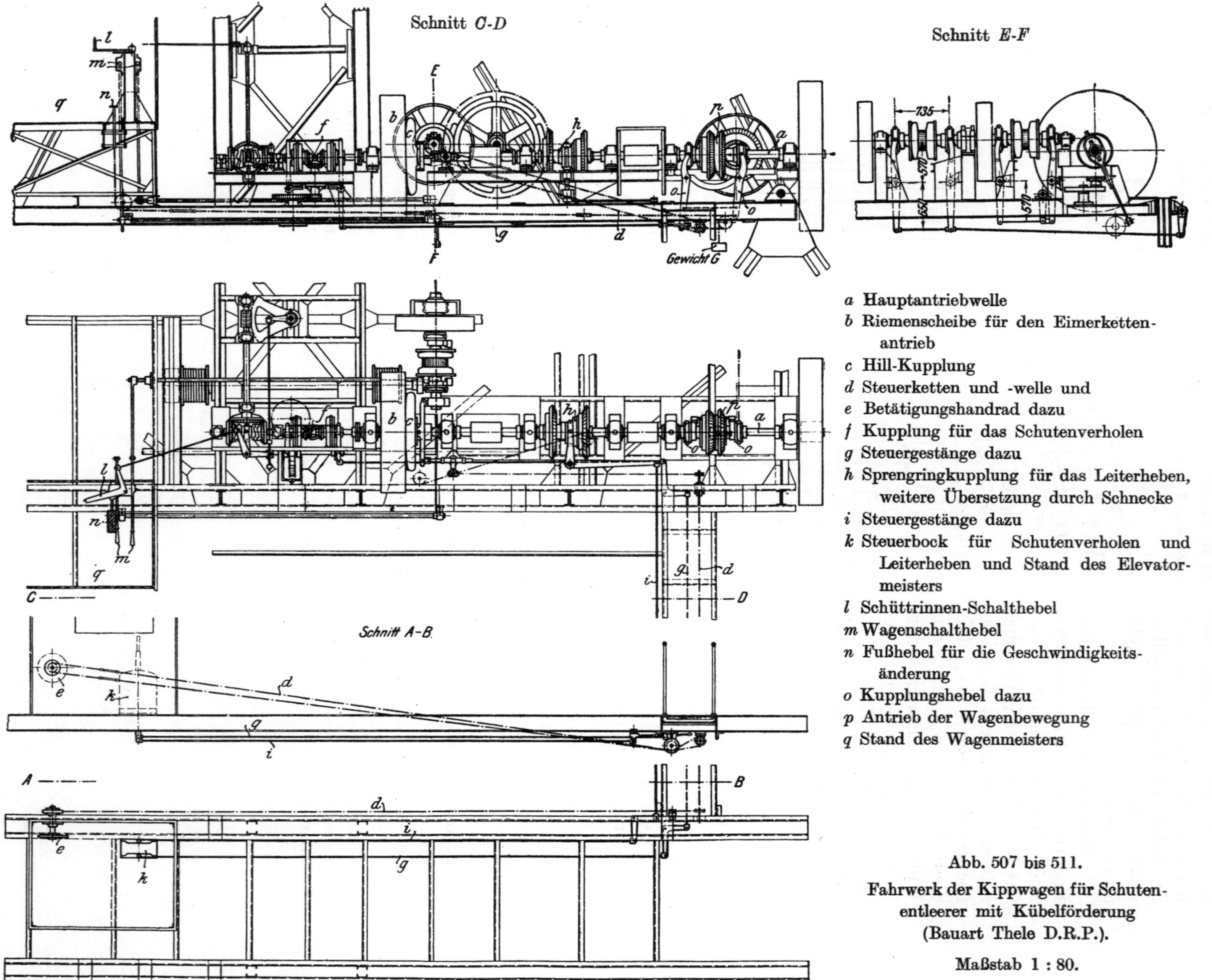

a Hauptantriebwelle
b Riemenscheibe für den Eimerketten-antrieb
c Hill-Kupplung
d Steuerketten und -welle und
e Betätigungshandrad dazu
f Kupplung für das Schutenverholen
g Steuergestänge dazu
h Sprengringkupplung für das Leiterheben, weitere Übersetzung durch Schnecke
i Steuergestänge dazu
k Steuerbock für Schutenverholen und Leiterheben und Stand des Elevator-meisters
l Schüttrinnen-Schalthebel
m Wagenschalthebel
n Fußhebel für die Geschwindigkeits-änderung
o Kupplungshebel dazu
p Antrieb der Wagenbewegung
q Stand des Wagenmeisters

Abb. 507 bis 511.
Fahrwerk der Kippwagen für Schuten-entleerer mit Kübelförderung (Bauart Thele D.R.P.).

Maßstab 1 : 80.

Festhalten der Katze ein zweites Seil (Seil II, Abb. 505) nötig. Die Winde arbeitet derart, daß beim Schließen des Greifers die Seiltrommel II ausgekuppelt und durch eine Bandbremse festgestellt ist, die Katze also in ihrer Lage festgehalten wird. Nach beendeter Füllung des Greifers werden die beiden Trommeln gekuppelt, und Seil I zieht den geschlossenen Greifer nach vorn, wobei Seil II sich abwickelt. Die Schließkupplung des Honeschen Greifers wird durch Anstoßen an den Anschlag ausgelöst. Nach Entleerung des Greifers wird der Drehsinn der Winde gewechselt. Seil I läßt den Greifer zurücklaufen, wobei Seil II sich wieder aufwickelt. Ist der Greifer über dem Prahm angelangt, so wird Trommel II wieder ausgekuppelt und festgestellt, und das Spiel beginnt von neuem.

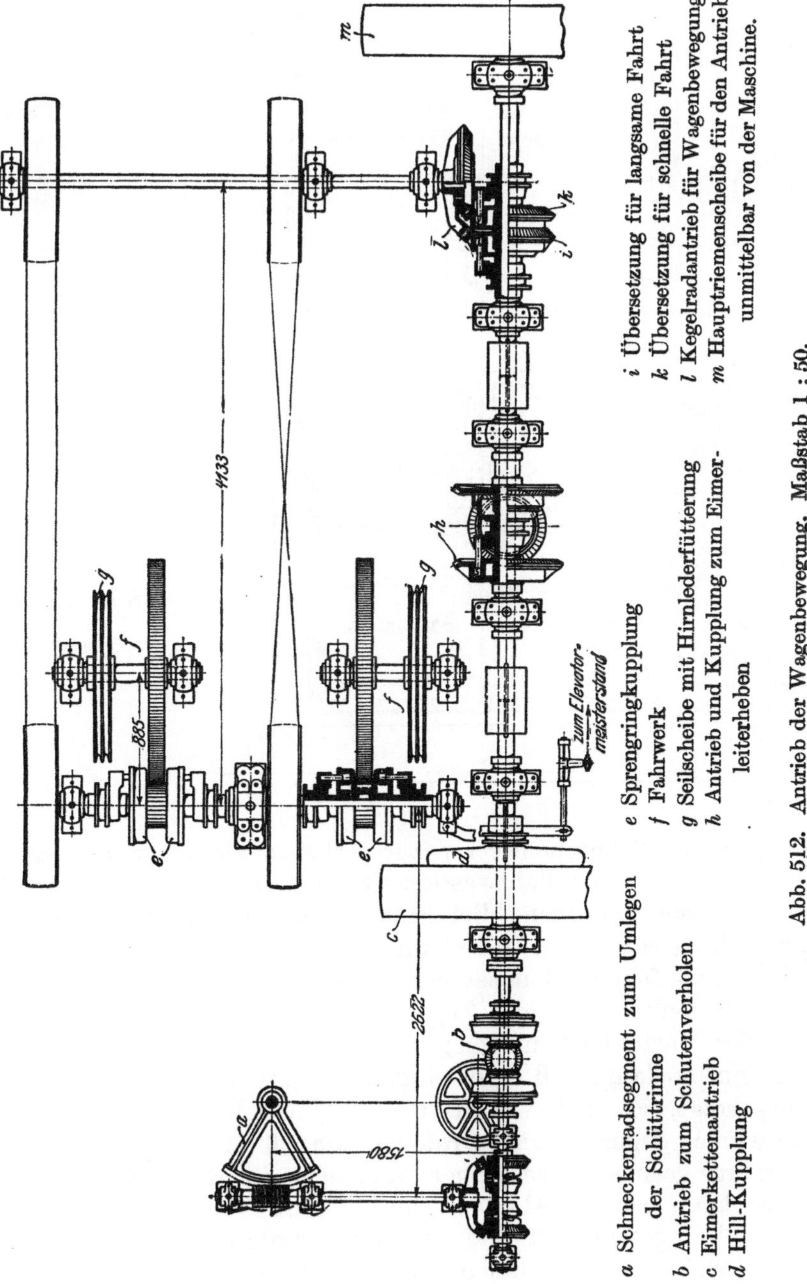

a Schneckenradsegment zum Umlegen der Schüttrinne
b Antrieb zum Schutenverholen
c Eimerkettenantrieb
d Hill-Kupplung
e Sprengringkupplung
f Fahrwerk
g Seilscheibe mit Hirnlederfütterung
h Antrieb und Kupplung zum Eimerleiterheben
i Übersetzung für langsame Fahrt
k Übersetzung für schnelle Fahrt
l Kegelradantrieb für Wagenbewegung
m Haupttriemenscheibe für den Antrieb unmittelbar von der Maschine.

Abb. 512. Antrieb der Wagenbewegung. Maßstab 1 : 50.

Die Ausleger werden als Gitterträger gebaut, aus einzelnen rd. 5 m langen
Teilen zusammengesetzt und mit Zugstangen an einem Mast aufgehängt. An dem
Ausleger ist ein Laufsteg angebracht. Eine Änderung in der Ausschütthöhe wird
durch Verstellen der Zugstangen erreicht. Werden Kübel zur Seitenförderung benutzt, so ist der Ausleger mit so viel Steigung zu bauen, daß die im Betriebe beim
Herausfahren des Kippwagens eintretende Krängungsbewegung des ganzen Gerätes
ein Pendeln des Auslegers um eine annähernd wagerechte Mittellage zur Folge hat.
Spülrinnen für große Förderweiten werden an Land auf Böcken gelagert und mit einer
beweglichen am Schutenentleerer aufgehängten Rinne an diesen angeschlossen.

Die Gerüste für Leiter und Triebwerk werden aus Blechträgern und
Gitterwerk zusammengesetzt.

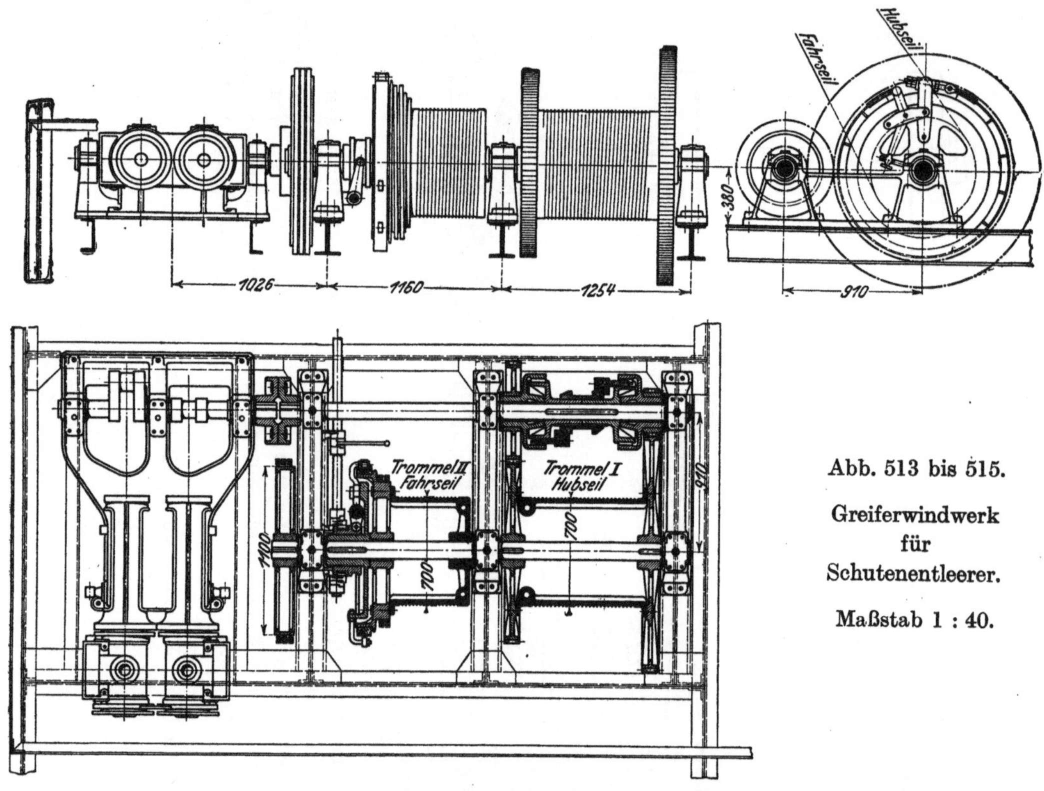

Abb. 513 bis 515.

Greiferwindwerk
für
Schutenentleerer.

Maßstab 1 : 40.

Das Schleppen der Schutenentleerer zur Arbeitsstelle ist wegen der Durchfahrt durch Brücken und enge Fahrwasserstellen oft nur möglich, wenn die Aufbauten zum Teil umgelegt werden. Bei Einschiff-Schutenentleerern ist außerdem
das Verschleppen des Gerätes mit aufgebauten Gerüsten sehr gefährlich. Bei Geräten mit zwei Tragschiffen wird meist der Ausleger erst an der Arbeitsstelle angebaut und der Mastenbock für die Zugstangen des Auslegers aufgesetzt. Eine
Bauart, bei der der Mastenbock umgelegt werden kann, zeigt Abb. 175 und 176.
Ist der Ausleger nur so lang, daß er in eingeschwenktem Zustand über das Tragschiff nicht hervorragt, so wird, wie in Abb. 170, der Mastenbock und der Ausleger mit Handwinde, Segment und Drahtseil um 90 ⁰ umgeschwenkt. Hat das
zweite Tragschiff nur geringe Abmessungen, und liegt die Hauptlast auf dem landseitigen Schiff, so kann wie bei Abb. 153 und 154 das Verbindungsgerüst mit der
Eimerleiter um 90 ⁰ eingeschwenkt und umgelegt werden. Die Schwenkbewegung
und das Umlegen erfolgt mit Maschinenkraft. Bei Einschiffschutenentleerern wird
die Leiter auf einem drehbaren Bock gelagert, der, wenn die Leiter umgelegt ist,

um 90° gedreht wird. Bei der in Abb. 164 wiedergegebenen Ausführung liegt die Leiter zwischen zwei winkelförmigen Blechträgern, die im Scheitel des Winkels drehbar in einem Bock gelagert sind. Der landseitige Teil der Leiterträger wird von einer auf dem Drehschemel aufgestellten umlegbaren Stütze getragen. Die Auflagerfläche des Leiterträgers auf dieser Stütze wird durch Spindeln nachgestellt. Auf der Wasserseite ist der Leiterträger mit einer festen Stütze mit dem Deck verbunden. Der Leitertragbock wird durch ein Stahlseil mit Handwinde gedreht.

Bei dem Schutenentleerer (Abb. 155 und 156) ruht die Leiter in ihrem unteren Teile in senkrechter Richtung drehbar auf einem kleinen Bock. Das obere Ende hängt an einem umlegbaren Mastenbock und wird mit Maschinenkraft auf die Plattform gesenkt und auf zwei kleine an der Leiter angebrachte Stützen aufgesetzt. Dann wird die ganze Plattform mit Maschinenkraft gedreht. Die Rohrleitung für die Spülpumpe und der Antrieb für den Oberturas werden vor dem Niederlegen abgebaut.

Für den Antrieb der Eimerkette und der Landförderung ist stets eine gemeinsame Maschine vorhanden, die auch die Leiterhubwinde, Prahmverholwinde und Schüttrinnenwinde treibt. Die Übersetzung wird durch Riemen und Zahnräder bewirkt. In den Leiterantrieb ist eine vom Führerstand aus zu bedienende, leicht lösbare Kupplung eingebaut. Sämtliche Winden und Triebwerke werden in der Regel von dem auf dem Gerüst vorzusehenden Stand des Baggerführers mit Stellhebel bedient. Die allgemeine Anordnung der Kraftübertragung ist aus Abb. 148 zu erkennen. Das Fahrwerk der Kippwagen für Kübel zeigt Abb. 507 bis 512. Die Antriebsvorrichtung für die Kippwagen wird von einem neben der Schüttrinne der Eimerkette stehenden Führerhaus aus bedient.

Zum Ein- und Auskuppeln jedes Wagens ist je ein Schalthebel vorhanden. Ein dritter Hebel dient zum Umlegen der Schüttrinne; mit einem Fußhebel kann die Wagenbewegung auf zwei verschiedene Geschwindigkeiten geschaltet werden. Die Kraft zum Antrieb der Wagen wird von der Hauptwelle mit einem Kegelradvorgelege abgenommen. Dieses Vorgelege, Abb. 513, ist für zwei Geschwindigkeiten gebaut. Beim Anfahren wird durch den oben erwähnten Fußhebel ein Seilzug betätigt, der das größere Kegelrad der angetriebenen Welle mit dem einen der beiden gleichen Kegelräder auf der treibenden Welle kuppelt. Dann läuft die Katze mit 1,3 m/sek Geschwindigkeit. Ist die Katze in Bewegung, so wird der Fußhebel losgelassen und der Seilzug durch das Gewicht G, Abb. 507, so weit zurückgezogen, daß das kleinere Kegelrad auf der angetriebenen Welle in Eingriff kommt. Die Katze hat dann eine Geschwindigkeit von 2,6 m/sek. Die erste von der Hauptwelle mit Kegelrädern angetriebene Zwischenwelle überträgt die Bewegung mit einem offenen und einem gekreuzten Riemen auf eine zweite Welle, von der aus mit Stirnradübersetzung die Seilscheiben für die Wagen bewegt werden. Die zweite Welle besteht aus einer Hohlwelle, die der gekreuzte Riemen, und aus einer vollen Welle, die der offene Riemen antreibt. Für jede Wagenbewegung sind zwei Sprengringkupplungen vorgesehen, durch die mittels der oben erwähnten Handhebel die Seilscheiben auf Vorwärts- oder Rückwärtsgang oder auf Leerlauf geschaltet werden. Die Bewegung der Schüttrinne wird durch einen wagerecht drehenden Hebel eingeleitet. Dieser Hebel kuppelt je nach Bedarf auf der Hauptantriebwelle mit Klauenkupplung ein Kegelrad für Vor- oder Rückwärtsgang ein. Von diesen Rädern wird eine Zwischenwelle angetrieben, an deren Enden eine Schnecke ein Schneckenrad dreht. Der Handhebel wird von letzterem auch durch eine Zugstange mit Anschlägen selbsttätig in Ruhestellung zurückgezogen, wodurch auch die Klauenkupplung wieder ausgeschaltet wird.

Die Winde für den Greifer (Abb. 513 bis 515) liegt im Führerstand und wird von einer liegenden Zwillingsdampfmaschine angetrieben. (Siehe auch Abb. 505 und 506 und Abb. 160 bis 162).

2. Kessel- und Maschinenanlage.

Die Kessel müssen, besonders bei Greifbaggern, stark wechselnden Beanspruchungen gewachsen sein. Die Bauart der Kessel bietet nichts Besonderes. Sie sind nach den für Schiffskessel geltenden Bestimmungen auszuführen. Kleine Eimerbagger und Greifbagger erhalten meist stehende Quersiederkessel, die sehr wenig Raum beanspruchen. Für kleine Eimerbagger und für Greifbagger können, beson-

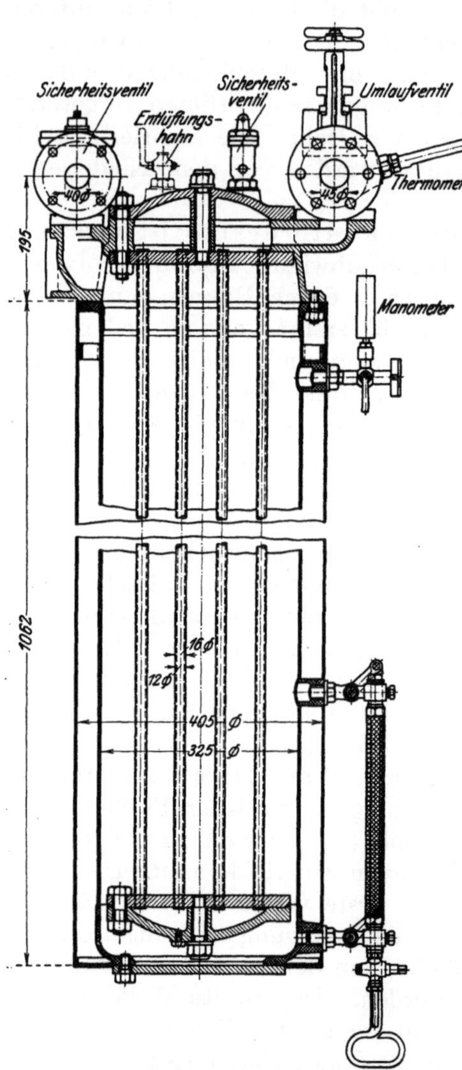

Abb. 516. Kesselspeisewasser-Vorwärmer. Bauart Atlas-Werke. Maßstab 1:12,5.

ders wenn die Standsicherheit des Gerätes durch stehende Kessel zu sehr beeinträchtigt wird, auch liegende ausziehbare Röhrenkessel verwandt werden. Bei mittelgroßen Baggern kann durch die Verwendung einer Lokomobile mit ausziehbarem Röhrenkessel ein günstiger Dampfverbrauch erzielt werden; die Anordnung erfordert sehr viel Platz. Für größere Bagger sind allgemein liegende Schiffskessel üblich. Der Einbau der Kessel im Schiff ist aus den Zusammenstellungszeichnungen zu ersehen. In sehr große Bagger werden Hilfskessel mit eingebaut, die bei Kesselreinigungen und größeren Betriebspausen für die Dampfheizung, die Dampfdynamo und eine kleine Dampfpumpe den nötigen Dampf liefern.

Der Schornstein muß bei Eimerbaggern stets höher als der Oberturas sein, um eine gute Zugwirkung bei jeder Windrichtung zu ermöglichen.

Heißdampfanlagen sind wegen der ständigen Betriebsunterbrechungen nicht von großem Wert.

Betriebsdruck und Heizfläche der Kessel von ausgeführten Baggern sind aus Zahlentafel Ia, IIa, IIe, IIIa, IVa, Va zu entnehmen, die zugehörigen Gewichte aus Zahlentafel Ic, IIc, IIIc, IVc, Vc.

Die Maschinenanlagen der Bagger müssen außerordentlich widerstandsfähig sein, da die Antriebsmaschinen des Baggerwerkzeuges stoßweise ungleichmäßige Beanspruchungen ständig aufnehmen müssen. Daher ist auch der Dampf-, bzw. Kohlenverbrauch für 1 PS_i im allgemeinen bedeutend höher als bei ortsfesten oder bei Schiffs-

maschinen. Bei Berechnung der Kosten für 1 cbm gebaggerten Bodens spielt jedoch der Kohlenverbrauch eine verhältnismäßig sehr geringe Rolle, so daß einfache, aber betriebssichere Maschinen mit etwas höherem Kohlenverbrauch vielteiligen, aber dann auch empfindlicheren Anlagen mit günstigeren Verbrauchsziffern stets vorzuziehen sind. Für den Antrieb des Baggerwerkzeuges wird fast ausschließlich die Dampfmaschine verwandt, da sie am widerstandsfähigsten ist. Gelegentlich haben besondere Verhältnisse zur Wahl von Explosionsmotoren oder Elektromotoren geführt.

Die Hauptmaschinen sollten, abgesehen von kleinen Greifbaggern und Eimerbaggern, stets als Kondensationsmaschinen gebaut werden, um eine günstige Wärmewirtschaft im Betriebe zu sichern. Dafür ist auch empfehlenswert, möglichst Speise-, Luft- und Lenzpumpen unabhängig von der Hauptmaschine als selbständige Duplex-, bzw. Simplexpumpen einzubauen. Der Abdampf aller Hilfsmaschinen (auch der Winden!) soll zur Vorwärmung des Speisewassers benutzt werden und in

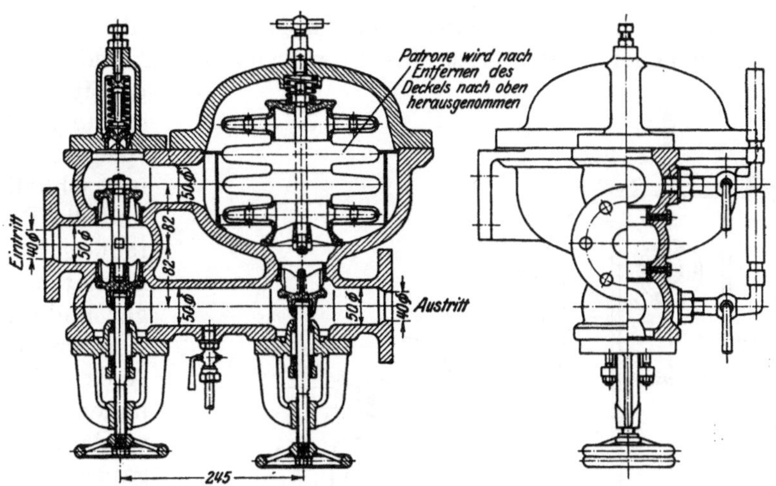

Abb. 517 u. 518 Speisewasserreiniger. Bauart Atlas-Werke. Maßstab 1:10.

einen einfachen Speisewasservorwärmer (Abb. 516) geleitet werden. Für die Lichtmaschinen empfiehlt sich der Anschluß an den Kondensator. Das im Vorwärmer gewonnene Kondensat des Hilfsmaschinen-Abdampfes ist dem Kesselspeisewasser zuzuführen. Das gesamte Kesselspeisewasser soll, bevor es in den Vorwärmer gedrückt wird, durch einen Reiniger (Abb. 517) geleitet werden, in dem es von Öl gereinigt wird. Diesem Teil der Maschinenanlage ist schon beim Entwurf große Aufmerksamkeit zuzuwenden, da, abgesehen von den großen wärmewirtschaftlichen Vorteilen, die Instandhaltung der Kessel dadurch sehr erleichtert wird und die im Baggereibetrieb so störenden Kesselreinigungstage auf ein Minimum beschränkt werden können.

Ist die Anwendung von an die Hauptmaschine angehängten Speisepumpen unvermeidlich, so soll jedenfalls ein Entlüfter (Abb. 519) in die Speisewasserleitung eingeschaltet werden, da die angehängten Pumpen erfahrungsgemäß sehr viel Luft mit ansaugen und mit dem Speisewasser in den Kessel fördern, wo die Luft Ursachen zu Anrostungen gibt.

Ebenso wichtig wie Vorwärmung, Entlüftung und Reinigung des ständig umlaufenden Kesselspeisewassers ist die Verwendung von vollkommen reinem Kessel-speise-Zusatzwasser. Besonders bei größeren Geräten sollte hierzu nur destilliertes Wasser verwandt werden. Die von den Atlas-Werken gebauten Abdampfverdampfer ermöglichen ohne Schwierigkeit, das Zusatzwasser an Bord zu erzeugen und zugleich die Geräte von der Frischwasserzufuhr unabhängig zu machen.

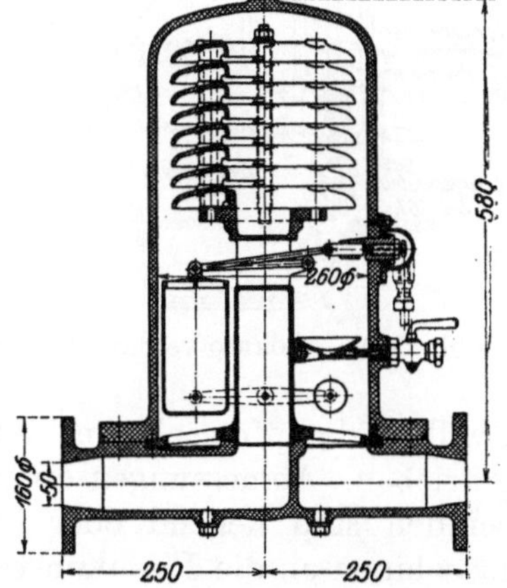

Abb. 519. Speisewasser-Entlüfter. Bauart Atlas-Werke. Maßstab 1:12,5.

Bei den in Abb. 520 wiedergegebenen Anlagen wird der Verdampfer mit dem Abdampf der Hilfsmaschinen geheizt. Das in den Verdampfer eintretende Wasser

16*

wird vorher durch einen Vorwärmer geleitet, indem es durch aus dem Verdampfer entnommenen Dampf auf $\sim 100^0$ vorgewärmt wird. Im Verdampfer selbst wird bei etwa 120^0 verdampft, so daß Salz usw. nicht auf den Heizschlangen festgebrannt, sondern mit der Lauge abgesaugt wird. Zum Speisen und Lauge-Absaugen dient eine besondere durch einen vom Wasserstand des Verdampfers abhängigen Schwimmer geregelte Pumpe. Wird dem Verdampfer viel Abdampf zugeführt, so steigt seine Leistung, und die Pumpe liefert mehr Rohwasser, da, sobald der Wasserspiegel im Verdampfer sinkt, der Schwimmer das Zudampfventil der Pumpe öffnet und die Pumpe schneller läuft. Tritt eine Betriebspause ein, und der Verdampfer erhält wenig Abdampf, so steigt der Wasserspiegel, der Schwimmer schließt das Ventil, und die Pumpe arbeitet langsamer; d. h. sie fördert weniger, bzw. gar nichts, wenn der Verdampfer keinen Abdampf erhält und daher kein Wasser verdampft wird. Die ganze Anlage paßt sich also automatisch dem Betrieb an. Da nur Abdampf verwandt wird, arbeitet sie wärmewirtschaftlich sehr gut und belastet die Kessel in keiner Weise. Der vom Verdampfer erzeugte Dampf ist dem Speisewasser zuzuführen, so daß die darin enthaltene latente Wärme dem Kessel wieder zugeführt wird.

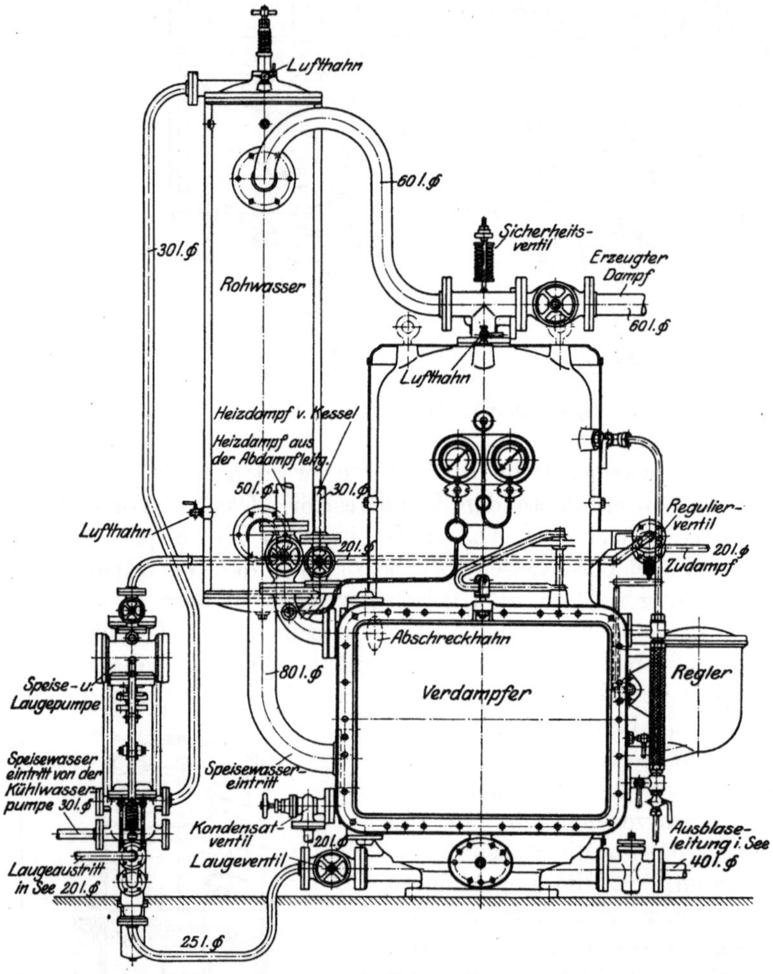

Abb. 520. Abdampfverdampfer-Anlage. Bauart Atlas-Werke, Bremen.

Die Winden der Greifbagger verlangen eine große Anzugskraft und werden in der Regel von Zwillingsdampfmaschinen, ausnahmsweise auch von Verbund-Tandemmaschinen getrieben. Abmessungen ausgeführter Maschinen gibt die Zahlentafel I b. Die Maschinen sind liegend oder in der Mehrzahl hängend nach Art der Wanddampfmaschinen an die Eisenkonstruktion der Kranplattform angebaut (Abb. 297 bis 302). Eine Schwingensteuerung mit Flachschiebern regelt die Dampfverteilung. Das Zudampfventil wird von dem Maschinisten mit dem Fuß gesteuert. Kondensationsanlagen werden selten ausgeführt und haben nur Wert, wenn Kesselspeisewasser schwer zu beschaffen ist. Die ständig wechselnde Leistung der Maschine und infolgedessen die ungleiche Dampfzufuhr zum Kondensator sind für den Wirkungsgrad der Kondensationsanlage nachteilig.

Für Greifbagger, die leicht an ein Starkstromnetz angeschlossen werden können und nur gleichmäßigen Boden fördern, werden auch Elektromotoren verwandt. Steht Gleichstrom zur Verfügung, so sind Hauptstrommotoren oder Nebenstrommotoren mit Wendepolen empfehlenswert. Im allgemeinen wird jedoch Drehstrom in Frage kommen, dann sind die Motoren reichlich zu bemessen, um eine große Anzugskraft zu erzielen.

An Hilfsmaschinen sind bei größeren Greifbaggern eine starke Dampflenzpumpe und eine Dampfkesselspeisepumpe vorzusehen. Letztere soll auch aus einem neben dem Bagger liegenden Wasserprahm Kesselspeisewasser ansaugen und in die Wasserbehälter fördern können. Ist eine Kondensationsanlage vorhanden, so sind die hier-

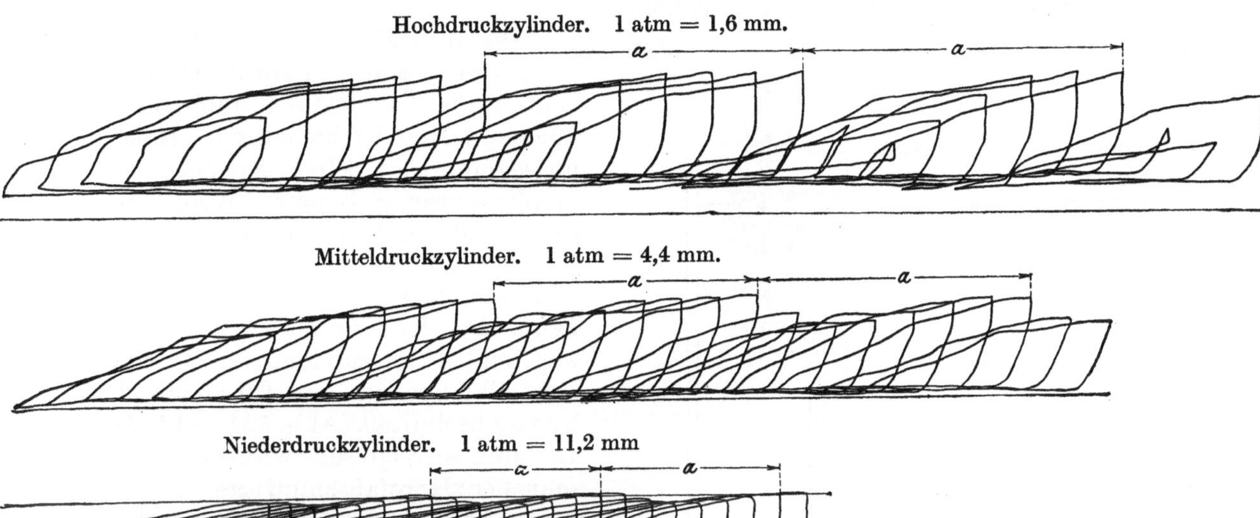

Maschinenleistung 200 PS$_i$ bei 100 Uml/min; rd. 14 Eimerschüttungen in 1 Minute:
7 Diagramme = 1 Eimerschüttung = a.
Bei einem Oberturas mit z Seiten und einem Übersetzungsverhältnis „i" zwischen Oberturas und Hauptmaschinenwelle entsprechen 1 Eimerschüttung $n = \dfrac{i}{\frac{z}{2}}$ Maschinenumdrehungen. Im vorliegenden Falle ist $z = 5$; $i = 17,5$, also $n = 7$.

Abb. 521 bis 523. Dampfschaulinie der Hauptmaschine eines Eimerbaggers.

für nötigen Pumpen getrennt aufzustellen, eine Vereinigung eines Teiles derselben mit der Hauptmaschine ist wegen der umständlichen Rohrleitungen nicht zu empfehlen. Elektrische Lichtanlage erhalten Greifbagger sehr selten. Hat das Gerät eine Schiffsschraube, so ist für diese eine besondere Fahrmaschine nötig, die als Verbundmaschine ausgebildet wird und zweckmäßig mit Kondensation arbeitet. Ist für die Greifermaschine schon eine Kondensationsanlage vorhanden, so wird die Fahrmaschine an diese angeschlossen, andernfalls wird die Anlage wie bei kleineren Schiffsmaschinen ausgebildet.

Das Baggerwerkzeug der Eimerbagger wird nur bei sehr kleinen Baggern von Explosionsmotoren getrieben, wenn mit äußerster Gewichtsersparnis und sehr schwieriger Brennstoffzufuhr zu rechnen ist. Ein Turasantrieb mit Hauptstrom-Gleichstrommotor ist vereinzelt ausgeführt, im allgemeinen ist jedoch nur die Dampfmaschine für den Antrieb der Eimerkette zu empfehlen. Wie die in Abb. 521 bis 523 wiedergegebenen fortlaufend aufgenommenen Dampfschaulinien einer 200 PS$_i$-Antriebsmaschine zeigen, steigt während einer Eimerschüttung die Leistung der Maschine von 20 % der Höchstleistung bis auf 100 %. In einer Minute tritt dieser Wechsel in der Belastung, also je nach der Zahl der Schüttungen, 12÷20 mal auf. Bei kleineren Baggern ist der Unterschied zwischen der höchsten und der niedrigsten Leistung natürlich geringer, jedoch ist immer noch mit Unterschieden von 50 % zu rechnen. Da ferner der Oberturas nur sehr wenig Umdrehungen in einer Minute macht, muß auch die Antriebsmaschine eine geringere Umlaufzahl haben. Die raschlaufenden Explosionsmotoren sind daher nur in den oben erwähnten Fällen zu empfehlen; Elektromotoren werden sehr schwer, wenn sie für geringe Umlaufszahlen gebaut werden. Diese bleiben jedoch immer bedeutend höher als die gleichstarker Dampfmaschinen, und die allenfalls erreichte Gewichtsersparnis wird durch die schwere Dampfdynamo und die mit der Umsetzung und der Erzeugung der elektrischen Energie verbundenen Verluste wieder aufgehoben.

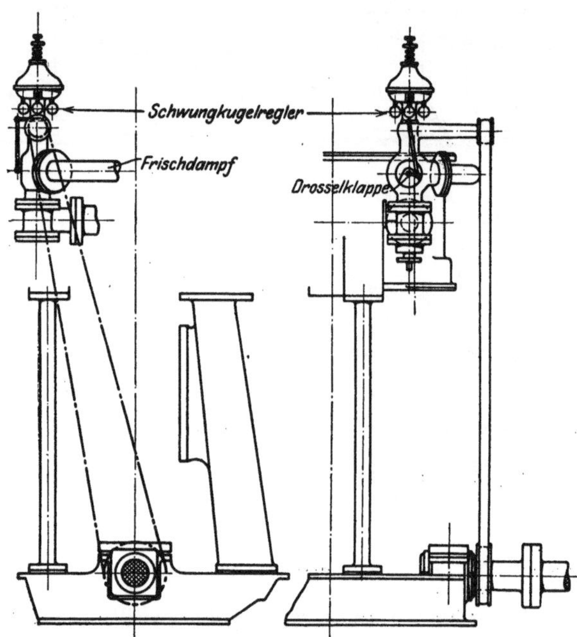

Abb. 524 u. 525. Anordnung des Schwungkugelreglers für Antriebsmaschinen von Eimerbaggern. Maßstab 1 : 30.

Die Antriebsmaschine soll stets umsteuerbar sein und vorübergehend eine starke Überlastung aufnehmen können. Die Umsteuerung erfolgt meist durch eine Schwingensteuerung Stephensonscher Bauart. Wenn angängig, ist ein Regler einzubauen, der je nach der Bodenart auf verschiedene Umdrehungszahlen eingestellt werden kann. Der Regler ist als Schwungkugelregler auszubilden, der eine Drosselklappe in der Frischdampfleitung beeinflußt (Abb. 524 und 525). Dadurch wird ein sehr wirksamer und schneller Dampfabschluß erreicht, wie die in Abb. 521 bis 523 wiedergegebenen Dampfschaulinien zeigen. Abmessungen und Gewichte ausgeführter Maschinen geben Zahlentafel II b und II f.

Die Maschinen kleiner Bagger sind Einzylinder- oder besser Zwillingsmaschinen und werden als Bockmaschinen ausgeführt und auf Deck neben dem Hauptleiterbock aufgestellt, oder als stehende Maschinen unter Deck angeordnet. Liegende Maschinen sind selten und beanspruchen verhältnismäßig viel Platz.

Für mittelgroße und große Bagger sind stehende Verbundmaschinen, die in der Bauart den Schiffsmaschinen gleichen, am besten geeignet. Liegende Maschinen ermöglichen zwar eine geringere Umlaufzahl, werden aber sehr schwer und umfangreich. Der Turasantrieb kann außerdem meist nur durch einen Riemen erfolgen, so daß ein zweites Vorgelege eingebaut werden muß. Für sehr große Bagger werden meist Dreifach-Verbundmaschinen gewählt. Die Anordnung der Maschinen im Schiffsgefäß ist aus den Zusammenstellungszeichnungen zu ersehen. Arbeitet der Bagger in sehr hartem und zeitweise auch in sehr weichem Boden und daher mit sehr verschiedener Eimerkettengeschwindigkeit, so empfiehlt es sich, falls jede Bodenart längere Zeit gefördert wird, die Übersetzung zwischen Oberturas und Maschine durch Auswechseln der Riemenscheiben an der Maschine zu ändern.

Haben Eimerbagger Schiffsschrauben, so werden für diese meist besondere Schiffsmaschinen aufgestellt. Ist nur eine Maschine vorhanden, so steht sie entweder wie in Abb. 53 u. 54 in der Schiffslängsrichtung und treibt den Turas mit Kegelradvorgelege, oder die Maschine steht quer zur Schiffsachse und treibt an jedem Wellenende mit Kegelradvorgelege je eine Schiffsschraube. Der Schraubenantrieb wird durch eine leicht lösbare Kupplung mit der Maschine verbunden. Der Turasantrieb wird entweder durch Abnehmen der Riemen oder, gleichfalls durch eine Kupplung, ausgeschaltet. Oberflächenkondensationsanlagen sind für mittelgroße und große Bagger stets zu empfehlen. In die Kondensation soll auch der Abdampf der Winden und Hilfsmaschinen geleitet werden können, soweit er nicht zur Speisewasservorwärmung und Frischwasser-Erzeugung benutzt wird. Sie muß daher so eingerichtet sein, daß sie auch bei stillstehender Hauptmaschine arbeiten kann. Die Seeventile der Umlaufpumpe sind so anzubringen, daß das überfallende und von der Strömung mitgerissene Baggergut nicht mit angesaugt wird. Zweckmäßig wird an jedem Schiffsende an der äußeren Seitenwand ein Seeventil angebracht. Die Ventile können dann leicht von angesaugtem Tang gereinigt werden und sind so zu benutzen, daß das von der Strömung zuerst getroffene Ventil in Betrieb ist. Dadurch wird stets reines Wasser angesaugt, da das über Bord fallende Baggergut von der Strömung nach dem anderen Schiffsende hingespült wird.

Elektrische Beleuchtung ist für größere Bagger empfehlenswert. Die Lichtanlage ermöglicht, auch nachts zu baggern, und kann ferner bei Ausbesserungsarbeiten vorteilhaft zum Antrieb kleinerer Werkzeugmaschinen benutzt werden.

Die Pumpenbagger haben in der Regel stehende Zweifach-Verbundschiffsmaschinen, die mit der Pumpe unmittelbar gekuppelt sind und bei Schachtpumpenbaggern oft auch zum Antrieb der Schiffsschraube dienen. Riemenantrieb durch liegende Maschinen ist selten. Abmessungen und Gewichte ausgeführter Maschinen sind in Zahlentafel IIIb, bzw. IIIc zusammengesetellt. Die Anordnung der Maschinen ist aus den Zusammenstellungszeichnungen zu ersehen. Oberflächenkondensationsanlagen sind immer einzubauen. Das Seeventil muß so liegen, daß der übergespülte Boden nicht mitangesaugt wird. Bei Schachtpumpenbaggern mit großem Tiefgang ist dies durch möglichst tiefe Lage des Ventils zu erreichen, im übrigen soll es soweit als möglich vom Laderaum entfernt sein. Bei Baggern mit Mittelschlitz, die in Prähme fördern, ist das Seeventil am hinteren Ende des Schlitzes am besten vor Verunreinigungen geschützt. Eine Dampfdynamo ist aus den gleichen Gründen wie bei Eimerbaggern zu empfehlen. Die

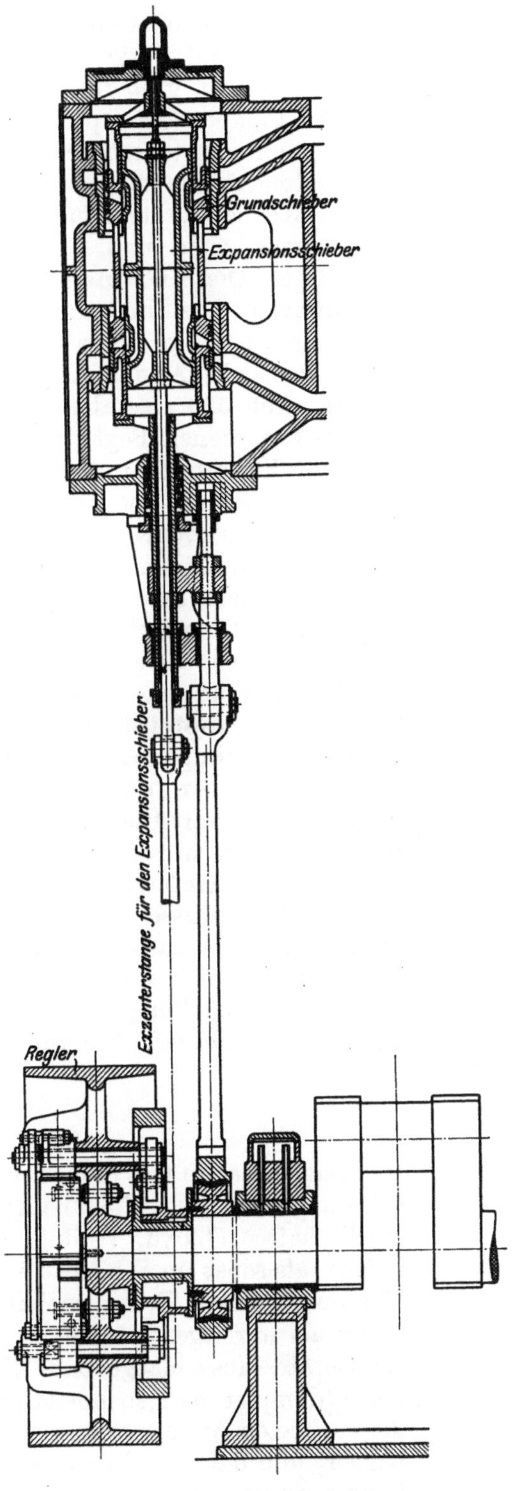

Abb. 526. Steinscher Regler (D.R.P.).
Maßstab 1 : 20.

Spülpumpen für den Saugekopf und die Stopfbüchse der Förderpumpe sind unmittelbar wirkende Dampfpumpen, die 2÷4 atm Druck erzeugen. Die Seeventiele dieser Pumpen müssen gleichfalls so liegen, daß sie gegen das Eindringen von Sand geschützt sind. Das Druckwasser für die Bewegung der Bodenventile und Klappen wird ebenfalls von unmittelbar wirkenden Dampfpumpen erzeugt. Starke Dampflenzpumpen sind nötig, da bei Undichtigkeiten an der Förderpumpe und deren Leitungen leicht größere Wassermengen sich in der Bilge ansammeln.

Die Pumpen der Spüler werden, wie die der Pumpenbagger, von stehenden, jedoch nicht umsteuerbaren Maschinen getrieben, die als Zweifach- oder Dreifach-Verbundmaschinen ausgebildet sind. Diese Ausführung ist für große Geräte die Regel. Kleine Geräte erhalten auch Lokomobilen mit Riemenantrieb der Pumpe. Die Abmessungen und Gewichte ausgeführter Maschinen gibt Zahlentafel IVb, bzw. IVc. Die Anordnung der Maschinenräume zeigen die Zusammenstellungszeichnungen. Die Umdrehungszahl der Pumpe soll sehr gleichmäßig sein, bei Verstopfung des Saugerohres darf die Maschine nicht durchgehen. Es sind deshalb rasch wirkende Achsenregler vorzusehen. Viel angewandt ist der Steinsche Regler, Abb. 526, bei der der Expansionskolbenschieber und der Grundschieber Kanäle mit ebenen Begrenzungslinien haben. Der Dampfzutritt wird durch Änderung der Exzentrizität und des Voreilwinkels des Exzenters für den Expansionsschieber gereglt (Z. Ver. deutsch. Ing. 1903, Nr. 1). Die Zusatzwasserpumpen werden von stehenden Zwei- oder Dreifach-Verbundmaschinen getrieben, die die Bauart der Schiffsmaschinen erhalten, jedoch nicht umsteuerbar sind. Die Spüler haben wegen der vielteiligen Maschinenanlage in der Regel eine von der Hauptmaschine unabhängige Oberflächenkondensationsanlage. Das Seeventil für die Umlaufpumpe soll bei Geräten, die aus Prähmen saugen, an der der Saugeseite gegenüberliegenden Schiffslängswand angebaut werden. An Hilfsmaschinen für den Baggerbetrieb sind bei Spülern Stopfbüchsenspülpumpen, kräftige Dampflenzpumpen und, wie bei Eimer- und Pumpenbaggern, Dampfdynamos vorzusehen.

Die Schutenentleerer haben stehende, seltener liegende Zweifach-Verbundmaschinen, die mit Riemenvorgelege die Eimerkette und die Seitenförderung treiben. Die Maschinen müssen umsteuerbar sein. Oberflächenkondensationsanlagen sind besonders bei Geräten, die in Seewasser arbeiten, empfehlenswert. Die Pumpen für das Zusatzwasser der Spülrinne werden von besonderen stehenden Maschinen getrieben, die je nach Leistung der Pumpe als Einzylinder- oder als Zweizylinder-Verbundmaschinen gebaut werden. Anordnung und Einbau der Maschinen zeigen die Zusammenstellungszeichnungen. Abmessungen und Gewichte ausgeführter Anlagen gibt Zahlentafel Vb und Vc.

3. Schiffsgefäß.

Bagger haben fast immer eiserne, selten hölzerne Schiffsgefäße. Für die Materialstärken genügen, vor allem bei größeren Geräten, die Vorschriften der Klassifikationsgesellschaften (Lloyd, Veritas usw.). Soweit die Schiffsgefäße andere Formen aufweisen, als sonst im Schiffbau üblich, muß sich der Bau dieser Teile den besonderen hier auftretenden Beanspruchungen anpassen. Die Form des Schiffskörpers ist so völlig als nur irgend angängig zu wählen; im übrigen ist der Bestimmungszweck des Gerätes ausschlaggebend. Für Schachtpumpenbagger sind die für gewöhnliche Frachtdampfer maßgebenden Stabilitätsverhältnisse zu berücksichtigen. Alle Bagger, die vor festen Ankern arbeiten (festliegende Pumpenbagger, Eimerbagger und Greifbagger) und daher nicht in solchem Seegang baggern können, wie Schachtpumpenbagger, werden so gebaut, daß sie eine große Anfangsstabilität haben und daher ruhig liegen.

Greifbagger.

Geräte für kleinere Binnengewässer und Kanäle erhalten Prahmform, solche, die vorwiegend im Seebezirk arbeiten sollen, Schiffsform. Selten haben Greifbagger Laderäume für Baggergut.

Die Arbeitsweise des Greifers erfordert eine große Standsicherheit des Gerätes. Der Schiffskörper wird deshalb möglichst breit gebaut. Ist die Breite beschränkt, weil der Bagger durch enge Fahrwasser oder Brücken geschleppt werden muß, so wird das Schiffsgefäß beim Arbeiten des Baggers mit seitlichen Schwimmkästen gekuppelt (vgl. Abb. 2 bis 4). Zur Erhöhung der Standsicherheit wird gewöhnlich das Greifergerät in einen Schacht möglichst tief im Schiff aufgestellt.

Besondere Verstärkungen sind unter der Greiferwinde erforderlich, deren Plattform auf einem kräftigen Fundament ruht. Ist eine Pfahlziehwinde auf dem Hinterschiff vorgesehen, so wird das Zugseil über ein Horn geführt, das auf besonderen Verstärkungen des Schiffsverbandes ruht. Größere, für den Seebezirk bestimmte Geräte erhalten zum Schutz gegen Stöße der anlegenden Prähme eine oder zwei um das ganze Schiff herumlaufende Scheuerleisten und zuweilen, zum Schutz des Schanzkleides, senkrechte Fender, die von der unteren Scheuerleiste bis zur Höhe des Schanzkleides reichen (Abb. 527). Fluß- und Kanalbagger haben leichte Geländer aus Gas-

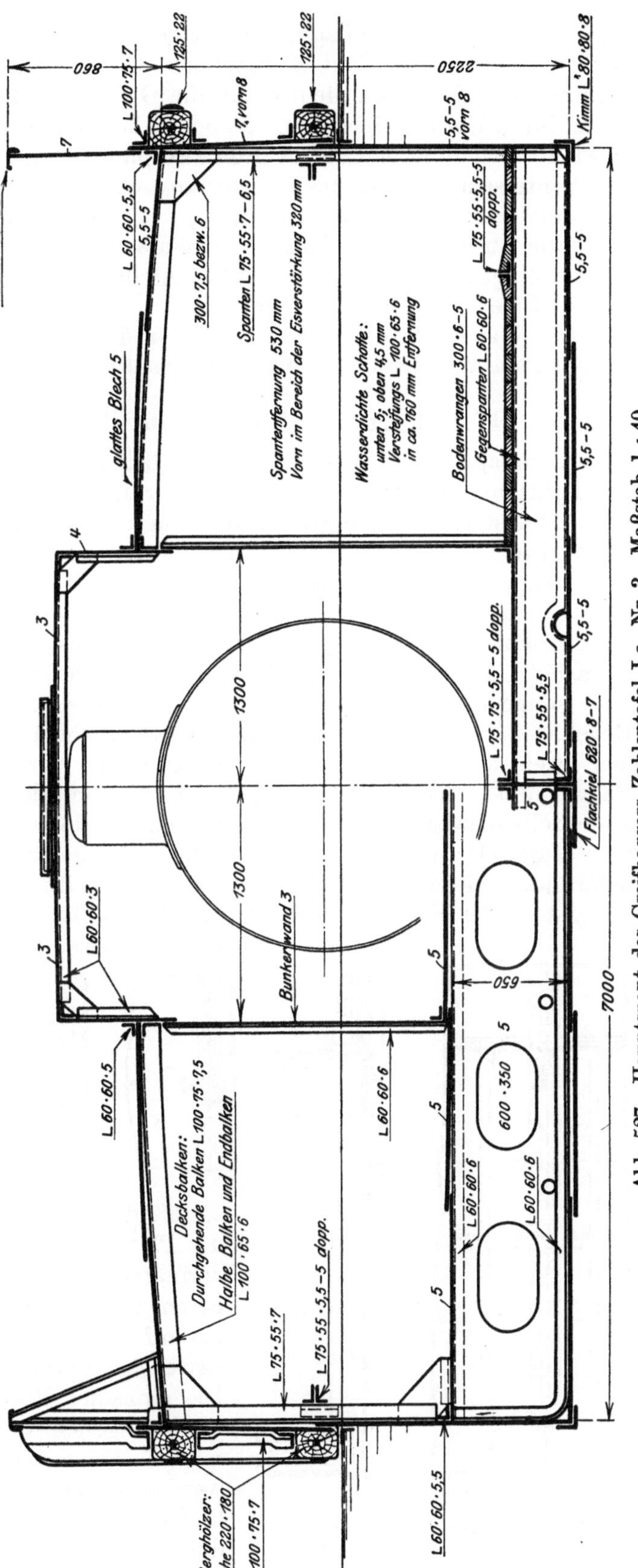

Abb. 527. Hauptspant des Greifbaggers Zahlentafel I a, Nr. 3. Maßstab 1 : 40.

rohr oder Ketten, Seebagger im allgemeinen feste Schanzkleider. Wasserdichte Schotten werden nach Bedarf eingebaut. Größere Geräte haben im Hinterschiff einen Trimmtank. Der Tank dient dazu, die Gleichgewichtslage des Schiffes herzustellen, wenn durch Einbau eines längeren oder kürzeren Auslegers eine Verschiebung in der Gewichtsverteilung eintritt. Durch Leerpumpen des Tanks kann auch der Auftrieb des Hinterschiffes und die Zugwirkung einer Pfahlziehwinde erhöht werden. Bei der allgemeinen üblichen Anordnung liegt die Greiferwinde auf dem Vorschiff, da sonst die Ausladung von Mitte Kransäule zu groß wird. Im Hinterschiff muß dann Ballast eingebaut werden. Günstiger ist die Lastverteilung, wenn die Greiferwinde in der Mitte steht (Abb. 7 bis 9).

Die übliche Raumeinteilung zeigen die Zusammenstellungszeichnungen. Für Wohnräume der Besatzung ist meistens Platz vorhanden.

Eimerbagger und vereinigte Eimer- und Pumpenbagger.

Kleinbagger und Bagger ohne Selbstbewegung erhalten Prahmform. Bagger mit Fahrmaschine in der Regel Schiffsform. Bei größeren Baggern wird der Schiffskörper meist vorn und hinten abgeschrägt, so daß der Schleppwiderstand verringert wird. Die Länge der Vorschiffe ergibt sich bei dem Entwurf des Gerätes aus der Leiterlänge, für die die Baggertiefe maßgebend ist (siehe Abschnitt „Baggerwerkzeug", Seite 188). Das Hinterschiff muß genügenden Raum bieten für Kessel, Maschine, Kohlenbunker und Kabelgatt bzw. Trimmtanks. Die Breite richtet sich nach der Turashöhe und der Neigung und Ausschütthöhe der Schüttrinnen. Um dem Gerät eine ruhige Lage zu geben, wird der Tiefgang so groß als möglich gemacht. In der Regel ist dazu fester Ballast nötig. Das Schiffsgefäß kleiner Bagger besteht zuweilen aus zwei, durch eiserne Träger miteinander verbundenen Tragschiffen; größere Bagger haben nur ein Schiffsgefäß mit offenem oder geschlossenem Schlitz. Bagger ohne Selbstbewegung erhalten neuerdings vielfach Schiffsgefäße mit scharfen Kimmen (Tafel III), deren Herstellung und Unterhaltung billiger ist als die der Geräte mit runden Kimmen. Besonders zu verstärken ist der Schiffsverband an der Verbindungsstelle der Vorschiffe mit dem Hinterschiff. Bei größeren Schiffen werden zwei Kielschweine im Hinterschiff eingebaut, die in die Schlitzwände der Vorschiffe auslaufen (Abb. 532). Der Vorderbock hält die beiden Vorschiffe zusammen und muß bei größeren Baggern, bei denen er auch durch die Leiterhubwinde stark beansprucht wird, so mit dem Schiffskörper verbunden werden, daß die Platten und Winkel mit den Schiffswänden vernietet werden. Der Leiterbock wird bei kleineren Baggern aus [-Eisen zusammengebaut, die bis auf die Bodenwrangen reichen. Die Form der Leiterböcke größerer Bagger zeigen Tafel II u. III. Die einzelnen Bockstützen sollen durch das Deck hindurchgehen bis auf die Bodenwrangen und mit diesen verbunden werden. Schräge Stützen werden unter Deck abgestützt. Die nach vorn laufenden, am Schlitz ansetzenden Stützen werden durch eine mit der Außenwand vernietete Platte mit dem Schiffskörper fest verbunden. Zum Schutz

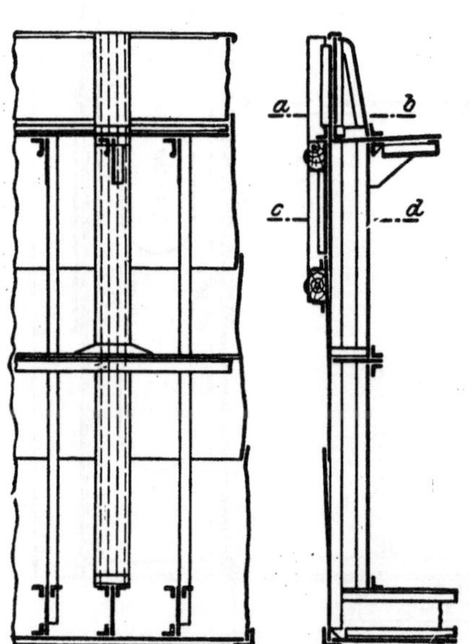

Abb. 528 bis 531.
Anordnung der Rahmenspanten hinter den senkrechten Fendern.
Maßstab 1 : 75.

Schiffsgefäß.

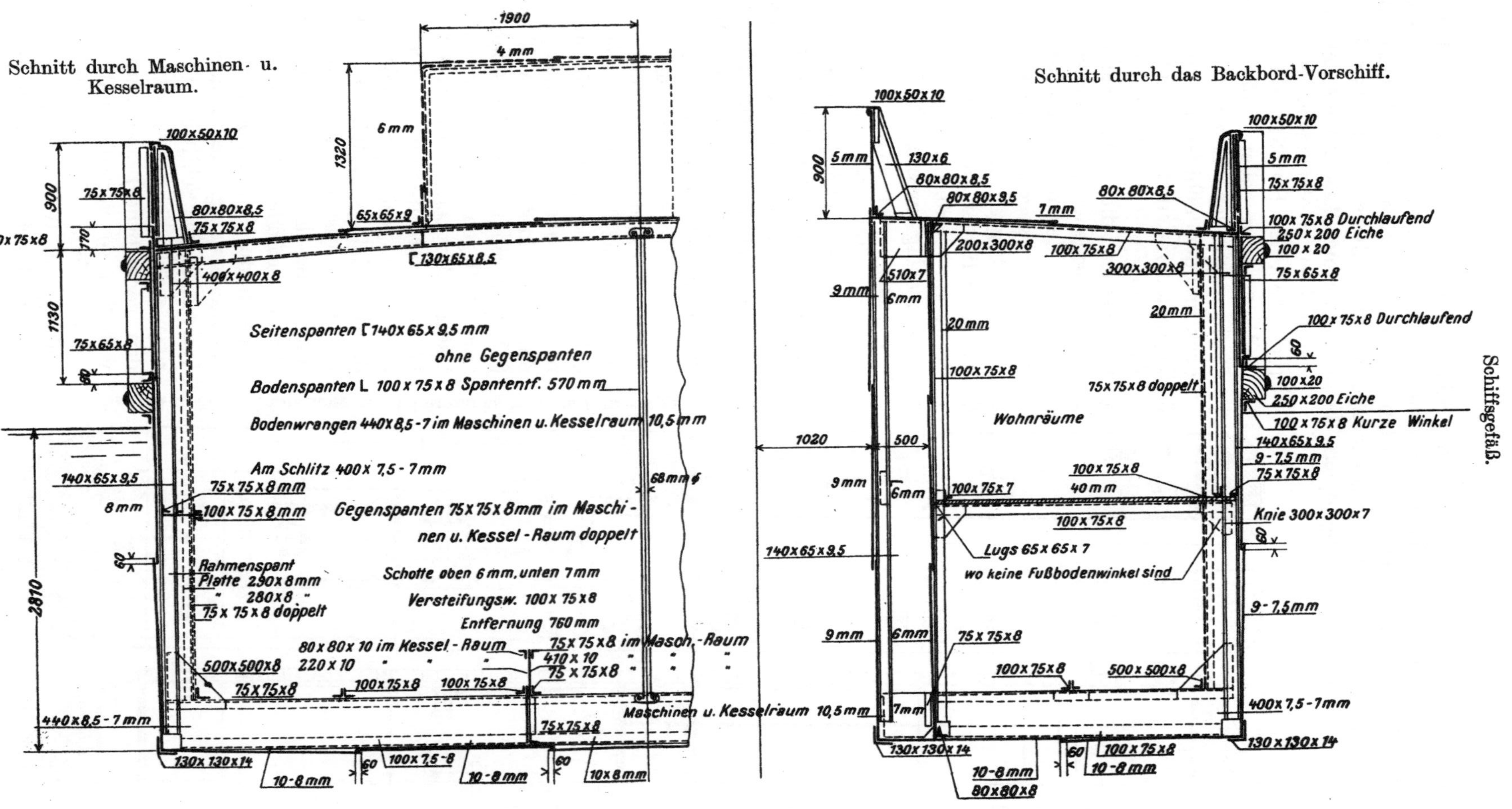

Abb. 532 u. 533. Hauptspant des Eimerbaggers „E D V" (Zahlentafel II a, Nr. 47). Maßstab 1 : 60.

gegen die Stöße der Prähme erhält das Schiffsgefäß einen oder zwei umlaufende Holzfender mit Eisenbelag, die durch mehrere kurze senkrechte Fender verbunden sind. Diese senkrechten Fender erhalten zum Schutz vielfach auch noch Eisenkappen, die sich gut bewähren. Bei Seebaggern empfiehlt es sich, in etwa 4 bis 5 m Abstand voneinander noch besondere I- oder [-förmige Eisenfender hinter den senkrechten Holzfendern einzubauen (vgl. Abb. 528 bis 531), die von den Bodenwrangen oder vom unteren Horizontalfender bis zur Reeling reichen und dem Schiffskörper eine große Festigkeit verleihen. Zum Schutz gegen Abnutzung und zur Führung der Leiter werden die Schlitzwände meist durch gebogene eiserne Scheuerleisten verstärkt, denen Führungsstücke an der Leiter gegenüberstehen. Klein- und Flußbagger erhalten gewöhnlich leichte Geländer aus Kette oder Rohr, Seebagger werden zum Schutz gegen Wasserschlag zweckmäßig mit festem Schanzkleid versehen. Zum Schutz gegen die Stöße der anlegenden Prähme wird das Schanzkleid auch 25 bis 50 cm zurückgesetzt. Unmittelbar hinter dem Vorderbock werden im Schanzkleid am Schlitz zwei einander gegenüberliegende Klapptüren angebracht, durch die auf einem übergeschobenen Brett der Verkehr über dem Schlitz vermittelt wird. Außerdem sind im Schlitzschanzkleid noch zwei durch Schieber verschließbare Öffnungen unmittelbar über Deck auszusparen, durch die kräftige Balken über den Schlitz geschoben werden können, die zum Auflegen der Leiter zur Entlastung des Leiterhubwerkes bei Ausbesserungsarbeiten dienen. Der Leiterschlitz der Seebagger erhält zuweilen doppelte Längswandungen in 500 bis 600 mm Abstand (Abb. 533). Die innere als Längsschott ausgebildete Wand verhindert bei Zerstörung der äußeren durch aufgebaggerte sperrige Eisenteile u. dgl. das Eindringen des Wassers in das Schiffsinnere. Die übrigen wasserdichten Schottwände werden nach Bedarf eingebaut und gewöhnlich so verteilt, daß das Gerät schwimmfähig bleibt, wenn eine Abteilung voll Wasser läuft.

Die Einrichtung ausgeführter Bag-

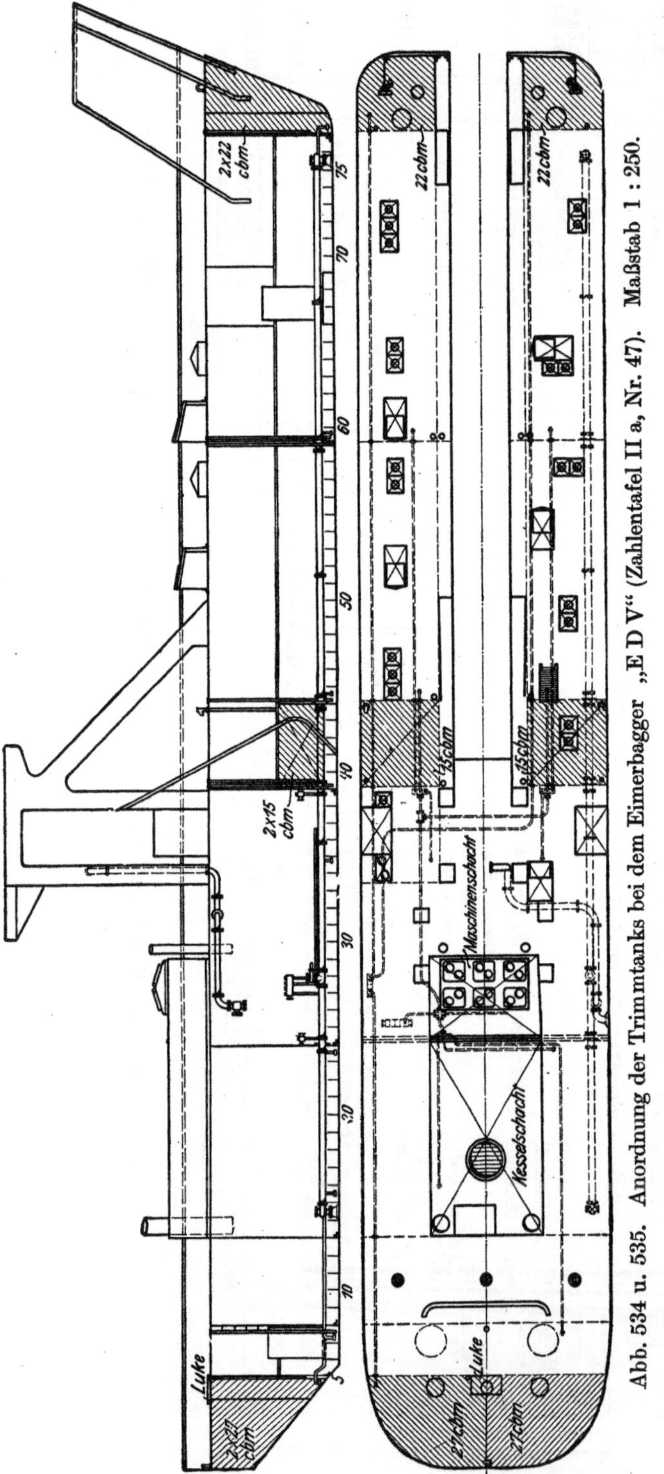

Abb. 534 u. 535. Anordnung der Trimmtanks bei dem Eimerbagger „E D V" (Zahlentafel II a, Nr. 47). Maßstab 1 : 250.

ger ist aus Abb. 22 bis 29, 33 und 36 zu erkennen. Kleine Bagger bieten gewöhnlich nur Raum für einen Teil der Besatzung, den Baggermeister und den Maschinisten. Größere Bagger haben im allgemeinen fast die gleiche Raumeinteilung, wie Tafel II, III und IV zeigen. Trimmtanks, Kabelgatt, Kohlenbunker und Kessel- und Maschinenräume liegen im Hinterschiff, die Vorschiffe enthalten Wohnräume für die Besatzung und Trimmtanks oder Kabelgatt und Stauräume. Wenn möglich, ist neben dem Maschinenraum ein kleiner Werkstattraum abzuteilen. Der Maschinenraum liegt nahe am Schlitz, unmittelbar dahinter stehen die Kessel. An den Kesselraum schließen sich die Bunker an. Die Decksfläche über den Bunkern muß frei gehalten werden, um das Übernehmen und Verstauen der Kohle möglichst zu erleichtern. Bei größeren Baggern ändert sich die Trimmlage mit dem Verbrauch der Betriebsstoffe (Wasser und Kohle) sehr stark, wenn sie nicht durch Trimmtanks geregelt wird. Abb. 534 u. 535 zeigt einen Trimmplan, der als vorbildlich angesehen werden kann. Im Hinterschiff und in den beiden Vorschiffen liegen Trimmtanks, mit denen der Bagger bei jeder Neigung, die hervorgerufen wird durch seitliches Auflaufen der Eimerkette, Ausblasen eines Kessels, einseitige Kohlenentnahme, Leckwerden einer wasserdichten Abteilung in einem Vorschiff usw., leicht in die richtige Lage zurückgetrimmt werden kann. Es ist deshalb je ein Trimmtank in den Vorschiffen und ein Trimmtank mit wasserdichtem Mittellängsschott im Hinterschiff vorgesehen, die nach Bedarf schnell durch die Lenzleitung gefüllt und entleert werden können. Außerdem haben die in der Mitte zu beiden Seiten des Schlitzes liegenden Frischwassertanks eine Verbindungsleitung, durch die das Wasser von der einen Seite nach der anderen übergepumpt werden kann, so daß auch hierdurch die Gleichgewichtslage des Baggers beeinflußt wird.

Einen Bagger mit Schiffsform und Schraube zeigt Abb. 53 bis 55. Der Schlitz wird durch das geschlossene Vorschiff geschützt, und der Vorderbock hat in der Hauptsache nur die Last der Leiter zu tragen.

Größere Bagger bieten an Deck so viel Platz, daß den Räumen Luft und Licht ausschließlich durch Oberlichter zugeführt werden kann und Bullaugen, die bei Seebetrieb gefährlich sind, ganz vermieden werden.

Pumpenbagger.

Die Schiffsgefäße der Pumpenbagger ohne Schacht ähneln denen der Eimerbagger (vgl. Abb. 80); sie werden indes nicht so stark beansprucht und können leichter gebaut werden. Das Saugerohr liegt in einem Mittelschlitz. Hat das Gerät eine Fahrmaschine, so wird das Schiffsgefäß vor dem Schlitz zugebaut, um den Raum für die Fahrmaschine zu gewinnen. Reicht der Schlitz bis an das Schiffsende, so werden die beiden Vorschiffe durch die durchlaufenden Decksbalken und Decksplatten verbunden (Abb. 80). Besondere Verstärkungen sind am Schiffskörper nur an der Verbindung der Vorschiffe mit dem Hinterschiff und unter den Winden nötig.

Schachtpumpenbagger werden ganz als Seeschiffe gebaut. Hängt das Saugrohr in einem Schlitz, so wird es nach hinten gelegt; in beiden Hinterschiffen stehen die Fahrmaschinen (Tafel VII). Die Verbindung der Hinterschiffe dient zugleich zum Aufhängen des beweglichen Saugerohrendes. Die Bagger haben einen vorn, aber möglichst nahe der Schiffsmitte liegenden Laderaum. Besondere Verstärkungen am Schiffskörper sind an der Verbindung des Laderaumes mit dem Vor- und dem Hinterschiffe, im Laderaum selbst, sowie unter den Winden erforderlich. Der Schiffsverband wird durch den großen Laderaum in seiner gleichmäßigen Ausbildung unterbrochen. Der Querverband wird hier durch Bodenwrangen (Abb. 536) oder Eselsrücken (Tafel VII), die zwischen den einzelnen Bodenöffnungen liegen oder durch Decksbalken, die als Blechträger ausgebildet sind, ersetzt. Als Längsverband wird das Mittelkielschwein benutzt, das auch als starker dreieckiger oder viereckiger Kasten gebaut wird. In den Luftkästen neben dem Laderaum sind starke Längsstringer angeordnet (Abb. 536). Durch den Laderaum kann noch ein mit Winkeleisen verstärktes Längsschott zur Unterstützung des Längsverbandes geführt werden.

Die Verteilung der Räume ist im allgemeinen bei Schachtpumpenbaggern gleich. In dem geräumigen Vorschiff liegen Kollisionsräume, Tanks und die Wohnräume. Dann folgt der Laderaum. Maschinen- und Kesselräume, Kohlenbunker und Kabelgatt sind im Hinterschiff untergebracht. Hat der Bagger einen Schlitz, so befindet sich an jedem Hinterschiff eine Schiffsschraube. Die Räume seitlich

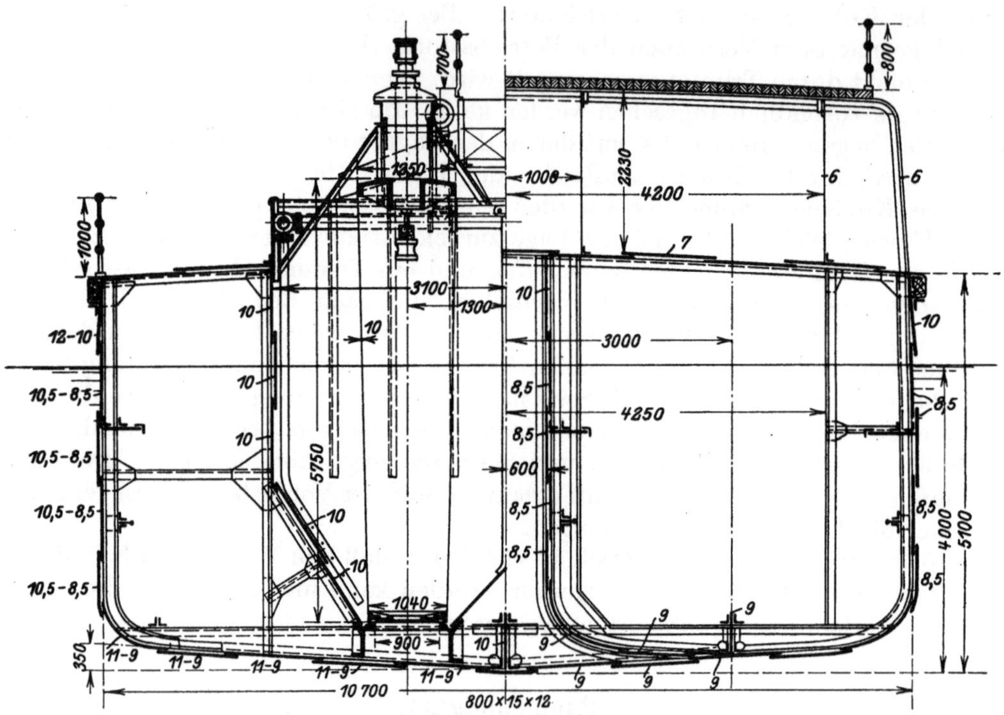

Abb. 536. Hauptspant des Schachtpumpenbaggers „Stolpmünde" (Zahlentafel III a, Nr. 13).

neben dem Laderaum dienen als Tragekästen. Wasserdichte Schotten werden nach den Vorschriften der Klassifikationsgesellschaften eingebaut. Die Tragekästen werden durch Zwischenschotte unterteilt, so daß das Gerät beim Vollaufen einer Abteilung noch schwimmfähig bleibt.

Der Tiefgang eines Schachtpumpenbaggers ist bei vollem und leerem Laderaum besonders vorn sehr verschieden. Das große Vorschiff, das zum Tragen der Last nötig ist, hat bei leerem Schiff sehr großen Auftrieb und bietet bei starkem Wind so viel Windfläche, daß die Steuerfähigkeit des Gerätes stark beeinträchtigt wird. Deshalb werden im Vorschiff große Trimmtanks eingebaut, mit denen der Tiefgang entsprechend vergrößert werden kann. Da bei schlechtem Wetter bei jeder Reise der Tank gefüllt und entleert wird, muß eine kräftige Lenzpumpe hierfür vorhanden sein.

Spüler.

Spüler haben keine Fahrmaschinen; die Schiffsgefäße sind deshalb stets prahmförmig gebaut und bei größeren Geräten zur Verringerung des Schleppwiderstandes vorn und hinten abgeschrägt. Die Schiffsgefäße der nur mit Eimerbaggern gekuppelt arbeitenden Spüler erfordern keine außergewöhnlichen Verstärkungen, da sie nur in ruhigem Wasser verwendet werden können und weder starkem Seegang noch schweren Stößen durch Prähme ausgesetzt sind.

Raumeinteilung und Anordnung der Schotten ist aus Abb. 35, 36, 111 bis 138 zu ersehen. Wegen der geringen Abmessungen der Geräte können Wohnräume für die Besatzung nicht untergebracht werden.

Spüler, die aus Prähmen saugen, und das Baggergut durch schwimmende oder feste Rohrleitungen an Land spülen, müssen zur Schonung der Rohranschlüsse fest liegen. Sie werden deshalb an Dalben oder, wie der unter Nr. 12 beschriebene, an 6 Ankern festgelegt. Zur Entlastung der Dalben werden auch die Vor- und Hinteranker ausgebracht. Die an Dalben festliegenden Spüler sind den Stößen der anlegenden Prähme mehr ausgesetzt, als die nur vor Anker liegenden. Bei diesen wird die Wirkung des Stoßes dadurch gemildert, daß sie an den Ketten zur Seite schwingen können. Die Schiffskörper müssen besonders feste Querverbände haben und vornehmlich an der Anlegeseite durch starke Holzfender geschützt sein. Die bei den Eimerbaggern (Seite 252) beschriebenen starken Eisenfender sind bei großen Spülern daher sehr zu empfehlen (Abb. 528 bis 531). Zum Schutz gegen die Stöße der anlegenden Prähme wird häufig auf der Saugeseite der Raum zwischen den umlaufenden Horizontalfendern ganz mit Holz ausgefüttert. Diese Ausführung hat sich gut bewährt.

Eine gute Unterstützung erfordern namentlich die starken Förderpumpen und ihre Maschinen. Zum Schutz gegen Wasserschlag erhalten die Spüler zweckmäßig feste Schanzkleider. Die Ausleger für die Sauge- und Spülrohre sind möglichst so hoch anzubringen, daß alle über Bord hinausragende Teile etwa 0,5 m über der Reeling liegen und die freie Durchfahrt der Prähme nicht hindern (Tafel IX u. Abb. 130). Die Raumeinteilung sowie die Anordnung der Schotten ist aus den Zusammenstellungszeichnungen zu ersehen. Große Spüler neigen sich beim Ansaugen, wenn sich das Saugerohr mit Boden und die Spülrohre mit Wasser füllen, stark nach der Saugeseite. Wenn die Pumpe abschlägt, schwingt das Gerät in seine Anfangslage zurück. Hierdurch wird der Landanschluß der Rohrleitung stark beansprucht. Es ist deshalb sehr wichtig, die Gewichte so zu verteilen, daß der Spüler in der Ruhelage sich um etwa ebensoviel nach der Landseite neigt, wie er sich beim Arbeiten nach der Wasserseite hinneigen wird. Dadurch wird der Ausschlag, den der zum Anschluß der Landleitung dienende Lederschlauch machen muß, so geteilt, daß nach oben und unten etwa der gleiche Biegungswinkel auftritt und der Schlauch eine wesentlich höhere Lebensdauer hat, als bei einseitigem Ausschlag. Wird die ganze Kessel- und Maschinenanlage wie in Tafel IX so aufgestellt, daß ihr Gewicht zum Ausbalancieren des Gerätes mitbenutzt wird, so kann der tote Ballast unter Umständen ganz fortfallen. Die Kohlenbunker und Wassertanks werden möglichst groß gemacht und, wenn angängig, in die Nähe der Schiffsmitte gelegt, so daß Trimmtanks überflüssig sind. Der Decksraum über den Bunkern muß frei gehalten werden, damit das Gerät ohne Betriebsstörung bekohlt werden kann (vgl. auch das Seite 253 Gesagte).

Schutenentleerer.

Schutenentleerer haben nur prahmförmige Schiffsgefäße, die zur Verringerung des Schleppwiderstandes vorn und hinten zugeschärft oder abgeschrägt sind. Zur besseren Führung der zu entleerenden Prähme werden vielfach Führungsbalken angebaut (Abb. 143 bis 145). Besondere Verstärkungen sind nur an den Auflagerstellen der Gerüste erforderlich. Die Verbindung der beiden Prähme eines Zweischiff-Schutenentleerers muß starr sein; auf ihr ruht der Leiterbock und der Ausleger für die Landförderung. Zum Ausgleich des überladenden Gewichts der Fördervorrichtung werden Kessel und Maschine meist in das wasserseitige Schiff gelegt.

Raumeinteilung und Anordnung der Schotten in einem Zweischiff-Schutenentleerer sind aus Abb. 148 zu ersehen. Die Geräte arbeiten nur in ruhigem Wasser; die Schutzgeländer werden deshalb leicht gehalten. Feste Schanzkleider sind nicht üblich. Trimmtanks sind nicht erforderlich.

4. Arbeitswinden, Prahmverholwinden und Ankerwinden.

Arbeitswinden sind die Winden, durch welche die Lage des Baggers beim Arbeiten geregelt wird (vgl. S. 2, 8 u. 38). Zum Arbeiten der Bagger sind 2 Arten von Winden erforderlich: Seitenwinden und Vor- und Hinterwinden. Für die Seitenwinden werden bei fast allen Baggern Ketten benutzt, weil diese wegen ihrer Schwere zu Boden sinken und den Verkehr verhältnismäßig wenig hindern. Vor- und Hinteranker liegen bei kleineren Baggern ebenfalls an Ketten, bei mittleren an Ketten, oder Tauen; bei größeren Baggern werden nur Stahldrahtseile verwendet, weil Ketten zu schwer sind.

Die Winden kleiner Bagger werden von Hand bewegt. Wird der Kraftbedarf so groß, daß mehr als 1 Mann zum Drehen einer Winde nötig ist, so werden sie von der Hauptmaschine aus oder von Einzeldampfmaschinen oder Elektromotoren getrieben.

Greifbagger.

Die Arbeitswinden der Greifbagger werden stets von Hand betrieben, weil die Bewegung nicht dauernd und der Kraftbedarf meist nicht sehr groß ist. Arbeiten die Geräte an Stellen, die starkem Wind und Seegang ausgesetzt sind, oder haben sie Schiffsschrauben, so wird noch eine Hand- oder Dampfankerwinde nötig. Die Ketten der beiden vorderen oder der beiden hinteren Seitenanker werden oft über eine Winde geführt. Die Winden werden als einfache Bockwinden gebaut und haben entweder freitragende Spillköpfe oder Kettenräder, von denen im Bedarfsfall die Kette leicht abgeworfen werden kann, oder einfache Trommeln. Die Seitenketten werden an Deck über Rollen oder wie bei Eimerbaggern durch Kettenschächte unter Wasser abgeführt. Die auflaufenden Enden der nicht sehr langen Ketten werden an Deck in Kästen gelagert. Die Hinterketten werden unmittelbar über eine Rolle zum Wasser und die auflaufenden Enden durch Klüsen zu einem unter Deck stehenden Kettenkasten geführt.

Eimerbagger.

Für Eimerbagger sind die Arbeitswinden besonders wichtig, und die gute Leistung hängt wesentlich von der richtigen Wahl dieser Winden ab. Abmessungen und Kraftbedarf ergeben sich aus der Größe und dem Arbeitsgebiet des Baggers. Genaue Rechnungen lassen sich hierüber nicht anstellen. Vorder- und Hinterwinde müssen den Bagger halten und gegen Wind und Wasser verholen können. Bei den Seitenwinden ist noch der Widerstand beim Einschnitt der Eimer in den Boden zu berücksichtigen. Die vorderen Winden sind die wichtigsten, ihnen fällt auch die hauptsächlichste Arbeit zu; die hinteren Winden dienen lediglich zum Halten des Gerätes. Zahlentafel IIc enthält eine Zusammenstellung der Winden ausgeführter Bagger, aus der die zum Entwurf neuer Geräte nötigen Angaben entnommen werden können. Angaben über die Maschinenabmessungen einiger Baggerwinden finden sich in Zahlentafel XIV.

Handwinden werden nur bei ganz kleinen Baggern verwandt, die in schmalen Gewässern arbeiten und nur wenig seitliche Bewegung und daher kurze Ketten haben.

Zahlentafel XIV.

Abmessungen der Maschinen von Dampf-Winden für Eimerbagger.

1	2	3	4	5	6	7	8	9	10	11	12	13	14	15	16	17	18	19	20	21	22	23	24	25	26
Nr. in Zahlentafel	Vortau-Winde			vordere Seiten-Winde			hintere Seiten-Winde			Hinter-Winde			Schiffsanker-Winde			Leiterhub-Winde			Schüttrinnen-Winde			Prahmverhol-Winde			Kesseldruck
IIa	⌀ mm	Hub mm	n	⌀ mm	Hub mm	n	⌀ mm	Hub mm	n	⌀ mm	Hub mm	n	⌀ mm	Hub mm	n	⌀ mm	Hub mm	n	⌀ mm	Hub mm	n	⌀ mm	Hub mm	n	at.
22	2×180	300	110	2×180	250	54	2×150	250	70				—	—	—	2×140	200	300	—	—	—	—	—	—	7
26	2×160	200	140	2×140	200	140				2×140	200	140				2×140	140	200				2×100	175	160	10
29	—	—	—	—	—	—	—	—	—	—	—	—	2×140	200	250	2×160	220	200	—	—	—	—	—	—	9
30	2×175	250	110	2×110	160	120				2×175	250	110				2×210	160	200	2×105	110	200	2×110	180	150	10
32 u. 44	2×250	300	200	2×160	200	200	2×160	300	200				—	—	—	2×250	300	200	2×160	200	200	—	—	—	13
33	2×160	220	300	—	—	—	2×160	220	300				2×140	200	250	2×180	240	300	—	—	—	—	—	—	8,5
35	2×180	254	100	2×160	210	95				2×180	254	100				2×200	160	250	2×105	110	78	—	—	—	11
46	2×250	250	200	2×160	200	200				2×160	200	200				2×250	250	200	2×160	200	200	—	—	—	13
47	2×200	300	100	2×180	200	100				2×180	250	100				2×225	250	200	2×125	200	130	2×125	200	130	12

Bagger dieser Art zeigen Abb. 14 bis 18. Die Geräte sind sehr klein, und die Beanspruchung der Winden ist gering; sie haben deshalb einfache Handspills, oder Bockwinden mit Kettentrommeln, die ablaufenden Kettenenden werden in Kästen auf Deck gelagert. Werden die auftretenden Kräfte so groß, daß die Winden mehr als einen Mann zur Bedienung erfordern, so werden sie maschinell angetrieben, und zwar einzeln oder in Gruppen. Der Antrieb kann von der Hauptmaschine oder durch besondere Maschinen erfolgen.

Gruppenantrieb von der Hauptmaschine ist bei kleinen und mittelgroßen Baggern üblich. Die Winden werden sämtlich oder teilweise von der Hauptmaschine aus durch Riemen (Abb. 537) oder Kegelräder (Abb. 540 und 541) oder durch ein Exzenter vom Turasantrieb (Abb. 22) aus bewegt. Der Gruppenantrieb ermöglicht, besonders bei kleinen Baggern, eine einfache und leichte Anordnung. Die Windenbewegung kann in der Regel für 2 oder 3 verschiedene Geschwindigkeiten eingestellt werden. Bei dem Antrieb von der Hauptmaschine ist jedoch die Seitwärtsbewegung

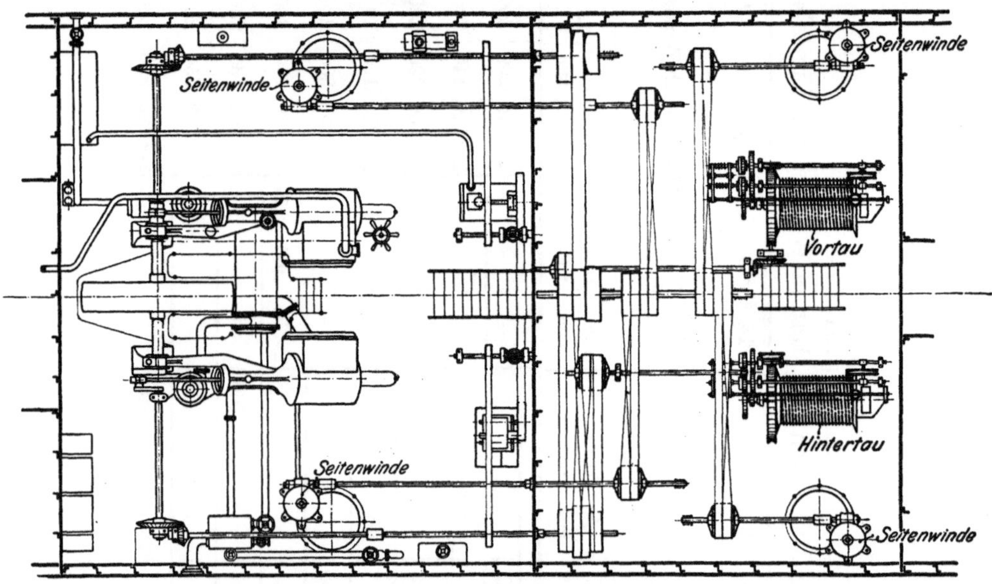

Abb. 537. Gruppenantrieb der Winden mit Riemenübertragung.

des Baggers zwangläufig mit dem Umlauf der Eimerkette. Bei sehr ungleichem und unreinem Boden läßt sich daher die Seitwärtsbewegung nicht immer in der wünschenswerten Weise regeln. Deswegen ist für große Bagger der Gruppenantrieb ungeeignet. Auch hat an Arbeitsstellen mit regem Schiffsverkehr der Gruppenantrieb bei größeren Geräten den Nachteil, daß der Bagger nicht schnell aus der Fahrrinne verholt werden kann.

Der Gruppenantrieb sämtlicher Winden durch eine besondere Dampfmaschine ist selten. Er bietet gegenüber dem Antrieb von der Hauptmaschine keine wesentlichen Vorteile, weil durch die große Windenmaschine die Anlage vielteiliger wird, ohne daß die einzelnen Winden sich dem Betriebe besser anpassen können.

Abb. 537 zeigt einen reinen Gruppenantrieb mit Riemen für 6 Winden. Die Hauptmaschine treibt mit Kegelrädern 2 Riemenscheibenwellen; von der einen wird mit Riemen eine Zwischenwelle und von dieser jede Seitenwinde besonders durch Riemen- und Räderübersetzung angetrieben. Die Geschwindigkeit kann durch Stufenscheiben auf 3, 4 oder 5 m/Min eingestellt werden; alle 4 Winden haben stets die gleiche Geschwindigkeit. Auf der Antriebswelle sitzen 2 Riemenscheiben, die mit Reibungskupplungen eingeschaltet werden. Die eine Scheibe wird mit offenem, die andere mit gekreuztem Riemen getrieben. Durch Einschalten der einen oder der anderen Scheibe kann die Drehrichtung geändert werden. In der Ruhelage werden die Winden durch selbstsperrende Schneckengetriebe festgehalten. Die zweite Welle treibt die Vorder- und die Hinterwinde, die ähnlich wie die Seitenwinden durch Riemen- und Reibungskupplungen umgesteuert werden können. Vor- und Hintertau haben gleiche Geschwindigkeit. Sämtliche Bewegungen können vom Stand des Baggermeisters aus durch Hebel von einem Mann geregelt werden. Die hier beschriebene Anordnung ist auf vielen mittelgroßen Baggern ausgeführt.

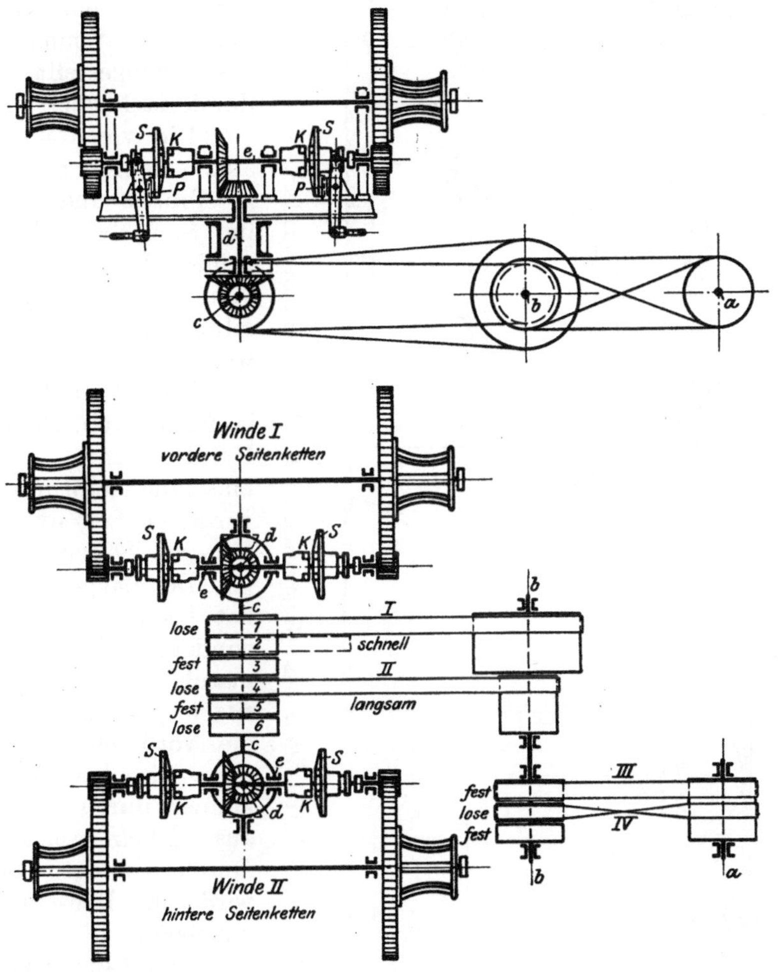

Abb. 538 u. 539.   Gruppenantrieb der Winden mit Riemen- und Kegelradübertragung.

Etwas einfacher gestaltet sich der Gruppenantrieb nach Abb. 538 und 539. Zwischenwelle a treibt mit offenem oder gekreuztem Riemen eine zweite Zwischenwelle b, auf der eine große und eine kleine Riemenscheibe sitzt. Von dieser werden die 5 Scheiben der Welle c bewegt, und zwar langsam, wenn Riemen I in Stellung 2, Riemen II in Stellung 5 steht, schnell, wenn I nach 3, II nach 6 geschoben wird. Die gezeichnete Stellung ist die Ruhelage. Die beiden Kegelräder der Welle c treiben die Wellen d und e, wenn die Kupplungen k eingerückt sind. In der Ruhelage werden die Winden dadurch festgehalten, daß die Bremsscheiben s gegen die festen Platten p gepreßt werden. Durch Verschieben der Riemen III und IV wird die

Drehrichtung der Winden umgekehrt. Sämtliche Stellhebel sind am Steuerstand vereinigt.

Bei kleineren Baggern werden mitunter nur die ständig laufenden Seitenwinden von der Maschine bewegt. Die Art des Antriebes ist verschieden.

Bei der Bauart Abb. 38 bis 40 treibt die Hauptmaschine mit Riemen und Kettenrädern die vier Seitenwinden und eine Vorderwinde. Sämtliche Winden sind dicht zusammengestellt und werden durch Stellhebel bedient.

Die vier auf einem Gestell vereinigten Seitenwinden in Abb. 33 und 34, sowie die im Steuerbord-Vorschiff liegende Vortauwinde werden von der Hauptmaschine, die Hinterwinde von Hand bewegt.

Vortau und Hinterkette laufen in Abb. 19 bis 21 über Handwinden. Die Hauptmaschine treibt nur die beiden vorderen Seitenwinden. Die hinteren Seitenwinden fehlen.

Der Bagger Abb. 26 bis 29 hat keine besonderen Seitenwinden. Auf 2 von der Hauptmaschine getriebenen Wellen sitzen je zwei Spillköpfe für die vorderen und die hinteren Seitenketten. Die Wellen können durch eine Kupplung aus- und eingeschaltet werden. Durch Umlegen der Ketten wird die Bewegungsrichtung umgekehrt.

Abb. 540 u. 541 zeigt einen Gruppenantrieb mit Kegelrädern. Sämtliche 6 Winden werden von der Hauptmaschine aus durch Wechselräder angetrieben und vom Stand des Baggermeisters aus durch Hebel gesteuert.

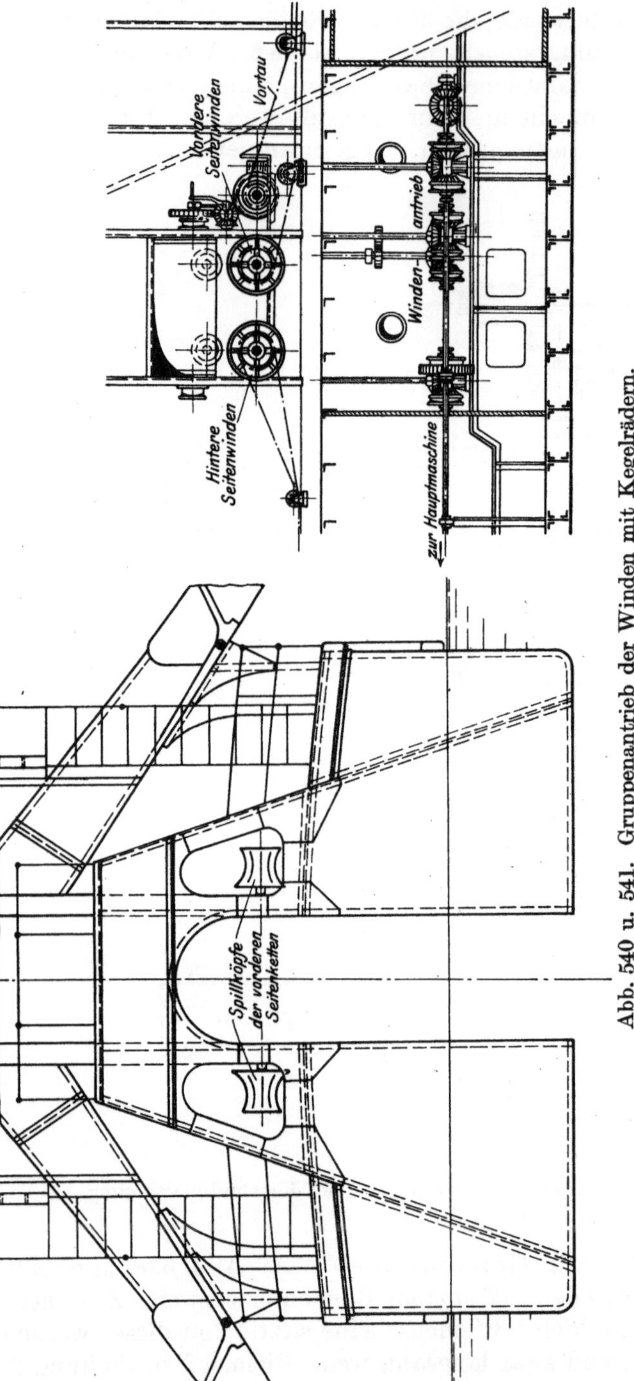

Abb. 540 u. 541. Gruppenantrieb der Winden mit Kegelrädern.

Eine einfache, für kleine Bagger sehr geeignete Antriebsart zeigen Abb. 22 bis 25. Die 5 Winden stehen dicht nebeneinander zu beiden Seiten des Schlitzes und werden in 2 Gruppen durch je 1 Exzenter von der Turas-Vorgelegewelle aus angetrieben. Die Spillköpfe der Winden werden durch Ratschen gedreht, deren

Hebel durch Stangen gelenkig miteinander verbunden sind. Der Hub der Hebel und damit die Geschwindigkeit der Ketten ist veränderlich. Die Ratschen laufen stets in demselben Sinne; die Bewegungsrichtung des Baggers wird durch Umlegen der Ketten umgekehrt. Diese Antriebsart wird von der Firma R. A. Wens, Weinmeisterhorn bei Spandau, ausgeführt.

Die Seitenwinden haben bei Gruppenantrieb einfache glatte oder gerippte Spillköpfe, die freitragend gelagert sind, um die Ketten leicht abwerfen zu können. Für Vor- und Hintertau, bzw. -kette werden bei kleineren Baggern ebenfalls Spills, bei größeren besser Trommeln mit zwangläufiger Seilführung gewählt.

Für sehr große Bagger ist besonders für die wichtigen vorderen Winden der **Einzelantrieb** unbedingt dem Gruppenantrieb vorzuziehen. Der Vorzug des Gruppenantriebs, die Steuerung der Winden von einer Stelle aus, kommt bei großen Geräten nicht in Frage, da sie schlecht zu übersehen sind. Der etwas größere Dampfverbrauch des Einzelantriebs fällt jedoch gegenüber dem wesentlichen Vorteil, den die Unabhängigkeit der Winden voneinander und besonders von der Hauptmaschine bietet, nicht ins Gewicht. Der Bagger kann sich leicht allen Betriebsverhältnissen anpassen und kann im Bedarfsfall schnell verholen, selbst bei stillstehender Hauptmaschine. Sämtliche Hebel, Gestänge und Kupplungen fallen fort. Das Triebwerk der Winden liegt stets frei und kann während des Ganges bequem beobach-

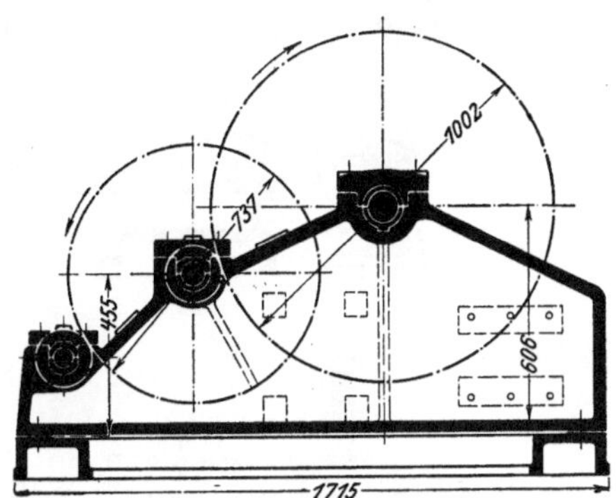

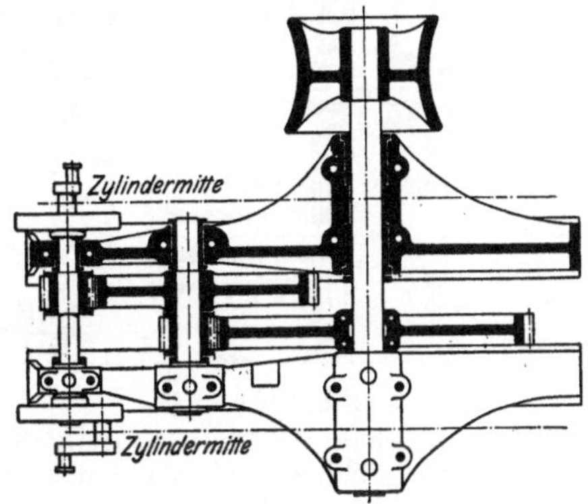

Abb. 542 u. 543.
Vordere Seitenwinde für den Eimerbagger „Bremen" (Zahlentafel II a, Nr. 36) Maßstab 1 : 30.

tet werden. Durch geeignete Aufstellung der Winden läßt sich erreichen, daß die Bedienungsmannschaft nicht größer wird, als bei Baggern mit Gruppenantrieb, bei denen eine Beobachtung der einzelnen Seitenketten auch nicht zu umgehen ist. Zu dem Zweck werden gewöhnlich die weniger wichtigen hinteren Winden zusammengelegt.

Den Antrieb er Winden in einzelnen Gruppen, die von besonderen Dampfmaschinen angetrieben werden, zeigt die Abb. 54. Vortau und vordere Backbord-

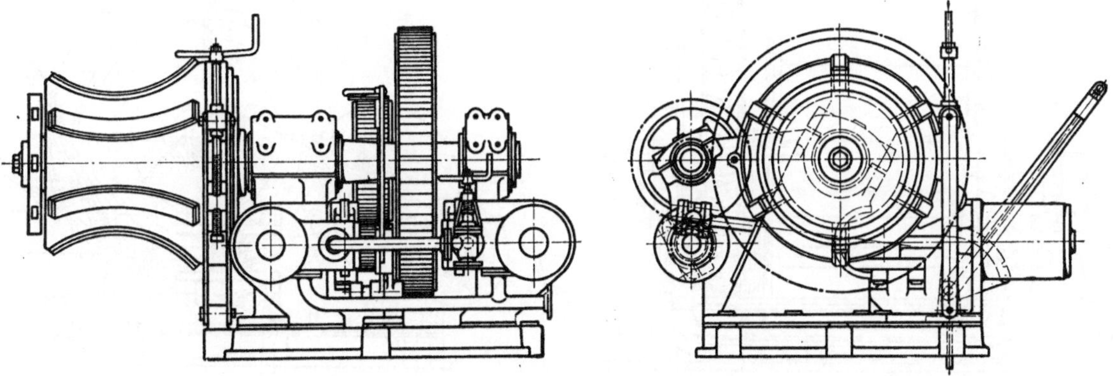

Abb. 544 u. 545. Vordere Seitenwinde für Eimerbagger „E D V" (Zahlentafel II a, Nr. 47). Maßstab 1 : 30.

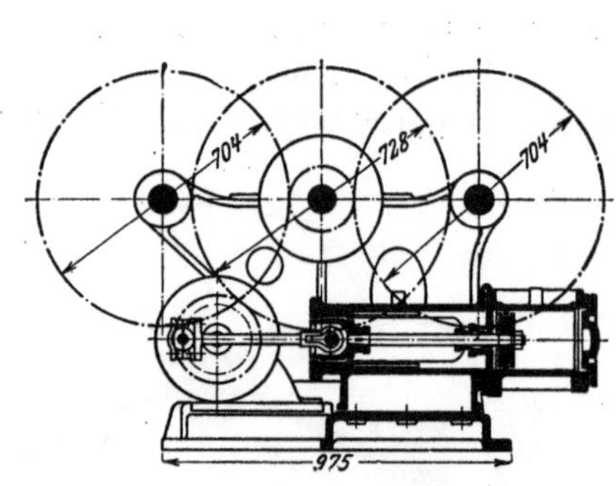

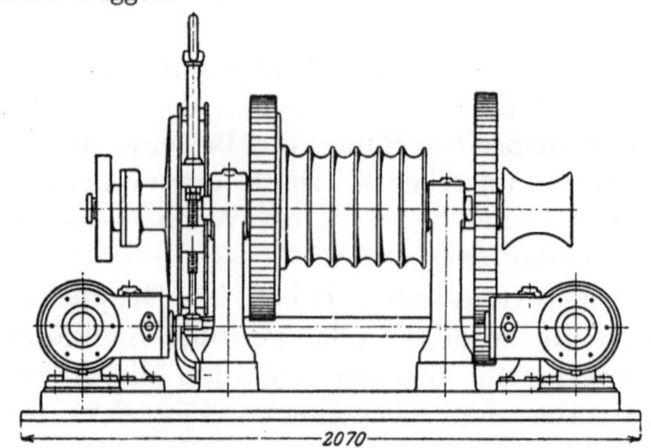

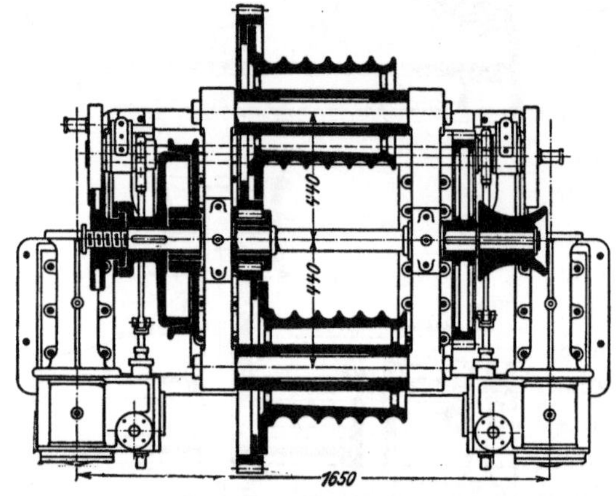

Abb. 546 bis 548.
Vordere Seitenwinde für Eimerbagger (Zahlentafel
IIa, Nr. 39). (Schiffs- und Maschinenbau-A.-G.
Mannheim.) Maßstab 1 : 30.

Seitenkette, Leiterhubseil und vordere
Steuerbord-Seitenkette, Hintertau und
beide hintere Seitenketten werden von
je einer stehenden Dampfmaschine bewegt; die letztere verholt auch eine
Schiffsankerkette. Die Seitenketten
laufen über Spillköpfe, Vor- und Hintertau über Trommeln mit Seilführung.

Die meist angewandte Anordnung
der Winden auf großen Eimerbaggern
zeigt Tafel III.

Die Seitenwinden (Abb. 542 und
543) haben einen freitragenden glatten
Spillkopf mit Reibungskupplung. Die
Winden (Abb. 544 und 545) haben fliegend gelagerte Spillköpfe mit Rippen
(Kälbern). Die Rippen werden angegossen oder besser angeschraubt. Die
Spillköpfe haben Clark-Chapmansche Kupplungen. Sie sind trotz der großen Abmessungen fliegend gelagert, um im Notfall seitliches Abwerfen der Kette zu ermöglichen.

Eine andere Bauart zeigen Abb. 546 bis 548, die Ketten laufen über Doppeltrommeln, die eine gute Anzugskraft und ein stoßloses Auflaufen der Kette ge-
währleisten. Kupplung und Bandbremse sitzen auf der Zwischenwelle.

Die Vortauwinde (Abb. 549 und 550) hat eine glatte Trommel. Beim Ablaufen des Seiles kann das Zwischenvorgelege ausgeschaltet und die Drehgeschwindigkeit der Trommel mit einer Bandbremse geregelt werden.

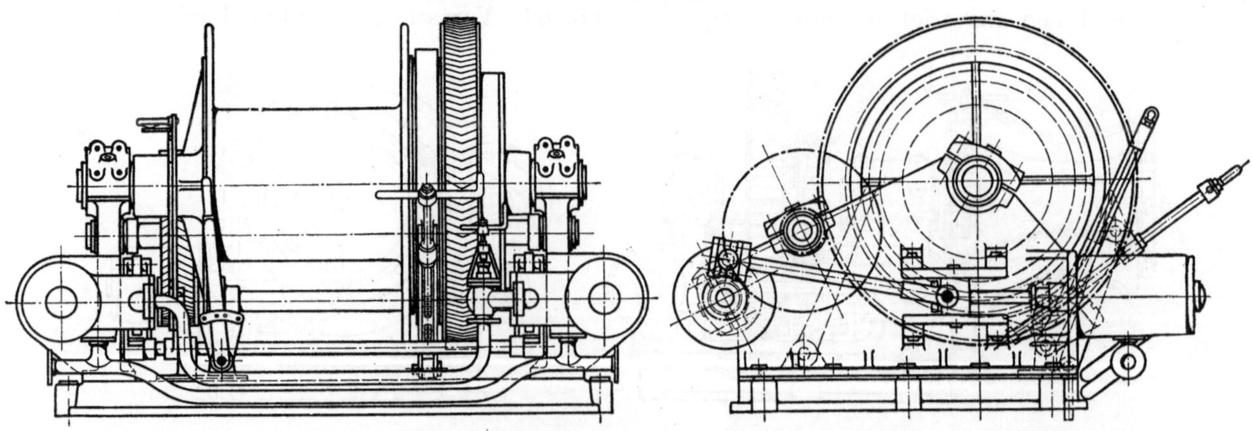

Abb. 549 u. 550. Vortauwinde für Eimerbagger „E D V" (Zahlentafel IIa, Nr. 47). Maßstab 1 : 30.

Eine besondere Führungsrolle für das auflaufende Seil hat die Winde Abb. 551 bis 553.

Eine Vereinigung der Winden für Vor- und Hinterkette ist auf Tafel II dargestellt. Die Winde wird von einer stehenden Dampfmaschine angetrieben und ist sehr schmal gebaut.

Die Hinterwinde (Abb. 554 bis 556), mit Spillköpfen Clark-Chapmanscher Bauart für die Seitenketten, wird von einer stehenden Maschine durch Schneckenräderübersetzung angetrieben. Die Bewegungen der einzelnen Ketten können getrennt

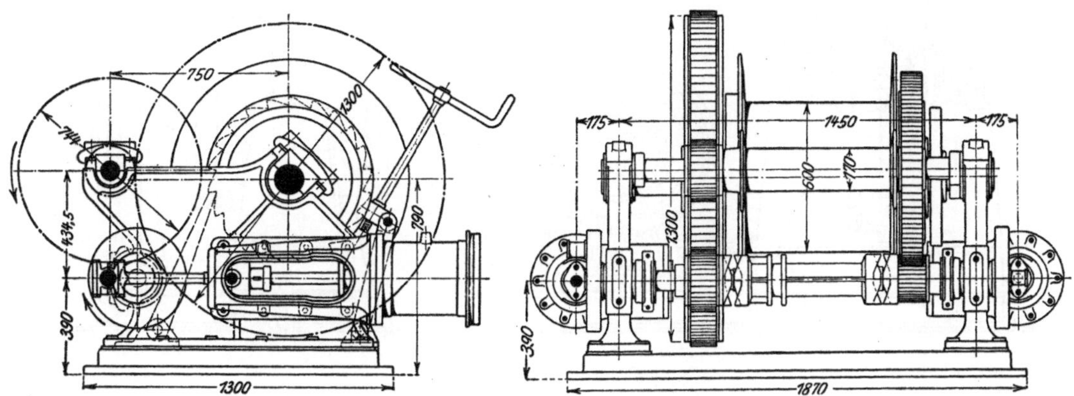

ausgeführt werden. Zum Ablaufen der Seitenketten werden die Kupplungen an den Stirnseiten der Spillköpfe gelöst; die Ablaufgeschwindigkeit wird mit Handbremsen geregelt.

Die Winden (Abb. 557 bis 562) haben gleichfalls Clark-Chapmansche Spillköpfe für die Seitenketten und außerdem eine Trommel für das Hintertau. Jede einzelne Bewegung kann durch Kupplung und Bremse geregelt werden. Die Bauart der Spillköpfe ist aus dem Grundriß (Abb. 559) zu erkennen. Durch Drehen der Flügelmutter kann die Kupplung leicht ein- und ausgeschaltet werden. Eine Hinterwinde mit Doppeltrommeln zeigt Abb. 564 bis 566.

Da bei den zuletzt beschriebenen großen Winden die Ketten so schwer sind, daß sie nicht bei jedem Bewegungswechsel des Baggers abgenommen und wieder aufgelegt werden können

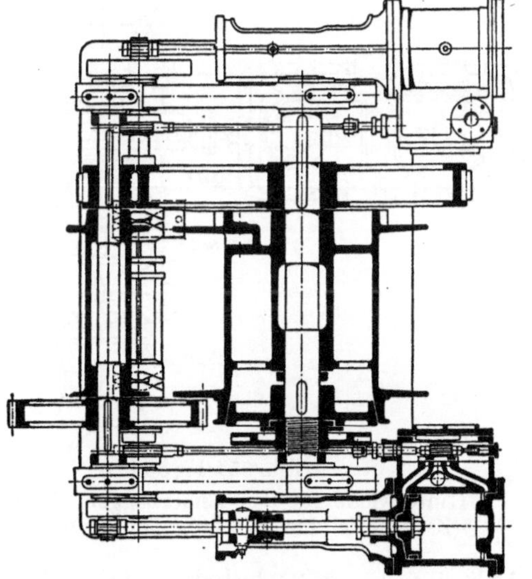

Abb. 551 bis 553.
Vortauwinde für Eimerbagger (Zahlentafel IIa, Nr. 39). Maßstab 1 : 30.

, so müssen die Antriebsmaschinen mit Schwingensteuerung gebaut sein, mit der sie umgesteuert werden können.

Bei einigen Baggern ist auch der elektrische Windenantrieb ausgeführt. Die Verwendung des elektrischen Windenantriebes hat den Vorteil der bequemen und leichten Steuerung der Winden von einer Stelle aus, bedingt aber den Einbau mehrerer Motoren unter Deck im Maschinenraum oder wenigstens so, daß sie vom Maschinenraum aus leicht beobachtet werden können. Die Anlage wird dadurch ziemlich vielteilig. Ferner ist das gesamte Triebwerk einer elektrischen Winde bei so großen Baggern mindestens ebenso vielteilig, wie das einer gleichgroßen Dampfwinde, aber viel empfindlicher, und Störungen können selten im Betrieb ausgebessert werden. Eine Dampfwinde ist, besonders gegen Überlastung, viel widerstandsfähiger. Hierzu kommt noch, daß beim elektrischen Antrieb für die Winden eine besondere Dampfdynamo mit allem Zubehör nötig ist, während die Zahl der Winden dieselbe ist wie beim Dampfbetrieb. Die Anschaffungskosten sind also für einen Bagger mit elektrischem Windenantrieb weit höher, als für einen reinen Dampfbagger gleicher

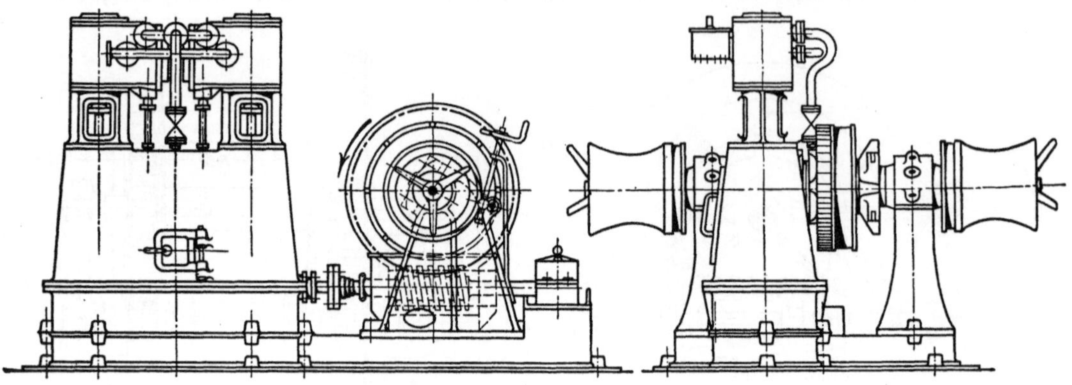

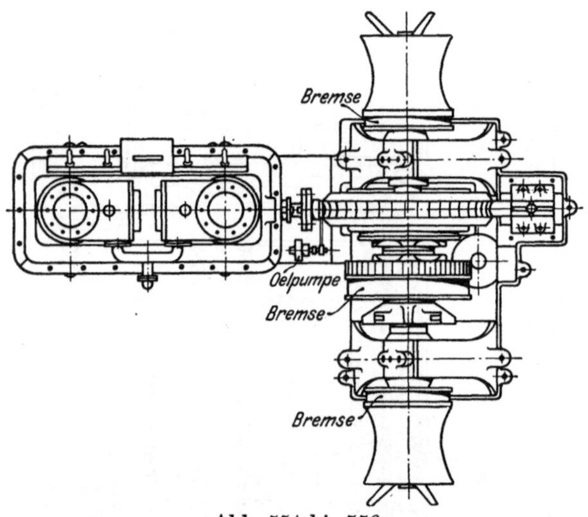

Abb. 554 bis 556.
Hinterwinde für den Eimerbagger „Bremen"
(Zahlentafel IIa, Nr. 36). Maßstab 1 : 40.

Leistung. Ob mit Rücksicht hierauf bei längerem Betrieb Ersparnisse zu erzielen sind, scheint fraglich.

Der Bagger Tafel IV hat Einzelantrieb der Winden durch Elektromotoren für Gleichstrom von 110 Volt. Abb. 567 bis 570 zeigt die elektrische Anlage für den gesamten Windenantrieb. Seitenwin en und Vorderwinde werden durch einen Mann vom Baggermeisterstand aus gesteuert, und zwar beide vorderen, bzw. hinteren Seitenwinden mit je einer Steuerwalze; der Anlasser der Hinterwinde steht auf dem Achterdeck. Vor- und Hinterwinde

(Abb. 570 bis 572) haben gleiche Bauart; sie werden von je einem 18-PS-Hauptstrommotor mit Stirnradvorgelege und Schneckenräderübersetzung bewegt. Die Seile werden beim Aufwickeln auf die Trommeln von selbsttätigen, mit Gallscher Kette angetriebenen Seilführungen geleitet. Die Winden stehen unter Deck. Die Seitenketten laufen über Spillköpfe (Abb. 573 bis 575) mit Rippen; die 18 PS-Antriebsmotoren für diese liegen unter Deck im Transmissionsraum. Zur Übersetzung dienen ein wagerecht liegendes Schneckenrad, ein Stirnrädervorgelege und ein Kegelräderpaar. Die Seitenwinden haben umkehrbare Nebenschlußmotoren, deren Umlaufzahl um $\sim 100\,^0/_0$ erhöht werden kann.

Die Seile und Ketten werden von den Spills oder Trommeln aus über Rollen geleitet. Arbeitet der Bagger in festes Land, so muß das Vortau hoch liegen, um nicht auf dem Boden entlang zu schleifen. Die letzte Führungsrolle liegt dann so hoch als angängig am Vorderbock (Tafel III). Die Seitenketten werden möglichst weit

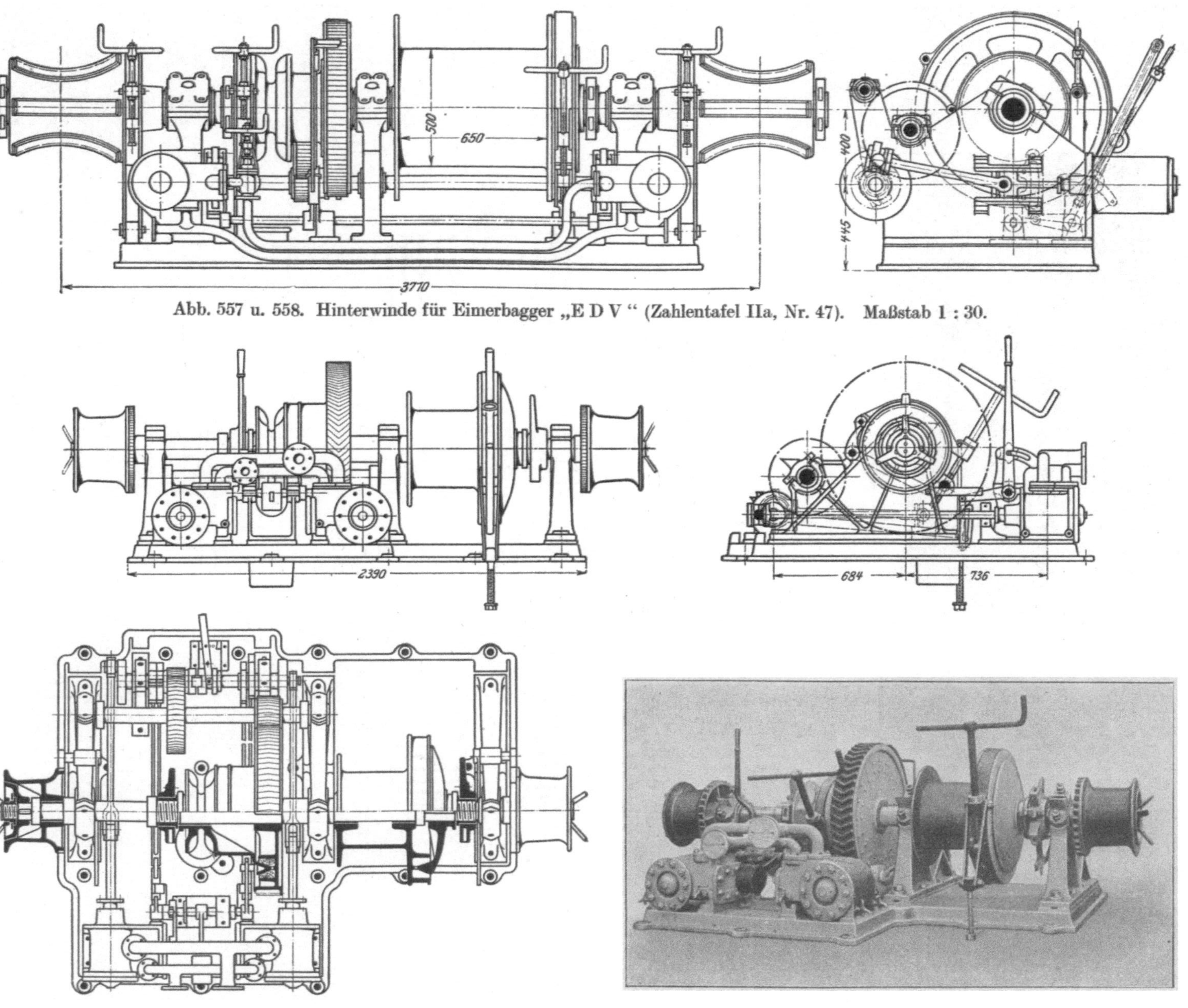

Abb. 557 u. 558. Hinterwinde für Eimerbagger „E D V" (Zahlentafel IIa, Nr. 47). Maßstab 1 : 30.

Abb. 559 bis 562. Hinterwinde für Eimerbagger (Atlaswerke). Maßstab 1 : 30.

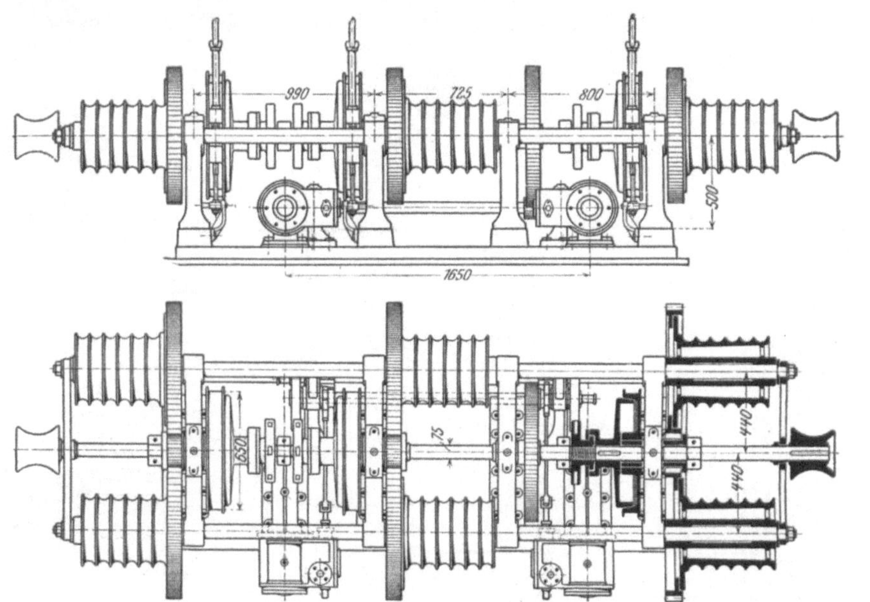

Abb. 563 bis 565. Hinterwinde mit Doppeltrommeln für Eimerbagger (Zahlentafel II a, Nr. 39).
Maßstab 1 : 40.

Schnitt vor Spant 28   Schnitt vor Spant 32

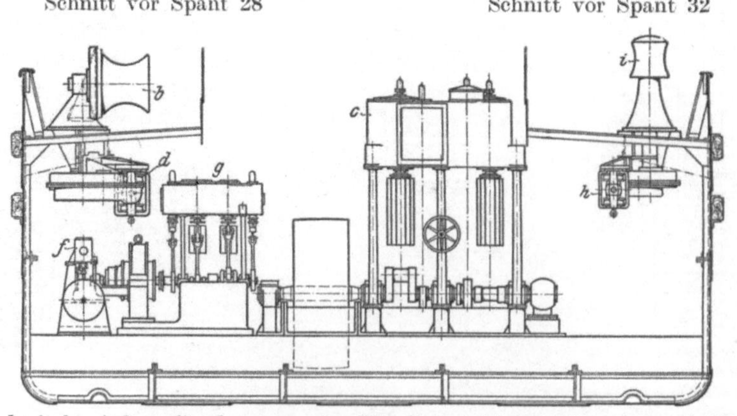

Abb. 566. Elektrische Anlage für den gesamten Windenantrieb der Eimerbagger „Herkules" und
„Goliath" (Zahlentafel IIa, Nr. 48). Maßstab 1 : 100.

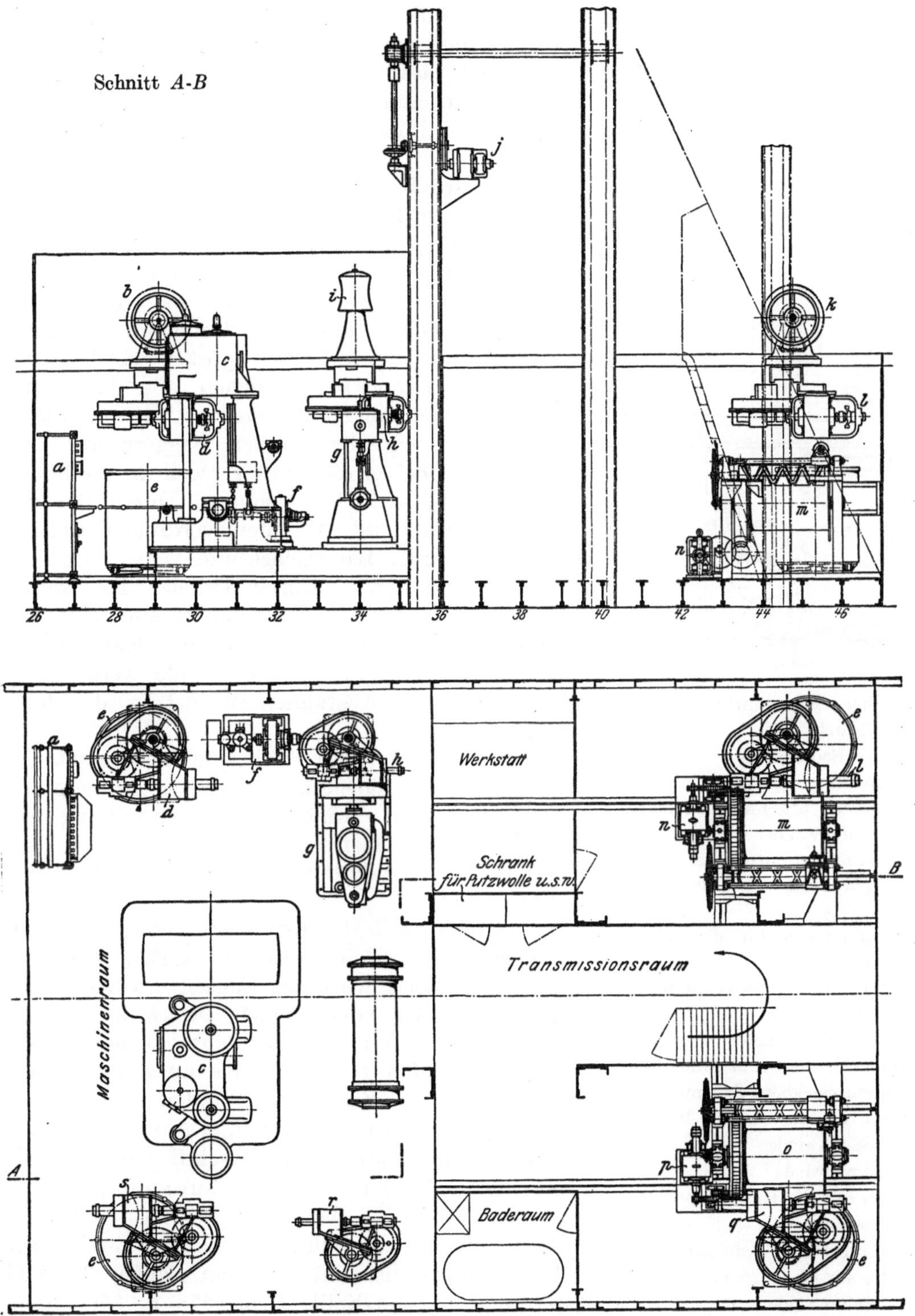

Abb. 567 u. 568. Elektrische Anlage für den gesamten Windenantrieb der Eimerbagger „Herkules"
und „Goliath" (Zahlentafel IIa, Nr. 48). Maßstab 1 : 100.
Zeichenerklärung s. S. 268.

Schnitt vor Spant 42

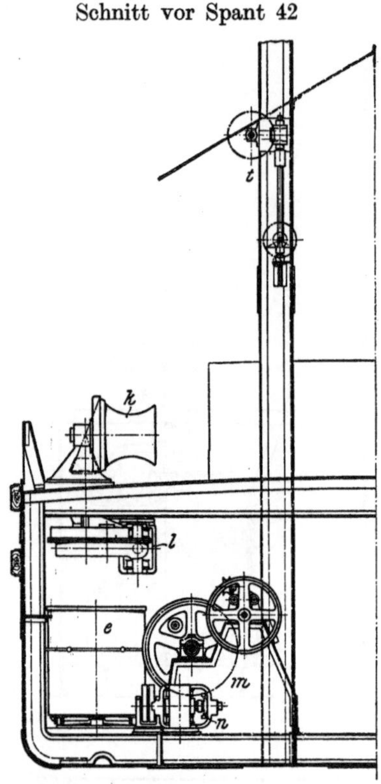

Abb. 569. Querschnitt zu Abb. 568.

a Schalttafel

b hintere Seitenwinde

c Hauptdampfmaschine

d Motor für die hintere Backbord-
Seitenwinde

e drehbare Kettentrommel

f Dampfdynamo für die Lichtanlage

g Dampfdynamo für den Windenantrieb

h Motor für die Backbord-Schuten-
verholwinde

i Schutenverholwinde

j Motor für die Schüttrinnenwinde

k vordere Backbord-Seitenwinde

l Motor für die vordere Backbord-
Seitenwinde

m Hintertauwinde

n Motor für die Hintertauwinde

o Vordertauwinde

p Motor für die Vordertauwinde

q Motor für die vordere Steuerbord-
Seitenwinde

r Motor für die Steuerbord-Schuten-
verholwinde.

s Motor für die hintere Steuerbord-
Seitenwinde.

t Schüttrinnenwinde

voneinander an den Schiffsenden zum Wasser geführt, so daß sie die Prähme nicht hindern. Die
Winden der vorderen Seitenketten müssen jedoch
so stehen, daß die Kette einige Meter frei über
Deck läuft, um die Spannung in der Kette beurteilen zu können. Werden sehr große Prähme
verwandt, so können die Ketten entweder über
abnehmbare Kettenbrücken (Tafel II) oder unter
Wasser durch Kettenschächte (Abb. 576 u. 577) geführt werden. Die untere Rolle im Kettenschacht
ist in einem Schlitten gelagert, der an Deck geholt
werden kann. Bei der Führung der Ketten
durch Schächte entsteht durch die doppelte
starke Richtungsänderung großer Kraftverlust;
außerdem kann bei Brüchen die Kette nur
schwer wieder eingeholt werden. Das auflaufende
Kettenende wird bei kleinen Baggern auf Deck
in Kästen, bei großen unter Deck in drehbaren
Trommeln (Tafel III) gelagert. Durch das wiederholte Auf- und Ablaufen verdrehen sich die
Ketten um ihre Längsachse und verschlingen sich
leicht (verkinken). Durch Drehen der Kettentrommel im entgegengesetzten Sinne der Verschlingung wird erreicht, daß die Kette wieder
klar läuft. Aus demselben Grunde werden auch
in bestimmten Abständen Wirbel in die Kette
eingesetzt.

Das Laufen über Spillköpfe beansprucht die
Ketten stark; sie müssen daher sehr sorgfältig
geschweißt sein. Eine sichere Schweißung wird
durch das der Firma Schlieper patentierte Verfahren der verzahnten Schweißung (Abb. 303 u.
304) erreicht.

Prahmverholwinden sind nötig bei großen
Baggern oder solchen, die in starker Strömung
arbeiten. Meist wird das Zugseil um einen Spillkopf einer der vorhandenen Deckwinden gelegt,
oder eine der Winden wird mit besonderen kleinen Spillköpfen zum Verholen ausgerüstet (Abb.
563 bis 565). Besondere Winden sind nur bei
ganz großen Geräten üblich. Auf dem Bagger
Abb. 54 steht auf dem Vorschiff ein Spill, das
von der Maschine der Vortauwinde mit angetrieben wird. Der Bagger Abb. 57 bis 59 hat zwei
Handwinden zum Schutenverholen. Zwei besondere Dampfspills sind auf dem Bagger Tafel III
aufgestellt. Die Spills (Abb. 578 u. 579) haben
ein durch Fußhebel betätigtes Dampfventil, damit der Bedienungsmann beide Hände für das
Verholseil frei hat. Auf dem Bagger Tafel IV
stehen zwei elektrisch betriebene Verholspills
(Abb. 580 bis 582), deren 7-PS-Hauptstrommoto-

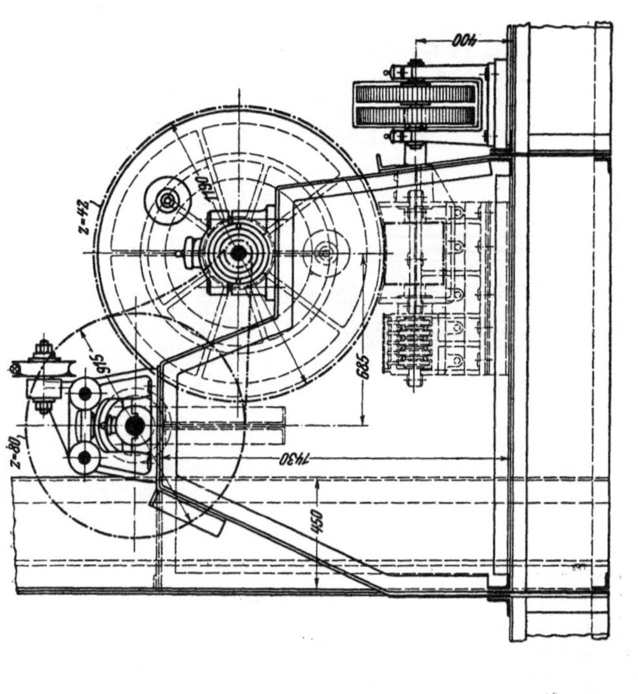

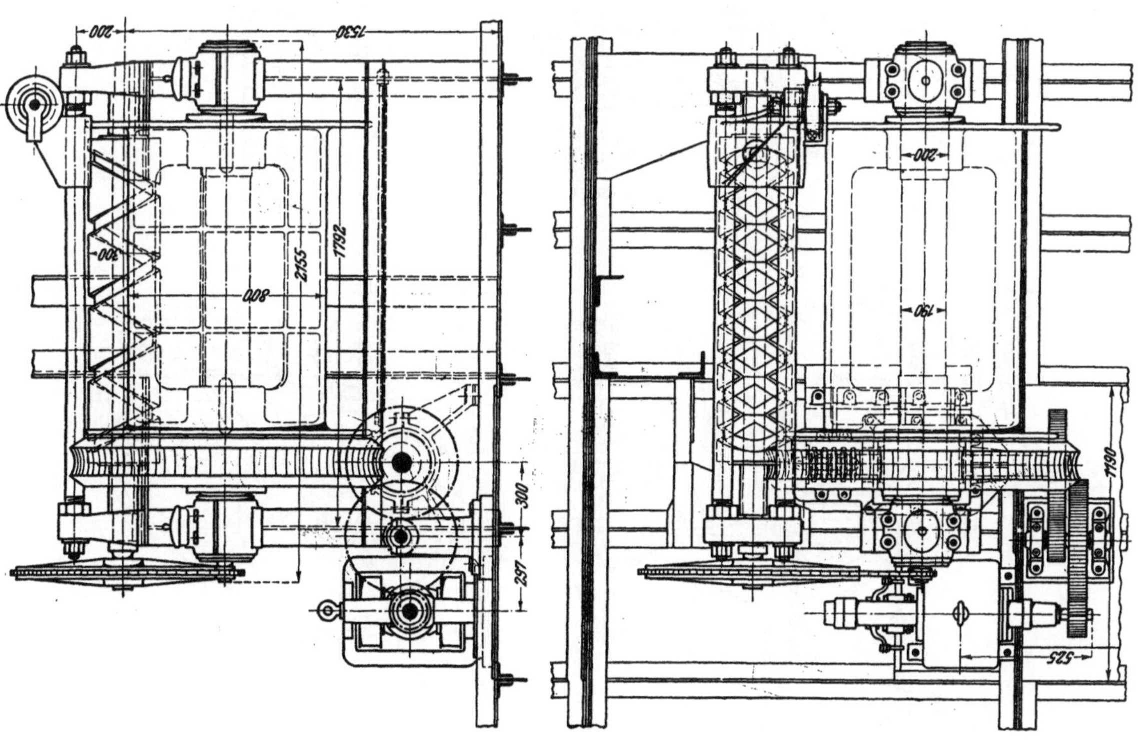

Abb. 570 bis 572.

Vor- und Hintertauwinde für die Eimerbagger „Herkules“ und „Goliath“ (Zahlentafel IIa, Nr. 48).

Maßstab 1 : 30.

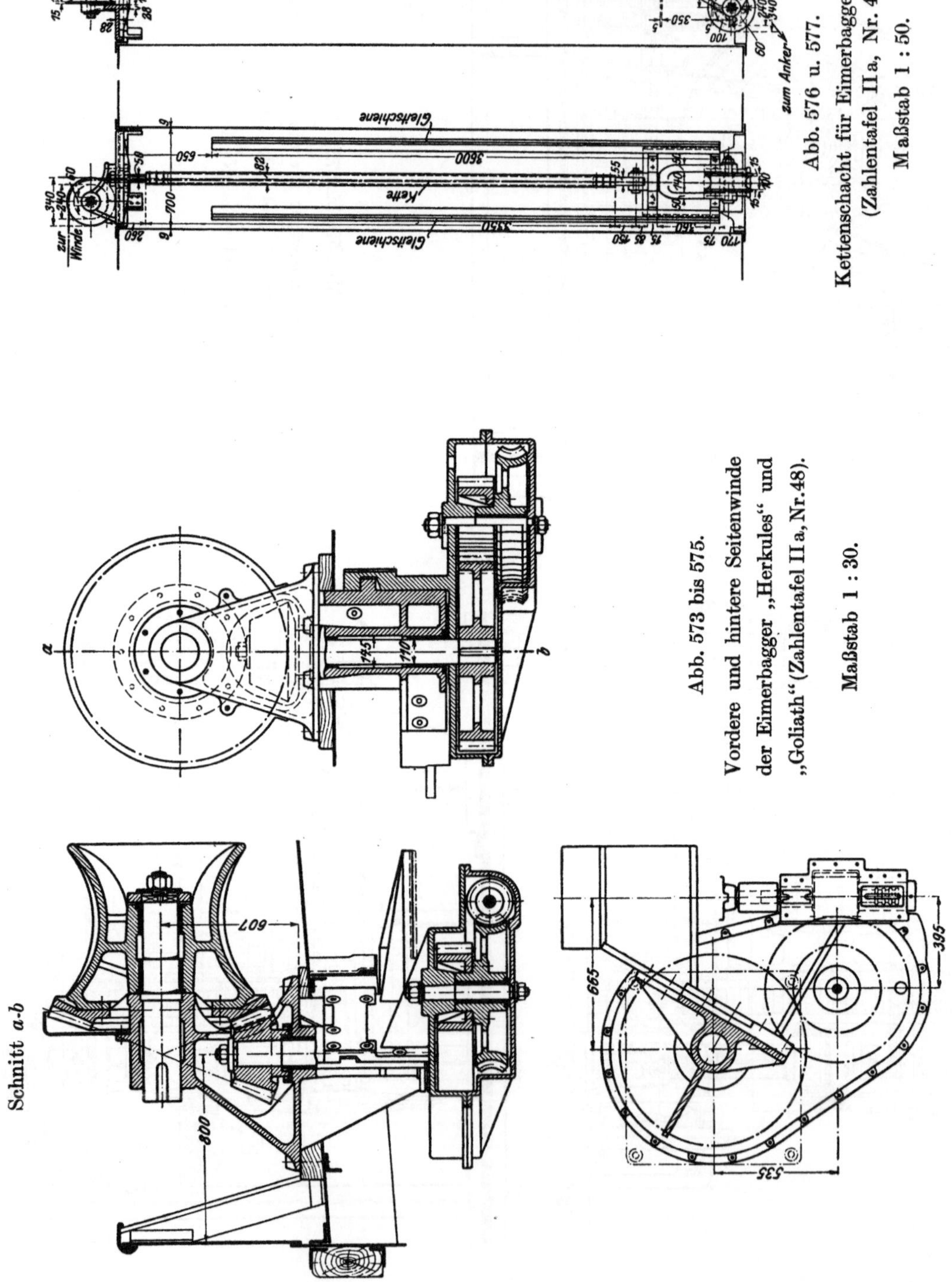

Abb. 576 u. 577.
Kettenschacht für Eimerbagger „EDV"
(Zahlentafel IIa, Nr. 47).
Maßstab 1 : 50.

Abb. 573 bis 575.
Vordere und hintere Seitenwinde
der Eimerbagger „Herkules" und
„Goliath" (Zahlentafel IIa, Nr. 48).
Maßstab 1 : 30.

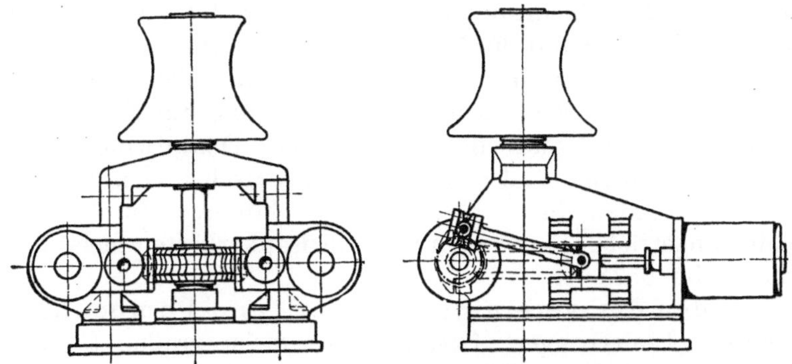

Abb. 578 u. 579. Prahmverholwinde für Eimerbagger „E D V" (Zahlentafel II a, Nr. 47).
Maßstab 1 : 25.

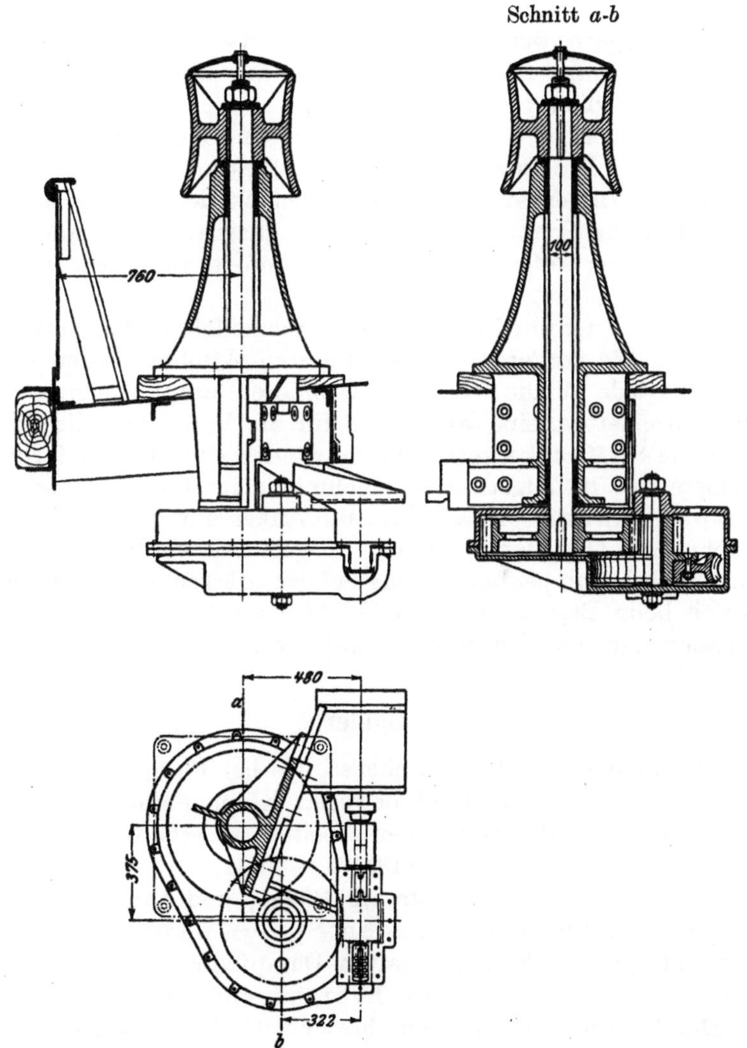

Abb. 580 bis 582. Prahmverholwinde der Eimerbagger „Herkules" und „Goliath"
(Zahlentafel II a, Nr. 48). Maßstab 1 : 30.

ren unter Deck im Maschinenraum hängend angeordnet sind. Die Spills werden durch selbsttätige Anlasser mit Fußkontakt ein- und ausgeschaltet.

Ankerwinden erhalten die auf Dampfschiffen übliche Bauart und werden nur auf Baggern, die in starker Strömung arbeiten und auf Seebaggern verwendet. Kleinere Geräte erhalten Handwinden. Besondere Dampfwinden sind üblich bei Geräten mit Gruppenantrieb und solchen mit elektrischer Kraftübertragung. Werden die vorderen Winden durch besondere, die hinteren durch eine gemeinsame Dampfmaschine angetrieben, so werden die Schiffsankerketten meist über die Hinterwinde geführt (Abb. 557).

Für die Winden der vereinigten Eimer- und Pumpenbagger gilt sinngemäß das unter „Eimerbagger" Gesagte. Die meist großen Geräte arbeiten als Eimerbagger vor sechs Ankern. Die vorderen Winden haben Einzeldampfmaschinen, die hinteren liegen zusammen. Arbeiten die Bagger mit der Pumpe, so werden dieselben Anker verwandt.

Pumpenbagger.

Auf Pumpenbaggern werden die Winden stets einzeln oder in Gruppen von besonderen Maschinen angetrieben. Gruppen- oder Einzelantrieb von der Hauptmaschine ist nicht möglich.

Pumpenbagger mit Schneidekopf haben Gruppenantrieb, weil die Zahl der Winden klein ist. Die Bewegungen des Gerätes können leicht von einem nicht sehr hochliegenden Windensteuerhaus übersehen werden. Beispiele zeigen Abb. 75 und Tafel V. Für die Schiffsanker, wenn sie überhaupt vorhanden sind, werden besondere Ankerwinden aufgestellt oder Kettennüsse auf eine vorhandene Winde aufgesetzt.

Festliegende Pumpenbagger ohne Schneidekopf liegen wie Eimerbagger vor sechs Ankern. Die vorderen und die hinteren Winden werden zusammengefaßt (Abb. 76 bis 79). Jede Winde hat eine besondere Dampfmaschine und zwei Spillköpfe für die Seitenketten, eine Kettennuß für die Vor-, bzw. Hinterkette und eine Kettennuß für die Schiffsankerkette. Verholwinden sind nicht erforderlich, weil die gebaggerte Masse sich im allgemeinen gleichmäßig im Prahm verteilt.

Schachtpumpenbagger haben für die Anker nur Vorder- und Hinterwinden, die wie gewöhnliche Dampfankerwinden ausgebildet werden und fliegende Spillköpfe haben. Schachtpumpenbagger mit Schlitz müssen zwei Hinterwinden haben. Geräte, die sich beim Baggern mit der Schiffsschraube vorausholen, arbeiten ohne Anker und haben nur eine Schiffsankerwinde nötig (Abb. 103 bis 105).

Spüler.

Auf Spülern werden die Winden ebenso wie bei Pumpenbaggern stets von besonderen Maschinen oder von Hand bewegt. Können die Spüler so eingerichtet werden, daß sie auch als Pumpenbagger arbeiten, so erhalten sie die hierfür notwendigen Winden (vgl. Abb. 111 bis 113).

Gekuppelte Spüler liegen stets am Bagger und haben keine Winden.

Die Ankerwinden der festliegenden Spüler werden bei kleineren Geräten von Hand bewegt; größere Spüler erhalten Dampfwinden.

Die Winden zum Verholen der Prähme sind bei Spülern von besonderer Bedeutung. Die Prähme müssen, dem Fortschritt des Absaugens folgend, gleichmäßig am Spüler entlang geholt werden, und zwar, den verschiedenen Bodenarten entsprechend, langsamer oder schneller. Das Verholen der Prähme muß vom Stande des Spülermeisters aus geregelt werden können. Abb. 583 bis 585 zeigt den An-

trieb einer umlaufenden Kette. Die Kettennuß wird mit Schneckentrieb und Kegelradvorgelege mit der ständig laufenden, unter Deck stehenden Windenmaschine
nach Bedarf gekuppelt. Die Verholgeschwindigkeit kann durch Auswechseln der
Kettennuß geändert werden.

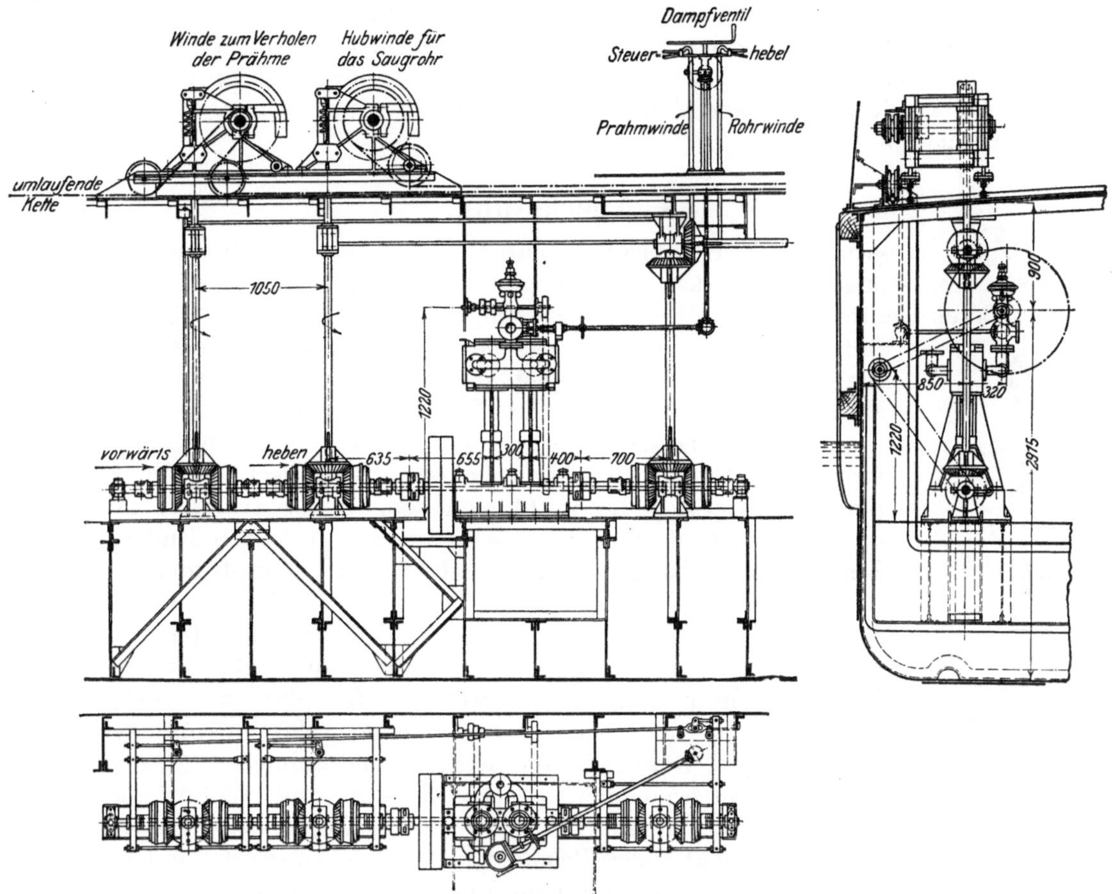

Abb. 583 bis 585. Gruppenantrieb der Winden für Spüler „I und II" (Zahlentafel IV a, Nr. 3).
Maßstab 1 : 60.

Eine andere Ausführung zeigt Abb. 130 bis 132. Auf dem Hinterdeck ist eine
Dampfwinde mit Seiltrommel aufgestellt, die Schwingensteuerung hat und vom
Spülermeisterstand aus gesteuert wird.

Das Verholen der Prähme mit Handwinden ist seltener.

Schutenentleerer.

Wenn Schutenentleerer in Kippwagen oder in an Land aufgebaute Spülrinnen
fördern, so liegen sie an einer Stelle fest; dienen sie zum Aufhöhen von Land oder
zum Deichschütten, so werden sie mit Handwinden in der Richtung der Schiffs-
längsachse an Vor- und Hinterankern verholt. Diese Verholwinden stehen vorn
und hinten auf einem oder beiden Tragschiffen. Seitenketten sind nicht erforderlich; zuweilen wird das landseitige Schiff mit Streben gegen das Ufer abgestützt.

Wichtig sind bei den Schutenentleerern die Prahmverholwinden. Entsprechend
der gleichmäßig fortschreitenden Entleerung der Prähme durch die Eimerketten

müssen auch die Verholwinden beständig in gleichmäßiger Bewegung sein. Die Prähme werden deshalb mit umlaufenden endlosen Ketten verholt (Abb. 172), die von der Hauptmaschine, seltener von Hand bewegt werden.

Beim Entlangholen am Schutenentleerer sollen die Prähme besonders bei querliegenden Eimerleitern ihre Lage zur Eimerkette möglichst wenig verändern, da sonst die Eimer leicht anstoßen und die Prähme verletzen. Zur besseren Führung der Prähme hat das landseitige Schiff Führungsbalken, an deren Ende die Rolle für das Verholseil sitzt (Abb. 159 u. 166). Die Prähme werden auch an Rahmen festgelegt, die an der Außenwand des landseitigen Schiffes auf Rollen entlanggleiten (Abb. 153 und 154).

5. Ausrüstung.

Bagger müssen ihrem Arbeitsgebiet entsprechend mit den für den Betrieb nötigen Ausrüstungsgegenständen, Werkzeugen und Ersatzteilen versehen werden. Bei größeren Geräten richtet sich die Ausrüstung nach der Bauklasse. Für die Un

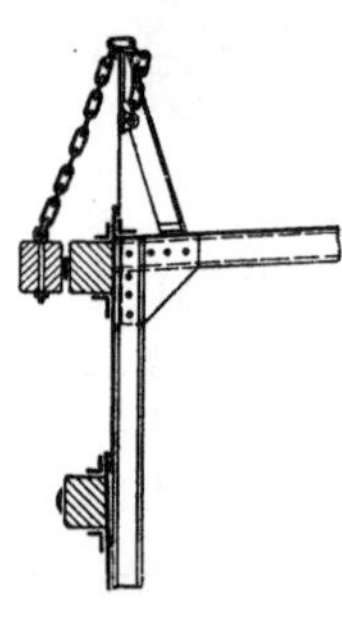

Hängender Holzfender.
Maßstab 1 : 75.
Abb. 586.

fallverhütung sind die Vorschriften der Berufsgenossenschaften, für die Signalvorrichtungen die betreffenden strompolizeilichen Bestimmungen maßgebend. Ersatzstücke sind, besonders für die der Abnutzung unterworfenen Teile, reichlich zu wählen (vor allem Eimer, Bolzen, Schaken und Kreisel für die Förderpumpen). Geräte, die in Flüssen oder in See arbeiten und häufig geschleppt werden oder selbst fahren, erhalten Ruder; große Schachtpumpenbagger werden stets mit Dampfrudern ausgerüstet. Auf größeren Geräten empfiehlt sich die Einrichtung einer kleinen Werkstatt (Tafel IV) mit Schmiedefeuer, Bohrmaschine und Drehbank. Die Werkzeugmaschinen können mit Elektromotoren angetrieben werden, für die die vorhandene Dampfdynamo den Strom liefert. In den Maschinenräumen sind Vorrichtungen nötig, die ein leichtes und schnelles Auseinandernehmen der Maschinenanlage ermöglichen. Die Arbeits- und Wohnräume sind gut zu lüften und zu beleuchten und mit Ofen- oder Dampfheizung zu versehen. Bei größeren Baggern ist elektrische Beleuchtung empfehlenswert, und zwar an Deck durch Bogenlampen, in den Räumen durch Glühlampen. Bei Aufstellung der Bogenlampen ist bei Eimerbaggern darauf zu achten, daß die aufsteigende Eimerkette gut beleuchtet ist. Die allgemeine Anordnung der Decksbeleuchtung

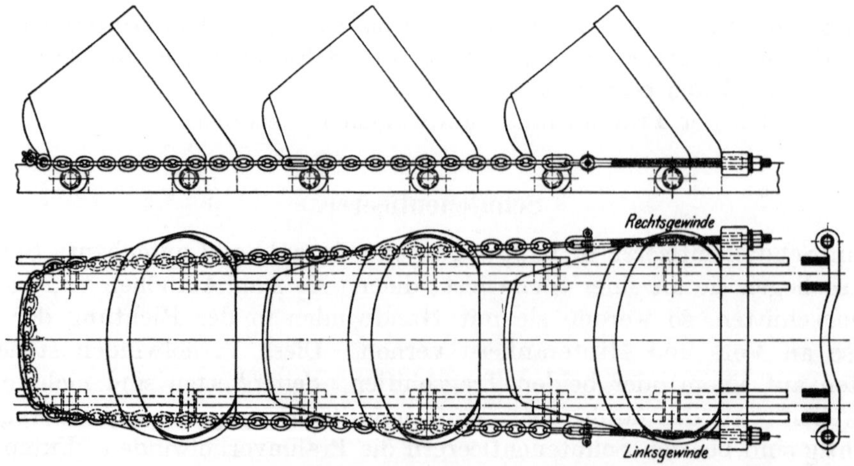

Abb. 587 bis 589. Spannvorrichtung zum Auswechseln der Eimer. Maßstab 1 : 50.

zeigen Abb. 37 u. 38, 116 und Tafel II bis IV u. VI. Den Strom liefert eine kleine Dampfdynamo von meist 110 Volt Spannung. Die ganze Anlage wird nach den Vorschriften der Klassifikationsgesellschaften, bzw. des Verbandes deutscher Elektrotechniker verlegt. Für den Anschluß von Handlampen sind einige Steckkontakte notwendig. Große Bagger erhalten vielfach einen Scheinwerfer.

Geräte, die im Seegang arbeiten, werden vor Beschädigungen durch anlegende Prähme durch angehängte Holzfender geschützt (Abb. 586). Besonders wichtig sind

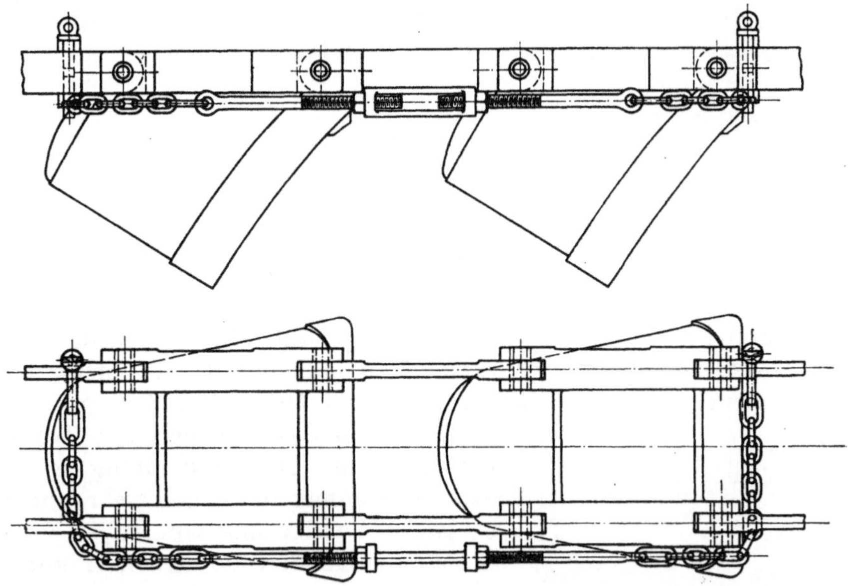

Abb. 590 u. 591. Spannvorrichtung zum Auswechseln der Schaken und Bolzen. Maßstab 1 : 30.

diese Schutzfender vorn und hinten an den Rundungen des Schiffskörpers, die dem ersten Stoß des anlegenden Prahms ausgesetzt sind.

Greifbagger werden häufig zum Ausziehen und Einspülen von Pfählen benutzt. Als Hilfsgeräte werden hierfür schwere Pfahlziehwinden und Spülpumpen zum Einspülen von Pfählen eingebaut (Tafel I). Die Winden erhalten 20 bis 30 t Zugkraft; die Wasserleistung der Spülpumpen beträgt bis 1000 l/min bei 3 bis 5 atm Druck.

Eimerbagger erhalten zum Auswechseln von Unter-Turas und Eimern auf dem Vorderbock einen Kran, mit dem auch die Rollenschlitten aus den vorderen Kettenschächten gehoben werden können; für die hinteren Kettenschächte wird ein versetzbarer Davit benutzt, der zugleich zum Heben der Anker dient. An der Reeling des Schlitzes sind Spuren für einen versetzbaren Davit nötig, mit dem aufgebaggerte Steine, Eisen- und Holzteile aus den Eimern gehoben werden.

Zum Auswechseln der Eimer wird eine Spannvorrichtung nach Abb. 587 bis 589 benutzt, die über drei Eimer reicht; die beiden äußeren werden durch das Anziehen der Schrauben zusammengeholt, so daß die dazwischenliegende Kette spannungslos wird und der Eimer nach dem

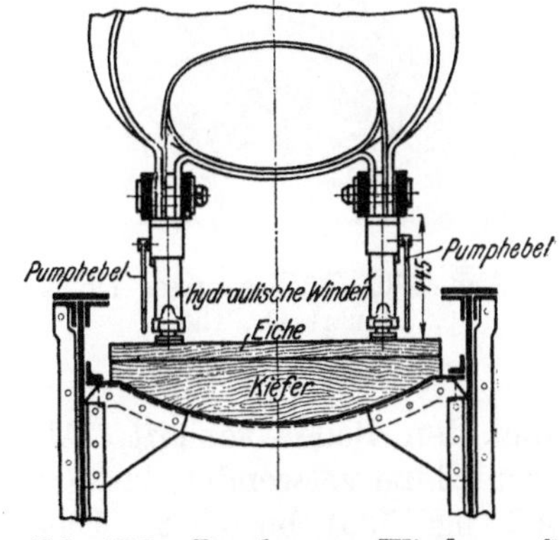

Abb. 592. Druckwasser-Winden auf der Eimerleiter zum Auswechseln der Eimerleitrollen. Maßstab 1 : 40.

Herausschlagen der Bolzen abgehoben werden kann. Zum Wechseln der Schaken und Bolzen wird die Kette mit der in Abb. 590 und 591 dargestellten Spannvorrichtung in der Kettenbucht zusammengeholt, und die einzelnen Teile werden

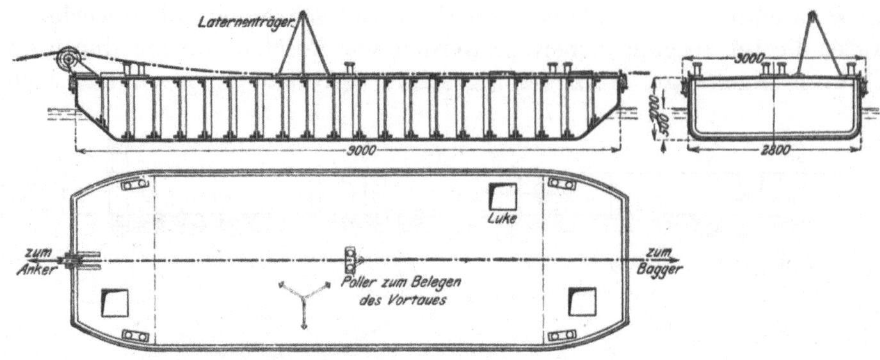

Abb. 593 bis 595. Tragschiff für Baggervortau. Maßstab 1 : 120.

aus dem spannungslosen Teil der Kette ausgebaut. Zum Anheben der Eimerkette beim Auswechseln der Führungsrollen auf der Leiter dient bei großen Baggern eine Druckwasserhebevorrichtung (Abb. 592). Bei dem großen Gewicht der Eimer ist das Anheben mit Topfschrauben sehr mühsam. Die Verwendung solcher Hebeböcke erleichtert die Arbeit sehr und gestattet, die ganze Vorrichtung von außen zu bedienen, so daß das gefahrvolle Arbeiten unter der angehobenen Kette fortfällt.

Die Arbeitsanker der festliegenden Baggergeräte sind einarmig und haben hölzerne oder eiserne Stöcke; sie müssen, wenn die Bagger in sehr weichem Boden arbeiten, besonders große Greifflächen erhalten, da sie sonst im Boden schleifen. Die Anker werden mit schweren Booten (Barkassen) mit Winde und Ausleger oder mit Schleppdampfern ausgebracht. Die Liegestellen der Anker werden durch Schwimmer (Holzblöcke, Fässer, eiserne Bojen) bezeichnet, die mit einer kräftigen Trosse am Anker befestigt sind. Beim Verlegen wird der Anker an dieser Trosse etwas gehoben und mit dem Dampfer oder der Barkasse verschleppt. Bei Geräten, die in ruhigem Wasser oder in wechselnder Strömung arbeiten, werden Vor- und Hintertaue, bei solchen, die nur gegen eine Stromrichtung arbeiten, die Vortaue über einen oder zwei Schwimmer geführt, die verhindern, daß das Tauwerk beim Wandern des Baggers

Abb. 596. Büchsenpresse DRP.
Bauart Dr. Thele.

über den Boden schleift. Als Schwimmer werden bei kleineren Baggern Tonnen oder Flöße verwendet, bei größeren haben sich besondere eiserne Tragschiffe (Abb. 593 bis 595) bewährt. Diese Tragschiffe werden am Mittelpoller durch kleine Stroppketten am Baggertau befestigt, oder das Baggertau wird zwischen hölzernen Keilen festgesetzt.

Ein sehr brauchbares Werkzeug zum Herstellen der Büchsen für Baggereimer und -schaken ist die in Abb. 596 bis 598 dargestellte Büchsenpresse (von Dr. Ing. Thele, Hamburg). In dem hydraulischen Zylinder A bewegt sich ein Kolben B mit dem Paßstück C. Auf den Bolzen D wird das auf passende Länge geschnittene

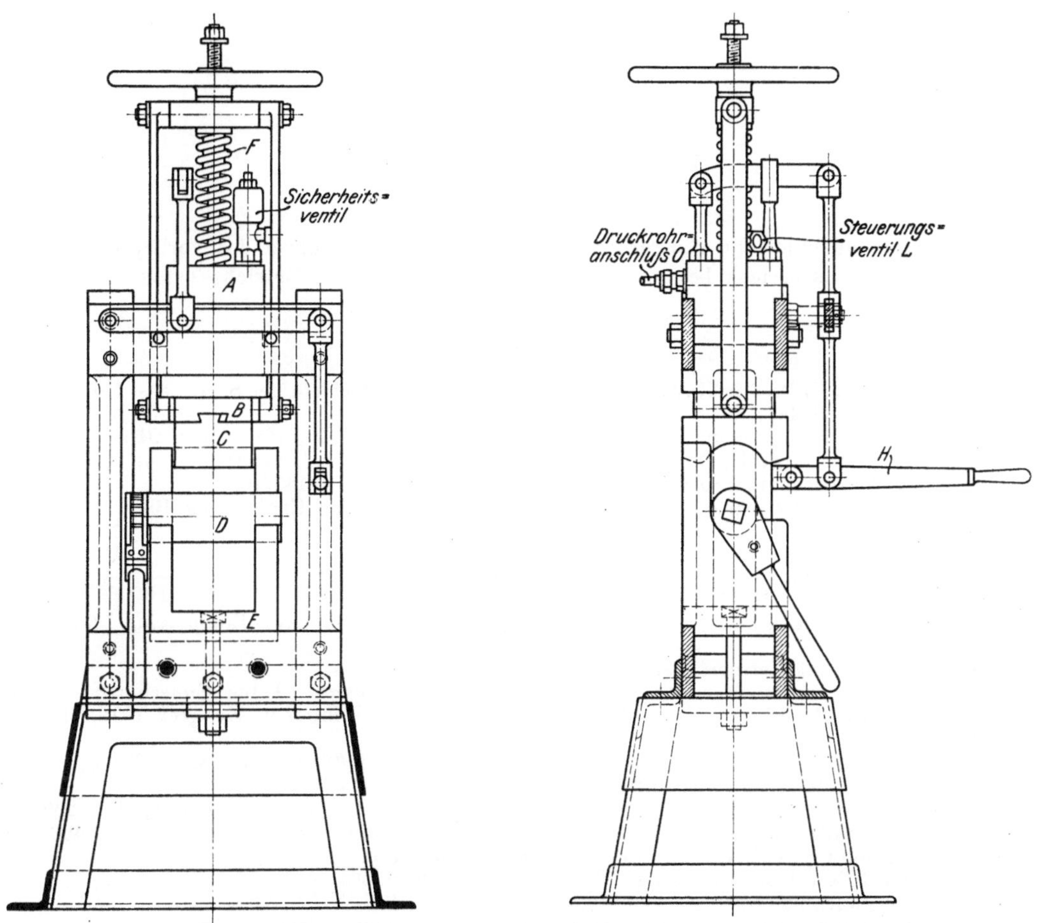

Abb. 597 u. 598. Büchsenpresse DRP. Bauart Dr. Thele.

und auf Rotglut erhitzte Stück Büchsenstahl gelegt. Dann wird mit Hebel H und Steuerschieber L das durch O eintretende Druckwasser abgesperrt. Der Stempel C senkt sich jetzt auf D und preßt das Paßstück an den Bolzen D. Dieser Vorgang wird einige Male wiederholt und dabei der Bolzen D mit einer Knarre langsam gedreht, bis die Büchse ganz um D herumgebogen ist. Der Kolben B wird bei jedesmaligem Lüften des Ventils L durch die Feder F wieder angehoben. Die fertige Büchse wird nun von dem aus seinen Lagern gehobenen Bolzen D abgestreift und ist gebrauchsfertig.

Literatur-Nachweis

über

bemerkenswerte ausländische Baggerkonstruktionen, die im Rahmen des vorliegenden Buches nicht eingehender besprochen sind, sowie über **Baggerei-Betriebskosten.**

Greifbagger.

Schöpfbagger für den Hafen von Havanna. Mitteilungen aus dem Gebiete des Seewesens 1910, No. III (Schiffbau 1910, S. 488).

Löffelbagger für Felsenbeseitigung. Internat. Schiffahrts-Kongreß 1912, Heft 79, S. 9 ff.

Greifbagger für 15 cubic yard „Caracas". Engineering, November 1917, S. 531.

Greifbagger für Felsbaggerung 30 cbm/st. Engineering News 1907, S. 145/46.

Versuchsergebnisse mit Priestmann-Greifbagger. International Marine Engineering 1914, S. 216.

Eimerbagger.

Eimer-Schachtbagger für 600 t/st, mit 2 Fahrmaschinen für Rio de Janeiro. Engineering 1907, S. 554, Abb.

Schacht-Eimerbagger für Newport. The Engineer 1905, S. 497.

Schacht-Eimerbagger für leichten und schweren Boden (Panamakanal). 1 cbm Eimerinhalt, Fahrmaschine Scientific American 1911, S. 405, Abb. und Internat. Schiffahrts-Kongreß 1912, Heft 82. S. 13.

Schacht-Eimerbagger für Suezkanal. Internat. Schiffahrts-Kongreß 1912, Heft 83, S. 21.

Schacht-Eimerbagger für 1500 t. Engineering 1917, S. 29.

Schacht-Eimerbagger für 1500 t. Engineering 1918, S. 640 (mit Tafel) und Schiffbau 1919, S. 239.

Eimerbagger (englisch) mit 730 Liter Eimerinhalt. Scientific American Supplement 1912, S. 403, Abb.

Eimerbagger für den Clyde-River. The Engineer 1906, S. 430, Abb.

Eimerbagger für 1000 t Stundenleistung. The Engineer 1906, S. 561, Abb.

Eimerbagger für Sand (amerikanischer). Engineering Record 1907, S. 21, Abb.

Eimerbagger für Triest. Zeitschrift des Vereins deutscher Ingenieure 1909, S. 1733.

Eimerbagger für Goldgewinnung. Zeitschrift des Vereins deutscher Ingenieure 1911, S. 118.

Eimerbagger mit geschlossenem Schlitz für den Tee-River (engl. Konstruktion). Schiffbau 1911, S. 308.

Eimerbagger mit Transporteur. ⎱ International Marine Engineering May 1911, Abb.
Eimerbagger mit Fahrmaschine. ⎰

Eimerbagger für Felsbaggerung. Internat. Schiffahrts-Kongreß 1912, Heft 80, Abb.

Eimerbagger für Fels (200 cbm/st.). The Engineer 1909, S. 500, Abb.

Eimerbagger mit Motorantrieb. Motor-Boat Bd. 33 vom 17. Dezember 1920, S. 575.

Vereinigter Eimer- u. Saugebagger „Hsinho". Zeitschrift des Vereins deutscher Ingenieure 1911, S. 117; The Engineer 1910, S. 590; Génie civil 1911, S. 441.

Eimerbagger mit Spülvorrichtung. Internat. Marine Engineering May 1911.

Eimerbagger mit Spülvorrichtung und Saugerohr mit Schneidekopf (Beschreibung, Abb. u. Kostenangaben). Internat. Schiffahrts-Kongreß 1912, Heft 83, S. 9.

Eimer- u. Pumpenbagger mit Laderaum, „Venezia" (Beschreibung, Abb. und Kostenangabe). Internat. Schiffahrts-Kongreß 1912, Heft 85; Engineering 1909, S. 218, Abb.; Génie civil 1909, S. 489/90, Abb.

Vereinigter Eimer- und Pumpenbagger mit Schneidekopf für die Loire (Beschreibung, Abb., Kostenangabe). Internat. Schiffahrts-Kongreß 1912, Heft 86, S. 14.

Kosten der Baggerungen in den Vereinigten Staaten. Engineering News 1912, S. 886; Zeitschrift des Vereins deutscher Ingenieure 1912, S. 937.

Betriebsergebnisse mit Baggern im Regierungsbezirk Stettin. Centralblatt der Bauverwaltung 1910, S. 234/35; 1911, S. 137/39; 1913, S. 137/39; 394/95, 576/77, 1915, S. 195/99; 1916, S. 327/29.

Berechnung der Bagger. Shipbuilding and Shipping Record 1921, Bd. 27, S. 543/44 ff. Berechnung der metazentrischen Höhe.

Vergleiche zwischen Eimer- u. Pumpenbaggern bei Arbeiten im Hafen von Calais. Annales traveaux Belgique 1905, S. 633/34.

Pumpenbagger.

Pumpenbagger für New-York. Scientific American 1905, Supplement S. 24797/98 m. Abb.
Saugebagger für den Mississippi. Scientific American 1905, S. 240, m. Abb.
Saugebagger für die Seine-Mündung. Revue technique 1905, S. 545/55. Vergleich zwischen Baggern mit und ohne Laderaum, m. Abb.
Saugebagger Galveston. Engineering Record 1905, S. 284/85.
Seebagger für Indien. The Engineer 1906, S. 34/36, m. Abb.; Scientific American Supplement vom 3. November 1906, S. 25773/75, m. Abb.
Saugebagger Atlantic u. Manhattan für den Staat New-York. Engineering News 1906, S. 306/09, m. Abb.
Pumpenbagger am Panamakanal (Auflockerung des Bodens durch Druckwasser und Absaugen desselben). Engineer vom 22. September 1911, S. 298/300, m. Abb.
Festliegender Saugebagger (Moored Suction Dredger). Engineering 1917, S. 29.
Sauge- u. Spülbagger-Turbine für Felsbrecharbeiten. Elektr. Antrieb. Saugekopf mit rotierenden Meißeln. Engineering News 1912, S. 1105, Abb.
Elektrisch betriebener Pumpenbagger für Los Angeles. Engineering Record 1908, S. 1715/16, Abb.
Saugebagger für Bombay für 2700 t/st. Engineering 1909, S. 308, Abb.; The Engineer 1908, S. 200, Abb.
Doppelschrauben-Saugbagger „Lord Desborough". The Engineer 1907, S. 525, m. Abb.
Amerikanische Sand-Saugebagger. Engineering Record 1907, S. 21/23.
Saugebagger „Leviathan". The Engineer 23. Oktober 1908.
Schachtpumpenbagger und Bagger mit Schneidekopf. International Marine Engineering May 1911.
Schachtpumpenbagger „Coronation" für 4500 t Sand/st. Génie civil 1906, S. 373/75, Abb.; Annales traveaux Belgique 1905, S. 825/26.
Amerikanische Saugebagger (Beschreibung, Baggerungskosten und ausführliche Tabellen mit Zahlenangaben). Internat. Schiffahrts-Kongreß 1912, Heft 82, S. 3/11.
Saugebagger mit Schleppkopf für die Regierung der Vereinigten Staaten für Sandbaggerung. Schiffbau 1914, S. 348/51, Abb.
Saugebagger mit Schleppkopf für Niederländ. Indien (ein Schleppsaugerohr und ein seitliches Rohr). Internat. Schiffahrts-Kongreß 1912, Heft 86.
Beschreibung von Saugebaggern. Intern. Marine Engineering 1912 vom 12. Mai.
Schacht-Saugebagger für Klai mit Schneidekopf und gewöhnlichem Saugerohr für 22 m Baggertiefe für Makassar. Glasers Annalen 1914, S. 30/32, Abb., und De Ingenieur 1912, No. 41.
Schachtpumpenbagger für New-Port (Australien), 900 t/st. The Engineer 1905, S. 497, Abb.
Schacht-Saugebagger mit Greifer und Förderbändern für den Michigan-See. The Engineer Bd. 130, Aug. 1920, S. 177.
Saugebagger „Oneida" mit rotierendem Vorschneider am Saugekopf. Engineering News 1907, S. 619/20, m. Abb.; Annales traveaux Belgique 1908, S. 102/103, m. Abb.
Saugebagger mit Schneidekopf für die Kanadische Regierung. Zeitschrift des Vereins deutscher Ingenieure 1908, S. 2003.
Saugebagger mit Schneidekopf für 4000 t Sand/st. The Engineer 1906, S. 34/36, Abb.; Scientific American, Suppl. 1906, S. 25773/75, Abb.
Saugebagger mit Schneidekopf (Clay cutting suction Dredger) für 1000 t/st bei 900 m Spülweite. The Engineer 11. März 1910, S. 256/57, m. Abb.; Génie civil 1910, S. 13/14, m. Abb.
Pumpenbagger mit Schneidekopf für Schottland. Scientific American 1912, S. 403, Abb.
Saugebagger mit Schneidekopf. Internat. Marine Engineering 1914, S. 254.
Saugebagger mit Schneidekopf für 1260 cbm Stundenleistung. Engineering Record vom 15. April 1916 (auch Zeitschrift des Vereins deutscher Ingenieure 1916, S. 889).
Saugebagger mit Schneidekopf für 2000 cb/yards Stundenleistung und 4500 Fuß Spülweite. Engineering 1917, S. 29.
Kosten der Baggerungen mit Saugebaggern in den Vereinigten Staaten. Engineering News 1912, S. 886/89.
Saugebaggerpumpen für stark mit Wurzeln durchsetzten Boden (Abbildungen, Zahlentafeln, Versuchsergebnisse). Engineering News vom 22. Juli 1920, Bd. 85, S. 166/170; Mechanical Engineering Bd. 42, Januar 1920, S. 1/7 u. S.80 .

Baggerei-Hilfsgeräte.

Dampfprähme für den Suezkanal. Internat. Schiffahrts-Kongreß 1912, Heft 83, S. 18.
Baggerschuten mit Motorantrieb. Motor-Boat Bd. 33 vom 17. Dezember 1920, S. 575/76.
Felsenbohrschiff. Engineering Record 1910, S. 40/41 (Zeitschrift des Vereins deutscher Ingenieure 1910, S. 242).
Felsenbrecher für den Hafen von Buffalo. Engineering Record 1911, S. 4/6 (Zeitschrift des Vereins deutscher Ingenieure 1911, S. 230).
Felsenbrecher Lobniz Fallmeißel, Sprengung, Kostenangaben und Leistungtabellen. Internat. Schiffahrts-Kongreß 1912, Heft 82, S. 18ff.
Felsenbrecher am Suezkanal. Internat. Schiffahrts-Kongreß 1912, Heft 83, S. 27/28.
Felsenbrecher an der Donau. Sprengungen mit Bohrschiff. Internat. Schiffahrts-Kongreß 1912, Heft 84, S. 13 u. 19.
Felsenbrecher mit Fallblock. Engineering News 1909, S. 125/26, Abb.; Génie civil 1909, S. 35/36, Abb.
Schwimmender Felsbrecher für den Manchester Seekanal. Engineering 1906, S. 211/12, Abb.

Stichwortverzeichnis.

Absperrschieber für Druckrohrleitungen 103, 222.
— für Saugerohre 214, 216.
Ankerwinden 272.
Anschluß der Spüler an Druckrohrleitungen 99, 102, 103, 222.
Antrieb der Eimerkette und Landförderung für Schutenentleerer 241.
Arbeitsweise der Eimerbagger 9.
— der Greifbagger 2.
— der Pumpenbagger 37.
— der Pumpenbagger mit Schneidekopf 39.
— der Pumpenbagger ohne Schneidekopf 40.
— der Schutenentleerer 70.
— der Spüler 59.
Ausleger für Schutenentleerer 240.
Ausrüstung 274.

Bagger für Kiesgewinnung 14, 19, 26, 45.
Baggereihilfsgeräte 81.
Baggerpumpe für Pumpenbagger u. Spüler 215 ff.
Baggerwerkzeug der Eimerbagger 174.
— der Greifbagger 166.
— der Pumpenbagger 205.
— der Schutenentleerer 230.
— der Spüler 226.
— der vereinigten Eimer- u. Pumpenbagger 204.
Berechnung der Baggerpumpe 149.
— der Eimerbagger 141.
— der Greifbagger 139.
— der Pumpenbagger 148.
— der Schutenentleerer 164.
— der Spüler 153.
Bodenklappen für Schachtpumpenbagger 224.
Bodenventile für Schachtpumpenbagger 224.
Bunkerdeckelverschluß 91, 93.
Büchsenpresse 277.

Dampfprähme 96, 97.
Druckrohrleitung für Pumpenbagger 221, 222.
— für Spüler 102 (s. a. Rohrleitung).
Druckwasserkupplung für Eimerbagger 201, 203.

Eimer für Eimerbagger 177.
— Abmessungen 176.
— Form 175.
— aus Schmiedeeisen 179, 180.
— aus Schmiedeeisen mit Stahlgußschaken 177.
— aus Schmiedeeisen mit Stahlzähnen 179, 181.
— Schnittwirkung 175.
— aus Stahlguß 178, 180.
— aus Stahlguß und Schmiedeeisen 177.
— Zusammenbau 177.
Eimer für Schutenentleerer 230.
Eimerbagger mit Fahrmaschine 8, 28, 31.
— für Fels 21, 28, 33.
— mit eingebauter Spülpumpe 14.
— mit Förderband 12.
— mit Kratzerförderung 13.
— für Kies- und Geröllgewinnung 14, 19, 26.
— mit Laderaum 9.
— mit Motorantrieb 10.

— mit Pumpenbagger vereinigt 14, 204.
— mit Schwemmvorrichtung 14.
— mit Spüler gekuppelt 14.
— mit ovalem Schiffsgefäß 14, 17.
Eimerbolzen für Eimerbagger 182.
Eimerkette der Schutenentleerer 230.
Eimerlaufbüchsen für Eimerbagger 182.
Eimerleiter 188.
Eimerleiter, Aufhängung und oberes Lager mit Stellvorrichtung 189.
— für große Baggertiefe 187, 188.
— Hubwinde 191, 192.
— Hubwinde für vereinigte Eimer- und Pumpenbagger 204.
— mit Hilfsleiter 187, 188.
Eimerschaken 182.
Einteilung der Bagger 1.
Entleeren der Laderäume von Schachtpumpenbaggern 224.
Entlüfter 243.

Fahrwiderstand der Eimerbagger 148.
— der Pumpenbagger 159.
Fallmeißel für Greifbagger 109.
Felsenbohrschiffe 105.
Fe'senbrecher 109.
Fluß-Eimerbagger 19.
Förderpumpe für Spüler 227.

Gelenkstopfbüchse für Saugerrohre 212, 213.
Gerüste für Eimerleiter und Triebwerk der Schutenentleerer 240.
Greifbagger mit elektrischem Antrieb 4.
— mit Fahrmaschine 5.
— mit seitlichen Schwimmkästen 4.
Greifkörbe (Greifer) 2, 168.
— — für Schlick 168, 170.
— — für Sand und Kies 169, 170.
— — Steine 169, 170, 171.
Greifer für Schutenentleerer 237.
Greiferwinde 171, 172, 173.
— von Priestmann 172.
— von Rose Downs 174.
— von Menck und Hambrock 174.
Greiferwindwerk für Schutenentleerer 237 ff.
Gurtförderung für Schutenentleerer 234.

Haltepfähle für Pumpenbagger mit Schneidekopf Patent Thele 39.
Heckankerwinde für Prähme 93.
Hinterwinde für Eimerbagger 263, 265, 266.
Hilfsleiter für Eimerbagger 187, 188.

Kessel und Maschinenanlage 242.
— der Eimerbagger 245.
— der Greifbagger 244.
— der Pumpenbagger 247.
— der Schutenentleerer 248.
— der Spüler 248.
Ketten, verzahnt geschweißt 174.
Klapprähme 84, 87 ff.

Klapprähme mit doppelten schrägen Klappen 90.
— mit doppelten Klappen 89.
— mit einseitigen geraden Klappen 88, 90.
Klapp- und Spülprahm 89, 91.
Kleindampfbagger 9.
Kohlen- und Wassertransportdampfer 103.
Kübelförderung für Schutenentleerer 236.

Laderaum von Schachtpumpenbaggern 222.
Laufbüchsen für Eimerschaken 182, 183.
Lederschlauch für Anschluß der Saugerohre von
    Pumpenbaggern 211.
— für Druckrohrleitung 99, 100.
Leitrolle für Eimerkette der Eimerbagger 186.
Löffelbagger 1.
Luftsaugeventil für Druckleitungen der Spüler 227,
    228.

Motor-Eimerbagger 10.
Motor-Prähme 98, 101.

Panzerschlauch für Druckrohrleitung der Spüler
    99, 102.
Prähme für kleine Bagger 84.
— für Schutenentleerer und Spüler 91.
— für besondere Zwecke 93.
Prahmverholwinde 267, 271.
Pumpenbagger als Spüler arbeitend 48.
Pumpenbagger mit Laderaum 40, 45.
— mit Schneidekopf 37, 41.
— ohne Schneidekopf 43.

Regler für Antriebsmaschinen der Eimerbagger 246.
— für Antriebsmaschinen der Förderpumpen von
    Spülern 247.
Reiniger für Speisewasser 243.
Rohrleiter 211.
Rohrleitung, Anschluß an Pumpenbagger 222.
— beweglicher Anschluß am Spüler für feste Leitung
    99, 101, 102.
— — — für schwimmende Leitung 101, 103.
— schwimmende 102.
— für Spüler 101, 103.
Rohrleitungswiderstand 154.
Ruderanordnung für Prähme 92, 93.

Saugeköpfe 205÷207.
— mit Schneidewerk 208, 209.
— für Spüler 227.
Saugerohr 205.
Saugerohranschluß für Pumpenbagger 212.
— für Spüler 226.
Saugerohr-Aufhängung 211.
Saugerohrhubwinde 212.
Schachtpumpenbagger 45.
Schachtpumpenbagger für Kiesgewinnung 45.
Schaufelkettenbagger 1.
Schieber für die Druckrohrleitung der Pumpen-
    bagger 222.
— für Saugerohrleitung der Pumpenbagger 216.
Schiffsgefäß der Eimerbagger 250.
— der Greifbagger 249.
— der Pumpenbagger 253.
— der Schutenentleerer 255.
— der Spüler 254.
Schlauchanschluß mit Gelenk für Druckrohrleitun-
    gen 100, 102.
Schleppboote 97.
Schleppdampfer 95.
Schlepphaken für Prähme 90, 91.
Schleppsaugekopf 206.

Schnittwirkung der Eimer von Eimerbaggern 175.
Schutenentleerer 70.
Schutenentleerer mit Kübelförderung 71, 79.
— mt Greifer 79, 80.
Schüttkasten, verschiebbar, für Eimerbagger 192,
    193.
Schüttrichter für Eimerbagger 192.
— für Schutenentleerer 233.
— mit Messerwerk für Spüler 229.
Schüttrinne 193.
— für Eimerbagger 193.
— mit Kratzerkette für Eimerbagger 195. 196.
— für Pumpenbagger 221.
— für Schutenentleerer 234.
Schwemmbagger 8, 14, 18, 31, 205.
Schwimmende Rohrleitung für Pumpenbagger 102,
    222.
Schwimmfloß für Druckrohrleitung 102, 103.
See-Eimerbagger 28.
Seile und Ketten 264.
Seitenwinden für Eimerbagger 262.
Siebtrommel für Eimerbagger 19, 20, 24, 26, 197,
    199.
— für Pumpenbagger 45, 46.
Spannvorrichtung für die Eimerkette der Eimer-
    bagger 274, 275.
Spüler aus Prähmen saugend 59, 64.
— die aus Schüttrichter saugen 59.
— mit Eimerbaggern gekuppelt 14, 17, 59, 64.
Spülerprähme 90, 91,
Steinkasten für Spüler 227.
Stevenrohrdichtung 95.
Stopfbüchse für Baggerpumpe 220.

Traglager für Baggerpumpe 220.
Tragrolle für Eimerkette der Eimerbagger 186.
Tragschiff für Baggervortau 276.
Turas mit Schlagplatten für Eimerbagger 183, 184.
— mit Flächen zum Aufschweißen 185.
— für Schutenentleerer 233.
— aus Stahlguß für Eimerbagger 183, 185.
Turasantrieb 200.
— mit stehender Welle für Eimerbagger 201.
— mit Riemen 200, 202.
Turaslager für Oberturas 185.
— nachstellbar für Unterturas 185.
Turasniederspindelung für Eimerbagger 13, 15, 19,
    204.

Unterturaslager mit Schutzkappe 185, 186.

Verdampfer 244.
Vereinigte Eimer- und Pumpenbagger 34, 204.
Vortauwinde für Eimerbagger 262.
Vorrichtungen zum Sieben und Trennen des Bagger-
    gutes 196.
Vorwärmer 242.

Wechselklappe 193, 195.
Wiking-Prahm für Fels 93.
Winden für Eimerbagger 256.
— elektrischer Antrieb 25, 33, 263.
— für Greifbagger 256.
— für die Klappen der Dampfprähme 97, 100.
— für Pumpenbagger 272.
— für Schutenentleerer 273.
— für Spüler 272.
— zum Heben der Eimerleiter 189÷192.
— zum Heben des Saugerohres 212÷215.

Zahnrad-Übersetzung für Turasantrieb 200.
Zusatzwasserpumpe für Spüler 228.

Additional information of this book

(Die Bagger und die Baggereihilfsgeräte. Ihre Berechnung und ihr Bau; 978-3-642-47260-2) is provided:

http://Extras.Springer.com

Hebe- und Förderanlagen. Ein Lehrbuch für Studierende und Ingenieure. Von Prof. **H. Aumund,** Danzig.

    I. Band: **Anordnung und Verwendung der Hebe- und Förderanlagen.** Zweite Auflage. Mit etwa 606 Textfiguren. *In Vorbereitung.*

    II. Band: **Gesichtspunkte, Regeln und Berechnungen für den eigentlichen Bau der Hebe- und Förderanlagen.** *In Vorbereitung.*

Die Förderung von Massengütern. Von Prof. Dipl.-Ing. **Georg von Hanffstengel,** Charlottenburg.

    Erster Band: **Bau und Berechnung der stetig arbeitenden Förderer.** Dritte, umgearbeitete und vermehrte Auflage. Mit 531 Textfiguren. 1921. Gebunden GZ. 11

    Zweiter Band: **Förderer für Einzellasten.** Dritte Auflage. *In Vorbereitung.*

Billig Verladen und Fördern. Eine Zusammenstellung der maßgebenden Gesichtspunkte für die Schaffung von Neuanlagen nebst Beschreibung und Beurteilung der bestehenden Verlade- und Fördermittel unter besonderer Berücksichtigung ihrer Wirtschaftlichkeit. Von Prof. Dipl.-Ing. **Georg von Hanffstengel.** Dritte Auflage. *In Vorbereitung.*

Kran- und Transportanlagen für Hütten-, Hafen-, Werft- und Werkstattbetriebe unter besonderer Berücksichtigung ihrer Wirtschaftlichkeit. Von Dipl.-Ing. **C. Michenfelder.** Zweite Auflage. *In Vorbereitung.*

Berechnung elektrischer Förderanlagen. Von Dipl.-Ing. **E. G. Weyhausen** und Dipl.-Ing. **P. Mettgenberg.** Mit 39 Textfiguren. 1920. GZ. 2.4

See- und Seehafenbau. Von **H. Proetel,** Regierungs- und Baurat in Magdeburg. Mit 292 Textabbildungen. (Otzen, Handbibliothek für Bauingenieure, III. Teil: **Wasserbau.** 2. Band.) 1921. Gebunden GZ. 7.5

Kulturtechnischer Wasserbau. Von **E. Krüger,** Geh. Regierungsrat, ord. Professor der Kulturtechnik an der Landwirtschaftlichen Hochschule zu Berlin. Mit 197 Textabbildungen. (Otzen, Handbibliothek für Bauingenieure, III. Teil: **Wasserbau.** 7. Band.) 1921. Gebunden GZ. 9.5

Kanal- und Schleusenbau. Von **Friedrich Engelhard,** Regierungs- und Baurat an der Regierung zu Oppeln. Mit 303 Textabbildungen und einer farbigen Übersichtskarte. (Otzen, Handbibliothek für Bauingenieure, III. Teil: **Wasserbau.** 4. Band.) 1921. Gebunden GZ. 8.5

Johows Hilfsbuch für den Schiffbau. Vierte Auflage. Neu bearbeitet in Gemeinschaft mit Dr.-Ing. **C. Commentz,** Dipl.-Ing. **A. Garweg,** Marinebaurat **H. Paech** (Kriegsschiffbau), Marinebaurat Dr.-Ing. e. h. **F. Werner** (Unterseefahrzeuge) und Dipl.-Ing. **G. Zeyss** von Dr.-Ing. **E. Foerster.** Zwei Bände. Mit 645 Textabbildungen und 32 Tafeln. 1920.

Gebunden GZ. 34

Kleinschiffbau. Schiff, Maschine, Propeller, Gewichte und Montagedaten. Von Dr.-Ing. **Ewald Sachsenberg,** Privatdozent an der Technischen Hochschule Berlin. Erster Teil. Mit 166 Textabbildungen. 1920.

GZ. 12

Schiffbautechnisches Zeichnen. Ein Lehrbuch für die mustergültige Darstellung von Schiffen und Schiffsteilen. Zum Gebrauch an Technischen Schulen, Hochschulen und in der Praxis. Von **Otto Lienau,** ord. Professor für praktischen Schiffbau an der Technischen Hochschule zu Danzig. Mit 54 Textabbildungen.

Erscheint im Februar 1923.

Hilfstafeln zur terrestrischen Ortsbestimmung nebst einer Erklärung der Tafeln. Von **R. Karbiner,** Kapitän der Hamburg Amerika Linie. 1922.

Gebunden GZ. 17.5

Schnellaufende Dieselmaschinen. Beschreibungen, Erfahrungen, Berechnung, Konstruktion und Betrieb. Von Professor Dr.-Ing. **O. Föppl,** Marinebaurat a. D., Braunschweig, Dr.-Ing. **H. Strombeck,** Oberingenieur Leunawerke, und Prof. Dr. techn. **L. Ebermann,** Lemberg. Zweite, veränderte und ergänzte Auflage. Mit 147 Textfiguren und 8 Tafeln, darunter Zusammenstellungen von Maschinen von A E G, Benz, Daimler, Danziger Werft, Germaniawerft, Görlitzer M. A., Körting und M A N Augsburg. 1922.

Gebunden GZ. 8

Ölmaschinen, ihre theoretischen Grundlagen und deren Anwendung auf den Betrieb unter besonderer Berücksichtigung von Schiffsbetrieben. Von Marine-Oberingenieur a. D. **M. W. Gerhards.** Zweite, vermehrte und verbesserte Auflage. Mit 77 Textfiguren. 1921.

Gebunden GZ. 5.6

Thermosbau. Konstruktionsgrundlagen und Anwendungen. Von **H. Pohlmann,** Zivilingenieur. Mit 91 Textfiguren. 1921.

GZ. 3

Die Berechnung der Drehschwingungen und ihre Anwendung im Maschinenbau. Von **Heinrich Holzer,** Oberingenieur der Maschinenfabrik Augsburg-Nürnberg. Mit vielen praktischen Beispielen und 48 Textfiguren. 1921.

GZ. 5.5

Werft — Reederei — Hafen. Organ der Schiffbautechnischen Gesellschaft, des Handelsschiff-Normenausschusses H. N. A., Organ der Hafenbautechnischen Gesellschaft, des Archivs für Schiffbau und Schiffahrt E. V. Herausgeber Dr.-Ing. **E. Foerster,** Hamburg. Jährlich 24 Hefte in großem Format.

Preis für Februar 1923 M. 400.—